Designing Commercial Interiors

谨以此书献给我亲爱的父母克什米尔（Casmier）和马尔他（Martha），
谢谢你们默默地注视着我写完本书。

克里丝汀娜•M•皮奥托维斯基

谨以此书献给Max and Maxine Rogers家族。

伊丽莎白•A•罗杰斯

商业室内设计

（第2版）

【美】 Christine M. Piotrowski 著
Elizabeth A. Rogers

胡素芳 译

电子工业出版社·
Publishing House of Electronics Industry
北京·BEIJING

Designing Commercial Interiors，2nd Edition

978-0-471-72349-3

Christine M. Piotrowski, Elizabeth A. Rogers

版权贸易合同登记号 图字：01-2012-2484

图书在版编目(CIP)数据

商业室内设计：第2版 ／（美）皮奥托维斯基（Piotrowski,C.M.），（美）罗杰斯（Rogers,E.A.）著；胡素芳译.
— 北京：电子工业出版社，2016.1

书名原文：Designing Commercial Interiors，2nd Edition

ISBN 978-7-121-27839-6

Ⅰ.①商… Ⅱ.①皮… ②罗… ③胡… Ⅲ.①商业－服务建筑－室内装饰设计 Ⅳ.①TU247

中国版本图书馆CIP数据核字（2015）第301398号

策划编辑：胡先福
责任编辑：胡先福
印　　刷：北京嘉恒彩色印刷有限责任公司
装　　订：北京嘉恒彩色印刷有限责任公司
出版发行：电子工业出版社
　　　　　北京市海淀区万寿路173信箱　邮编 100036
开　　本：889×1194　1/16　印张：27.75　字数：759千字
版　　次：2016年1月第1版
印　　次：2016年1月第1次印刷
定　　价：128.00元

凡所购买电子工业出版社图书有缺损问题，请向购买书店调换。若书店售缺，请与本社发行部联系，联系及邮购电话：
（010）88254888。

质量投诉请发邮件至zlts@phei.com.cn，盗版侵权举报请发邮件至dbqq@phei.com.cn。

服务热线：（010）88258888。

目　录

第4章　住宿设施　103

第5章　餐饮设施　147

第6章　零售设施　191

前　言

　　本书前一版深受学生、教育工作者和专业室内设计师的热烈欢迎，这是如此地令人迷醉。我们对《商业室内设计》的这个新版本做了很多改进，增加了相关的材料和图片，以提升它的内容。商业室内设计行业已经改变，因而这些改变必定影响了我们看待商业内饰的视角。作为商业室内设计的一个关键问题，可持续设计持续地日益受到关注，不论它意味的是指定低VOC涂料，还是帮助客户获得更高水平的LEED认证。在规划本书涵盖的任何设施时，老龄人口的无障碍利用都绝对必须予以一贯的关注。自2001年的悲惨事件以来，安防已变得更加重要。如上所述的这些问题只是针对本书进行的改进中的一小部分。

　　室内设计依然是为了解决问题。从业者和学生都得规划、指定美观的内饰，但越来越注重功能。没有哪个设计师能在不重视客户业务的目的和功能的情况下解决客户的问题。为了帮助室内设计师做出更明智的设计决策，必须理解特定商业设施的业务目的。在设计和规划项目之前对设施进行研究可能并不好玩，但研究学习"企业业务"是成功的室内设计实践不可或缺的一部分。本书的基本目的和前提就基于这一点。

　　第2版仍然是关于规划各种商业室内设施的诸多设计问题的一个实用参考。本书增加了许多新图像和照片，以提升文本内容。现在本书包括有关非典型商业室内空间的信息，因而为商业室内设计实践提供了一个更广泛的概貌。其焦点依然是最常见的商业设计空间（比如工作室项目，以及那些对商业室内设计经验不足的专业室内设计师来说通常碰到的项目）类型。

　　本书结构与第1版相似，以便让专业人士在有特定需要时以任何顺序利用这些题材。寻求关于特定设施类型的信息的专业人士可以很容易地跳到相关章节。

　　本书增加了引言一章，提供商业室内设计专业的概貌。它让学生们看到该领域工作的惊鸿一瞥。本章的一个重要组成部分是关于时下商业室内设计的关键问题的讨论。可持续设计、安防和安全设计、可访问性、许可证和道德行为等主题也包含在这新增的一章里。

　　关于办公室的三章已经彻底修改，合并为两章。前一章介绍设计办公室的功能和运行问题，包括关于企业文化的新材料。后一章介绍传统的开放式办公室系统项目的规划及设计元素。这一修改使得这些章节更加人性化。

　　接下来的七章重点介绍最常见的商业设施类型的功能和设计理念。每一章都始于一个简短的历史回顾，接下来介绍设施的功能性业务考量。然后讨论为了成功地设计这样的设施所至关重要的规划及设计元素，提供了详细的设计应用，以阐明这些设施的重要设计特征。第2版中新出现的设计应用讨论包括温泉宾馆和娱乐设施，以及早餐酒店、咖啡店、礼品店、沙龙、法院和法庭、高尔夫会所的设计。

除了这些新的设计应用部分之外，还新增了一章介绍老年生活设施。我们还用分离的两章来介绍公共机构空间，以使材料更易于管理。其中一章涉及诸如法院大楼、图书馆和教育设施等的公共机构空间，另一章涵盖了更关注文化的公共机构空间，例如博物馆和剧院。

第2版还有其他一些改进。流行词汇已经扩充了许多新术语。除了"附录"部分的一般参考文献之外，各章末尾还添加了有关的新的参考文献。各章末尾除了书籍和文献外，还有与各章相关的组织机构和商业杂志的网址名单。"附录"中还列出了大量隶属于设计行业的商业组织的名单。有了这些参考文献，学生、专业人士和教授可以获知有关予以讨论的许多不同商业内饰的更详细、更具体的信息。这种组合将让这本书成为所有读者的重要参考。

我们希望您会觉得第2版新增的文字和视觉材料有助于您理解商业设施的室内设计。无论您是学生还是专业人士，我们都希望本书能帮助您享受这非常令人兴奋、具有挑战性的生活方式！

克里丝汀娜•M•皮奥托维斯基

伊丽莎白•A•罗杰斯

致 谢

总是没有足够的机会来感谢贡献自己的时间、专长和支持来使第2版面世的所有人。首先，我们感谢对第2版做出了贡献的所有设计从业者和教育家，在对第2版做出贡献的那些年里，他们提供了对内容和方向的建议。

许多新的图像和图形已被纳入本书，使之更具视觉体验。我们特别想感谢那些允许我们重印照片或其他图形的所有从业者、设计公司、摄影师、出版商、公共关系董事和公司。限于篇幅，我们在此不便一一单独列出他们的名字，但我们将心存感激地将他们的名字贯穿全书。

克里丝汀娜特别感谢IIDA、ASID会员琳达•索伦托（Linda Sorrento）、USGBC的安德烈•皮塞（Andrea Pusey）审阅并就可持续性材料提出建议。感谢ASID会员罗宾•瓦格纳（Robin Wagner）在设计过程中分享她的专长，感谢ASID会员科克•宾林格（Corkey Binlinger）审阅有关餐饮设施的章节。克里丝汀娜还要感谢威廉•穆尔塔格（William Murtagh）针对修缮材料提供的建议。与往常一样，我的老同事、IIDA会员大卫•佩特罗夫（David Petroff）在关于办公室设计的那些章节上给了我很好的建议。再次感谢IIDA会员鲍勃•克里卡（Bob Krikac）、ASID会员葛丽泰•古里希（Greta Guelich）、FIIDA会员伯哈蒙•沃恩（Beth-Harmon Vaughn）提出的建议。

克里丝汀娜还想感谢那些在我们准备第1版时向我们提供了信息和指南的所有个人和公司，尽管这里没有特别提及他们的名字。再次感谢海沃氏（Haworth）公司、赫尔曼•米勒（Herman Miller）公司和世楷家具（Steelcase）公司的人员提供了这么多的帮助。克里丝汀娜还想再次感谢北亚利桑那大学最初帮助调查本书的以前那些学生，以及全国各地每天发现商业室内设计实践实际上有多么令人兴奋、具有挑战性的所有那些学生。她还想感谢她过去的客户在商业设计中提出的挑战，这些挑战给她多年的教学提供了灵感。

克里丝汀娜还想感谢她的家人和很多朋友对她的写作过程予以的理解，并帮助她达到最终阶段。

伊丽莎白感谢利德公共图书馆（Lied Public Library）予以的所有帮助，感谢爱荷华州西部社区学院（Iowa Western Community College）计算机实验室和诺达维谷历史博物馆（Nodaway Valley Historical Museum）允许我们使用他们的设施来研究本书所需的信息。

伊丽莎白感谢DVM的约翰•布雷迪（John Brady）博士、电脑专家肯尼斯•考德威

尔 (Kenneth Caldwell)、丹尼斯•科尔 (Dennis Cole)、汤普森&罗杰斯 (Thompson & Rogers) 法律律师事务所，FEH总裁丹尼•夏普 (Denny Sharp)、阳光露台基金会 (Sunshine Terrace Foundation) 和玛丽•埃克尔斯坚基金会 (Marie Eccles Caine)，本书借鉴了他们的有关专业知识和建议。此外，她还想再次感谢在第1版中提及过的所有人，包括犹他州立大学 (Utah State University)，以及曾予以帮助的其他人。

伊丽莎白还要感谢她的兄弟约翰•罗杰斯，感谢他的鼓励，以及在政府办公大楼和高尔夫设施设计方面提供的专业素材。感谢家庭所有成员和朋友们持续不断的支持。尤其感谢商业合作上的客户们，他们提供了大量的设计经验和背景资料。

最后，我们共同感谢威利出版公司为本书第2版的出版做出辛勤劳动的所有人。

第1章

引 言

我们天天与商业内饰互动，停在快餐店就餐或在图书馆备考。也许您参观某个纺织品陈列室为某个项目寻找样品，或与朋友在体育俱乐部里碰面。也许您从日托中心接走孩子。所有这些设施（以及许多其他设施）表征着室内空间的种类，它们都是通过通常被称为商业室内设计的室内设计职业创造出来的。

商业室内设计包括用于商业目的的任何设施的内饰设计。属于商业室内设计范畴的设施包括邀请公众人士步入其中的商业设施，如上面提到的那些。其他限制公众进入，却是诸如企业办公室或生产设施的商业企业（business enterprises）。商业室内也是公共设施的一部分，如图书馆、法院、政府机关和航站楼，仅举几例，不一而足。表1-1提供了其他一些例子。

表1-1   商业室内设计的常见专业和职业选择

公司和经理办公室	工业设施
■ 专业办公室	■ 制造区
■ 财务机构	■ 工业大楼的培训区
■ 律师事务所	■ 研发实验室
■ 股票交易和投资公司	
■ 会计公司	**运输设施/方式**
■ 不动产公司	■ 机场
■ 旅行社	■ 公交和火车站
■ 许多其他类型的商业办公室	■ 游轮
■ 办公室空间的修复和翻新	■ 游艇
	■ 定制飞机—公司
保健设施	■ 娱乐交通工具
■ 医院	
■ 外科手术中心	**其他职业选择**
■ 精神病治疗机构	■ 住宅型室内设计专业
■ 特护设施	■ 零售联盟
■ 医疗和牙科办公套间	■ 制造商销售代表
■ 辅助老年生活设施	■ 室内设计经理人
■ 娱乐设施	■ 项目经理
■ 医药化验室	■ 公共关系
■ 兽医诊所	■ 教师
	■ 企业设施规划师
舒适性和娱乐性设施	■ 计算机辅助设计专家
■ 旅店、汽车旅馆和度假村	■ 描绘师和建模师
■ 饭店	■ 产品设计师
■ 娱乐设施	■ 专业撰稿人
■ 健康俱乐部和spa	■ 杂志撰稿人
■ 综合体育馆	■ 市场专家
■ 会议中心	■ 博物馆修复师
■ 游乐园和其他公园	■ 销售员和展览设计师
■ 戏剧院	■ 图形设计师
■ 博物馆	■ 寻路设计师
■ 历史景点（修复）	■ 照明设计师
	■ 商业厨房设计师
零售/分销设施	■ 艺术顾问
■ 中小型购物中心	■ LEED认证设计师
■ 大型商场和购物中心	■ 标准专家
■ 专业零售店	■ 纹理设计师
■ 展览室	■ 颜色顾问
■ 艺廊	■ 一体化设计师
机构设施	专业从事室内设计和建筑环境产业有很
■ 政府办公室和设施	多种方法。注意由于可能并没有足够的
■ 学校——所有年级	业务支持，所以不要过于追求创新而使
■ 托儿所	自身受限。
■ 宗教设施	
■ 监狱	

这些室内可能像度假村的饭店一样令人振奋，像位于比弗利山庄（Beverly Hills）罗德奥大道（Rodeo Drive）上的金饰店一般雅致（图1-1）。商业内饰可能仅是功能性的，例如大型公司的办公室或小镇上的旅行社。它得提供令人愉悦的背景，例如在护理设施内。它也可能是学习场所。

图1-1 度假村里的一间高级餐厅。南卡罗来纳州（South Carolina）布拉夫顿（Bluffton）的棕榈崖酒店（Inn at Palmetto Bluff）。室内设计：得克萨斯州达拉斯（Dallas），Wilson & Associates。摄影：迈克尔·威尔逊（Michael Wilson）。

　　商业室内设计曾一度被称为合同设计。事实上，许多室内设计师仍然使用这个术语，该术语源于室内设计师使用合同来勾勒与项目有关的服务、费用、责任。直到大约30年前，这种类型的合同主要被从事商业设施的室内设计师使用。今天，大多数住宅型室内设计师也使用合同，所以该名称已不太适用。

　　在美国和世界各地，这一具有挑战性的、令人兴奋的行业对室内设计和施工行业产生了巨大的影响，2006年1月，《室内设计》杂志报道说，仅在2005年一年，该行业最大的100家设计公司在商业项目中就创造了大致16.1亿美元。[1]是的——16.1亿美元。当然，这还只是整个商业室内设计行业的一部分。

　　我们首先对这个专业进行简要的历史回顾，然后讨论为什么对于商业室内设计师来说，理解客户业务如此重要。之后，我们将描述室内设计职业的工作是什么样的。我们以对商业室内设计有关的重要问题的讨论作结——可持续设计、安防及安全、许可证、职业能力测试、职业道德和专业成长。后续章节详细介绍了最常见类型的商业设施的许多功能性设计理念。

　　表1-2列出了本章词汇。

---

[1] *Interior Design* magazine, January 2006, p. 95.

表1-2 本章词汇

- **公司业务**：在设计前理解公司目标和商业室内设计客户的目的。
- **商业室内设计**：在室内设计界指的是设计服务于商业目的的任何设施。
- **设计–施工**：就设施的设计和施工与同一实体缔结单一合同（见第10页BOX 1-1）。
- **快车道**：从概念到完工，快速开发项目。通常先完成项目一部分的平面图，而其他部分已在施工。
- **家具、夹具和设备（FF&E）**：室内特有的所有移动产品、其他夹具、饰面和设备。有些设计师和建筑师将FF&E定义为家具、陈设和设备。
- **LEED**：能源与环境设计认证(Leadership in Energy and Environmental Design)。美国绿色建筑委员会 (USGBC, U.S. Green Building Council) 的一个志愿性的认证项目，给健康的、能盈利的、环保的建筑物评分。
- **投机（"SPEC"）**：在大楼尚未有任何具体租户之前构建它。商业地产的开发商"猜测"有人会在施工之前或完工后租用空间。
- **利益相关者**：与工程利益相关的个人或群体，比如设计团队成员、客户、建筑师、供应商。
- **可持续设计**：为了既满足当前需求，又考虑后代的需求而完成的设计。第15页有关于可持续设计的最被广泛接受的定义。

历史回顾

在本节中，我们非常简要地概述商业室内设计的根源。有关设施设计的每一章都包括简短的历史视角。对商业设计史的深入探讨超出了本书的范围。

可能有人会说，商业室内设计始于美索不达米亚 (Mesopotamia) 或其他古国的第一个贸易和食品摊。当然，内部有许多商业交易的建筑物或今天被认为是商业设施的建筑物在人类历史早期就已经存在。例如，在埃及法老的大房间和国王宫殿内进行过交易；在大教堂内有行政空间，在工匠和商人的住宅内也有部分空间用作行政事务。

住宿业的历史可以追溯到几个世纪以前，始于简单的旅店和小酒馆。从历史上看，医院起先与宗教团体有关。在中世纪的十字军东征中，给病人提供食物、住宿和医疗的医院 (hospitia) 毗邻修道院。

在早期的几个世纪，由建筑师为富裕的、有地位的阶层设计和创造室内空间。面向下层阶级的诸如旅馆和商店等的商业场所几乎全都是由商人和工匠或拥有者来"设计"的。在工匠和商人创造宫殿（宫殿的家具、建筑处理手法）和其他宏伟建筑以及面向下层阶级的住宅和其他设施的过程中，他们对早期的室内设计施加了影响。

随着商务的增长，专用于商业（如商店、餐厅、旅馆、办公室）的建筑物逐渐被创建出来，变得更为普遍。例如12世纪的修道院（当时它还兼任教育场所），以及中东和东方的清真寺和寺庙；古希腊和古罗马的圆形剧场，16世纪建于伦敦的环球剧场 (Globe Theatre)。从17世纪开始，商业建筑室内设计变得越来越重要。[2]例如，在17世纪，办公室开始从家里搬到商业区的单独位置，18世纪修建了众多的银行大楼，19世纪酒店开始具备宏伟规模并显得富丽堂皇（图1-2）。

---

[2]Tate and Smith, 1986, p. 227.

图1-2 19世纪的凯尼恩酒店（Hotel Kenyon）是那个时期的典型代表，尽管没有那么富丽堂皇。照片经许可后使用，犹他州州立历史协会（Utah State Historical Society）。保留所有权利。

19世纪还设计了家具物品和商业机器，例如打字机和电话，以及其他专门的物品。其他章节将介绍商业室内出现的其他例子。

据许多历史学家说，室内装饰专业——亦即后来的室内设计——发源于19世纪后期。在其初期，室内装饰更接近于从事住宅项目的各类室内装饰家的工作。艾尔西•德•沃尔夫(Elsie de Wolfe，1865-1950)一般被认为是首位职业的独立室内装饰家。近期一本关于沃尔夫的出版物称她为"现代室内装饰之母"。[3]德•沃尔夫监管她受聘进行设计的内饰所需的工作。她还是改进其服务的首批设计师之一（如果不是第一个的话）。[4]不仅如此，她还是从事商业室内设计的最早一批女性之一。她在20世纪初期设计了纽约城科勒尼俱乐部(Colony Club)的空间（图1.3）。[5]

尽管大部分早期的商业室内工作由建筑师及其工作人员完成，20世纪初出现了专注于商业室内的装饰家和设计师。女设计师多萝西•德雷珀（Dorothy Draper，1889-1969）通常被认为是商业室内设计的第一人。[6]在20世纪20年代，她在纽约城开设了一家公司，负责设计酒店、公寓、饭店和办公室。时至今日，她的同名公司仍然存在。

在20世纪，钢筋混凝土、模块化施工技术，以及建筑行业的许多其他进步改变了商业设施的外观。那时的建筑师以当代审美观推进了商业建筑和室内设计，其中包括早期商务大楼建筑师（如弗兰克•劳埃德•赖特（Frank Lloyd Wright））、包豪斯（Bauhaus）建筑师（如沃尔特•格罗皮乌斯（Wlater Gropius））以及国际风格建筑师（如勒•柯布西耶（Le Corbusier）），仅举几例，不一而足。技术也改变了结构的内部装修。诸如密斯•凡•德•罗

[3]Sparke and Owens, 2005, p. 9.
[4]Campbell and Seebohm, 1992, p. 70
[5]Campbell and Seebohm, 1992, p. 17.
[6]Tate and Smith, 1986, p. 322.

图1-3 纽约城科勒尼俱乐部里的小间，由艾尔西•德•沃尔夫设计。照片选自艾尔西•德•沃尔夫著作The House in Good Taste（中译名：《高品位房屋》），New York: The Century Co.,1913

（Mies van der Rohe）和马塞尔•布鲁尔（Marcel Breuer）设计的家具使用的弯钢管、阿尔瓦•阿尔托（Alvar Aalto）和查尔斯•埃姆斯（Charles Eames）使用的模压胶合板、艾罗•沙里宁（Eero Saarinen）设计的玻璃纤维等新产品也改变了商业设施的室内设计。在20世纪初，家具设计和室内设计的成就和进步还是相当少的。

位于威斯康星州（Wisconsin）拉辛（Racine）的庄臣大厦（Johnson Wax Building）中由弗兰克•劳埃德•赖特设计的一览无余的开放空间是在办公场所出现的开放式设计的前身。开放式规划或开放式景观始于1958年的德国。[7]这一规划理念逐渐得到认可，导致办公室规划的重要反思。从20世纪60年代后期开始，侧重于使用面板和个性化组件的新家具物品急剧地改变了办公室规划和设计（图1-4）。在第2、3章将继续讨论这些改变。

在20世纪后半叶，很多原因导致了商业内饰的改变。建筑和机械系统内的技术变革、安全要求法规以及各种类型的电子商业设备都影响着在世界各地进行业务的方式。企业和机构服务的消费者期望并要求在造访商店、宾馆、饭店、医生办公室和学校——他们进行业务或购物时所到之处——时能享受到更好的环境。室内设计和建筑必须跟上这些改变和需求。这就是为什么一个出色的室内设计师必须接受广泛的学科教育并理解客户业务运营的关键理由之一。

室内设计专业在20世纪成形还与专业协会的发展、职业教育和能力测试有关。在20世纪二三十年代，在各大城市出现的"装饰家俱乐部"是美国两个最大的室内设计专业协会的前身。美国室内设计师协会（American Society of Interior Designers，ASID）拥有超过38000名从事住宅及商业室内设计的会员，在48个州/市设有分会。国际室内设计协会（International Interior Design Association，IIDA）拥有超过10000名从事住宅和商业室内设计的会员，在美国国内外设有30个分会。加拿大的国家级协会是加拿大室内设计师协会（Interior Designers of Canada，IDC）。它为加拿大7个省级协会提供了一个统一的声音，促

---

[7]Pile, 1978, p. 18.

图1-4 20世纪60年代之后的动感办公室（Action Office）工作站，使用面板和个性化组件。照片提供：密歇根州泽兰（Zeeland）Herman Miller公司。

进了该专业的教育和实践。IDC的会员必须是所属省级协会的专业会员。还有很多较小的专业化职业协会。本书"附录"给出了一些职业协会的联系信息。

在职业教育和测试中，最显著的进步发生在20世纪下半叶。自20世纪早期开始，许多学校已经具备了内容各异、质量参差不齐的室内设计方案。1963年，室内设计教育理事会（Interior Design Educators Council，IDEC）成立，以推进室内设计教育，并满足教师在室内设计方案方面的需求。该专业的增长带动了许多其他方案，1970年，室内设计教育研究基金会（the Foundation for Interior Design Education Research，FIDER）注册成为室内设计教育的主要学术评审机构。2005年，该基金会更名为室内设计认证理事会（Council for Interior Design Accreditation）。室内设计认证全国理事会（the National Council for Interior Design Qualification，NCIDQ）于1974年注册成立，以满足独立组织在测试其在该行业中能力的需要。[8]表1-3列出了在专业协会发展中的其他一些突破。本书"附录"列出了在前面讨论中提及的组织的联系信息和网站地址。

对商业室内设计的这个历史概述势必相当简短。如有读者希望了解关于商业室内设计史的更多详细信息，可以参考本章末尾的参考资料。

理解客户业务

商业室内设计始于对客户业务的理解，它指的是了解企业的目标和目的。事实上，甚至是在某个专业内物色新项目之前，了解该专业就已经非常重要了。如果室内设计师和团队从业务的视角、从设计的角度对客户业务、客户项目的目标有了大致了解，那么解决方案对于客户来说将功能更强大，并萌生更多的创造性设计理念。

---

[8] The NCIDQ examination is also used as the competency examination in all the provinces of Canada.

表1-3　室内设计协会的主要里程碑

1931年	美国室内装饰学院（American Institute of Interior Decorators, AIID）。第一个全国性的室内装饰专业协会。
1936年	美国室内装饰学院更名为美国装饰学院（American Institute of Decorators, AID）。
1957年	全国室内设计师协会（National Society for Interior Designers, NSID）成为第二个国家室内设计专业协会。
1961年	美国装饰学院更名为美国室内设计师学会（American Institute of Interior Designers, AID）。
1963年	室内设计教育理事会（Interior Design Educators Council, IDEC）组建，以推进室内设计教育工作者的需求。
1969年	商业设计师学会（Institute of Business Designers, IBD）形成，主要面向商业室内设计师。
1970年	室内设计教育研究基金会（Foundation for Interior Design Education Research, FIDER）组建，以推进室内设计课程的学术评审。
1974年	室内设计认证全国理事会（National Council for Interior Design Qualification, NCIDQ）注册成立。它主要负责开发、管理室内设计资格考试。
1975年	AID和NSID合并成美国室内设计师协会（American Society of Interior Designers, ASID）。
1982年	阿拉巴马州成为通过室内设计实践的产权登记立法的第一个州。
1993年	美国绿色建筑委员会（United States Green Building Council, USGBC）成立。促进对环保型建筑和内饰的研究和设计。
1994年	IBD、国际室内设计师协会（the International Society of Interior Designers）、商店策划师学会（the Institute of Store Planners）合并为国际室内设计协会（International Interior Design Association, IIDA）。

来源：节选自克里丝汀娜•皮奥托维斯基2002年由Wiley出版的Professional Practice for Interior Designers（中译名：《室内设计师职业实践》）一书13页。（经John Wiley & Sons公司许可后重印）

　　例如，儿科医生的套间与心脏科医师的办公室相比，不论是在空间规划上还是在产品规格上都是不同的。小商场里小礼品店的规划决策显然不同于度假村礼品店。在一开始就清楚这一点对于设计公司来说非常重要。

　　了解客户业务的一个显著优点是室内设计将更具功能性。企业并不希望室内设计公司在客户项目过程中"在工作中学习"。当然，对于许多客户来说，有创意的、美观的解决方案的确很重要。然而，对于客户来说，一个金玉其外败絮其中或者存在安全隐患的办公室是毫无帮助的。在商业室内设计领域，光有创造力还是难言成功的。

　　影响着商业空间室内设计的一个问题是设施类型：它是设有诊察室的医生办公套间，还是医院重症监护室？它是一个咖啡馆，还是高端的、全方位服务的餐厅？该项目是一所小学，还是一所大学或商学院？它是一家早餐酒店，还是会展酒店？每种设施类型都有很多不同的要求。空间规划、家具规格、可使用的材料、必须遵守的法规、业务的功能和目标都还只是影响基于设施类型的室内设计的诸多因素中的一部分（图1-5）。

　　地点是另一个问题。该项目地处小城镇还是市区？会计办公室将设在一个条状购物中心还是写字楼？餐厅是独立建筑还是并入酒店？企业所在地将影响到企业希望吸引的客户群。由于项目位置的不同，花在内饰上的美金很可能也不同。当企业地处高端区域时，客户的期望值会更高。

图1-5 辐射状公寓区。亚利桑那州（Arizona，AZ）斯科特斯戴尔（Scottsdale）保健中心。室内设计：亚利桑那州 Perceptions Interior Design Group公司的ASID会员格里塔·古尔利希（Greta Guelich）；建筑施工：亚利桑那州凤凰城（Phonix）Architecture + Engineering Solutions公司的美国建筑师协会（AIA）会员马丁·弗洛迪（Martin Flood）

再一个问题是企业的预期客户。如果饭店顾客是附近的居民、游客或企业高管，那么设计决策将是不同的。州际公路上的酒店与山间度假村相比，不论是在设计上还是在便利设施上都存在明显的差异。面向青少年的零售店与退休社区的零售店不论是在细节上还是颜色上都不同。

企业进行的工作类型还因企业本质的不同而不同。只售卖咖啡制品、烘烤面点的咖啡店中的工作与提供全方位高端服务的饭店大相径庭。珠宝店的展览台和雍容氛围与体育用品店截然不同。高度公路上的旅人能接受的住宿条件完全不同于从国内某处到另一处去参加专业论坛的个人。

客户是另一个影响因子。他/她可能是会计办公室或周围饭庄或早餐酒店的所有人，或给任何人或任何类型的办公室功能创造出办公空间的开发商。而业主可能是某个大公司新总部的董事会和设备经理人，或聘请室内设计师来设计新的地区法院的当地法政实体。客户也可能是慈善基金会，给博物馆添加配楼。每个客户都有针对他们业务的不同目标，因而室内设计师面临着满足所有这些不同需求的挑战。

显而易见，理解企业的业务及其特征对于理解如何进行室内设计来说至关重要。您对酒店业知道得越多，您针对住宿或餐饮服务设施的解决方案就越有效。具有关于零售业的经验和知识将有助于您设计任何类型的零售空间。事实上，您对商业室内设计的专业区域知道得越多，您的客户项目就越有可能成功。

以下章节概述了许多类型的商业室内设计专业的业务。这将帮助您开始领悟在您开始从事项目时您的客户期望您理解的那些关键问题。这些章节还提供了许多与规划、设计商业内饰有关的设计问题的参考资料，并指出了有待继续探讨的区域。

从事商业室内设计工作

商业室内设计既复杂又极具挑战性。它需要注重细节、作为团体一分子高效地、舒适地工作，并能够与众多的利益相关者——与工程利益相关的个人或群体，比如设计团队成员、客户、建筑师、供应商——一起工作。通常情况下，室内设计师与企业的雇员（而不是业主）一起工作。然而，设计决策必须还得取悦业主。必须遵循法规，而这可能影响室内设计的某些决定和选择。建筑师、室内设计师、承包商和产品的设计、建造和安装涉及的其他利益相关者必须确保设计决策满足客户的审美目标、建筑物安全可靠、不存在人身安全隐患，并满足适用于特定类型设施的可访问性标准和法规。

商业室内设计项目必须紧密遵循设计过程的各个阶段。步骤缺漏或在程序设计（programming）、原理图设计、设计开发时三心二意，或施工文档准备不充分，或合同管理出错都可能是灾难性的。因此，在某个商业专业里工作的室内设计师必须得非常注重细节，以

BOX 1-1   什么是设计-施工（DESIGN-BUILD）

大多数商业室内设计项目都创建为一个序列，在该序列中，该项目由建筑师、室内设计师和其他人设计。然后该设计被拿出来让其他公司竞投施工、FF&E，之后才修建。有些项目按照快车道进度建造。举个简单的例子，医院一边施工，一边同步完成布局图和装修式样。

近年来，出现了一种称为"设计-施工"的、建造商务楼及其内饰的新方法，并变得越来越流行。在设计-施工中，大楼的设计和施工都通过一份合同交付给一个单一实体。单源合同公司既有设计人员，也有施工人员。它也可能是一个提供服务产品（例如建筑）的公司，与提供其他服务的公司形成联合企业。

美国设计-施工一体化协会（Design-Build Institute of America，DBIA）成立于1993年，"预计到2010年，美国非住宅建筑中的一半将采用设计-施工一体化方法。"*设计-施工一体化

意味着从一开始就大幅度整合服务。客户看到设计的备选方案。在他们选定设计方案之后，一开始就可以订立一个固定价格，减少因变更订单而增加的成本。设计-施工一体化还意味着能替客户省更多钱，因为在设计过程中可以更严密地控制施工和设计的成本。快车道施工也更高效，因为施工和设计的责任人相同，能以更为协调的方式推进。

从商业的角度来看，设计-施工一体化的风险更大，因为设计-施工一体化公司必须承担原本可被推卸给其他公司的所有责任。例如，许多聘请建筑师的建筑及室内设计公司未必能做设计-施工一体化项目，因为他们没有承包商许可证。

虽然从商业的角度来看设计-施工一体化的风险更大，但潜在的收入效益也更大。客户也更倾向于让一个公司负责，因为这样更容易沟通。

*Beard et al., 2001, p. 24.

BOX 1-2　设计过程（DESIGN PROCESS）

程式设计（programming）

该活动涉及研究客户需求、地点限制、标准法规、环境问题、安全问题和经济影响等。该活动的最高等级通常是书面设计理念或项目声明、报告，以及一般化平面草图。

原理图设计（schematic design）

程式设计信息被合成，然后转换为初步平面图、立体图，以及其他投影图和草图，以探求并诠释设计理念。然后对法规、大楼体系、可持续发展问题、安防问题、机械系统以及可移动家具和陈设进行探究，并尝试性地指定、做出预算。

设计开发（design development）

在客户首肯原理图设计后，开发必要的投影图、家具布局、系统规划以及其他确保大楼遵循适用法规的图纸定稿、人身安全和可访问性法规及规章。FF&E式样定稿，完成预算。这些文档符合适用的/期望的可持续性标准。

合同文件

在客户首肯设计开发图纸和文档后，按照与适用建筑、人身安全、可访问性标准和法规相符的方式准备所有室内非承重分区的室内施工图纸及式样。按照与设计师的法律行为能力相符的方式或与顾问协调后规划机械、电子、照明以及安防系统。如果设计合同有要求的话，还得准备招标文件和设备安装图纸；在可能需要特殊安装的情况下，务必就潜在的供应商需求进行沟通协调。还得完成FF&E式样。

合同管理

按照管辖权限，在发出招标文件、取得投标人资格和管理投标过程中室内设计师可以充当客户代理人的角色。在一些地区，室内设计师可能得持有承包商许可证才能监督安装或现场监督或协调供应商工作。不论是哪一种情况，室内设计师得与承包商及供应商协商，并保证按照平面图、式样和要求完成了FF&E。对正在进行的项目进行管理，以确保项目圆满竣工，并在客户入住过程中、入住之后都感到满意。

确保完全地、正确地执行完所有任务。往往没有利润空间来为错误买单，因为很多项目都是快车道，在创制项目某个阶段的设计平面图时，另一个阶段的施工正在进行，以早点完工、早点入住。一旦出现问题，立马解决，这比在后期解决问题要省事多了。

程式设计特别重要，在项目之初必须小心地收集所获得的信息。关于客户空间和审美偏好的信息只是个开头。当然，理解该项目适用的标准或其他法规很重要。不论设施类型如何，为了成功地设计室内功能，客户的业务目标和计划都很重要。对于设计师来说，知道企业希望走到哪里，与获得程式设计信息当天它地处何处同等地重要。许多大型室内设计公司为尚无战略规划的企业提供此方面的帮助。BOX 1-2概述了设计过程的该阶段。

团队协作是商业项目的另一个重要部分。由于项目可能非常大，一两个人难以处理所有工作。项目经理和高级设计师将负责管理几个室内设计师和技术支持人员。人员中的入门级菜鸟和资历尚浅者经常被指派较小的、有针对性的任务。然而，完成项目所需的所有任务都很重要。愿意成为团队的一部分、高效地完成自己份内的工作，并积极参与不仅对完成项目来说至关重要，还昭示着公司的良好发展。

商业室内设计师的关键技能是高效的沟通能力。不论是口头沟通，还是书面或设计图形，传达设计师的理念和辩解设计思路都至关重要。必须传达给客户和同行的一般书信和笔记，以及产品的精确式样，只是必须以专业方式来完成书面通信的几个例子。室内设计师必须对客户、团队成员、监事及其他人进行大量的口头介绍。高效专业地做出这样的汇报是室内设计师得掌握的关键技能。当然，出现了计算机之后，图形沟通已变得更容易。只要输入正确的信息，图纸将是准确的。电脑辅助绘图 (CAD) 技能对于商业室内设计来说是强制性的。为了满足标准和法规的要求，准确度很重要。

室内设计师必须满足内饰的多个用户。首先是物业业主。可能是个碰运气的开发商，建造办公楼时并未对租户予以特别考虑。该物业的业主可能是个公司，正在建立一个新的公司总部或分公司设施或连锁酒店大楼，或改造翻新一件物业。对于像政府机关和学校这样的公共建筑来说，需要满足的首要用户是将实际拥有该物业的、具有管辖权的政府机构 (图1-6)。

商业设施的第二组用户是商户或企业的雇员。研究反复表明，办公室的生产率与办公室本身的设计有关。研究表明，如果设施被设计得美观、令人愉悦、让人感觉安全并具备高功能性，那么员工的工作会更高效。对于一间顾客量大并且都愿意把钱花在食品和饮料上的餐厅，令人兴奋的室内空间将让工作人员为等待着的顾客提供更优质的服务。不幸的是，员工通常没有机会对设计决策"投票"，但他们可以通过他们是否愿意留在公司并有效地服务客户来进行非正式投票。

第三个用户是使用设施的顾客。在有些情况下，一家餐厅的氛围或度假村设置的美观程度影响着客户是否还会再来。在其他情况下，氛围在这个决定中只起着很小的作用。医生与病人的关系比精心设计的医生办公室更重要。如果当地市政府办事处的洗手间墙壁和地板都铺着大理石，还配着金色水龙头，作为一个公民，您可能会认为您缴的税款已经超支。至少可以说，为这些不同的用户进行设计是具有高度挑战性的。

图1-6　政府设施，如图所示为县法院法庭内饰。图片提供：3D/International。

伴随着建筑物，人身安全和可访问性标准是商业室内设计工作中的另一个重要组成部分。客户及设施的各种使用者的健康、人身安全和福祉影响着诸多设计决策，包括空间规划、建筑材料、照明、家具和结构规格，甚至还包括某些解决方案中的颜色调配。在商业项目中，不可能给犯错留下任何余地，也不得捏造标准。设施的使用者完全信任从司法要求的任何方面来说设施的设计和式样都是安全的。

最后，如前所述，室内设计师在寻找商业室内设计项目之前，应该了解一下客户业务。为了解决上述问题，实现客户要求的功能性的、审美的目的，理解企业业务是至关重要的。如果不尽可能彻底地理解问题所在，那么没有设计师能够解决客户的问题。

工作藏身何处

商业室内设计是设计界的一种非常具有挑战性的工作方式。成为负责任何形式商业设施的一部分的室内设计的团队一分子是令人兴奋的。从一开始就进项目，并看到它在施工过程中合为一体、安装各个组件，这可能是令人狂热的。像任何职业一样，这也是份艰苦的工作，有时历时相当长，当然得与团队成员高效地协作，有时或许还得处理愤怒的客户。然而，曾在商业室内设计领域工作多年的室内设计师很少会转行做任何其他事情。

不论您是个正考虑着进入这一行的学生，还是打算从住宅室内设计转到商业室内设计的职业人士，在从事商业室内设计时，都得考虑一些重要问题。本节将介绍与该领域工作有关的一些关键理念。

除了最小型的商业室内设计之外，所有项目都要求设计师及相关职业人士团队协作完成。一个独立的室内设计师可以设计一个医疗办公套间、一家早餐酒店、一个小型零售店或其他较小规模项目的室内空间。大项目（例如建设度假村、改造一所高中或者设计一个新的县政府大楼）则需要团队协作。在某些方面，每一个项目，不论其大小如何，都是由团队协作完成的。

在项目经理和高级项目设计师的带领下，项目团队可能包括具备技能各异、经验不一的室内设计师。团队里可能有建筑师、照明设计师、工程师和顾问——例如，可能是饭店里的商用厨房设计师。入门级和中级室内设计师将协助团队的高级成员完成起草、产品和材料研究、标准调研等任务。

让我们不要忘记客户以及他/她的决策团队。在设计阶段，项目经理和团队成员必须能够与客户就许多问题达成决策。该项目可能有好几层的客户决策者。例如，对于一家酒店来说，设施经理、房务经理、安防办公室、宴会经理、餐饮小组、酒店总经理、业主或开发商在设计决策中都有发言权。

室内设计师和客户只是设计团队的一部分。后期将聘请一个总承包商和众多分包商来从事实际的施工工作。在竞投中选择家具、夹具和设备（FF&E, furniture, fixtures, equipment）[9]以及材料的供应商。设计项目经理必须准备好与各种各样的利益相关方协调，

---

[9]FF&E can also be defined as furniture, furnishings, and equipment; a designation based on a specific contract document widely used by architects. The authors will use furniture, fixtures, and equipment in this text.

以确保项目按照设计的、要求的那般按时、在预算内完成。

您在团队内具体扮演什么样的角色取决于您所在的是什么类型的公司。不论您选择在一家小型室内设计公司工作，还是在大型的多方位公司谋职，还是当家具代理商，决定权在您手里。不论哪一种都有优点和缺点。小公司给入门级和经验尚浅的室内设计师提供早点参与项目的机会。也许在改造律师事务所的项目中清查现有的家具使用情况看起来并非设计，但这是让入门级室内设计师理解专业办公室的设计考量并积极专注于现实的办公家具和设备的一种方式。

小公司很少有机会参与诸如赌场、大型度假村、浮华的新餐厅或公司总部等光鲜亮丽的项目工作。然而，在小公司获得的经验给入门级室内设计师提供了宝贵的训练和技能，而这些训练和技能是进入能拿到光鲜项目的公司的敲门砖——如果有志如此的话。

进入小公司工作的另一个考量是，只要小公司所有者业主持之以恒地向市场推广公司服务并拿到新客户，那它就是健康、强大的。小公司所有者都在不断进行从项目经理到营销总监、总经理、室内设计师的身份转换。如果新项目因为所有者忙于设计工作而裹足不前，那么缺乏丰富经验的专业工作人员可能得另谋出路。对于任何公司来说，不断地推销新工作都是个现实。即使是大公司也有可能会失去其焦点或在经济衰退中中招。

如果您想在大公司工作，那您必须得与他人合作良好，愿意听从高级室内设计师的命令及指示并照做。您可能还会发现自己花时间做似乎是苦力的工作——料理图书馆，日复一日地起草小项目的细节，并保持文件井井有条。这是大公司里共同的学徒环节。

在大公司工作可能带来声望和更多内部指导的机会。大公司的项目经理往往得比小公司所有者对新员工予以更多的监督和培训。这是学习如何应对客户及其他利益相关者、设计原理图和施工图的捷径等技能以及该职业的许多其他方面的好机会（图1-7）。大公司也可能更加鼓励您参加专业协会、接受专业教育更新。

对于大多数入门级设计师来说，在大企业工作的最大缺点是，有时他们不会被指派自己的客户。公司在允许您管理您自己的项目之前，必须知道您可以做什么，并对您与客户一起工作的能力感到有信心。除非您曾在别处有过工作经验，不然在一个大型的、多方位的室内设计或建筑公司里您可能得等上两三年才能荣升为项目负责人。

商业室内设计的第三个工作地点是办公室家具代理商。专门从事办公室和功能系统家具的公司是商业室内设计起步并维持职业生涯的好地方。此类公司里边的室内设计师专注于大型企业和多种专业办公室。在这儿接受到的学习和培训给许多室内设计师转职到可能专注于酒店、医疗或政府设施的室内设计公司做足了准备。

本章提及的机会只是浅尝辄止。有与设计专业结合在一起的各类企业，为有志于商业室内设计的人士创造了许多机会。有时，它并不像从事私人住宅的同事所做的工作那般光鲜。有时宣传并没有那么频繁。但是作为这个影响了各种类型、各种经济水平的顾客推动着行业车轮不断前进的方式的职业的一部分，有很大的满足感！

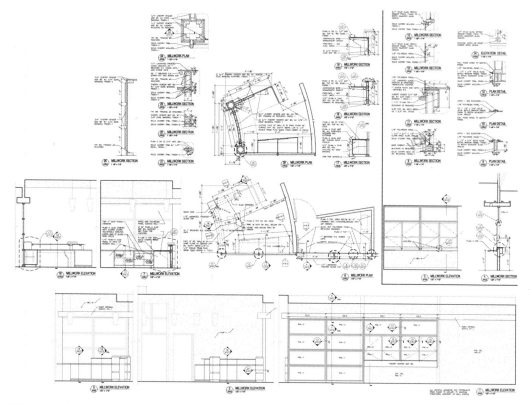

图1-7　这些木制品绘图是室内设计师通常创建的设计文件的一个实例。绘图提供：Bialosky + Partners Architectures。

关键问题

　　最后一节着眼于21世纪商业室内设计新趋势的一些重要（甚至可以说是至关重要）问题。笔者承认，下边关于可持续设计、安防及安全、可访问性、许可证、职业考试、职业道德和专业发展都分别有一章。然而，它们提供了商业室内设计的学生或职业人士在就业上所存在的问题的背景。读者可以从本章末尾部分的书籍和参考文献中获得关于这些主题的详细信息。

可持续设计

　　21世纪商业室内设计师面临的一个非常重要的问题是可持续性、环保安全设计，也就是通常所说的绿色设计。根据世界环境与发展委员会（World Commission on Environment and Development），可持续设计力求"既满足当代人的需求，又不损害后代满足他们自身需求的能力"。[10]它涉及在满足用户建造建筑物、装修其内部的即时需求的同时对子孙后代的环境造成尽可能少的伤害二者之间寻求平衡。确保您为桌子或柜子选用的单板来自经过认证的可持续性来源就是利用绿色设计的方式之一。可持续设计指的是找出消耗更少的不可

---

[10]World Commission on Environment and Development, 1987, p. 43.

表1-4 通用绿色术语

- **从摇篮到摇篮（cradle-to-cradle）**：可重复使用或回收，或送到垃圾填埋场后能分解的产品。
- **从摇篮到坟墓（cradle-to-grave）**：未被重复使用或回收，或在达到使用寿命之前就被丢弃的产品。
- **节能**：使用较少的能源但效用与不节能的产品相同的产品。
- **可循环水**：来自水池、淋浴间、洗衣房的废水，被收集起来，经过轻微处理后重新用于灌溉草坪和不需要饮用水的其他地方。

- **生命周期评估（LCA）**：分析材料、产品和建筑物，以评估它们对环境、健康的影响。
- **生命周期成本（LCC）**：将产品的初始成本与他们的维护、定期更换的成本以及剩余价值相结合的方法。
- **饮用水**：可用于饮用和做饭的水。
- **可再生能源**：使用时未耗尽的能源。如太阳能。
- **挥发性有机化合物（VOCs）**：地毯、油画、家具中用于制造复合木材的胶水、以及其他常见材料发出的有毒烟雾。

再生资源并且更节能的设计方法和流程。设计师为室内选用对环境危害较小（不论是在其制造过程中，还是在作为成品使用的过程中）的材料和产品。表1-4提供了室内设计师应该熟悉的一些有关可持续设计方面的其他术语。

建造建筑物并完成其内饰消耗了大量的材料，其中只有一些是可再生的。据美国能源署(U.S. Department of Energy)2003年公布，美国的所有建筑物（包括住宅和商业）消耗40%的原材料，产生超过1/3的都市固体废物。[11]其他的资料来源报道说，建筑垃圾占进入垃圾填埋场的垃圾总量的40%。此外，环境保护署(Environmental Protection Agency, EPA)报道说，室内空气质量的污染程度平均为室外空气的2~10倍。挥发性有机化合物（VOCs）是地毯、油画、家具中用于制造复合木材的胶水、以及其他常见材料发出的有毒烟雾。有些致癌，均可导致许多人产生刺激和过敏反应。许多办公楼和其他类型的商业空间通风不良、环境封闭，这意味着室内空气可能由于被指定的产品而危害甚大。

建筑师、室内设计师、客户和建筑物以及室内空间的用户不断地、过于频繁地、以能想象到的任何方式在各方面继续消耗我们宝贵的自然资源。每当我们拆除、丢弃建筑材料时，我们继续将不可回收垃圾堆积到垃圾填埋场。我们指定的产品含有有毒尾气污染物，过度指定了室内照明，用诸如不知道是否来自认证森林的异国木材进行设计。为什么？因为绝大多数人相信继续使用非绿色产品和施工方法更容易、更廉价。诸如"推倒重建甚至比翻新旧建筑物成本更低"和"来自可持续渠道的材料比那些来自不可持续渠道的材料普遍更昂贵"的评述被反对派用来诋毁、贬低可持续性设计。

新兴国家经济对资源与日俱增的需求以及浪费行为促使建筑环境行业人士和消费者寻求可持续性并思考绿色关键问题。作为负责任的专业人士，我们的思维必须超越回收办公室塑料和纸张。

在20世纪70年代，可持续性建筑设计成为建筑和室内设计行业的一个突出部分。1973年的石油禁运迫使建筑环境行业的每个人和消费者在他们的项目设计中考量能耗和效率。设计师开始认真检查太阳能潜力，以减少我们对化石燃料的依赖。1977年，内阁级能源部门

---

[11]USGBC, 2003, p. 3.

(cabinet-level Department of Energy) 设立，旨在处理美国的能源节约及利用。20世纪70年代开始了回收工作方面的努力，以此来应对垃圾堆填区过满。地球日 (Earth Day) 活动在许多方面有助于人们更多地关注可持续设计和资源保护。

环境问题继续影响着建筑环境行业人士的注意力。在20世纪80年代，建筑物令我们不适，这变得越来越广为人知、报道频频，因此更多的注意力被投射到室内环境以及那儿使用的产品上。20世纪八九十年代，环境问题方面的研究和会议持续不断、越来越多。联合国世界环境与发展委员会 (United Nations World Commission on Environment and Development) 定义了可持续发展，并大大推动了可持续建筑和绿色设计，使之日益受到关注。

在建筑和室内设计专业协会、政府以及企业、行业的努力和支持下，可持续性建筑和设计持续增长。美国绿色建筑委员会 (USGBC) 就是其中最成功的非营利组织之一。该组织成立于1993年，汇集了建筑/施工/房地产开发商、室内设计师、产品制造商、政府机构的专业人士，以及设计-施工业内的其他人士或对设计-施工业感兴趣的其他人士。今天，USGBC致力于"促进环保的、能盈利的、健康的生活和工作空间"。[12]

USGBC工作的一个非常重要的部分是LEED®认证项目。LEED (能源与环境设计认证，Leadership in Energy and Environmental Design)是一个志愿性的绿色评级制度，帮助定义什么样的建筑物才是健康的、能盈利的、环保的。LEED认证验证大厦业主创造绿色建筑的努力。可分别获得新建筑 (New Construction)、现有建筑 (Existing Buildings) 和商业内饰 (Commercial Interiors) 的LEED认证。LEED认证也包括家居 (Homes)、社区开发 (Neighborhood Development) 以及核心筒及外围 (Core and Shell) 项目的认证。从本质上来讲，本书讨论的所有商业内饰的类型都属于LEED商业内饰 (LEED-CI) 评级体系。表1-5提供了对这种评级系统的小结。

从商业的角度来看，设计师可能想给希望从USGBC获得LEED-CI评级的客户提出如下几点：

- "降低运营和维护成本
- 提高财产价值
- 提升入住者的健康和生产率
- 可以减轻与空气质量和其他室内环境问题有关的责任"[13]

当一个项目接受LEED认证审查时，它必须满足所有先决条件，并基于以下五类成就打分：可持续场地 (Sustainable Sites)、节水 (Water Efficiency)、能源和大气 (Energy and Atmosphere)、材料和资源 (Materials and Resources) 以及室内环境质量 (Indoor Environmental Quality)，并对创新和设计过程 (Innovation and Design Process) 打附加分。让我们来看看这些类别，因为它们涉及侧重于内饰的通用商业结构。

---

[12]USGBC Mission Statement from web page, May 2005.

[13]USGBC, 2004, LEED-CI brochure.

表1-5   LEED-CI绿色建筑评级体系

<table>
<tr><td>

可持续场地

  目标

- 只在合适的场地进行开发
- 重复使用现有的建筑物和/或场地
- 保护自然和农业区
- 支持替代性交通
- 保护和/或修复自然场地

节水

  目标

- 降低建筑物所需的水量
- 减少市政供水及废水处理负担

能源和大气

  目标

- 确立能量效率和系统维护
- 最优化能量效率
- 鼓励使用可再生、可替代的能源
- 支持臭氧保护协议

</td><td>

材料和资源

  目标

- 使用对环境影响较小的材料
- 减少并管理垃圾
- 减少所需的材料用量

室内环境质量

  目标

- 确立良好的室内空气质量
- 消除、减少、管理室内污染物的来源
- 确保热舒适度和系统可控制度
- 给住户提供与室外环境的连通

创新和设计过程

  目标

- 辨识出符合创新型建筑策略的项目以及可持续建筑知识

请注意，对如上各个类别还分别有附加标准。

</td></tr>
</table>

来源：LEED-CI（宣传册），2004.美国绿色建筑委员会（USGBC）。

可持续场地、节水、能源和大气并不属于大多数室内设计公司的责任范畴。但有必要就这些方面寥寥数语。可持续场地这个类别看建筑物建在哪儿。例如，如果租户选择地处发达地区（例如城区）、靠近现有基础设施的建筑物，而不是农庄或与世无争的绿野，那么就会获得加分。如果建筑物场地设有优先使用的停车坪、替代燃料车或地下停车场（而非地上停车场），那么也会获得加分。在节水这个类别，如果使用高效的夹具和设备（例如低流量水龙头和厕所），那么也会获得加分。在能源和大气这个类别，建筑物业主或租户必须满足与**HVAC**系统制冷剂有关的特定的、严格的标准要求。在取得**LEED-CI**认证评级的过程中，这些只是租户可能获得加分的少数几个例子。

室内设计师更为关注的评级类别是"材料和资源"。使用破旧的、翻新的或再生的材料是很重要的。例如，用作地板的木料可能来自拆毁的建筑，或使用从旧址搬运来的已有家具。在如下情况下项目能获得加分：设计保留了室内的非结构性组件，例如墙壁、地板以及有助于保护资源、减少垃圾的天花板系统。使用诸如回收等策略不把建筑垃圾扔进垃圾填埋场也能使项目加分。室内设计师应尽可能地指定地毯、墙壁饰面材料以及用低毒或无毒的材料制成的天花板处理剂。指定含可循环内容的材料（例如用可循环塑料瓶制成的地毯）是获得LEED评分的另一种方式。指定用可迅速再生材料（比如羊毛毯）制成的产品也能获得LEED评分。除了这些之外，还有很多例子说明了在指定内饰产品时怎样做才有助于使空间保持绿色。

室内环境质量是LEED认证评审的另一个重要分类。室内设计师对空间有很大的影响力，在确保租户健康、高生产率环境方面也有很大的影响力。设计师应尽可能地指定用低放射性材料制成的地毯、墙壁饰面材料和天花板处理剂。符合LEED标准的低VOC涂料应用于上过涂料后的表面。此外，室内设计师应为装软垫的物品找寻低毒的面料和泡沫。

如果不禁烟（例如在餐厅），必须以烟雾被排放出建筑（而非流通到非吸烟区）的方式设计吸烟区。建筑物内划为吸烟区的房间应用防渗全高墙壁和门封闭起来，而不仅仅是顶部的一个开放分区（如许多餐馆和酒吧实情就是如此），并且其运行对于周边地区来说是个负面的压力。

以下是项目获得LEED评分的几个重要方面。室内设计师可以确保安装地毯和墙壁时使用的密封剂和黏合剂不超过VOC的限量。设计师也可避免指定胶粘剂使用了甲醛的家具物品。给居住者提供对灯光、温度和通风的控制权有助于LEED评分。可以用高架地板系统不同程度地做到这一点。使居住者能最大程度地获得日光的设计师为该项目赢得更多的积分。

最后一类是创新和设计过程。如果项目利用LEED认证专业人士（Accredited Professional）的服务，那么会获得1分。如果项目实现了评级系统未涵盖的新技术或策略，那么也会获得加分。

很明显，当室内设计师从项目之初开始参与时，比较容易贯彻LEED的指南。设计师了解项目的目标，做出符合认证指南的指定和空间规划决定。理想情况下，建筑师及室内设计师是获得了LEED认证的专业人员。希望了解更多有关资格认证及过程、有志成为LEED认证人士的室内设计师应联系本章末尾网址上的USGBC。

给客户设计、销售绿色建筑的另一个因素是经济。不想走绿色之路的那些客户的大多数抱怨都集中在这个问题上。他们听说使用低VOC涂料或给饭店吸烟区建造独立的通风系统得承担额外费用，于是就放弃了绿色设计。然而，最近的项目已经证明，绿色设计和可持续建筑不一定昂贵。虽然有些项目前期成本略有增加，但由于绿色建筑提高了能源和用水效率、改善了员工的绩效，因而显著地节省了长期成本。从项目一开始就进行高效，深思熟虑的设计可以指导设计团队作出许多成本效益高的决策，而这些都有助于LEED认证。

绿色或可持续项目的规划中能贯彻实施的一个经济技巧就是生命周期评估（LCA），它分析材料、成品和建筑物，以评估它们终生对环境和健康的影响。这个环境评估可以始于获得用于某特定产品的原材料，并贯穿于其被制造成最终产品、安装在建筑物中、最终处理的整个过程中。对于致力于拥有真正的绿色设施的客户，产品和材料的LCA是至关重要的。LCA从整体上衡量某个产品在其整个一生中的效能，这通常称为"从摇篮到坟墓"或"从摇篮到摇篮"分析。[14]

可重复使用或回收或送到垃圾填埋场后可被分解的产品被认为是"从摇篮到摇篮"的产品。例如可用于另一个项目中的实木地板、用于运送回收物的可重复使用包装，以及任何一种完全可生物降解的材料。在绿色设计术语中，使用之后未被重复使用或回收或未到使用寿命就被丢弃的产品被认为是"从摇篮到坟墓"的产品。因为要改变室内美观而被拆卸下来送入垃圾填埋场的地毯就是个常见的例子。另一个例子是运输纸板箱被送入垃圾填埋场而非回收工厂。显然，"从摇篮到摇篮"的产品被认为比"从摇篮到坟墓"的产品更绿色。

---

[14]Kibert, 2005, p. 285.

可持续设计使用的另一个经济技巧是生命周期成本 (LCC)，它综合了产品的实际成本、维护、定期更换的成本以及剩余价值。当然，一切都具有初始成本。例如，如果指定地毯拼片而非宽幅地毯，那么可以很容易地替换掉损坏的地毯块。相反，如果宽幅地毯被损坏了，那么可能整个房间都得重铺地毯。当然，LCC 的经济利益将影响建筑物物的长期业主（而非租户）。

按照绿色设计专家的观点，利用可持续性设计方法和产品的项目对于业主来说也可能更具价值。维护成本将会更低；更安全的室内空气质量将导致员工更少缺勤；绿色建筑中使用的许多产品的天然品质往往更讨人喜欢、更具吸引力，创造出令员工和客人更赏心悦目的环境氛围。

节能影响了室内设计师的工作，不论正在设计的商业空间的类型如何。据能源部透露，建筑消耗了所有电能中的68%。[15]商业空间中最大的能源消耗者是照明。许多州都已经强制使用低功率灯具，制定了对每平方尺瓦数设有上限的照明规范，以帮助减少电能的消耗。在各章的"规划及室内设计元素"、"设计应用"两节提供了可用于多种类型的商业空间中的照明设计的几点思考。

用低瓦数、高输出的荧光灯替代白炽灯也节能。白炽灯使用的大部分能源被释放为热量，从而增加了 HVAC 的负担。尽可能利用采光设计能降低人工照明的耗能量。当然，在某些区域，广泛使用窗户来采光可能因窗户吸热而导致能量损失。在这些情况下，设计团队应该指定低辐射、高性能的窗玻璃。在许多商业项目中，当有人进入或退出某个空间（如会议室或教室）时开灯或关灯的传感器有助于降低能耗。将环境照明和作业照明相结合的设计也可以提高能源效率，无论大部分空间的使用情况如何。"通过在室内提供各种独立的工作照明，设计师可以实现最重要的目标：在需要的地方提供良好的照明，在不必要的地方不浪费能源。"[16]

室内设计师还可以通过指定节能设备而提高能源效率。员工食堂里的家电（如冰箱和炉子）和获得了能源之星标识的电子设备（比如电脑和打印机）都节能。酒店淋浴间和洗手间里的低流量水龙头通过减少使用热水来节约能源。

如上这些只是室内设计师帮助把能源效率引入商业内饰的区区几个方法而已。作为设计团队的一部分，室内设计师应鼓励建筑师和客户利用尽可能多的节能的、可持续的设计产品和施工方法。

如读者看到的那样，可持续性设计可以融入使用了深思熟虑的空间规划、精心准备的产品规格的所有类型的商业项目。考虑以下示例：新医疗办公套间里没有新地毯的气味；在餐厅里用硬木餐桌代替抽气塑料薄板和复合木桌面；将全高墙移到办公室的中央空间，让阳光透射到办公室地板上[17]；在体育场馆中指定低用水量盥洗池。

关于可持续性设计的这个简短概述旨在提升对商业室内中绿色设计重要性的认识。您可能希望阅读"参考文献"中的一些文献，以获得关于21世纪重要的规划和设计实践的更详细信息。在"参考文献"中列出的文献只是关于可持续性设计可获得的少数材料。

---

[15]USGBC, 2003, p. 3.

[16]Pilatowicz, 1995, p. 58.

[17]The footprint is the perimeter of the building or project space plus any core partitions.

安防和安全

每种类型的商业设施的业主、开发商及租户都关心自己员工、客户和访客的安防和安全。2001年9月11日的悲惨事件提高了使建筑安全的重要性和意识。有关工作场所枪击事件、零售环境下客户和员工受到伤害、校园暴力、个人信息被盗的案例时有报道。客户和员工期望在公共和商业环境中都是安全的。客户要求设计团队在所有类型的商业设施中规划更佳的安防和安全。

一般的安防与安全问题包括保护员工和客户、生命安全、入室盗窃、员工内贼、故意破坏、偷窃公司记录，以及保护公司财产（例如知识产权）。威胁可能来自许多源头，而这些问题因业务类型不同而有所不同。在零售店里，偷窃商品是一个很大的安全问题。在医院和医疗办公套间里，受控物质的盗案创造了设计挑战。在办公室里，未经许可的访问者可能会带来各种安全问题。酒店客人希望在自己的房间和走廊行走时感到安全。个人希望在退出礼堂和剧院时感到安全。许多专业办公室在计算机上存储了大量的客户个人信息，要是客户个人信息被盗，可能对企业和客户造成巨大伤害。政府建筑物面临着恐怖主义的威胁。

对于室内设计师来说，满足他们设计的商业项目的安防和安全的有关责任的最简单办法就是严格遵守适用的建筑和人身安全法典。建筑模型法典（特别是美国国际建筑法规（International Building Code，IBC）以及加拿大的国家建筑法规（National Building Code，NBC））[18]标准化了施工标准，并提供有限的机械系统、可访问性和内部装修标准。除了施工法典之外，还有美国国家防火协会（National Fire Protection Association，NFPA）公布的生命安全法规（Life Safety Code），它提供了消防和生命安全的标准，但不包括建筑施工标准。独立的机械法典（例如国家电气法规（National Electrical Code）和国家管道法规（National Plumbing Code））提供关于这些系统的标准。当地司法管辖区可能有额外的规定。例如，某些司法管辖区对于所有设施具有抗震保护方面要求更高的设计标准。针对餐饮服务设施和医院（仅列举出这两个）有各种各样的卫生部门规定，这些规定可能影响某个设施的室内设计。

然而，对于安防规划和设计并没有模型典范。安防问题可以在建筑法规和当地司法管辖法典中找到。然而，大多数安防规划和解决方案都来自企业所有者、安防专家、提供产品（比如入口门访问卡锁、安全摄像机以及防爆玻璃）的供应商之间的讨论。

当涉及保护资深大律师列兹尼科夫（S.C.Reznikoff）所谓的"俘虏客户"[19]——商业设施的雇员和用户——的安全问题时，在规划和法规决策中严格遵守基于建筑、生命安全和消防安全的法典是至关重要的。出口的安排、出口处走廊的尺寸、规划避难场所、指定低烟雾传播的或阻燃性建筑材料等诸多生命安全问题是强制性的设计基础。

室内设计师必须了解他们客户设施的安全选项。"良好的安防涉及物理及电子屏障。空间的物理布局及施工可能对基本安防以及规划、安装监控和接入设备的难易程度产生深远的影响。"[20]许多企业希望有一个不可见的、透明的保护性安防系统。可见的安防布局可能给

---

[18]British Columbia has its own model code.
[19]Reznikoff, 1989, p. 14.
[20]Ballast, 2002, p. 312.

雇员、客户或设施的其他用户造成不必要的焦虑。通过在接待处入口门或大厅、等候室等区域提供能看到入口门的清晰视线，安防可以是透明的。某些类型的医疗设施和金融机构的窗户上安装的防弹玻璃是添加微妙但高效的安防设计的另一种方式。当项目比较复杂、需要一个广泛的安防方案时，室内设计师将与建筑师和安防咨询公司同客户一起制作安防平面图。

安防问题需要在程式设计中加以解决，以使室内设计师知道设施需要什么级别的安防，并对空间规划和法规进行调整，以满足安防需要。许多项目需要诸如进入酒店客房的门禁卡、零售店入口门处的电子安保设备，以及从医生候诊室进入门诊室之路上的蜂鸣器等的解决方案，仅举几例，不一而足。安防摄像头不仅用于监视许多建筑物的入口，还被用来监视商店、银行、学校，以及可能被视为高风险的许多其他设施。

照明是增加入住者的安防感和安全感的重要途径。适当的照明设计消除了室内的深色或危险区域。良好的照明意味着入住者感到安全，因为他们可以看到他们在哪儿、将要去哪儿——以及还有谁也可能在那儿。

对安防设计理念的深入讨论超出了本书的范围。此处提供的信息旨在使学生认识到安防问题可能会影响许多商业设施的室内设计。请记住，每种类型的商业设施都具有不同的安防和安全问题。在为客户和客户的顾客提供最好的安防和安全方面，室内设计师必须知识渊博。这些系统不再只是一种选择。在我们的自由社会里，它们已不幸地成为强制。

可访问性

时至今日，读者毫无疑问熟悉美国残疾人法案（Americans with Disabilities Act, ADA）以及20世纪90年代设立的指南，它们都是为了让残障人士能更容易地进出公共建筑。在撰写本文时，指南的修订版正在被不同的机构审查，预期将开始强制执行——好了，只要众多的政府机构已经完成了他们的审查，那么新指南就会登堂入室到国家和地方法典中。这些法典已实现了现代化，以反映技术、建筑法典和用户需求。

随着婴儿潮一代的老龄化，截至2006年已达到60岁，继续保持所有人都能访问建筑物的需求已变得至关重要。室内设计师以及设计-施工行业的其他人等不得认为设计准则阻碍了良好的创意设计。该准则应一贯地被视为确保每个人都可以享受使用这些创意设计的建筑物和内饰的一种手段。

新指南预计将简化许多合规性要求。这种简化将帮助设计师在使得商业公共建筑更容易访问方面做得更好。这也将有助于确定空间是否本该能被访问到却事与愿违。现在，设计上非常严格的或缺乏易于应用的标准的空间将更易于设计。

与此同时，本书中有关公共商业内饰的可访问性指南的章节提供了许多评论。虽然参考文献和评论主要都是依据ADA指南，但在大多数情况下，本书使用术语"可访问性"，而非ADA，因为司法机关可能有代替ADA的设计指南，或者在ADA之外还有附加的设计指南。

作为一个健康人，每次使用坡道而非楼梯、溜入更大的马桶间，或在电梯里使用"明星"确认大堂按钮时，请想想残疾人因有了这些简单的便利设施而狂喜得大叫。那么请确保您已经检查并复查了平面图和式样，以确保为您的商业室内设计项目在提供无障碍的、简单的便利设施方面完全合规。

表1-6　室内设计许可术语

- **建筑许可权**：司法管辖机构授予设计专业人士提交他/她的施工图纸给建筑法典官方以获得该项目建筑许可证的权利。
- **祖父条款**：法规中的一项条款，允许个人在法规颁布前从事该职业或使用受保护的头衔（例如室内设计师），以满足比先前要求的更高级的标准。例如，司法管辖机构可能要求个人通过NCIDQ考试。祖父条款可能允许那些一直在实践，但从未参加过该考试的人士继续使用"室内设计师"头衔而无须参加考试。
- **日落（Sunset）**：一项法规，被写入以包括程序或法律的自动结束，除非被司法管辖的立法机构重新批准。
- **职衔法案**：一项法规，限定只有那些满足了司法管辖机构设立的要求的人士才可以使用特定的头衔，如室内设计师、认证室内设计师或注册室内设计师。职衔法案并不需要设计师得经过许可后才能进行室内设计执业，也并不禁止未注册的个人提供室内设计服务。
- **实践法案**：一项法案，限制从事或实践某种职业的个人；一项法规，严格限制由谁来以司法管辖机构限定的方式提供室内设计服务。

许可证和注册

室内设计专业人士的许可仍然是一个重要的问题，虽然时有争议。自20世纪50年代以来，室内设计师寻求获得许可。1982年，阿拉巴马（Alabama）成为立法许可或注册室内设计专业人士的第一个州。到2006年为止，超过一半的州都有某些形式的关于许可、认证或注册的、限定谁可以进行室内设计实践或使用"室内设计师"头衔的法规。其他州在继续寻找室内设计职业工作的规制。表1-6提供了关于室内设计专业人士的许可或注册的术语。

为什么这很重要？该行业已变得越来越复杂，而对商业或住宅的内饰应该怎么做才能满足安全标准的责任则较30年前变得更为复杂。室内设计师负责为商业（或住宅）内饰的客户及用户提供安全的环境。内饰施工技术不断进化，变得更加复杂。建筑和生命安全法典要求在有关空间规划和产品法规方面做出关键决策，以确保商业内饰入住者的安全和健康。为了减少对环境的危害，并避免伤及商业空间的长期用户，可持续性设计知识和标准是必不可少的。安防问题将继续影响所有类型的商业设施的室内设计。这些是任何需要承担更大责任的室内设计师的关键问题。

许可证或注册确保消费者为他们的商业项目聘请的室内设计师具备足以提供室内设计服务所需的教育、经验和能力。对室内设计实践具备立法权的司法管辖机构需要对设计项目阶段所需的知识基础和技能集合进行深入广泛的教育准备。他们还需要通过一项能力考试，其最低要求侧重于室内设计教育及工作经验。

许可证或注册立法的司法管辖可能还需要强制设计师花时间完成各种类型的继续教育研讨会、讲习班或课程，以让设计师跟上行业的最新发展。继续教育课程通常开发为基于小时的具体时长（而非学期课程，比如在正式的学术环境下）。在许多司法管辖机构里，大多数继续教育时间必须着眼于有关消费者健康、生命安全和福利的话题。

专业能力测试

至少自20世纪50年代开始，专业协会和教育工作者已经在讨论室内设计师能力测试。20

世纪60年代某个专业协会（后来成为ASID）开发了一项考试。今天，立法类型各异的所有司法管辖机构都要求的一项考试是室内设计认证全国理事会（the National Council for Interior Design Qualification，NCIDQ）考试。通过NCIDQ考试也是ASID、IIDA、IDC、IDEC和加拿大省级协会认可其会员达到其协会最高专业水平的一项要求。

所有职业都要求有一门考试来测试任何类型的许可证或注册所需的最低能力。事实上，能力测试是所有职业的标准。室内设计师应该把通过NCIDQ考试置于他们目标列表的顶部，不论其司法管辖机构是否需要这项考试，也不论他们是否希望成为某个协会的专业会员。通过NCIDQ考试向客户展示出室内设计师具有今天这个职业所需的教育、经验、知识和技能集合。这是室内设计师应自觉追求的一项个人成就。

NCIDQ考试测试获得了教育准备、有至少6年工作经验的最低能力室内设计师的一般知识和技能。[21]该考试共分为6部分，历时2天，题型为多选题，各种设计实习作业测试最低能力的室内设计师所应该具备的全面的知识与技能。

室内设计师通过NCIDQ考试后会获得证书，证明成功完成该考试。与ASID或IDC不同，NCIDQ不是一个成员组织，所以"NCIDQ"不能被用作称谓。NCIDQ证书是一种实践凭证，显示个人在今天的专业室内设计所需的知识和技能方面被证明的实力。

可以从网站上或致电办公室获得关于考试以及NCIDQ提供的其他服务的信息。NCIDQ的网址列在本章结尾。

道德行为

近年来，道德行为和道德标准一直是新闻媒体的共同主题。企业高管、政府雇员和媒体在他们如何做他们的工作、他们说了些什么或者如何与他们的选民互动方面都受到密切关注。也许您会觉得道德不适用于室内设计师的工作。但是，您可能错了。

道德标准和道德守则是向专业协会提交的个人申请表的一部分。室内设计中的道德行为指的是以室内设计专业认为正确并且对于室内设计专业实践来说正确的方式来引导自身。专业协会设立了道德标准，作为对那些选择加盟该协会的人士的指南。道德标准在某些方面也可能是许可证/注册资格的一部分。

室内设计师如何与客户、供应商、承包商和其他设计师进行交互，这受到其遵守的道德标准的影响。例如，如果一个客户给您带来了礼品店的一套图纸，然后要求您重新设计店铺，并将产品销售给客户，那么室内设计的道德标准要求您以某些方式提问并引导自身。该客户还与其他设计公司订有合同吗？这是本例中的重要问题。假设您已经同意以某个特定的合约价格来设计并为医疗办公套间采购产品。不过，当您带着图纸和规格回来时，现在您的价格已经远远高于原来的预算，并且您的设计忽略了客户提出的目标。在这种情况下，您并不符合为当事人的最佳利益工作这一道德义务。

如果您加入专业协会，您将被要求按照符合协会道德标准的方式引导自身。[22]相反，非

---

[21]The current specific hours of education and work experience requirements can be obtained from NCIDQ.

[22]A code of ethics can be obtained from any of the professional associations by contacting their headquarters or chapter offices.

协会会员的室内设计师并没有不按道德行事的完全自由。单个设计师的不道德行为和业务操守可能损害行业中所有人的声誉。客户变得猜疑室内设计师的工作。

道德行为并不难，它并不太费时，而且它并非不便。以合乎道德的方式引导自身只是判断自己作为一个专业人士、让消费者看到室内设计师在他/她对客户及行业的义务的价值之外多出来的一个标准。例如，当我们作为客户和病人与法律、会计、医药、房地产的专业人士打交道时，我们期望他们行为道德。他们也期望他们聘请来设计他们的办公室、医疗套间、酒店客房、商店以及各种其他商业空间的室内设计师行为道德。道德行为是所有室内设计师以另一种方式提升室内设计的专业形象和地位的一种责任。

专业成长

获得室内设计教育，参加专业能力测试，并朝着许可证或注册完成其他要求都是商业室内设计师专业成长中的重要里程碑。许多设计师还成为专业协会（如ASID、IIDA或IDC）的会员。

专业协会给会员提供了很多提升专业成长的益处。当地分会会议的网络机会有助于拓宽行业内室内设计师的接触。出席国家会议将网络机会扩展到全国级别，甚至是国际级别。不过，古语云"一分耕耘一分收获"，所以您的付出也是很重要的。

为了获得专业协会的通信、成员会议、诸如保险计划等诸多福利以及出于许多其他理由，当然选择加入专业协会。而且还可以通过当委员会的志愿者来保持活跃。在这里，尤其是年轻的室内设计师在群体动态和领导特质方面获得更深入的了解。任何级别的室内设计师都获得宝贵的经验，并在帮助组织分会活动和计划的同时妙趣横生。后来，被选入分会董事会或公职将通过给董事会成员提供的培训拓展设计师的技能和知识。公职人员借由协会全国办事处为分会公职人员提供的培训来扩大交往和朋友的网络。积极参与协会活动是获得演讲和书写——对于任何室内设计师来说都是非常重要的交流技巧——的信心的一个伟大方式。

获得专业成长的另一种方式是通过继续教育。当个人在室内设计计划结束、收到文凭后，教育并未停止。专业人员应在提供继续教育单位（continuing education unit，CEU）学分的研讨会、专题讨论会和培训计划中寻求额外的信息。事实上，许多具有执照或注册立法权的司法管辖机构都要求CEU学分来维持执照或注册。专业协会可能也有这方面要求，但在任何情况下都强烈建议其会员接受继续教育。

继续教育研讨会提供专业内关于各种各样话题的最新信息。这些研讨会和专业讨论时间短，大多数只有一天或不到一天。有些甚至可在网上参加或通过信函参加，以使忙碌的专业人士能获得继续教育，哪怕是工作日程繁忙。

成功的专业人士寻找各种方式继续提升，并增加他们创造出的产品的价值。这种附加值会以各种正能量方式回馈给室内设计师！

本章小结

从事商业室内设计——不论专业如何——工作是令人兴奋的。设计富于创意的内饰的机会不是每个人都常有的：不过，概率始终存在。帮助客户公司变成更高效企业的机会也带给人满足感。想想看，给地处曼哈顿的一家大公司设计企业办事处或给医院设计新儿科配楼的感觉是多么美妙。有一天，也许您将成为新大型度假村/赌场或不断赢得酒店行业大奖的早餐酒店的项目经理。当然，您设计的一个小会计办公室或邻家餐厅也很重要。商业室内设计的机会是无限的。

本章提供了关于商业室内设计工作的一个快照。一个简短的历史回顾揭示了这一行业的这一分支的起源。然后，本章讨论了解客户业务的重要性，这对于商业专业的商业室内设计师的成功来说至关重要。对商业室内设计的工作环境和该领域的挑战也予以了考量。本章以对21世纪本职业的一些关键问题的简短探讨作结。

第2~10章提供了关于商业设计专业关键类型的重要功能及设计准则的信息。每章将帮助您了解企业的业务性质，并提供设计决策的基础。

本章参考文献

Abercrombie, Stanley. December 1999. "Design Revolution: 100 Years That Changed Our World." *Interior Design Magazine*, pp. 140–199.

Allen, Edward and Joseph Iano. 2004. *Fundamentals of Building Construction*, 4th ed. Hoboken, NJ: Wiley.

American Society of Interior Designers (ASID). 2003. "Green Design." *ASID ICON*. May. Several articles in this issue.

Applebaum, David and Sarah Verone Lawton, eds. 1990. *Ethics and the Professions*. Englewood Cliffs, NJ: Prentice-Hall.

Ballast, David Kent. 2002. *Interior Construction and Detailing*, 2nd ed. Belmont, CA: Professional Publications.

Baraban, Regina and Joseph F. Durocher. 2001. *Successful Restaurant Design*, 2nd ed. New York: Wiley.

Beard, Jeffrey L., Michael C. Loulakis, and Edward C. Wundram. 2001. *Design-build: Planning through Development*. New York: McGraw-Hill.

Berger, C. Jaye. 1994. *Interior Design Law & Business Practices*. New York: Wiley.

Blakemore, Robbie G. 1997. *History of Interior Design & Furniture: From Ancient Egypt to Nineteenth-Century Europe*. New York: Wiley.

Campbell, Nina and Caroline Seebohm. 1992. *Elsie de Wolfe: A Decorative Life*. New York: Clarkson N. Potter.

Cassidy, Robert. 2003. "White Paper on Sustainability." *Building Design & Construction Magazine*. November. Supplement.

Clay, Rebecca A. 2003. "Softening the Fear Factor." *ASID ICON*. August, pp. 10–12.

———. Spring 2005. "Integrating Security & Design." *ASID ICON*, 36–41.

Coleman, Cindy and Frankel + Coleman, eds. 2000. *Design Ecology. The Project: Assessing the Future of Green Design*. A brochure published by the International Interior Design Association, Chicago.

Demkin, Joseph A., ed., and the American Institute of Architects. 2003. *Security Planning and Design: A Guide for Architects and Building Design Professionals*. New York: Wiley.

Earth Pledge. 2000. *Sustainable Architecture White Papers*. New York: Earth Pledge (various authors, no individual editor listed).

Farren, Carol E. 1999. *Planning and Managing Interior Projects*, 2nd ed. Kingston, MA: R. S. Means.

Flynn, Kevin. "LEED and the Design Professional." *Implications*. InformeDesign. Vol. 02, Issue 09.

Gueft, Olga. 1980. "The Past as Prologue: The First 50 Years. 1931–1981: An Overview." *American Society of Interior Designers Annual Report 1980*. New York: ASID.

Gura, Judith B. Fall 1999. "Timeline to the Millennium." *Echoes Magazine* (special edition).

Herman Miller, Inc. 1996. "Herman Miller Is Built on Its People, Values, Research, and Designs." News Release. December 15. Zeeland, MI: Herman Miller, Inc.

———. 2001. "Companies Go Green." Brochure. Zeeland, MI: Herman Miller, Inc.

Interior Design. 2006. "The Top 100 Giants." January, pp. 95+.

Jones, Carol. 1999. "Defining a Profession: Some Things Never Change." *Interiors & Sources Magazine*. September.

Kibert, Charles J. 2005. *Sustainable Construction*. Hoboken, NJ: Wiley.

Klein, Judy Graf. 1982. *The Office Book*. New York: Facts on File.

Long, Deborah H. 2000. *Ethics and the Design Professions*. Monograph. Washington, DC: NCIDQ.

Malkin, Jain. 2002. *Medical and Dental Space Planning*, 3rd ed. New York: Wiley.

McDonough, William and Michael Braungart. 2003. "Redefining Green." *Perspective*. Spring, pp. 20–25.

———. 2005. "Making Sustainabilty Work." *EnvironDesign Journal*. Spring, pp. 34–38.

Mendler, Sandra F. and William Odell. 2000. *The HOK Guidebook to Sustainable Design*. New York: Wiley.

Nadel, Barbara A. 2004. *Building Security: Handbook for Architectural Planning and Design*. New York: McGraw-Hill.

National Park Service. 1994. "Guiding Principals of Sustainable Design." Available at www.nps.gov/dsc/dsgncnstr/gpsd/ch1.html

Null, Roberta with Kenneth F. Cherry. 1998. *Universal Design*. Belmont, CA: Professional Publications.

Pilatowicz, Grazyna. 1995. *Econ-Interiors*. New York: Wiley.

Pile, John. 1978. *Open Office Planning*. New York: Watson-Guptill.

———. 2003. *Interior Design*, 3rd ed. Upper Saddle River, NJ: Pearsen/Prentice-Hall.

———. 2005. *A History of Interior Design*. New York: Wiley.

Piotrowski, Christine. 2002. *Professional Practice for Interior Designers*, 3rd ed. New York: Wiley.

———2003. *Becoming an Interior Designer*. New York: Wiley.

Ranallo, Anne Brooks. 2005. "Cradle to Cradle." *Perspective*. Spring, pp. 17–22.

Reznikoff, S.C. 1989. *Specifications for Commercial Interiors*. New York: Watson-Guptill.

Rutes, Walter A., Richard H. Penner, and Lawrence Adams. 2001. *Hotel Design, Planning, and Development*. New York: W.W. Norton.

Scott, Susan. 2002. *Fierce Conversations*. New York: Berkley Books.

Sewell, Bill. 2006. *Building Security Technology*. New York: McGraw-Hill.

Solomon, Nancy B. June 2005. "How Is LEED Faring After Five Years in Use?" *Architectural Record*, pp. 135–142.

Sparke, Penny and Mitchell Owens. 2005. *Elsie de Wolfe: The Birth of Modern Interior Decoration*. New York: Acanthus Press.

Stitt, Fred A., ed. 1999. *Ecological Design Handbook*. New York: McGraw-Hill.

Tate, Allen and C. Ray Smith. 1986. *Interior Design in the 20th Century*. New York: Harper & Row.

Thompson, Jo Anne Asher, ed. 1992. *ASID Professional Practice Manual*. New York: Watson-Guptill.

U.S. Green Building Council. February, 2003. *Building Momentum: National Trends and Prospects for High Performance Green Buildings*. Washington, DC: U.S. Green Building Council.

———. 2004. "LEED-CI." Brochure. Washington, DC: U.S. Green Building Council.

U.S. Green Building Council. No date. "Making the Business Case for High Performance Green Buildings." Brochure. Washington, DC: U.S. Green Building Council.

Watson, Stephanie. "Learning from Nature." *Implications*. InformeDesign. Vol. 02, Issue 04.

Whiton, Sherrill and Stanley Abercrombie. 2002. *Interior Design & Decoration*, 5th ed. Upper Saddle River, NJ: Prentice-Hall.

Williams, Shaila. 2006. "The New Rules." *Perspective*. Winter, pp. 42–46.

World Commission on Environment and Development. 1987. *The Brundtland Report: Our Common Future*. Oxford: Oxford University Press.

本章网址

American Society of Interior Designers (ASID) www.asid.org

Careers in interior design site www.careersininteriordesign.com

Council for Interior Design Accreditation (formerly the Foundation for Interior Design Education Research). www.accredit-id.org.

Design-Build Institute of America (DBIA) www.dbia.org

Interior Design Educators Council (IDEC) www.idec.org

Interior Designers of Canada (IDC) www.interiordesign-canada.org

International Interior Design Association (IIDA) www.iida.org

National Council for Interior Design Qualification (NCIDQ) www.ncidq.org

U.S. Green Building Council (USGBC) www.usgbc.org

Architectural Record www.architecturalrecord.com

Building Design & Construction magazine www.bdcmag.com

Canadian Interiors www.canadianinteriors.com

Contract magazine www.contractmagazine.com

Design-Build Dateline magazine www.dbia.org

Eco-Structure magazine www.eco-structure.com

EnvironDesign® Journal (a supplement to *Interiors & Sources* magazine)

InformeDesign newsletter www.informedesign.umn.edu

Interior Design magazine www.interiordesign.net

Interiors & Sources magazine www.isdesignet.com

Journal of Interior Design www.idec.org

第2章

办公室

可以说，办公室设计是商业室内设计的中坚力量。几乎所有室内设计公司都设计办公设施，因为大多数商业室内都包括某种形式的办公空间。下面是一些例子：零售店经理需要办公空间，以放置并检查单据；酒店给经理提供办公空间；工业制造商需要为公司领导准备办公空间；银行为信贷员提供私人或半私人的办公室；医生需要一间办公室接受患者咨询；别忘了学校里还有校长办公室。说出设施的名字，那么里边至少有一个空间被视为办公室。

当然，办公室工作的目标是让个人和团体完成具体任务，以协助实现企业的总体目标。然而，并非所有的办公室工作都是一样的。企业高管的行政助理的工作与公司的助理秘书非常不同。校长的办公室工作与医生或会计师的完全不同。因此，让办公室的布局和

图2-1a 这个办公空间的接待室是创造性和创新性的做法。图片提供：Randy Brown Architect

图2-1b 商业总部：典型的工作站。室内设计：Robert Wright, FASID, with Kellie McCormick ASID, Bast/Wright Interiors, San Diego, CA。摄影：Brady Architectural Photography

设计辅助特定业务行为工种所需的功能，这是非常重要的。诸如公司规模、地理位置等因素只是影响办公空间设计（图2-1a、图2-1b）的许多其他元素中的两个。

今天，商界领袖必须应对许多挑战，这些挑战可能会影响室内设计师的办公室项目工作。组织的变化可能猝不及防，所以作为一个企业必须准备改变方向，以满足不断影响经济以及企业市场的变化。在财务方面，企业必须谨慎管理，因为竞争可能很容易影响一个企业的成功。而今天的企业必须以在道德上负责任的方式对待雇员、客户、竞争对手和企业界。

就算学生接触办公室，通常也难以理解办公室的组织运作或不同工作所需的设备类别。办公室设计可能给学生引入作业名称、家具名称以及他/她尚不熟悉的空间要求的列表。了解功能职责和业务目标是很重要的，以最好地开发邻接工作区的空间计划，并为办公区做出最好的设计规格决策。

本章提供了对办公室工作功能差别的解释。了解这些工作职责的差别对于空间规划和产品规格的决定而言非常重要。室内设计师必须了解业务的一般性质以及他们为之做设计工作的公司的业务性质，因为设计决策可能对业务产生直接影响。怎么会这样？计划不周或家具产品不对路的办公室可能让上班族无力做好本职工作，对客户公司的底线产生负面影响。另一方面，有效的功能设计和规划，以及产品和材料的敏感规格，可能提升雇员的生产率、效率和满意度。

本章以对办公环境的历史回顾作为开头，然后讨论办公业务。这种讨论首先基于传统的组织结构，它仍然被许多企业采用。接着看看21世纪正在开发的办公室组织结构。设施管理和规划被认为是办公业务概述的一部分。接着讨论各类专业办公室（不论是传统还是用于开放式办公规划）的功能要求。本章以关于形象、地位和组织文化的信息作结。规划及设计理念在下一章介绍。

表2-1列出了本章使用的词汇。

表2-1　本章词汇

- **封闭式办公室规划（CLOSED OFFICE PLAN）**：一种楼层平面图，其中，办公室被规划为绕着具有全高墙、供个人使用的私人办公室。也称为传统办公室平面图（conventional office planning）。
- **精简（DELAYERING）**：减少管理和监督层，以扩大个别工人和工作团队的职责。
- **裁员（DOWNSIZING）**：减少公司内的雇员数量，以节省运营成本，更快地响应客户需求。
- **改进型开放式规划（MODIFIED OPEN PLAN）**：将开放式办公室工作站与一些私人封闭式办公室相结合的规划。
- **赋权（EMPOWERMENT）**：让员工自己做出某些决定，而不是通过多层管理（或许还得等上好些天才能做出决定）。
- **办公室景观（OFFICE LANDSCAPE）**：Bürlandschaft的英译名，一种利用植物和书桌（而非隔墙或独立面板）的规划方法。
- **开放式规划（OPEN PLAN）**：采用可移动墙板和/或家具物品来划分办公区、创建工作区的一种规划方法。
- **棒家具（STICK FURNITURE）**：木家具的俗称。
- **工作站（WORKSTATION）**：在开放式规划工程中代表办公室的空间。

历史回顾

　　办公室提供了个人完成企业行政工作的环境。办公室工作是许多企业和职业（不论大小规模如何）的中心活动。在几千年中，完成工作的方式已经发生了改变，并且现在一直都在持续演变。办公环境随商业、技术、市场和企业主意愿的需求而变化。

　　办公室一直存在。在古代，当两人握手成交时，可能两人占用一间办公室，例如木匠给邻人做张桌子。随着经济和工业的增长，办公室变得更加正规化。随着这个专业的发展，作为记录业务交易的方式，专门的办公室工作不断增长。随着工业和贸易变得越来越复杂，对办公室、办公家具和设备的需求也增加了。从历史上看，专业化的办公功能和办公室的成长始于在工业革命期间发生的重大变革。从农业经济向工业经济的转变创造出了新业务，需要有更专业化的工种，从而需要额外的办公功能（图2-2）。

　　在19世纪下半叶，封闭式规划是布置办公空间的主要方式。这涉及为老板或业主准备私人空间，文员、秘书占用独立空间。回想查尔斯•狄更斯（Charles Dickens）小说A Christmas Carol（中译名：《圣诞颂歌》）中吝啬鬼埃比尼泽•史库鲁（Ebenezer Scrooge）和他的业务员鲍勃•克瑞奇（Bob Cratchit）位于被一只蜡烛照亮的高桌上前台办公室前边的私人办公室。大型企业将雇员安置在一个称为"大房间"的大开放空间里。业主和管理人的办公室总是比工人桌更大、桌椅灯具更多，装饰得更金碧辉煌（图2-3）。

　　在20世纪，商务功能特色及办公设备的全面增长造成了办公室的实质增长。当企业主和建筑师意识到女工对她们所处的环境有着不同的视角时，劳动力中的女性群体也产生了影响。商业室内设计作为一个专业的出现也是始于20世纪初，虽然很少有人这么认为。

　　当工业吸收产业工人时，公司的办公室尺寸增大。办公室封闭式规划一直持续到20世纪早期，直到诸如弗兰克•劳埃德•赖特（他设计了拉金行政大楼（Larkin Administration

图2-2　1900年左右的一家小房地产公司，描绘了当时流行的办公空间和家具的使用方式。（照片经许可后使用，犹他州州立历史协会。保留所有权利。）

图2-3 1900年左右的办公空间，多名雇员共享大房间。（照片经许可后使用，犹他州州立历史协会。保留所有权利。）

Building，1904年））等设计师着手开放式办公室空间规划。在20世纪初，专业的家具和办公设备（如打字机、录音机和电话）都影响了办公室设计。

第二次世界大战期间及之后，办公室环境发生了显著变化。需要很多上班族来支持战争。随着公司在战争中成长，上班族的人数大大增加。社会科学家开始研究组织结构和员工生产率。其他研究人员从理论上推测当技术影响完成办公室工作的方式时办公室环境将如何变化。此外，在办公室环境中受过良好教育的专业人士越来越不满意规划办公室的方式——对老板坐在周边而其他工人坐在开放大房间也越来越不满。

二战后，办公室室内设计（以及商业室内设计自身）发生了显著变化。在以往的办公建筑中，数个公司位于同一建筑物，与之不同的是，公司总部都是为单一租户创建的。这给建筑物业主对建筑物、室内空间设计、室内装饰、家具和规格具有更多的控制权。随着企业的实力和业务增长，他们在大城市增加了分支总部办公室。这些分支总部空间在空间分配（甚至家具装修和建筑表面）方面往往必须被设计成依照公司总部。

在20世纪50年代，随着战后经济扩张，办公室工作人员的数量持续增长。这种增长挑战着设计师和建筑师开发出新方法来处理越来越多的员工，而无需企业不断建造新的办公空间。一家名为Quickborner Team für Planung und Organisation的德国管理咨询组，领头人是Eberhard and Wolfgang Schnelle，希望找到一种方式来改进办公室的绩效和生产率。在规划专家的帮助下，通过展开"办公室"，他们开发出了开放式景观的理念，以增加工人之间的沟通。该Quickborner Team创造了Bürolaudschaft这个术语（意思是office landscape（办公室景观）[1]）来定义他们的规划理念（图2-4）。虽然有些人指出开放式办公室规划始于弗兰克•劳埃德•赖特，但历史上这一趋势始于20世纪50年代的德国。[2]

---

[1]Office landscape is a planning method using plants and desks rather than wall partitions or free-standing panels. It was first used in Germany in the 1950s.

[2]Pile, 1978, p. 18.

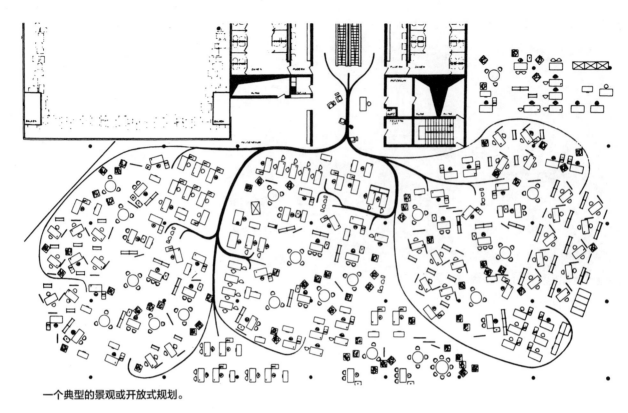

一个典型的景观或开放式规划。

图2-4 Quickborner办公室景观，描绘了"办公室"的布局，以增加工人之间的沟通。

最初的开放式景观理念废除了所有的私人办公室，将管理人员和工作人员置于同一个开放式规划中。家具的相当不规则排列并非基于任何具体的规划类型。这使得那些不理解新理念的设计师和办公室管理人员相信这些早期规划只是横空出世，并非良好规划的代言人。然而，规划实际上是基于个人和工作组之间的关系，并建立在非常合理的原则之上。一起工作或关系亲密的上班族分到同一组，以提高生产率。1967年，美国利用开放式景观的第一个

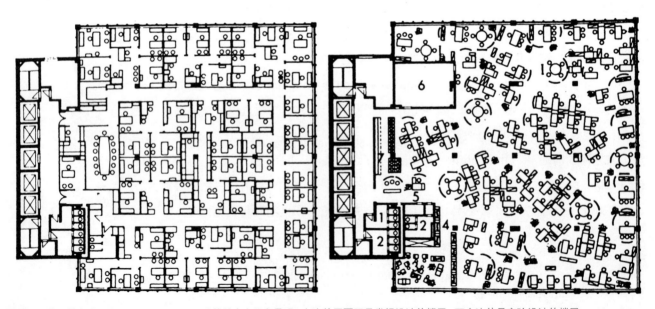

图2-5 美国杜邦公司（DuPont Corporation）的首个办公室景观。左边的平面图是常规设计的楼层，而右边的是实验设计的楼层。

项目是特拉华州杜邦公司的一个部门（图2-5）。尽管设计师和企业所有者曾使用过开放式理念一段时间，但这是第一次在现代办公室设计中所有设施都采用开放式规划。

开放式规划（早期称为开放式景观）是一种使用可移动墙板和/或家具来划分办公区、使用全高隔墙创建工作区域的规划方法。之后，家具的发展（尤其是这种规划类型）影响了企业如何进行管理，因为它对工作小组或团队（而非个别工人）施加了更大的影响。20世纪六七十年代，办公室设计真正变得更加人性化，更关注给员工个人对他/她的工作区的设计、规格上赋予一定自由的能力。

新家具产品帮助改变了办公室环境的设计方式。在20世纪60年代，为赫曼•米勒（Herman Miller）公司效力的设计师罗伯特•普罗布斯特（Robert Probst）设计了一种称为Action Office®（动感办公室）的家具产品（见图1-4）。动感办公室的设计初衷是融入传统的私人办公室，但其推出恰逢开放式景观被接受，于是它开始用于开放式景观项目中。1968年，它被重新设计，结合了今天我们所熟悉的垂直分隔板和挂件。虽然动感办公室在某种意义上违反了Quickborner小组的规则，但它在装修开放式景观项目中似乎显然是被接受的。面板和垂直叠加组件帮助创建隐私，同时仍保持必要的开放性。当开放式办公室规划流行时，其他家具制造商创建可用于这一规划理念的产品。

自20世纪70年代末期开始，提供更健康的办公室环境的一个主要改进是注重按照人体工程学设计座椅。这种形式的座椅减少了必须一天在电脑前坐8小时的工人背部、腿部的疼痛。幸运的是，设计师并未止步于符合人体工程学的座椅，而是已经将人体工程学的理念融入在办公室和家庭环境中使用的许多产品。

自20世纪90年代开始，许多新产品的设计都给予办公室区域更加开放的面貌。这些新产品是当企业开始赋权时企业和员工的需求引起的。由于更大的责任被分配给团队（而非个人）来完成工作任务，对办公室布局及家具产品的新理念成为必要（图2-6）。

图2-6　Redwood Trust Offices工作站被设计来提供一个团队系统。Huntsman Architectural Group。摄影：大卫•瓦克利（David Wakely）。

今天，办公室规划和设计结合了办公室设计历史上演化的所有方法。传统抽屉商品或棒家具、系统家具、开放式规划以及封闭式规划都可以适用于客户。在时下的办公室里，提升环境规划也变得非常重要。越来越多的客户希望他们的项目被LEED认证，以创造一个更好的环境，并向他们自己的员工展现他们对全球环境的关注。此外，将技术变化融入办公室家具布置（使之不伤害雇员）的挑战增加了室内设计师设计出优秀内饰的责任。每个人桌子上都摆着一台个人电脑；可以使用笔记本电脑和手机移动办公；远程办公能让工人和客户在不同大洲仍然开展"一对一"业务。

即使在21世纪，尽管工作组织和管理、家具和办公设备产品都发生了变革，但在大多数公司里有一点依然保持相对不变：老板仍然得到最大的办公室，拥有最多的家具和陈设，而员工及生产工人只得到足以完成其任务的空间和家具。

办公室运作概述

21世纪的工作是不断变化的，因此完成工作的办公室也必须不断变化。在21 世纪，裁员[3]、远程办公、市场全球化以及许多其他力量都在改变着企业的结构。现在，办公室工作的关键是信息和知识，信息工作以及传送信息的能力是至关重要的。技术变革已经影响到所有企业。即使是最小的企业也可以借由技术抵达全球。团队和办公环境满足团队需求的能力对于组织结构的这一变革来说非常重要。一些行业和职业人力资源稀缺，这意味着21世纪的工人对他们的工作环境有更大的发言权。

现在的技术允许传统上在办公室内完成的工作远程完成。膝上型计算机、个人数字助理(PDA)、手机和无线互联网链接都潜在地使大办公楼容纳所有员工成为往事。这以某些方式减轻了企业给单个地点的雇员提供所有空间和家具的压力。尽管如此，关于空间、办公设备和审美的决策继续影响商业设计师创造任何种类的办公环境的工作。

商业企业——不论是位于办公室还是零售店——必须具备随着（被内在的和外在的力量创造出来的）时势改变自身的能力。如果一个企业改变其组织，这通常将影响其办公室的规划。在2001-2002年的经济衰退中，许多企业无法应对影响它们的变化，因而消失了。在企业重组其目的、目标和战略计划时，办公室的灵活设计和产品规格可以帮到企业 (图2-7)。

尽管许多工人可以在家工作——假设他们老板让他们这么做的话——很多人仍然选择来办公室。这么做的大部分原因是友情和与同僚的社交机会。对于很多人来说，社交的目的是在解决问题的过程中碰撞彼此的想法。因此，虽然允许员工在办公室之外上班的公司数目增加了，但许多工人依然选择每周在办公室至少呆数日。

企业主、经理和主管完成规划、管理和控制维持企业所需的活动所需的工作。部门或分支内每个职业都有特定的职责，这提升了企业实现其目标的可能性。室内设计师必须了解每一种不同的工作职能，因为它们需要用来执行工作职责的办公空间和家具可能有所不同。

---

[3]Downsizing is a reduction of the number of employees within a company to bring about cost-effective operations and to be and being more responsive to customer demands.

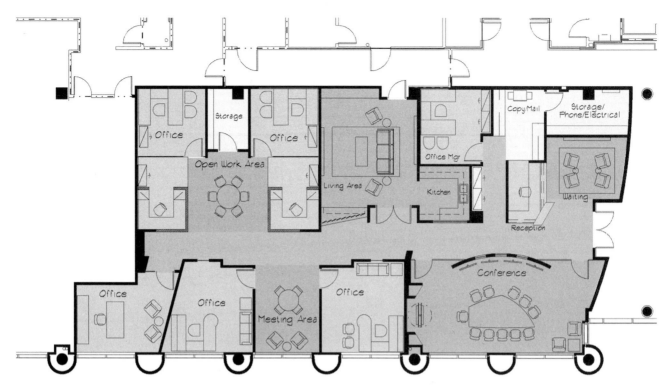

图2-7　楼层平面图，描绘了办公室设计的灵活性。(绘图提供：Burke, Hogue & Mills Architects)

传统的组织结构

　　虽然办公室工作领域在许多方面发生了变化，但一个基本的组织结构仍然必须存在。传统组织方式的企业具有最明确的组织结构。该组织越大，这个结构的定义变得越清晰。结构有助于明确责任，使各部门能够达到预期目标，这又反过来满足了企业作为一个整体的目标。当企业具有官方汇报的权威时，就说它在不论有还是没有来自雇员的输入时老板在决策上具有集中控制权。部分地，这些关系由该公司的组织结构图（图2-8）来诠释。然而，正式图表往往仅仅是——对组织结构的正式描述。不过，如果发现使企业持续运行的日常工作关系并不严格遵守此图表，那这并不奇怪。室内设计师通过使用通用的程式设计方法（例如一对一采访和实地巡查）来找出非正规沟通渠道。在程式设计阶段通过使用雇员问卷也能明了正式和非正式的汇报结构。

　　虽然在许多公司里这些传统的等级描述和术语都在发生改变，但它们仍然是组织结构的骨干。技术已经对办公层次产生巨大的影响，因为传统指令链条上的很多人可以舒适地通过电话会议、电子邮件等远程方式做好本职工作。当然，将传统指令链条修正为分权组织的组织结构只对一些公司奏效。组织结构的改变使该项目的程式设计阶段至关重要。室内设计师必须了解每个部门在做些什么、部门之间的相互关系如何、部门内每个人都在做些什么、这些人之间的相互关系如何。这些因素将影响任何规模的办公室设施的空间规划及邻接规划。

　　以大公司为例，下面的文字描述了在企业运营中工作职能是如何落在每个人头上的。请记住，同样的区域或分区存在于许多规模较小的公司里，虽然不像这儿描述的那般正式。大型商业企业通常细分为几个部门。我们的样本企业分为以下部门：行政、企业/法律、财务、运营（或制造）、市场营销和管理。

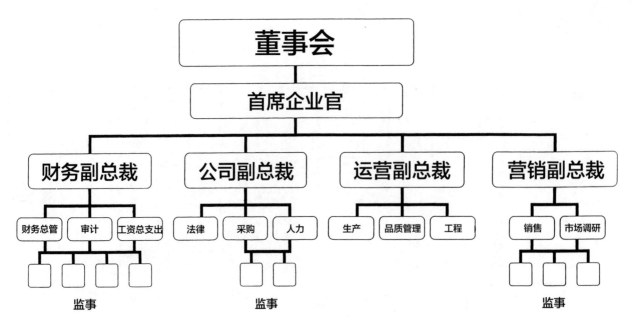

图2-8　公司的组织结构图。（插图：艾莉莎·纽曼（Alisha Newman）。）

　　行政部门包括CEO或总裁，以及行政人员。CEO及部门副总裁决定整体方针，并贯彻实施董事会的方针。[4]行政部门负责财务规划和整体的一般行政（表2-2）。

　　法律部门由与整个公司的整体运营有关的许多部门组成。公司部门一般都包括负责法律、税收、保险事务以及采购的部门。

　　财务部门负责财务规划、分析、会计和财务报告的准备工作。公司的所有其他财务方面（例如处理应收账款和应付账款、工资和其他财务事项处理）也是财务部的职责。

　　运营部门负责公司的货物生产或服务。运营包括诸如设计、新产品管理、材料管理、采购、产品质量控制、将产品分销给买家。在以服务为导向的公司里，这个部门负责服务（例如建筑公司提供的施工图纸）的生产。

　　市场部门对其整个产品线的营销、广告、销售负有多重责任。市场部门决定如何最好地将产品或服务的信息传递给消费者。

　　管理部门包括那些负责向其他部门提供服务的部门。人事部门就是一个例子。

　　基于工作职能和业务类型，上述各个部门或分支领域在空间需求和家具要求上略有不同。例如，即便是在今天，当办公室里人手一台电脑时，律师仍然使用法定尺寸的纸张，并且需要的文件柜比其他部门（它们都使用信纸尺寸的纸张）都更大。在通信部门工作的个人可能正在审视挂板，用来布局被提议的广告宣传活动。

　　每个企业都有类似于上述的空间和功能要求。在某种程度上，它是放之四海而皆准的，而非相对的。对于医生的套间，我们可以把医生自己使用的空间形容为行政部门。医疗套间

---

[4]The board of directors consists of individuals elected by the shareholders of a corporation. They are legally responsible for setting overall corporate policy, delegating operational power, and selecting the president and other chief officers.

表2-2　公司办公室的常见职位名称

职位名称及职责基于公司和企业的规模。这里介绍的术语是如图2-8所示组织图中传统等级制度的最常见术语。

- **首席执行官（CEO）**：企业中最高级别的个人。在规模较小的公司，他/她的头衔可能是董事长或校长，而非CEO。
- **副总裁**：管理的第二高层。副总裁的主要工作是协助CEO，负责企业的特定部门或分部。
- **部门经理**：监督负责企业特定领域（如会计部门）的雇员团队的个人。
- **监事**：一般位于部门经理下边。他们监督

执行特定功能的个人（例如会计部门的记账员）。

- **经理**：负责规划、控制、组织、提供领导并作出决定的个人。
- **直线经理**：负责与公司收入生产直接相关的活动的个人。
- **员工经理**：提供支持、建议和专业知识给各级管理人员的个人。人事办公室和会计部门的经理就是例子。
- **雇员职衔**：公司里上班的雇员可以有几十个头衔——例如，室内设计师公司里的项目经理、高级设计师、设计师和技术员。

的经理执行公司部门的许多工作。病人进医院并支付服务费用的空间以及被负责提供这些服务的办公室工作人员占用的空间可以被看作财务部。患者诊察室（也许是个小手术）、化验室和其他医疗专用空间是医疗套间的业务部门。市场营销一般不是个与医生有关的问题，但该功能可能是医生或办公室经理的职责的一部分。人们可能争辩说，医疗区域之外的所有区域都类似于行政部门。

新的办公室组织结构

许多企业（从最大的大公司到最小的小公司）已经重新定义了工作是如何完成的、如何组织环境以容纳工作。在21世纪，技术革新、工作流程的再造、企业裁员、市场全球化只是与企业面临的挑战有关的诸多改变中的很少数几个。对于必须创造性地借鉴新办公室环境的设计问题的学生和专业设计人士来说，至关重要的是要理解这种新的工作结构。事实上，学生们会发现自己为之效力的设计公司拥抱着许多这种理念。本节简要讨论了工作结构是怎样改变及继续改变的。

为了应对快速变化的经济和商务市场的挑战，今天大多数公司不得不重组其业务和组织。许多大公司都重新设计他们的组织。根据Hammer and Champy, *reengineering*（再造）指的是"对业务流程的的根本性重新思考，以在关键的、临时的措施方面（例如成本、服务和速度）实现显著改善。"[5]在20世纪90年代（2001年左右再次如此），许多企业通过了又一轮变化过程，以应对经济下滑。这一过程通常适用的术语称为裁员（downsizing）。裁员导致公司内员工数量减少，降低运营成本，并更快地响应客户需求。当着手裁员时，许多企业都会经历大规模重组，往往导致数千人失业。

---

[5]Hammer and Champy, 1993, p. 32.

图2-9　独立式家具，无需竖直面板或其对组件配置没多大作用。(照片提供：Haworth, Inc.)

让我们假定在新的组织机构中不存在传统办公室组织那一节所描述的工作职衔和部门分组。在许多情形下，它们依然存在。然而，由于给完成工作的团队赋予了更大的权力，所以工作关系变得不再那么正式。赋权 (empowerment) 意味着雇员被允许自行决策，而非经过多层管理层还甚至要等几天待别人决策。正规性的降低对规划办公室、组织中给各层工人提供设备的方式具有很大的影响 (图2-9)。

裁员和再造影响了许多企业的正规汇报结构。对于许多公司来说，如图2-8所示的正规金字塔结构已经变成扁平结构，通常称为精简 (delayering)，意思是减少管理和监事层，从而工人个人和工作团队的责任增加。这一增加的责任或权力使许多雇员觉得他们对企业比以往更有归属感。赋权使雇员能接触到决策所需的信息。这是很重要的，因为现在许多雇员是在公司大楼外边上班 (可能是在家中办公，也可能是在航班起飞前在机场办公或者在飞机上办公)。

技术变革对修正组织结构产生了很大影响。技术使许多种类的工作能更快地、更准确地、在几乎所有地点完成。远程办公使个人能在远离办公室的家中、路上或卫星办公室里上班。这给消费者送去了合适的工人，解决了问题，拿到了订单，一般来说更快地满足了消费者。小组能更快地组织他们的工作设备，因为技术已经把办公家具和设备改进到单个工人能把他/她的文件和膝上型电脑移动到另一个位置的地步 (图2-10)。在新的办公环境里，电气、电话和其他数据连接的重新布置促使停工期变得更短。

组织重构和雇员赋权改变了完成工作的方式。具有非传统工作结构和环境的公司使个人或团队负责项目从开头到收尾的所有部分。在传统公司里，最终产品被分解成几部分；每部分都是个人或小组的责任，他 (们) 在完成某个目标后又将该部分传递给另一个个人或小

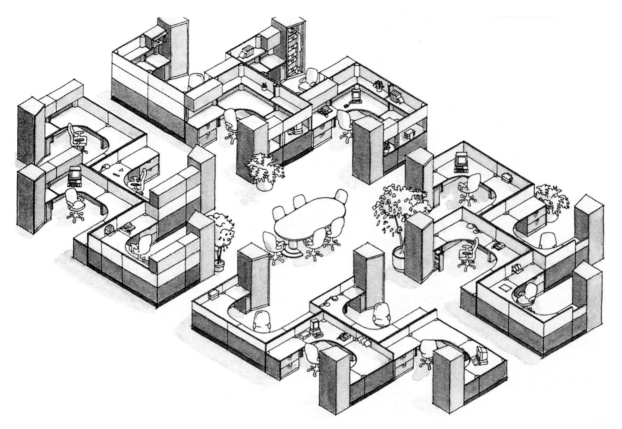

图2-10　绘图所示为一个小型会议区，由周围的工作区域使用。工作空间的多功能性使得用途更灵活。(版权所有 : Steelcase公司 ; 授权使用。)

组（就像个装配线一样）。这种团队方式帮助公司更快地开发新产品，领先于其竞争对手将新产品打入市场。因此，取决于团队面临的问题的范围，今天的团队是灵活的，大小和人员不断变化。一些个人同时是多个团队的成员。只有当团队成员存在着自由流动的交互时，团队才能有效地发挥作用（图2-11a、图2-11b）。

　　团队可以通过多种方式来定义，但它们通常分为三种类型：线形、并行、环形。线形团队是最简单的形式：每个成员执行完成总任务所需的任务的一部分。这项工作从一个人传到另一个，直到任务完成。第二种工作团队被称为并行团队。在这种情况下，团队基于团队成员的专业技能组合特定项目。通常情况下，团队成员来自不同部门，共同协作，同时处理他们常规部门的其他任务。组合来做设计项目的团队就是并行团队（图2-12）的一个例子。项目完成后这个团队可能依然在一起，但由于团队成员还在努力做其他项目，当一个项目完成时，他们的主要职责可能转移到另一个项目。第三种团队是一个集体讨论或环形团队。在这种情况下，团队被组织起来做创造性和创新性的工作。在整个项目过程中，成员可能来来去去，当项目完成后团队解散。[6]

　　在21世纪办公室里，在哪里完成工作是一大差异。新办公室里有些工作需要面向团队交互及进行工作的空间及规划。必须设计灵活的工作空间，以适应工作团队可能在项目上干几天甚或超过一年的需要。然后，空间可以重新配置给一个新团队和新项目。其他任务由个人

---

[6]Herman Miller, Inc. 2001b, p. 3.

图2-11a　团队的家具布置显示出设计上的灵活性，室外看到的外景。(Huntsman Architectural Group (亨斯迈建筑集团)。摄影：大卫·瓦克利。)

通过远程办公处理。随着现代办公环境变得比传统的前身更流畅，设计师在程式设计阶段发现企业将需要的各种空间是非常重要的。设计师必须更加注重了解企业的组织和文化，以及公司的家具需求。

即使组织结构有变化，许多公司仍然需要设计师来规划私人办公室以及建筑物周边。然而，最初分配给这些空间的雇员更频繁地发现自己在同建筑物其他部分的团队成员一起工作，或甚至是在与地处他方的公司里的团队成员一起工作。因此，这些私人办公室经常空置，或用作会议室。许多身处私人办公室的高管觉得自己被与雇员分开了。搬进开放式办公

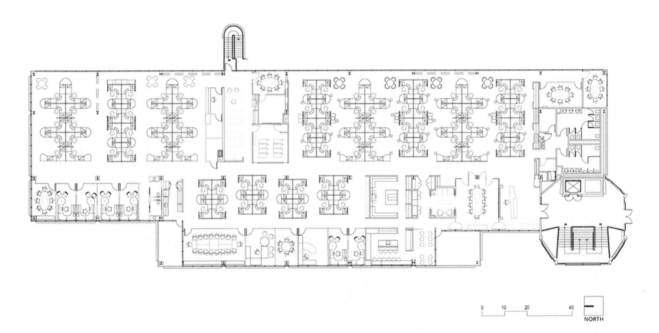

图2-11b　楼层平面图，显示空间内放置的系列家具。(绘图提供：Huntsman Architectural Group。)

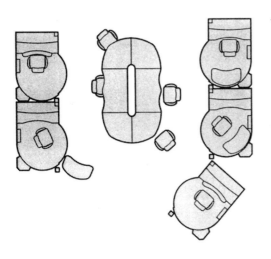 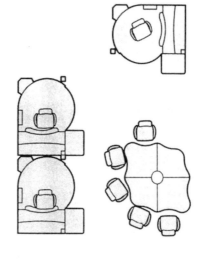

五人团队的空间　　　　　　　　　　三人团队的空间

图2-12　三人和五人团队的空间，个人工作站位于公共空间的侧面，这是团队空间灵活性的一个例子。(版权所有：Steelcase公司；授权使用。)

空间能让他们再次接触他们的工作人员。打开办公室的墙壁也意味着雇主和工人阶层之间有更多有用的交流。在其他情况下，公司要求设计师在设施内规划一个区域，该区域边缘上（而非该区域内部）带有非全高的封闭式办公室或会议室（如果规划做这些的话）。这让更多员工靠近窗户、日光和景观。

表2-3　替代型办公室术语

- **替代型办公室**：一个术语，描述对办公室及工作区的设计的诸多不同影响。
- **员工换血**：更换办公室里的员工。
- **自由座位**：未分配的工作空间，以先到先得、额满即止的方式提供给任何人。使用它们无须预定。
- **客座**：提供给来自其他公司的访问者的、分配或未分配的工作区域。
- **旅馆式办公**：给工人预定的、未分配的工作空间系统——如在酒店。
- **热台**：与"自由座位"相同。其得名来源于如下事实：前一个用户用过的桌子还是"热乎乎的"。
- **即时（Just-in-time）**：另一种类型的未分配的工作站或空间。个人或群体在各种不同时段可用作开放的、灵活的工作区。
- **落地站点**：不作保留的、未分配的工作站。就像"热台"一样，雇员在他/她抵达主要的或卫星办公楼之前"落地"在未分配的工作区。
- **卫星办公室**：建在远离办公室之处、但方便了外围员工的工作中心。这些通常不全是全职人员并分配工作站的分支办公室。
- **共享式指定工作区**：由两名或两名以上个人共享的工作站，如文秘站，其中两名或更多工人从事兼职工作，使用相同的工作空间。
- **电信中心**：一个行政办公中心，其主要办公室租用空间。可能不止一个企业在那设有办公室。
- **未分配的办公空间**：未分配给单个工人的空间。可以在任何一天被任何数量的人使用。未分配的办公室可能需要保留用作服务台。
- **虚拟办公室**：在理论上，个人需要完成的工作可能用公文包或汽车内的手机、调制解调器、便携式笔记本电脑、传真机、打印机进行。因此，虚拟办公室无处不在。

今天，上班族完成他们工作的方式很少存在于传统的办公环境中。公司和工作策略的再造创造了员工的新工作方式，因而需要改变办公环境。技术和移动性也将不少上班族从四面高墙的主办公室迁移到外边的世界里或他们家中（表2-3）。

设施管理及设施规划

所有企业都是由设施以及在那儿工作的人组成的。例如，商店设施是用于展示商品的空间和夹具。在酒店里，设施是客房、餐厅及其他功能。对于一家公司的办公室，设施是装着提供给雇员来完成工作的办公室和所有设备的建筑物。

确保设施规划适当并给雇员提供他们用来完成工作所需之物的责任落在设施管理部门。设施经理这个职位以往常被称为设备经理、物理设备主任，甚至办公室经理。在决定是否建造或租用新设施时，设施经理将是被安排加入新空间团队的一分子。在规划室内设计工作时，室内设计师无疑会与客户的设备经理协同工作。设施经理负责确保尽可能优化与企业目标、方针、预算有关的工作环境。设施经理涉及企业的非金融总资产的管理。据国际设施管理协会（International Facility Management Association，IFMA），"设施管理是一门专业，涵盖多个学科，以通过整合人力、地点、流程和技术确保建筑环境的功能。"[7]

设施经理通常是一个项目的室内设计师的首要联系人，因为设施经理经常充当任何施工和安装的内部项目经理。设施经理也参与远程设施规划、FF&E管理、设备制造、不动产收购和内部空间利用率。换言之，这个人负责管理企业资产。[8]

设施管理部管理设施规划部门。设施规划包括办公室和商业企业其他区域的程式设计和空间规划。设施规划师有时也称为空间规划师，最常参与空间布局，一般很少负责内饰美学。他们关心办公区、辅助运营区域（例如培训室）、其他business功能所需空间的空间规划和布局。许多零售连锁店使用设施规划师来确定商品陈列的最佳布局，以鼓励销售。服务性企业——尤其是连锁酒店——利用设施规划，以最大限度地提升客户服务和便利程度。政府机构还利用设施规划师来确定办公室布局。规划部门的个人将与设施经理、外围建筑师、室内设计师、承包商、规划及建造设施的其他人一起工作。

办公空间的类型

办公设施一般都含有类型非常相似的空间。不论室内设计师负责的项目涉及的是大公司还是小专业办公室，这些典型场所都可能存在。当然，并不是所有企业都会有本节所讨论的所有空间类型。

---

[7]IFMA Web site, "What Is FM?," accessed April 26, 2005.
[8]Capital assets is an accounting term that generally means any property, buildings, and equipment required to conduct business.

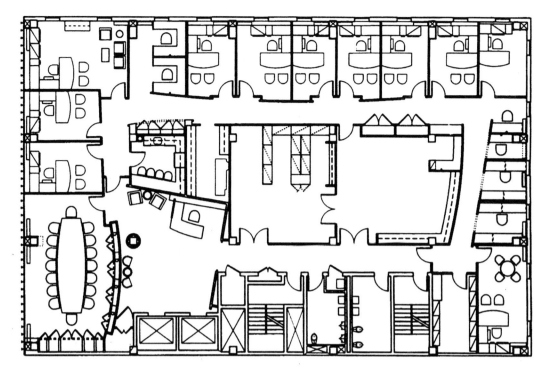

图2-13　企业办公室的楼层平面图，展示了封闭式楼层规划。(平面图提供：RTKL Associates, Inc.)

今天，办公室设计涉及三种基本规划方法。其中之一采用封闭式办公室规划，其中，将办公室规划成围绕着带有全高墙壁、仅供一人使用的私人办公室（图2-13）。有时这被称为传统办公室规划。今天，除了一些专业办公室、高级雇员或小企业使用的办公室之外，很少有企业完全围绕着私人用户办公空间来进行规划。

规划领域的另一极是开放式规划方法，不使用全高墙壁来打造办公空间。事实上，以其最纯粹的形式，没有哪个员工拥有一间全高墙壁的、有扇门的办公室来保护隐私。这个规划方法使用可移动墙板和/或家具物品来划分办公区，并创建工作区。术语"工作站"（workstation）经常被用于开放式项目的"办公室"。空间供给及设备规格是根据功能需求，而不是地位。与封闭式规划相比，办公室通常提供较小的归档和存储空间，并偶尔给访客提供空间。这种开放式规划可能是被斯科特•亚当斯（Scott Adams）推出的、著名的Dilbert™漫画描绘的无处不在的小隔间，以及一些其他空间配置。正如我们在对新办公室的讨论中所看到的，在办公室景观中，面向团队的工作站集群取代了小隔间。团队区域必须被设计来容纳可能发生的、许多不同类型的工作方式。今天，个人工作区往往围绕着一个公共区，团队成员可以在公共区一起解决问题或讨论问题。个人工作站需要灵活性来应对未来变化。一些团队在项目持续期间需要保留一个会议区或工作区。

现在，许多公司都更倾向于使用一个结合了一些私人封闭式办公室特点的、修正版的开放式规划。它们通常仍沿着办公区的外围墙壁，或邻近中央核心。其余大部分雇员都装在使用系统家具创建的开放式工作站里。

为什么封闭式办公室仍然存在？在许多情况下，这是个地位问题。为公司工作多年、在企业阶梯上上升的人非常满意于在封闭式私人办公室里实现地位。许多工人觉得他们在封闭式办公室或隔间里生产率更高。但是许多研究人员已经表明，实情并非如此。封闭式办公室仍然会在办公环境里找到容身之处。不论是出于隐私、地位的考虑，还是出于安防的考虑，一些人依然会希望甚至要求一间封闭式办公室，或至少是一个"封闭式"小隔间。

关于典型办公空间的讨论是基于传统的办公室等级制度的。然而，如上描述的办公空间的类型也适用于21世纪不断变化的办公室等级制度。

行政办公室和套房：包括最高级别的个人使用的办公室，通常是封闭式规划私人办公室。行政办公区通常位于设施的顶楼或显赫位置。在行政办公室套房里，为了迎接访客而准备的单独的接待区和接待员也很常见。在这个区域里，大型会议室或会谈室是很重要的。小型企业主或管理者都有自己版本的行政套房，在显赫位置被赋予了更多的空间。

工作人员办公空间：这些办公空间是为管理人员和部分监事保留的。根据组织的不同，工作人员办公室被规划在各个部门的一般工作区之内。管理者的工作人员办公室比行政套房小，大件家具也比行政套房少。监事很少有一间私人办公室。它们位于其雇员所在的区域。

一般办公空间：这些办公空间——通常称为工作站——经常使用诸多开放式办公系统家具之一来设计。一般办公空间是生产员工（如会计师）、销售代表、计算机程序员的工作站，占用的办公空间是各种类型中最大的。根据各个部门主要任务的不同，特定家具和设备的需求可能相差甚大（图2-14）。

辅助或辅助空间：需要用来辅助基本的办公室工作的各种类型的空间。除了主接待室之外，辅助空间的设计和利用应侧重于实用，而非美学考虑。下一章的表3-2提供了常见的辅助空间（附有平方英尺分配）的列表。

图2-14　Florida Business Interiors描绘了一般办公空间。（图片提供：Burke, Hogue & Mills Architects）

形象与地位

请看图2-1b、图2-16。这两张都是办公设施的照片。每张照片都向其雇员和客户传达了公司的不同形象。室内设计师不仅规划了空间，还设计了室内的封闭空间，以反映该公司对雇员、客户、访客、供应商以及客户预算、目标和规划的态度。所有这些都反映了公司的形象。设计师工作的重要组成部分是诠释该公司想要什么样的设计形象（图2-15）。

公司通过其作出的室内设计决策以及其室内描绘的形象揭示关于自身的某些信息。在今天的经济中，几乎每个行业都竞争激烈，对任何规模的、在办公室内进行业务的公司的持续成功来说，投射一个有助于清晰地传达正面价值观的形象是至关重要的。并不是所有企业都承受得起最高品质的家具和成品。对于一个诸如小律师事务所的小公司，高价位的家具和装修将吓跑潜在的顾客。相反，顶级律师事务所的客户希望有昂贵奢华的内饰。

图2-15　纽约城Steelcase Worklife的接待区，体现了公司形象以及设计形象。（照片提供：Steelcase公司。）

图2-16   行政办公室设有办公桌、会议区和软座椅(摄影：彼得·佩奇(Peter Paige)。)

形象并不只是使用的家具及配饰的质量。它是该公司自身的表达，始于引致完成项目所需的规划及内饰规格决策的程式设计决策。在为设施的最终室内设计选择产品、颜色、纹理、样式时，室内设计师必须尝试来表达该形象。例如，无论它多么与时俱进，用玻璃和镀铬家具设计的、带有传统价值观和组织结构的财政机构并不反映保守客户期望的保守形象。

今天，设计方案必须创建一个反映了公司文化和目标的背景。规划必须体现员工的职能安排，让他们很容易地完成工作。客户需要室内设计师来处理所有的细节，同时设计项目，并确保工作正确无误地完成。室内设计师必须使用这样的颜色和纹理：既增强了空间的功能，又为企业打招牌，同时创造讨客户喜欢的环境 (图2-16)。

随着办公室等级的精简，对地位的关注已经具有了新的含义。在这些扁平化的公司，排名似乎没有多少特权。然而，雇员希望保留地位的至少一些痕迹。对于具有传统等级结构的公司，提供地位元素相对比较容易。具有较大的书桌、更精细内饰的边角办公室是最简单的解决方案。让我们来粗略浏览下今天在办公室里提供地位的方式。

办公室环境中的地位一般是由如下一个或多个特征提供的：办公室的大小、办公室在大楼内的位置、家具的质量和数量。即使是在一个只有少数雇员的组织中，谁说了算是很明显的——在最大办公室里的人。在许多公司里，两侧都有窗户的大边角办公室是个显赫位置，也是给入住者提供地位的另一种方式。然而，在使用更开放规划的企业里，地位高的办公室可能更靠近核心或处于团队区域内。

终极的地位标准与办公室内家具和待遇的数量和质量有关。一个人在组织内的地位越高，家具的质量就越好。通常情况下，家具的大小是地位的关键。一张更大的办公桌或一把更高的椅子可能指示着办公室内职衔的身份象征。即使是系统家具，公司也可以在开放式规划站的面板和表面上显示地位。管理者的工作站可能指定优质面料或饰面面板，而一般员工往往只有简朴面板。

室内设计师必须确保他/她明白每个员工职级拥有怎样的权限。比起在经理人办公室的座椅上使用昂贵的面料，通过提供优雅的接待区和会议室来给客户留下深刻印象对于公司来说也是非常重要的。经理人可能声称他们需要一个封闭式办公室与下属举行机密会议或给客户保密，但也可能决定在独立的区域举办所有的会议。研究每个员工或群体的需求，并将这些需求与公司在预算、权限方面的要求结合起来，这是室内设计师的责任。对于室内设计师来说，这并不总是一件容易的事，但在今天竞争激烈的环境下，这是室内设计师和客户必须面对的一个挑战。

企业文化

办公室规划的一个重要组成部分是企业的能力，以及室内设计师了解组织的企业文化以及它如何影响办公环境的能力。我们说的企业文化指的是方针、员工行为、企业价值观、企业形象、对工作范畴的假设。企业文化对任何办公室重新设计项目的成功都具有明确的影响。当公司对设施的室内设计做出改变时，它变得尤其重要。如果公司采用传统组织方式，指令链条健壮，那么转移到开放式规划（领导者待在非私人办公室里）将会比较困难，除非公司通知并让员工参与到即将到来的改变的决策和导向中。为了创建将使公司更具竞争力的文化改变，从等级森严的封闭式办公室到某个版本的开放式规划的重新设计可能是必不可少的。

办公区的室内设计和规划以及产品规格可能提升或损害办公室文化。强大的企业文化使每个人都为了共同的信念和目标而工作。当室内设计、规划和产品规格被正确处理时，合适的雇员待在合适的位置上。他们尽最大努力提高客户满意度和公司形象，并被鼓励着使用他们的最佳判断来为公司谋利益。

为了防止因给办公室设施进行的设计与企业文化不兼容而导致高昂的错误，室内设计公司提供了一项称为"文化审查"（cultural audit）的服务，作为初步设计服务。"文化审查帮助定义内置在改变过程中、并使得改变过程有可能成功的活动。"[9]它可能与企业战略规划过程结合在一起，也可能在其之后。这是很重要的，因为公司的使命、远景和目标都与企业文化有关。在空间规划前进行公司文化审查有助于改善规划——特别是对于从传统到非传统的办公方案过渡的企业而言。

文化审查往往涉及与一些关键人物以及从在项目区域中工作的其他人员中随机抽取的一些人面谈。如果在该项目空间中安置的员工数目非常庞大，可能会使用问卷来收集关于空间是怎样使用的、需要什么、如何通信的信息。室内设计师还可以通过视觉测量现有办公室来了解很多有关空间和办公室的使用的情况。例如，填满无关文件柜的办公室可能意味着雇

---

[9]Becker, 2004., p. 115.

员没有把文件转移到中央文件区，他只是个"收破烂的"，不放过任何一张纸，或者真的需要保留大量文件。

　　文化审查的信息有助于室内设计师就空间分配、空间规划及产品规格做出更好的建议。当围绕着实际功能需求（而非地位等级）开发平面图时，规划会更佳。指定与雇员需求匹配的家具产品，亦即，给团队区域提供灵活的工作站，并为经理和其他真正需要隐私的高管提供私人或半私人办公室。有了更佳的产品规格后，技术和机械接口问题变得更容易管理。

　　当改变发生、极大地影响了工作环境和雇员期望在新环境里怎样发挥作用时，如果员工已经以某种程度参与，那么改变通常会成功。"工作场所设计是组织变革的一个强大催化剂，也是改进组织效率的一个伟大工具。"[10]如果员工是这一进程的一部分，并了解这些变化将如何提高公司的整体效益及个人的工作职责，这一变化将更加顺畅地进行。

本章小结

　　在商业室内设计领域，大部分的钱都花在办公室设计上。由于美国和其他大多数发达国家为了服务于经济而持续不断地改变，这将依然是个事实。技术正在改变办公室的功能和它们的设计方式，但办公室将始终存在。即使是远程办公或在家办公的上班族，也很可能有个"总部"，上班族就对这个"总部"汇报——假定他们不是企业家的话。

　　作为商业室内设计专业的一名学生，您应该考虑学习一般性的商务或管理类课程，来了解21世纪办公管理和运行正在如何改变。此外，每当您有机会进入办公室时，您应该不断地观察、了解办公室。观察一下该空间是如何规划的、使用的是何种类型和风格的家具，以及每个物品的大小。检查地板、墙壁、窗户和面料的处理。而且，如果您有机会，用日记来勾画吸引您的想法。这些草图可能为将来的解决方案提供有价值的创意。同样重要的是阅读载有办公室项目的贸易杂志。这些都充满了伟大的设计思路，适用于各种办公室和商业空间。**Contract, Interiors and Sources**以及**Interior Design**每期均有商业设施的特辑。

　　本章的重点是对办公环境的功能和组织的影响。本章简要讨论了一般公司的典型工作职责，并提供了与办公设施的不同层次的任务功能有关的规划及设计基础。第3章介绍了关于出于便利性、开放系统工程考虑的家具规格的详细讨论，以及关于审美元素、机械系统接口、影响办公环境的法典问题的概述。

---

[10]Tobin, 2004, p. 3.

本章参考文献

Addi, Gretchen. 1996. "The Impact of Technology on the Workplace," a paper presented at the ASID National Conference.

Albrecht, Donald and Chrysanthe B. Broikos. 2000. *On the Job: Design and the American Office.* New York: Princeton Architectural Press, and Washington, DC: American Building Museum.

American Society of Interior Designers. 1998. *Productive Workplaces: How Design Increases Productivity.* Brochure. Washington, DC: ASID.

———. 2001a. *Futurework 2020. Phase Two.* Washington, DC: ASID.

———. 2001b. *Futurework 2020. Phase One*. Washington, DC: ASID.

———. 2001c. "Cultural Influences." *ASID ICON*. September, pp. 18–21.

———. 2001. *Workplace Values: How Employees Want to Work*. Washington, DC: ASIID.

Barber, Christine and Roger Yee. n.d. "Brave New Workplace." Available at www.knoll.com

Becker, Franklin. 1981. *Workspace. Creating Environments in Organizations*. New York: Praeger.

———. 1982. *The Successful Office*. Reading, MA: Addison-Wesley.

———. 2004. *Offices at Work*. San Francisco: Jossey-Bass.

———. 2005. "New Ways of Working." *ASID ICON*. Summer, pp. 28–30ff.

Becker, Franklin and Fritz Steele. 1995. *Workplace by Design*. San Francisco: Jossey-Bass.

BOSTI Associates. 2005. "Economic Benefits." Available at www.bosti.com

Boyett, Joseph H. and Henry P. Conn. 1992. *Workplace 2000*. New York: Plume.

Brandt, Peter B. 1992. *Office Design*. New York: Watson-Guptill.

Brill, Michael and the Buffalo Organization for Social and Technological Innovation (BOSTI). 1984, 1985. *Using Office Design to Increase Productivity*, 2 vols. Buffalo: Workplace Design and Productivity.

Business Week. 1996. "The New Workplace." April 29, pp. 107–113ff.

Cornell, Paul and Mark Baloga. 1994. "Work Evolution and the New 'Office'." Grand Rapids, MI: Steelcase, Inc.

Cotts, David G. and Michael Lee. 1992. *The Facility Management Handbook*. New York: American Management Association.

Cutler, Lorri. 1993. "Changing the Paradigm: Is It Workplace or Work Environment of the Future?" Zeeland, MI: Herman Miller, Inc.

De Chiara, Joseph, Julius Panero, and Martin Zelnik. 1991. *Time Saver Standards for Interior Design and Space Planning*. New York: McGraw-Hill.

DeVito, Michael D. 1996. "Blueprint for Office 2000: The Adventure Continues." *Managing Office Technology*, December, pp. 16ff.

DYG, Inc. May 2001. The *New Workplace: Attitudes and Expectations of a New Generation at Work*. Research Study. East Greenville, PA: Knoll, Inc.

Farren, Carol E. 1999. *Planning and Managing Interiors Projects*, 2nd ed. Kingston, MA: R. S. Means.

Firlik, Mike. 2005. "The Next Evolution of the Personal Workspace." Brochure. Grand Rapids, MI: Steelcase, Inc.

Friday, Stormy and David G. Cotts. 1995. *Quality Facility Management*. New York: Wiley.

Gitman, Lawrence J. and Carl McDaniel. 2003. *The Best of the Future of Business*. Mason, OH: South-Western/Thomson-Learning.

Gomez-Mejia, Luis R., David B. Balkin, and Robert L. Cardy. 2005. *Management*, 2nd ed. New York: McGraw-Hill.

Gould, Bryant Putnam. 1983. *Planning the New Corporate Headquarters*. New York: Wiley.

Hammer, Michael and James Champy. 1993. *Reengineering the Corporation*. New York: HarperCollins Business.

Harrigan, J. E. 1987. *Human Factors Research*. New York: Elsevier Dutton.

Harris, David A. (ed.), Byron W. Engen, and William E. Fitch. 1991. *Planning and Designing the Office Environment*, 2nd ed. New York: Van Nostrand Reinhold.

Haworth, Inc. and International Facilities Management Association. 1995. *Alternative Officing Research and Workplace Strategies*. Holland, MI: Haworth, Inc.

———. 1995. *Work Trends and Alternative Work Environments*. Holland, MI: Haworth, Inc.

Herman Miller, Inc. 1996. *Issues Essentials: Talking to Customers About Change*. Zeeland, MI: Herman Miller, Inc.

———. 2001a. *Telecommuting: Working Off-Site*. Zeeland, MI: Herman Miller, Inc.

———. 2001b. *Office Alternatives: Working Off-Site*. Zeeland, MI: Herman Miller, Inc.

———. 2002. *Making Teamwork Work*. Zeeland, MI: Herman Miller, Inc.

———. 2003. *The Impact of Churn*. Zeeland, MI: Herman Miller, Inc.

———. 2004. *Demystifying Corporate Culture*. Zeeland, MI: Herman Miller, Inc.

International Code Council. 2000. *International Building Code*. Leesburg, VA: International Code Council.

International Facility Management Association. n.d. "Official Statement on Facility Management." Brochure. Houston: International Facility Management Association.

———. 2004. "Facilities Industry Study." Research Study. Houston: International Facility Management Association.

———. 2005. April 26. "What Is FM?" Available at www.ifma.org.

Kaiser, Harvey H. 1989. *The Facilities Manager's Reference*. Kingston, MA: R. S. Means.

Kearney, Deborah. 1993. *The New ADA: Compliance and Costs*. Kingston, MA: R. S. Means.

Klein, Judy Graf. 1982. *The Office Book*. New York: Facts on File.

Knobel, Lance. 1987. *Office Furniture: Twentieth-Century Design*. New York: E. P. Dutton.

Kohn, A. Eugene and Paul Katz. 2002. *Building Type Basics for Office Buildings*. New York: Wiley.

Lundy, James L. 1994. *Teams*. Chicago: Dartnell.

Marberry, Sara O. 1994. *Color in the Office*. New York: Van Nostrand Reinhold.

Myerson, Jeremy and Philip Ross. 2003. *The 21st Century Office*. New York: Rizzoli.

Pelegrin-Genel, Elisabeth. 1996. *The Office*. Paris and New York: Flammario.

Pile, John. 1976. *Interiors Third Book of Offices*. New York: Watson-Guptill.

———. 1978. *Open Office Planning*. New York: Watson-Guptill.

Propst, Robert. 1968. *The Office: A Facility Based on Change*. Grand Rapids, MI: Herman Miller, Inc.

Ragan, Sandra. 1995. *Interior Color by Design: Commercial Edition*. Rockport, MA: Rockport.

Random House Unabridged Dictionary, 2nd ed. 1993. New York: Random House.

Rappoport, James E., Robert F. Cushman, and Daren Daroff. 1992. *Office Planning and Design Desk Reference*. New York: Wiley.

Rayfield, Julie K. 1994. *The Office Interior Design Guide*. New York: Wiley.

Raymond, Santa and Roger Cunliffe. 1997. *Tomorrow's Office*. London: E & FN SPON.

Shoshkes, Lila. 1976. *Space Planning: Designing the Office Environment*. New York: Architectural Record.

Shumake, M. Glynn. 1992. *Increasing Productivity and Profit in the Workplace*. New York: Wiley.

Steelcase, Inc. 1987. *The First 75 Years*. Grand Rapids, MI: Steelcase, Inc.

———. 1991. *The Healthy Office: Lighting in the Healthy Office*. Grand Rapids, MI: Steelcase, Inc.

———. 1991. *The Healthy Office: Ergonomics in the Healthy Office*. Grand Rapids, MI: Steelcase, Inc.

———. 2004. "Demise of the Corner Office." Available at www.steelcase.com.

———. 2005. "Understanding Work Process to Help People Work More Effectively." Available at www.steelcase.com.

Tate, Allen and C. Ray Smith. 1986. *Interior Design in the 20th Century*. New York: Harper & Row.

Tetlow, Karin. 1996. *The New Office*. Glen Cove, NY: PBC International.

Thiele, Jennifer. 1993. "Go Team Go!" *Contract Design*. March, pp. 29–31.

Tillman, Peggy and Barry Tillman. 1991. *Human Factors Essentials: An Ergonomics Guide for Designers, Engineers, Scientists, and Managers*. New York: McGraw-Hill.

Tobin, Robert. 2004. "Adopting Change." Available at www.steelcase.com

Vischer, Jacqueline C. 1996. *Workspace Strategies*. New York: Chapman and Hall.

Voss, Judy. 1996. "White Paper on the Recent History of the Open Office." February 26. Holland, MI: Haworth, Inc.

———. 2000. "Revisiting Office Space Standards." Available at www.haworth.com

———. 2004. "Team Workspace." Available at www.haworth.com.

Wolf, Michael. 1992. "Furniture: A New Breed of 'Knowledge Worker' Requires Office Environments of the Future." *I.D. Magazine*. October, pp. 40ff.

Yee, Roger and Karen Gustafson. 1983. *Corporate Design*. New York: Van Nostrand Reinhold.

Zelinsky, Marilyn. 1998. *New Workplaces for New Workstyles*. New York: McGraw-Hill.

本章网址

Buffalo Organization for Social and Technological Innovation (BOSTI Associates) www.bosti.com

Building Owners and Managers Association www.boma.org

International Facility Management Association www.ifma.org

Buildings www.buildings.com

Contract magazine www.contractmagazine.com

Fast Company magazine www.fastcompany.com

Interior Design magazine www.interiordesign.net

Interiors & Sources magazine www.isdesignet.com

Metropolis magazine www.metropolismag.com

请注意：与本章内容有关的其他参考文献列在本书附录中。

第3章

办公室
室内设计
元素

在设计师开始初步的空间规划之前，需要深入地研究程式设计，以定义与办公室及辅助设施的类型有关的客户需求。整体布局和设计必须满足特定的功能要求，以让雇员高效地完成他们的工作。特定要求和设计决策取决于业务或服务的类型、公司规模、公司客户、租赁期，甚至是公司的地理位置。设计决策也受到企业的组织结构的影响。让设计师知道公司是被传统等级管理的还是被不那么传统的等级管理的是很重要的。

室内设计师必须了解客户公司的工作方式及组织结构，以创造出功能性办公环境。规划和产品理念必须符合于组织的自主权，不论公司的组织结构如何。合适的家具产品、有创意的空间规划、容纳了各种员工队伍的设计、反应迅速的机械接口是21世纪所有工作环境的一部分。

本章先给学生和职业人士介绍办公室设施设计中使用的室内设计元素。本章始于对办公室设计的一个概述，接着是对家具产品——既包括传统办公室，也包括办公系统——及办公设施采用的各种建筑装修产品的说明。本章介绍了设计重点在于照明及计算机工作站的机械系统的主要考量，以及对法典问题的讨论。

本章最后概述了某个指定使用盒式家具、主要采用封闭式规划系统（一个利用办公系统产品的项目）的特定设计指南，最后简要讨论了家居办公室设计的重要准则。

办公室设计概述

在前面章节中，我们讨论了封闭式和开放式办公楼层平面图之间的一些差异。我们也提到，公司的组织结构将对设施的空间规划和室内设计产生影响。办公设施的设计在公司的工作被完成的出色程度中扮演着重要角色。也许显示此关联的最有名研究是布法罗社会与技术创新组织（Buffalo Organization for Social and Technological Innovation, BOSTI）完成的，于1984年、1985年发表。研究人员表明，诸如布局、设计和外观等因素影响着工作满意度和工作绩效。这个小组正在进行的研究已经表明，设计良好的工作区将给公司带来持久的经济利益。[1]无分心环境的良好工作区给公司带来积极成果。

一个成功的写字楼项目涉及许多设计活动和挑战。办公室设计在有些人看来并不是很难，但是它涉及必须以有利于员工工作效率的规划方式将不计其数的设计组件结合在一起。由于办公室里的许多员工一起完成工作任务，空间规划是项目成功的关键。一间办公室设施里可能有数百名雇员，因此在程式设计阶段得小心注意信息收集。

不管项目是否有利用分区办公室和盒式家具的封闭式平面图，或者是否有利用办公家具系统的全开放式平面图，或者二者的结合体，所涉及的规划和设计元素都将是非常相似的。预规划活动将启动该项目。在预规划阶段（更常被称作程式设计阶段），收集每个雇员对空间及设备的需求信息，以及所有其他辅助区域对空间和设备的需求信息是非常重要的。然后，室内设计师将准备关于空间分配、家具规格、建筑及家具饰面选择的文档。写字楼项目以及任何类型的商业项目的其他重要规划元素包括机械接口、灯光设计、可访问性要求，并留意法典。

表3-1列出了本章词汇。

预规划

客户经常请室内设计公司帮他们确定将租赁或建造的空间是否满足他们的需求。对于新建项目或者如果将租赁的某个显著空间看起来需要大刀阔斧地改善租住条件的情形，这是设计公司和客户认为特别重要的一项服务。当然，在开始设计图之前，全面地审查其益处对于哪怕只是一个小项目来说也是有好处的。无须准备图纸而进行这一工作的方法之一是使用可行性研究。

---

[1]Bosti Associates, "Economic Benefits." Available at www.bosti.com/benefits

表3-1　本章词汇

■ **过道（AISLE）**：非闭合路径，占据了家具物品以及/或设备之间的空间。 ■ **盒式家具（CASE GOODS）**：由"盒子"制成的家具物品，例如椅子、书柜、书箱、文件柜等。 ■ **走廊（CORRIDOR）**：由高于69英寸的全高墙壁和任何隔板限定的走道。 ■ **让渡墙（DEMISING WALL）**：用来将租户之间空间隔开的任何隔墙。每名租户负责所有让渡墙厚度的一半。 ■ **可拆卸墙壁（DEMOUNTABLE WALL）**：建在工厂里的室内隔墙的一种，立在楼层上的夹子或天花板上的特殊配饰产生的张力使之定位。 ■ **常用家具（GENERAL USE FURNITURE）**：诸如书桌、书柜、文件柜等标准办公室	家具。 ■ **所需净面积（NET AREA REQUIRED）**：容纳所有办公室及辅助区域所需的空间。 ■ **物业（PREMISES）**：被描述为出租的空间。 ■ **出租面积（RENTABLE AREA）**：办公室和辅助空间所需的总平方英尺数。包括让渡墙、栏柱、商品柜，甚至外墙的一部分。 ■ **系统蠕变（SYSTEMS CREEP）**：使用系列家具的面板每回旋一次，就必须考虑到在设计图上留下面板及硬件连接的厚度。 ■ **系统家具（SYSTEM FURNITURE）**：由独立面板及组件构成的家具。 ■ **工作站（WORKSTATION）**：代表着开放式规划项目办公室的空间。

可行性研究是给项目"深入研究规划的成本，并提供式样"[2]，在非常大的项目里，该研究也将着眼于施工、员工的移动以及可能影响项目的许多其他因素的财政、金融影响。许多类型的商业内饰项目（不仅只是办公室项目）都进行可行性研究。在本书其他章节有关于本研究的其他信息。

在程式设计过程中，室内设计师必须获得关于雇员工作关系、任务邻接、交流模式、家具需求、隐私要求、技术使用（例如公司网络和电话会议）的信息。敏锐的观察、向客户提出深思熟虑的问题、利用预设计的问卷并让雇员完成可用来帮助室内设计师了解客户业务、所有办公室、存储需求和区域、辅助空间的特定规划和产品要求。如果不使用问卷，那么就有必要用面谈来确保室内设计师理解工作关系，以正确地规划邻接。对于高效的规划和设计决策来说，这些背景信息是至关重要的，不论特定类型的办公室设施的业务类型如何。

理解工作关系和任务邻接有助于设计师定位每个部门及各个部门的每个办公空间。根据问卷、面谈或观察开发出邻接矩阵，它是帮助设计师了解如何开发楼层平面图的辅助手段。邻接矩阵有助于室内设计师给必须一起工作的个人和部门规划位置。需要频繁交流的个人必须挨着彼此。程式设计信息还将有助于室内设计师保证工作团队以在舒适的、高效的环境里进行小组交流的方式定位。家具需求也是在程式设计过程中决定的。

这些程式设计研究方法既适用于封闭式规划，也适用于开放式规划。如果室内设计师和客户考虑使用系统家具，设计必须决定工作站需要什么组件。请记住，开放式办公室规划使用独立式的、低于全高的、可移动的分隔板，以及个别组件，来创建功能性工作站（图3-1）。面板并不固定到地板或天花板上。由于面板的布局，面板和组件的配置是稳固的。然后，澄清邻接的程式设计数据和矩阵被应用到楼层原理规划图，展示初步空间分配、隔板布局及交通路径。

---

[2]Piotrowski, 2002, p. 410.

图3-1　开放式办公室平面图中的独立式面板,显示功能性工作环境(称为工作站)。(照片提供 : Kimball Office Group。)

　　当然,在程式设计阶段还研究一些其他种类的信息,包括法典、安全和安防要求。其他任务如第1章中所述。

空间分配

　　部门作为一个整体需要多大的空间,或者,某个办公室设施项目需要的各个办公室和辅助空间需要多大的空间?在项目的程式设计阶段,提出这个问题,然后确定答案。决定空间分配的核心在于与闭合式/开放式或修正的开放式规划、每个任务功能所需的雇员数目、需要的辅助空间的类型有关的决策。在确定空间分配时,必须研究施工和可访问性法典,以确保室内设计师不与任何法典限制相冲突。可能使用的家具类型也影响着空间分配。

　　大型企业基于公司方针,已经给许多级别的任务功能预先确定了空间供给。例如,典型的企业标准为总裁250平方英尺、副总裁200平方英尺、经理150平方英尺、监事100平方英尺、秘书及文员48~64平方英尺。设计师通常需要使用企业标准(如果存在的话;如果不存在的话自行开发出一套标准)来规划设施。

　　当公司政策没法控制平方英尺供给时,设计者可以通过开发办公室和区域的典型平面草图来决定它。一旦设计师理解了该作业的功能,他/她可以决定每个空间预期使用什么种类和尺寸的家具。设计师应该知道是否应出于功能或地位的原因给予某些人额外的空间。给不动产部门经理的办公室可能更大些,以容纳对大型成套图纸的审查。一名资深副总可能被分配比其他副总更大的办公室。可访问性法典也需要给有些雇员提供额外的面积。当规划完成后,可以勾勒办公室家具布局的典型平面图。有经验的设计师通常在计算机上有一个典型

图3-2　基于等级或特定任务职责的办公空间的典型楼层平面图。(a) 秘书和文员：48~64平方英尺。(b) 监事：
168平方英尺。(c) 中层经理：200平方英尺。(d) 高级经理人：250平方英尺。(e) 行政办公室：330~360平方英尺。
(平面图提供：Interior Design, Utah State University。)

表3-2　辅助空间的平方英尺（SF）范围

辅助空间	平方英尺范围 （30000 SF办公室或更小）	平方英尺范围 （30000~100000 SF办公室）	平方英尺范围 （100000+SF办公室）
接待处	250 SF/300 SF	300 SF/400 SF	1000 SF
会议室	250 SF/300 SF	300 SF/500 SF	750 SF
工作室	250 SF	250 SF	300 SF
实训室	–	750 SF	1500 SF
机房	400 SF	1000 SF	2500 SF
设备间	120 SF	250 SF	250 SF
档案室	120 SF/200 SF	200 SF/400 SF	1200 SF
复印室	200 SF	300 SF/400 SF	1000 SF
收发室	200 SF	300 SF/400 SF	1000 SF
文库	200 SF/300 SF	400 SF/600 SF	1200 SF
茶水间	200 SF	300 SF	300 SF
日间护理中心			8000 SF
健身中心			4000 SF/6000 SF
咖啡馆			10000 SF/12000 SF
会议中心			12000 SF
礼堂			5000 SF

来源：Rayfield, The Office Interior Design Guide（《办公室室内设计指南》），Copyright ©1994。经John Wiley & Sons许可后重印。

办公室布局的"库"，可用于同客户的早期程式设计讨论中。图3-2所示为基于等级或特定工作职责的封闭式办公空间的几种典型平面图。

当使用开放式产品和规划理念时，以类似的方式来确定典型的空间分配。不过，每个作业功能允许的平方英尺一般少于闭合式规划。面板上组件的组织及配置将会被考虑进每个雇员所需的工作站的平方英尺数里。即使是在开放式规划项目里，在有些公司里地位也可能是个因素。除此之外，工作方法（例如是把工作分排给团队还是个人）影响着需要的平方英尺数。在确定布局时，必须考虑到所有这些因素。

除了典型办公室之外，还有各种各样的辅助空间。会议室、用于存储文件的区域或空间、影印机位置、咖啡区以及其他空间是办公室规划的常见部分。当一个项目坐落在一幢高层建筑里时，这些辅助空间置于中心核附近。当面积较大时，一些较小的"邻居"辅助空间也可能是该规划的一部分。表3-2给出了办公室设施常见辅助空间的平方英尺范围。

流通路径将人迁移到办公设施里，并将各部门连接在一起。一般办公空间提供有一个主流通路径，让人员进出。这可能是建筑物核心周边自电梯开始的主防火走廊，提供到楼层上一个或多个办公套房的入口。另外，在底楼的一间小办公室里，主流通路径可能只是从正面外门经由走廊和过道的路径。如果是闭合式规划，流通路经被认为是走廊。如果使用开放式或修正后的开放式规划，至少某些流通路径是穿过开放式规划区的路径（图3-3）。

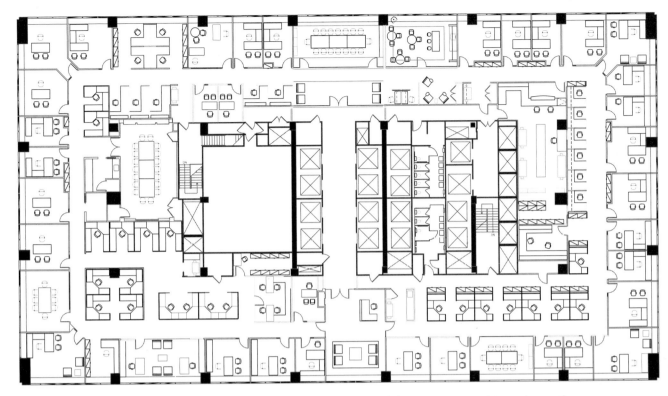

图3-3 修正后的开放式规划，一些流通路径是穿过开放式规划区的路径。(室内设计/施工：IA Interior Architects。)

　　设计师必须确保主流通路径的设计遵守所有适用的建筑法规。根据法规，由走廊限定的流通路径——亦即，被全高墙壁及高度超过69英寸的任何隔板限定的走道——宽度必须至少为44英寸，除非入住负载低于49。[3]走道限定的流通路径也必须根据入住负载确定尺寸，一般都必须至少为36英寸宽。过道被定义为占据了家具和/或设备之间空间的非闭合路径。如果系统隔板是创建了通道的"家具物品"，那么隔板必须低于69英寸高；否则，该通道可能会被认为是走廊。基于套房中及建筑物楼层上的入住者数目，主流通路径和出口走廊需要的实际宽度可能更大。流通路径还需要满足美国残疾人法案（ADA）或其他生效的可访问性指南。可能还需要特殊的设计元素（如避难所、轮椅掉头空间、机动壁龛）。在规划空间分配、开始实际空间规划时，必须参照适当的法规红宝书。

　　流通路径和空间要求20%~50%的额外地面空间。这还不包括从套房进入核心出口、被视为出口路径的主交通路径。空间的确切尺寸受到如下影响：项目是否是具有基本私人办公室的封闭式规划还是开放式规划、对宽阔流通路径的要求和愿望、项目要求的空间数目、空间面积。开放式办公项目占用的空间一般比全高墙壁还多，往往需要40%~60%以上的流通空间。但是，这一要求将根据所使用的系统家具类型以及循环路径的设计是否有弯曲和转弯（某种迷宫）、其他的开放式布置、更面向立体化的平面图（图3-4）而有所变化。直线路

---

[3]Dimensions related to building, fire safety, and accessibility codes used throughout this book were based on the 2000 International Building Code and the ADA. Local regulations may be different from those provided. The reader is responsible for verifying actual current codes.

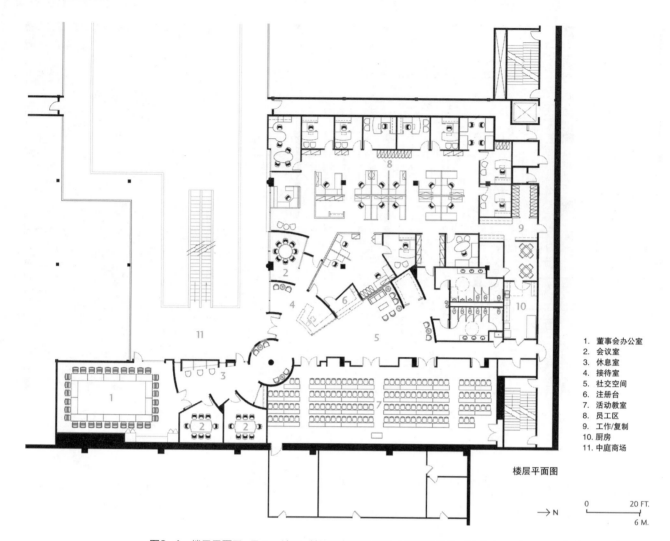

1. 董事会办公室
2. 会议室
3. 休息室
4. 接待室
5. 社交空间
6. 注册台
7. 活动教室
8. 员工区
9. 工作/复制
10. 厨房
11. 中庭商场

楼层平面图

→ N

0   20 FT.

6 M.

图3-4　楼层平面图，显示开放区、封闭区和流通路径。(平面图提供 : Bialosky + Partners Architects.)

径更有效，但大布局可能会相当无趣。迷宫占用了大量的空间，角落上的楼层平面图也是如此。尽管并无确切方式来确定应该允许多少空间，但是上述指南将有助于读者估算总计需要多少空间来规划办公设施 (图3-5a、图3-5b)。

分配给所有工人以及辅助空间的空间组成了规划设施的所需净面积 (net area required) ——换言之，办公室、辅助空间 (比如会议室、文件室) 及室内流通空间构成的空间。但这种净面积未计入被视为办公室设施所必需的一部分的建筑特征及空间。这些额外区域包括一般流通空间、栏柱、墙壁厚度、电气壁橱和其他类似处所。当客户打算租用办公空间而非拥有它时，表3-3中的术语提供了更多的信息。

一旦确定了各种办公设施的空间分配，并明确了各个工作职能和部门的职能衔接关系，那么设计师准备开始规划平面图的示意图。规划示意图将开发来测试在程式设计阶段获得的信息，并向客户展示潜在的项目布局。

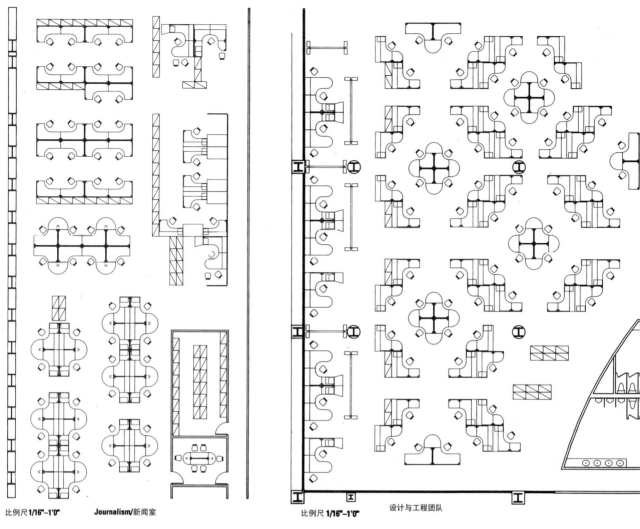

比例尺 1/16"-1'0"　　Journalism/新闻室

比例尺 1/16"-1'0"　　设计与工程团队

图3-5a 系统家具布置，指示直线流通路径。(版权所有：Steelcase公司；授权使用。)

图3-5b 系统家具布置，指示带角度的流通路径。(版权所有：Steelcase公司；授权使用。)

办公家具

完成程式设计研究之后作出的家具规格决策应着眼于客户、雇员以及一般项目的功能需求。如果选用的产品没有帮雇员完成他们的工作，那么客户将不会在意内饰被设计得多么精美绝伦或富于创造性。假定物品是一张书桌、一把座椅或文件柜，那么首先必须满足性能标准。一张太小的书桌或一个小到放不下客户文件夹的文件柜就称不上是一个指定适当的产品。

办公家具的选取还基于成本。其范围从便宜的物品到高端材料再到超级昂贵的半定制、定制家具物品。大多数客户和室内设计师将商品的初始成本视为唯一成本。然而，存在着一个长期成本，即生命周期成本，它影响着维修和更换 (参见第1章中的讨论)。预算价位的家具可能具有较低的初始成本，但它的更换可能将不得不早于更昂贵的物品。较昂贵的物品做工更好，由高品质的材料制成，磨损将好得多，从而减少频繁更换。高品质的家具具有较好的品质保证，给客户提供了额外的经济利益。高品质的家具物品具有卓越的设计特点，使它

表3-3　租赁术语选编

- **按"原样"**：空间由租户租用，对室内未做任何改动。租客可要求变更，但房东没义务为他们提供。
- **建筑标准（Building standard）**：预先确定的建筑饰面和其他细节，租户可使用而无需额外付费。
- **建成花费（Build-out allowance）**：房东为租户在租赁的商业空间中建立分区、提供基本的机械特征、增加建筑饰面而支付的每平方英尺美元数。
- **量身打造（Build to suit）**：房东建造商业空间的内饰，以恰合租户的需求。
- **设备改进（capital improvement）**：对建筑物内饰做出的永久性的、移除时势必会破坏结构（例如木地板）的改变。它们提升了空间的价值，由业主支付，或者由租户支付（而无需补偿）。
- **让渡墙**：用于将租户之间的空间隔开的任何隔墙。在计算所需的平方英尺时，每个租户负责所有让渡墙厚度的一半。将租户空间与公共走廊分隔开的隔板不

- 是让渡墙，租户也不为这一厚度付钱。
- **租赁保持或租客升级**：由租户支付的租用空间的升级或其他改善。如果它们在物理上与建筑物相连，那么如果租客迁出，它们就属于房东。
- **物业**：被描述为出租的空间。描述应包括可使用平方英尺数及空间的其他细节。
- **出租面积**：办公室和辅助空间所需的总平方英尺数。包括让渡墙、栏柱、商品柜，甚至还包括室内墙壁的一部分。
- **租赁合同**：用来补充租约的合同，描述租赁空间的室内施工和装修。它规定了房东提供什么、租户负责什么。
- **营业装潢**：附加到建筑物上、由租户支付的材料或设备。它们必须易于去除而不损坏结构，并不得被整合进结构中；否则，它们不被视为营业装潢。
- **可使用面积**：实际用于办公室或其他设施的空间量。它剔除了空间内的让渡墙、外墙、结构柱、水槽、电气壁橱。

们更好地适应客户办公室的审美目标。许多项目的设计采用中等价位的产品。幸运的是，在这个价格范围内的性能和审美品质都相当高。

毫无疑问，美学是很重要的。选择家具款式和颜色方案来营造赏心悦目的内饰，这有利于提升员工对工作场所的满意度。然而，大多数客户对产品的性能和价格的关注度都高于审美。从设计师的角度来看，这始终是不幸的。

最传统的家具类型被称为常用家具，也称为传统家具或独立式家具。办公家具的另一类被称为系统家具或开放式办公家具。常用家具包括书桌、书柜、书橱、文件柜、座椅，同时系统家具包括由低于全高的、带有称为自由式单元或立体件的组件的移动式面板创建的物品。常用家具被进一步分为盒式家具和座椅。盒式家具都是由"盒子"制成的物品，例如桌子、书柜、书橱、文件柜等。一些设计师还将桌子视为盒式家具，但很多人只把它们称为桌子。让我们首先来描述典型的办公家具，讨论尺寸大小不一、类别各异的办公室通常指定的一般家具。稍后在这一节中，我们描述系统家具的共同特点（表3-4）。

内置有常规办公室家具的典型中层经理人办公室将含有几件盒式家具和座椅。书桌是办公室的共同点。很少有办公室工作可以在没有某种形式的办公桌的情况下进行。书桌有多种尺寸和类型，如图3-6所示。底座的尺寸和布置以及可能的回旋与各项任务的功能需求相匹配，有时，还与雇员的工作地位相匹配。设计师在选择为书桌留下回旋时需要小心谨慎。很多回旋的尺寸不适于计算机和键盘。请参照BOX3-1获得关于计算机工作站的更

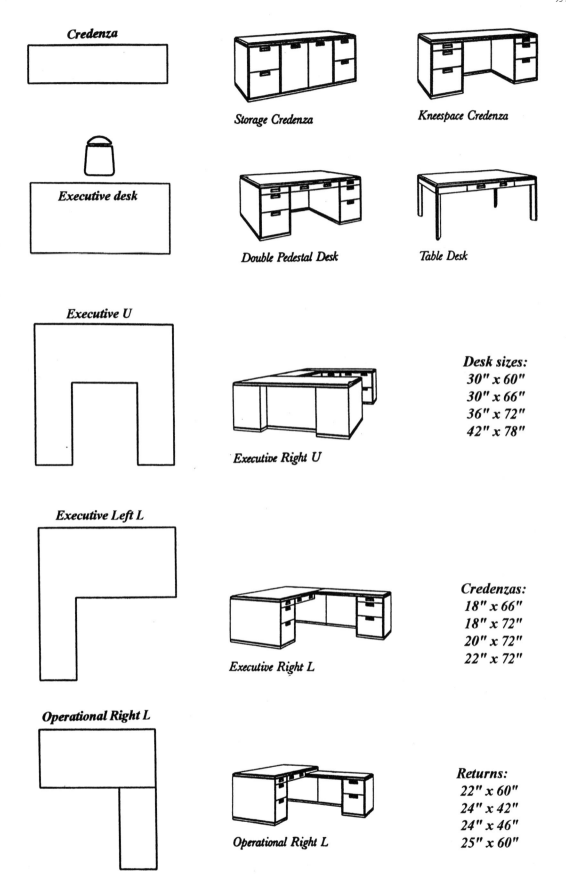

Credenza

Storage Credenza

Kneespace Credenza

Executive desk

Double Pedestal Desk

Table Desk

Executive U

Executive Right U

Desk sizes:
30" x 60"
30" x 66"
36" x 72"
42" x 78"

Executive Left L

Executive Right L

Credenzas:
18" x 66"
18" x 72"
20" x 72"
22" x 72"

Operational Right L

Operational Right L

Returns:
22" x 60"
24" x 42"
24" x 46"
25" x 60"

图3-6　制造的书桌形状、尺寸各异。书柜被用作存储及摆放计算机。这些例子是盒式家具的典型尺寸及配置。（线条绘图：Kimball Office Group。）

表3-4　盒式家具及办公室座位术语

家具物品

■ **盒式家具**：由"盒子"制成的家具物品，如桌子、书柜、书橱、文件柜等。

■ **传统家具**：办公桌、书柜、文件柜、书橱。

■ **书柜**：存储单元，带底座或机柜用作额外的存储空间。

■ **双人座台**：带2个抽屉的写字台。

■ **行政回旋**：与书桌同一高度的额外桌面。

■ **横向文件柜**：节省空间的文件，一般18英寸厚，具有各种宽度。

■ **底座**：15~18英寸宽的抽屉配置。

■ **回旋**：一个额外的书桌单元，只有25英寸高，创建一个L形或U形台。

■ **单座台**：只有一个抽屉单元的写字台。

■ **桌台**：无底座的写字台。

■ **立式文件柜**：传统文件柜，通常15~18英寸宽、28英寸深。

座椅

■ **人体工学座椅**：各种各样、款式众多的桌椅，设计用来提升用户舒适度。

■ **大班椅**：比大多数桌椅更宽、后椅更高的写字台。通常设计带有全软垫的扶手。

■ **会客椅**：任何椅子（通常教小），由访客使用，或靠近访客使用的桌子。

■ **姿势椅**：写字台椅子，设计来改善姿势和舒适性。

■ **雪橇座椅**：会客椅，带有一块从正面延伸到后腿的金属或木头。这使得它比有腿的椅子更容易移动。

■ **工作椅**：也被称为秘书椅或操作椅。这是一种较小的椅子，带或不带扶手（凹进去的部分），这是为从事重复性任务（例如打字）的员工准备的。

多信息。

有些管理和行政办公室还有其他一些常见的家具物品。第一是书柜。它主要是作为一个附加的存储单元，并且被指定为具有与桌子相同的基本宽度。书柜几乎总是位于桌子后面，往往可容纳某些类型的办公设备，如加法机甚至电脑——虽然这不是一个经常使用电脑的好地方。第二常见的物品是文件柜。虽然20世纪70年代计算机的问世带来了"无纸办公"的指望，但在现实中，许多企业都必须保持纸质档案和记录好些年。特定工人需要的其他文件通常保存在办公室文件柜或在不再使用但需要保留时移动到中央文件区。文件柜大小不等，以容纳信纸和法定尺寸的纸张。由于立式文件柜占用如此多的楼面空间，很多设计师喜欢使用横向文件夹（图3-7）。横向文件夹没有垂直文件夹那么深，但它们更宽。它们不仅使用面积更高效，而且与立式文件抽屉相比，能获得更多的文件空间。当一家公司必须存储大量文件时，标准的横向和纵向的文件柜并不划算。开放式文件架给海量文件夹提供了存储空间（图3-8、图3-9）。

中央文件区是充满了文件柜或文件系统的房间。图书馆或其他重型设备中文件区的位置——以及书库的位置——必须考虑楼层负载。建筑结构有两种负载。活载（live load）包括人、家具、添加到建筑物中的设备的重量。静载（dead load）指建筑物的永久结构元素。考虑几个例子，一个四屉、42英寸宽的横向文件柜装满纸张时可重达720磅。[4]对于一个图书馆（如法律图书馆），图书的重量很难确定，因为书的尺寸变化很大；每立方米空间25~30磅

[4]De Chiara et al., 1991, p. 287.

图3-7　典型文件单元：左边是个横向文件屉，右边是个立式文件屉。(插图提供 : SOI, Interior Design.)

图3-8　移动式开放文件柜，给海量信息提供了存储空间。(照片提供 : Jim Franck, Franck & Associates, Inc.)

图3-9   在模块化结构中，开放单元提供了高密度、高访问的文档。
（图片提供：TAB, Palo Alto, CA 94304, 1-800-672-3109。）

是个常见的估算因子。[5]当将这些单位一起集结在某个区域时，它们的总重很容易超过楼层的负荷极限。在建筑师或工程师的建议下，室内设计师必须估算这些集结在一起的存储单元的总负荷。设计师可以从设施经理、租赁代理或建筑师那儿获得楼层的活载极限，以确保地板不会下垂，甚至出现缺陷。如果集结单元的负载估算值超过了安全负载极限，那么就有必要强化地板或将存储单元移动到一个以上的位置。

办公室里还有座椅。办公室工人使用的桌子后边的椅子被称为书桌椅、姿势椅、桌椅，制造商还创造了各种各样其他的名称（图3-10）。侧椅、会客椅、会议椅是办公室访客以及会议室使用的物品。其他办公椅包括秘书椅、操作椅、管理椅、凳子、高靠背执行椅、堆放椅，雪橇底座及其他。软椅是另一种类型的座椅。这一类包括躺椅、情侣椅、长沙发、模块化座椅和沙发——通常是全软垫的。

在办公室设计中，舒适、支持性的椅子是一个要求，而不是一个选项。上班族应该有一把舒适的椅子，功能良好，并适当地支撑身体。自从20世纪70年代给上班族引入人体工学座椅开始，书桌椅变得更加舒适、健康。人体工学座椅不仅被设计得更舒适，而且还更具功能性。制造商和椅子设计师们创造了多种符合人体工程学设计的座椅，以满足不同层次员工的工作职能及地位要求（图3-11）。

有几个与办公室座椅有关的功能选项。桌子后边使用的座椅单元以及会议室使用的座

[5]De Chiara et al., 1991, p. 190.

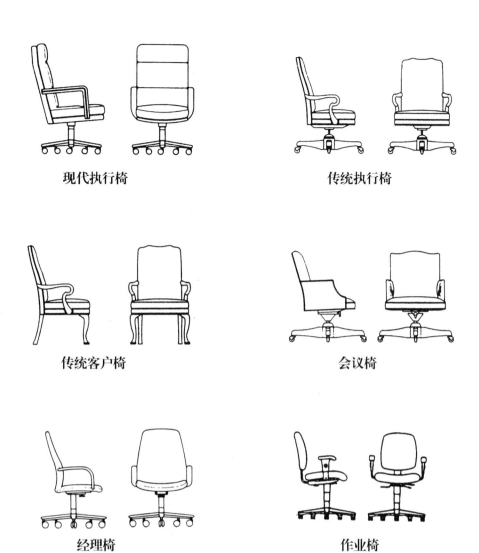

现代执行椅　　　　　　传统执行椅

传统客户椅　　　　　　会议椅

经理椅　　　　　　作业椅

图3-10　办公室使用的座椅。(绘图：Gunlocke。)

图3-11　会议室，使用符合人体工程学设计的Herman Miller Aeron椅子。(照片提供：3D/International。)

椅单元几乎总是带有脚轮，以让它们更自由地移动。单脚轮用于硬表面地板，双脚轮用于地毯表面。办公室和会议室也可以指定可旋转和倾斜的椅子。上班族不论工作或职级如何，都喜欢这些令他们舒适的选项。通常在办公室、小企业的接待区以及小型会议室使用访客椅，提供各种功能和美学选项。制造商给同一款式制造多个版本是很常见的，这样座椅可以利用同一供货渠道。

还得留意内饰的选择应与维护及美学相符。办公椅及其他座椅（不论是在桌子前边，还是作为办公室或接待区的软椅）磨损大。制造商提供了许多室内装潢选项，以适应室内设计师及公司的美学目标。可从工厂获得的软面料保证看起来不错、耐得住办公室座椅的高强度使用。室内设计师还可以利用客户自己的材料（customer's own materials，COMs），从椅子制造商之外的货源选用商品。但是，一些座椅公司不能使用COM面料，因为椅子或面料的形状不够灵活。即使面料被接受，制造商可能无法保证COM的性能。指定COM时，座椅总是更加昂贵。

当公司决定给其办公室布局使用开放式或修改版的开放式规划时，使用盒式家具或常规办公家具的替代方式是某些类型的系统家具。表3-5介绍了理解系统家具的一些有用术语。系统家具结合了低于全高、带有如架子和工作台面（挂在分隔面上）的组件的竖直面板，以创建办公室——通常称为工作站。使用系统家具的主要优点是潜在的空间节省。通过隔板利用更多垂直空间，可以功能性地设计工作站，以满足个人的工作要求，同时节省楼面面积。例如，使用传统家具的小型经理办公室至少需要120~140平方英尺。如果采用系统家具设计，同样的工作站可容纳在80~100平方英尺之内。假设基于真正的功能需求规划工作站，节省下来的总空间量可以减少公司需要租用或建造的面积，从而显著地减少租赁或施工支出（图3-12）。表3-6重点介绍了使用系统家具的一些关键优点和缺点。

系统家具的风格选项数以百计，给室内设计师提供了诸多选择，以满足用于办公室项目

表3–5　系统家具与规划术语

- **组件**：个别物品，如货架、工作台面，以及抽屉单元，附着或挂在分隔板上。
- **台面（也称交易面）**：用于接待区的低面板（34~48英寸高），以创造一个更私人的柜台交易区。
- **分隔板**：形成工作站和悬挂在组件上的垂直支持单元，面板的宽度和高度给定为标准尺寸。最典型的标准面板宽度为12、18、24、30、36、45、48英寸。最典型的面板高度为30、36、39、45、47、53、63、72、85英寸。
- **办公室景观**：20世纪50年代开发出的一套设计方法论，使用传统家具和植物，但是很少用隔墙（如果有的话）。
- **底柜**：抽屉的组合，可以悬挂在工作面上。是移动式的或独立式的，功能如盒式家具上的柜子。
- **半岛工作面**：一个工作面，附着在另一个工作面的尾端而不伸入该工作面内，以创建如同桌面一般的外观。
- **仓储货架**：高度、宽度各不相同的组件；它们可能是开放式的或封闭式的。
- **系统家具（也称模块化家具）**：一种家具产品，由分隔板和用于提供工作站功能的组件组成。
- **工作灯（又称架子灯）**：安装在架子单元下边的灯具。
- **工作站**：通过使用垂直分隔板和组件创建的个人工作区或"办公室"。
- **工作面**：用作桌面的制品。形状可能是矩形、弧形、边角、分隔顶或曲线。

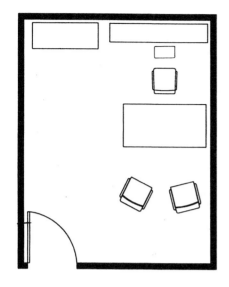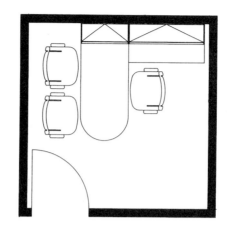

图3-12　两位经理的办公室平面图，展示通过在右边使用系统家具节省了平方英尺（与左边的常规办公室相比）。（系统平面图提供：Herman Miller, Inc., Zeeland, MI）。

的系统家具的功能需求、审美愿望和价格。不仅风格和饰面完全不同，而且产品的配置方式也不同。然而，当制造商代表注意到所有差异后，在多年中实际上只开发了6类系统产品。

- **垂直分隔板**。这是使用系统家具和开放式规划的最简单的，一般来说也是最便宜的方式。可能需要使用高架货架，与独立式书桌相结合。电源和技术无法通过面板的底座。面板具有较低的声学评级。
- **盒式家具**。一般来说，连接组件，并从面板两侧予以支撑。使用开放式规划的话，家具具有传统家具的外观（图3-13）。

表3-6　使用开放式规划和系统家具的优点和缺点

优点

- **更低的建造及施工成本**。需要较少的全高分区。还减少了一些永久性的机械系统施工。
- **减少停工期**。拆掉工作站、按新用途重新配置空间比销毁、新建硬壁所需的时间更少。
- **灵活**。可以更快地完成工作站的重新配置，并且可以轻松地满足雇员的个人需要。
- **节能**。开放式规划一般都会降低建造、运行HVAC系统的成本。初始安装时需要的管道、布线及其他种类的硬件设备更少。
- **潜在节税**。面板被认为是家具，因此折旧计算与全高墙壁不同。

缺点

- **缺乏隐私**。在许多项目中，没了私人办公室仍然是一个问题。
- **噪声**：如果噪声问题得不到解决，那么开放式规划可能比较嘈杂。
- **地位缺失**。工作站比办公室缺少身份地位。但是，今天可获得的家具和涂料的样式使得设计师易于区分身份地位。
- **较高的初期家具成本**。面板和组件比可移动家具及施工墙的初始成本更高。当客户经常需要重新配置空间时，系统变得更便宜。

图3-13   使用开放式规划系统家具,具有盒式家具的外观。(照片提供 : Kimball Office Group。)

- **模块化组件系统**(也称为基于面板的组件系统)。这些产品包括单片垂直面板,在任何地方沿其高度支撑各种组件。组件从面板背部(而非侧面)悬挂,并且一般都可以以1英寸增量调整(图3-14)。
- **框架和模具**。工作站布局的基础是钢架。水平的模具和部件创建了工作站,并将外表面抛光,给系统家具更具建筑气息的外观(图3-15)。
- **滚道系统**。独立式单元,具有一个集成滚道,依制造商的不同,该滚道可以位于任何高度,以进行必要的电气、计算机和电话的线缆施工。
- **以杆为基础的系统**。垂直杆与横屏配置,定义了工作站和支持元件。这些系统能快速、容易地重新配置,在非立体工作站里用得很好(图3-16)。

在工作站配置里,系统家具能非常灵活地适应变化。它很适应办公技术的变化,L形和

图3-14　模块化组件系统，展示垂直面板配套组件。Action office system（活动办公系统）。（图片提供：Herman Miller, Inc., and Hedrick Business Photography）

图3-15　水平的模具和组件给系统家具增添了更具建筑气息的外观。（照片提供：Herman Miller, Inc., Zeeland, MI。摄影：詹姆斯·特尔科斯特（James Terkeurst）。）

图3-16 以杆为基础的系统，具有向外突出来的侧翼，这给了每个员工更多的面积和可访问性。(解决系统提供：Herman Miller, Inc., Zeeland, MI)

U形结构的配置给设备和常规的文书工作提供了大量的表面空间。高架货架和许多其他类型的组件在更小的空间里提供了盒式家具风格办公室的所有设备功能。

开放式办公室项目围绕着分隔板骨架而规划。这些面板制造了工作站，形成过道，并提供程度不等的隐私。根据产品、部件 (如货架) 的不同，工作台面和文件可以悬挂到面板上。面板还提供一定程度的声学控制，并考虑到了电气、电话和数据传输在整个空间的分布。组件是独立式的或自支撑的，这意味着它们不会附着在地板上。在设计工作站以及使用组件的方式时必须小心翼翼，使面板的设计安全可靠，在怎样利用开放式规划面板系统和组件进行设计方面遵循制造商的指引是关键所在。

面板有好几种不同的宽度和高度，以满足员工的需求，并支持他们的功能。这些随制造商和产品类型而不同，但是一般标准宽度12~60英寸，高度34~96英寸。大多数工作站由高53~85英寸的面板组成。这一高度的面板提供了所谓"静坐隐私"(sit-down privacy)，这意味着走过工作站的人一般都看不见站内坐着的个人 (见图3-14)。72~85英寸高的面板提供了通常所谓的"站立隐私"(stand-up privacy)。这意味着站内的个人 (即使是站着)，也不会被经过的人看到。这一高度的组件通常用于高层人士的工作站或会议场所。工作台 (如接待站等) 使用较低的高度 (图3-17)。

室内设计师必须记住，面板也具有厚度。他/她的详细楼层平面图应考虑面板厚度及任何可能涉及的系统蠕变。系统蠕变意味着面板每转一次弯，设计师都必须考虑面板及任何连接硬件的厚度。如果设计师在规划系统项目时忘记了厚度合适的面板或系统蠕变，那他/她会发现他们的楼层平面图往往与空间不契合。并非所有的面板都具有相同的厚度，所以室内设计师必须要确保在规划时考虑到面板厚度 (图3-18)。

图3-17　垂直面板，不同的高度可以支持各种各样的组件。(照片提供：Kimball Office Group。)

　　系统工作站由各种不同规格的组件构成。水平表面称为工作面（而非计算机桌面或桌面），开放式或封闭式货架、文件夹、抽屉以及众多的杂件提供了工作站的所有工作环境。根据系统和产品设计的不同，组件可以悬挂在面板上的许多地方，提供了许多配置来满足

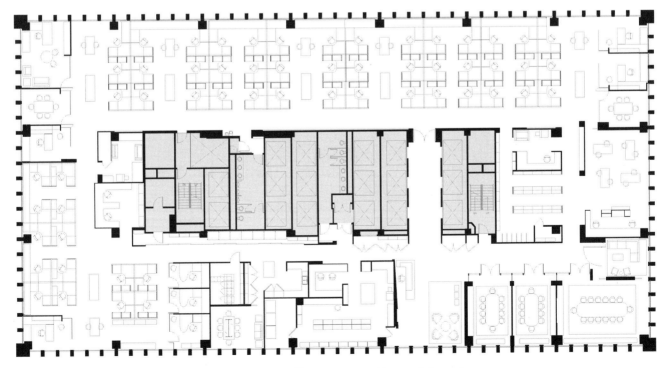

图3-18　系统办公室规划的楼层平面图示例。(楼层平面图提供：Huntsman Architectural Group。)

BOX 3-1	设计计算机工作站

很多员工在设计得不能高效地融入计算机的办公室或工作站里上班。计算机工作站需要规划家具并小心谨慎地指定家具规格，以防止对员工造成不必要的身体创伤。企业的一大医疗费用就是腕管综合征。它通常与影响手臂、手腕和手指的紊乱有关，原因在于重复的键盘操作。持久的重复性动作导致对双手、手指和手臂的潜在伤害，可能是工作区设计不良或雇员的工作习惯造成的。

要创造一个健康的、反应灵敏的计算机工作站，并没有完美的解决方案。各人的身体尺寸、视觉特征、工作方式都各不相同。然而，依然有一些标准能有助于创建一个反应灵敏的计算机工作站。对这些标准的研究主要由系统家具及计算机硬件的制造商来完成。本节将讨论办公室环境中对计算机的重要规划考量。

高效的、健康的计算机工作站要求桌子、座椅及照明的规格适宜。今天，有很多的家具物品，可用于容纳计算机设备，提供对舒适性的衡量手段。盒式家具不如系统家具那么灵便。设计师需要小心地选取盒式家具，以使计算机的机壳具有尽可能大的灵活性。系统家具提供许多选项，因为设计工作站具有更大的适应性及各种各样的组件。

显示器和键盘的正确定位对于计算机工作站的规格和设计而言至关重要。显示器应位于视野的最大40°范围内。这意味着显示器顶部应与工人的视线相平，用户的下巴应轻微向下倾斜。对于许多工人来说，29~30英寸的标准书桌高度将显示器置于适当视野的错误高度上。不得随意调整显示器高度，而是应该对家具或组件确定正确的规格。对于显示器应该

距离工人眼睛多远尚无共识，但是，常见范围是18~22英寸。普通键盘的位置应使手腕不急剧弯曲，搁在桌面上，或搁在键盘边上。大多数家具产品的桌面下边的键盘托盘都提供这一位置。

还需要舒适的座椅。符合人体工程学设计的座椅可以让工人舒舒服服地坐在在电脑前，减少背部、腿部、手臂的问题。椅子的座位和靠背应可调节。靠背应该有腰部支撑，其位置应可调整，使腰部支撑区舒适地适合于用户背部。理想情况下，座板是一个瀑布面，它是椅子膝盖边缘处圆润柔和的外缘。这一特性提升舒适性，并有助于防止对腿背面的压力。座板边缘不应接触员工的膝盖背面。如果椅子有扶手，应该让椅子的前缘凹陷，这样可以把椅子拉至键盘，提供合适的座椅距离。当工人坐下时，他/她的脚应该平放在地板或由一个小脚凳支撑，这意味着座椅高度也应是可调节的。

眼睛疲劳、疲惫不堪、视力模糊是由于计算机区域内的照明设计不良而造成的一些问题。计算机工作区照明问题的最佳解决方案是在工作站结合使用设计适当的环境照明或低瓦数普通照明及工作照明。电脑显示器应放置得与相邻的窗口成90°角，而不是对着窗户或让屏幕后方对着窗户，以防止眩光。

这个简短的讨论都集中在办公应用上。然而，设计原则和指南也适用于所有计算机站，不论业务类型如何。室内设计师需要与客户、照明设计师以及电脑硬件供应商合作，以确保内置有计算机的工作站和办公室的设计能尽可能地预防因工作区设计不良而导致的健康问题。

雇员的功能性任务需求。至于面板单面或两面到底需要多少个组件，以及需要何种支持物，都由制造商发号施令。室内设计师必须核对将使用的家具产品的制造商，以确保其设计稳固、安全。

材料及饰面

改善办公建筑的内饰能给建筑物业主提升建筑物的价值。采用的建筑饰面的价值越高，资产附加值就越高。例如，行政区走廊的大理石地板比地毯的附加值更高。如果客户拥有该建筑物，他/她可能会将使用高端材料的墙壁和地板视为提升了公司资产。

另一方面，当客户租用建筑物的一部分时，租户对建筑物的改进属于房东（而非承租人）所有，这就是当客户租用办公空间时都不愿意在特殊的建筑饰面上花费大量金钱的原因。这些材料的成本主要来自租客的口袋，但价值却属于房东。

租户在对空间作出某些改进后，会从房东那儿得到一点补贴。补贴通常都是针对被视为符合建筑标准的一组材料，以及建造、支撑某些非承重结构元素（例如隔板、管道和建筑照明灯具）的成本。这样做是为了保持室外及室内公共空间的设计的连续性。其中一些标准（如门窗样式）必须采用。如果室内设计师不能利用建筑标准或希望指定超过补贴额的价格，那么客户可能同意升级材料。客户支付补贴与升级费用之间的差价。如表3-3表示，这些升级被称为租赁保持升级（lease-hold improvements）；将入口处的塑胶地砖升级为大理石就是一个例子。房东一般是赞成这些改进的，因为它们提升了物业的价值。然而，一些改进可能会受到打击，因为它们让租赁空间难以找到下一个租户。

地板、墙壁、天花板以及窗帘使用的材料必须符合适用的建筑和可访问性法规。建筑饰面必须是商业级产品，经受得住严重的磨损和维护。让我们先看看地板材料。

对于办公室的大部分区域，地毯是最常见的材料。弹性和硬质平面材料也用在一些区域，尤其是实用区域，如邮件室和储藏室。地毯提供声学控制，并且更舒适。紧密簇状或羊毛短平型的商业级地毯在大客流量、椅子移动频繁、整体易用性方面的功能最好。必须注意地毯的规格，因为干燥的环境和地毯纤维会产生静电，可能破坏计算机数据或硬件。具有防静电纤维的地毯是针对这一问题的最佳解决方案。可能采用局部处理；然而，它们并不是那么可靠。割绒表面能更快地显示流量模式，除非它们是小绒毛的、极其致密的地毯。在毛绒面上移动办公椅也比在环形表面上移动要困难得多。另一方面，磨损较少的行政区可以规定使用割绒表面以及更豪华的材料。取决于使用地毯的空间，地毯的法规要求也各有不同。一般来说，地毯必须由美国国家防火协会（National Fire Protection Association，NFPA）-101® I类或II类材料构成。室内设计师必须与适用司法管辖机构商讨设施适用的特定法规要求。ADA要求限制带靠背的柱高为0.5英寸。

可以用地毯拼片实现有趣的定制设计，这是使用宽幅地毯做不到的。当项目主要是开放式规划时，地毯拼片是特别有利的。它们可以接触到地板插座，升高了地板机械槽，而不会损坏地板。事实上，当需要在活动地板上铺设地毯时，使用地毯拼片。地毯拼片被制造后安装在18~24英寸见方的区块上。根据制造商的说明，地毯拼片可能用自释放的或最小剂量的黏合剂来安装，这样如果它们受损了或磨损得厉害，就可以很容易地替换掉。拼片的初始成本比同等质量的宽幅地毯高。ADA要求中提到的上述这些也适用于地毯拼片。

弹性和硬质表面材料比地毯噪声大，适可而止地用在办公环境中。人流最大的交通区域（如入口大堂、公共走廊和厕所）一般都指定使用具有弹性和硬质表面的地板。办公室的某些区域需要更高端的设计规格，如行政套房的部分，还可能会看到使用木材、瓷砖或石材作为地板材料。室内设计师得小心谨慎地选择弹性和硬质平面材料，以确保办公室用户不在光滑的表面上滑倒。其中一些材料还需要更多的维护，以让它们看起来光鲜亮丽。单单这个因素就会影响到地板材料的选择。

用作全高隔墙的材料的规格应根据项目空间内墙壁的位置而做出调整。出口通道走廊墙壁的法规限制更严，因而与创建办公室或会议室的墙壁相比，材料类型的限制更多。如果在走廊和出口路径上使用墙面，只应指定商业级材料。商业墙面的图案和颜色各种各样，可用于创建室内空间中走廊和其他隔墙的宜人背景。根据当地法规，设计师可能有在私人办公室和会议室中使用住宅级材料的选择权。如果设计师希望使用墙布，他/她必须与当地司法管辖机构就任何法规限制进行商讨。在某些司法管辖区，只要在设施里有防火系统或者用采用防火化学品处理织物，那么就允许使用墙布。不幸的是，这将在一定程度上改变织物的颜色。与企业分类相符的办公室的建筑表面必须为：I类（用于封闭式楼梯）、II类（用于其他走廊）、III级（用于其他区域）。

大多数办公室隔板都是现场构件，并根据建筑分类和地方法规，隔板是由覆盖着石膏板的金属钉或木钉构成的。有些客户使用可拆卸墙壁作为办公室隔板。可拆卸墙壁是建在工厂里的特定大小的室内隔板。然后这些墙壁经由墙壁底部的夹具系统通过张力定位，并

表3-7　施工术语选录

- **地基施工**：建筑物的外壳，包括建筑的核心结构（如电梯和洗手间）。
- **轴承墙壁**：墙壁，从上面支撑地板和/或天花板的负载。
- **幕墙**：外墙，仅支持其自身重量，并连接到建筑物的结构元件上。
- **静载**：建筑物的永久结构元素。
- **可拆卸墙壁**：室内隔板，建在工厂里，立在有压力的地方。
- **楼板**：现场浇制的或预制单位的一般钢筋混凝土楼板。可用其他方式、采用其他材料制成楼板。
- **活载**：人、家具、添加到建筑物中的设备的重量。
- **金属钉**：商业楼宇中代替木钉使用。反映许多木结构件的其他结构件也能用钢制作。
- **地坪**（on grade）：结构地板直接与地面接触放置。
- **通风区**（Plenum）：商业楼宇的隔音瓦与上边的地板之间的空间。机械系统（诸如照明、电气和给排水系统）可设在通风区。
- **构件式**（Stick built）：一个俗称的术语，指的是现场施工的建筑物的隔板和其他部分的施工。
- **悬挂式声学吊顶**（Suspended acoustical ceiling）：悬挂在T形枕木上的隔音瓦。这些枕木用线缆连接到上边的地板和围墙上。灯具可以置于T形枕木上边的网格上或附着在T形枕木上。

连接到顶部天花板的T杆上。当办公室需要新的空间规划时，它们可以重新布置。可拆卸墙壁在拆除和新建时需要的停工期更短。它们可以用石膏板和彩绘进行表面处理，但最常见的是用满足A类防火法规要求的塑胶或墙布进行表面处理。可拆卸墙壁还包括门窗，这样可以创建几乎任何大小或配置的私人办公室。墙体内的小空腔是为电器和通信线缆量身打造的。但是，可拆卸墙壁一般不容纳管道，因为它们的厚度不足以处理废水管（见表3-7）。

商业办公设施的天花板的材料主要是玻璃纤维。在大多数大空间里，吊顶板材的主要类型指定为2英尺×4英尺。在较小的房间里，可能会使用2英尺×2英尺的贴砖。天花板具有各种吸音和装饰的品质。

贴砖安装在悬挂到上边的结构天花板上的金属吊顶格栅内。机械系统（如HVAC管道、电线、消防喷头的水管、电话、数据电缆）安装在隔音瓦与上边的结构天花板之间的空间。这个空间被称为通风区。照明装置可以很容易地落入栅格或可以打孔，以在各点进行安装作业、照明。

有些客户希望在某些区域去除吊顶，将机械系统的外观保持为设计的一部分。去除吊顶意味着该空间将比较吵。一般来说，天花板控制声音的60%~65%；25%~30%与家具有关，5%~10%与地板有关。应调查并指出空间中可能改善噪声控制的其他因素，以保持愉快的工作环境。

窗帘在商务办公室内相当司空见惯，以给外部提供统一的外观。用来实现这种效果的最常见处理方法是水平或垂直百叶窗。在设计某个区域（例如行政办公室）时，室内设计师可能指定百叶窗上的窗帘布。然而，当地消防法规可能禁止在商业办公室里使用织物窗帘，除非该材料满足高阻燃性标准或织物经过了阻燃化学处理。和织物墙布一样，窗户遮蔽物的阻燃处理几乎总会改变织物颜色和材料手感。

跟在任何商业室内一样，颜色对于办公室内饰是很重要的，因为它"有助于生产率和空间内入住者的心理满意度"。[6]室内设计师通过在办公室室内采用各种颜色，可以做出多种多样令人兴奋的设计，或创建出平静的背景。色彩营销集团（The Color Marketing Group，CMG）每年都预测与消费者、商业产品有关的、将占主导地位的时尚色彩、室内设计等产品和服务。室内设计师参看这些预测，以确定他们从制造商那儿拿到的产品可能发生何种改变，以及他们能向客户暗示怎样的前沿设计。

在办公设施中，颜色偏好令人难以置信地多样化。室内设计师通常对配色方案有很多选择。有些企业可能对其自身办公室设有颜色标准，必须尊重这些标准以及客户表达出来的一般颜色偏好。一个可行的、美观的配色方案，再配之以适当的灯光，可以提高生产率和工人的舒适度，因此，应慎重选择配色方案。

室内设计师应该记住与颜色选择有关的光反射系数。浅色反射的光线比例很高，而深色几乎不反射光线。窗户很少或没有窗户的办公域不应指定为深色。几乎所有颜色组合都能用于时下的办公设施，如果它是经过精心规划、满足客户意愿的话。

---

[6]Ragan, 1995, p. 33.

机械系统

和大多数类型的商业空间一样，室内设计师在办公室项目的机械系统的设计和规格上扮演着辅助角色。设计师可能提供照明设计服务或可能聘请专业照明设计师，以根据楼层平面图和设备图纸规划照明。在指定任何系统项目时，室内设计师将参与电气、数据以及电信的规划，因为这些都是大多数分隔板不可或缺的。声学处理是室内设计师必须理解的另一个"机械系统"，因为它是系统家具产品的规划所不可或缺的。室内设计师可能会较少涉及机械系统的设计这一事实并不能否定他/她有责任了解这些系统如何工作、是整个办公室设计的一部分。

本节提供了关于办公室项目机械系统设计的信息，我们将讨论照明设计、电气接口（尤其是在它影响了开放式系统产品的情况下）、数据和电信，以及声学。

照　明

在20世纪下半叶出现了办公室灯光设计，强调在整个空间光线均匀，给桌子表面和周围空间一视同仁地提供超过其实际所需多得多的光线。这种均匀的光量——由融入屋顶隔音瓦网格的荧光灯具而来——没有考虑到室内灯具的视觉舒适度或光线质量或审美感。20世纪70年代，开始了办公室照明设计变革的新纪元。石油禁运导致的能源危机以及能源成本暴涨鼓励着建筑物业主、建筑师、室内设计师和制造商寻求更有效的方式来照亮办公环境。今天，有更多的选择来提供节能照明，以满足功能要求。

在客户租赁办公空间的情况下，室内设计师在设计照明时面临的挑战最大。大多数情况下，建筑物所有者已经决定了灯具的类型、大小，乃至灯具中灯管的颜色。对于租户（租户负责为升级出钱）来说，更换建筑物标准装置实质上增加了扩建成本。当客户没钱支付更改时，室内设计师需要对颜色、材料和质地进行更仔细的规划和法规，以设计一个发挥功能的、有吸引力的空间。

照明法规首先要确定在办公设施的各个区域及房间内将要完成的任务。此信息与照明工程学会（Illuminating Engineering Society）提供的标准照明等级指南结合使用，以计算不同任务及设施区域所需的照明。必须小心翼翼地研究并指定灯具的类型和位置，以实现所需的照明等级（见表3-8）。

在办公室里，由于电脑显示器的存在，照明法规很是复杂。来自窗户的光线以及从天花板灯具发出的光线很容易产生眩光，导致眼睛疲劳。眩光是不舒服的明亮光线或反射光，使人很难正常看清。当光线比人已经习惯的还要明亮时，就会产生眩光。来自窗户、被反射到电脑显示器上的光线使人几乎不可能看清屏幕。来自头顶上方天花板灯具的反射光也给上班族制造了大麻烦。这意味着设计师小心谨慎地（甚至得超越灯具规格本身）指定普通照明及工作照明是多么重要。

和几乎所有类型的商业室内设计一样，办公室使用三种类型的照明，以满足客户和室内设计师的需求。环境照明（ambient lighting，有时称为普通照明（general lighting））给人们提供足以在该空间内安全移动的均匀亮度。实现这一点的最常用方法就是使用安装在天花

表3-8　办公室照明等级

	英尺烛光指南
礼堂和装配间	30~100
大堂	50
走廊	10~20
会议室	30
需要工作照明的日常工作	50~100
需要某些工作照明的适度电脑工作	20~60
起草	100~200

板表面上或凹入天花板内部的荧光灯管来提供直射的环境照明。环境照明还可以通过非直射方法来实现，在该方法中，灯具立在放置在地板上的架子上或悬挂在天花板上（而不是正好挨着天花板下端），光线在天花板和灯具之间弹跳。在采用开放式规划和系统家具的情况下，这种非直射方法是常用的照明解决方案。

环境照明往往并不为许多任务提供充足的优质光线。小型可移动灯具（如台灯或台下灯具）将光线传送到特定位置，营造出工作照明（task lighting）。工作照明给每个上班族提供为了舒适地工作所需的额外光线。卤钨灯常见于工作照明灯具中。它们非常高效、小巧，能产生良好的色彩还原和真正的白色光线。这些灯运行状态下的高温可能是危险的，除非灯管本身被屏蔽，并且其放置不使可燃材料接触灯管或容纳灯管的灯具表面。

在大型办公空间里，可能采用重点照明（accent lighting）。轨道灯、拱腹灯和聚光灯给室内提供了设计兴趣。接待区和会议室的艺术品可能被高亮展示。可在员工餐厅里指定使用拱腹灯，轨道灯甚至可能被用来代替荧光灯具作为辅助的或主要的环境照明。设计师必须将重点照明考虑进整体光线等级的因素之内，因为这些灯具将有助于整体环境光照水平。

随着对节能及可持续性设计的关注，采光已成为办公照明的一种更重要形式。日光是太阳产生的自然光，通过窗户、天窗或表面反射进入建筑物。从建筑物周边消除了传统全高墙私人办公室的室内设计规划让更多光线进入了整个办公空间。将采光考虑进照明负载之内可能让公司减少或修正人工照明灯具的数目以及使用的灯管类型。然而，采光也有不利的一面。在将日光用作功能性照明光源时，眩光增加、太阳透过未遮蔽的窗户传热、面纱反射、阳光伤害家具和漆面，这些都是需要视为折衷的一部分。而且，当然，如果工人晚间也得使用办公室，那么采光将不提供任何功能照明。

电气、电话和数据通信

当项目要求使用任何类型的开放式办公系统家具时，就发生了提供电气、电话和数据通信服务的最大挑战。如果项目主要是使用常规家具的封闭式规划，那么提供电气服务（以及其他系统）就简单得多。室内设计师最关心的是建筑物内的布线体系。国家电气法规（National Electrical Code，NEC），是国家防火协会（National Fire Protection Association，NFPA）的一部分，继续提供商业内饰的电气系统规划标准。请检查NEC和本地法规的诠释，以妥善规划办公室电气服务。表3-9提供了关于电气、数据和通信系统的讨论的重要术语。

在设计办公设施时，室内设计师必须在他/她的设备平面图上定位将被指定的所有办公设备及照明灯具。此外，反映出来的天花板平面图必须指出为整个区域规划的环境照明及重点照明。室内设计师还指定插座和开关的位置（以及这些物品的类型），以确保能容纳将要指定的办公设备。至少，这些规格必须遵守与住房和建设类型（occupancy and building

表3-9　机械系统术语

照　明

- **环境照明**：给人们提供足以在该空间内安全移动的均匀亮度。也称为普通照明。
- **夹具（Fixture）**：无灯管的灯具外壳。
- **眩光（Glare）**：过于明亮的光线或反射光，它使得人们难以看清。
- **高强度放电灯（High Intensity Discharge，HID）**：产生高水平光线的一种灯管，非常节能。在大空间里用作间接环境照明。
- **灯管（Lamp）**：玻璃灯泡或灯管，通过其内部机制产生光线。在通俗术语里，它是在地面或桌面上的照明设备。
- **灯具（Luminaire）**：照明产品，由灯芯、灯具、灯管组成。通常被称为灯，一般可移植。
- **工作照明**：一种照明装置，提供于特定位置。

电气系统

- **通路地板**：添加到楼板上的活动地板。该空间设有电气、数据电缆和HVAC管道。
- **安培数**：操作电器或设备所需的电流值。
- **铠装或BX电缆**：被柔性缠绕金属包装材料封装的两条或两条以上绝缘电线和地线。有时被称为柔性电缆（flexible cable）
- **专用电路（Dedicated circuit）**：分立电路，使用其自身的散热线、中性线和接地线，不与任何其他电路共用这些线缆。
- **扁平电缆（Flat cable）**：电气线缆，被载塑料材料内压扁，然后屏蔽在薄镀锌钢板之间。插座盒可沿着扁平电缆带。还有数据与通信扁平电缆。扁平电缆不能用于宽幅地毯。
- **电源入口（Power entry）**：一个通用术语，指的是建筑物电气服务通过线缆连接到分压器面板（分压器面板将电源馈送到一系列面板）的那个点。
- **刚性导管（Rigid conduit）**：笨重的钢制管道，绝缘线缆贯通其中以携带电线。
- **非金属护套或Romex电缆（Nonmetallic sheath or Romex cable）**：两条或更多条绝缘电线，覆盖有非金属防潮护套，传输电力。

数据系统

- **同轴电缆（Coaxial cable）**：一种数据线，具有覆盖有金属护套的中心芯导体，而金属护套又覆盖有绝缘材料作为第二绝缘体，然后用外涂层封装。
- **光纤电缆（Fiberoptic cable）**：一种数据线，使用一个薄的玻璃纤维丝来传输信号。
- **四对线缆（Four-pair cable）**：四组双铜线缠绕在一起，并覆盖有绝缘材料。
- **局域网（Local Area Network，LAN）**：一种电信网络，设计来消除可能会中断网络的信号的可能性。
- **双绞线电缆（Twisted-pair cable）**：两根铜线绞合在一起，由绝缘物质屏蔽。是手机/数据线的基本类型。
- **无线局域网（WLAN）**：局域网的无线版本。

声　学

- **分贝（Decibel，dB）**：衡量声音的刻度。数值越大，声音就越响亮。3英尺距离外的正常谈话声为65分贝。
- **降噪系数（NRC，Noise Reduction Coefficient）**：一个数值，介于0与1之间，表示（撞击材料的）能量被吸收的分数或百分数。评级为0意味着没有声音被吸收，等级为1意味着所有声音都被吸收掉了。
- **传声等级（STC，Sound Transmission Class）**：一个单数等级，描述物体阻挡声音传输的能力。STC为0意味着声音通过物体后没有下降；STC为50意味着声音几乎完全穿不过。

type）有关的当地电气法规。设计电气系统、满足电气法规要求的实际责任落在建筑师和电气工程师顾问的肩上。室内设计师的电气平面图还将提供数据和电信设备的位置。这些平面图将由提供电话、互联网和数据服务的公司进行审查并最终确定。

商业建筑具有单相或三相电气服务。当客户希望主要使用开放式规划或只使用办公系统家具时，差异是相当显著的。单相服务称为240/120V服务。它是旧商业建筑中依然可以找到的电气服务的以往标准。其设计目的是支持两组120伏电路。三相电力服务是新商业大厦的现行标准。它称为208Y/120V服务，设计来支持三组120伏电路。它将应对办公空间的标准需求，为了充分利用多电路开放式办公系统的所有电路，它是必不可少的。此外，主要设备（例如空调系统）需要使用480Y/277V系统。旧建筑可能得重新接线，以正确地使用系统家具产品。

可以以多种方式给室内提供电气和通信服务。显然，所有这些方法都更易于实现，在新施工和改造项目中将电气和通信服务连接到所需位置也更简单易行。当设计师必须使项目适合于现有结构时，需要进行更加仔细的规划和协调。可以采用任何一种方法连接到电气组件（这些电气组件整合进系统家具或盒式家具）上。

最常用方法是经由隔墙和栏柱表面。该方法如图3-19（c）所示。室内设计师可以指定墙壁上出口的位置，只要这些法规至少符合本地电气法规。如果现有出口位置恰当或可以恰如其分地规划，那么使用系统家具的话，就是一种将面板连接到建筑物电气系统的廉价方式。

出于电气和数据服务的目的，活动地板（也成为通路地板）的使用在新商业办公室结构中日益流行（图3-19（b））。活动地板在楼板之上创建了一个二级空间。楼板与活动地板之间的空间能容下电气、电话、数据线缆。甚至HVAC供电也能安装到活动地板之内，给系统提供了灵活性，并在施工过程中节能、节省成本。当项目指定使用系统家具时，活动地板给电器和数据系统提供了无限的出入口。地毯拼片铺设在活动地板系统上，以提供成品的外观。不允许在活动地板上铺设宽幅地毯。

如果建筑物已经为这些机械服务准备了地面网格，地面将有凹槽，其中包含电气、数据处理以及电话服务的导管（见图3-19（e））。初始安装造价高，在项目是采用开放式规划还是封闭式规划的问题上给设计师制造了麻烦。并非所有都安装在具有面板系统、尺寸与工作站相符合的网格上。最常见的是，网格与面板不平行，因为在设计家具摆设之前就已经把网格铺上了。

改造项目的另一种常见的、相对便宜的方法是通过所谓的电杆（来自天花板上的增压室）（见图3-19（a））。在有增压室的商业建筑物里，通过结合滴电，能够在需要滴电的确切位置提供滴电，以将线缆从天花板网格拉到地板上。电杆上的出口考虑到了即插即用功能或将面板系统产品硬连接到电杆。

使用戳入式系统也可以完成电气和数据连接。在这种情况下，通过从下面的气室在地板甲板上钻孔也能完成布线。将安装在表面上的或凹进去的地板遗迹、连接器连到系统面板或电杆上，即可完成布线。地板上的钻孔称为芯钻（core drilling），只有在孔的数目和位置都不毁坏地板系统的结构完整性的情况下才能做到。

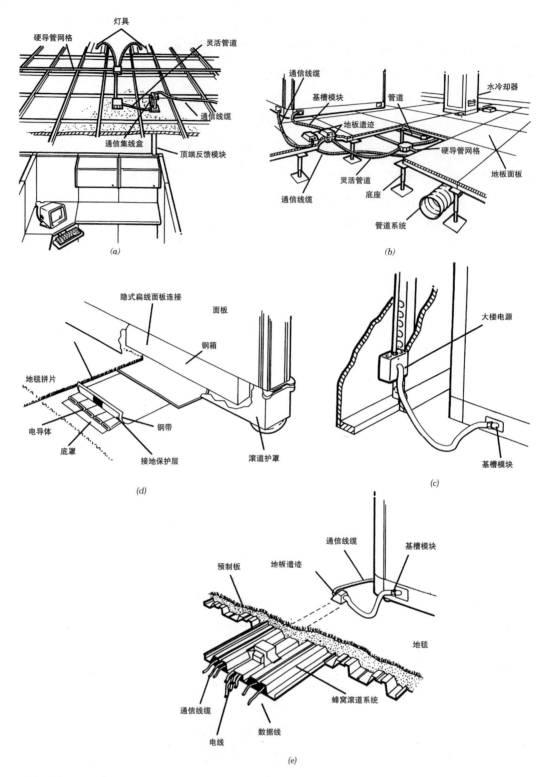

图3-19a~e　面板的电气服务。(a)电杆,(b)活动地板,(c)来自墙壁的基本馈送,(d)扁平线缆,(e)地板滚道。
(绘图提供:Haworth, Inc.)

　　最终方法是扁平电缆。接线被压得扁平,包裹在塑料里,并使用特殊的安装技术附着到粗糙的地面上,以保证安全(见图3-19(d))。扁平电缆连接到墙壁上或栏柱上,一路来到面板、电杆或地板遗迹的连接器所在位置。随着活动地板系统的流行,扁平电缆现在已较少使用。

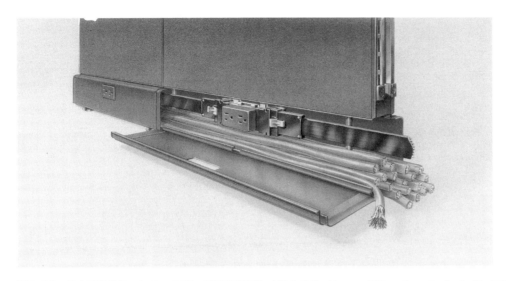

图3-20　基座馈送系统。Action Office能源分配系统。(照片提供：Herman Miller, Inc., Zeeland, MI。摄影：大卫・杰克逊(David Jackson))

　　系统家具的规格和规划涉及理解制造商用来将电气和数据通信服务集成进面板的方法。最常见的是基槽 (base feed) 系统 (如图3-20)。槽沿着每个面板的基座，包含分别用于电气管道和通信电缆的分立通道。根据法规，这些通信线缆必须与电线分离开。在面板上分离这些服务的第二常见的方法称为传送带 (belt line) 系统。在这种情况下，出口和通道在面板基座之上约30英寸处。这一高度允许在工作表面上方即插即用。沿面板一侧的竖直通道将服务从楼层入口或基槽送到传送带馈送单元。它通过如上讨论的任何方法连接到建筑物系统。

　　今天，系统家具集成的电气组件有两个电路，其他组件有多达6个电路，以及给电话、数据线留下的空间。多重电路系统是重要的，这样办公室布局的电力负荷被分摊，不至于使服务超载。在使用多重电路的情况下，一个电路是专供电脑设备使用的。这种"干净"的电路 (所谓的专用电路) 自带接地，可以防止由于内部电源浪涌而导致数据丢失。为了正确规划面板的电气系统，并确定所需的电气系统的类型，设计师必须知道将被放置于工作站的常用办公设备的安培数。表3-10列出了许多常见办公设备的安培数。

　　与电气和电信服务有关的最终设计考量是电线管理。今天，办公室的常用用具都必须有能插入插座的电线或连接计算机设备的线缆。这些电线和电缆可能在桌子、工作站以及许多其他地方下边产生一个非常难看的甚至危险的"意大利面条"。通过在工作站下边使用槽或者将槽集成进面板中，系统家具可以提供良好的电线管理。这种能力并不总是盒式家具设计的一部分。室内设计师应该考虑电线管理，并指定产品，来帮助管理这些电线和电缆，以防止受伤、违反法规甚至构成火警危险。

声　学

　　办公室可能是一个嘈杂的环境，除非每个人都在一间私人办公室里，并关上门。在今天的办公室里，这是很少见的。虽然电脑设备 (尤其是打印机) 比10~15年前安静多了，但是设备、电话交谈、业务谈话或闲聊显著增加了噪声，扰乱了工作。当办公室主要是开放

表3-10　通用办公设备的安培数

答录机	0.08
加法机	0.05
大型电子计算器	0.2
卷笔刀	0.25
电动橡皮擦	0.25
收音机	0.05
时钟	0.03
风扇	1
打字机	1.5
电脑设备	
个人电脑（VDT和PC）	0.08~4.80
单机打印机	3.0~11.0
处理器/磁盘驱动单元	0.08~12.0
调制解调器	0.15
复印机	
单机式	15
桌面式	7.0~10.0
咖啡机	10
微波炉	8.0~12.0

来源：Steelcase公司，授权使用。

式规划时，声学成为有待室内设计师规划和处理的更大挑战。

仅仅存在噪声并不是问题。必须关注的是让工人工作分心的噪声。尤其是大声的或重复的噪声可能干扰注意力。然而，似乎听到刚刚超过某人当时工作区的噪声尤其具有破坏性。通常，麻烦的不是噪声本身，而是谈话是否清晰易懂。

清晰度（intelligibility）是指从可获得的声音收集信息的能力。一个句子中仅仅15%的单词就能使听者明白整个句子的意思。如果比例下降到不到10%，清晰度就几乎消失。可能听得到声音——刺激耳朵——但并没携带任何清晰度或并不令人心烦。在一个开放式办公室里，设计师必须限制指定区域的清晰度，同时将其他声音降低到可接受的水平。

声音测量使用分贝（decibel levels，dB）这个术语。所有声音具有不同的分贝水平，如表3-11中示例所示。距离约3~3.5英尺的两个人之间的一般对话对听者耳朵产生约65dB。这是一个一般水平，人们往往会调整自己的声音级别或物理距离，以达到这个水平。您是否曾注意到，有时餐馆由于有手机通话而格外嘈杂？低于30dB被认为是非常安静的；约85dB就非常大声，几乎难以对话。[7]

室内设计师、声学家、建筑师不会试图使办公室尽量安静。总是会存在一些环境噪声。事实上，当一个房间很安静（没有环境声音）时，任何声音都可能分散注意力。关键在于创

---

[7]Harris et al., 1991, p. 49.

表3-11　分贝等级

震耳欲聋的	雷声	140dB
很大声的	响亮的街道噪声	100dB
大声的	嘈杂的办公室	60dB
中等的	一般办公室	50dB
微弱的	安静的谈话	20dB
非常微弱的	正常呼吸	10dB

来源：Harris et. al. Planning and Designing the Office Environment, 2nd edition（《办公环境规划和设计》，第二版），Copyright© 1991。经John Wiley & Sons公司许可后重印

造一种无分心（而不是无噪声）的环境。可通过控制源头、路径和听者来实现声学控制。对于开放式规划项目，谨慎地给工作小组（尤其是可能比较吵的工作小组）分区是非常重要的。给那些打电话时似乎不太会降低嗓音的人士周围使用高声学值的分隔板是另一个选择。在开放式规划项目里，当人们不必跟人当面交流时，设计师应让他们背对。工作噪声大的小组应远离需要保持安静的小组。

深思熟虑地指定地板、墙面处理、天花板材料的规格也有助于控制噪声。地毯明显比硬表面和弹性材料具有更佳的声学特性。指定NRC约为0.40的地毯。在使用全高隔墙的区域，通过将墙壁隔离，可以降低办公室或区域之间的声音。在需要非常严格地降低声音传播的空间里，需要把隔墙立到下一个楼层的甲板（deck），而不仅仅只是天花板，以使声音无法通过天花板隔层传输。虽然似乎并不令人注意，但塑胶墙布具有比上涂料的墙面更好的声学性能。如果可能的话，用声学材料覆盖至少从地板到地板之上6英尺之间的墙壁表面。例如，取代了隔音瓦的照明装置也增加了声学问题。使用抛物线形或蛋箱扩散器（而非扁平镜头）也会有帮助。窗户通常都是一个严重的噪声贡献者，除非它们都覆盖着窗帘并且窗都拉上——这几乎是不太可能发生的。尝试将玻璃墙用作交通过道的墙壁，而不是作为工作站的一部分。

屏蔽噪声还可以帮助降低其清晰度。屏蔽噪声并不能消除或减少噪声；相反，它增加了空间内的声级。通过使用一个简单的音乐系统，播放不会令人分心的音乐，可以实现声音屏蔽。在更困难的情况下，或不能使用音乐的地方，可能需要电子噪声发生器系统来产生一个背景声音。当现有背景太安静了，以至于不能屏蔽掉令人心烦的声音或掩盖掉不能被偷听到的谈话声时，就应该使用它（指"电子噪声发生器系统"）。电子屏蔽系统产生的声音一般听起来像一个嘘声，但被认为是白噪声。可以根据附近入住者的需要，针对整个大空间进行调整，使声音水平较高或较低。屏蔽系统应在音响师的协助下进行规划。

安　防

在办公室和写字楼里，安防首先关注设施内员工的安全。在确保他们的安全后，几乎所有办公室都必须保护公司和客户的信息，在第1章中讨论过的任何安防问题对于办公室

设施来说都可能是个挑战，不论其大小如何。读者不妨回头看看这个简短介绍。

在程式设计阶段，室内设计师需要与客户讨论安防问题。除了防火保险柜或文件柜来存储文件和电脑记录这一最低安防要求之外，许多公司几乎不再需要其他安防措施。还有一些公司希望在设计复杂的监控和访问系统时在设计团队中包括一名安防顾问。设计团队必须了解需要何种级别的安防，这样设计将保护员工和财产，而不会造成不必要的成本甚至焦虑。

需要多少种安防机制、类型如何，这取决于业务的性质。研发公司必须保护数据和新产品原型。银行得保护资金、有价证券和其他文件。会计师事务所电脑被盗将给窃贼提供有关企业和个人财务信息的大量信息，可导致会计师事务所的客户身份被盗用。政府部门员工可能会觉得特别容易受到未经授权的个人入侵。

许多办公楼在一楼电梯间有保安人员，保安人员经常被用来给参观者提供安全通道。保安人员的桌子或柜台是一款定制设计的木制品，必须容纳电话设备，可能还有显示安全摄像头的显示器、存储柜、电脑及打印机（打印访客证），以及公司需要的其他特定物品。访客一般不允许在办公设施内漫步。他们由员工陪同进入会议室或雇员办公室进行会谈。写字楼的安防系统也可能连接到消防安全系统。

和多种商业设施一样，在办公设施中，在接待区和大堂坐守的火眼金睛的员工的清晰视线往往是第一道防线。接待区与工作区（内有蜂鸣器，或至少有关闭着的门）之间的来往人流防止访客游荡到未经护卫的设施内。在高层办公楼里，让接待员位于电梯间对面将使得每层楼的安防更容易。

员工也可能需要出示身份证或使用通行卡从入口移动到建筑物的较高楼层。往往需要通行卡或键区硬件来访问安全室（例如电脑室及保存财务记录的地方）。在政府建筑物及企业研究区最保密的区域可能需要更先进的门禁系统（如视网膜扫描设备）。

如果项目需要安全房，室内设计师应该明白，标准分区并不提供更高的安防。墙板很容易穿透，闯入一个房间，除非作出特别规定。隔板必须达到天花板甲板上面，而不是天花板底端。甚至可能需要使用钢铁或砖石加强一些墙壁。通过指定棉絮来给墙壁隔音，可以给一间会议室提供较低的声学安防级别。然而，对于高度敏感的安全室，这些还是不够的。

办公设施的员工和访客的安防和安全可以采取多种形式。室内设计师必须与客户、建筑师和安防顾问合作，尽一切可能满足特定企业的安防需求。

法规要求

办公室以及所有其他商业设施都受到建筑、生命安全和可访问性的法律法规的约束。在这一领域，室内设计师的责任始于了解哪些法规实际上影响项目。今天，美国的大多数司法管辖区已经适合了国际建筑法规（International Building Code，IBC）的全部或部分，以及伴生的火灾、管道、电气、机械和其他法规。但是，司法管辖区可能仍使用其他样板法规之一。生命安全（或火灾）的样板法规一般是NFPA中写到的那些，其中包括生命安全法规（NFPA 100，Life Safety Code）。在美国，可访问性规定由ADA管辖。加拿大使用的主要法规是加拿大国家建筑法规 (National Building Code of Canada, NBC)。在加拿大，各个省可能有具体的法规变种，它们影响着结构的设计和法规。加拿大及其各省有其自身的可访问性规定，不使用ADA指南。司法管辖区也可以修改样板法规中的某条法规或编写自己的法规以适应其需要及法律。请记住，设计公司办公室所在地的适用法规可能与项目所在地的适用法规不同。知晓项目所在地适用怎样的法规是设计师的责任。

办公楼和专业服务机构 (如会计、法律、医疗 (不设在医院内) 和其他办公室) 被视为营业用房 (business occupancy)。这种分类将引导许多室内设计师关于空间规划、建筑装修法规的决策。除了用房类型，用房负荷也会影响规划决策。例如，多达50名入住者的小型办公室一般都可以设计成只有一个出口门。有51或更多入住者的办公室将需要两个出口。随着入住人数的增加，必须提供更多的出口。二楼或二楼以上的办公室可能需要额外的出口，即使入住人数不足50人。自然，这些一般要求可能并非适用于所有情况或所有司法管辖区。设计者必须检查适用法规。建筑法规将影响设计抉择，比如出口门的大小、数量以及位置；走廊和过道的大小；建筑饰面的规格；走廊允许的长度。当然，还有很多其他法规问题将影响到个别项目的设计。

在美国，办公设施一般被认为是公共建筑，或者至少是对一般大众开放的营业用房。如果是这种情况 (一些办公设施可能无法满足此条件)，办公室的平面图必须在所有方面都符合ADA的可访问性设计指南。ADA指南影响走廊和过道的大小；多层建筑和非常大的一层楼建筑中避难区的位置；设计和标志的位置；接待台和饮水机的高度；地板规格；当然，还有公厕设施的设计。室内设计师应提供至少44英寸宽的流通路径，在路径交叉处提供掉头区域，并应设计进入工作站的入口门，该入口门应至少有36英寸宽，以方便在所有规划中的可访问性。请记住，封闭式平面图项目中的走廊可能需要比44或36英寸大，这取决于任何复式楼的总空间及入住者人数。如果需要具体的可访问性要求，读者应参考无障碍设施要求。第9章包括对无障碍公共厕所设计法规的讨论。

关于装饰材料的具体规定，大多数司法管辖区采用NFPA颁布的生命安全法规。然而，建筑法规还有处理装修材料的章节。在办公设施中，饰面适用于墙壁、地板、天花板和窗户处理都受到限制。出口和出口走廊需要的材料为：墙壁和天花板为A类或B类，地板饰面为I类或II。私人办公室或办公室内其他空间内的材料可以是A类、B类、C和II类。

取决于办公室所处位置的司法管辖区以及建筑类型，面料、填充物乃至带软垫的家具物品必须通过一项或多项测试。闷烧电阻测试 (如香烟点火试验 (Cigarette Ignition Test)) 确定纺织品或座椅模具的闷烧电阻。ASTM E1537全尺寸软垫家具着火试验方法 (Test Method for Fire Testing of Real-Scale Upholstered Furniture Item) 也作为CAL 133或TB 133测试而著称，是一项非常严格的闷烧测试；座椅物品——面料、填充物、框架——所有组件都必须通过测试。

生产商业级软垫、墙面和地板的制造商测试他们的产品，并证明它们已经通过一些测试。这些测试结果标注在标签和产品目录中。消防人员或其他法规官员可能会要求在客户入住空间前提供测试信息。室内设计师应确保在他/她的记录中将此信息提供给客户。

在需要整个家具项目物品都通过CAL 133测试的州，厂家测试座椅物品，并证明其通过了测试；否则，该单元不得用于多种用房类型。如果单元中任何一个物品测试失败了，那就不能使用这个单元。本测试适用于包含10个或更多座椅的用房类型，尤其是在有组合用房（assembly occupancies）和社会公共事业用房（institutional occupancy）的地方。某些司法管辖区可能还需要大型办公环境中的座椅也能通过这项测试。除了加州之外，还有许多州也采用了这个消防安全法规。读者应该核实TB 133是否适用于他/她所在辖区。

利用开放式规划和系统家具的办公室项目的设计还必须满足特定法规的要求，即使开放式办公产品是家具。当指定标准竖直表面的面料或材料时，制造商生产的产品满足最低法规要求，因为制造商生产满足A类消防标准的面板和屏幕。如果设计师希望用COM面料代替任何面板或组件物品，那么选取的面料必须考虑A类或必须经过处理，以符合这个标准。如果不这样做，室内设计师将负责使不符合要求的材料达到法规要求。

设计商业项目使之满足适用的法规和条例是投身于任何类型的商业专业的室内设计师的一个关键关注点。对各个类型的商业设施的法规要求的深入讨论超过了本书范围。对法规不熟悉的室内设计师应考虑修读大学或学院的课程，或参加适当的继续教育讲习班和研讨会。此外，设计师的私人文库里应该有辖区内适用的模型法规的副本，或许还得有本章末尾"参考文献"中提及的一些书籍。

设计应用

本节介绍应用于办公设施的规划和设计理念的信息，这将帮助读者了解通用的基于办公室的企业中的基本空间以及使用盒式家具的私人办公室及一些辅助空间的功能性设备要求。

接着简要讨论将办公系统应用于一组员工。请认识到在本章中讨论每种业务类型或具体工作职能是不可能的，本节还考虑了家庭办公室设计，因为许多企业家在家中开展面向服务的业务。

封闭式办公室规划

封闭式办公室规划旨在用全高隔墙提供私人办公室。这些墙壁可在现场建成，或指定使用全高的可拆卸墙壁系统。封闭式办公室规划常见于许多小型专业办公室（如会计师、顾问），以及大型企业的行政区，封闭式办公室规划给许多企业的个人提供了安防。

接待处和等候区

商务办公室将接待区和等候区用作接待客户和访客的地方。接待区可以采取多种形式。大多数情况下它是访问者必须通过才能访问员工的一个空间。其大小由普遍预期将短暂停留的访客数目决定。大多数读者比较熟悉的一个对比是许多医疗办公套间接待区、候诊区的大尺寸与通常规模不大的小型专业办公室之间的鲜明对比。

设计和规定接待区的目的是营造合适的形象，并将访客引导到企业内。企业越大，接待区就越雅致。较小的企业可能只在靠近大门处摆几把椅子。室内设计师面临的挑战是创建一个接待区,它既能介绍该公司,同时又能在头脑中铭记接待区的功能需要。

为了安全起见,接待员必须能够监视出入的人流。因此,接待员的办公桌必须被规划为能从视觉上控制从外边进入办公室套房及进入后台区域的入口。接待员往往有涉及电话、电脑(或许还有安全监视器)的其他责任,以及进行其他文书或整理的空间。必须选择或设计为接待员指定的家具,以适应这些不同作业功能。接待员将得到一个定制设计的柜台或一个小办公室再加一张桌子。根据组织的业务性质,接待台可能要设计得满足可访问性指南。接待员以及几乎所有秘书都有无臂小椅子,让椅子可以很容易地拉起来靠近桌子或回转。

出于安防的考虑,往往需要从接待区过来的访客穿过门后才进入一般办公空间。有些企业(比如医疗办公套间)需要访客靠近接待区内的窗口,并登记。因此接待员待在一个单独的房间里,而不是在接待室和等候室内,大型企业可能将人事处、培训室和一些会谈区置于与接待区相邻,以便限制访客能在多大程度上进入设施。主干道将访客从接待室转移到办公设施的不同区域。

高品质家具和材料常被用来设置公司希望传达给访客的氛围和形象。对于小企业来说,为接待区指定的产品与用于其他办公区的相似,并不见得更高级。接待区的座椅单元通常是椅子而非沙发,在接待区可以使用很多款式的座椅,从在本章前面讨论过的小椅子到适合于办公综合楼设计理念的大椅子。形象及价格会影响实际的规格。可能需要几个茶几来放杂志,有的公司可能在接待区设有自己的产品展示柜。

行政及私人办公室

企业越大,为CEO和副总裁规划一间行政办公套房的可能性就越大。小型专业企业的所有者和多种基于办公室的企业的高层管理人员也将拥有私人办公室,在一般情况下,设计来打动客人甚至是与公司有业务的雇员的,正是老板或所有者的办公室。本节侧重于私人办公室,但包括与行政办公套房有关的评论。

行政办公套房几乎总是封闭式规划,这是因为这些人需要隐私。很显然,在这个区域里,封闭式规划还能提供相应的地位和以形象为中心、对打动访客至关重要的设计。行政办公套房往往位于建筑物顶楼外围或某一黄金地段(图3-21)。在大公司里,它是一个"自我空间",有私人电梯直达行政楼层、独立的接待区,还可能有私人饭厅、休息室和其他设施。在规模较小的设施里,企业主将他们的办公室放在他们觉得是黄金地段的地方。对于一些人来说,这个地方可能是套房的后方,即使这意味着他们没有太多的窗户。室内设计师会建议客户最佳位置在哪儿,以满足客户需求和项目总体目标。

行政办公套房包含一个接待区。该区域可能不是很大,但它的功能类似于任何企业的接待区。这是一个将访客迎进套房的地方,给访客提供了一个舒适的地方来等待,并传达某种形象,接待员和行政助理将迎接访客,可能有各种各样的行政职责。这个区域的装修与主接待区相似,尽管它们的风格和质量普遍较高。还指定美丽的面料、墙布和配饰,以给接待区所需的重要性的外观。

行政套房通常有一间会谈室。大型企业的会谈室向被邀请到该空间的访客反映了公司的形象和地位(图3-22)。这间宽敞的、设备齐全的会谈室被设计成给人留下深刻印象的功

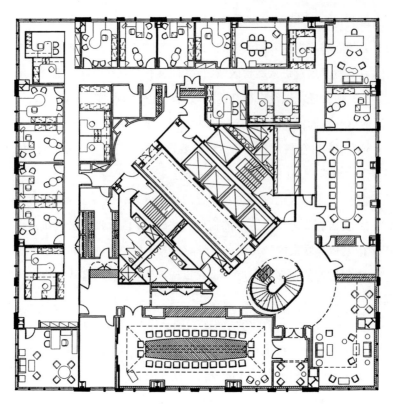

图3-21　多层办公楼企业办公室的楼层平面图。请注意，行政办公室位于两个主要会议室的侧翼。(平面图提供：Fox & Fowle Architects。)

用不比举行会议的功用小。使用华美的木材定制设计会议桌，周围是宽大的、舒适的椅子，这并不少见。设计师还提供投影屏幕、标记板和橱柜，可以容纳餐饮服务及高级别商务会议所需的其他饰物。在某些情况下，会议室后边有个放映室，以容纳必要的视听设备及设置，投影到会议空间。

访客将从走廊下行到适当的行政办公室，受到许多高层管理人员分配的私人秘书的欢迎。行政办公室都很大，有时有几百平方英尺。实际上对于高层管理人员的办公室并无标准，只看公司政策和/或个人利益的决定如何。对于小企业，所有者办公室可能大致为250平方英尺；大公司很可能给CEO提供超过400平方英尺——甚至更大。

行政办公室提供的不仅是工作空间，有时还提供会议区，而且几乎总配有柔软的座椅。一张大书桌，以及与之配套的书柜单元；给执行官准备了一张大姿势椅；书桌边给客人准备了两张或更多张椅子；柔软的座椅组，由俱乐部椅、情侣椅、长靠椅或沙发及俱乐部椅配套产品组成，也许还有额外的存储单元，如书柜、文件柜，或展示柜在行政办公室里都是很常见的。家具的颜色和款式也适合于行政套房的个人喜好。

在行政办公室和其他私人办公室里，家具摆设也很重要。对着门放一把椅子，客户座椅放在书桌前边，这比起椅子背对着门或背对着墙壁，是一个更强有力的表达。让书桌与门垂直是另一个与电力无关的摆设。L形或U形的软椅配置更有利于闲谈，而围绕着茶几的座椅更正式。

对于建筑涂料来说，配色方案通常是中性，具有比装饰使用的更强的色彩和图案。当然，这可能因执行官的不同而有很大的不同。但是，室内设计师必须认识到行政办公室不是接待设施，所以强烈的色彩和大图案通常是不恰当的。关于具体的等级地位以及将权力

图3-22　会谈室投射公司的形象和地位。Florida Business Interior会议室。(图片提供：Burke, Hogue & Mills Architects)

投射到行政办公室的设计的讨论，有许多出色的著作。Élisabeth Pélegrin-Genel的The Office（《办公空间》）就是其中一本。

现在让我们考虑与私人办公室有关的关键要点。中层管理人员也可能位于具有全高墙的私人办公室里。在一个小公司里，高于普通员工职位的工作职能所需的大部分空间也可能置于小型私人办公室里。这些办公司里的书桌和柜子都比给高层管理人员准备的小。它们的贵宾椅也更小些，并且很可能没有会议椅或软椅。频繁开会的中层管理人可能配有额外的贵宾椅，这些贵宾椅就置于更大办公室里软椅可能被摆放的合适位置上。图3-2提供了中层管理人员私人办公室的常见家具布局。在规模较大的公司里，私人办公室里的中层人员一般都有风格相同的家具。许多公司通过改变座椅面料或墙布的颜色而提供了一些变化。给所有设施指定款式、颜色众多的产品是不实际的，因为各个个人空间的成本数值可能大到令人望而却步。

其他私人办公室的大小范围可能从大约250~144平方英尺。大小差异基于职务和公司的标准。图3-2所示为各种规模的私人办公室。私人办公室的家具规格至少包括书桌、书柜、姿势椅、贵宾椅。会议桌或柔椅套件或单件是高级管理层的一个选项。

高层行政人员在他们办公室外边几乎总有个行政助理。他/她有一张大桌子或柜子，以容纳与外边的文书人员相似的电脑终端。保存他/她老板记录的文件柜也很常见。

可以用墙板覆盖的金属钉来建造行政办公套房的分区。考虑到在这些空间内进行的谈话的敏感性，这些墙壁的绝缘提供了更好的声学控制。也可使用可拆卸的墙体单元来建造墙壁。决定使用系统家具产品来修建行政办公室的企业可以选择此选项，因为它给空间规划提供了灵活性，还可以在墙壁内容纳系统组件。行政办公室的灯光往往比较柔和，尽管凹置的荧光灯仍然比较普遍。在这里使用聚光灯或轨道灯是比较常见的，办公桌边和软椅区的工作灯也比较常见。

附属及辅助空间

办公室可能需要多种辅助或附属空间.这些空间给主办公功能提供工作室或后备空间。表3-2列出了常见辅助空间的面积。当然，并非每个办公室的所有这些功能空间都是个房间。例如，小办公室不太可能有员工餐厅。然而，可能有个工作台，上边摆放着咖啡壶、小冰箱，以及其他物品。虽然这一节讨论封闭式规划中的这些区域，设计师还将为开放式平面图规划、指定相似的空间。

第一辅助区是会议室，即使是独营专业办公室的所有者，也更喜欢在舒适的会议室里（而非围着办公室的桌子）举行会议或进行展示。虽然会议室可能是个非常正式的环境设置，但它比办公室轻松多了。在大公司里，会议室给员工会议、培训、客户演示提供空间。出于隐私的考虑，会议室一般都被全高墙封闭着。在开放式规划项目中，会议室或团队区域可能是开放的，在桌椅周围没有面板或墙壁。这样，当团队规模增大或缩小时就提供了灵活性。

会议室大小因用途不同而不同。会议室或会议区可能小到120~150平方英尺，舒适地容纳4个人加一张直径约36~48英寸或长约60英寸的小桌子。对于不包括书柜或书橱充当存储空间的会议室，设计师可以为每个人规划至少大约30平方英尺。不应该让人觉得空间局促，应为桌子、椅子和流通空间提供足够的空间。如果由一名领导站在讲台上——或者至少是在房间前边——演示文稿，就应该在房间前边留下至少3英尺的富余空间。即使不使用讲台，请确保提供了足够的交通空间，从而与会人员能在黑板上书写或指向屏幕（图3-23）。

会议室都配有一张桌子和几把椅子。圆桌对小团队来说是个非常好的选择，尽管也使用方桌。在大会议室里，使用帆船形的桌子。桌子看起来像一个船的平面图，两端被压扁了。这种形状使得桌子边的每个人能更容易看见其他人。8人方桌的常见尺寸为8英尺长，给桌子每边每个人两侧留下大约36英寸的空间。请记住，可能有人坐在两端。桌子的大小与椅子的大小成正比；椅子越大，桌了就越大（图3-24）。

为了活动方便，经常指定带脚轮或（有时）雪橇底座的椅子。在更为重要的会议室里，

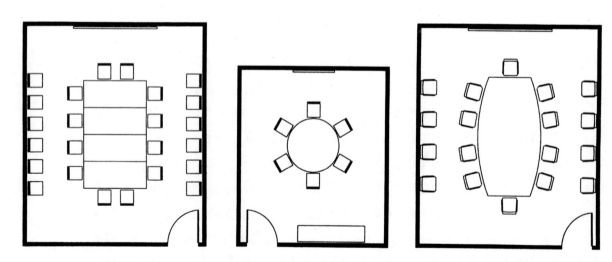

图3-23　三种标准会议厅。左边那个，四张桌子拼在一起，在布置方面具有通用性。中间展示的是个小会议桌。右边展示的是个典型的船形会议桌，它为交流提供了良好的视线。（绘图提供：Cody D. Beal。）

图3-24　一间会议室里的传统会议桌，该会议室内有背投屏幕。(照片提供：Architectural Design West Architects. Scott Theobald, project architect. Copyright photograph © USU Photography Services)

也可以指定能旋转/倾斜的椅子。这些功能有助于使人坐在会议室里更舒适。与对客户进行演示的会议室里的椅子相比，小职员会议室的椅子可能更小，功能也更少。

室内设计师需要验证为这些区域指定的会议设备的需求。会议室可能需要黑板、液体书写表面、钉板、用来播放电影或幻灯片的屏幕，以及电视和VCR、DVD、电话会议设备。在大型会议室里，在供应茶点时，可能得需要一个小柜台区，甚至是一个小水槽和冰箱。比起那些只能由员工使用的会议室，客户使用的会议室往往设计有较高档次的家具和陈设。

多个照明系统（比如用作正常照明的凹槽或表面安装的灯具，和使用视听设备时调光器上的聚光灯）是封闭式会议室中常见的照明解决方案。应在多个开关和调光器上安装灯具，来调整照明，以满足入住者的需求。规划照明灯具的位置，将充足的光线提供给工作台表面，而不是客人背后。于是，讲台或房间的前边可能需要合适的聚光灯。

很多大公司的全球化增加了对替代性会议解决方案（可能还有远程会议）的需求。差旅的高成本降低了访问客户的次数。此外，随着越来越多的企业采用远程办公、卫星办公室和替代办公室，电话会议已经越来越重要。会议室都配备了电视显示器和等离子显示器，以及摄像机和会议音响系统，以满足地处偏远的与会人员。一些制造商已经开发了带有数据端口、桌面弹出屏和其他选项的专用会议桌，以提供电话会议功能。工作站可以提供微型摄像机，任何工作站或办公室里也可以轻而易举地进行电话会议。必须对会议室（电话会议就在会议室里举行）的音响、灯光以及视线予以特别留意。

声音控制是非常重要的。房间内的声音可以回荡，使远程小组成员难以听清会谈。会议室外边的环境噪声也可能让会议室内的人难以听清。应尽可能地将这些房间处理成微型录音室，墙壁和天花板都使用高质量的吸音材料。

室内设计师需要考虑数据、电话连接、麦克风或桌面会议演讲者。这些通过从地面内置于桌子的接入端口连接到建筑物系统里。设计师还必须出于相机位置及投影屏幕的正常视角来仔细考虑桌子的大小、形状以及椅子布局。

会议室也可能发生其他视听演示。在许多演示中，数字投影机（也称为液晶投影机）均采用PC进行许多演示。屏幕或白板提供投影表面。大型会议室可能安装背投屏幕和背投摄像机。培训室和大型会议室可能需要一个能控制视听设备的讲台。有些客户还要求会议室后边带有视听放映室。显然，会议室对专用设备的需求、对灯光、音响控制的要求各有不同，必须由室内设计师仔细确定。

小型或中型办公室在存储室或大小足够的走廊里放一个复印区，以容纳机器和人流。在一个大设施里，在整个空间内可能策略性地分布着复印站，而复印中心就位于服务核心的中央。必须为机器和物品存储提供空间。空间容量需要包括设备、充当工作区的相邻柜台或桌子，以及维护设备所需的空间。还必须留下复印机旁边机器操作员和流通空间的楼面面积。设计师需要检查客户和复印机公司有关尺寸、重量和机械系统规格。影印机（台式机除外）可能需要220电线和独立电路。这必须在图纸和规格上指出。

某些类型的企业办公室有丰富的资源材料。通常，这些材料都集中保存在资源材料区，而不是分散在整个设施内。例子包括律师事务所里的法律文库、室内设计师所需的样本目录、营销部门的广告小册子。参考物品需要架子容纳特定商品。设计用来摆放法律书籍的架子与用来存储室内设计样品的架子不一样。设计师在决定这些区域以及将被指定的产品的位置时，必须确切地知道存储的是什么、该商品涉及怎样的特定环境或安全性要求。

开放式办公室规划

开放式办公室规划和系统家具的这个设计应用部分将不参考任何特定制造商的产品线。任何一个办公室的产品都有着太多的差异，更何况开放式规划项目所用的产品有数十家制造商。本讨论是通用的，侧重于基层员工。

从20世纪70年代末至80年代，大多数办公设施都采用开放式办公系统家具。节省空间极大地激励着企业切换到系统家具。不断变化的员工需求的灵活性和适应性巩固了这些产品在许多类型的、基于办公室的企业内使用。

项目的室内设计师帮助客户准确地确定应规定哪些产品线。但是，大企业客户可能有关于一两个产品线的标准，或与某些制造商已有协议。当然，室内设计师必须尊重客户的承诺，使用这些产品来设计项目。从概念上讲，使用系统家具来规划办公室及辅助空间是相同的，不论产品线如何。但是，每个产品在面板尺寸、组件宽度以及影响到安全的、合理的规划的各种其他因素方面存在着明显的差异。因此，室内设计师需要从制造商代表那儿获得关于使用产品来进行最优规划的一些信息和指南。

在一个开放式办公室里，流通空间将交通走道与交通走廊区分开。在某些司法管辖区，如果在一侧使用了高达69英寸的隔板，并在另一侧使用了全高隔墙，那么可能存在着走廊。在这种情况下，如果走廊空间的负荷超过50，那走廊必须不得低于44英寸。请记住，如果隔墙或隔板高度低于69英寸，那么走道是家具物品之间、以及家具物品与隔板之间的流通空间。过道可能低于44英寸，除非它服务了大量的入住者，或必须符合美国ADA或其他可访问性规定。

在系统项目中，流通空间占到25%~40%是很常见的。在更为开放、提供了灵活工作区（这在今天很司空见惯）的项目里，所占的比例更大。当基于斗室方式、大多是个人工作站进行规划时，更逼仄的供给更加常见。更宽的流通空间给人一种更开放、更宽敞的感觉。主交通空间的尺寸应与入住者载荷和当地法规要求相符。

工作站（而非办公室）被设计来满足严格的功能性需求，而不是私人办公室的地位需要。因此，工作站比私人办公室小，往往远离设施的黄金地段。根据公司的规划和团队理念，部门主管或团队领导可能让他们的工作站沿着窗墙，或混在其部门团队里。

工作站由面板构成。面板的高度由设备需求和工作职能决定。工作站的大小（以平方英尺计）也是基于功能的。面向工作人员的工作站可能是64~120平方英尺。自然，基于需求和工作职衔，有些工作站较大，其他的较小。然后，工作站再适当地配置工作面、存储和归档等组件，工作站即宣告完工。基于雇员的工作职能，工作站里可能还有一两把贵宾椅。基于岗位职责，具体组件需求将有很大的不同。在程式设计阶段收集的信息，以及公司标准和室内设计师的经验，将用来确定员工的适当组件需求。

今天，开放式及部分封闭式的L形和U形（或甚至是三角形）工作站都很常见。这些配置有利于将电脑置于角落里，并将电脑一侧或两侧的空间保留为工作区。随着当今电脑显示器和扁平屏幕更紧凑，至少24英寸深的工作台面适合于创建工作站。可以采用特别的角落工作面，键盘托盘可选。基于员工工作需求，可以指定文件柜、面板悬挂式文件组件和书架，用于存储额外的参考材料。具体工作需求可能需要额外的家具或组件。例如，建筑师和室内设计师需要表面来摊开图纸（图3-25），律师也需要更多的存档和存储设备。

员工工作站里的桌椅往往是某种类型的姿势椅或人体工学椅。指定没有扶手的椅子，或扶手凹进到座椅底板的前部边缘的椅子。这使得工人能将椅子拉到适当的距离，使能对着电脑更舒服地工作。BOX 3-1有关于电脑工作站座椅的更多信息。

隔板可以覆盖织物，提供将颜色和图案注入到办公室的机会。隔板还能用木材层压板、选定三聚氰胺饰面或其他饰面来装修。在使用钉板、货架盖和座椅的工作站里也能引入颜色和图案。在其他情况下，面板保持中性色，不论是用面料覆盖的，抑或坚硬的表面，由座椅和配饰（例如仓储货架前端）的材料引入颜色。将管理者的工作面指定为木单板或木层板，并将底层员工的工作面指定为中性色调，即可将地位识别开。

在开放式规划项目里，秘书的工作台往往与接待员的类似。然而，工作站的大小涉及合适地配置33~42英寸高的面板。这些工作台需要被设计成与可访问性规定相符。室内组件提供了用来进行文书工作的工作台、电脑，以及任何需要的归档和存储柜。秘书也有文件柜和储藏柜来摆放办公用品，除非在他们的部门有储藏室。作为一个群体，在秘书办公

图3-25　建筑师和室内设计师需要平面来摊开大张图纸。(照片提供：3D/International。)

桌附近很少有贵宾椅或其他座椅。

在为团队设计某个区域时，规划和指定过程中的一个关键概念是灵活性。今天，系统家具的所有主要制造商提供诸多选项，这些选项都被设计来灵活地满足工作团队需要能定制他们自身工作区的客户需求。在开始方案设计之前，室内设计师应该确保他/她明白要用于设室内团队区域——或任何区域——的系统。

这些团队区可能使用隔板 (可容纳工作面、货架及其他组件) 来设计，以创建工作区。团队区比许多其他工作区都更开放。屏幕或短板可被用来定义个人工作空间，同时仍保持为开放式规划。根据小组或小组部分人的需求，工作站也可指定可移动的小会议桌。小组会议空间可能是必要的，适当数量的工作站也是如此。

今天的办公环境也很可能需要为远程办公和其他非在场工人提供空间，以在总部落地并使用空间。可以为办公设施规划自由地址个人站 (free-address individual stations) ——未被分配给特定个人的那些工作站，这样在某段时间内可以在现场工作站里远程办公。在这样的环境里，基于员工人数，需要设计并规划电话会议和视频会议设施。关于替代性办公术语，请参见表2-3。

家庭办公室

技术剧烈爆炸使得可能以较低的成本在家工作。成千上万的企业家在自己家里创业，在备用卧室、改造车库或饭厅一角里设立办公空间。今天，高端住宅项目几乎都包括一个家庭办公室，并且，在21世纪，价位不一的房子都有一间可选的书房或家庭办公室。不论是不是全职上班的远程办公员工或企业家继续干在办公室未完成的工作的地方，都应该用深思熟虑的良好规划原则来设计家庭办公室。室内设计师们发现这个缺口是个有趣的专业。当然，它与住宅室内设计的联系比与商业室内设计的联系更为紧密，但是鉴于有为数如此众多的企业家在家里运营企业，以及允许员工在家上班的企业数目，本书会对其予以考虑。本书对企业家家庭办公室的空间或设备需求及在家上班的雇员的家庭办公室的空间或设备需求二者之间不做区分。

在家上班的灵活性非常有吸引力，并且对于企业家来说，是开创许多服务性企业的一种廉价方式。家庭办公室一直都是那些希望将其本人实践付诸实施的室内设计师和建筑师的一个选项。除此之外，许多顾问、会计师以及一些律师也发现在家工作是有利的。但是并非每个人都适合于这一选择。在家上班需要自律，不论是为公司效力还是自营。家庭办公室的地点、布局及装修可在一定程度上有所帮助。

家庭办公室的设计始于确定坐落于何处、需要什么设备来完成工作职能。室内设计师还必须清楚地了解客户在上班期间与家庭问题的互动。对于某些家庭办公室员工，可能孩子就在附近的家庭居室空间是唯一选择，但是这对于严肃的工作活动来说不一定是最佳状况。理想情况下，家庭办公室位于一间独立卧室或其他私人空间里。这种分离需要用来将工作职责与家庭责任分离开。当办公室不得不设在另一个空间（如家庭房间）里时，设计师应该使它看起来与家庭空间不同。可以用隔板或高大的书柜来在房间内创造出一个"房间"。

家庭办公室应配备桌子、椅子，以及归档和存储柜等家具，以满足客户的功能需求和成本限制。标准的程式设计技术被用来分析将要从事的工作的种类，以及使用的办公设备的类型。在家上班的投资经纪人的家具和设备可能与建筑师打造的有很大的不同。在家庭办公室里，电脑和键盘、打印机、复印机和传真机很快就占满了桌面空间。还必须考虑文件存储、参考材料、目录和其他必要的辅助材料。

装修的一个关键考虑要点就是客户是否会访问家庭办公室。如果企业家在家之外举行会议，那么他/她可能会倾向于使用预算价位的家具。和在任何商业办公场所一样，在家庭办公室里，形象也同等地重要，所以当客户来访时，室内设计师应鼓励客户使用更高质量的产品。办公室工作所需的适当办公桌、可调座椅、照明，以及电气/电缆的需求都是家庭办公室设计的重要组成部分。

一种选择是用一张桌子、一个书柜和贵宾椅来模拟企业办公室。书橱成为文件和参考材料的存储位置。有些客户可能会用工作台取代书柜，因为它能提供更大的表面和存储空间。另一个常见选项是定制橱柜或家具，创造了一个面对着墙壁的工作区。一般把电脑摆在角落里，而在房间中央则有张桌子或会议桌。第三种选择是使用开放式办公室系统产品来创造工作区。基于产品的不同，可以把组件安装在墙壁上，或悬挂在置于墙壁上的面板上。当公司给员工提供空间时，有时采用这样的布置。关于计算机工作站的设计技巧，读者可参照BOX 3-1。楼层平面图应该让家庭上班族可以很容易访问文件和参考材料。一定要规划足够的空间，这样桌椅才不会撞到其他家具或人难以抵达桌子边（图3-26）。

在与在家庭办公室上班的客户一起工作时，设计师需要讨论使用高品质家具产品的重要性。许多以家庭为基地的企业家以小本经营起家，吃过苦头之后才看到采购高品质家具

图3-26　某位设计师在家中的办公室里的工作空间。(图片提供：设计师克雷格·A·罗德 (Craig A. Roeder))

物品的必要性。如上所述，对于把客户带到家庭办公室里来的企业家来说，采购高品质家具尤为重要。低廉的决策短期奏效，但更换廉价物品的成本将增加企业的长期成本。许多商业办公和系统家具制造商已经专门为家庭办公室修改、设计了产品。

让我们考虑办公室内其他一些家具。良好的桌椅是很重要的。许多企业家发现，餐厅的椅子——一个不错的廉价品——导致背痛和腿部问题。可调座椅为长时间工作提供了正确的坐姿，在家庭办公室中与在标准办公室中是同等地重要。正确的解决方案是许多价格各异的、符合人体工程学设计的椅子。室内设计师应指定至少中等价位的文件柜和书柜，给工人家具，这家具将持续到他/她准备迁移到独立办公场所中。考虑到家庭办公室雇员的高强度使用，廉价的设备将不会持续太久。在为家庭办公室选择家具时，谚语"一分钱一分货"当然是真理。

浅色和中性色调最适合家庭办公室，因为它们使典型的挤满了家具和设备的小房间看起来没那么逼仄。然而，仿照大公司环境、将办公室设计成客户觉得合适的机会可能导致选择令人兴奋的颜色、墙面涂料和家具——尤其是在较大空间里。与大公司环境相比，家庭办公环境必须得令那些现在得在那儿一天呆上8小时的员工感到身心愉悦。设计师需要帮助家庭办公室主人选择颜色和材料，以提升办公室空间，但不造成令人不适的环境。当办公空间较小时，应该用艺术品提供明丽的色彩，而不是把墙壁涂上明亮的颜色 (图3-27)。

20世纪90年代末之前建造的房屋一般不具备内置的电气和电话服务，而这些是今天的家庭办公室所需要的。家庭办公室可能需要多部电话，以便企业和家庭电话都可以应答。对于大多数家庭企业来说，高速上网服务是必须的。为传真机设置单独线路也是必须的。电话公司和互联网服务提供商可以翻新大部分地区。房主必须与服务公司协调此项工作。

当在老房子内改造的卧室里摆满电脑、打印机、传真机、复印机时，老房子还可能面临

图3-27　家庭办公室里的高品质家具。(图片提供：设计师克雷格·A.·罗德。)

电涌或电流尖峰。设计师和房主应与电工探讨给家庭办公室添加另一个电路的可能性，以安全地操作办公设备。如果可能的话，电脑专用电路将确保电涌不至于造成安全问题——除了因电涌而导致停电。在新建家居里，这些问题当中的许多都不是问题，或者在新建筑里很容易解决。

桌子或工作面上的工作灯发出的低水平、均匀的环境照明适宜于家庭办公室照明。这也将有助于减少因电脑屏幕上的眩光而导致的眼睛疲劳，并为其他工作提供适当的照明。今天，很少有家庭在卧室天花板上安置灯具。必须精心挑选工作照明、台下橱柜照明和落地灯，以提供适当的防眩照明。日光也是一种选择，但在电脑显示器和窗户的位置关系上，必须考虑消除电脑屏幕上的眩光。

建筑法规一般不会影响在现有家居中将室内房间改造成办公室。将新居或车库改造成生活空间则涉及法规限制。房主协会和地方法律也可能限制把企业摆在家里。这些都是房主在聘请室内设计师之前得研究清楚的问题。被聘请来从事这种项目的设计师必须先针对这些情况调查分区限制，然后才进行实际的设计工作。

本章小结

专门从事办公空间室内设计的设计师可能参与给国际制造商设计盛大、复杂的公司总部空间，可能给当地房地产中介设计办公室，或者设计不起眼的家庭办公室。不论项目规模如何，室内设计师被挑战着满足入住者的功能需求，满足业主的预算需求，并提供企业客户可能期望的审美元素。

专门从事企业设计的商业室内设计师必须不断地学习有关商业运作的方式。具备了这些知识，设计师必须针对范围广泛的工人分析产品标准，认识到在股票经纪人和平面设计师都需要一张桌子的同时，他们彼此都还需要许多互不相同的其他物品。办公室里的家具产品也都是传统家具与系统家具的组合。使用传统家具规划办公室与使用系统家具规划同一个办公室不同。有时可以很轻易地将构成某个特定系统产品线的好几百个小部件描述为一个巨大的房屋零件（好多人都这么做过）。对于许多室内设计师来说，掌握这些部件、妥善规划办公环境是一个挑战。但设计办公室涉及的事情不止是家具。它还意味着选择材料、颜色、织物、配饰、充足的照明、与建筑物机械系统的接口，以及满足法规要求。选项受到客户意愿、预算和想象力的限制。

本章介绍了对办公室空间设计元素的综述，提供了对在规划、设计、指定办公室（不论大小）过程中必须考虑的方方面面的理解的基础。"设计应用"一节提供了关于封闭式规划、开放式规划和家庭办公室的规划的信息。

如果您有兴趣将办公室室内设计作为您的设计专业，那么您可能要考虑加入NeoCon，它是每年6月在芝加哥举行的全国承建家具（contract furniture）展会。在那里，您将与来自商业设计业各个方面的超过30000人一起，查看在各种商业室内使用的新办公家具和产品是什么样的。还可以从制造商网站上获得关于系统家具和传统家具产品的更多产品信息。

本章参考文献

Allie, Paul. 1993. "Creating a Quality Work Environment in the Home Office." *Interiors and Sources.* September/October, pp. 128ff.

ASID Report. 1993. "The Home Office: A Design Revolution." November/December.

———. n.d. *Sound Solutions: Increasing Office Productivity Through Integrated Acoustic Planning and Noise Reduction Strategies.* Washington, DC: American Society of Interior Designers.

Becker, Franklin. 1981. *Workspace: Creating Environments in Organizations.* New York: Praeger Scientific.

———. 2004. *Offices at Work.* San Francisco: Jossey-Bass.

Becker, Franklin and Fritz Steele. 1995. *Workplace by Design.* San Francisco: Jossey-Bass.

Berens, Michael. 2005. "Better Lighting & Daylighting." *ASID ICON.* Summer, pp. 49–50ff.

Blake, Peter. 1991, "Something Amiss in Offices." *Interior Design.* May, pp. 208–209.

Brandt, Peter B. 1992. *Office Design.* New York: Watson-Guptill.

Brill, Michael and the Buffalo Organization for Social and Technological Innovation (BOSTI). 1984, 1985. *Using Office Design to Increase Productivity*, 2 vols. Buffalo, NY: Workplace Design and Productivity.

Dana, Amy. 1992. "Glare and VDT." *Interiors.* March, p. 81.

De Chiara, Joseph, Julius Panero, and Martin Zelnik.

1991. *Time Saver Standards for Interior Design and Space Planning.* New York: McGraw-Hill.

Farren, Carol E. 1999. *Planning and Managing Interiors Projects*, 2nd ed. Kingston, MA: R. S. Means.

Gissen, Jay. 1982. "Furnishing the Office of the Future." *Forbes.* November 8, p. 78.

Harmon, Sharon Koomen and Katherine E. Kennon. 2005. *The Codes Guidebook for Interiors*, 3rd ed. New York: Wiley.

Harris, David A. (ed.), Byron W. Engen, and William E. Fitch. 1991. *Planning and Designing the Office Environment*, 2nd ed. New York: Van Nostrand Reinhold.

Hastings, Judith and Tony Waller. 1996. "Stay at Home and Go to Work," *Interiors and Sources.* January/February, p. 92.

Haworth, Inc. 1986. *Designing with Haworth.* Grand Rapids, MI: Haworth, Inc.

———. 1993. *Ergonomics and Office Design.* Holland, MI: Haworth, Inc.

———. 1995a. *Work Trends and Alternative Work Environments.* Holland, MI: Haworth, Inc.

———. n.d. *The ADA and the Workplace.* Grand Rapids, MI: Haworth, Inc.

———. n.d. *Complying with Electrical Standards.* Grand Rapids, MI: Haworth, Inc.

Haworth, Inc. and the International Facilities Management Association. 1995b. *Alternative Officing Research and Workplace Strategies.* Holland, MI: Haworth, Inc.

Herman Miller, Inc. 1991. *Cumulative Trauma Disorders.* Zeeland, MI: Herman Miller, Inc.

———. 1993. "Effectively Managing the Office of the 90s." Zeeland, MI: Herman Miller, Inc.

———. 1994. *Input and Pointing Devices.* Zeeland, MI: Herman Miller, Inc.

———. 1994. "Office Environments: The North American Perspective." Research summary. Zeeland, MI: Herman Miller, Inc.

———. 1996. *Evolutionary Workplaces.* "Office Alternatives: Working On-Site." Zeeland, MI: Herman Miller, Inc.

———. 1996. "Herman Miller Is Built on Its People, Values, Research, and Designs." News Release. December 15.

———. 1996. *Issues Essentials: Talking to Customers About Change.* Zeeland, MI: Herman Miller, Inc.

———. 2001. *Office Alternatives: Working Off-Site.* Report. Zeeland, MI: Herman Miller, Inc.

———. 2001. *Telecommuting: Working Off-Site.* Report. Zeeland, MI: Herman Miller, Inc.

———. 2002. *Body Support in the Office: Sitting, Seating, and Low Back Pain.* Research report. Zeeland, MI: Herman Miller, Inc.

———. 2002. *Long and Winding Road: Getting Electricity, Voice and Data to the Desktop.* Research report. Zeeland, MI: Herman Miller, Inc.

———. 2002. *Making Teamwork Work.* Research report. Zeeland, MI: Herman Miller, Inc.

———. 2003. *New Executive Officescapes.* Research report. Zeeland, MI: Herman Miller, Inc.

———. 2003. *The Impact of Churn.* Research report. Zeeland, MI: Herman Miller, Inc.

———. 2003. *Three-Dimensional Branding.* Research report. Zeeland, MI: Herman Miller, Inc.

———. 2004. *Demystifying Corporate Culture.* Zeeland, MI: Herman Miller, Inc.

———. n.d. *Keeping Your Options Open.* Zeeland, MI: Herman Miller, Inc.

Hohne, Jennifer. n.d. "Prevention of Mouse-Related Pain." Available at www.haworth.com.

International Code Council. 2000. *International Building Code.* Leesburg, VA: International Code Council.

International Furnishings and Design Association. 2000. "Technology Revolutionizes Future Homes." Press release, November 4.

Kearney, Deborah. 1993. *The New ADA: Compliance and Costs.* Kingston, MA: R. S. Means.

Klein, Judy Graf. 1982. *The Office Book.* New York: Facts on File.

Knobel, Lance. 1987. *Office Furniture: Twentieth-Century Design.* New York: E. P. Dutton.

Kohn, A. Eugene and Paul Katz. 2002. *Building Type Basics for Office Buildings.* New York: Wiley.

Kruk, Leonard B. 1996. "Facilities Planning Supports Changing Office Technologies." *Managing Office Technology.* December, pp. 26–27.

Lueder, Rani, ed. 1986. *The Ergonomics Payoff: Designing the Electronic Office.* New York: Nichols.

Maassen, Lois. 1989. "The State of the Office: 1990." *Herman Miller Magazine.* Grand Rapids, MI: Herman Miller, Inc.

Marberry, Sara O. 1994. *Color in the Office.* New York: Van Nostrand Reinhold.

McGowan, Maryrose, ed. 2004. *Interior Graphic Standards*: Student Edition. New York: Wiley.

Myerson, Jeremy and Philip Ross. 2003. *The 21st Century Office.* New York: Rizzoli.

Nadel, Barbara A. 2004. *Building Security: Handbook for Architectural Planning and Design.* New York: McGraw-Hill.

Parikh, Anoop. 1995. *The Book of Home Design.* New York: Harper/Collins.

Pélegrin-Genel, Élisabeth. 1996. *The Office.* Paris and New York: Flammario.

Pile, John. 1976. *Interiors Third Book of Offices.* New York: Watson-Guptill.

———. 1977. "The Open Office: Does It Work?" *Progressive Architecture.* June.

———. 1978. *Open Office Planning.* New York: Watson-Guptill.

———. 1984. *Open Office Space.* New York: Facts on File.

Piotrowski, Christine. 2002. *Professional Practice for Interior Designers*, 3rd ed. New York: Wiley.

Pulgram, William L. and Richard E. Stonis. 1984. *Designing the Automated Office.* New York: Watson-Guptill.

Ragan, Sandra. 1995. *Interior Color by Design: Commercial Edition.* Rockport, MA: Rockport.

Random House Unabridged Dictionary, 2nd ed. 1993. New York: Random House.

Rappoport, James E., Robert F. Cushman, and Karen Daroff. 1992. *Office Planning and Design Desk Reference.* New York: Wiley.

Rayfield, Julie K. 1994. *The Office Interior Design Guide.* New York: Wiley.

Raymond, Santa and Roger Cunliffe. 1997. *Tomorrow's Office.* London: E & FN SPON.

Rewi, Adrienne J. 2005. "Live Wired." *Perspective.* Spring, pp. 9–14.

The Seabrook Journal. 1996. "Designing Around Technology: The Home Office." Fall.

Sunset Books, eds. 1995. *Ideas for Great Home Offices.* Menlo Park, CA: Sunset.

———. "Demise of the Corner Office." 2004. www.steelcase.com

"Workers Cry Over Lighting" Workplace Surveys. 2004. www.steelcase.com

———. 2005. "Understanding Work Process to Help People Work More Effectively." www.steelcase.com

———. 2000. *Musculoskeletal Disorders.* Report. Grand Rapids, MI: Steelcase, Inc.

———. 1991a. *The Healthy Office: Lighting in the Healthy Office.* Grand Rapids, MI: Steelcase, Inc.

———. 1991b. *The Healthy Office: Ergonomics in the Healthy Office.* Grand Rapids, MI: Steelcase, Inc.

Steelcase, Inc. 1986. *Wiring and Cabling: Understanding the Office Environment.* 1986. Grand Rapids, MI: Steelcase, Inc.

Steffy, Gary. 2002. *Architectural Lighting Design*, 2nd ed. New York: Wiley.

Steiner, Sheldon. 1991. "Power to the People." *Contract.* June, pp. 83–84.

Tetlow, Karin. 1996. *The New Office.* New York: PBC International.

Thiele, Jennifer. 1993. "Go Team Go!" *Contract Design.* March, pp. 29–31.

Tillman, Peggy and Barry Tillman. 1991. *Human Factors Essentials: An Ergonomics Guide for Designers, Engineers, Scientists, and Managers.* New York: McGraw-Hill.

Tobin, Robert. 2004. "Adopting Change," Article 360. Available at www.steelcase.com

Vischer, Jacqueline C. 1996. *Workspace Strategies: Environment as a Tool for Work.* New York: Chapman & Hall.

Voss, Judy. 2000. "Revisiting Office Space Standards." Grand Rapids, MI: Haworth, Inc.

Yee, Roger and Karen Gustafson. 1983. *Corporate Design.* New York: Van Nostrand Reinhold.

Zelinsky, Marilyn. 1998. *New Workplaces for New Workstyles.* New York: McGraw-Hill.

Zimmerman, Neal. 1996. *Home Office Design.* New York: Wiley.

本章网址

American Institute of Architects www.aiaonline.com

American National Standards Institute www.ansi.org

Associated General Contractors of America www.agc.org

BOSTI Associates www.bosti.com

Building Owners and Managers Association www.boma.org

Business and Institutional Furniture Manufacturers Association www.bifma.com

Canadian Construction Association www.cca-acc.com

Construction Specifications Canada www.csc-dcc.ca

Construction Specifications Institute www.csinet.org

Illuminating Engineering Society of North America www.iesna.org

International Association of Lighting Designers www.iald.org

International Code Council www.intlcode.org

International Facility Management Association www.ifma.org

National Council of Acoustical Consultants www.ncac.com

National Fire Protection Association www.nfpa.org

Buildings www.buildings.com

Contract magazine www.contractmagazine.com

Interior Design magazine www.interiordesign.net

Interiors & Sources magazine www.isdesignet.com

关于本章中讨论的主题，文章、书籍和制造商的出版物不断涌现。要作者提供所有这些参考文献是不可能的。学生和专业人士应该从供应商或通过文献和互联网搜索来获得更多信息。

与本章中材料有关的更多参考文献列于本书附录中。

第4章
住宿设施

我们总是在出行。进行交易，买卖商品，出于政治和安防的考虑寻找更好的居所。在大部分有记录的历史长河里，我们的需求和期望很简单——一个栖身之所，使我们保持干爽，也许附近还有饭吃。现在我们因公出差、参加专业会议、休假、在赌场里奋力赢得财富，或只是放松片刻、离家出走几天。在每一种情况下，我们所预期的都只不过是一个屋顶一顿饭。

如今，住宿设施里需要宽大、干净、安全的客房，设施齐全，价格也越来越高。物业餐馆、礼品店、客房服务和互联网服务是标准要求。而这仅仅只是个开始。客人不再需要一个售卖报纸的小店，而是一间有旅游T恤等服装、报纸、小吃、纪念品甚至还有能带回家的精美礼品的商店。他们期望的不只是一间咖啡厅，而是一个美食餐厅、Spa和两个游泳池——一个面向孩子，还有一个面向成人。因此，住宿业必须不断地改造其物业、服务和便利设施，以满足当今商业、娱乐和家庭旅客的需求。

住宿设施是酒店业的一个组成部分。"待客"（hospitality）这个词有古老的根源，可以追溯到古罗马文明的初期，它是从拉丁词hospitare（意思是"待客"）[1]衍生而来的。酒店

表4-1 本章词汇

■ **便利设施（AMENITIES）**：服务或物品，提供给客人，以让客人住得更方便或更愉快。例子包括肥皂、吹风机、浴袍、高速互联网接入和客房内的迷您酒吧。

■ **物业后台（BACK OF THE HOUSE）**：商业设施（例如酒店或饭店）中雇员与顾客或公众几乎不打交道的那些区域，例如商务办公室、洗衣房和厨房。

■ **客房湾（GUESTROOM BAY）**：容纳一个标准客房所需的空间。

■ **物业前台（FRONT OF THE HOUSE）**：一些区域，在这些区域里，员工与客人打交道最多，比如登记台、客房，以及餐饮区。

■ **功能空间（FUNCTION SPACE）**：用于会议、宴会和其他特殊功能的空间。

■ **宾客服务（GUEST SERVICE）**：提供来提升客人在设施内的住宿的服务，如客房服务、代客泊车服务、行李服务、健身俱乐部和餐厅服务。

■ **酒店管理公司（HOTEL MANAGEMENT COMPANY）**：与酒店老板协议来运作酒店设施的个人或公司。

■ **出租房（KEY）**：一间客房，被认为是一个可出租单元。

■ **住宿设施（LODGING FACILITY）**：给远离自己长久居所的个人提供睡眠处所的设施。大多数还提供餐饮服务。有时称为住宿物业（lodging property）或临时生活设施（transient living facility）。

■ **物业（PROPERTY）**：住宿设施，包括建筑物及设施所拥有的所有地产。

业还含有多种食品设施以及饮品设施（如酒吧和休息室）。下一章将介绍有关该行业这些部分的设计讨论。

本章首先介绍住宿业简史，接着概述一般酒店的责任范围和管理架构。要在商业室内设计的这个竞争激烈的专业上获得成功，设计师必须了解酒店或其他住宿设施的功能性顾虑。包括对不同类型的住宿设施进行的一项调查。本章随后讨论了影响住宿设施的规划和设计的具体标准。然后考虑一般酒店的室内设计标准，包括如下常被作为项目布置给学生的区域：大堂、客房、功能区和娱乐区。本章以对住宿物业内餐饮设施、早餐酒店设施的简要说明作结。

表4-1列出了本章使用的词汇。

历史回顾

住宿——或更贴切一点说，酒店业——有着古老的根源。早期的旅人从一个地方移动到另一个地方，以从事商业、避免迫害、向他们的统治者提供关于他们土地的信息，还有许多其他原因。宗教设施和私人家园里，旅人受到别人的欢迎。住处是粗劣的，充其量只提供住所遮风蔽雨，也许还管一顿饭。在罗马帝国时期，酒馆和旅店发展形成。在中世纪时期，游客被允许住在寺院里。

从16世纪开始，旅店和酒馆持续改善，并给旅人提供更好的住宿条件和饭食。大部分均沿着连接村庄和城市的道路。旅店和酒馆也出现在城市的中心。随着时间的推移，这些

[1]Dittmer and Griffin, 1993, p. 4.

设施还提供当地政治家和领导人聚会的地方。美国第一个专门修建成酒店的旅店是城市酒店（City Hotel），于1794年在纽约城开业。[2]根据Gray and Liguori，美国的第一个一流酒店是Termont House，于1829年在波士顿建成。"Termont新创了如下特征：给每间客房设置有锁、肥皂和水的私人空间、酒店侍者、法国美食。"[3]

在工业革命期间，随着工商业蓬勃发展，人们开始从农村迁移到城市。在19世纪，这些城市目睹了酒店建设的巨大增长。在19世纪初，在美国各地建造了许多精美绝伦的"现代"酒店。富裕阶层要求舒适的住所，下层阶级寻求整洁、安全的住处。小酒店和旅馆沿着铁轨，把东部居民带到西边。19世纪见证了大城市里盛大酒店的发展，比如纽约城的第一家华尔道夫酒店（Waldorf Astoria，初建于1896年，于1931年搬迁重建）、旧金山皇宫酒店（Palace Hotel，1875年）、芝加哥帕尔默旅馆（Palmer House，19世纪70年代）。富裕阶层甚至还要求豪华旅游设施，例如密歇根州麦其诺岛（Mackinac Island）大酒店（Grand Hotel）、加州圣地亚哥科罗那多酒店（Hotel del Coronado）（这两家酒店都是在19世纪80年代开放的）。国家公园还为早期的旅人提供大酒店，来体验狂野西部（Wild West），不过住处只温和地"狂野"。举几个例子：大峡谷（Grand Canyon）的艾尔多瓦酒店（El Tovar Hotel）、黄石国家公园（Yellowstone National Park）的Old Faithful Inn、约塞米蒂国家公园的瓦沃纳酒店（Wawona Hotel）——全部建于19世纪末期（图4-1a、图4-1b、图4-2）。

在20世纪之交，酒店往往是城市和城镇中最精心设计的建筑物。芝加哥的康拉德•希尔顿（Conrad Hilton，20世纪20年代）多年以来都是世界上最大的酒店，有3000间客房。加州比佛利山庄酒店（Beverly Hills Hotel，20世纪初）和凤凰城亚利桑那巴尔的摩酒店（Arizona Biltmore，1929）是这些豪华酒店的其他早期例子。

在小城市和公路沿线上有许多规模较小的酒店。艾尔斯沃斯•M.•斯塔特勒（Elsworth M. Statler）常被认为是通过于20世纪之交在许多城市建立斯塔特勒酒店开创了酒店连锁的理念。[4]他的酒店提出了许多设计理念，给客人舒适度设置了新标准。20世纪30年代，大萧条导致遍及全国各地的许多酒店倒闭。人们甚少出行，因为大多数人无法承受出行的花销。酒店入住率创下历史新低。

随着第二次世界大战的结束，煤气供给和私人小轿车的限量生产也结束了。美国人突然把他们的新汽车带到路上。从未冒险离家远行的人们突然有了流浪的冲动，想从一个海岸到另一边，看看自己的国家。自世纪之交开始，小酒店、别墅和旅游小木屋如雨后春笋般应运而生。旅行的勃兴，伴随着州际高速公路系统的扩展，提供了企业家开始设计、建造新类型的旅客住宿的时机。

在汽车旅馆出现之前出现了小木屋。小木屋大多是较小的、独立建立的单元，有一间卧室、没有浴室（虽然后来加上了浴室）。汽车旅馆周围聚集着野餐区，也许还有个小游泳池，给远离大城市的旅人提供洁净的住宿。随着时间的推移，汽车旅馆添加了餐馆和大舱，

---

[2]Gray and Liguori, 1994, p. 4.

[3]Gray and Liguori, 1994, p. 5.

[4]American Hotel & Lodging Association, 2005, "History of Lodging," available at www.ahla.com

图4-1a　密歇根州麦其诺岛上的大酒店。（照片提供：密歇根州麦其诺岛大酒店。）

图4-1b　加州圣地亚哥科罗那多酒店。（照片提供：科罗那多酒店。）

开始将这些单元连接在一起，而不是把它们分离。

　　早期沿着公路的汽车旅馆和规模较小的酒店往往只是只有一层的小建筑物。许多"电机旅店"是个小单间，对邻居提供隐私，但空间不大。汽车旅馆通常比酒店要小得多，服务和便利设施也更少些。凯蒙斯•威尔逊（Kemmons Wilson）是一名来自田纳西州的建筑承包商，他在1952年接手假日汽车旅馆（Holiday Inn Motel）时改进了早期汽车旅馆的设计。在他的路边酒店里，他的理念提供了更大、更好的房间，标志着始于旅游小木屋的高速公路住宿的重要过渡。他还在物业中包括了一处餐厅，以创造一个更以服务为中心的设施。这第一家假日酒店（Holiday Inn）引导着这家公司成为当今世界上最大的住宿公司。[5]

　　随着企业持续繁荣，新城市酒店、度假村、迎合商务旅客以及越来越多的富裕旅客的住宿设施建成。酒店开始提供原本只在城区非常昂贵的酒店才提供的便利设施和服务。例如，在20世纪40年代，客房里空调变得普遍，收音机和电视机也是如此。

---

[5]Dittmer and Griffin, 1993, p. 105.

图4-2 黄石国家公园Old Faithful Inn大堂内部。(照片提供：Finley-Holiday Films。)

随着出行变得更容易，酒店建设持续繁荣，商务旅客创造了越来越多的竞争，客人一般要求住宿设施里便利设施更多、设计更精细。大量的度假村开发为游客增加了其他选项。奥兰多（Orlando）的沃尔特迪斯尼世界（Walt Disney World）、拉斯维加斯赌场酒店，以及无数的其他度假村、酒店和特色住宿设施，导致了前所未有的不计其数的价格、设计、尺寸和类型选择。据美国酒店及住宿协会（American Hotel & Lodging Association），1900年美国只有不到10000家酒店。2004年，有超过47000家物业，客房超过4亿间。[6]这个动态产业提供了广泛的服务和令人兴奋的娱乐场所，也给室内设计师和建筑师提出了设计挑战。下一节将简要介绍这些内容。

住宿业运营概况

据美国酒店及住宿协会最新统计数据，2003年住宿业销售额超过1137亿美元。[7]这个行业对美国经济和对当地经济产生巨大的影响。游客出于商务、休闲、家庭假期以及许多其他原因在酒店逗留。最起码，客人期望他们的旅馆、汽车旅馆或床和早餐舒适、安全。预期的舒适度水平随客人愿意支付的价格以及选择的设施类型而大相径庭。

---

[6]American Hotel & Lodging Association, 2006, "History of Lodging," and "2004 Lodging Industry Profile," available at www.ahla.com

[7]"2005 Lodging Industry Profile," 2006, American Hotel & Lodging Association, available at www.ahla.com

　　这把我们指引到住宿设施设计的总体目标：用设施类型以及客人目标市场提供一个一致的氛围。室内设计师必须创造一种氛围和设计法规，这种氛围和设计法规能吸引客人，并让他们觉得他们选择的酒店正是他们希望待上一两晚的那个地方。

　　和许多行业一样，在9•11恐怖袭击事件后，住宿业一直努力克服对旅游业的不利影响。住宿受到经济的跌宕起伏的影响，因为许多行业依赖于消费者对出行（假期出行和商务出行）的信心。提供精心设计的客房服务超越了审美价值，设计师了解住宿业务是很重要的，以更好地理解影响设施空间室内设计的运营目标。酒店管理人员和开发商不断研究并重新定义所提供的服务。这些服务影响着内饰规格以及需要用来满足功能性要求的整体空间规划。因此，设计师程式设计工作的一个重要组成部分将涉及理解住宿设施出售给公众的到底是什么。

管理与责任区

　　住宿设施的管理与责任区有许多基于实际所有权（无论是连锁或独立拥有的一部分）、大小、设施类型（这里指点出了最重要的因素）的变种。管理重点也因设施类型不同而不同。例如，与任何一种较小的郊区酒店相比，超豪华酒店提供更个性化的服务和隐私。诸如赌场酒店的娱乐焦点可能需要有位行政级别的独立经理，而在一个较小的工厂里，这种责任是经理助理职责的一部分。但也有一些标准是无视住宿设施的类型的。

　　有些差异是非常合乎逻辑的。小设施（如独立经营的酒店、汽车旅馆和旅店）将仅由少数人来管理，而较大设施的管理将涉及好几个级别的人员。酒店（大型连锁店的一部分）的业主或高管通常位于公司总部，在那儿，董事长、总裁和其他高级管理人员为现场管理人员设置方向和目标。对于像早餐酒店的较小设施，业主更可能在现场亲自管理。

　　设施的整体管理或行政始于管理团队。总经理、总经理助理对整体运营责任。通常都设有餐饮部经理（但较小的设施中不设），负责餐饮和其他食品服务，包括宴会服务和送餐服务。根据酒店的类型，管理重点也可能放在会议和专门服务（例如赌场区）的管理上。市场营销董事为物业管理营销活动，并且也可能参与对会议、宴会和特别项目的管理。管理小组的行政服务部还包括会计和人力资源管理（见表4-2）。

　　在很多方面，最重要的责任区域是提供与接待办公室、客房和嘉宾有关的服务的员工所在的部门或小组。这个责任区域的小组通常被称为客房部，还包括房管服务、保安，以及为客人提供的其他服务。接待办公室的职责包括登记和结账、预订、礼宾服务、门童和行李员服务。从服务的视角来看，这些领域给客人提供了关于设施的第一印象。从室内设计师的角度来看，大堂的设计和标牌在迎宾方面留下了重要的第一印象。

　　房管部门是客房工作小组的一部分，负责客房和设施内所有其他领域的日常护理。客人更多地是体验这些设施，而不是观看它们。在21世纪竞争如此激烈的市场上，住宿设施经理明白，差劲的房管服务将可能导致客人下次再也不来了。房管部门以及物业运营部门也将与室内设计师一起解决小型整修和与设施规划、设计有关的其他问题。房管主任负责客房和整个设施的保养。他/她将与设计师一起就设计和改造工作展开协作。

表4-2 常见的住宿责任区

- **管理：** 物业的整体管理包括：
  - 总经理、部门经理、会计、人力资源功能
  - 专业区域，如赌场，健康俱乐部/spa，以及商务中心
  - 宴会策划与管理
- **客房（可称为客户服务）：** 物业供客人使用的主要服务
  - 前台和办公室——登记、结帐、预订
  - 客房和套房——房管、基本维护
  - 其他宾客服务——行李员和专业区域，如酒店会所或行政楼层
  - 门房——给客人提供服务信息，如关于娱乐场所、餐厅和活动门票的信息
  - 安防——保护财产和客人不遭受伤害或危害
  - 拥有的或特许经营的礼品店、服装店或其他零售店
- **食品饮料：** 酒店提供的任何类型的餐饮服务
  - 餐厅，包括食物准备区
  - 餐饮服务
  - 客房服务
  - 宴会
- **物业运营：** 物业的物理设备的运行和维护
  - 建筑系统和地面
  - 翻修管理
  - 维修及保养

　　餐饮部门的责任是提供优质的餐饮服务。该服务可能是让客人选择酒店住宿或举办活动的另一个重要原因。即使是公路沿线上规模较小的酒店，也已经发现提供优质餐饮服务的好处。有些类型的设施提供精心打造的美食餐厅，设计独特的早餐酒店(bed and breakfast，提供住宿加早餐)设施提供一份特别的早餐。餐饮服务是酒店营收的重要组成部分，而且在某些情况下，一家餐厅可能成为物业的标志性特征。针对商务会议和会谈提供的宴会服务是该部门的其他重要功能。企业在这里举行各种会议、聚会，家庭会在特殊的场合（如婚礼）来这儿，其他特别活动预订酒店的宴会厅和会议室。餐饮部为每次这样的活动提供所需的食品服务。

　　对于一家酒店的成功，其他宾客服务已变得非常重要。例如，在各种规模、各种类型的酒店里，商业中心正在成为一种标准服务。健身俱乐部或健身区中游泳池无所不在，即使是在最小的设施中都能找到。面向儿童的室内游戏室、网球场、高尔夫球场仅仅只是可用的娱乐选择中的少数。个人服务(如洗衣服务、干洗、理发店、书报摊和礼品店等)是其他一些可选的客户服务。

　　提供任何或所有这些额外服务的理由不外乎是尽可能地使客人的逗留开心、无压力、愉快。是否提供这些服务将影响室内设计师的项目范围，并将影响被这些附加服务影响的不同区域的设计及规格。

　　客人的财产及人身安全是住宿运营的另一个重要方面。它可能属于客房部或物业业务部的范畴。安防小组负责住宿设施及客人和员工的财产安全。保安人员应对客人的噪声投诉或可疑活动、监控安全设备，以及以其他方式确保客人、员工和物业的安全。物业运营小组专注于维修、建筑系统和地面。这些人负责维护酒店物业的方方面面，包括客房的更新换代。动力工程师负责监督与建筑物自身有关的各个区域——机械系统，如供暖、通风、空调、给排水系统，以及设施的客房或其他区域所需的一般维修。

住宿设施的类型

今天，旅客以及住宿设施的其他用户有各种各样可供选择的设施。这些不同的设施可以满足大众的不同需要，并应对市场需求迅速成长。住宿类型基于所提供的服务，以及地理位置和特殊服务。该行业迎合各种各样的客人，从商务旅客、参加会议的客人，到度假的家庭。客人可能会寻找一个地方留宿，度假的家庭则可能在全国各地转圈。也许客人需要会展酒店，或一个地方来开会。再说，离家出走的客人可能选择一家早餐酒店度过奢侈的几天。所有这些类型的住宿设施都有，可为本国及外国的客人提供不同的服务市场。

酒店一般都是大型设施，提供各种客房，从标准间到豪华套房，还可能附带有餐厅和餐饮服务及其他服务和便利设施。从表4-3可以看出，在今天的酒店业市场上，存在着种类繁多的酒店。一间旅馆可规划为超豪华设施，提供超卓的室内设计和无可挑剔的个性化服务。一些酒店被视为度假村酒店，迎合专业化客人的兴趣（如网球或高尔夫球）。在20世纪90年代，温泉度假村获得了许多寻求身心放松、通过健康水疗呵护身心的客人的青睐。旅馆也可

表4-3　住宿设施的主要类型

酒　店	汽车旅馆	其　他
豪华地区或城市中心	预算	早餐酒店
市郊	市区	客栈
传统型	机场	旅馆
会议型	高速	宿舍
商务型	汽车旅馆	扩建型住宿区
住宅式和公寓式		旅游旅馆（Tourist home）
精品型		留宿之家
超豪华型		培训和会议中心
大型酒店		大学会议中心
赌场		
机场		
高速		
度假村		
高尔夫，网球，沙滩		
滑雪		
温泉度假村		
分时度假村		
主题公园度假村		
游船		
全套房（All-suite）		
商场酒店		

图4-3　会议中心酒店的内部大堂。(图片提供：位于得克萨斯州休斯敦的The Houstonian Hotel, Club & Spa。)

能是靠近州际公路的低成本住宿设施，迎合汽车旅行者的需求。酒店也可按地理位置分类。许多著名酒店都位于城市中心或繁华地段。旅馆也可能设在郊区，远离市中心繁华街区，或者设在为诸多度假村酒店提供位置的农村地区，显然，酒店有很多张面孔。

　　现在让我们来定义一些专业酒店。会展酒店迎合大型企业、专业人士或其他组织团体，在他们在那里的逗留期间内，重点是会议或相关活动。会议中心是专门为那些参与人数比会展中心少的会议而设计、举办的。他们提供的许多设施与会展酒店相同，但是会议的规模相对较小（图4-3）。迎合商务旅客的酒店通常位于城市中心或靠近中央商务区，因而被称为商业酒店。精品酒店通常比其他类型的酒店小，它们相当新潮，在其设计和设施中高度强调时尚。精品酒店一般位于豪华地段，但可以在许多地方找到。超豪华酒店提供无可挑剔的服务、产品和设计。工作人员重视客人的隐私、自由权和安全性。赌场酒店将室内设计的不同价位与赌场体验结合在一起。赌场酒店往往是影院、娱乐、美食、饮料和设施的结合体，当然，还包括一天赌博结束后过夜的地方。

　　度假村酒店这类住宿设施拥有部分服务来扩展休闲设施或活动。度假村酒店有许多种类，包括迎合客人兴趣（诸如高品质高尔夫体验、滑雪客栈、豪华海滩）的那些度假胜地，以及混合使用的主题公园度假村（图4-4）。在住宅型酒店这类住宿设施里，大多数客人长期停

图4-4　毛里求斯Le Telfair Gold and Spa Resort的大堂和前台（室内设计：Wilson ＆ Associates, Dallas, TX。摄影：Peter Mealin。）

留，可能一次就驻留长达数月或数年。在全套房酒店这类住宿设施里，所有客房都是由独立卧室和客厅构成的套房。许多全套房酒店还在套房内提供厨房设施。

　　在20世纪初，汽车使得旅行、观看世界成为可能，并激发了人们外出旅行的欲望。在早年，观光舱和汽车旅馆为旅行大众提供了服务。汽车旅馆这类住宿设施一般提供有限的服务，主要面向使用汽车的旅客。最初，它们设在郊区和农村地区。人们认为，1925年，阿瑟•海因曼（Arthur Hineman）在美国加州开设了第一家汽车旅馆。[8]人们还认为，是他合成了"汽车旅馆"（motel）这个单词。[9]今天，汽车旅馆开设在许多地域，包括繁华地段或机场附近。它们往往处于中间价位。汽车旅馆停车场通常位于或邻近客房，便于客人从汽车装卸行李。有些汽车旅馆提供食物和饮料服务，许多还提供游泳池，但通常很少再有其他服务，因为大多数客人的停留不超过一两天。如果您想一窥早期电机旅馆和汽车旅馆的精彩设计，请看看约翰•马戈利斯（John Margolies）的Home Away from Home（中译名：《家外之家》）一书。

　　下面是关于住宿设施的一些其他类型的简要说明：

- **早餐酒店**。这些设施起源于早期的旅馆。有多种类型，从私人住宅改建成的，到重新设计的历史建筑。它们比标准的酒店更加个性化，主要为企业家拥有。
- **长驻留或全套房设施**。一般归类为酒店，这些设施提供私人卧室和一个独立的客厅空间，通常包括一个小厨房。它们面向长时间离家的家庭和商务旅客。

---

[8]Walker, 1996, p. 56.

[9]Rutes, Penner, and Adams, 2001, p. 44.

- **客栈**。通常与休闲活动（如滑雪或钓鱼）相关的设施。它们通常都很小，且基本上都位于农村或邻近休闲活动区。
- **青年旅舍**。是一种经济的住宿设施，往往面向学生和预算有限的游客。青年旅舍的客房非常简单，并往往不设室内浴室。有些甚至要求客人自己带床单。
- **旅店**。小到中型的设施，设计来给客人提供小而舒适的居家感。它们可能位于农村地区或大城市，只有一层或有多层楼，提供全方位的客户服务，包括餐饮服务。

旅客计划在住宿设施里停留时，现代旅行者面临着多重的决定。住宿设施的类型、预期的便利设施的种类、必需的来宾服务以及驻留的价格是客人在决策时必须考虑的。虽然这些决策影响着每一位客人，它们还影响到设计方案与理念，而室内设计师、建筑师和业主必须在开发住宿设施的过程中就这些设计方案和理念多方权衡。

规划及室内设计元素

住宿物业进行改造并更新客房和公共空间的室内设计，以保持竞争力。酒店业一般认为设计对于酒店的成功来说不可或缺。客人愿意为许多类型的酒店支付更高的价格，因为那儿的设计、便利设施、（当然还有）服务更高端。即使是预算价位的酒店和汽车旅馆也都明白，在当今竞争激烈的舞台上，一间普通的、简单的房间是不够的。在更昂贵的资产（如奢侈品或度假村物业）里，美丽的纺织品、柔软舒适的床、等离子电视、室内漩涡浴缸，甚至壁炉都很常见。

对于必须就有关材料、产品以及所有室内空间的风格以及**FF&E**做出决策的室内设计师来说，酒店类型、市场、理念的变化总是至关重要的。纽约城里会展酒店的设计标准与西部小城里的全套房酒店迥然不同。然而，住宿设施的设计也存在着相似之处。例如，不论设施类型如何，客房都有最低标准尺寸和家具配置。所有住宿设施都有大堂，客人在这里登记入住、支付账单。还必须考虑上面讨论的基本操作功能。在本节中，我们讨论一般性酒店的规划和设计理念，因为酒店给设计团队提供了最大的挑战。

不论住宿设施的类型、大小和地理位置如何，它给潜在客人提供三大基本产品。主要产品是客房。客房的室内设计范围广泛，从众多设施中都具有的简单、基本的设计，到超豪华酒店里的精致古董。附加的客服构成了第二个产品。这些服务可能包括客房内的便利设施、礼品店、报摊、餐厅提供的餐饮服务和客房服务，以及康乐活动（比如**Spa**和游泳池）。用来设置酒店的主题及设计的第三个产品就是氛围。就像读者所知道的那样，氛围赋予设施以外观和个性。室内建筑装饰、照明设计及灯具、家具风格、配饰、纺织品，以及许多其他元素创建了所需的氛围。然而，环境并非室内的唯一效果。外观设计和景观应与室内携手共进，共创一个总体主题。

本节的重点是规划及室内设计元素，我们将首先简略介绍有关的可行性研究和设计理念陈述。接着概述空间分配和交通模式、家具和装饰、照明和机械接口，以及法典方面的考虑，这些简短讨论涉及一个一般性的酒店物业，专注于室内设计师对这些区域的责任。

BOX 4-1   室外设计概念

酒店物业的外观设计给来到这儿的客人和旅人设置了期望值和印象。在拉斯维加斯大型赌场酒店里，也许纽约城的天际线是一项惊人的娱乐。再者，密歇根州麦其诺岛Grand Hotel前边石柱廊和门廊的富丽堂皇（参见图4-1a）也是如此。不论住宿设施的架构如何，客人的印象都是在证实或反驳外观设计。

外观设计由理念、主题、地理位置、酒店客房数、客服以及目标客户决定。它可能看起来像位于新墨西哥州连绵起伏的丘陵之间的一个美国本地印第安人村庄，或位于市区的时尚现代的会议中心酒店。一间设施可能有一条宏伟的景观车道，从干线公路将客人引到门前，也可能是松山上的一间小木屋。不论外观设计如何，它必须将客人和访客顺利地引导到设施的正门，而不造成任何混乱（图4B-1）。

主入口的任务是将客人引入大堂。正门往往位于主入口车道上天篷或门廊的下边。这个天篷也能保护客人不遭受恶劣天气的影响。客人在这里登记入住或接受代客泊车服务或排队等候旅游巴士、穿梭巴士以及出租车。室外与大堂之间的前庭防止在门被打开时冷空气、雨水或雪花被吹入大厅。多扇门几乎总是必须的，除非大堂和酒店的类型小到只使用一个6英尺宽的大门。门的尺寸、类型、地板饰面、门以及门周围玻璃窗所需的玻璃种类都受到建筑法规的规制。如果室内设计师对这些细节负有任何责任，他/她必须仔细审查地方法规及限制条件，以确保适当的规格。

取决于酒店的规模和类型，可能有几个"主入口"。赌场酒店的正门往往直接进入赌场空间。赌场入口总是突出的、令人兴奋的，但是它未必是最方便的入口登记处。具备大型功能和会议空间的酒店经常有直通宴会厅迎宾区的次入口。越来越多的日用度假村具有次入口直通spa，让日常使用的游客有权选择是直接进入温泉还是通过主大堂进入。

图4B-1 内华达州拉斯维加斯的The Bellagio Spa Tower以及喷泉。(摄影：MGM Mirage.)

室外标牌必须能让人识别出酒店，并给酒店周围的客人提供路标。室外标牌通常融入了酒店标志（也称为标识），上边有酒店名称，还可能包括管理集团（例如Best Western公司）的标志。在大多数豪华型以及超豪华型酒店里，室外标牌可能夸张得像赌场酒店使用的标记，也可能低调得很，甚至有时根本就没有。寻路标志使用符号、图形、带方向的箭头来帮助个人在复式物业和建筑内饰中找到路径。带方向的符号需要用来帮助客人从停车区、当地餐馆到达主入口，找到通往会议中心、会展、电梯、客房、康乐设施的入口。

外观设计为客户在大堂以及设施内部的其他区域将有何体验设置了一个舞台。室内设计师必须确保，不论他/她为室内空间做出了怎样的规划和指定，都必须保留室外创造出的感觉，并拓展总体设计理念的成功执行。

可行性研究和理念陈述

业主、开发商以及住宿设施的物业经理在决定开发新设施或进行大规模装修时必须非常严肃。所涉及的复杂性和费用需要认真考虑该项目的市场潜力和财政投资。于是，住宿项目的构思和设计通常始于一个可行性研究。所有主要的商业设计项目都涉及可行性研究，鉴于可行性研究在酒店物业设计中的重要性，我们将在此对其展开讨论。

对于住宿物业的成功来说，确定项目的目的、目标以及经济因素、人口分析以及被认为对于新设施的设计开发来说相当重要的其他标准是非常关键的。这种分析就是所谓的可行性研究，在帮助在项目开工前确定项目会否成功方面不可或缺。它是对酒店理念可能成功（或难以成功）的一个客观报告。业主、开发商和物业管理团队仔细审查这份报告，以确定在建筑规划和设计开始前其中需要修改的理念（如果有的话）。

对于酒店项目来说，可行性研究通常由专门从事此类工作的顾问来准备。顾问可能需要几个月准备研究，并会花费项目业主成千上万的美金。花费在可行性研究上的时间和金钱可以避免与提议的物业有关的糟糕决策，从而替开发商挽救研究成本好几倍的损失。

顾问将研究地理位置的影响，以及项目游客的兴趣点。这是良好的业务规划的一部分，以防止在拥挤的市场中修建出一个只是与现有设施稍有不同的建筑物。可行性研究还将着眼于客房数目及各类客房的组合数，如果需要宴会设施，还将着眼于会议空间和其他服务（如健身俱乐部）的预期需求。为了确定这些因素，顾问会研究竞争、住宿需求、该地理位置的未来增长，以及周边商业或娱乐的影响。

在可行性研究分析中，经济因素是非常重要的。得考虑酒店人手、运行机械系统的运营成本，以及为了提供餐饮得全方位地运行厨房服务。在可行性研究中，还得考虑其他运营成本，如提供洗衣和清洁服务、维护安全系统、提供泊车服务，甚至给室内和室外的植物浇水。所有这些费用都不能超过合理的、可持续的收入，否则项目将无法盈利。生成设计文档、网站开发、实际施工、表面装饰的成本只是修建酒店的成本的一部分。还开发出收入预测，以准备预期收入和支出的备考利润表。这些收入预测是基于面向本地市场调整后的行业标准。它们基于将给酒店带来收入的客房及其他服务的所需类型。

在住宿物业的初步设计中，可行性研究和理念陈述齐头并进。理念（concept）是一个总体思路，它统一了设施的所有部分，并提供了设计的特定方向。通常在可行性研究之后才会准备理念陈述，因为可行性研究的信息将指引着理念陈述的一部分。理念陈述侧重于所有内部空间的规划和设计，以及酒店运营的各个其他细节，如制服、图形和床单，甚至客房的颜色设计。

理念陈述将审查可行性研究的特点，如目标客人市场、服务产品、提供的住宿组合，以及氛围。需要基于酒店类型及预期客户市场做出不同规格的决策。服务产品影响着与空间分配、预算因素方面的理念设计。与公路沿线的郊区小旅馆相比，度假胜地将有更多的康乐设施和住宿的选项。设计师需要了解客人的住宿组合预期，以便适当地规划各个不同类型客房的内饰处理。对于室内设计师来说，氛围显得尤为重要。氛围涉及很多元素，从墙面、家具风格，到客人床单的颜色、客房内和公共场所的装饰元素，以及构成了室内总体理念的许多其他项目，将所有一切作为一个统一的整体操作运行。

空间分配及流通

对酒店的空间分配具有最高控制权的利益相关者是业主、建筑师，以及（在较小程度上）室内设计师。这个团队将决定总空间的多少将用于酒店客房，以及还有多少用于其他服务领域。赚取收入的关键在于酒店客房空间。因此，客房空间与所有其他功能和辅助空间的分配比例是一个关键问题。在表4-4中可以看出，客人空间所占比例变化幅度相当大，汽车旅馆约为90%，大型度假村则只有大约55%。实际客房的空间分配一般从配有两张双人床的标准间的350平方英尺，到豪华总统套房的1400平方英尺。在某些类型的酒店里，整体结构的更大一部分将专门用于诸如食品、饮料、宴会或会议室、休闲空间的设施。很容易看到早

表4-4　不同类型住宿物业的客户空间

住宿类型	客房数目	服务水平	客房[a]占总酒店空间的百分比
汽车旅馆	100	经济型到中等价位	85~95
汽车旅店	100~200	中等价位	75~85
商业酒店	200~400	中等价位到奢侈型	75~85
全套房酒店	150~300	中等价位到一流	75~85
市郊酒店	150~300	中等价位到一流	75~85
会议酒店	200~2000	一流	65~75
度假村	变化	中等价位到奢侈型	65~75
大型度假村	>1000	一流	55~65
会议中心	100~300	中等价位到一流	55~65

[a]包括客房走廊、楼梯、电梯和布巾存储室。

来源：Stipanuk and Roffmann. Hospitality Facilities Management and Design（中译名：《酒店设施管理和设计》），1992年，p.365，East Lansing, MI: Educational Institute of the American Hotel & Motel Association（美国酒店及汽车旅馆协会教育学院）。

表4-5　典型的客房空间分配

大床	312~450平方英尺
两张双人床	375~475平方英尺
单卧套房	950平方英尺
度假村的客房	465平方英尺
豪华客房	450~650平方英尺
经济客房	275~325平方英尺
可访问大床（accessible king）	351~416平方英尺
标准双卧客房	1200平方英尺
豪华型双卧套房	1480平方英尺
会议套房	725~950平方英尺

请注意，这些分配只是近似值，随酒店管理而变化。数据来自：McGowan, Kruse, 2004, p.378~379, and DeChiara, Panero and Zelnik, 1991, p.374~379。

餐酒店只有少量的非客房空间，而赌场酒店将有空间专门用于非客房设施。表4-5代表了各种典型的客房空间分配。其中包括卫浴空间的分配。

重要的是管理利益相关者和设计团队要一起决定酒店物业的所有功能的预期空间需求。分配必须使用物业开发商可获得的标准或者整体行业标准归类为前台所需空间以及后台活动空间。在这一过程中，室内设计师通过应用他/她关于家具布局、不同功能所需的空间标准等方面的知识予以协助。请参考表4-6获得关于住宿设施各个不同区域的总空间分配准则。

表4-6　总空间分配

	汽车旅馆	商业	会议	全套房
客房数	150	300	600	250
客房湾（number of bays）[a]	150	315	630	250
净客房面积（sf）[b]	310	330	350	450
客房毛面积（sf）[c]	420	480	500	675
总客房面积（sf）	63000	151200	315000	168750
总公共面积	9000	27000	67500	22250
总后勤面积	6750	23400	67500	20000
酒店总面积（sf）	78750	201600	450000	211000
酒店总面积/客房（sf）[d]	525	672	750	844

[a] 湾（bay）相当于一个标准客房的空间。许多套房是两个（或更多）湾，或与两个（或更多）典型客房相当。

[b] sf=square feet（平方英尺）。

[c] 客房毛面积（gross guest room area）包括走廊、楼梯、电梯、墙壁等。

[d] 酒店总面积（total hotel area）包括所有公共的和后台的空间。

来源：Stipanuk and Roffmannz, Hospitality Facilities Management and Design（中译名：《酒店设施管理与设计》），1992, p.365, East Lansing, MI：Educational Institute of the American Hotel & Motel Association（美国酒店及汽车旅馆协会教育学院）。

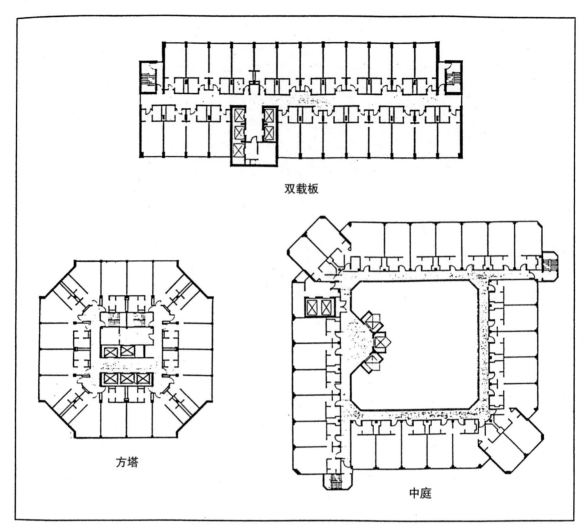

双载板

方塔

中庭

图4-5 客房配置的布局（选自Stipanuk and Roffmannz, Hospitality Facilities Management and Design（《酒店设施管理与设计》), 1992年, East Lansing, MI : Educational Institute of the American Hotel & Motel Association（美国酒店及汽车旅馆协会教育学院））

　　让移动的客人、游客和工作人员顺利通过酒店，这对于安全、客人享受和整体功能的有效性来说都非常重要。这些交通模式是建筑师通过他/她对所有酒店空间的组织所应担负起的责任。客房住宿占用的空间影响着整个设施的交通模式。图4-5提供了典型客房楼层配置的布局示例。

　　室内设计师会更关心第二组交通模式。这涉及特定功能空间（如大堂和各种功能室）的内部空间规划。功能空间内以及家具物品周围的交通过道必须遵循法规，并提供足够的空间让行人通过。各个空间的入住者的数量将决定家具布局的标准，以及酒店内不同类型的功能空间内所需的交通过道和走廊。由于酒店是一个公共空间，室内设计师还必须确保公共空间内家具周围的交通路径符合适用的可访问性标准。

家具和装饰

　　家具和装饰决定着住宿设施的理念和特征。整个公共区域和客房使用的产品和颜色都随着设置类型的不同而不同。返回到图4-2，注意娱乐区的内饰处理是怎样契合酒店理念的。很难想象纽约城内有家酒店的内饰是这个样子的。

一般情况下，最高品质的家具和材料将被保留给大堂和客房。这些空间是影响客人的主要场所，因此必须予以最审慎的考虑。如图4-4所示，大厅给整个设施设置了意境，必须使其具有激发预期印象的特性。在登记台使用设计精美的定制木制品，在建筑表面和内饰上使用高光洁度的产品及高质配饰是室内设计师创建适当氛围的一些方法。大堂家具必须承受众多用户的滥用、客人将手提箱磕磕碰碰地放入家具，还有定期维护。

在设计客房时，得考虑许多因素。客房室内装修必须易于维护，并能承受得住滥用。地毯通常是紧密簇绒地毯（铺设在床的位置上），以及各种其他材料，如瓷砖（铺设在浴室和更衣区）。高端酒店采用更精细品质的饰面材料和家具产品。室内设计师在客房物品的规格上必须小心谨慎。把美元砸在客房里很可能会超出预算，因为哪怕是给客房多加上一件配饰，也可能涉及数千美元——可能得给几百间客房都添加这件配饰！

因此，选择FF&E，同时在不增加每个空间及客房的成本的情况下创造出意境和理念是一个微妙的平衡。室内设计师所面临的挑战是指定与理念在审美上契合、并能承受得住滥用、便于维修的产品。正如为客房选定的面料需要比大堂更频繁地清洁一样，在粗糙、混乱的度假牧场，大堂座椅面料得与会展酒店（如在波士顿或曼哈顿）迥异。

机械系统

照明设计以及为了实施照明设计而选用的灯具在住宿设施室内空间中创造出兴奋感和氛围方面扮演着非常重要的角色。想想赌场酒店里游戏区那令人兴奋不已的照明。再想想大堂、会议室、所有其他公共区域以及客房需要的能发挥功能的、颇具美感的照明。如果照明不佳，墙体处理、材料和家具产品上的创意细节将被丢失或忽略。另一方面，选择符合设计理念的装饰灯具可能使所需光照水平的规格更加困难。室内设计师和照明设计师必须共同努力，避免光照超出他们创造出一个戏剧性空间的期许，还得避免因遗忘了某个空间的任务和职能而在该区域上照明不足。对节能的强制或要求可能会限制设计师在任何公共场所指定每平方英尺上的瓦特值。设计师必须对在为酒店指定灯具方面的任何司法限制以及客户意愿了然于心。在公共场所（尤其是在客房）的任何一种灯具上大量使用白炽灯，将造成节能减排的困局，因为这些灯将产生更多的热量。

正如许多种类的商业室内设计一样，在住宿设施里，有3种灯光在发挥作用。在任何室内空间里，都需要普通照明来服务于一般交通移动和安全。重点照明用来强调特定区域或空间里边的元素——例如，在一家大酒店（图4-6）的大堂酒吧。在有些区域，需要第3类灯光（称作闪耀照明）来创建特殊效果，给客房营造出意境。餐饮设施经常使用闪耀照明，以增加空间的兴奋感。大堂里闪耀照明的一个例子是沿楼梯踏板到楼层下边使用非常低瓦数的灯带。

酒店的某些区域以及酒店餐厅往往需要第4类照明（称为演出照明）。会议室、宴会厅、多功能厅，以及有现场娱乐表演的大型酒楼，都要求可以聚焦到扬声器或表演者的照明系统。"演出灯光系统往往比较简单，采用轨道照明和独立调光通道来让独奏演员、小团体或

图4-6 重点照明用来强调特定区域或空间的元素。(照片提供 : 3D/International and dMD Design)

主讲嘉宾得到戏剧性的照明。"[10]

会议室、宴会厅以及其他公共场所也需要适应于在这些空间举办不同活动的照明解决方案。普通照明应具有灵活性，使灯光亮度可以降低到就餐，或在会议中间播放幻灯片或电影。宴会厅经常使用吊灯提供普通照明，并作为设计重点。打造出重点照明的壁灯只能用在功能空间内。全高可移动隔板用于将大空间（比如舞厅）分隔成更小的会议室。例如，酒店内的餐厅，在早餐和午餐服务时段将需要明亮的灯光，而在晚餐服务时段则需要更柔和的灯光。

客房照明设计还必须规划各种各样的活动。像家具和饰品的规格一样，客房的灯光设计与住宅设计具有很强的关联。床头用作阅读的工作照明往往由床头柜或墙上的小灯具提供。在浴室和更衣室里，高品质的工作照明是必不可少的，以进行修面和化妆。控制普通照明的开关——通常是通过客房里的地灯或墙壁上的天花板灯具——在客人进入客房时提供安全照明。在办公桌或工作台区域需要有其他用于阅读或工作的照明。

在所有类型的住宿设施里，电脑登记及运营系统，以及先进的电信系统都是司空见惯的。已经为住宿业开发出了专用的住宿登记系统。用于设施其他运营区域的集成计算机系统可能将是规划的一部分。在登记和大堂区，定制橱柜的设计，或为这些功能准备的其他家具和座椅的规格，将成为室内设计师职责的一部分。电信设计将包括客房内的电话系统，包括消防安全信息和供客人使用的语音消息。

今天，几乎在所有类型的住宿设施里，客房里都有电信和互联网服务的选项。此外，室内设计师可能得为客房楼层里或酒店公共区某处的专门商业区里的客人设计商业区。设计师将与电话、数据、计算机顾问一起工作，完成这项服务规划。客房一般都在床边以及办公桌上装有电话。办公桌电话也是英特网连接的位置。

POS机位于礼品店、餐厅、酒吧，以及可能进行销售的其他地方。POS指的是收银机或客户进行买卖活动或代表其他顾客进行（买卖活动）时的任何其他销售区域。POS单元还有助于保持礼品店的库存，加快订购餐饮设施。在酒店里，如果客人签署了缴费单，POS机自动收取客房膳食费或其他采购费，从而使结账单更准确。

当在设施内任何区域进行特殊处理（例如开设喷泉、种植活体观赏类植物）时，室内设计师得与建筑师、各种工程师协商共讨。在设计餐饮设施及其商业厨房时，得就专业化机械需求进行大范围的、各种各样的协商工作。如果项目还包括有康乐设施，那么设计师可就与这些活动有关的专业化需求向建筑师以及其他人员进行咨询、协调。

[10]Karlen and Benya, 2004, p. 104.

安　防

客人期望在酒店里的停留是安全的。但客人不想觉得自己身处一个戒备森严的堡垒。许多安防措施是透明的，这意味着它们存在，但不可见。豪华酒店和度假村都有广泛的安防规划和设备，以确保客人的财产和人身安全。但是，即使是很小的早餐酒店，也必须为客人提供安全、可靠的环境。

能轻易做到的首要安防措施是让前台登记人员能清晰地看到周围的一切。在有些酒店里，登记台设置在入口后边，门边可能得站着保安或工作人员，以指引客人，并留意是否有任何威胁。礼品店里现金出纳机所在位置是防止入店行窃的另一个重要因素，因为酒店礼品店的员工通常极少。

到客房、游泳池或其他康乐设施的房卡是如此普遍，所以我们认为它是透明的。如果安全螺栓被抛出，将使得盗贼很难进入客房。读者可能已经注意到，在高层酒店乘坐电梯时相当注意保护客人隐私。有些楼层只有在客户携带房卡的情况下才能乘电梯直达。房卡系统还可以被编程来进一步监控客人每次进入客房的情况，以及进入后台内部区域的情况。

酒店在公共区域使用许多隐藏的安全摄像机或闭路电视系统，在大酒店里使用安全办公室来监控，而在较小物业里则设置在前台。闭路电视监控可设置为连续运行或在有运动或开门时触发。

很容易忽视精心设计的烟雾探测器和消防喷淋装置。室内保险箱已经被安装在许多中等价位以及更为昂贵的客房里。当然，客人可以随时把贵重物品留在酒店前台的保险箱或安全箱里。安保人员定期巡视酒店物业，留意潜在的入侵或客人人身伤害。市中心城区的很多酒店晚上在酒店电梯里有保安，并且只允许客人使用电梯。

在程式设计过程中，室内设计师、酒店管理人员将讨论所有这些安防系统，这样设计人员将了解到什么是必要的。然后室内设计师或客户可能聘请安防顾问，以协助安防系统的总体规划。

法规要求

如果住宿设施没有严格遵循建筑及人身安全法规，将会导致不计其数危险的、严重的后果。可访问性法规将影响到这一类型设施的许多空间的设计决策。首先，在建筑法规里，酒店被认为是一种住宅用房类型。但是，只有最少的住宿设施实际上是混合用房。住宿物业可包括住宅、组合、营业、商品用房的结合。必须仔细审查对混合使用的空间的法规要求，以正确地规划不同空间的室内设计。

适用的建筑、消防和人身安全法规的结合也将影响相关材料的设计决策，并且，在某些情况下，还会影响到为住宿设施指定的产品。与往常一样，适用的法规是那些物业所在地理位置生效的，并且甚至在同一城市地区、同一个州或省之内，各个位置适用的法规也各不相同。

让我们来看看与交通路径有关的几个因素。被视为出口过道的走廊在其宽度以及建筑饰面方面有着更为严格的要求。家具之间的一些过道也可能有宽度的限制，因为它们可能被视为出口过道。走廊和过道的宽度主要基于特定区域内的入住负载和对空间的使用。由于可访问性要求，走廊和过道基本上都至少宽36英寸。对此标准几乎很少有例外，潜在的应用应审查适用的法规。

取决于设施内特定空间的使用情况，法规要求也各不相同。例如，为出口过道指定使用的地毯需要比客房、酒店办公室里使用的地毯具有更高的消防安全分类。其他建筑饰面的情形也是如此。尽管大多数司法管辖机构只对酒店规制建筑饰面，但某些司法管辖机构对于使用在这一类型的设施里边的家具物品和结构设置有特定的限制。California Technical Bulletins的CAL 117和CAL 133适用于里边有超过10个座椅单元的空间内的软垫家具。设计师必须确定此法规要求或其他本地法规要求影响着家具物品——尤其是座椅，或项目所需的设计家具元素——的规格。本章"设计应用"一节介绍了关于住宿设施特定区域内的法规要求的更多信息。

满足可访问性要求是设计的另一面，室内设计师必须解决这一问题。在美国，ADA在许多方面影响着住宿设施的设计。所有公共的和共同使用的区域都必须设计为符合该准则的基本设计指南。这包括诸如交通路径、大堂、餐厅、公共厕所设施的台面、到达会议室、礼品店或其他零售区域以及康乐设施的路径。每个不同客房配置（大号、特大号、双-双、

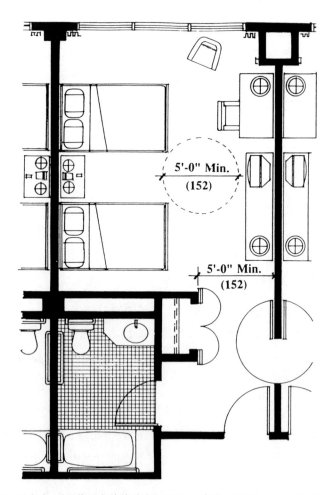

图4-7   无障碍双-双客房，如5英尺高的掉头空间所示。(来源 : DeChiara et al., Time Saver Standards for Interior Design and Space Planning (《室内设计和空间规划的时间节约标准》)，1991年。经McGraw-Hill公司许可后重印。)

套房）的一部分（而非某个类型的房间）必须设计为符合无障碍标准，有50个或更多间客房的酒店都要求将一定百分比的客房设计为带有淋浴间。图4-7所示为一个典型的无障碍双-双客房。客房和其他区域还要求有视觉和听觉紧急信号。请注意，本章陈述的事实可能与在撰写本书时正在修订的ADA指南有出入。

在公共场所，如登记处以及零售店的收银台，要求无障碍住宿满足销售区域的设计准则。设计师可以通过将台面的一部分设计为高出地面不超过36英寸同时在近处提供辅助台面，或在台面上设计一个折叠架来辅助登记及业务交易，从而满足这一要求。

住宿物业越大，室内设计师及设计团队满足所有类型法规的责任也就越大。如果室内设计师参与改造旧结构，他/她必须确保对客户作出的任何设计建议都满足目前的法规。翻修可能对设计的合规性产生显著的影响。可能客户认为只不过是简单的翻新，可法规官员可能认定为重大翻新，需要在设计中满足多条法规。一如往常，懂得法律如何影响该项目是室内设计师的责任所在。

设计应用

住宿设施的设计是商业室内设计中一个迷人的、令人兴奋的领域。正如读者已经看到的那样，参与这类设施是复杂的，承载着很多责任。住宿物业的尺寸大小和价位都各不相同。物业类型将影响所有公共区域和客房的室内设计。豪华酒店里的客房比会展酒店常见的客房大。早餐酒店里"大堂"座椅的设计和规格会显著有别于度假村酒店，商务及会展酒店里的会议场所比郊区设施里的更大。

住宿设施必须解决许多特定的功能需求。整体氛围和理念必须吸引客人，偶尔还得能正面地震惊客人，让他们想再度光临。游客的舒适性和安全性等方面影响着每个项目的室内设计，不论是对于小镇上的早餐酒店而言，还是对于高预算的大型赌场酒店而言。功能空间、康乐设施、食品和饮料空间的室内设计对于客人的整体满意度来说也很重要，而他们的满意度则会让他们今后再度多次光临。

本章重点介绍一般酒店里大堂、客房、功能空间、Spa以及休闲空间的具体设计和规划问题。有些空间最有可能是室内设计师的责任范围，而且往往被拿来在设计工作室项目中挑战学生。本节还包括一个关于规划餐饮设施（作为住宿物业的一部分）的简短讨论。第5章涉及其他类型的餐饮设施，并就设计元素提出了更深入的讨论。基于物业的类型、尺寸和地理位置的不同，这些类似空间的室内设计和规格有很大的变化；因此，本节所提供的信息在本质上是一般性的。关于这些差异，Rutes、Penner和Adams合著的Hotel Design: Planning and Development（中译名：《酒店设计：规划与开发》）一书是一份相当出色的参考。

大　堂

大堂给酒店的客人和访客提供了至关重要的第一印象。它可能是亲密的、设备齐全的精品酒店，也可能是很大的、熙熙攘攘的、戏剧性的，以应对参加会议的人潮。不论其大小

图4-8　纽约城洲际酒店的大堂。(设计：Kenneth E.Hurd and Associates。)

和设计如何，它不仅创造出了一个直观印象，还给客人提供许多重要的功能。无论是功能元素还是设计美学的规划都需要认真注意细节，并关注酒店的运营和主题目标 (图4-8)。

　　多年以来，酒店大堂的设计已经发生了许多变化。直到19世纪，酒店一般都还没有大堂。在早年，只有豪华酒店具有大得足以能聚集人群发表演讲的大堂。第二次世界大战后，随着越来越多的游客上路，这种情况逐渐改变。**Hyatt Regency Atlanta** (由约翰•波特曼 (**John Portman**) 在20世纪60年代设计) 的首个中庭大堂表明，大堂可能是酒店物业的一个突出特征。随着客房数量增长，大的多层大堂开始走红。对于服务于会议和商务客人的酒店，尤其如此。在那些寻求创建出与早期大酒店的亲密关系的多种类型的酒店和套房酒店里，更小的、亲切的大堂仍然是常态。今天，鉴于许多类型的酒店需要大的、戏剧性的大堂，室内设计师尝试通过创建更小的座椅分组或使用其他设计设备在一个大空间营造出一种亲近感，从而配置出一个友好的、甚至是家一般的感觉。

　　大堂是一个繁忙的地方，来宾和游客来来往往，有时速度疯狂、人数巨大。它不仅服务于办理入住和退房手续，还是客人移动到客房以及公共场所 (如餐厅、休闲区和会议空间) 的主要流通空间。大堂是供客人用来与其他客人及访客会面的地方，也是离开客房放松片刻的场所，从而成为一个聚集地 (图4-9)。

　　对流通空间和交通模式的规划予以重视是非常重要的。带着行李入住的新客人希望能很容易地找到登记处，并找到电梯去自己的房间。有时当几个大组同时入住时，仅仅只是这个交通量就可能会造成大堂拥堵。这个重要的主要交通模式必须充分处理预期的交通高峰。辅助交通路径必须将客人和访客从大堂平稳地移动到餐厅、零售商店和礼品店，以及功能厅。辅助交通路径还将客人移动到大堂的座位上。

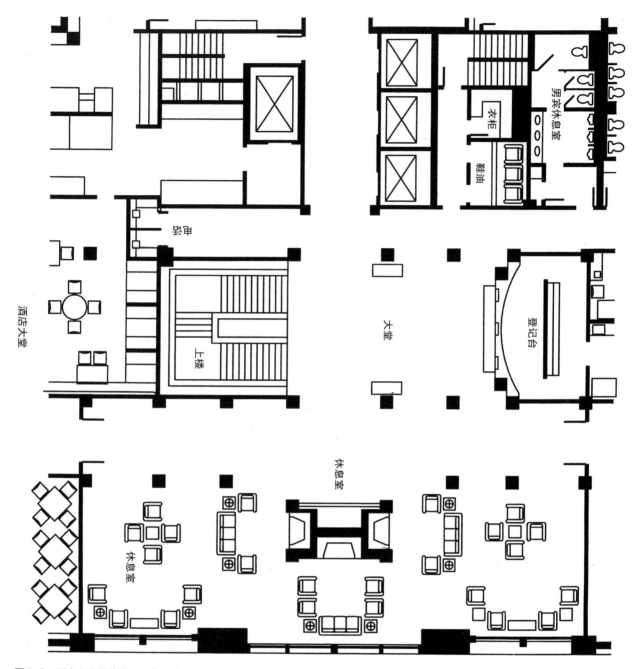

图4-9　酒店大堂里的登记区和长沙发。(设计 : Cody D. Beal。)

　　大厅的主要功能组件是登记区，有时也被称为前台，虽然今天很少使用一台桌子。必须给登记入住、退房的客人规划空间，并获得一般的客人信息。对于那些等待着向员工问话的客人来说，除了前台所需的实际空间之外，排队空间也是必要的。当然，酒店越大，这些功能就需要更多的空间。有人建议，登记入住、退房和出纳分别占用至少6英尺的桌面空间；前150个客房另需两个台站；此外每增加100间客房，就得额外再规划一个台站。[11]必须依据峰值时段的客人数量进行计算，以确定排队需要的流通空间大小 (图4-10)。

---

[11]Rutes, Penner and Adams, 2001, p. 284.

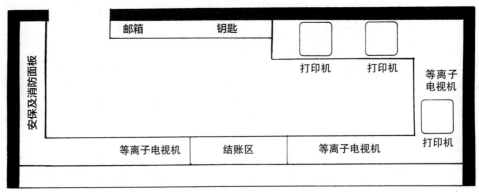

图4-10　小登记桌，示出了前台/大堂区域的各个功能空间。(插图：SOI, Interior Design。)

在小设施里，让前台工作人员能从视觉上控制入口和大堂区是非常重要的。前台服务员必须能够很快看到并迎接来客，以帮助创建所有重要的、良好的第一印象。在较大的酒店里，行李员 (bell staff) 或甚至是男/女主人可能会将到达的客人引导到前台。前台在附近设置一些座椅也很常见。这些座椅是为那些陪同登记或退房的人士提供的。

在前台或此区域内还发挥着一些其他功能。表4-7列出了这些其他功能。一个值得关注的功能是礼宾服务。在较大的酒店，礼宾由提供有关本地区信息、帮助在当地其他饭店预定晚餐、出售戏剧或体育赛事门票、提供其他援助的工作人员担任，使客人的逗留更愉快、不出差池。根据酒店的规模和类型，公共休息室、内部电话、公用电话也可能位于前台 (图4-11) 附近。

大堂和大堂内座椅的总体规模是由设施的类型决定的。对于小规模的设施 (如早餐酒店或郊区酒店)，大堂很小，提供最少量的软椅 (或许是为了看电视)。大型会展酒店的大堂得相当大才行，有无数的沙发，并为闲谈人群安排软椅单元。一些酒店还提供几张书桌或桌子，这样客人可以在大堂写信件或明信片。度假村酒店常常在大堂里设有大的休闲会所，让客人有一个聚会的地方，或者享受外景。豪华和超豪华酒店的大堂通常较小、私人化，而且

表4-7　前台的典型功能

■ 客人登记站	■ 预订
■ 客人退房和出纳站	■ 住间和付费电话
■ 客户的邮件和留言	■ 活动目录
■ 钥匙盒	■ 传达员站 (附近)
■ 信息 (礼宾)	■ 传达员推车存储 (附近)
■ 为副经理留出的空间	■ 行李寄存 (附近)

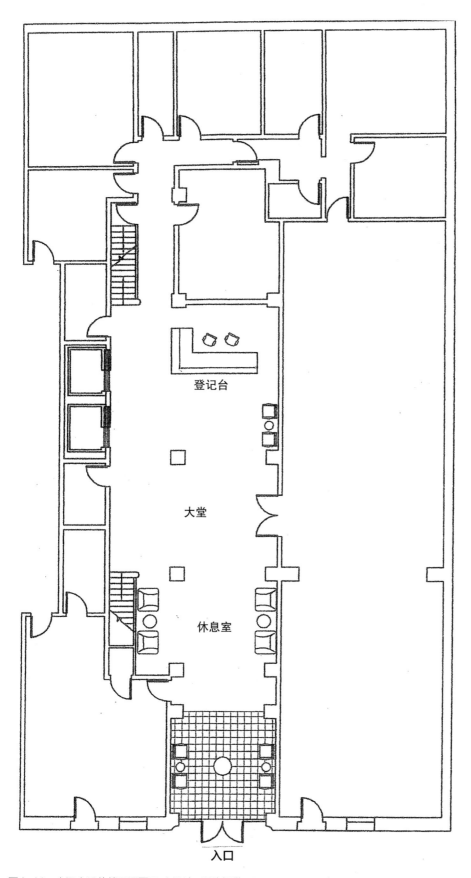

登记台

大堂

休息室

入口

图4-11　小酒店里的楼层平面图。(设计、照片提供：Stephen Howard)

非常优雅。

酒店的理念和主题将建立大堂和酒店的大体设计处理和氛围。家具和纺织品的选择、建筑木料、建筑处理和饰面、配饰，当然，还包括配色方案将受到设施早期规划阶段发展出来的理念的驱使。材料必须坚固耐用，易于维护，并符合当地消防安全法规。采用某些硬表面地板来限定主要交通路径的方式是很常见的，而地毯则用在休闲会所。当使用地毯时，大部分设计师在大区域内使用带图案的地毯，以帮助隐藏交通路径和泄漏。墙壁可以用多种材料进行处理，以符合相应的法规。装饰性纺织品还必须坚固耐用，易清洁。应选择能有助于隐藏泄漏和灰尘的面料颜色和图案，或对纺织品进行高质量的防污处理。

大多数大堂照明设计决策包括确定普通照明，当然，也包括确定重点照明、工作照明，甚至闪耀照明也被用来帮助突出设计理念，并为特定空间提供必要的照明解决方案。10英尺烛光的普通照明足以让客人和工作人员安全地走过空间。在大堂的某些区域可能需要工作照明用于阅读和写信。在小型座椅组里，也可以利用桌灯，以帮助创造居家感，并提供额外的普通照明。重点照明呼吁人们关注艺术品、标牌和显示功能，往往是必需的。取决于理念，通过使用闪耀照明可以提升视觉冲击和兴趣。

在当今酒店业里，进行登记和宾客结帐的计算机工作站是绝对必要的。电脑执行这些功能，并提供关于该物业的业主和管理的必要信息。大多数旅馆有站立的登记站，虽然一些度假村、早餐酒店、精品设施坐下来处理这些功能。当在独立的台面上处理大多数登记手续时，可访问性标准可能需要坐下来面对面的登记站。登记桌的设计必须与数据系统顾问认真协调，因为前台以及需要计算机和其他电信设备的辅助功能需要大量的电缆。

大堂的设计要考虑的最后一个元素是标牌。突出的标牌将被用于识别登记台、迎宾台、电铃桌和出纳台。还需要其他标牌引导客人到电梯、餐厅、酒吧、专卖店、多功能空间，以及休闲区。超大型物业往往会包括一个网站地图，以帮助客人找到他们的路径。其他标牌将被用于满足酒店类型的具体需求，并让客人和访客找到提供服务的地点。

客　房

从功能上来看，客房的规划和设计包括对住宿设施类型及预期的目标客户市场以最低的费用提供最多的客房。从室内设计的角度来看，美学涉及使无趣的矩形变得有趣、令人兴奋这一重要尝试。客人常常希望或期待一个比他们自己家更豪华、美观、有趣的空间。项目中的室内设计师和所有利益相关方在客房的规划和设计阶段努力实现这个期望。本节这一部分专门介绍客房的室内设计元素，重点介绍具有两张双人床或一张大号床或特大号床的客房。

很明显，通过出租客房获得的收入占他们收入的比例最大。同时，客房及这些空间内的产品、饰面的设计是最大的支出。给一间房添加一项物品似乎花费并不多。但该物品可能被乘以几百，因为每个房间很可能都会用上。必须非常小心地从费用、美学和功能的角度考虑为客房指定的每件物品、每个饰面。给典型客房和套房多规划的每一点楼层空间也会降低客房总数。在这一区域，设计团队的规划目标将是基于将要开发的酒店的类型，考虑提供尽可能多尺寸不一的客房，而非提供太多额外的空间。客房占到了酒店总空间的

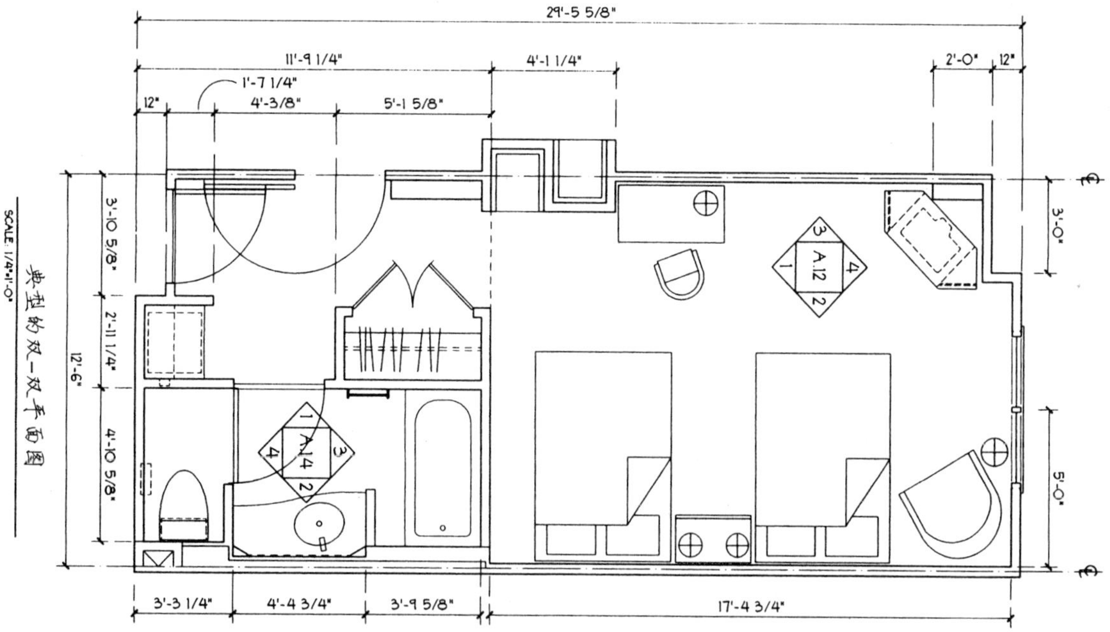

图4-12　典型的酒店双-双平面图。(平面图提供：假日酒店 (Holiday Inns)。)

55%~85%，[12]如果设计师忽略了这样的考虑，那么楼面空间的实际成本以及客房中FF＆E的规格可能会变得非常高昂。

　　在规划客房区域时，首先要考虑的是整体的客房楼层配置。客房楼层规划包括确定各楼层的最大客房及套房数量，以及为客人、服务电梯、楼梯以及服务区域 (如布巾存储室、自动售货机区域、流通空间) 提供空间。根据酒店的类型，在每个楼层还可能会规划其他区域。例如，顶级套房楼层可能有个小休息室，客人们只能在这一楼层喝下午茶。会展酒店可能在若干楼层提供商业交流区，同时还在主楼层提供一个一般商业中心。

　　三种最常见的配置如图4-5所示。多数酒店是其中之一的变种。通过使用双载板，在最小的面积里实现了最大的客房数。在图中可以看出，中央走廊两边提供了大量的客房。第二常见的配置是塔形规划。在这种情形下，中央电梯及其他服务空间周围都是客房。塔形规划的形状可能是圆形、三角形或正方形。在中庭规划中，中央核心成为一个开放的中庭，扩大了内部空间。客房被布置在外围，客房入口沿着俯瞰大堂中庭的走廊。在中庭规划中，玻璃电梯充分利用了景观优势，让从一楼到高楼层的客人看到中庭空间。中庭酒店的服务功能都远离中庭自身。

　　规划客房地点涉及小心应用在可行性研究和理念发展过程中确定的客房组合 (room mix)。客房组合是主要根据客房内床位的尺寸和数量来配置所需的不同类型的客房。在讨论客房数目时用到的另外两个术语是key (指的是可出租单元)，以及guest room bay (客房湾，相当于一个客房的空间)。[13]

　　酒店任何一个楼层都可能有各种各样大小不一的房间。有些房间有一张大号或特大号

---

[12]Stipanuk and Roffman, 1992, p. 365 (hardcover edition).

[13]Rutes, Penner, and Adams, 2001, p. 263.

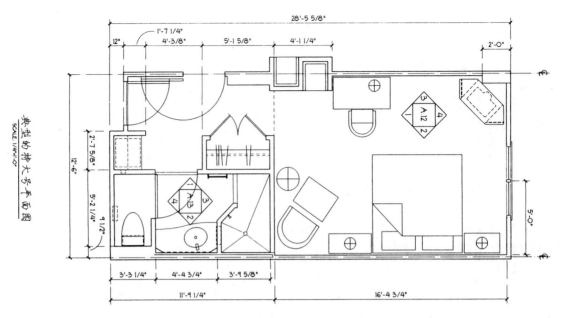

图4-13 客房布局，具有可选的隔壁房间。(平面图提供：假日酒店。)

床，而其他则有两张双人床（称为双-双）。图4-12和图4-13说明了常见的客房布局。其他可能是小套房，睡眠区与客厅分离。客房组合也会受到连接所需的客房的数目、浴室的大小、房间的整体规模的影响。

很多读者都毫无疑问地去过这样的酒店，在酒店的房间内有一张特大号床，而床的边缘与梳妆台之间几乎没有空间，于是几乎没有空间来打开梳妆台的抽屉。然而，另一家酒店提供宽敞的空间，并且基本上使用相同的家具。如今，客人对酒店客房的室内设计有着很高的期望值。因此，酒店通过提供更大的客房、令人兴奋的客房、令人兴致盎然的艺术品和配饰、舒适的桌椅，以及羽绒床来争夺客人！当然，基于酒店的类型以及房间的费用，客房的设计和所使用产品的质量将参差不齐（图4-14a和图4-14b）。

首先，客房的内部规划和设计受到与平板设计有关的体系结构决策以及与浴室、门、窗户位置决策的影响。室内设计师的主要职责是提供数量合适的家具及配饰，以达到酒店及预期的目标客人市场的目标。

客房是一个紧凑的空间；在某种意义上，它们是小型家居，具有需要进行规划的、不同的功能区。这些区域包括睡眠、休息、工作、浴室/梳妆。在图4-12和图4-13的平面图上，这些区域一清二楚。132页的表4-8突出显示了规划除梳妆区、浴室区之外的区域的关键要点。

浴室/梳妆区通常毗邻客房入口，衣柜位于同一区域。在高价位的酒店和那些迎合商务和会议客人的酒店里，都更关注客房浴缸区的设计。客人对更多空间、漂亮灯具、更出色的整体设计的需求挑战着室内设计师打造出赏心悦目的浴室，它已经超出了使用3种灯具的实用空间。

一个常见策略是将厕所与浴缸和抽水马桶空间分开。度假村和豪华物业给浴室添加了淋浴间，也许还有一个漩涡浴缸，而不是一个标准浴缸（图4-15）。使用较大的空间、设计优雅的灯具、优质的材料，以及额外的设施来争夺挑剔的客人。酒店的目标市场将会对这些区域的空间分配、材料规格产生很大的影响。

图4-14a　Monte Carlo Resort and Casino里边的豪华客房。（设计、照片提供：Anita Brooks / Charles Gruwell Interior Design International, Las Vegas, NV.）

图4-14b　客房的室内设计反映了Westin Rio Mar的热带氛围。（设计、照片提供：Hirsch Bedner Associates。）

表4-8　客房设计提示

- 给所有床位的两边都提供足够的空间，以便于房管服务。
- 提供最少一个床头柜、一盏灯，以及放置一个小时钟收音机及一个灯具的空间。许多酒店给大号和特大号床的两侧都提供床头柜和灯具。
- 软椅，或者是舒适的俱乐部椅子，或者是情侣椅，能容易地定位、观看电视。在这个位置也需要地灯或桌灯。
- 如果指定了情侣椅和沙发，那往往是卧式单元，给客房提供额外的住宿设施。
- 一个衣橱或定制橱柜，容纳一台电视和梳妆台抽屉。
- 一台书桌或梳妆台/书桌组合，以及一把
- 椅子（如餐饮房间风格的椅子），组成了工作区。商务酒店和价格较高的酒店在工作区中使用办公桌椅。
- 工作区还需要一台额外的电话、互联网连接、工作灯。
- 一个小用餐区可能是理念的一部分，带有充电器的小冰箱、快餐服务，以及咖啡壶。
- 套房酒店提供一间小厨房——它可能简单得只有一个水槽和一台微波炉，也可能是一个真正的、配全套设备的小厨房——再加上一个小餐桌和椅子。
- 合适的配饰，如选用墙镜和装框图形来提升房间的设计理念。

衣橱或梳妆台被认为是梳妆区的一部分，但一般位于床对面。梳妆区需要一个梳妆台、衣柜、镜子，以及容纳行李的空间。为这些区域留下多少空间依酒店类型而定。客人将入住数天或者甚至数周的酒店将有更大的梳妆台空间、更大的衣柜及行李储存空间。

竞争和客户需求也意味着，酒店业主必须提升客房内家具物品和座椅材料的的质量，同时审慎考虑价格经济。床头、床垫、椅子、梳妆台、椅子、其他家具和木制品必须是商业

图4-15　得克萨斯州Grapevine的Gaylord Texan Resort and Convention Center的总统套房浴室。（室内设计：Wilson & Associates, Dallas, TX。摄影：Michael Wilson。）

级的产品（这样才能承受得住滥用），但看上去就像客人待在家里一般。家具物品的塑料层压板饰面最常被选用于桌子、梳妆台、床头。豪华的、高价位的物业采用木单板盒式家具。在选择床单面料和软椅时，一定得记得维修和消防安全，即使建筑与消防法规一般不规制这些材料。

建筑饰面必须容易维护，同时承受得起大量滥用和使用。商业级的地毯和硬表面地板是必须的，商业级的墙布也是必须的。豪华酒店是可以在客房墙面上有效地使用有限的非商业级材料的少数类型设施之一。在配有防滑地板材料浴室的客房里，对于地板，填充固体的顺色模式或小花纹地毯是最常见的。质感的塑胶墙面、夏布甚至涂料用作墙壁处理方案。由于人造饰面成本高，只在一些豪华物业中才审慎使用。床罩和窗帘往往使用较大的图案。窗帘应包括一些装饰性纺织品或图案，以及熄灯拉绳，以提供隐私和灯光控制。

为了完成设计理念，工艺品及其他配饰是必不可少的，但在挑选它们时，脑子里一定得记住经济实惠、外观美丽大方。在许多度假村和度假村酒店里，最常见的是在墙壁上使用油画、版画和照片的复制品，同时还提供小书架和书籍。盗窃是酒店的一大问题。常见做法是用螺栓固定墙壁饰品，而不是像在家里那样悬挂。只有在豪华物业里才能见到梳妆台和桌子上也摆放着小饰品——如果有的话。在许多酒店，甚至照明灯具也被固定在墙壁或桌子上，使它们难以被顺手牵羊。

电视、VCR或DVD播放机和视频游戏控制器已成为客房预期的配饰。许多度假村和城市酒店除了无一例外地在床头放置收音机之外，还在房间内放置有CD播放机。在规划电视机摆放的位置时，要使得客人能从床上以及休闲区看电视。电视最经常位于与梳妆台合为一体的衣橱内。然而，价格较低的设施可能仍然将电视放置在低矮梳妆台或机柜的顶部。豪华度假村已经指定壁挂式等离子电视，以节省空间，并为客房提供更多一次的豪华之约。

必须通过入口天花板灯具或大门开关上的落地灯提供一般安全照明。壁灯或床头灯提供额外的普通照明，并作为在床上看书时的工作灯。还需要在办公桌和软椅处安置工作灯。如果房间较大，内弯形灯具可用于普通照明。浴室和更衣区需要高品质照明。大部分酒店都改用寿命更长的荧光灯具，以提供更好的能源经济。

酒店总有一些套房，以适应客人的特殊需求。在20世纪最后1/4叶，全套房酒店风靡于商务旅客和家庭。高档和豪华酒店的套房也很受欢迎。在更加如家一般的环境里，它们提供所有如上讨论的功能区，将睡眠区与客厅、餐饮区分开。较大的套房有多个卧室、会议室或餐厅，以及独立的休闲区（图4-16a、图4-16b、图4-17a、图4-17b）。

套房通常位于酒店的较高楼层，提供更好的风景、宁静和隐私。有些酒店的套房在楼层里难以建造正常大小客房的角落里。只要从酒店里看得到市区或当地的风光，套房就可能带有私人阳台或露台。设计师也将升级套房内材料、家具、饰品的质量，使这些房间配得上高价。部分套房的设计还必须满足ADA要求。

在高档、会展、豪华、赌场以及其他类型的酒店里，行政楼层及酒廊已经变得流行。行政楼层仅限于本楼层客人访问，并提供小休息室，里边提供特殊设施或附加服务。俱乐部酒廊可能包括欧陆式早餐，下午可以提供饮料。在俱乐部酒廊里，面向愿意支付高价的客

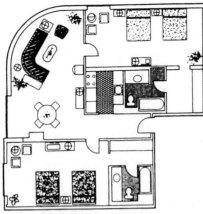

双卧套房，1280平方英尺

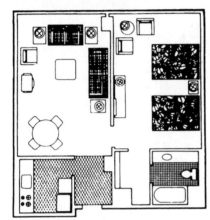

单卧套房，840平方英尺

图4-16a 得克萨斯休斯敦Double Tree酒店客人套房的楼层平面图。(提供 : Double Tree Guest Suite)

图4-16b Double Tree Mission Valley里边的客厅套房(Parlor Suite)。(照片提供 : Planning, Design & Application, Inc./P.D.&A.)

图4-17a　更大些的套房有就餐区及单独的休闲区。Valencia Hotel。(照片提供：3D/International, and dMd Design.)

图4-17b　Valencia Hotel里边的客人套房。(照片提供：3D/International, and dMd Design.)

人而提供的礼宾服务等个性化服务相当普遍。

　　根据所提供的服务，俱乐部酒廊的空间规划和家具规格会有所不同。然而，俱乐部酒廊经常提供软椅座位组、双人和四人的桌椅、一个提供食品和饮料服务的酒吧，以及宽屏幕电视。业务区可能不在主休息室之内，并且，在面向家庭的酒店里，还可能包括一个小游戏室。俱乐部酒廊里边的材料和产品可能与在这些楼层的客房中指定使用的更昂贵产品类似。

得与当地司法管辖机构核查客房的法规要求。根据司法管辖区和设施规模的不同，客房内可能需要建筑饰面，以满足A类、B类或C类标准。地板材料必须符合II类标准的最低限度。窗帘和其他垂直的纺织材料须通过垂直燃烧测试。床垫必须符合当地法规的限制，这可能会超过标准的美国联邦DOC FF4-72测试要求。

客房和浴室设施的酒店的一部分必须被设计、指定得合乎可访问性标准。在本章前边关于室内设计法规要求的概述一节里曾讨论过这些标准。图4-7所示为一个典型的ADA客房布局。需要注意的是，位于美国以外的项目的可访问性要求可能与ADA指南不同。对这个空间里做出的设计决策必须满足当今挑剔的客人。

在所有新的和改造的住宿设施里，消防喷头、视觉和听觉警报系统也是必不可少的。对客人安全更为关注的所有材料、产品和系统的规制还意味着更关注用于地板、浴缸、淋浴地板的材料，以及甚至在指定不可访问的房间装上安全扶手。

功能空间

今天，在大多数类型的住宿设施里，一个重要组成部分是将专门空间规划为会议和宴会之用。这些空间被称为功能空间。从19世纪后期开始，酒店开始给他们的物业增加功能空间，以适用于公民会议。[14]功能空间有助于通过房租、额外的餐饮服务、参展商客房、参展者在酒店额外花的钱，从而获得额外收入。即使是很小的住宿设施，也提供供外界团体使用的特殊功能空间。

酒店一般有尺寸不一的功能室，以适应用户的不同需要。一般来说，大型宴会厅、各种大小的会议室，以及更小的分组讨论室构成了功能空间。它们一般都是多功能厅，可容纳会谈、研讨会、婚宴、贸易展和会议，以及要求在一个房间或多个空间内容纳大量客人的许多其他活动。这些空间的灵活性是非常重要的。可能得使用窄书桌以教室风格再配上单独座椅来设置空间，或者以剧场风格再配上单独座椅来设置同一空间，或者采用全椅子用作商务会议，或者在上午用作展览，然后第二天就改成午餐用地，并在周末举行贸易展，这些都是不可或缺的。例如，会议酒店可能需要一个宴会厅，可用于大型主题演讲或展览，或可以通过全高的、可移动的墙壁分隔舞厅从而分解成更小的会议室。小酒店可能只有一个宴会厅，可容纳婚宴或可分为小型会议室。大型度假村酒店将有多个宴会厅和分组讨论室，以在同一时间容纳好几个团体。

以会议和商务旅客为目标客户的大酒店可能有配楼用作会议室和宴会厅。在大多数其他情况下，功能空间靠近大堂，以方便客人和外来访客进出。较大的酒店通常提供外部入口，以让人们能从酒店外面直接进入专用于功能空间的部分。这样做是因为许多使用功能空间的个人并非酒店客人。大酒店在这些功能空间外边还有辅助大堂，这也很常见。这些辅助大堂，也称为预功能空间，提供了聚会的空间和设立登记柜台（甚至要求餐饮服务）

---

[14]Rutes, Penner, and Adams, 2001, p. 296.

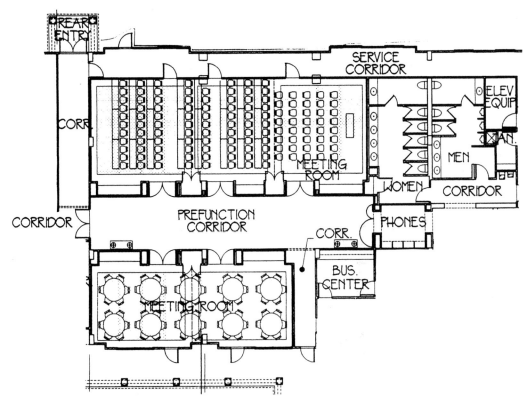

图4-18　楼层平面图所示为各种会议室两侧的预功能走廊和服务走廊。大堂近在咫尺。（平面图提供：假日酒店。）

的余地。附近设有厕所、公用电话、衣帽间是很重要的。

规划功能空间的实际面积用量几乎不属于室内设计师的责任范畴。提供本讨论只是为了给室内设计师在酒店这一区域内的设计责任提供背景。分配给功能区的空间取决于酒店类型和目标客户市场。空间分配涉及客房数量。例如，会议酒店规划的宴会厅空间是客房的2~4倍，而度假村酒店的宴会厅可能只与客房空间持平。换句话说，大型酒店将允许每间客房的60~100平方英尺作为功能区，而小酒店可能只允许每间客房的10~20平方英尺用作功能区。[15]从厨房能直通餐饮服务区也是必要的。往往使用轮式车通过宴会厅以及其他功能间后边的走廊将食物从厨房移动到餐饮区，然后等待着的工作人员将碗碟用托盘拿到功能空间内（图4-18）。

功能空间的家具安排基本分为三类。对于会议和研讨会，房间可以设置为剧场（也称为礼堂）风格，配上单独的椅子。在对此的一种替换布置（称为教室座位）中，可以使用不计其数的小桌椅。第三种安排是使用直径54~72英寸的圆桌会议，每张圆桌可容纳6~10名食客。为了处理空间的灵活运用，规划了备用的室内走廊和存储区来收存额外的桌椅。

功能空间内的家具和陈设必须被指定得承受得住繁忙的交通、泄漏和家具移动。椅子都很小，通常只有18英寸宽、24英寸深，而且必须是可堆叠的。软垫面料是质感的塑胶、商用级的尼龙面料，以及承受得住相当大磨损和撕裂的其他纺织品。当举行婚礼或正式宴会时，这些简单的无臂椅子可以戴上沙发套。选用的材料的图案和颜色得与酒店的整体主

---

[15]Stipanuk and Roffmann, 1992, p. 378 (hardcover edition).

题或理念一致。桌子必须可以折叠，椅子必须是可堆叠的，以便让酒店的工作人员可以轻松地将他们从一个功能空间移动到存储空间或另一个功能空间内。

建筑饰面和处理的选择必须合乎法规要求，并能让房管人员很容易地进行维护。它们应该被选作背景，而非重点。花纹地毯往往被选用来帮助掩盖泄漏和交通模式。地毯布局通常是为了便于在大型开放空间内放置家具。外墙饰面得非常耐用。在一些场所，椅子导轨被用来减少椅子轻刮墙壁的可能性。还有人建议使用织物墙板来控制音响。如果功能室的一面或多面墙壁上装有窗户，那么设计师必须指定全遮光布或百叶窗。

功能空间的另一个设计组件就是照明设计。在设计房间时必须充分考虑灵活运用，照明法规和灯具选择也是如此。所有不同尺寸的多功能厅都应利用可调节照明水平的灯具。当房间用于会议或演讲时，照明需要变暗，这样可以一边观看PowerPoint演示文稿、电影、幻灯片或使用的任何其他视听方法，同时观众仍然可以记笔记。就餐时通常较低的光照水平更为适当，尤其是在舞厅举办正式晚宴时。如果空间用于展览，就需要较高的光照水平。

对天花板设计、灯具选择，以及这些空间内的照明设计可能性予以了更多考虑。在任何一个功能空间里，可能需要用于普通照明、重点照明、功能照明以及聚光照明的灯具。大宴会厅可能有吊灯，以及精心制作的内置天花板照明系统。在功能空间里，天花板的设计以及将照明灯具结合进天花板的设计往往是最戏剧性的设计重头戏。这些大空间要求天花板较高，高度范围可从12英尺到超过30英尺。天花板的设计还包括选择、布置烟雾探测器、洒水喷头、应急照明、扬声器和用于加热/空调的机械设备。在任何大小的功能空间里，天花板都是一个复杂的设计元素。

功能空间是酒店各种入住者的一个组合入住模式。因此，室内设计师必须仔细规划初始客房的空间大小、家具布局，以确保交通通道和路径满足出口进出需求。几乎所有客房都需要两个出口，有的还需要额外的出口。应指定符合当地消防法规以及可访问性标准的地毯及铺地材料。出口标牌、喷头和应急预警系统也是功能空间的重要组成部分。必须规划电气和通信服务，以使得音箱投影仪可能用到的外部接入卡不至于干扰空间内的安全访问。

功能空间的另一个挑战就是设计出深思熟虑的标牌，移动来宾和游客。客人必须能够轻松地找到从门口或大堂到达预功能空间和这些特殊用途房间的路径。每个房间在门上都会有标牌。落地式标记被用来补充个别房间的标记，以帮助游客直达相应的会议室。通常情况下，房间名称与酒店的主题或地点名称一样。例如，亚利桑那州凤凰城很多酒店的多功能厅的名字都是大峡谷（Grand Canyon）、骆驼背（Camelback）、Sedona，以与亚利桑那州的风景和地理特征保持一致。

Spa及康乐设施

几乎没有哪种类型的住宿设施能脱离康乐设施而存在。在早餐酒店里，可能是一个户外按摩浴缸或桑拿。无数种住宿物业在风景优美的庭院里提供游泳池。迎合家庭的旅馆给孩子增加了带视频游戏的游戏厅。其他设施提供就地网球场，甚至还可能有排球场。如果酒店没有挨着高尔夫球场，那么就会安排客人到附近的高尔夫球场。今天，鉴于客人要求离家后也能有一种方式来跟上他们的锻炼课程，健身俱乐部也就成为了住宿设施里一个司空见惯的组成部分。度假村酒店通常在安静、放松的区域内提供健康Spa服务，包括按摩、蒸气浴、桑拿浴，以及其他专业服务。为客人提供的康乐设施列表多种多样、五花八门。

让客人们能轻松访问到康乐设施是非常重要的。很多客人不喜欢穿过大厅才能抵达游泳池、Spa或健身俱乐部区域。在高尔夫球和网球度假村，独立的会所很常见，以让客人可以换衣、冲澡，并参观远离主酒店的专卖店。市场规模较小的酒店（甚至许多豪华的度假村）往往将他们的一些休闲康乐设施提供给当地居民。如果是这种情况，就会从停车场提供一个入口直通游乐区或Spa。让我们专注于Spa和健身俱乐部领域区域。这个简短的讨论将带领读者从一个普通Spa和健身俱乐部通过酒店这一部分中的各个常见空间。

术语Spa（水疗中心）与豪华、身体健康联系在一起，而这种设施通常被认为是健康的度假胜地，提供各种服务，如按摩、水疗、健康教育，以及各种疗法。室内设计师的设计方案必须满足客人在平静的、奢华的氛围里接受专门治疗的期望值，并同时满足客人在安全、安防以及与Spa操作有关的实际问题方面的需求。

在入口处有个有张接待台的小等候区。这里需要有个存储区来存放储物柜钥匙，或许还得存放浴袍和毛巾。空间规划和交通路径将客人们从接待区移动到男士、女士分开的区域。健身房通常男女公用，而水疗区通常男女隔开。然而，一些酒店给夫妻提供男女一起治疗、使用男女混合池，并获得男女同桌的餐饮服务的区域。

从大酒店的接待区，客人会往回走到更衣室或更衣区。如果提供储物柜，那么比较常见的是每人16~20平方英尺。36英寸高的储物柜被堆叠起来，以容纳足够的更衣室空间。这个尺寸的折叠衣柜可以容纳个人物品以及便装（如果叠起来的话）。一些酒店与大型水疗区可提供全长的储物柜，这样客人衣物无需折叠。储物柜需要塑料层压板内饰，外边则是木材或层压板。需要包括淋浴间、厕所设施和放置有吹风机的台面的更衣区。在更衣室和梳妆区里，存储干净的和肮脏的毛巾是一个重要的规划问题。

不论是在接待区，还是在内部休闲区，都为饮水或其他饮料提供有空间。较大的设施有个果汁吧，甚至还包括Spa和健身俱乐部附带的Spa餐厅。较大的Spa和那些也迎合非客人使用的Spa可能在远离接待区的地方有个小商店售卖肥皂、乳液、衣服以及其他小东小西，以便让访客、客人可以在礼品店购买，而无需进入Spa区。

如果客人使用健身区，他/她在更衣室更衣后，将进入健身室或去其他康乐设施。根据酒店的不同，客人可从Spa和健身俱乐部进入游泳区（甚至私人游泳池）。健身室的空间分配显然与室内安置的健身器械的组合以及数量联系在一起。各种器械以及器械前边（或许还包括后边）的交通路径都需要空间。当然，各个物件之间也需要空间。有些设备需要的空间比别的设备多。设计师应与每件健身器械的制造商核实，以确保提供了安全间距。

利用Spa服务的客人在更衣后等待治疗时，经常被要求在内部休闲区放松身心。在更衣前或在接受治疗后去健身俱乐部或Spa的其他部分放松之前，客人经常回到这个区域。在这儿最常见的是睡椅或安乐椅，软垫材料能吸水。柔和的灯光、能欣赏到室外风光或带围墙的庭院有助于在接受治疗或健身前后营造舒缓抗压的处所。

提供按摩和Spa治疗的个人房间需要某些设备。按摩桌是焦点。它通常是24英寸宽72英寸长。按摩桌的高度必须足以让按摩治疗师不必在操作时高度弯曲。按摩桌周围必须有

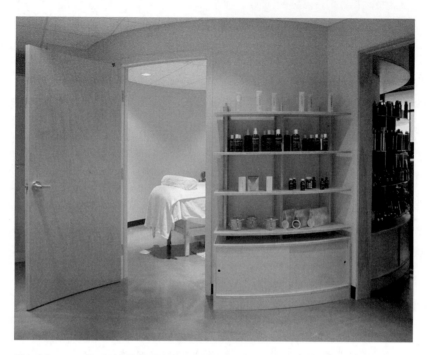

图4-19 spa，能看到按摩室的景观。(提供 : 建筑师&设计师Jim Postell。摄影 : Scott Hisey Photography, www. hiseyphotography.com)

足够的空间，以使治疗师可以访问所有四个侧面。需要橱柜或架子来存储产品（还可能有毛巾、洗涤衣物，以及在治疗中使用的被单)。取决于使用的特定治疗室，可能需要一个水槽箱体。虽然在休闲区总有水可用，但水冷却器可能为治疗室的客人提供矿泉水。供热单元（如加热毛巾架）用于保持毛巾和床单温暖，为客人提供令人满意的舒适度。芳香疗法可用来促进放松（图4-19)。

建筑材料和任何座垫必须能够承受更高的湿润水平、出于健康考虑的更频繁的清洁、维护。质感塑胶装饰材料给椅子或休息室提供了比光滑塑胶装饰材料更高档的外观。健身区域一般铺有地毯，并在墙壁上挂满了大片的镜子。水疗室还铺有地毯，以提升声学效果。除了在休息室（在那里允许使用较软的地板材料）之外，地板使用防滑地砖是至关重要的。天花板往往使用能抵抗高湿度的地砖或其他饰面装修。

Spa和健身俱乐部区域的关键要点在于结合使用自然光、天光以及玻璃窗正对着小花园的大区域。有人提出争议说，通过轨道照明和天花板照明，再辅以适宜的重点照明来在最放松的区域（诸如按摩室、治疗室)）提供令人舒适的光照水平，并在健身室提供更高的光照水平。在水疗室里，柔和的灯光是必不可少的。一些治疗室可能需要专业化的工作灯。

重要的建筑法规问题也将影响到Spa、健身室的设计和规格。在设计spa、健身俱乐部客房时，排水口、照明灯具和开关的位置严格遵循法规要求是非常重要的考虑因素。请记住，Spa和健身俱乐部区域还必须满足可访问性指南。

餐饮设施

对于酒店客人和在特殊场合去酒店的当地居民来说，享受美食的机会都是司空见惯的。许多当地居民都在周日、假日去度假村和酒店享用早午餐或自助餐。许多酒店供应的早餐对于客人来说是一种特殊的享受。位于高速公路附近的小酒店可能会将空间租给为旅途疲惫的游客提供方便食品服务的连锁餐厅。几乎所有的住宿设施都提供某些餐饮服务。

食品服务设施——最常被视为餐厅——是给消费者提供熟食或预制食品的任何零售机构。饮品设施是指那些提供酒精饮料服务的任何零售机构。当然，也有一些种类的餐厅不提供酒精饮料——特别是快餐店——大多数提供酒精饮料服务的设施还提供一些食物服务。不过，在这个行业里，这两个定义是常见的。在本节中，我们讨论这些设施的一般考量和业务区分。下一章将介绍一般性餐饮设施的具体设计理念及应用。

自从几个世纪前旅店给疲惫的旅人提供了食物之后，酒店和其他住宿设施里边的餐饮服务已经成为了形形色色的服务的一部分。除了豪华酒店之外，直到20世纪早期为止，酒店餐饮服务一般没有高品质的口碑。大多数酒店的餐厅都只提供早餐，因为旅客没有留下来吃午餐或晚餐的理由。因此，没有打造一个高端厨房的挑战。来自提供优质食物的独立式餐馆的竞争减少了前往酒店餐厅的客人。在20世纪下半叶，快餐店和连锁餐厅改变了许多人的饮食习惯。这种竞争迫使酒店考虑将餐饮服务作为额外的营销策略，并通过显著提高餐饮服务的品质和类型（如今天在住宿设施里看到的）来增加收入。

用于任何一种食物服务的空间必须仔细考量，因为开发和维护该空间的成本很高。它必须产生某种盈利水平的收入，对于一些住宿地点来说，这可以是一个挑战。例如，在市区，除了酒店能够提供的之外，酒店客人对他们所有餐点还有许多种选择。因此，良好的食物，以及在餐厅设计、服务类型方面使用鲜明的主题、留意客人对食品服务的需求的态度都是酒店内餐饮设施决策的组成部分。例如，在一个郊区酒店里，早餐是主餐。而要求午餐的客人很少。豪华酒店和城市度假村也将吸引当地居民在特殊场合享用晚餐或商务午餐。早间咖啡、冰淇淋店、熟食店、小吃店和名牌设施（如酒店复式大楼内的麦当劳）已被添加到物业中，以吸引客人留在"里边"，而不是出去就餐。

餐厅和其他食品服务地点的设计和经营理念应与整个物业的理念保持一致。多种服务选择可以有不同的主题和设计理念或共用一个总的主题。主题可能基于酒店的整体主题或受到酒店意图吸引的非客人食客的营销理念的驱使。设计主题还可能受到服务类型（如是设有领班的全方位服务，还是休闲餐饮）的影响。所有这些考量——而且这些仅仅只是主要问题——将影响到室内设计师对布局、美观性和产品规格的责任。

根据整体物业的大小，餐厅可能远离或非常靠近大堂区。有好几家餐厅的大型物业通常将餐厅置于景观、无障碍停车场、街道行人看不见的地方，或者靠近游泳池/娱乐区。在常规的空间规划准则中，将至少一个设施定位在只在早餐时才可能使用餐厅的客人便于到达的地方。在许多酒店，规划了能从外部入口到达的至少一处酒店餐饮服务设施，以吸引本地顾客。在市中心区，酒店可能会有屋顶餐厅，其主题目的是吸引了当地的周末游客和酒店客人（图4-20）。

酒店的大多数餐厅也提供酒精饮料服务。此外，大多数酒店物业还有一个单独的饮料区（通常称为休息室——也被称为鸡尾酒休息室或酒吧）。由于休息室通常邻近大堂，所以它们通常也是封闭的空间，以减少传入大堂或附近餐厅的噪声。主题可以与相邻的餐厅一致或个性化。例如，在市中心酒店附近的体育设施里，休息室可能有一个体育主题；在一

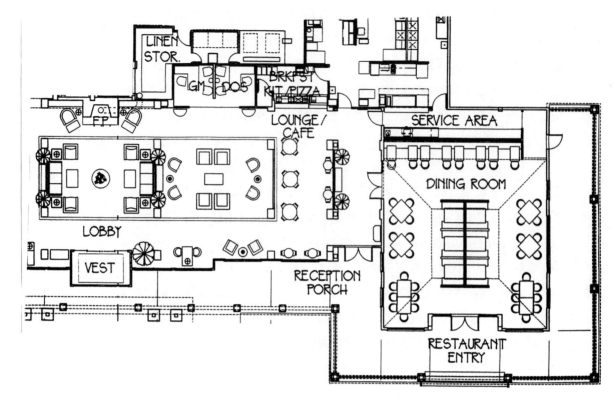

图4-20 酒店餐厅的楼层平面图，示出了其与大堂之间的关系。（平面图提供：假日酒店。）

家豪华酒店里，可能有一个雪茄酒廊，希望吸烟的客人会受到欢迎。

当然，还会有酒吧区本身。对于室内设计师来说，酒吧的设计是一个很大的创意挑战，因为酒吧是客房的焦点。必须使员工能很容易地进出饮食服务空间，因为开胃菜是必不可少的。酒店的休息室都指定25~27英寸的小桌子，而非29英寸的普通餐桌高度。这些桌子配备的椅子通常都是带脚轮的、规模较小的躺椅。座椅采用沙发、情侣椅，以及摆放成小分组的俱乐部椅子。酒店休息室选择的座椅单元一般都是可移动的，因为客人都会重新安排家具，以容纳比家具平面图预想的更大群体。

晚间娱乐节目可能简单到只有一台电视机、现场音乐或舞池。提供较低的光照水平，因为这儿是放松的地方。鉴于观看电视——特别是体育赛事——在休息室相当有人气，座位安排的空间规划也应考虑将这个因素考虑在内。取决于休息室里的娱乐成分的活跃程度，总面积的近70%应用于休息室座椅或休闲区座椅与娱乐区的组合。由于酒店鸡尾酒休息室的娱乐因素，照明规格和设计非常重要，并且必须灵活应变，以适应各种各样的娱乐模式。音响系统也必须予以考虑，这样在舞池里的每个人都能清晰地听到音乐，而其他区域（对音乐不怎么感冒的客人呆着的地方）则保持安静。

较新的大型酒店将酒吧置于大堂内，称为大堂酒吧。在20世纪六七十年代，大堂酒吧被创建来给客人和游客在中庭大堂做一些有趣的事情。大型物业已经接受了大堂酒吧，因为来宾和游客在用餐或会议前后在这里会面，使得它成为一个伟大的收入来源。通常有一道轻微的物理屏障将大堂酒吧与酒店大堂分开，以防止未成年人使用该空间。酒吧的主要家具物品是小桌子周围舒适的座椅、沙发和软椅。有必要让工作人员能轻松地进入厨房，

图4-21　Valencia Hotel Riverwalk的酒店大堂酒吧。(照片提供：3D/International and dMd Mitchel Design.)

因为在大部分的大堂酒吧内都可以享用开胃菜、小吃甚至便餐。早晨，在这里，离开的客人可能会发现在等待穿梭巴士或出租车时可以利用咖啡服务 (图4-21)。

　　酒店餐饮设施的设计是一个令人兴奋的专业，往往给室内设计师比酒店其他地区的设计更多的创意权限。设计师应熟悉餐饮业务的所有方方面面，并对酒店业务有一定的了解。希望参与酒店餐饮空间设计的读者，请首先阅读下一章。

早餐酒店

　　在大小城市和城镇里，个人将部分或全部私人住宅改造成住宿设施，最常见的称谓就是早餐酒店。这些更小、更贴心的住宿设施，欢迎游客留在比旅馆和汽车旅馆更家居化的环境里。它们以许多名称著称，如乡村旅馆、村舍、B＆B旅馆、寄宿家庭。还有其他一些是新建的，以提供一个专门的主题。

　　早餐酒店由独立的酒店业主共同拥有。给他们的设施的室内设计预算比酒店小。然而，也有豪华的早餐酒店房价跟任何豪华的度假胜地一样高昂。大多数早餐酒店结合了高品质的室内设计、个性化的服务、为客人提供舒适性的客人设施。室内按摩浴缸，或许还有个前廊，以及客房里的壁炉，都是迎宾设施。早餐酒店提供全套早餐或欧陆式大早餐，计入房费之内，但很少有其他餐点的完整餐饮设施。

　　这种类型的设施有大堂和前台。然而，大堂的功能往往是作为客厅，而不是作为一个正式的大堂 (如在酒店那般)。提供符合该设施主题的舒适家具，还可能有电视、书写卡片或笔记或者玩桌上游戏的地方。在大堂里，一个舒适的壁炉也很常见。虽然在B＆B中的"B"代表的不是饮料，但这些设施在晚间往往给客人提供鸡尾酒或葡萄酒服务。有些也有

图4-22　早餐酒店的大堂区。(提供：the Old Rock Church and Providence Inn；1-800-480-4943 www. providenceinn.com)

个小酒吧，取决于整体设施的规模，这个小酒吧或者是作为大堂的一部分，或者在一个单独的房间里。前台可能是进入办公室的一扇窗户，或一个小柜台或一张桌子。当然，即使是早餐酒店，今天使用的也是电脑预订和管理系统 (图4-22)。

　　早餐酒店往往建立在已改划为商业区的历史性街区或旧住宅区上。出于这个原因，室内设计师和客户必须特别注意使建筑物达到当地规定的住宅R1分类的成本和期望。很多结构性的工作往往是必需的，因为在不存在浴室的情况下，客房在许多理念方面需要私人浴室。在一个私宅厨房里充分规划一个商业式厨房，或在用途完全不同的地方 (例如老消防局或银行大楼) 建造一个，也可能是设计师的一个挑战。

　　客房要求与任何酒店客房相同的基本家具物品。客房经常围绕主题设计，每个客房的主题都不相同。在规模较小的设施里，任何两个客房都不一样。这种多样性挑战着室内设计师为许多不同的主题寻找织物、家具用品、配饰。例如，对于近湖的山区小镇上的旅馆，一间客房可能以钓鱼为主题，另一个则以滑雪为主题，等等 (图4-23)。

　　材料和产品多种多样，但建筑涂料和纺织品必须遵循当前的本地法规。在历史性结构上建造起来的物业可能与法规有些许偏差，但室内设计师必须确保客人和财产安全。设计师必须记住，早餐酒店仍然是一个商业物业，因而选定的产品应满足应用于任何其他住宿设施的维护和磨损准则。还必须满足可访问性要求。当地的司法管辖机构可能要求至少一个单元被设计得符合ADA或其他与"合理住宿"指南一致的适用法规。

　　大多数早餐酒店只提供一顿饭——早餐。其他较大的旅馆还可能提供晚餐服务。在设计得相当吸引人的餐室里提供餐点，餐室里往往提供供两名或四名客人就餐的桌椅。还可能引领客人到附近的餐馆，以满足客人的其他就餐愿望。如果物业由单独的客间构成，那么客人还可能有小厨房。在这种情况下，人可以选择自己准备餐点，或让旅店把餐点送到

图4-23　一家早餐酒店内的客房。客房的主题是拓荒者之家，指的是客房内暴露的光束，那是早期的拓荒者开辟出来的。(照片提供 : Old Rock Church and Providence Inn, 1-800-480-4943 www.providenceinn.com)

房间内就餐，费用计入房价内。

　　根据设施的规模及其地理位置，早餐酒店可能提供有限的康乐设施。可能有公共设施，如桑拿浴室、Spa、游泳池。客人可以选择徒步、骑马、打高尔夫球、滑雪，或者从事物业内部自带的或附近设施提供的任何其他活动。有些旅店还面向小型会议，将餐室或其他场所提供用作会议室。

　　早餐酒店有很多变种，室内设计的机会无限，就如同业主的愿望一样。然而，室内设计师依然必须牢记设计与预算、理念、目标市场，以及适用的法规，就好像他/她将要设计大型酒店那般。

本章小结

　　2005年，媒体广泛报道说，内华达州（Nevada）拉斯维加斯（Las Vegas）的永利拉斯维加斯酒店（Wynn Las Vegas）耗费了庞大的27亿美金！这是对商业室内设计这个令人兴奋和具有挑战性的专业的一个证明。即使是在酒店业和住宿业内，为建筑和室内设计公司给予这种类型的预算也是很罕见的。希望进入这个专业的设计师千万不要忘记，大预算、开放理念是例外情形。事实上，大多数项目的预算相当有限。

　　室内设计师的作品必须支持业主的理念和目标，必须与建筑师和其他利益相关者协调。注重细节、周密的预算审议、细心的工作习惯是从事室内设计的设计师所必须具备的品质。它还是一个非常重视团队协作能力的设计领域。

本章中已经讨论了住宿设施的目的、目标和运营目的。侧重于一般酒店物业的室内设计元素和理念特别强调大堂、客房、功能空间，并提供了休闲空间（如Spas）来讲解这些区域的基本设计规划问题。本章还提供了关于住宿业历史的一个非常简短的概述，以及对不同类型设施的一般性解释。关于住宿设施的运营和设计的更多细节，读者不妨深入研究如下参考文献列表中的材料。

本章参考文献

American Hotel & Lodging Association. 2005. "History of Lodging." www.ahla.com

———. 2005. "2004 Lodging Industry Profile." www.ahla.com

Architectural Record Book. 1960. *Motels, Hotels, Restaurants and Bars*, 2nd ed. New York: McGraw-Hill.

Arthur, Paul and Romedi Passini. 1992. *Wayfinding*. New York: McGraw-Hill.

Asensio, Paco, ed. 2002. *Sap and Wellness Hotels*. Barcelona: Artes Graficas/Viking.

Bardi, James A. 1990. *Hotel Front Office Management*. New York: Van Nostrand Reinhold.

Baucom, Alfred H. 1996. *Hospitality Design for the Graying Generation*. New York: Wiley.

Berens, Carol. 1996. *Hotel Bars and Lobbies*. New York: McGraw-Hill.

Curtis, Eleanor. 2001. *Hotel Interior Structures*. West Sussex, England: Wiley-Academy.

Davies, Thomas D., Jr. and Kim A. Beasley. 1994. *Accessible Design for Hospitality*, 2nd ed. New York: McGraw-Hill.

Dittmer, Paul R. and Gerald G. Griffin. 1993. *The Dimensions of the Hospitality Industry*. New York: Van Nostrand Reinhold.

Donzel, Catherine, Alexis Gregory, and Marc Walter. 1989. *Grand American Hotels*. New York: Vendome.

Fellows, Jane and Richard Fellows. 1990. *Buildings for Hospitality*. London: Pitman.

Gray, William S. and Salvatore C. Liguori. 1994. *Hotel and Motel Management and Operations*, 3rd ed. Englewood Cliffs, NJ: Prentice Hall.

Hardy, Hugh. 1997. "What Is Hospitality Design?" *Hospitality Design*. January/February, pp. 66–68.

Harmon, Sharon Koomen and Katerine E. Kennon. 2005. *The Codes Guidebook for Interiors*, 3rd ed. New York: Wiley.

Hayes, David K. and Jack D. Ninemeier. 2004. *Hotel Operations Management*. Upper Saddle River, NJ: Pearson/Prentice Hall.

Huffadine, Margaret. 2000. *Resort Design*. New York: McGraw-Hill.

Karlen, Mark and James Benya. 2004. *Lighting Design Basics*. New York: Wiley.

Kliczkowski, H. 2002. *Cafés: Designers and Design*. Barcelona: Loft Publications.

Kliment, Stephen A., ed. 2001. *Building Type Basics for Hospitality Facilities*. New York: Wiley.

Knapp, Frederic. 1995. *Hotel Renovation Planning and Design*. New York: McGraw-Hill.

Lawson, Fred. 1995. *Hotels and Resorts: Planning, Design and Refurbishment*. Jordan Hill, Oxford, England: Butterworth-Architecture, Linacre House.

Margolies, John. 1995. *Home Away from Home*. New York: Bulfinch Press/Little, Brown.

National Park Service. 1994. "Guiding Principals of Sustainable Design." National Park Service web site: www.nps.gov/dsc/dsgncnstr/gpsd/ch1.html

Radulski, John P. 1991. "Specifying for the Bath." *Restaurant/Hotel Design International*. January, pp. 22ff.

Riewoldt, Otto. 2002. *New Hotel Design*. New York: Watson-Guptill.

Robson, Stephani and Madeleine Pullman. "Hotels: Differentiating with Design." *Implications*. InformeDesign, Vol. 3, Issue 6.

Rutes, Walter A., Richard H. Penner, and Lawrence Adams. 2001. *Hotel Design: Planning and Development*. New York: W.W. Norton.

Rutherford, Denney G., ed. 1995. *Hotel Management and Operations*, 2nd ed. New York: Van Nostrand Reinhold.

Sawinski, Diane M., ed. 1995. *U.S. Industries Profiles*. "Hotels and Motels." New York: Gale Research, Inc.

Standard and Poors. 1996. *Standard and Poor's Industry Surveys A–L*, Vol. 1. New York: McGraw-Hill.

Stipanuk, David M. and Harold Roffmann. 1992. *Hospitality Facilities Management and Design*. East Lansing, MI: Educational Institute of the American Hotel and Motel Association.

Walker, John R. 1996. *Introduction to Hospitality*. Englewood Cliffs, NJ: Prentice Hall.

Wilson, Trisha. 2004. *Spectacular Hotels*. Dallas: Signature Publishing Group.

本章网址

American Hotel & Lodging Association. www.ahla.com

International Hotel & Restaurant Association www.ihra.com

Professional Association of Innkeepers International www.paii.org

Hospitality Design magazine. www.hdmag.com

Hotel Business magazine www.hotelbusiness.com

InformeDesign newsletter www.informedesign.umn.edu

Lodging magazine www.lodgingmagazine.com

请注意：与本章内容有关的其他参考文献列在本书附录中。

第5章
餐饮设施

当您参与餐饮设施的设计时，请记住，客户去那里不只是为了吃吃喝喝。他们去应酬、庆祝、开展业务、谈情说爱，甚至只是为了给家庭主妇放个假。从最简单的邻家餐馆，到最负盛名的美食设施，室内设计在设施的成功中扮演着相当重要的角色。业主期望的气氛也无可否认地重要：

　　在决定餐厅成功与否方面，餐厅设计已经成为如同菜单、美食、美酒、员工一般极有说服力的一个元素……为了卓有成效，餐厅设计必须在三个相互竞争的日常事项之间取得几乎是不可能的平衡：即客人必须感受到深受欢迎、兴奋、情不自禁；工作人员必须平稳、无压力地流动、最大程度地招待好客人；以及餐厅老板，为客人和工作人员提供所有这些舒适，还必须仍然保持销售区与制造空间之间的适当比例，以实现利润最大化。[1]

---

[1]Danny Meyer, guest forward. Reprinted with permission of PBC International from The New Restaurant: Dining Design 2 by Charles Morris Mount, p. 9, © 1995.

表5-1　本章词汇

■ **物业后台（BACK OF THE HOUSE）**：设施内客人一般不会访问和/或使用的区域，如厨房。

■ **长椅（BANQUETTE）**：沿墙摆放的长条形软座，配置有独立式桌椅。

■ **饮品设施（BEVERAGE FACILITIES）**：餐厅或独立设施的一部分，主要提供酒精饮料服务。

■ **理念（CONCEPT）**：由业主集思广益的想法，是设施的全部规划和设计的基础。

■ **双人桌（DEUCES）**：术语，指的是供两人就坐的桌子，也称为two tops。

■ **四人桌（FOUR TOPS）**：术语，指的是供四人就坐的桌子。

■ **特许经营餐厅（FRANCHISE RESTAURANT）**：一家餐厅，在持有原始概念权利的公司的指导和要求下运营。

■ **物业前台（FRONT OF THE HOUSE）**：设施内客人会定期访问和/或使用的区域，如餐厅和酒吧。

■ **独立饭店（INDEPENDENT RESTAURANT）**：由个人或投资群体拥有并管理的饭店，诞生于业主的想象力和创造性。

■ **领班（MAITRE D）**：餐厅里的侍者领班。

■ **周转率（SEAT TURNOVER RATE）**：桌子在任意一天内被使用的预估次数。根据餐馆的类型和所提供的服务类型，这个数值大不相同。

■ **单单元餐厅（SINGLE-UNIT RESTAURANT）**：只存在于单一位置的饭店。

餐饮服务设施提供预制食品直接食用，无论是在处所之内还是在处所之外。该行业的饮品部分提供酒精饮料用于现场消费。当然，餐饮服务也适用于非酒精饮料。本章的重点是同时提供食品及饮料（合称为"餐饮"——译者注）服务的设施。

我们始于餐饮行业的历史回顾，接着是对餐厅生意运营的概述。我们来简单了解一下各类食品服务设施，然后讨论一般性餐厅的规划和设计。设计理念部分进一步描述了一个全方位服务餐厅的设计，并提供厨房和酒吧的设计信息。咖啡厅是这个行业的重要组成部分，本章有一节专门介绍咖啡厅的设计。

表5-1列出了本章使用的词汇。

历史回顾

在以16世纪为背景的电影Shakespeare in Love（1996，中译名：《恋爱中的莎士比亚》）中，有一个场景里演员位于我们今天称之为小酒馆的地方。在电影中诸多恶搞之一是写着今日特供的一块牌子。一直到18世纪，寻求餐饮服务的市民去旅馆、酒馆，以及像电影中描绘的路边客店。这些早期设施里的食品质量很差。在16世纪，肉汤（bouillon）——一道很简单的汤——被认为是一道滋补餐或像餐厅的食物之一。这个法语单词逐渐与提供食品服务的场所关联起来。在18世纪60年代，在巴黎，一个叫布兰格（Boulanger）的人开了一家店，卖食品给城市居民。一道很有人气的菜点就是肉汤，从而成为早期的餐厅（图5-1）。[2]

根据马丁·E·多夫(Martin E. Dorf)，咖啡厅在餐厅之前就已经出现了，早期只是在咖啡摊

---

[2]Dorf, 1992, p. 12.

图5-1　一家18世纪旅店的室内绘图，描绘了酒吧区。(选自Edwin Tunis Colonial Living, 1957。1965年前版权为Edwin Tunis所有，1993年由David Hutton更新版权。首次发表于World Publishing Company，1976年由Thomas Y. Crowell再版，经Curtis Brown有限公司许可后重印。)

售卖咖啡，之后在16世纪末期，小商店如雨后春笋般出现。[3]欧洲人享受咖啡的情谊，因而咖啡厅成为朋友会面的时尚场地。今天的咖啡馆满足着同样的消费需求。小酒馆也是法国发明——19世纪末工人和奋斗的艺术家们聚集的场所。从这么卑微的开端开始，发展出了所有各种各样类型的餐饮设施，从素食店、外卖店，到在优美环境中提供精心准备的美食的精致餐厅。

几百年以前，修道院和寺院经营啤酒厂为自己所用。渐渐地，寺院给旅客提供休息的地方，向客人提供饮料。后来，小酒馆提供餐饮服务，还提供食品。随着时间的流逝，旅店、酒店和餐馆逐渐开始提供酒精饮料。在20世纪20年代，美国联邦法律颁布了禁酒令。然而，建立起了私密俱乐部（称为speakeasies），以让客户仍然可以购买到现在变得非法了的酒精饮料。20世纪30年代禁酒令结束之后，随着越来越多的人外出就餐，酒店业的饮料部分蓬勃扩张。当越来越多的消费者外出吃饭、娱乐和社交时，饮料服务仍然是酒店业的一部分（图5-2）。

在美国殖民地和年轻的美国合众国里，游客和当地居民能找到熟食的旅店和酒馆很普遍。在19世纪，随着人口向城市集中，城区的餐饮服务逐渐找到了进入酒店的门路。在工业革命时期，创造了对更多类型、不同风格的食品服务设施的需求的，正是从农村地区到城市的迁徙。

在城市中，开发出了不同类型、不同风格的餐饮服务。城市工人需要快餐，服务速度往往优先于食品的质量。首个尝试着吸引这一市场的就是马拉大车或手推车，称为午餐车（lunch wagons）。在19世纪80年代，这些车——通常称为餐车——大到足以让餐客静坐在内，享用三明治、汤和饮料。苏打店出售冰淇淋（图5-3），有午餐室（图5-4）和咖啡室，重点在于生产和服务的效率，它是为了满足19世纪末20世纪初的需求而萌生出来的其他餐厅创意。

---

[3]Dorf, 1992, p. 13.

图5-2   餐馆和家庭烧烤早期建成于19世纪头十年末期，直到20世纪40年代一直用作餐馆。(照片提供：Nodaway Valley Historical Museum。)

　　自动售货机是20世纪初设计用来满足消费者对快餐的需求的一种解决方案，由费城的约瑟夫•霍恩 (Joseph Horn) 和弗兰克•哈尔达 (Frank Hardart) 发明。自动售货机餐厅在小玻璃窗后边显示预煮食物。顾客走到显示食品所在的服务线，将所需费用插入适当的卡槽里，并立即得到他们选择的食物。在20世纪初，霍恩和哈尔达在纽约市时代广场开设了一家自动售货机。它设计华丽，并向繁忙的纽约商人、购物者和游客提供了数十年的快餐服务。今天，人们可以看到一架几乎一模一样的自动售货机的唯一地方是在华盛顿特区的美国历

图5-3   冷饮柜是受人欢迎的设施。(照片经许可后使用，犹他州州立历史协会。保留所有权利。)

史博物馆。遗憾的是，它已不再营业。[4]

但是，上层阶级要求更高质量的食品和优雅的氛围。在票友餐厅（fancier restaurant）里，晚餐很正式，由戴手套的侍者服务多道菜点。在这样一家餐厅（如纽约市的Delmonico，或华盛顿特区Willard Hotel里边的Willard Room）里的一道晚餐可能需要几个小时才能享用。虽然在美国大城市可利用美食，但直到20世纪中叶，在小城镇依然少见。

对于铁路旅客，在旅途中吃上一顿像样的饭菜是一个真正的奇遇，直到弗雷德•哈维（Fred Harvey）沿艾奇逊（Atchison）、托皮卡（Topeka）和圣菲铁路（Santa Fe Railroad）开设了一系列的哈维楼（Harvey House）餐馆。哈维女孩（Harvey Girls），即餐馆服务员，在铁路允许的就餐时间内以最短时间提供良好的服务和体面的食物。

随着驾车出行变得更加流行，路边餐厅开业，以满足这些旅客的需求。质量参差不齐的"自制"饭菜令一些早期企业家开设连锁餐厅，如霍华德•约翰逊（Howard Johnson）。他们的绿松石和橙色的配色方案简单易记，在任何地方都屈指可数的食品质量也给人留下深刻印象。尤其是二战后，开发出了其他许多专门类型的餐馆，都试图通过他们的大门招揽客户。都在竞争旅客口袋里的美元，导致路边餐厅各种食物齐全、建筑设计多样化。餐厅选择的扩张和质量的提升正好赶上了城市经济的蓬勃发展，以及大众对更好食品服务的需求。

当经济、人口以及不断增长的婴儿潮的需求影响到经济时，其他餐厅类型应运而生。驶入式餐厅（drive-in restaurant）、快餐连锁店，以及特许经营餐厅在20世纪50年代变得非常流行，今天依然如此。连锁加盟的创建是为了满足远离家乡的客人，让他们在期望的餐厅（图5-5）氛围中吃上达到特定质量要求的食物。顾客知道，无论他们在哪里，连锁餐厅都能满足他们的期望。据迪特默（Dittmer）和格里芬（Griffin），最早的快餐连锁店不是麦当劳（始于20世纪50年代）（图5-6），而是于1921年在堪萨斯州开业的白色城堡汉堡（White Castle Hamburgers）。[5] Howard Johnson酒店是最早的连锁餐厅之一。

准备食物的法式风格的流行让位给了新式的加州美食便餐。这些变化更重视轻便的、天然的食品，还影响着餐厅的外观——外观设计、室内设计及室内理念——的改变。今天，存在着每一种可以想象到的食物、服务风格、设计氛围的类型，以满足公众的喜好。如果您有兴趣获得有关食品服务行业历史的更多信息，请阅读本章末尾参考文献中提到的书籍，以及介绍餐饮或酒店行业的任何书籍。本章参考文献中提及了一些。提供了纽约市北塔世贸中心（1976-2001）内世界之窗（Window of the World）的一张室内图，以纪念在2001年9•11事件中丧生的人士（图5-7）。

图5-4　尽管就餐设施越来越多，便餐店依然因其快速服务及多样性而持续流行。（JoAnn's "B" Street Cafe照片由Hayashida Architects, Sady S. Hayashida, principal提供。摄影：Dennis Anders, Dennis Anders Photography.）

---

[4]The movie That Touch of Mink, starring Doris Day and Rock Hudson, features scenes in a New York automat.
[5]Dittmer and Griffin, 1993, p. 99.

图5-5 特许经营连锁餐馆给旅人提供了便利。(Village Inn。照片提供 : VICORP Restaurants, Inc., Denver, CO.)

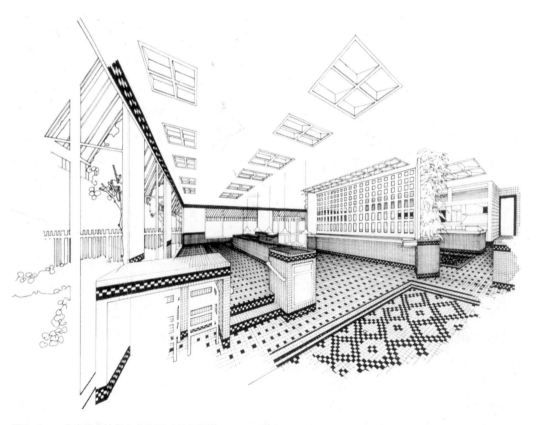

图5-6 一家麦当劳快餐店的绘图。(绘图提供 : Janet Schim Design Group 2005。)

图5-7　2001年纽约城世贸中心内的世界之窗餐厅（1976-2001）。（照片提供：世界之窗）

餐饮业务运营概述

根据美国国家餐馆协会（National Restaurant Association），美国有超过90万家餐馆，2005年的营业额大约为$4760亿。[6]我们都看到餐厅星罗棋布地分布在我们的社区或工作场所。人气旺的在午餐和晚餐时间段都是满座，证明这个行业的高度竞争性。餐厅也是商业设计中的一个具有挑战性的专业。餐厅给室内设计师提供一些最有趣的、令人兴奋的设计工作。室内设计的重要性堪比大厨的名气或声誉。但是，当然，对于一家餐厅的成败来说食物质量才是最为至关重要的。

餐厅或饮品设施的主要目标是提供食物和一定水平的服务，满足客人，并鼓励他们当回头客。雇主必须决定他/她希望什么级别的食品、服务和氛围。餐厅的目标主要基于他/她希望吸引的目标客户市场。理念制定和良好规划是必不可少的。室内设计师必须了解这些目标，以设计出契合预期的理念的氛围（图5-8）。"今天的餐饮设计着重于使空间舒适、吸引人、具有娱乐性，并在整个体验中有一个一致的主题。"[7]

实现有效的设计源于理解这一设施的运作。如果有一个管理团队，那么他们将制定方针，并作出餐厅的整体经营决策。经理负责执行这些政策，并确保员工接受应有的培训和激励。他/她与厨师和厨房工作人员合作，以确保每天都能获得适量的食物。经理还负责招聘和培训侍应生和厨房工作人员。

一名东道主，有时也被称为maître d'——定义为领班——迎接客人，并把他们带到餐桌

---

[6]National Restaurant Association, Industry Research Page, March 2005, available at www.restaurant.org

[7]Katsigris and Thomas, 2005, p. 27.

图5-8　华盛顿特区Ceiba Restaurant的内景，展示了提供服务的桌椅摆放。(照片提供：Interior Architect：IA Interior Architects。室内设计：Walter Gagliano, ASID。摄影：Ron Solomon © 2004 ron @ronsolomonphoto.com)

边。领班还负责接受预订，并维持饭厅的外观。服务员或侍者直接向客户提供服务，接受订单、上饭上菜。他们经常也负责准备一些食品，如沙拉、饮料，也许还包括甜点。大家都明白，服务员的质量是客人能否回头的重要因素。在有些餐馆里有餐桌工来清理并重置餐桌。在饮品设施里，还有一名调酒师和鸡尾酒服务生，与客户直接接触。所有这些员工都也被认为是前台员工。

客户一般不得进入的餐厅部分被认为是后台。后台员工主要有厨房工作人员和经理。厨房工作人员包括大厨、专业厨师和厨子。也有辅助性员工，他们准备待烹制的食物、洗碗；在规模较大的饭店，还有传菜员来协助将食品从存储区拉出来。

新设施（或大型重建设施）的设计中的利益相关者可能是一大群个人。雇主对规划和设计拥有最终决策以及经济责任。一些餐馆业主在项目自始至终都积极参与。其他业主是投资者，而不每天都上班。餐厅也将有一个值班经理，他也是设计团队的一分子，在规划过程中提供有关业务问题的见解。厨师是另一个重要的利益相关者。虽然厨师一般更关心厨房布局，但厨师拟定的菜单可能直接影响到室内设计。建筑师将参与结构和外观设计，并可能提供室内设计服务。参与该项目的室内设计师可能协助建筑师工作，或者可能是一名独立于项目建筑师的专业设计师。最后，可能会涉及食品服务顾问或商用厨房设计师，以规划厨房和其他后台区域，将这些区域与建筑师和室内设计师的内部区域连接起来。顾问工程师在电气、管道和其他功能元件方面向建筑师提供设计指导，也是利益相关者群体的一分子。

理念和菜单制定

这个高度竞争的行业需要业主仔细审视潜在市场，以及开发并经营一家新餐饮服务设施的成本。对市场、竞争、财务问题、菜单、定价、服务风格、理念以及其他因素进行详尽的可行性研究，是食品服务可行性研究的一部分。

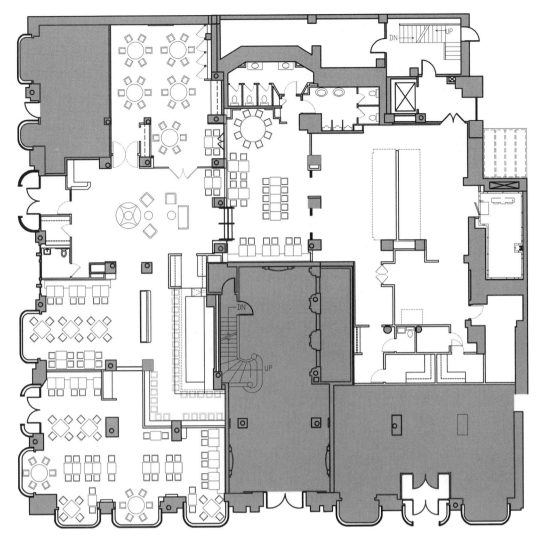

图5-9　华盛顿特区Ceiba Restaurant的楼层平面图。(照片提供 : Interior Architect: IA Interior Architects。室内设计 : Wlater Gagliano, ASID。)

　　经营理念和菜单是开发可行性研究的重要组成部分。"对于餐饮服务来说，理念是其满足预期市场的需求和期望的一个总体规划。"[8]设计理念与经营理念相结合，或在经营理念已准备就绪之后再加以详述。不论设施的规模和复杂性如何，理念都是很重要的。显然，餐厅越复杂，理念就越重要。理念的设计部分必须描述一下设施的总体印象或想法是怎样的，以帮助业主吸引目标市场。总体理念必须考虑到影响餐厅运作的所有因素，包括选址、建筑设计、菜单、服务、定价、氛围 (正式或非正式)、室内设计的基本思路、颜色、制服，以及许多其他因素。

　　室内设计和外观设计的灵感可能来自几个方面。一个共同的出发点就是主题，如为一间海鲜餐厅选定航海主题，或为**Hard Rock Cafe**连锁店选定摇滚主题。这个理念可能反映某一特定区域，或受到特定的民族美食的启发。可能是一间美食餐厅，以满足豪华晚宴的客人，或者可能是城市街道上的一家热狗供应店。不论设计理念如何，都必须仔细开发，必须清楚地理解业主希望达成什么、餐厅最有可能吸引到那种类型的客人，并据此来制定理念 (图5-9)。

[8]Birchfield and Sparrowe, 2003, p. 4.

市场分析是制定总体理念的一个重要组成部分。潜在客户市场无人愿意光顾的餐厅构想可能意味着一个伟大的设计或菜单被忽视，从而导致失败。彻底的市场分析将着眼于目标客户的人口统计和描述性构成。针对目标市场的人口因素（如年龄和收入水平）的研究尤其重要，是理念和可行性研究的一部分。市场分析的另一个重要组成部分就是竞争。这项研究也将告诉业主在附近是否已经存在着同一类型的餐馆，以至于难以再支撑一家新店。一个有经验的室内设计师也可能就地段提供看法。

地段，地段，地段对于建立任何新企业来说都是至关重要的。该地区人口将帮助业主了解当地居民是否会支持他/她希望开设的餐厅类型，以及顾客是否必须走上好一程才能到。将餐厅设在郊区，繁华商业区，毗邻娱乐区，还是商场附近的一个小镇？在一个地段可能非常成功的一家餐厅，如果放在另一个地段，可能就是令人沮丧的失败。

设施所在地段还将影响到食品和服务的风格。例如，商业区和城市购物区里的餐厅的大部分生意都在午餐时间段。商场有价位众多的餐饮设施，从快餐店到全方位服务的午餐和晚餐餐厅。毗邻或靠近娱乐场所的餐厅将根据场地而各不相同。如果周围的娱乐场所市场要求全天侯的服务，那么餐厅可提供早餐、午餐和晚餐服务；也可能只侧重于午餐和晚餐服务。

服务的菜单和风格，加上菜单带来的愉快气氛，是理念制定的关键。"首次把客人招揽到餐厅来的很可能并不是食品……不过，在很大程度上，让人们当回头客的是食品……"[9]今天，设计周密、高档的餐厅必须跟上客户在食品和配料方面不断变化的口味和需求。"许多专家认为，餐馆有一个5~7年之痒。"[10]随着新理念的出现，理念变得陈旧，常见的改造周期大致在五年左右。在这个竞争激烈的行业里，如果业主不不断完善理念和产品，以与时俱进，持续留住客户，那么今天的热点理念很可能只是昙花一现。这显然为专门从事餐饮设施的室内设计师创造了回头生意。

菜单帮助提供室内设计的方向。例如，亚洲美食菜单往往会在内饰规格上提出以东方为焦点的设计理念。一间海鲜餐厅可能利用的设计理念范围从帆船到捕鱼，再到海洋。"菜单往往反映建筑物的情境特征，不仅物品的摆设受到这一情境特征的渲染，而且这些物品被表现的方式、使用的字体、菜单布局以及采用的颜色都受这一情境特征所左右。"[11]

理念还涉及服务的风格。一间高档餐厅将具有最认真的服务，因为客人需要很长时间来享用他们的晚餐。任何餐桌服务设施将意味着客人的周转慢，这会影响餐厅的收入。它还将对设施的室内设计和空间规划产生诸多影响。快餐设施的周转率最高，这也将影响建筑师和室内设计师作出的设计决策。

业主在新建餐饮设施或对现有设施进行大型重建之前并不需要研究、考虑所有这些因素。然而，这些问题在设施的整体设计中是最为重要的。室内设计师和设计团队的其他成员在规划和指定设施的设计和氛围的过程中，必须确保他们了解经营理念。

---

[9]Baraban and Durocher, 2001, p. 10.

[10]Katsigris and Thomas, 2005, p. 49.

[11]Lundberg, 1985, p. 55.

表5-2　餐饮设施的类型

■ 单独拥有	■ 共有
■ 单单元餐厅	■ 美食
■ 连锁或特许经营	■ 休闲餐饮
■ 特色餐厅	■ 家庭式餐厅
■ 主题餐厅	■ 食堂
■ 民族餐厅	■ 美食广场
■ 全套服务餐厅	■ 自助餐厅
■ 快餐或快速服务	■ 酒吧或小酒馆
■ 独立式餐厅	■ 酒廊

餐饮设施的类型

　　饭店不容易像住宿设施那样被明确归类，因为餐饮行业正在不断演变。许多酒店业界人士在如何分类不同类型的餐饮设施上都意见不一。使得难以将这些设施分类的另一个因素是有些属于多个类型。不过，也有一些餐饮设施类型脱颖而出（见表5-2）。

　　对饭店进行分类的一个出发点就是所有权。独立设施（independent facility）由个人或合作伙伴自行拥有、管理、建造。绝大多数情况下存在于一个单一位置，有时称为单单元餐厅（single unit restaurant）。在该设施的运营和活动中，雇主或合伙人一般扮演着不可或缺的角色。当独立经营的设施获得了成功时，业主可能在其他地段再开设一家类似的设施。

　　另一种类型的所有权形式就是连锁餐厅（chain restaurant）。一家连锁店涉及多个地段、同一餐厅理念。[12]和独立设施一样，连锁餐厅可能处在一小部分业主的控制下，原创者和业主群体运营着每个远程店面。多地点设施也可能是特许经营店。在特许经营店里，业主购买到许可证，然后在持有原始理念权利的公司的指导和要求下运营设施。购买特许经营权的人——加盟商——通过拥有一家具有良好声誉的餐厅来获利。

　　分类餐饮设施的另一种方式是基于其所提供服务的类型。对于我们而言，我们将餐厅归类为快餐（fast food）、全方位服务（full service），以及特色服务（specialty service）。任何一种都可能适用于每一种所有权分类。

　　我们大家都熟悉快餐店。快餐店始于街角的食品车。然而，大多数读者将快餐店与麦当劳、肯德基（KFC）、Taco Bell诸如此类联系在一起。快餐店的室内设计师认识到，客户会很快吃、在很短时间内离开。它必须组织良好，鉴于连锁的缘故，各个不同地段的快餐店在设计理念上具有很强的相似性。商场的美食广场提供各种快餐食品，给购物者提供诸多选择来快速吃饭，而将更多时间花在商场里。这在技术上是快餐店与食堂的结合。不过，客人将他们选择的所有食物和饮料自行端到餐桌边。

　　全方位服务餐厅占了餐饮服务设施数目的很大一部分。全方位服务餐厅由侍者提供很

---

[12]Many other kinds of commercial facilities can be chains as well.

大选择范围的菜单食物。19世纪，当服务员开始提供就餐服务时，出现了这种类型的餐厅。全方位服务餐厅有很多主题，主题可能会影响服务风格。例如，一间餐厅可以提供沙拉吧作为一个选项，或由侍者端上来盘装沙拉。不过。在最常见的情况下，服务员接受顾客点单，并端上饭菜。提供全方位服务的餐厅可能是任何价位的，提供餐桌服务，以满足任何人的口味和预算（图5-10a和图5-10b）。

全方位服务餐厅的一个子类是高档餐厅。高端的、全方位服务的餐厅服务层次高，食品精美，价格较高。这些餐厅的氛围通常也反映更高的设计水平，或者与其他餐厅相比有点特别。这些餐厅有餐厅领班，迎接客人；队长（也许还有两层侍者）接受客户点单、上菜，将客

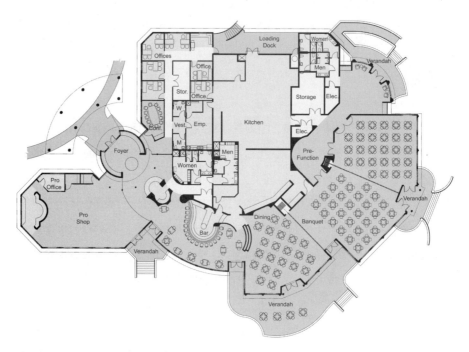

图5-10a Mystic Dunes Restaurant的楼层平面图及食品设施。（平面图提供：Burke Hogue & Mills Architects.）

图5-10b Mystic Dunes Restaurant的内饰。（照片提供：Burke Hogue & Mills Architects.）

人领到干净的餐桌边；甚至一名侍酒师（葡萄酒侍者）。美食或高级料理（haute cuisine，意为"大食"(high food)）让客户回头再来。纽约市的Four Seasons、洛杉矶的Spago、芝加哥的Morton、凤凰城皇家棕榈度假村 (Royal Palms Resort) 的T.Cook就是这种类型餐厅的例子。

介于快餐店和全方位服务餐厅之间的那些餐厅结合了两种类型的特色服务的某些方面。食堂、自助餐厅和家庭式餐厅都属于这一类。食堂一般都是这样的设施：客人走过一条服务线，观看并从各种食物中选择预定分量的食物。他们把托盘端到餐桌边，并可能有名侍者送上来饮料。在自助餐厅里，客人可以无限量地自助服务当天的特色食品。再次，侍者可能将饮料送达客人的餐桌。组合服务的第三个版本就是家庭式餐厅。在这种情况下，侍者将客人选定的食品端到餐桌上，然后客人自行将饭菜分到碗碟里。

其他特色餐厅专注于某一类食物、某一个主题，或某种服务风格。例如海鲜餐厅、民族食品餐厅，以及具有专门主题（比如以体育为中心）的餐厅设施。另一种类型的特色餐厅是家庭式或休闲餐厅。它们的特点是休闲的室内装饰设计，以及良好的、健康的、"家常"的食物。许多都是独立拥有，但也有一些是连锁餐厅。

规划及室内设计元素

正如我们在理念制定的早期讨论中看到的那样，一家餐厅的业主或开发商必须协同考虑经营理念和设计理念。同时实现二者至关重要。客人将利用的那些室内区域——入口门、等候区、饭厅、洗手间和酒吧区——亦即前台区，在设计中必须与工作人员使用的后台区——厨房、食品储藏区、办公区以及其他服务区域——相契合。

并非所有的室内设计师都有资格规划餐厅的后台区——尤其是厨房里的复杂空间规划以及设备规格。一般在规划团队里都有商用厨房设计顾问。许多专家认为，这带来一个问题，因为这两名顾问就餐厅的前台区与后台区之间很好地共同协作方面总是沟通得不够审慎。"如果前台区的设计不能很好地支撑后台区，或者后台区的设计不能很好地彰显前台区的理念，那餐厅的运营将受到影响。"[13]很容易看出，室内设计师和厨房设计师自项目之初就协调、统筹规划空间规划、设计理念、进行一般性交流是多么重要。如果餐厅要求有展示厨房 (display kitchen)，那这种协调是至关重要的。

关于室内设计元素的本概述侧重于入口/等候区和饭厅。关于这些因素的更多信息，以及与餐厅的厨房和餐饮空间有关的元素的更多信息，将在本章后边的"设计应用"一节予以介绍。

空间分配及流通

您客户的项目是周边一家具有一间小休息室以及一间饭厅的家庭式民族餐厅吗？也许您被聘请来设计一家出售小烤面包的咖啡厅的内饰。或者，您的餐厅项目位于附近的高档场

---

[13]Baraban and Durocher, 2001, p. 1.

BOX 5-1   餐厅外观设计

不论餐厅是位于长条形购物中心内部，还是位于商场或独立式建筑里边，室外正面墙的设计总是充盈着整体理念。在某些情况下，业主和设计师未必能全面地设计正面墙。然而，招揽客人的标牌和窗口处理可能有助于设置内部情境。

乡土建筑和符号已被用于引起人们对餐厅的注意。随着时间的推移，巨型的啤酒桶、茶壶、圆顶和城堡帮助业主给他们的餐厅一个独有的身份，并在竞争中帮助顾客找到一个特定的位置。外观设计必须吸引顾客，并将他们的注意力从附近的竞争对手设施那里拉到这儿来。

外观设计、标牌和入口正面墙可以带来即时的辨识度（instant recognition）。在外观设计上采用标牌和标识可以帮助客人确定餐厅所在。麦当劳的金色拱门、Hard Rock Cafe餐厅的标志性超大吉他，以及加州比萨厨房（California Pizza Kitchen）简朴的黑色、黄色和白色的外观带来即时辨识度，以及对食品的质量和服务的期待。标牌甚至还能传达食品的价格；似乎餐厅越昂贵，标识就越小！

从客户的视角来看，外观设计与客户感知、最终成功直接相关。沿着高速公路的餐厅需要比行人途经的街道上的餐厅更大的标志。在城区，理想地段是任何建筑物或交叉路口的拐角处。拐角能让行人和摩托车手从两个方向上都能立即看见。

外部照明协助设置了室内情境。明丽的霓虹灯或彩色射光灯往往暗示着轻松愉悦的氛围。重点照明（例如用在纽约市Tavern on the Green以及许多其他餐厅外边树上的白色小灯）提升兴趣，闪耀到室外。

入口正面墙和大门可能是关键的设计元素。檐篷呼吁人们关注入口处，提供所需的焦点。入口区和大门的设计必须有助于辨识出餐厅，将它从所有其他餐厅中区分出来。大门规格也应该遵循适用的可访问性及建筑法规。正门必须向外摆动到外部，重量不超过任何适用的司法管辖限制。由于建筑法规要求，不应该使用旋转门，除非设有额外的叶门或入口门。一旦客人通过大门进入，他们将要在里边享受室内设计和食品！

所，具有晋升为四星级全方位服务、内饰优雅、具有雪茄休息室的美食餐厅的潜力？餐厅类型、服务风格、菜单和地段将对设施的空间分配产生影响。这是因为在每种情形下餐厅内功能区需要的空间量不同。

当然，餐厅的收入来源是饭厅和饮品设施。这些区域的空间分配及相关法规的影响是收入取得成功的关键。盈亏底线并非纯粹只是一个了不起的理念或主题、一个精心策划的服务结构和理想位置上的菜单。盈亏底线与餐厅内部陈设有关，这意味着在饭厅和休息室提供足够的桌席来创收。

实际上不论餐厅类型如何，都具有相同的空间需求。不论设施是快餐店还是美食餐厅，都需要入口（可能还有等候区）、有等候空间的就餐区、厨房以及其他后台空间。一般还需要额外的空间，如休息室（提供含酒精的饮料）、客人洗手间、沙拉吧或展示厨房，可能还要其他空间，以满足特定设施的经营理念。

入口和等候区的空间分配差别很大。根据气候的不同，前庭是必要的，其规划必须满足可访问性标准。酒店业主或领班的站台必须容易找到，设计师常用它来在入口/等待区制造出一个焦点。有些餐馆为了将尽可能多的空间用作饭厅坐席，并不提供一个实际意义上的等候区。在连锁餐厅里，通常有一个摆设了椅子或凳子的等候区，供客人等待上桌。高档餐厅很少会给等候的客人提供座位，除非他们在酒吧里边等候。快速服务设施没有实际的等候区。相反，它会在收款机前给客人提供排队空间。因此，就这个空间的空间分配而言，很难提供通用的经验规则。然而，每个等待的座位空间分配约8~10平方英尺。

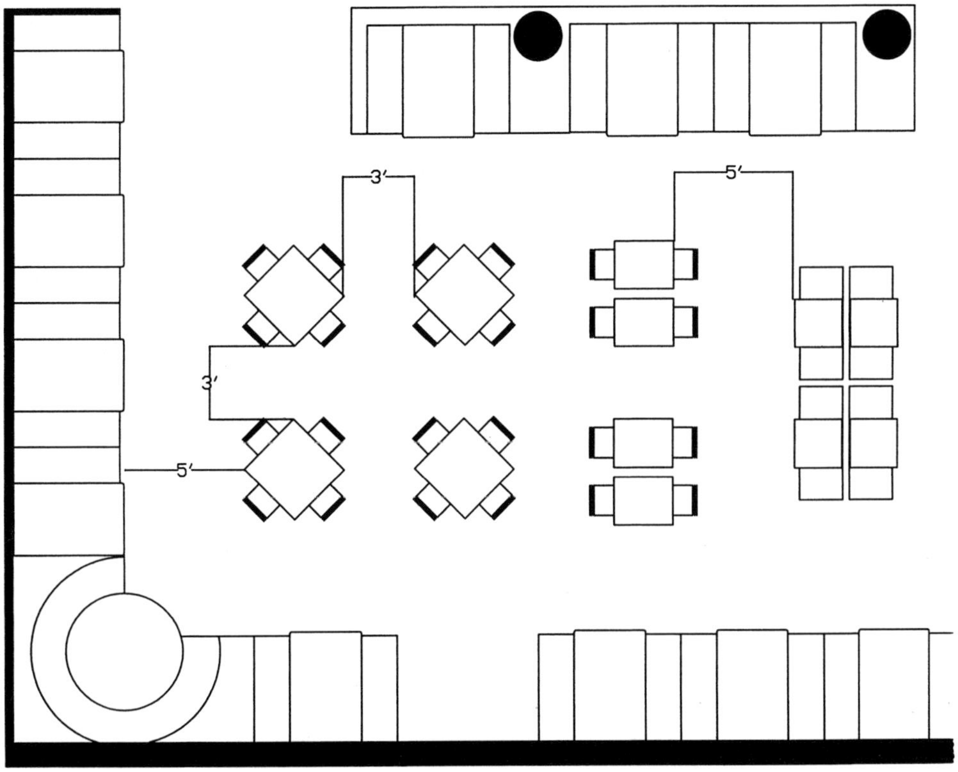

图5-11　饭厅布局,指示着桌席与隔间之间的交通过道和间隔。(绘图提供 : LeAnn Wilson)

餐厅空间分配由经营理念决定,基于桌席的大小、形状甚至是椅子本身的组合来进行规划。等候区和交通路径需要额外的空间。酒吧和休息室的分配显然影响了餐厅空间。然而,由于酒吧产生的每平方英尺收益比就餐空间还要高,权衡折中是一个重要的考虑因素。所有这些因素都将影响到席位数,从而影响潜在收入 (图5-11和图5-12)。"您可以经常基于每平方英尺座位数来假设,食堂需要16~18个,柜台服务是18~20,酒店会所餐厅的桌席服务是15~18,快餐桌席服务是11~14,宴会是10~11,专业正式用餐是17~22。等候区、更衣室和存储区不包括在这些数字之内。"[14]

根据不同的类型、服务风格和餐厅理念,主要的流通空间应该是3~5英尺宽。作为一个经验法则,在全方位服务的高档餐厅里,每座位15平方英尺是常见的,虽然空间分配可能在10~20平方英尺的范围内基于设施类型及法规而有所波动。与往常一样,室内设计师在规划饭厅空间时必须得满足特定司法管辖区的法规要求。根据桌席排列布局的不同,桌席之间的流通空间也会有所不同。除了循环空间,设计者必须规划活动空间——即允许等待的客人站在桌席边 (而非流通空间内) 的空间。这个空间的分配量是18~30英寸。中等价位的餐桌服务,特别是高档餐厅,在摆设桌席和座椅时间距更为慷慨,以给予隐私的感觉。图5-13所示

---

[14]Dorf, 1992, p. 41.

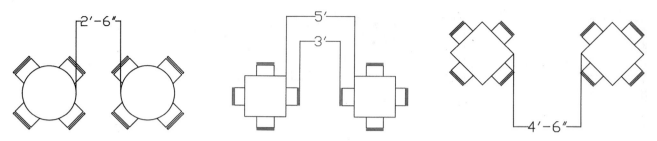

图5-12　桌席之间流通空间会有所不同，这取决于桌席的尺寸、形状以及位置。(绘图提供 : LeAnn Wilson。)

为卡座的空间分配，图5-14所示为长椅的空间分配。长椅边桌席之间大约1英尺是个令人感觉舒适的距离——沿墙壁连续摆放一长条长椅，面前是桌子和椅子。

桌席的布局和座位的类型也将影响座位容量。斜着摆放的方桌比成直角的方桌更有效率。当只有一两个人坐在四人桌上时，那就是座位浪费。在桌席组合中通常都包括双人桌，因为现在光顾餐厅的客人中独行客越来越多。有些餐馆为大群食客使用大圆桌，或购买折叠桌，将一张方桌转换为圆桌。饭厅里的桌椅比长椅占用更多空间。应该记住的是，长椅缺乏隐私，更适合于倾谈和观看 (图5-15)。

影响座位容量和空间分配的另一个座位解决方案就是卡座。许多客户都喜欢卡座，因为它们能提供"心理"隐私。卡座通常设计为4人或以上，从商业的角度来看，当只有一两个人使用时，在经济上是低效的。建筑法规限制餐饮设施中包括有固定桌席的固定座椅单元的每平方英尺分配的最低面积。室内设计师在规划利用任何种类的固定座椅时需要检查适用的法规。

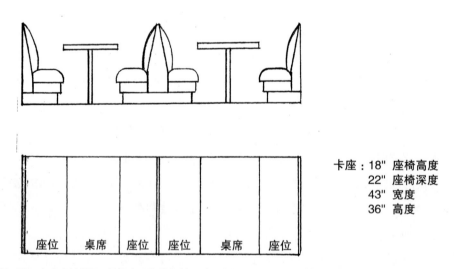

卡座 : 18" 座椅高度
22" 座椅深度
43" 宽度
36" 高度

座位　桌席　座位　座位　桌席　座位

图5-13　卡座座椅绘图，标注出了各维度的尺寸。(插图 : SOI, Interior Design)

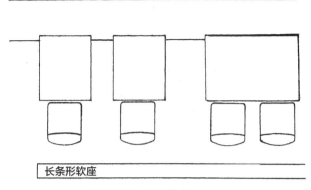

长条形软座

桌席深度 ― 36 英寸
座椅深度 ― 19~20 英寸
软座靠背高 ― 36 + 英寸

图5-14　长条形软座的绘图，标注出了各维度的尺寸。(插图：SOI, Interior Design)

　　饭厅的另一个空间分配考量是等候站（wait station）。等候站也叫服务站，指的是存放清洁的和肮脏的盘子、玻璃杯、咖啡服务以及基于餐厅而可能存在的其他物品的区域。平均而言，建议每20个座位设置一个约2英尺×2英尺的小等候站，每50个座位设置一个大约8英尺长、30英寸高的大等候站。销售点（POS）计算机可以被添加到等候站，或将需要规划在餐厅的其他位置上。

　　如果餐厅有一个酒吧或酒廊，那么就有必要采用不同的空间分配标准。饮料区包括酒吧本身、酒吧后台、酒吧座椅可能占用的空间，以及任何其他座椅或活动空间，例如饮料区里

图5-15　这一空间内靠着较远处的墙壁有长条形软椅。(照片提供：3D/International and dMd/Dodd Mitchell Design)

表5-3   厨房功能区的空间估计值

功能区	允许的空间量（%）
接待区	5
食物存储区	20
制备区	14
烹饪区	8
烘焙区	10
洗碗区	5
交通通道	16
废物存储区	5
员工设施	15
杂项	2

来源：经许可后重印。Edward A. Kazarian, 1989, p.734. Foodservice Facilities Planning, 3rd ed.（《餐饮设施规划》第三版），John Wiley & Sons.

边的舞池。饮料区通常每人需要8~10平方英尺，另加上酒吧和酒吧后台的空间，然后再加上沿着酒吧凳子的交通空间。酒吧里边座椅的空间量标准分配值为沿着酒吧横向每个凳子28英寸。对于酒吧和酒吧后台并无经验规则，因为可以以多种方式设计它们。根据McGowan，酒吧前台可以深28~38英寸，前台和后台之间的工作活动区可为30~36英寸，而后台可以深24~30英寸。[15]设计者必须与业主和酒吧经理共同协作，以确定设备的种类和尺寸、酒吧的座位数，以及酒吧内的存储量，来确定这部分饮品设施的空间分配的预估值。最后，根据桌席大小、椅子样式和大小，休息室每人大约需要10~15平方英尺。

由于服务类型的多样化以及所有设施里菜单的复杂程度，就厨房占设施总大小的百分比来说，并无标准规则。厨房区域所需的空间量还取决于设施类型、菜单、希望设置的座位数，以及一天内预期的膳食总量。一个经验法则是，厨房面积应为饭厅面积的1/3。[16]其他专家说，规则是厨房占40%，饭厅占60%。[17]当菜单项主要是新鲜食品——这意味着，该餐厅每天早上接收食物——那么厨房将需要更多的空间。使用更多的加工食品的餐厅的厨房可以规划得小一点。表5-3提供了厨房功能区的空间估计值。在餐饮设施中规划所有这些区域的其他信息将在本章后边的"设计应用"一节中予以介绍。

家 具

如果设施决定在等候区提供座位，一个司空见惯的解决方案就是长凳。长凳比椅子更为普遍，因为它们能在相同的空间内提供更多的座位。它们也不能移动，这减少了保持等待

[15]McGowan, 2004, p. 388.

[16]Baraban and Durocher, 2001, p. 55.

[17]Birchfield and Sparrowe, 2003, p. 91.

区干净整洁所需的劳力。由于餐厅的价位上升，而软垫长椅的比例也随之增加。如果使用椅子，那它们将与饭厅里使用的椅子一模一样或非常相似。等候区还需要有酒店业主或领班所在的站台。这通常是一个定制设计的单元，大到足以容下饭厅和休息室的座位图表、一部电话，以及等候名单或预订单。

客人想在饭厅里自选座位。桌、椅、卡座和/或长条形软椅的组合用来提供这些选项，并同时满足经营理念和设计理念设定的座位目标。在家具物品的规格方面，室内设计师可以利用许多选择，以满足设计理念。室内设计师还有利用树脂涂层设计自定义桌面的选择权。常用桌面尺寸如表5-4所示。

桌子可能是正方形、矩形或圆形，可供少则2人多则8~10人使用。正如前面所讨论的，桌子大小通常被称为台面（tops），指的是桌子能容纳的客人的数目。桌子应该稳固，基座很容易保持平衡，给食客留下足够的腿部空间。不论是独立式桌席设置，一条长软椅，还是一条卡座，桌子通常都是30英寸高。正方形和长方形为最佳；它们可以被拼装，以容纳要坐在一起的大客户群。

餐厅的座椅规划得符合理念定义的舒适程度和氛围。这也是一项重大的投资，只能指定良好的或高品质商业级的座位。椅子的范围广泛，从快餐店里简单的固定或可移动的硬表面单人椅，到高端全方位服务设施里的全软垫扶手椅，不一而足。在全方位服务设施里，扶手椅是相当普遍的，因为它们更舒适。然而，扶手椅占用更多的空间，并且得与桌子尺寸、理念及空间分配来综合考虑这个因素。从地表到椅子后背的高度不得超过34英寸，座椅高度不超过18英寸。

有些座椅由长条形软椅和卡座提供。这样的座椅通常涉及定制设计。座椅和长椅的椅背往往都是软垫。长椅区的桌子可以拼接起来，以给较大的群体创造座位。卡座比桌边同等数目的座椅占用的空间更少，但更难维护。曾经它们主要用于低价格的餐厅，但它们已风靡于高档设施，因为它们似乎提供更多的隐私。可以对卡座做很多工作，这给室内设计师提供了附加选项。

定制木制品和橱柜是专为饭厅的显示器或隔板、墙壁处理、等候站以及饮料空间里边的酒吧而设计的。基于理念和主题，可能还需要其他定制橱柜。例如，一些餐厅使用柜台和橱

表5-4　常见的餐厅餐桌大小

1~2名客人	30英寸×48英寸的长方形餐桌
■ 24英寸×30英寸的长方形餐桌	■ 36英寸×48英寸的长方形餐桌
■ 24英寸×36英寸的长方形餐桌	■ 42~48英寸的圆形餐桌
■ 42英寸×48英寸的长方形餐桌	
■ 30~36英寸的圆形餐桌	**5名及以上客人**
	■ 大多数餐厅将多张小餐桌拼装起来，以容纳大群客人，而不是使用一张大餐桌。食堂和一些民族主题餐厅可能有更大点的长方形或圆形餐桌。
3~4名客人	
■ 36英寸×36英寸的正方形餐桌	
■ 40英寸×40英寸的正方形餐桌	

柜来容纳用于展示的食品。可能还需要橱柜来展示纪念T恤或其他纪念品。根据不同的设计理念、餐厅的类型和大小，可能需要获得或设计其他家具和设备。可能包括一个葡萄酒展示柜和饰面用于展示厨房，以及一个橱柜来容纳沙拉吧或自助线。

今天，大多数餐厅都使用POS机或手持无线终端输入点单。POS机需要约24英寸×24英寸的台面空间，应该被竖直放置。触摸屏（而非键盘）是这些计算机终端的特殊设计的一部分。可以对它们进行编程，不仅将点单信息提供给厨房，还将有用的数据提供给经理和业主。计算机下单使得对库存的管理更精确，对客户最常用的食物类型的报告也更精确。

材料及饰面

前台区的材料和饰面将自然而然地表达、补充设计理念。让我们先来看看家具物品的一些设计考量，然后再讨论建筑饰面的设计考量。不铺桌布的木桌面比用塑料层压板进行修饰的桌面更温暖。然而，木材难以维护，容易被湿玻璃器皿及溢出的食物损坏。塑料层压板台面易于维护，能承受得住滥用。树脂涂层台面是木制桌面装饰的一种方式，而不存在滥用或需要频繁维护的问题。树脂台面还可以在制造时包括标识或其他图形，并且这种处理方法为室内设计师提供了一种方法来添加有趣的设计特点。餐桌基座的桌腿可能是木制的或金属制的，可能带有一个叉座或钟形底座。室内设计师将桌面选择与基座结合在一起，为设施里边的餐桌提供定制设计。

餐饮设施中的座椅规格有不计其数的选择。椅架有木制的、金属制的，甚至塑料制的，可以用多种颜色和饰面进行装饰。座椅单元的面料也随餐厅的风格和类型而异。在快餐店和低价位的全方位服务餐厅里，易于维护的塑胶和硬表面材料很常见。不论座位使用怎样的纺织品，设计者必须牢记污染、食物溢出、易于维护、耐磨损、钩丝、起球。座椅使用频繁甚至是滥用（业主也是希望如此），所以座椅单元所使用材料的类型必须不仅做工美观，而且能够进行预期的保养。宽松的或浮动的面料可能会显得优雅，但容易钩丝，因此应该避免。密织面料有多种纹理和图案，以满足设计理念的需要。此外，室内设计师必须确保为座椅单元指定的面料符合当地的消防安全法规（图5-16）。

建筑饰面为室内设计师提供了几乎无限的选择。涂料、墙面处理、地板材料以及其他建筑饰面和配饰的组合是巨大的。限制因素是显而易见的——初始成本、满足法规要求，以及易于维护。设计师将需要决定墙面处理是否应成为室内设计或背景的焦点。例如，镶板与传统的造型、飞檐和椅子扶手建立了传统的内饰，在正式的饭厅中能使用许多传统样式的椅子。椅子扶手也有助于保护墙壁不受到椅子后背的损害。应谨慎选择纺织墙面，因为它们需要的消防安全标准更高。为了便于清洗，上了涂料的表面应为半光泽或高光泽度。壁纸和其他墙壁饰面应该选用商业级的材料，能抗得住椅子撞击、摩擦表面所造成的磨损。不论墙壁应用的是何种材料或饰面类型，易于清洗和耐损伤是其规格的重要因素。墙壁的所有这些硬表面材料增加了餐厅的声级，所以可能需要其他表面或处理以减少噪声。

饭厅的地板材料有很多选择。材料将被指定，以满足整体理念，并提供维修便利。有趣的是，餐厅的地板饰面可能相当令人兴奋。在大餐厅里，地板表面的变化有助于交通流。主交通干道可能铺设花纹地毯，而摆放餐桌的区域则铺设无图案的地毯，或者刚好反过来。在

图5-16 位于佛罗里达州Country Club of Orlando的优雅餐厅。(照片提供：Burke, Hogue & Mills Architects)

高端餐厅里，交通干道可能使用水磨石或大理石，但在摆设餐桌和卡座的地方可能使用地毯。在指定地毯时，使用中等大小的或多色图案的地毯来增添兴趣，还能隐藏交通路径。需要将地毯紧密地堆叠起来，以方便椅子（可能还有餐车）的移动。尼龙及尼龙-木头混合制品尤其适用于餐厅地毯，因为它们能多次清洁。硬表面的弹性材料比地毯噪声大，但涉及的法规限制和规制更少。木地板会被椅子腿刮蹭，因而需要额外的维护。一旦使用石头地板和瓷砖地板，那么出于客人和员工的安全考虑，就得防滑。在低价位的设施里，商业级塑胶和复合地砖将是合适的。

在餐厅里，颜色规格和照明设计携手并进。在餐厅设计中，颜色是传达主题和理念的一种很方便的方式。照明规格能让一个伟大的颜色主题成功或者失败，因为灯管和灯具的变化将影响到对颜色的感知。由于颜色只有被反射到人眼才能被看见，以及照明选择影响着真实颜色或表观颜色，所以成功的餐厅必须统一设计这二者。

使用的"最佳"颜色是什么？ Baraban和Durocher报道称，"色环似乎在色轮上移动，慢慢地从冷色转到暖色，又从暖色转为冷色，每种趋势历经大约8年。"[18]有时对于一些餐厅，异想天开的颜色选择可能令人极端兴奋，在其他地方则提供了一种更为正式的感觉。例如，让我们想象中国餐厅里边的淡紫色、金黄色和胡桃木色。这样的内饰营造出一种更为正式的感觉，可能将陌生人吸引到餐厅来。然而，正式餐厅里边的明丽颜色可能显得不合时宜，因为这样的颜色鼓励快速流转——这种类型的餐厅并不鼓励的某种结果。"颜色和对比度影响

---

[18]Baraban and Durocher, 2001, p. 77.

着停留的时间长短，尤其有价值的是：对比度越高，平均停留时间就越短。"[19]

照明设计与声音

考虑一下您在下列设施中可能会作出何种反应：一家明亮的快餐店；通过壁灯和低功率射灯降低灯光亮度的正式餐厅，在这儿您能享用一顿特别的晚餐。两种不同的餐厅有两种不同的灯光处理方式，创建的环境让您作为客人有不同的心情，甚至可能改变您的行为。对于任何类型的餐饮服务设施的整体设计来说，适当的照明都是一个非常重要的组成部分。事实上，许多专家认为照明是一个成功的餐饮设施室内设计中的最重要元素。

在餐厅里，照明设计扮演着许多重要的角色。出于安全考虑，它必须提供足够的光线，同时还帮助设置相应的情境。客人应该无需手电筒就能阅读菜单，虽然这可能看起来滑稽，但有时似乎对老年食客而言竟然是实情。照明设计也会影响食物的外观。最后，良好的照明提升了客人的仪容。

专门从事照明设计的设计师成为多个餐厅项目设计团队的一分子是很常见的。餐厅照明可能会很复杂，而且大多数室内设计师不具备照明技术的深入知识来规划照明设计。照明设计师可能为建筑或室内设计公司工作，或可能是专门从事这一技术性很强的领域的外部顾问。当然，设计餐饮设施的室内设计师对照明设计在此应用中的重要性应具备一定的了解。

用餐区常用如下三种类型的照明设计：间接环境照明、重点照明和闪耀照明。整体照明由间接环境照明提供，让此空间内的移动和功能舒适。可以同时使用线槽照明、直接和间接的固定灯具、射灯，以实现特定的设计理念所需的总体照明。重点照明，比如壁灯提供的，可以突出显示配饰，并增添空间的趣味性。闪耀照明由各种各样的灯源提供，不单是在提供真实照明方面，还在设置大体意境方面，这些灯源都营造出特殊的效果。像在酒店里一样，一些餐厅也需要某些类型的演出照明。请参考第4章中关于演出照明的评述。

照明水平将基于在餐厅任何区域内的活动。高端的、亲密用餐的全方位服务餐厅的照明水平最低建议值为5~15英尺烛光。在快餐店里，这一数值将增加至75~100英尺烛光。表5-5示出了餐厅其他区域的照明水平。饭厅、入口、酒吧应该属于同一个调光系统，使一天中的照明水平富于变化。

在这一类型的设施里可以采用多种类型的照明灯具。设计师在指定餐桌上方可被移走的吊灯时应特别小心谨慎。如果来了大群客人，餐桌可能要拼接起来，结果吊灯可能被留在令人尴尬的地方。在许多全方位服务的亲密餐厅里，使用各种白炽灯的灯具仍然颇受欢迎。客人和食品都非常偏爱白炽灯。这种类型的灯具的问题是与其产生的瓦特数相比，热输出太高，从而增加了HVAC成本。节能灯以较低的能源成本提供了更多的光线，但它们应"仅限于拥有高天花板、更戏剧化的戏剧环境空间，因为它们在太靠近物体时，往往产生难看的、晃眼的光斑。"[20]

时下，新型照明的选择之一就是发光二极管（LED）。这种低压光源使用技术来将光线

---

[19]Kopacz, 2004, p. 236.

[20]Dorf, 1992, p. 51.

表5-5　餐厅照明水平（单位：每面积上的英尺烛光）

餐厅区域	最低英尺烛光数
接收区	25~45
存储区	15~20
预备区	20~30
准备/生产区	30~50
餐具洗涤区	70~100
POS/出纳区	35~50
亲密用餐区	5~15
快餐用餐区	75~100

来源：Baraban and Durocher, p.119。（经John Wiley & Sons许可后重印）

聚集在某个特定的方向上。它有许多种颜色，发出的光线比白炽灯更多，运行成本更低。另一种新型灯管就是E-灯，它"使用高频无线电信号（而不是灯丝）发光。在密封球里边，迅速振荡无线电波激发气体混合物，气体混合物反过来发射出光线，光线击中球体内部的磷镀层而发光。"[21]还有许多其他新型的照明灯具，可用于在食品服务设施中提供功能照明和美观照明。参考文献提供了有关这些解决方案的信息。

能源效率也是照明的设计及规格的一个问题。在某些司法管辖区，餐厅中灯具产生的每平方英尺瓦特数可能受到限制。为了满足设计理念的需求，这可能要求一些额外的规划和规格。对使用白炽灯照明——由于白炽灯比紧凑型荧光灯温度更高、功率更高这一事实，颜色更温暖——的需求也可能影响到能源效率。如上所述，白炽灯比荧光灯产生更多热量，这可能意味着对HVAC的需求加大。然而，在餐厅里，荧光灯并不是能产生柔和气氛的、特别有吸引力的光源。这些都是影响室内设计师作出餐饮设施照明规格的因素。

餐厅可能很嘈杂。快餐店通常噪声很大，但许多其他类型的全方位服务设施也很吵。餐厅里发生的几乎所有活动都增加了设施的噪声水平。客人行走、椅子移动、下单、给客人上菜、厨房里的噪声，甚至背景音乐或提供的娱乐都增添了环境的声学噪声。天花板的吸音处理和地板上的地毯提供了大部分的声学控制。空间规划使用隔墙将饭厅划分成较小的多个部分，可将噪声降低到一定程度。然而，为了达到最有效的声学处理，隔板必须升到天花板高度。有助于降低整体噪声水平的其他技巧还包括选用软椅（而非硬表面座椅）、使用桌布来减少餐具和器皿发出的噪声。

其他元素包括用吸音材料制造的、覆盖有织物的吸音板和挡板，也能降低墙壁表面发出的大量噪声。在屏蔽餐厅里可能发出的令人不快的噪声方面，经过吸音处理的高品质天花板和低音音响系统也非常有用。仔细考虑服务岛、堆放脏盘子、厨房门的位置，以及使用电子下单系统（而非由服务员口头喊订单）都将有助于减少噪声。

---

[21]Katsigris and Thomas, 2005, p. 191.

安　防

餐饮设施中的安防及安全规划有赖于遵守建筑及人身安全法规要求。在餐厅里，最大的危险隐患就是厨房。用来准备食物的设备和工具造成的雇员受伤是一个问题。合适的地板是必要的，这样工作人员就不会在光滑的地面上滑倒。厨房里必须使用橡胶脚垫或商业级的防滑硬表面地板材料。

入口大门处、洗手间、交通路径选用的地板也是一个客人安全问题。大理石是用在餐厅入口处的一种美丽材质，但它也意味着当客人将雪花和雨水带进来后会经历一段意想不到的等待时间。墙壁上的装饰纺织品及木材需要使用阻燃剂处理。对照明灯具附近或旁边的墙壁和天花板处理应予以特别注意。

如下是室内设计师能简单采用的其他一些旨在提升安防的设计要点。经理办公室需要一个保险箱，从而将现金和信用卡单转移到经理办公室。存放酒精饮料和食品的库房不应该有窗户，以避免破窗而入。存储区还应远离员工储物柜，因为储物柜能轻易隐藏偷来的食物。

法规要求

室内设计师应该知道设计的设施适用哪条法规。这样才能使用正确的法规。国际建筑法规（The International Building Code）将餐饮设施归类为组合用房（Assembly occupancies，A-2）。必须检查适用法规，看这些限制将如何影响设计规划和规格决策。例如，座位固定的快餐店或食堂的法规限制就不同于使用桌椅的餐厅。明白对于特定地点、特定类型的设施，生效的法规是怎样的，并依据这些法规来作出规划和规格决策，这是室内设计师的责任所在。项目的其他方面，例如用餐区的总座位数及随之而决定的空间规划、建筑表面使用什么样的材料、休憩椅使用什么类型的纺织品，都可能受到法规类别的影响。酒店或办公楼的餐厅可能与独立餐厅的要求有些不同。

法规也会影响所需平方英尺数。取决于具体的应用和空间使用，大部分法规允许休闲区的乘客负载率为每人15平方英尺或以下。这给过道和小等候站提供了空间，但不适用于厕所、饮料区、入口和等候区。对于提供休闲服务的小餐厅来说，这个座位分配可能是令人满意的，但对于高端设施而言可能是非常低等的。座位固定的餐厅有其他要求。商用厨房需要每名厨房工作人员最低200平方英尺。请记住，这些分配是用来计算入住人数的负载因子，而非饭厅或厨房所需的实际面积。

影响着组合占用的建筑及人身安全法规因总入住率、设施建筑类型、设施是新建还是翻新现有建筑物、是单一入住类型还是被视为混合用房的一部分而有所不同。地板材料、墙壁饰面——尤其是在出入口走廊或其他出入口附近——和窗户处理必须符合当地的法规要求。餐厅设计还必须留意卫生部门规定。大多数这些法规影响厨房和食物制备区，但也可能影响饭厅材料的规格。具有展示厨房、沙拉吧，或在饭厅设有自助酒吧的餐厅都将影响到饭厅的其他设计决策。

座位上的装饰织物由当地法规规管，而用餐区、饮料区的座椅可能必须指定使用防火材料。有些州要求整个座椅单元都满足CAL 133或类似的消防安全规定。基于墙壁区域和建筑分类，墙壁饰面还需要满足A类、B或C类标准。一如往常，纺织墙面必须符合A类标准，如果管辖机构允许的话。

几个可访问性规范也可能影响到餐饮设施的设计。必须能接近餐桌或座位的一部分，一般为5%。通往洗手间的交通路径也必须易于接近。有时，餐桌摆放得过于密集，因此轮椅上的客人很难（如果不是全无可能的话）移动通过饭厅。

法规要求所有餐饮服务设施都提供厕所设施。这些空间的大小取决于建筑法规规定的入住负载，以及规范着设施的建筑法规的版本。建筑法规还将决定公众和员工使用的厕所设施里所需的灯具数量。这也因管辖权和影响着设施的建筑法规版本而异。例如，如果入住负载为75的设施必须符合国际建筑法规，那么至少需要为女客提供两个盥洗池和一个厕所，为男客提供一个盥洗池、一个小便池、一个厕所。[22]当然，在繁忙的设施里，室内设计师应建议数量更多的盥洗池和厕所。可能还需要为员工提供额外的厕所设施。建筑法规和ADA指南将确定必须提供多少厕位和盥洗池，以符合可访问性标准。本章稍后部分以及第9章提供了关于厕所设施的更多信息。

设计应用

最成功的餐厅有一个完整的理念包装。也就是说，外观设计醒目，内饰诱人，适宜于餐厅类型及服务风格，菜单提供各种美味食物。所在的地段也吸引客人，食物的价格与已经提到的品质相称。内饰在餐厅的成功中显然起着关键作用。然而，如果服务差得不行、食物令人失望，那即便内饰再华美也不会有客人回头再来。设计理念确定了将被使用的元素，并设置一个由外及里的渐变。设计理念元素必须与外观设计协调一致，从正面入口倾泻到该设施的所有公共区域。下面将介绍全方位服务餐厅的设计理念信息。还将简短讨论咖啡厅（时下最为流行的餐应设施）的设计理念。

全方位服务餐厅

室内设计理念和问题因设施类型及服务风格而有很大不同。下面将在带有一个迎合成年客人就餐的独立饮料区的一般性全方位餐厅的背景下讨论这些重要的规划理念。

本节将带领读者从入口经过建筑物的空间，就仿佛从前门走进，然后被允许回到厨房。对家具规格、颜色、材料、机械接口和法规等室内设计元素都将予以讨论。

入口及等候区

如前一章所述，外观设计和外貌在吸引客人进入餐厅方面很重要。进门，体验入口、等待区的设计，这对于客人对设施的印象和体验来说是个真正的考验。因此，在设施的开发中，这个空间的设计非常重要。

---

[22]International Building Code, 2000, p. 547.

入口还提供了从室外到室内环境的过渡。当客人首次前往一间餐厅时，他们经常在入口区稍作停留，以整理仪容。入口通常包括前庭，以创建从外到内的过渡。根据餐厅所在的地段，入口前庭可能较大，以容纳紧急出口和可访问性问题。基于设施的类型和服务风格，对入口有不同的需求。对于全方位服务餐厅，入口充当客户步入用餐区的过渡空间。入口天花板通常比用餐区低，以促进这一过渡。快餐店将"入口"用作客人排队等待下订单的空间。

入口通常发生许多活动。当然，客人还从这儿进进出出。入口还必须容纳酒店业主或领班的站台以及到达的客人。必须为去洗手间（可能远离入口）的客流分配空间。通常为等待的客人提供座位。如果不提供等待的空间，客人将被引导到酒吧或休息厅。在全方位服务餐厅里，酒店业主的站台离门较远，以吸引顾客进入餐厅氛围，甚至让他们品尝一些食品的风味。

入口及等候区可能还有一些其他功能。许多餐厅纷纷将等候区转变为附加销售区。T恤和其他餐厅纪念品的销售在许多主题餐厅相当流行。高档餐厅可能将葡萄酒展示区作为等候区设计的一部分。在高端的全方位服务设施里可能有衣帽间。供客人使用的公用电话及厕所设施通常远离入口，尽管许多新理念将这些区域置于设施背面，以防止客人尚未支付就先行离开。

为入口选用的材料和颜色为客人在饭厅和饮料区将有何体验设置了舞台。建筑表面的选择应铭记维护，以及设计师和业主追求的审美重点。入口门需要防滑地板或防污垫，入口及等候区的其他部分通常使用硬表面材料。入口使用的材料和饰面必须满足与饭厅和饮料区相同的法规要求。

餐厅设计师普遍指出，餐厅照明类似于剧场灯光。入口的照明规格及设计为接下来将是什么设置了舞台。因此。入口的照明将提升饭厅设计的第一印象。环境照明将提供入口所需的整体照明。酒店业主的站台将添加射光灯或工作照明。

用餐区

饭厅的规划及设计对于好客的设计师来说是一个令人兴奋的挑战。设计理念和经营理念将推动最终设计，但若是不考虑必要的限制，设计方案将多得不计其数。室内设计师的方案设计过程很可能始于饭厅及邻近地区的空间规划图。业主所需的座位数目是这一规划的起点。

座位数，包括预计的大小、形状以及餐桌和座椅的组合，直接关系到设施的收入。座位数越多，潜在收入就越多。然而，最大席位数将受到基于餐厅平方英尺及设备占地空间的影响。饭厅的空间规划也将影响座位数。

在大型设施里，使用隔墙和屏幕将整个用餐空间分隔成多个较小的用餐区，能创造出一个更温馨的饭厅，并提供某种程度的声音控制。不过，这样做会减少总座位数。室内设计师经常使用全高或部分高度的墙壁来创建这些较小的"饭厅中的饭厅"。可能沿着曲线结合使用长椅及弯曲的墙壁。在有些餐厅理念里，这种设计策略也为客人提供了僻静的场所，提供半私人（但并非真正意义上的包房）的用餐空间（图5-17）。

细分空间的另一种方式是凸起或凹陷的区域。然而，可访问性法规（如ADA）要求可访问到用餐区的所有部分。如果设计师规划凸起或凹陷的区域，甚至阁楼区域，那么必须使客人能访问休闲区。坡道占用大量空间，并且如果设计时使用的台阶少于3级，那么该空间可能会让人跌倒。设计师可以决定通过改变天花板的高度来建立亲密关系，而不使用凹陷区。若是餐厅里有禁烟区和吸烟区，ADA还要求每个分区都提供无障碍座椅。

在饭厅的空间规划中，设计师必须关注来自入口及等候区以及从饭厅出来的客流量。规划还必须考虑当沉重的食物托盘被端上饭桌、脏盘子被送回厨房时进出厨房的服务员流量。将食物托盘从厨房经由通道送达最远的用餐区可能很费事，并且很危险。

有时，餐厅的设计可能在不经意中创造出了黄金地段，虽然室内设计师很少承认这一点！至尊餐桌（prime table）是餐厅里最好的餐桌，优质客户和贵宾（在非常独特的餐馆里）要求使用它。设计师的规划和整体设计应该试图让所有的餐桌看起来都像至尊餐桌。不是所有餐桌都靠近窗口，能一览无遗地看到海洋。饭厅规划图应考虑餐桌相对于从休闲区到厨房或等待区的视线的关系，并尽可能避免该位置。如果需要的话，使用隔墙来遮蔽等候站以及厨房入口（图5-18）。

图5-17 僻静、隐秘的用餐区的例子。关于饭厅内饭厅的例子，请参照图5-9。（照片提供：3D/ International and dMd/ Dodd Mitchell Design）

等候站是饭厅需要的另一个功能区。从设计的角度来看，这些区域几乎没有吸引力，似乎总是相当嘈杂。然而，为了提供高效的服务，它们是必要的。设施越大，饭厅远离厨房时所需的服务战就越多。

可以将等候站设计得融入饭厅，并设置屏风，以避免客人看到服务区的一团乱麻。需要给玻璃器皿、咖啡服务、水、冰水、咖啡、小冰柜、扁平餐具、餐巾纸等留下空间。客人需要的其他物品通常也存放在这儿，比如瓶装的或包装的调味品，或许还有外带食盒。基于业主的信条，用来接受客户点单的POS机可能也位于或靠近服务站。

从设计的角度来看，等候站的表面必须防潮、容易清洁。地板必须防滑，照明必须没有眩光。如果等候站位于饭厅中，木质家具和饰面的设计必须符合饭厅的整体设计理念。如果所处位置更隐秘以让客人完全看不到它，那么其饰面和设计可能更侧重于实用。

一旦确定了设计理念及餐桌布局，室内设计师就开始着手家具及饰面规格决策。理所当然地，餐桌的大小和形状也是规格的一个重要部分，因为它们将影响空间规划能容纳的座位数。能为更大些的客人群拼接圆形的和方形的餐桌。木质的餐桌给客人提供了与层压材料或其他硬表面餐桌不同的感觉。桌布让人觉得高雅（不论是午餐还是晚餐），并能减少噪声。亚麻桌布和餐巾纸给所有高档设施（甚至还有某些非正式主题餐厅，例如只提供晚餐服务的体育主题餐厅）带来优雅感。然而，在更休闲的全方位服务设施里，需要的可能正是不铺桌布

BOX 5-2　设计隐秘的饭厅

在特殊场合出现时，我们被吸引到特殊空间。到一家喜欢的或非常特别的餐厅当然是一种庆祝方式。尽管任何餐厅都欢迎大群客人，但大群客人有时的确造成了干扰。许多高级餐厅——甚至还有一些快餐设施——都有私人包房或供大群客人单独使用的区域。

包房给客人和主人都提供了对气氛和食品的控制，就像在家里一样，当每个人离开时无需清理。包房鼓励大群客人用餐，是额外收入的巨大来源。有些餐厅甚至在食品、服务费用之外还对使用包房额外加收费用。

图5B-1　得克萨斯州Grapevine的Gaylord Texan Resort & Convention Center里Old Hickory Restaurant的酒品室。(室内设计：Wilson & Associates, Dallas, TX。摄影：Michael Wilson)

包房并不一定得关着门，但如果想关上当然就能关上。使用全高隔板来提供隐私之后，它可能是餐厅里最为隐秘的一部分。大多数包房设计来使用墙壁或玻璃门从其他区域中独立开，这样其他食客能看到这群人，这群人也能看见其他食客。玻璃墙有助于给包房提供空间的无限感，从而鼓励其他食客将来也预定包房。

包房可以是任何尺寸，但被设计为容纳至少6位客人。当然，在这个空间也能为双人亲密食客提供服务。基于餐厅业主认为可以容纳的活动种类，客群可能很大。需要相对于厨房位置来仔细权衡饭厅的大小和位置。大包房可能会推迟一般客人的服务。(您曾被从旅游巴士上下来的、比您晚到几分钟的一大群游客沮丧过吗？吃个午餐竟然要花上一小时之久)假如经营理念需要好几个包房，其中包括一个特大号包房，那么业主和设计师得考虑为这些额外空间另设一个单独的厨房。

商界发现包房是举行特殊商业会议的一个好地方。面向商业客户的餐厅在设计空间时具备了影音功能，比如等离子投影屏、定制橱柜后边的会议室写字板、麦克风(对于更大些的空间)。

室内设计一般反映了主饭厅的设计。然而，如果是私人空间，那么饰面和座椅可能有所不同，以使得空间更为不同。在包房里，精美的定制木制品用作墙壁处理，将酒窖一部分用作背景，以及橱柜或墙壁上的特殊配饰都是可能的。

图5-18　Ferraro's Restaurant的内饰。请注意部分墙壁有助于分隔空间。(照片提供：Realm Designs, Inc., Sandra F. Lambert, ASID, Warren, NJ. 908-753-3939)

的桌面。连锁主题餐厅往往不采用诸如亚麻桌布之类的繁文缛节，以帮助客人回忆起20世纪60年代的食客。

为用餐区指定的座椅类型传达了很多关于用户在此能期待什么样的用餐体验的信息。椅子的尺寸和风格很大地提升了室内设计，并将影响空间分配。椅子越大，座位所需的空间就越大，潜在地会减少可使用的餐桌数。全软椅暗示客人用餐体验将是正式的，将悠闲地就餐。然而，全软椅更难以维护。在大多数中高价位的餐厅里，扶手椅或带软垫或软靠背的无臂椅子是很常见的。椅子也需要有坚固的框架和腿部结构。餐厅的用餐椅必须得是商业品质的家具。

许多餐厅指定使用带脚轮的椅子。客人很容易移动这些椅子，尤其是在铺有地毯的地板上。像在办公室里一样，如果指定使用带脚轮的地毯，那么最好使用双脚轮，还可以指定密致的短簇绒地毯。如果使用硬表面地板材料，椅子应指定尼龙脚垫，使客人能更容易地移动椅子。不过，这些脚垫会刮伤地板。餐椅必须与餐桌高度想匹配，当餐桌高度高出地板27~30英寸时，座椅高度高出地板18英寸。

卡座和长条形软座都已风靡于高档餐厅。卡座可被设计为带有高出座椅至少4英寸的屏风或其他隔板，给想要隐私的食客提供迷您版的包房。长条形软座吸引那些希望被看见的食客。由于卡座或长条形软座通常是定制设计的，因此必须小心座椅不要太软了，不然将使得餐桌过高、客人难以进出卡座。尽管上了年纪的客人往往偏爱卡座，但这个常见的设计瑕疵

图5-19　全软椅暗示用餐体验将是正式的，如同纽约城Castle at Tarrytown的Oak Room Restaurant。（设计/照片提供：Peter Gisolfi Assoc., Architects）

使得上了年纪的客人更难以心满意足地利用卡座或长条形座椅。

椅子和座椅单元上的织物可以给墙壁配饰或其他主题设备的有趣安排提供更深层次的背景，或提升墙壁是有趣面料的背景的餐厅。高档餐厅的座椅采用天然织物或其他高质量纺织品，以提升氛围。在高档餐厅里，可能在椅背（而非将被用得更厉害的椅面）采用精致的面料。面料应该是商业级的材料，具有固有的耐污性，或经处理后能清除大部分污渍（图5-19）。

应小心谨慎地指定图案装饰布，以让图案与椅子或座椅成比例。卡座及长条形软椅不应为扣纽簇绒或以其他方式深簇绒，因为簇绒是尘屑积聚的地方。塑胶是卡座座面的好材料，因为它更容易滑入坐垫由塑胶（而非织物）覆盖的卡座。绒面风格的塑胶以较低的成本赋予皮革一般的外观。

地板和墙壁的建筑饰面都是餐厅的重要设计元素，因为这些表面是如此之大，并且谁都看得见。它们可以被处理为有趣的座椅装饰面料的微妙背景，通过使用的图案和处理给自身提供精彩的重点，将内部空间拉大，连成一个整体。选用的天花板和窗帘处理便于维护，同时有助于建立美观的背景。室内设计师必须慎重考虑这些大表面的处理。

整个饭厅使用一张中等大小的花纹地毯，将呼吁人们关注交通路径，但隐藏人流交通所造成的磨损。出于声学原因，可能选择这一覆盖物而非硬表面材料。短桩的尼龙羊毛混纺紧簇绒地毯就维护而言来说特别好，能掩盖流量模式，并能更轻易地移动椅子。可以用较小的图案来定义餐桌区或卡座餐桌区。在等候站及沙拉吧里，弹性材料是适当的。地板材料的这种变化有助于区分功能区，而且这一选择将大大缓解清理和维护。

墙面是一张巨大的"画布"，能加强设计理念或作为一个简单的背景。弧形墙壁或带角度的墙壁指引着进入饭厅的人流，是将饭厅划分为更小的、更亲密的用餐空间的一种令人兴奋的方式。刺入式或封闭式的屏风、彩色玻璃、装饰面板、各种木质装饰件以及其他许多种材料可用于隔墙之上，以提升设计理念。这些墙壁还有助于降低噪声。

更为复杂的墙壁处理（比如天花板和椅子扶手上的镶板及凹凸）成本更为昂贵，长期维护也更费钱，维护是选取墙壁处理时的一个重要因素。在某些情况下，壁画或大型画作有助于"装饰"墙壁。油画是最经济的墙壁材料，但在椅子可能划伤内壁面的情况下不得使用。卡座面和椅子轨梁上的涂料可以创造出墙体材料的有趣变化。在其他区域，应该考虑使用符合法规要求的吸音板墙布，而非给墙壁上涂料。这些吸音板也有助于降低噪声。像镜子、金属、镶板、大玻璃片等硬表面材料在正确的情形下都是不错的实用材料，但比较吵。

天花板处理可能给室内提供一个有趣的点睛之笔，或者在设计时被彻底忽略。天花板是一个挑战，因为它们含有许多必要的机械物品。灯具、空调通风口、消防喷淋头（或许还有音乐音箱）都可能打断天花板表面。

最常见的天花板处理是涂上石膏板——隐藏所有这些机械特征的一种自然方式。然而，石膏板可能是增加饭厅噪声的另一个坚硬表面。可以代之以吸音天花板贴砖，以降低噪声水平，并比石膏板天花板更容易接近天花板机械系统。取决于司法管辖区内的法规，在声学玻璃纤维板上包裹经特殊处理过的织物，然后悬挂在天花板上，这种做法也可能是合适的。应该小心谨慎地同照明设计师、HVAC工程师、消防喷淋工程师一同规划悬挂式的或下垂式的天花板部分、用餐区上边伸出来的织物面板，以及许多其他类型的处理方法，甚至还包括配饰。这些天花板处理不得干扰这个重要的环境和安全系统。

若是使用窗帘，那么窗帘的选用也得与服务的主题和风格相得益彰。在指定窗户处理时，也必须牢记潜在的景观及对室内的环境影响。对于高速路边一家中等价位的餐厅来说，窗边正对着停车坪的餐桌还是可以接受的，但在一家高档餐厅里，这是万万难以接受的。在海边观看日落将是美妙的；然而，如果建筑师没有指定节能窗，那么在拉斯维加斯观看日出可能就不是那么赏心悦目了。窗户使用的材料必须符合司法管辖机构的适用法规。严谨的法规限制会影响用于窗户处理的任何面料。

饭厅的颜色可以并且必须遵循色彩心理学的建议。颜色的选择不仅营造了令人愉快的内饰，同时还提升了客人的食欲。能强烈地提升食欲的颜色大多位于色轮的暖色区，再加上真绿色。紫色、黄-绿色、芥末色调以及灰色没有什么吸引力。蓝色调在食品中很少使用，是不错的背景色。"更具体而言，食欲和惬意感的峰值出现在红-橙色及橙色区域。愉悦感在橙黄色区降低，在黄色区升高，在黄绿色区有一个低值，然后在纯绿色区恢复。"[23]

用餐区的照明设计的功能性一如快餐店，情境能提升高端美食设施，以及介于二者之间的一切。专家们一致认为对于餐饮设施来说，实现成功的内饰是非常重要的。"正确的照明提升了用餐区的情境、食物的吸引力、厨房的效率。然而，在每一种情况下，'正确'指的是

---

[23]Mahnke and Mahnke, 1993, p. 102.

完全不同的事情。"[24]在餐厅和酒吧区，必须仔细计算照明亮度，以便选择合适的灯具来提供设计目标要求的适当光照水平。所有的照明应处于调光系统之内，使照明水平随着一天中的不同时段而改变。指定的普通照明和重点照明的灯具和灯光亮度应提升整个室内设计的理念。

我们对地点、事物和事件的许多心理反应都是基于我们的视觉印象。照明在促进客人的舒适感、提供成功的餐厅体验方面扮演着重要角色。设计不良的照明能阻碍（如果不破坏的话）这种体验。

在某些时尚餐厅里，只有少数客人在照明灯光强烈、使他们成为关注中心的餐桌边能觉得是种享受。吊灯应给桌子提供防眩的灯光，使客人感觉舒适，并能轻松地阅读菜单、看清桌子对面的同伴。将灯具装上调光开关可随着一天中的时段变化来改变照明亮度。午餐时人多，把灯光调得强烈些，晚餐时则调得柔和些，这么做可能是适宜的。当室内设计师希望使用桌灯时，最好将它们放置在固定餐桌上，以便重新拼接餐桌时不会导致餐桌过亮或过暗。

许多餐厅都有户外用餐理念。店主必须控制这些区域内的座位，便于服务员进出。必须选用能承受天气变化的家具物品。第10章对高尔夫球会所的介绍中有一节简短地讨论了这个问题。

厨房和后台

高效的、有效的厨房和后台区是食品服务设施取得财务成功的关键所在。不论设施类型如何，厨房区域的空间规划及设备布局必须包括对整个餐厅理念进行仔细的功能分析。显然，类型、风格不同的食品服务设施的设备需求及布局也会不同。然而，也存在着许多共同原则。

商用厨房规划主要由经认证的商用厨房规划师或工程师来完成。本节讨论商用厨房规划是为了提供功能信息以及对整体设施规划的复杂性和设计决策的一个大致了解。我们对厨房规划问题的考虑始于食物准备阶段的接收和存储。这是因为，厨房规划师都关注食品进入设施、食物装盘后提供到用餐区的流动过程。除了厨房的食物制备区之外，基于设施的大小，可能还得提供额外的后台区作为办公区及员工区。本节也将讨论这些区域。"规划及室内设计元素"一节中的表5-3提供了许多生产区的空间规划估计值。

在独立设施或长条形购物中心内的餐厅里，接收区应设在接收门附近。对于大型食品服务设施或那些在酒店和高层混合用途的建筑物内的设施来说，接收区必须靠近卸货点。这个区域必须得有空间来检入、短期存储，直到食物或其他物品可在检查后移动到其适当的存储区。这儿需要良好的照明，以辅助检查。

当地卫生部门规定通常不允许经由接收区丢弃垃圾和生活垃圾，以防止新鲜食品被垃圾污染。建筑师、厨房设计师和/或室内设计师得在餐具洗涤区附近规划二道门，作为到垃圾箱和油脂垃圾箱的出口。

各种储藏室或存放食品和干货的设备就临近接收区。这些区域的平方英尺数要求将取

---

[24]Katsigris, and Thomas, 2005, p. 185.

决于所提供的菜单、用餐区的座位数、该设施的营业额。如下3种类型的食品需要存储空间：干燥的、冷藏的、冷冻的。可在室温下储存的瓶装、罐装及盒装的食品和饮料物品存放在干燥的储藏室或空间内。纸张耗材（如餐巾纸、卫生纸、纸巾、饭盒）以及布料物品（比如桌布、餐巾、制服）也需要干燥储藏室。即使干燥储藏室或房间可能位于外侧壁，但在设计时不应该有窗户，以防止窃贼破窗而入。此外，还建议从板坯建到天花板盖板隔断存储区，以防止盗窃。

至于酒类，如果酒吧不提供单独的存储区，通常保存在干燥储藏室内上锁的单独部分。当然，葡萄酒和啤酒的储存需要温控场所。清洁器具通常也保存在干燥储藏室，但必须与食品分离，以满足健康部门规章。

需要许多不同的制冷机组。大型商业尺寸的伸展式或步入式冰箱用来储存新鲜的肉类、鱼类、制品、水果和奶制品。至少需要一个商业大小的伸展式甚至步入式冰箱。冰箱单元的尺寸和配置有诸多备选选项。在确定这些需求前，得参照来自业主及大厨的信息，以确保基于当前的以及预期的需求指定了正确的设备。在冷食物区及饮料区常常放置有台下式小冰箱。

伸展入和步入式冷冻机组是第三种类型的冷冻食品存储器。冷冻单元的位置很重要，因为在理想情况下，如果使用步入式冷冻机，那么地板也将是个绝缘体。除非地板绝缘是冷冻单元的一个组成部分，不然就还需要一个坡道。步入式冰箱和冰柜通常有镀锌钢、不锈钢或贴砖的侧壁和顶板。

经理、厨师长（或许还有文职人员）需要一间办公室。经理人的办公室一般并不被设计得很大或者很花哨；常见的是至少60~80平方英尺。它提供工作所需的空间和设备，并为入住者营造一种专业的氛围。员工和客人都应该能使用它。不过，客人进入经理办公室的情况是很少见的。经理还可以要求办公室窗户能看到厨房。桌子表面、照明都得适当，还需要计算机硬件所需的电气服务。经理办公室通常提供一个保险箱，以提供对现金及信用卡收据的完全控制及安防。在规模较大的餐厅里，通常还给大厨提供办公室。大厨办公室直通厨房，并能对厨房进行视觉控制。大厨办公室里电脑是标配，以便于菜单规划。

厨房区还得考虑另一个辅助空间。许多中型到大型餐厅给员工提供单独的储物柜和卫生间。往往这些区域逼仄、设计不当。室内设计师应指定光线充足、舒适、易于维护的员工区。独立的员工厕所让员工——尤其是弄脏了围裙的厨房工作人员——避免进入公众视野。

食物制备区可能一团乱麻。在用餐高峰期看到商业厨房的任何人都会立马明白规划各种食物制备区的重要性。厨房里的每个站台、每个工作人员在食物准备活动中都起着作用，规划师必须理解这些任务和进程，以确保厨房规划具备高效率、安全性和合乎逻辑的工作流程。

基于餐厅类型和服务风格，食物制备工作区有很大差别。食物制备区（或简称为厨房）一般将空间规划为四个基本区域——预制备区、冷食品制备区、热食品制备区、卫生或餐具洗涤区。许多餐桌服务设施还包括一个面包区，用于甜点和面包的制备。大餐厅可能需要一个单独的沙拉制备区。各种各样的菜单、饭厅大小、休闲区的位置和大小都影响着每个制备区所需的空间。

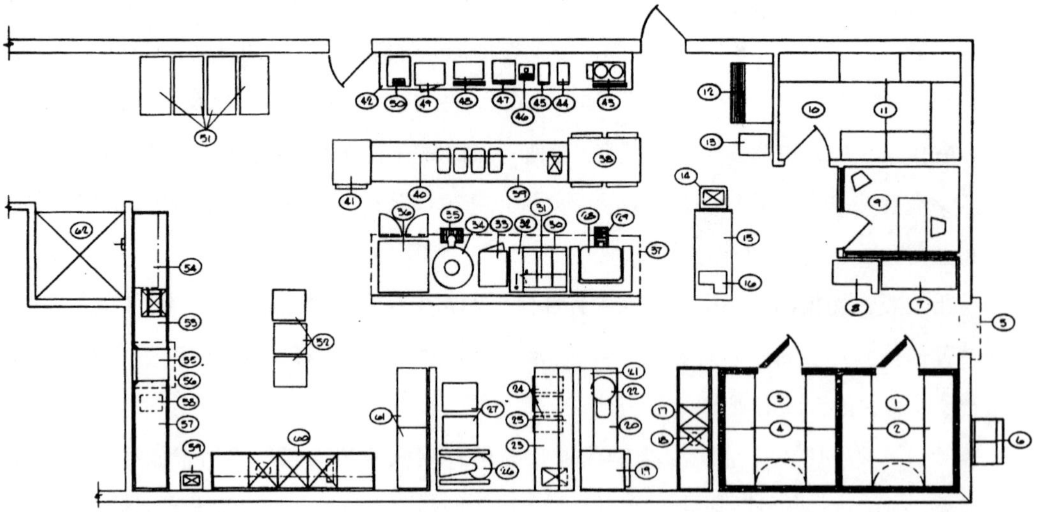

设备清单

物品	说明		
1	伸展式制冷机	33	蒸锅
2	伸展式制冷机柜	34	40加仑水壶
3	伸展式冰箱	35	炉格
4	伸展式冰箱柜	36	对流烤箱
5	风扇	37	防火系统
6	复合式伸展式冰箱	38	冰箱
7	接收台	39	热食台/槽
8	秤	40	头顶柜
9	办公室	41	冰箱
10	存储室	42	饮料台
11	存储室橱柜	43	咖啡壶
12	制冰机	44	热巧克力分配器
13	冰车	45	冰茶分配器
14	固定在桌上的手槽	46	水分配器
15	工作台	47	果酱分配器
16	切片器	48	牛奶分配器
17	蔬菜准备槽	49	微波炉
18	处置器	50	土司炉
19	冰箱	51	运输车
20	工作台	52	碟盘车
21	头顶柜	53	弄脏后的餐桌
22	食物切割机	54	操作台
23	烤桌/槽	55	餐具洗涤机
24	面粉车	56	排风罩
25	头顶柜	57	干净的餐桌
26	混合器	58	助推式加热器
27	塑料柜	59	洗手池
28	平底锅	60	壶/盘/槽处置器
29	炉格		水槽加热器&头顶柜
30	热顶炉灶	61	干净壶存储柜
31	抗火分割器	62	清洁车
32	间隔器/装罐器		

图5-20 商务厨房。from manual of equipment and design for the foodservice industry by Carl R. Scriven and James W. Scriven, page 49 and 50 © 1989 by Van Nostand Reinhold. Reprinted with permission.

所有冷藏或冷冻食品抵达客人餐桌的旅程都始于预制备区。制备工作包括清理色拉食材、削土豆皮、制作沙拉酱，或准备待烹制、装盘的冷热菜点。肉类和鱼类也在这个区域的另一部分预先准备。水槽、工作台、食品加工器是厨房这一区域内的一些常用设备。肉类准备工作还需要切肉、粉碎、切片。在大餐厅里，厨房这一部分里还有炉灶和烤箱（图5-20）。

在冷食物制备区，沙拉、开胃菜、冷三明治（也许还有甜点）组装、拼盘。冷食物区必须靠近冰箱，并有充足的工作台让厨师制备食品并装盘。在大型全方位服务餐厅或菜单上有相当一部分是冷冻食品的其他类型餐厅里，通常在冷食物制备区规划一个独立的拾取站。冷食物制备区还需要洗手槽。

热食品生产区需要的空间最大，需要的设备种类最多。热食品生产线的设备布置因菜单和烹调方法的不同而不同。热食物可能采用干式方法烹制——也就是不使用液体；例如烧烤、焙烧。当使用液体烹制食物时（如煮土豆、蒸食物），该方法被认为是湿式烹饪。食品生产区是组织炉灶、烤箱、烤炉、烤架、锅、油炸锅以及烹制热食物的其他设备的地方。卫生部门可能要求许多装备安装排风罩。热食物制备区还需要一个洗手槽。

食品从冷热制备区流向拾取站。热食一般在放置到收集台上后就被装盘，准备送上客人餐桌。收集台上边有加热灯，或位于蒸汽桌上，以维持食物温度，直到服务员端上餐桌。如果冷制备区没有规划单独的拾取站，那么凉性食物也将被传递到冷热食物共用的拾取站。在许多情况下，冷食品的最终装盘由服务员完成。例如，他们可能把沙拉酱或调味品放置在厨房工作人员准备的凉菜旁边。旋转保温器、汤保温器和微波炉通常位于拾取站。在很多高档的的大型餐厅里，饭厅服务员很少做饭菜准备工作，因为在菜点被送达拾取站工作台之前大厨已经完成菜点只等着上菜了。

拾取区紧邻饭厅出口，虽然有时这是不可能的。拾取区的布置、规划与厨房、饭厅出口的相对关系越好，交通流就越通畅。如果是快餐店或快速服务设施，那么从厨房到服务员的流动必须是直接的。如果期望的是比较悠闲的服务，比如高档餐桌服务餐厅，交通流必须被设计得较为间接，这样在饭厅里就听不到菜碟叮当作响和厨房噪声。应尽可能地分开工作人员人流和客流。

脏盘子被从饭厅带到餐具洗涤区，厨房的锅碗瓢盆在这儿刮洗。餐具洗涤区是厨房里的一个嘈杂的、混乱的区域。其位置应相对接近从饭厅重返的服务员或餐馆工，但必须还便于厨房工作人员清洗锅碗瓢盆。餐具洗涤区需要使工作台靠近垃圾桶，需要有工作空间来存储菜肴和餐具，直到它们准备好置放到洗碗机上，在餐具洗涤区末端需要有工作区或有个地方来放餐车，来堆放干净的盘子和餐具。需要一系列三单元的深水槽来清洗锅碗瓢盆等炊具。锅洗净区可能临近洗碗区或靠近热食物制备区，这取决于大厨和业主的喜好及当地法规限制。

厨房里的墙壁、地板和天花板的材料规格在确保清洁和安全方面非常重要。所有表面必须耐油脂、无孔，以便易于经常清洗。因此，指定专为厨房使用而设计的不锈钢、陶瓷砖和玻璃纤维面板。地面必须防滑、耐油脂。许多厨房使用密封混凝土地板，但是未上釉的、无孔的、并且防滑的瓷砖也是一种可能性。

厨房最经常使用直接照明系统。它们提供了良好的整体照明，以便让大厨和厨房工作人员可以适当地准备食物，并在安全的环境下工作。大多数工作区需要30~40英尺烛光的普通照明，非工作区需要15~20英尺烛光。食物制备区需要良好的色彩还原，以便让厨师和厨房工作人员可以确保只准备新鲜肉食。墙壁和天花板的光线颜色有助于厨房所需的整体照明。建议采用有色彩校正功能的荧光灯或白炽灯。在厨房使用白炽灯意味着准备食物时的光线与饭厅使用的光线相同。然而，就能耗而言，这将昂贵得令人望而却步。白光荧光灯灯具不提供制备区所需的色彩还原。

特色厨房

有两种类型的特色厨房，可能是餐厅理念的一部分。很多餐厅理念里边的一种流行厨房类型就是展示厨房，它是饭厅里边的一个烹饪区，让客人可以观看厨师制备食物。特色厨房可能受到早期食客的启发，在许多类型的餐厅里仍然深受欢迎。许多客户认为，餐厅里最好的座位就是在雅致的展示厨房里能很好地看到厨师工作的座位。事实上，一些餐厅在厨房里也摆放了一组餐桌，以便让客人可以观看所有动作。在客人心里，亲眼看着自己的食物在自己面前被制备好具有某种特别的意义。当客人观看厨师制作自己的饭菜时，还增添了许多餐厅的娱乐价值。必须小心规划，使展示厨房的位置和设计都秩序井然，增强"秀"场。展示厨房的位置必须将重点放在在厨师烹制时能看见厨师面孔上，而将烹制时的杂乱工作挡在视线之外。半高的墙壁再加上玻璃面板能最好地做到这一点，这种安排被称为半开放式厨房（semiopen kitchen）。

在展示厨房的设计中，清洁度和客人安全就如同制备食物本身一样重要。明火设备必须位于墙壁后边，远离客人，或用耐热玻璃予以保护。必须选用便于清洁的装饰性墙壁饰面，或进行处理以便于清洁。重点照明有助于戏剧化地展现展示厨房的戏剧元素，但其规划也需要确保厨师安全和功能需求。

另一种专业厨房是马尔凯厨房（marche kitchen）。"如果您步行到一个独立的台面，下订单，并得到肉食品，在您等待时按序烹制，那您所在的就是马尔凯厨房。"[25]如果您到一家几乎没有餐桌的三明治店，或者如果您到一家店，站着看着您的三明治被准备好，然后自己端着盘子上餐桌，那么您到访的就是马尔凯厨房。这些都不是食堂（在食堂里，食物都是在厨房门后边被准备好的）。马尔凯厨房基于欧洲风格的商店，在那儿当厨师制备食物时，厨房设备处于众目睽睽之下。在时下的版本中，朴实的墙壁和烹饪区的许多简单的不锈钢建筑处理被明亮的瓷砖、人造饰面以及其他装饰处理提升，使烹饪区更具吸引力。在许多方面，马尔凯厨房类似于美国的一些熟食店和快餐店。

饮品设施

饮品设施更通常的称谓是酒吧和休息室，是供应含酒精饮料的地方。当然，许多餐厅不卖酒精饮料，并且没有酒吧。这种类型的餐厅处所通常被称为饮料区。在本节中，我们将讨论出售含酒精饮料的设施。

绝大多数餐厅都提供饮料服务。人们光顾酒吧和休息室进行应酬。设计师要记住，他/她营造一个刺激人们相聚、朋友聚会跳舞、在宽屏电视上欣赏体育赛事、甚至等待饭厅餐桌的氛围是很重要的。

酒吧是一种饮料服务设施类型。这些设施——尤其是年代更久远一点的、更传统的——也可能称为酒馆、小酒馆或沙龙，可以提供饮料，但很少或没有食品服务。术语酒吧还限定了酒

---

[25]Katsigris and Thomas, 2005, p. 56.

柜和展示区，调酒师在这儿混合饮料。酒吧通常比休息室空间小。酒吧提供的座位通常比休息室少，一般在酒吧内或在小卡座或桌旁。

　　休息室的座椅更舒适，往往与更高端的餐厅、酒店以及舞台表演（如夜总会）和赌场里的酒廊表演有关。在休息室里，酒吧自身在酒吧柜可能不设座椅。座椅通常由为客人预留的小桌子或小沙发组旁边的小躺椅组成。许多休息室有一个舞池，由点唱机或小乐队（图5-21）提供音乐。演出休息室提供各类演出，通常比餐厅休息室（在那里现场表演没有那么大张旗鼓）大。

　　许多餐厅都提供某种形式的酒精饮料服务，即使它们没有独立的饮料区。本讨论的重点是餐厅里边的酒吧或休息室。但是，理念可以很容易地应用于酒店、独立式设施或其他类型的设施里边的饮料区（图5-22）。

　　餐厅里的饮料区可能采取多种形式。将其从饭厅中分隔开的做法是很常见的，以使顾客可以只使用饮料服务区。在面向家庭的餐厅里，酒吧也是分开的，这样孩子并不需要进入或接近酒吧。或者，如图5-10a所示，饮料区可能是饭厅里边的一块小区域，但不提供酒吧座。在其他情况下，饮料区可能简单到啤酒，或厨房冷却器供应的饮料。

　　司法管辖问题可能影响酒吧的位置以及它与餐厅其他区域的关系。在饮料区的布局和设计中，一个越来越重要的考虑因素是司法管辖机构对公共场所吸烟的规定。如果允许吸烟，多数法律规定，吸烟区只能设在酒吧里。理想情况下，酒吧被全高隔墙分开，以容纳烟雾。司法管辖机构的建筑法规可能还禁止顾客必须经过饮料区才能到达洗手间的空间规划。

图5-21　酒吧和休息室，以织物隔板为重点，将长条形软椅与卡座相结合，进行创意性的诠释。Zen Bar。（照片提供：3D/International。摄影：Al Rendon。）

图5-22　与饭厅分开的酒吧区的例子。（照片提供：Burke, Hogue & Mills Architects）

今天，高档餐厅和酒吧给二战后大多数人记忆中这个布满烟雾、散发着啤酒味、黑暗的区域带来令人兴奋的设计可能性。设计师通常会为酒吧创建戏剧背景，并使用令人兴奋的照明设计来提升能吸引大群观众的氛围。当然，并非所有饮料区都设计得富于戏剧性。家庭式餐厅以及许多连锁餐厅里边的饮料区被设计成饭厅的一个令人舒适的伴随物。

酒吧本身由带或不带凳子的前吧台、用于展示和存储的后吧台组成。精美的前吧台和后吧台木制品对于设计师来说是个有趣的挑战。酒瓶和酒杯的创意展示往往成为许多休息室和酒吧的焦点。大多数人所说的"酒吧"是客人看到的前吧柜。后边就是展示瓶子的后吧台。图5-23提供了这些条目的维度指南。

假定吧台是标准的，高出地板42~45英寸，那么前吧台的吧凳座椅应该高出地板30英寸。由于它们的高度，吧凳不应该指定脚轮。一些设计理念将指定固定在地板上的吧凳。当然，这样更安全，但纯粹只是一个设计/功能决策。设计理念有时会使用高出地板7~9英寸的脚凳或落脚点。落脚点可以帮助保护木制品不受损伤（图5-24）。

前吧台后边是下吧台和后吧台。当调酒师面对着客人时，下吧台是他/她的主要工作区。后吧台是各种各样的酒瓶和玻璃杯的展示区，下面是啤酒瓶、其他酒瓶以及所需配饰等的存储空间。酒吧台面应为18~24英寸深，下吧台的总深度需22~26英寸深。下吧台包括许多活

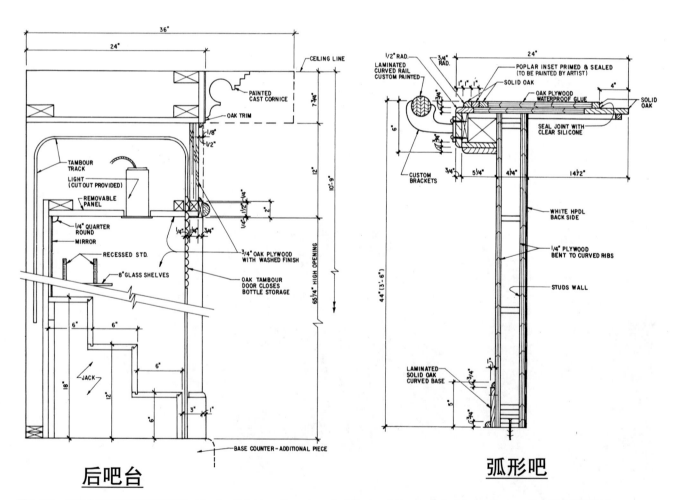

后吧台

弧形吧

图5-23 后吧台和弧形吧的详细绘图。（Design Solutions Magazine, Architectural Woodwork Institute, Reston, VA.经许可后重印）

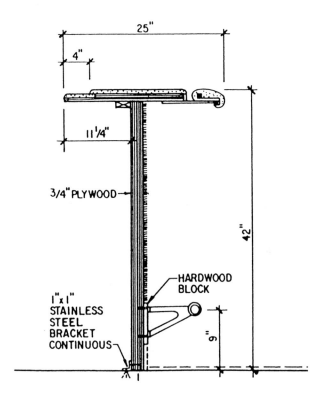

25"

4"

11 1/4"

3/4" PLYWOOD

42"

HARDWOOD
BLOCK

1"x 1"
STAINLESS
STEEL
BRACKET
CONTINUOUS

9"

图5-24　酒吧落脚点和台面的详细绘图。(Design Solutions Magazine, Architectural Woodwork Institute, Reston, VA.经许可后重印)

动区，并有特定的设备及尺寸需求。在顶部，一个快速酒槽用来握住酒瓶，或者"喷出"饮料，让调酒师能快速获取。清洗、消毒玻璃器皿的四隔间水池、玻璃器皿的排水室、冰箱、台面下边的储存柜、分配苏打水的苏打枪和啤酒水龙头是下吧台的其他设备。冰箱可能放在这里，但更可能位于后吧台。

后吧台给酒瓶和玻璃杯提供了展示空间。其深度为24~30英寸。如果整个酒吧的设计将客人座位照搬岛形酒吧，那么将更深。基于供应的饮料，饮料区需要各种各样的玻璃器皿。供应全系列饮料的酒吧可能需要十种或更多不同种类的玻璃杯。分层货架上展示着酒瓶，让客户和调酒师可以很容易地找到不同的品牌。后吧台也有台下式冰箱储存冰啤酒和葡萄酒，还有收银台空间放置收银机或电脑。该设计中后吧台的封闭存储区也很常见。

后吧台与吧台之间的空间称为活动区。宽度30~36英寸。它为调酒师提供了一个舒适的空间，在吧台与后吧台之间工作，而无需绕弯路。36英寸允许一名调酒师在酒柜上足够的空间内工作，而另一名调酒师从他/她身后穿行。

酒吧区域内需要存储空间来存放额外的酒精、葡萄酒和啤酒。存储空间可能靠近酒吧或位于厨房内。不论在哪里，都必须规划为一个安全的空间，以防盗。它还必须阳光晒不到、不受温差变化影响。大型酒吧可能需要一个单独的啤酒冷却器插入啤酒桶里。

酒吧一端或沿着前吧台的某个合适位置可能需要有个服务吧。服务员在服务吧拿点单，取饮料送到饭厅。在一些设施里，它是毗邻饭厅的墙上的窗口和货架，但窗口在用餐客人的视野之外。在较大的设施里它可能更大些，因此需要下吧台和后吧台都更紧凑，并需要一名单独的调酒师。当不可能设置服务吧时，酒吧末端的某个区域被设计来充当侍者从酒吧获得饮料点单的空间。还需要POS机，这样侍者可以随时追踪食客的饮料点单。

通常，为酒吧指定的家具和装饰类似于在餐厅使用的那些。在某些情况下，酒吧的设计为餐厅奠定了基调，酒吧在设计、灯光，甚至家具物品方面比用餐区（图5-25）更富于戏剧性。

饮料区的家具一般由小桌椅、吧椅、卡座或长椅加桌子组成。饮料区的桌子一般只有25~27英寸高，以让客人在更舒服的座椅（往往出现在酒吧和休闲区里）上休憩。在这种情况下，矮桌的椅座高度一般平均只比地板高16英寸。休闲区往往使用更柔软的情侣椅和舒适的休闲椅，给休憩区的某些区域提供客厅一般的外观。在这种情况下，桌子是非常坚固的咖啡桌，这样如果客人坐在上面时，它们不会破裂。织物规格也应该考虑可燃性标准。在饮料区的设计中了解关于织物和座椅单元的当地法规要求是非常重要的。

作为矮桌加软椅组合的一种替代形式，有些酒吧使用高桌加高吧凳。这些桌子高度为42~45英寸，这样顾客可以坐在卡座或高凳上。许多这样的设计包括某种形式的落脚点。同样，出于安全方面的考虑，卡座不应该设置在脚轮上。

酒吧或休闲区的照明往往比饭厅更柔和。使用较低瓦数的、非直射的环境照明灯具或重点照明灯具来营造较低的光照水平。休闲区里其他常见的重点照明由容器内的（出于安全考虑）蜡烛予以补充。牢记着娱乐而设计的酒吧提出了许多照明设计挑战。其中之一是为坐在桌边卡座上谈话的客人提供足够的光线。另一个是需要用来营造空间的剧场理念或娱乐理念的灯光效果。这些效果是通过使用多种不同的、采用了有色灯具或滤光器的强光灯和射光

图5-25　使用长条形软椅和矮桌来营造舒适氛围的休闲区。(照片提供：3D/International. AI Rendon, photographer)

灯营造出来的。被聘请来准备餐厅的照明设计的照明设计师通常也被要求规划酒吧的照明。

建筑涂料需要满足关于人身安全的法规要求。由于在酒吧或休闲区里盛行吸烟，设计师应在所有座椅上指定使用阻燃性和闷烧性内饰。当地司法管辖机构可能对休闲区或酒吧有其他的建筑及安全法规要求。可访问性法规也适用于这个空间。规划必须为身体残疾的人士提供从入口到休憩区的明确路径。如果饮料区有凹陷或凸起的区域，那么规划还必须考虑能访问到饮料区的所有部分。当然，并非每个座位都必须能被访问到。

餐厅的厕所设施

法规要求餐饮设施为客户配备厕所设施。维护良好的、精心设计的、有吸引力的厕所有助于提升设施的质量。（大家都进过凌乱的厕所，只能怀疑厨房是否会比那儿清洁？）业主并不总是为厕所考虑大预算，但这并不是只用有色隔墙打通全白厕所设施后就万事大吉的借口。设计师和业主应该认识到，厕所设施以及所有其他公共区有助于产生对食品服务设施整体品质的印象。

厕所设施要么远离等候区，要么朝着毗邻厨房的设施后边。其位置应能在其他客人进出厕所时为使用设施的客人提供隐私。大厕所可能比较吵，将它们置于饭厅附近有助于降低进入该设施的噪声。男客和女客需要分开的厕所，除非来客少到可以使用一个中性厕所。在规模较小的餐厅里，客人和员工使用相同的设施。在第9章介绍了公共厕所的空间分配。本节将简要讨论这些设施的内饰设计。

正如在任何商业物业里的公共厕所一样，在指定所有表面时都必须牢记必须具有耐久性、易维护、防潮性。瓷砖、塑料层压板、防潮塑胶墙面可用于墙壁处理。高品质塑胶片、油毡或瓷砖常指定用于地板。当地法规可能会要求盥洗池背面、抽水马桶或小便池上方的墙壁使用特殊类型的材料。建筑师还将在厕所指定一个地漏。男厕和女厕里边的婴儿换尿布台已经很常见了，当地法规可能也有此要求。

女厕尤其需要良好的照明，因为化妆和发型固定都需要良好的光线。在镜子上方放置灯具，或将灯具竖直地置于各部分镜面之间，都能避免在镜子上出现眩光，从而提供适宜的光线，而不致显著地增加成本。尽管法规并未要求，但在女厕提供额外的空间和台面来化妆、重整发型、交谈的做法是很常见的。高档餐厅在厕所里提供一小块空间来容纳这些活动。厕所的这一部分铺有地毯，还摆放了小椅子。

咖啡店

咖啡馆大概在17世纪走红于西方。欧洲人将咖啡馆用作社交中心——就像20世纪后期的咖啡店。人们在清晨相聚，喝自己喜爱的咖啡饮料，午饭后再回来，甚至流连忘返，直到业主在关门时间"将他们温柔地赶走"。

客人在咖啡店与朋友见面、社交、结识新朋友、举行非正式商务会议、读书，或者只是从家里或办公室去那儿透透气。有那么多的咖啡店，无处不在，定期在咖啡店相聚给这一设施的建造和设计创造了一个复兴。咖啡店通常位于长条形商场、大型购物中心、许多高层办公楼的一楼，或者作为一个独立的设施。咖啡店还出现在书店、杂货店和一些高档家居中心或家具店。还有路边服务式版本，这样客人不必下车。

大多数咖啡店较小，室内座位有限，但趋势是有许多桌子和软椅的较大店面。如果商店客人大多是"忙碌型"(on the go)的，那么空间很可能不到1000平方英尺。如果理念中含有有限的食物服务，或者如果客人将在咖啡店停留、休息或会谈较长一段时间，那么就需要更大的空间。楼面面积的至少50%应为座位，25%为咖啡和其他服务品的制备区，其余的留给服务台。[26]

入口应该将客人很容易地移动到酒吧/收银处或休息区。服务吧前边或沿线应有空间供客人下单或取走自己的饮料。这些空间需要保持井井有条——尽管似乎很少有客户流连于收银处与拾取窗之间。在服务区旁边及沿着服务区展示烘焙食品、三明治是很常见的。

由于咖啡消费者喜欢看着自己喜好的饮料被准备好，所以需要能看得见咖啡和饮料制备区。咖啡机的设计是复杂的，或其摆放应高效，以更快地服务。因此，该设备可能是室内的一个重要设计元素。

生产区需要空间，存储区背面也需要空间来存放洗碗设备。还需要水池漂洗餐具，生产区还需要一个单独的洗手池。当供应面包和三明治物品或使用瓷咖啡杯时，这些物品应置于客户视线之外的背部区域。生产区和服务区的设计必须小心翼翼地考虑容纳丢弃的纸杯、其他垃圾以及客户用过的其他菜肴等的垃圾箱的位置。

咖啡店室内设计的关键在于咖啡的香醇、舒缓的音乐背景、轻松的色彩、易于护理的材料和饰面。室内设计及家具物品可能使用简朴的无臂椅子和直径24~36英寸的桌子来传达出"旧世界"(Old World)咖啡的感觉。套着耐用的、能处理渗漏、戳刺、客人鞋印的面料的舒适大软椅是相当普遍的。咖啡店也可能是高科技的，使用吸引"科技派"消费者的饰面。在大多数情况下，室内设计应该既舒适又便于维护。

光照水平比许多餐厅高，因为大多数顾客都在阅读或工作。不过，随着无线连接的笔记本电脑日益增加，照明应该不能强烈到导致眩光。也许这只是作者的个人意愿，但能插上笔记本电脑电源线的额外电源插座肯定将被不胜感激！

可见的生产区和休憩空间背面需要有个接收和存储区。经营理念将驱动背部空间的大小。如果在现场制备食物，那么将需要一个小商用厨房。如果出售包装食品（如袋装饼干），那么需要的厨房空间较少。用品（如一次性咖啡杯、调味品，也许还包括存放牛奶和奶精的较大冰箱）的存储区也可能容纳在后台区。在接收和存储区附近给经理人椅子留下一个小空间，对于检查交付、订单、进行其他商业活动来说是比较理想的。

许多咖啡店也出售咖啡豆、咖啡壶、杯子、茶以及其他物品。这些物品需要展示柜或展示装置。调味品、吸管、餐巾纸（还可能包括银器）也需要一个柜子。

法规将要求至少能访问到一个男厕和一个女厕。灯具的尺寸和数量将随着设施的大小

---

[26]Entrepreneur Press and Lynn, 2001, p. 87.

而增加。设计师在设计服务区、到桌子和厕所的访问路径的空间规划时应牢记可访问性规范。法规可能会影响到设计师对建筑表面和室内装潢的材料选择。然而，由于大多数咖啡店不使用地毯或允许吸烟（无需对任何软椅使用高级面料），这些法规问题相比于其他大多数餐厅来说没那么重要。

本章小结

　　餐饮行业竞争激烈、要求苛刻。良好的功能和美学设计支撑着设施的全面成功。许多业主将注意力集中在食品和服务上，而忽略了室内设计，结果发现他们的收入受到了影响。室内设计师应富于外交技巧地教导业主室内设计能怎样增加设施的整体价值，促进任何类型或规模的设施的成功。

　　餐饮设施设计领域的工作可能是作为室内设计师令人倍感兴奋的、富有创造力地利用某人技能的方式。现有设施的不断升级、从一种类型的餐厅转变成另一种、大量新设施的建设都意味着设计餐饮设施的机会仍将维持高位。开发和运营成本都非常高，业主会期望室内设计顾问来帮助创建能增加成功机会的内部设施。

　　本章始于对在一个统一的室内设计解决方案中同时引入商业理念、主题、菜单想法的重要性的讨论。它还强调了处理交通流、厨房工作区设计、员工及客人安全同时满足法规要求的重要性。对不同类型设施的一个讨论为对带有饮品设施的一般性全方位服务餐厅的详细规划、设计标准的描述打下了基础。本章还包括对非常受欢迎的咖啡店设计的应用探讨。

本章参考文献

Atkin, William Wilson and Joan Alder. 1960. *Interiors Book of Restaurants*. New York: Watson-Guptill.

Baraban, Regina and Joseph F. Durocher. 2001. *Successful Restaurant Design*, 2nd ed. New York: Wiley.

Birchfield, John C. 1988. *Design and Layout of Foodservice Facilities*. New York: Van Nostrand Reinhold.

Birchfield, John C. and Raymond T. Sparrowe. 2003. *Design and Layout of Foodservice Facilities*, 2nd ed. New York: Wiley.

Brown, Douglas Robert. 2003. *The Restaurant Manager's Handbook*, 3rd ed. Oscala, FL: Atlantic Publishing Group.

Casamassima, Christy. 1999. *Bar Excellence*. New York: PBC International.

———. 2000. *Restaurant 2000*. New York: PBC International.

Cohen, Edie Lee and Sherman R. Emery. 1984. *Dining by Design*. New York: Cahners.

Colgan, Susan. 1987. *Restaurant Design: Ninety-Five Spaces That Work*. New York: Watson-Guptill.

Davies, Thomas D. and Kim A. Beasley. 1994. *Accessible Design for Hospitality*, 2nd ed. New York: McGraw-Hill.

Dittmer, Paul R. and Gerald G. Griffin. 1993. *Dimensions of the Hospitality Industry*. New York: Van Nostrand Reinhold.

Dorf, Martin. 1992. *Restaurants That Work*. New York: Watson-Guptill.

Entrepreneur Press and Jacquelyn Lynn. 2001. *Start Your Own Restaurant & Five Other Food Businesses*. Santa Monica, CA: Entrepreneur Press.

Goya, Lynn. 2004. "Destination Restaurants." *ASID ICON*. Spring, pp. 12–16.

International Code Council, Inc. 2003. *International Building Code*. Falls Church, VA: International Code Council, Inc.

Katsigris, Costas and Chris Thomas. 2005. *Design and Equipment for Restaurants and Foodservice*, 2nd ed. New York: Wiley.

Katz, Jeff B. 1997. *Restaurant Planning: Design and Construction*. New York: Wiley.

Kazarian, Edward A. 1989. *Food Service Facilities Planning*, 3rd ed. New York: Van Nostrand Reinhold.

Kliczkowski, H. 2002. *Cafés: Designers & Design*. Barcelona: Loft Publications.

Kopacz, Jeanne. 2004. *Color in Three-Dimensional Design*. New York: McGraw-Hill.

Kotschevar, Lendal H. and Mary L. Tanke. 1991. *Managing

Bar and Beverage Operations. East Lansing, MI: American Hotel and Motel Association Educational Institute.

Langdon, Philip. *The Architecture of American Chain Restaurants.* 1986. New York: Alfred A. Knopf.

Lundberg, Donald E. 1985. *The Restaurant: From Concept to Operation.* New York: Wiley.

Mahnke, Frank H. and Rudolf H. Mahnke. 1993. *Color and Light in Man-Made Environments.* New York: Van Nostrand Reinhold.

McGowan, Maryrose, and Kelsey Kruse. 2004. *Interior Graphic Standards.* Student Ed. Hoboken, NJ: Wiley.

Melaniphy, John C. 1992. *Restaurant and Fast Food Site Selection.* New York: Wiley.

Mount, Charles Morris. 1995. *The New Restaurant: Dining Design 2.* New York: Architecture and Interior Design Library (PBC International, Inc.).

Ninemeier, Jack D. 1987. *Planning and Control for Food and Beverage Operations,* 2nd ed. East Lansing, MI: American Hotel and Motel Association Educational Institute.

Ragan, Sandra L. 1995. *Interior Color by Design: Commercial.* Rockport, MA: Rockport.

Rey, Anthony M. and Ferdinand Wieland. 1985. *Managing Service in Food and Beverage Operations.* East Lansing, MI: American Hotel and Motel Association Educational Institute.

Robson, Stephani. "Strategies for Designing Effective Restaurants." *Implications.* InformDesign, Vol. 2, Issue 11.

Schlosser, Eric. 2001. *Fast Food Nation.* New York: Perennial/HarperCollins.

Scoviak, Mary. 1996. "Hotels: The Next Generation." *Interior Design.* June, pp. 150–151.

Stein, Benjamin, John S. Reynolds, and William J. McGuinness. 1986. *Mechanical and Electrical Equipment for Buildings,* 7th ed. New York: Wiley.

Stevens, James W. and Carl R. Scrinen. 2000. *Manual of Equipment and Design for the Foodservice Industry,* 2nd ed. Weimer, TX: CHIPS Books.

Stipanuk, David M. and Harold Roffmann. 1992. *Hospitality Facilities Management and Design.* East Lansing, MI: American Hotel and Motel Association Educational Institute.

Walker, John R. 1996. *Introduction to Hospitality.* Englewood Cliffs, NJ: Prentice Hall.

Walker, John R. and Donald E. Lundberg. 2005. *The Restaurant from Concept to Operation,* 4th ed. New York: Wiley.

Wallace L. Rande. 1996. *Introduction to Professional Food Service.* New York: Wiley.

Witzel, Michael Karl. 1994. *The American Drive-In.* Osceola, WI: Motorbooks International.

本章网址

American Institute of Wine & Food (AIWF) www.aiwf.org

Club Managers Association of America magazine www.club-mgmt.com

International Hotel & Restaurant Association www.ih-ra.com

National Restaurant Association (NRA) www.restaurant.org

Food and Drink Magazine www.fooddrink-magazine.com

Hospitality Design Magazine www.hdmag.com

InformDesign newsletter. www.informdesign.umn.edu.

Restaurant Hospitality magazine www.restaurant-hospitality.com

请注意： 与本章内容有关的其他参考文献列在本书附录中。

第6章
零售设施

作为室内设计师从事零售店专业领域工作不仅令人兴奋，还意味着参与了美国经济的很大一部分。零售业是美国的第二大产业，年销售额38000亿美元，并提供美国11.7%的就业机会。2004年，美国最大的零售商公布的年销售额超过2500亿美元。在美国的零售商百强里，杂货店一家独大。[1]零售商店出售各类商品，正在被兴建或改建。2005年，《室内设计》杂志"巨人"评出的排名前10位的专门从事零售内饰的室内设计公司占了1.37亿美元的收入。[2]

零售包括向最终消费者销售商品和服务所涉及的所有活动。零售店或由独立业主成立，或作为专营权零售连锁店，或者作为团体所有或联合所有的商店。商店的室内设计在商业成功中起到了显著作用。商店的布局和设计必须提供能最佳地展示商品交融的大背

---

[1]Vargas, Melody. "Top 100 Retailers Rankings," Your Guide to Retail Industry, March 23, 2005. www.retailindustry.about.com

[2]Judith Davidsen, Interior Design Magazine, January, 2005, p. 128.

景，同时鼓励客户购买所提供的产品或服务。

个人购物旅程并不给室内设计学生或设计专业人士提供足够的信息和经验，以了解如何创建一个有效的、功能性的零售室内设计解决方案。设计师了解一些与客户业务和零售业务有关的一般信息，从而作出适当的设计决策，这是至关重要的。

本章向读者介绍了对零售设计的功能性考量方面的基本理解，及其涉及的设计方法论。侧重于商品销售给最终用户的零售店的室内设计问题。描述了与零售空间的规划和设计有关的标准，并提供了某些特定区域的零售设计的一些典型布局。两种类型的零售店都强调服装店和家具店。这些都是学生和职场人士出于个人和职业需求而拥有很多体验的商店类型。本章以对礼品店和美容院的一个简短讨论作结。

表6-1列出了贯穿本章所用到的词汇。

表6–1　本章词汇

- **精品系统：** 一种店面规划系统，在该系统中，将销售楼层布置成私人化的、半独立的区域，每个区域的建造都可能围绕着一个专注于产品个性化的购物主题。
- **连锁店：** 一种零售店，可能在某个地区或某个国家有多个店面地点。也可以被认为是一种专营权商店。
- **便利品：** 常用的、经常购买的商品，如针织品。
- **必需品：** 必要的商品，如鼓励市民购买的衬衫或裤子。
- **百货店：** 零售商店，提供各种各样的品牌和产品。
- **展示装置：** 各种用于展示各种商品的柜子及其他设备。
- **自由流动系统：** 一种店面规划系统，使显示器和设备可以很容易地移动。
- **网格系统：** 一种店面规划系统，将室内布局与结构柱相结合利用。
- **耐用品：** 较重的商品，往往由金属或木头做成，如家具、电器和体育用品。
- **冲动品：** 客户计划之外的购物，依赖于良好的展示——通常在销售点。
- **磁铁商店：** 吸引大量客户的大型知名连锁店。也被称为核心商店。
- **购物中心：** 有许多专卖店、至少一个磁铁商店的大型区域性购物中心。它吸引一大片客户。它可能是封闭式的或开放式的。
- **市场营销：** 用于将产品或服务从生产者或销售者转移给消费者的所有活动。
- **商品推销（merchandising）：** 销售推广，包括市场调研、新产品开发、协调生产和销售，以及有效的广告和销售。
- **商品交融（Merchandising blend）：** 将零售商品的内容与顾客在进行选择时使用的决策相结合。
- **商人：** 商品的买方和卖方，以盈利为目的。
- **非销售空间：** 不用作商品的直接展示或销售的空间，例如库房和存储区。
- **零售（retail）：** 将货物销售给最终消费者或最终用户。
- **零售销售（retail sale）：** 最终消费者购买产品。
- **零售店（retail store）：** 商品营业地点，零售商将商品销售给（主要是）最终消费者。可能由零售商或其他实体或个人所拥有。
- **零售业（retailing）：** 向最终消费者出售商品或服务的商业行为。
- **零售商（retailer）：** 商业中间人，将商品销售给（主要是）最终消费者。
- **销售空间：** 设计用于展示商品、客户与存储人员进行互动的所有空间。
- **商场：** 一组零售商店——可能与办公室结合在一起——往往至少有一家大商店，它将消费者吸引到其他店。
- **软商品：** 柔软的商品，如服装、床单、毛巾、被单。它们通常重量较轻。
- **样板间（vignette）：** 家具和饰品的展示，使之看起来像一个实际的房间。
- **视觉营销：** 在商店橱窗以及销售空间的其他地方展示商品。

历史回顾

自从远古时代起，就存在着将商品销售给消费者的商店或商业，每一家都适应了当地的生活方式、气候和各种文化。卖场广场往往是设计用来销售商品的地方。在伊丽莎白时代的英国，商店一般是多层的，一楼保留为家族生意，上边的楼层用于家庭起居。18世纪初，随着消费者需求的增加，私有的零售专卖店盛行于英国、欧洲大陆和美洲殖民地——即将成为美国。到了19世纪初，中产阶级要求更高品质的市场商品，所以专卖店的数量增加。在19世纪工业革命中，商业中心在中心城市发展壮大。这是由于随着工艺和制造流程的发展，生产出来的商品增多，贸易也随之扩大。19世纪40年代之后，从开放市场到实际存储位置的转变加速了。

在19世纪50年代的美国农村地区，普通商店是主要的贸易来源。从架构上看，这些商店的特色是构造简单，一般只有两层，店主住在二楼。大门通常在建筑物正面的中心，每边两个窗口，有一个屋顶门廊，引领着客人步入入口。普通商店的内部是一个大型开放式房间，周围围着烧木柴的炉子和椅子。商品被存放或陈列在货架上，店老板前边是一个大木柜台。图6-1是早期普通商店的示例。这一类型的商店出售各类商品，迎合来自农村家庭的尽可能多的需求。很多时候，普通商店充当着当地邮局、电话服务以及附加的法律服务的角色。由于美国农村现金稀少，店主基于交易开发了信贷系统。当然，零售专卖店也出现在乡村小镇的中心。20世纪30年代，因为农村人口迁入城市地区，普通商店开始逐步被淘汰。[3]

简述百货店是怎么发展起来的，以及它们是怎样与19世纪大型人口中心的发展联系在一起是很重要的。在19世纪初，日杂店通过扩大库存（图6-2），发展成百货店。在19世纪70年代至20世纪20年代之间，百货店在闹市区演变进化。这些百货店为女性在商业区提供安全的购物场所，以女性午餐室、客厅甚至是婴儿更衣设施为特色。1872年，布鲁明戴

图6-1　大约20世纪初的普通商店，描绘了家居所需的各种商品。（历史照片提供：William Berry）

图6-2 大约1900年的Paris百货店，具有展示柜、存储柜等固定物。(照片经许可后使用，犹他州州立历史协会。保留所有权利。)

尔 (Bloomingdale) 成立于纽约市。1877年，在宾夕法尼亚州的费城开设了六层的约翰•沃纳梅克 (John Wanamaker)，它被认为是在美国的第一家真正的百货店。[4]1872年，位于芝加哥的蒙哥马利沃德 (Montgomery Ward) 送出了他们的第一份邮购目录。1893年，西尔斯罗巴克公司 (Sears, Roebuck & Company) 成立。1896年，该公司出版并发行他们的第一份大型综合性目录。[5]

在19世纪后期，百货店继续发展。电梯的发明鼓励着多层建筑的建设，创造出更多的垂直面积。在20世纪20年代，美国的一些百货店开始开设分店。开设分店的第一家百货店是JC Penney & Sears, Roebuck。而此时，最初的目录商店以及蒙哥马利沃德已经在中心城市成长为全行百货店。从1929年至20世纪50年代，百货店拓展到郊区。在20世纪50年代，折扣店已被建立起来。早期的折扣店设计得很简朴，其设计的一个关键要素就是自助服务，而非由商店工作人员提供服务。

法国巴黎皇宫 (Palais Royal in Paris) 是早期标志性购物中心和多用途设施之一，于1784开放。它包括花园、喷泉、公寓、商店、咖啡馆和艺廊。巴黎皇宫后来被认为是商场开发的先驱。Galleria Vittorio Emmanuele于1878年在意大利米兰开业，是一家玻璃覆盖的四层购物商场，被认为是第一家封闭式商场。[6]

密苏里州堪萨斯城的乡村俱乐部广场是美国的第一家自动导向购物中心，于1922年

[3]Murillo, 2005.

[4]Mary Bellis, "Shopping Innovations." www.retailindustry.about.com. 2005.

[5]Sears Archives, "Brief Chronology," 2005. www.searsarchives.com.

[6]American Studies, "Shopping Mall History." Eastern Connecticut State University. www.easternct.edu

开发，46%的空间规划分配给公共街道和停车场。[7]该广场以统一架构为特色，具有最早的购物中心停车库之一，此外还有砖石铺平的、照明的停车场。[8]商店面朝街道，广场上在整个区域都建有喷泉和雕像。今天它们仍然维护完好，仍在被使用。

随着郊区人口增长、越来越受欢迎，购物中心也是如此。1931年，开发了得克萨斯州达拉斯的高地公园购物村 (Highland Park Shopping Village)，被认为是美国第一个被规划的购物中心。它占用一个单一场点，里边没有任何公共街道。多数店面朝向中心，人行道很是广阔，给购物者的流动提供安全可靠的通道。在20世纪三四十年代，大型独立式商店都建在远离城市中心的郊区，都还专门含有停车场，以方便消费者。在20世纪50年代，分别建成了两个全线购物中心：其中之一有两个面对面的条带状中心，中间是走道；另一个是第一个双层购物中心。1956年，在明尼苏达州伊代纳 (Edina)，建成了第一个完全封闭的、带有空调和暖气的双层商场，里边还有两家旗舰百货店。这个商场被认为是第一个现代区域购物中心。1976年，在马萨诸塞州波士顿，开发了第一个"节日交易市场"。它建于波士顿市中心，主要由食品和零售专卖店构成。1976年，第一家城市垂直商场，即水塔广场大厦 (Water Tower Place)，在伊利诺伊州芝加哥开张。它里边有高端的专营店、百货店、酒店、办公楼、公寓，以及一个停车库，在当今被认为是一个杰出的多用途项目。

超级区域中心指的是超过80万平方英尺的商场，于20世纪80年代开发出来，非常受欢迎。到了90年代，这些大型商场里边还有娱乐、现场表演、多厅影院的电影、机器人动物展示、旋转木马游乐设施、儿童游乐园、以及诸如教堂、学校、邮局分支机构、市政办公室、图书馆、博物馆等设施。20世纪90年代末，大型的"实体店"零售商开发了自己的网站，以便与其他网络资源进行竞争。在21世纪，购物中心不断发展，以适应消费者的需求和利益，并将新技术应用到购物体验中。[9]

零售业运营概述

零售设施的设计在很大程度上依赖于设计师对零售业务以及客户具体业务的理解能力。在得到这一背景信息之前，室内设计师不能做出关于零售商店设计的最终决策和建议。

零售业的总体目标涉及引诱顾客进店进行交易。商店零售商经营固定的终端 (POS) 地段（其设计和位置是为了吸引大量路人）。[10]零售设计的目标是提升空间，以鼓励更多的、持续的商品买卖。每个零售商在他/她的区域内都有各自关注的具体问题，专注于为商品展示提供足够的空间、防止入店行窃和内部盗窃、责任、设施形象、商品结构、空间分配和业务增长。

虽然零售设施的设计在实现零售商的整体目标上发挥着显著作用，但营销和销售也很重要。让我们来简单介绍下与零售行业相关的市场营销以及零售空间的室内设计中的关键

[7]Historical Changes, "A Brief History of Downtowns." Eastern Michigan University, 2005. www.emich.edu
[8]International Council of Shopping Centers, "A Brief History of Shopping Centers." 2004. www.icsc.org
[9]International Council of Shopping Centers, "A Brief History of Shopping Centers." 2004. www.icsc.org
[10]U.S. Bureau of the Census, May 2002.

问题。市场营销指的是用于将商品或服务从生产者/出售者移动到消费者的所有活动。市场营销的职能包括购买、销售、储存、运输、标准化、融资，并提供有关商品的市场信息。零售商是所谓的营销渠道（一个市场营销机构团队，引导着货物或服务从生产者流动到最终消费者）的一部分。营销渠道（marketing channel）包括生产商、批发商、零售商和消费者。营销理念（marketing concept）指出，每个企业组织的目标是满足消费者的需求，同时创造利润。商品推销（merchandising）被定义为销售推广，其中包括市场调研、新产品开发、协调制造和销售，以及有效的广告和销售。商品交融（merchandising blend）将零售商的商品与消费者做出选择时所用的决策结合在一起。商人（merchant）被定义为了追逐利润而买卖商品的双方。商人在确定提供何种商品销售时，会考虑消费者在产品中寻求的利益、该产品是否体现了功能性的或心理上的需求、该产品的物理特性是否满足消费者需求、给消费者提供的辅助服务的优势（如送货、安装和退换）。

一个有效的零售规划（retail plan）回答了关于为什么、什么、何时、何地具体的零售业务怎样被完成的问题。正确的信息、正确的吸引力和正确的服务都是零售规划需要考量的。[11]零售规划还指引着商店的室内设计理念，很像在酒店项目中使用过的设计理念。零售规划是对于业务运作的成功规划至关重要的一系列活动。室内设计师了解每个零售规划项目隐藏着的这一基本理念，以给设施提供有效的室内设计是非常重要的。零售规划包括五个重要阶段：

1. 定义零售环境
2. 控制财务、组织、人力和物质资源
3. 识别、选择零售营销和店址
4. 开发、管理产品
5. 建立、实施推广策略

商店业主或管理层团队的任务和责任始于开发商品交融、寻找最佳地段、经营商店、采购、定价、管理、商品促销。此外，他们还给室内设计师提供对商店进行室内设计的思路。目前，室内店面设计已经从以往拥挤不堪的商品转变为更流水线的、组织良好的环境，重点放在简约、更宽的过道、更佳的视线，以及采用更灵活的夹具。[12]

在创建零售店的环境时，管理层必须考虑环境将会对客户和员工的身体和心理造成的影响。最初关注之一就是创建一幅商店图。此图片包括店面选址、室内设计、实际产品以及它们的展示、物品价格和公共关系。由于室内设计对于空间规划和商店的视觉冲击力来说是如此重要，在开发设计解决方案时对影响形象的上述区域必须加以考虑。除了图形和颜色，室内设计师对于固定的以及灵活的营销空间的空间规划会影响商店的销售和形象。管理层在给销售区选址时必须考虑到消费者的兴趣，并使之具备安全性、舒适、注重美观性。

消费者最终购买什么与他们的需求（needs）及欲望（wants）直接相关。需求是对于消费者的身体和精神福祉必不可少的生理和心理需要。欲望是获得有望带来回报的物品的有意识

---

[11]Lewison, 1994, pp. 31–32.

[12]Lewison, 1994, p. 269.

表6-2　定义刺激购买的需求及欲望

- **需求**：基本的生理和心理需要，对于消费者的生理和心理福祉来说不可或缺。
- **生理需求**：生存所需的基本的舒适性，如食物、衣服和住房。
- **安全需求**：所需的安全性和稳定性，例如汽车或手机的警报器。
- **高贵需求（esteem needs）**：涉及自尊、仰慕、成功。该种商品因人不同，取决于消费者的背景。仿古家具、新车和由专门设计师设计的珠宝就是高贵需求产品的例子。
- **欲望**：获得有望带来回报的物品的有意识冲动。许多能满足高贵需求的商品类型也能满足欲望。

冲动。简单地说，需求是我们必须拥有的东西；欲望是我们希望拥有的东西。零售商专注于提供满足消费者欲望及需求的商品和服务。表6-2定义了与消费者需求及欲望有关的其他术语。

　　零售商们发现，为了辅助这一过程，当购物体验专注于感官时，这些刺激可能刺激购买动机。与感官相关的一个术语是氛围（atmospherics），这是零售商的有意识努力，旨在创造能对购买者产生特定情感影响的购买环境。面包店里传出的香气、高级时尚精品服装专卖店里传出的音乐都是氛围的实际例子。零售商关注于各种各样诸如此类的吸引力技巧，以将消费者吸引到销售空间。首先是视觉吸引力。零售商使用大小、形状、颜色以及和谐、对比和冲突来吸引顾客。和谐是"视觉一致"，和谐的环境通常是比较正式的环境。对比和冲突被认为是"视觉冲突"，常用于营造非正式的购物氛围。在拉尔夫刘仁店（Ralph Lauren）正式设计中使用镶板就是使用和谐的视觉吸引力的例子。在目标客户是年轻消费者的商店里，脉冲霓虹灯是可以用来创建对比和冲突环境的唯一受欢迎物品。香味吸引力也被零售商使用。例如，在一家面包店里，烘焙食品的香气是很重要的。化妆品专卖店或百货店里边的区域可以使用令人愉悦的（但并不浓郁的香气）来吸引顾客。

　　还采用主题吸引力来设计商店，这涉及建立一个直接与产品、节日或特殊事件有关的环境。[13]例子包括圣诞装饰品、许多商店的季节性展览、与当地事件有关的专用展览（比如城市举办大型体育赛事，如Super Bowl或全明星棒球或篮球比赛）。商店也可以结合氛围。体育器材商店可以通过使用视听系统播放哗哗流的声音或重播体育赛事，将声音吸引与气味吸引相结合。

　　了解零售业务应该是希望从事本专业工作的设计师的一项主要的优先事务。设计师必须了解市场营销与销售之间的差异，以及商品交融将如何影响零售商店的室内设计。此外，设计师必须获得关于零售商店营销方法的知识，在开始着手具体空间规划及设计规格活动之前做到这一点是至关重要的。

零售设施的类型

　　正如我们在本章开头看到的那样，我们指出零售行业对美国经济产生着巨大的影响。零售交易涉及成立于美国的所有企业的大约12.9%。超过95%的美国零售商是单店面企业，但产生的

---

[13]Lewison, 1994, p. 269.

表6-3 零售设施的类型

商店类型	商店店址
单店面企业所有权	城市中心
连锁店或专营店	购物中心——城市和郊区地点
百货店	邻里
大型超级市场	社区
折扣店	区域或商场
仓储商店	露天村庄中心
	超级区域中心

零售店销售额占总体的比例不及50%。[14]这意味着，对于本专业的工作室内设计师来说机会巨大。

基于可能被出售的商品的类型，各种零售店的种类繁多。如表6-3所示，目前只有少数类型的零售设施。最简单的类型是单店面企业设施，销售特定产品。另一种类型是连锁店或专营店，既可能是独立拥有的，也可能连锁所有、本地管理。就业务理念而言，它们与前边章节中讨论过的连锁和特许的餐饮设施类似。连锁和特许的零售店需要本地商户遵循公司的既定方针，而创业者可以自由地探索替代方法。连锁或特许拥有的专卖店的设计也受到公司所有者的强制，而独立拥有的创业店的设计由创业者来控制。

另一种类型的商店是百货店。读者熟悉诸如诺思通 (Nordstroms)、JC Penney、迪拉兹 (Dillards)、Bloomingdale、梅西 (Macy) 以及其他许多百货店，它们都提供种类繁多的品牌和产品。百货店的定价一般是中等到偏高。内饰被设计来营造一种在与小专卖店销售商品的方式很相似的背景。为了与大型超市和折扣店竞争销量及客流量，百货店提升了人才培养和现代化设施，包括更新其室内设计。百货店经常是购物中心或商场的旗舰店或最大商店。

大型超市对美国零售业产生着显著影响。大型超市是至少有20万平方英尺、销售各种普通商品和/或食物的商店。这种类型的零售设施通常被认为是一家折扣店，虽然并非所有大型超市都是折扣店。发展大型超市的最大公司就是沃尔玛。这些机构将各种商品集中在一个开放的空间里。沃尔玛超市不仅供应一般商品，还增加了全产品线的杂货店。折扣店使用非常简单的饰面以及最少量的墙壁来将店面分区。仓储商店通过会员项目面向公众开放，是大型超市的另一个亚型。Great Indoors和Design Expo之类的大型超市专注于家居装饰品。

多数零售设施均位于中央商务区或购物中心。大投资者现在关注着现有物业的重建和高密度市区的振兴。消费者对这些地区重建为单店面商店来购物、工作、生活、娱乐予以正面回应。这些区域通常被称为混合用途生活方式工程或开发 (mixed-use lifestyle projects or developments)。图6-3是多用途设施的一个例子。城市购物中心正在被开发为商店、餐厅和娱乐的多样化集合。迎合着公众喜欢在同一个地方购物的偏好，棒球场、溜冰场以及诸如IMAX影院的康乐设施正在被建造，将更多的消费者吸引到该地区。设计了以水景为特色的园林和硬景观(hardscape)，旨在将家庭吸引到购物中心，提供休闲娱乐。[15]此外，在规划这

[14]Melody Vargas, "Retail Industry Profile," Your Guide to Retail Industry, March 20, 2005. www. retailindustry.about.com.

[15] "2002 Leaders in Retail Architecture," Retail Traffic Magazine, Sept. 1, 2002. www.retailtrafficmag.com.

图6-3　多用途设施开发。Pinnacle Hills Promenade（绘图提供：Leo A Dely）

些购物中心时，便利的公共交通也很重要。大多数这些中心都要么物业内部设有大众交通站点，要么靠近大众交通站点，以方便个人出行。

　　露天村庄理念再度成为一种流行的零售选择。基本上，这些项目星星点点地分布在小城镇的商业区，狭窄的道路和商店排列两侧，后边是停车场设施。这些零售中心包括人行道，往往还有一个带小镇广场的卖场，以及规划为办公室、社区服务、餐饮、娱乐等的空间。[16]

　　店主的一个重要区别是，购物中心里的商店将间接支付停车场和整体客户设施的开发和管理，而中央商务区里边的商店则不会。中央商务区里边的零售店要么是由业主独立拥有的，要么是连锁店，没有义务为其客户提供停车位。

　　通常有三种类型的购物中心。最小的是邻里购物中心，零售店独立拥有和经营。这些包括零售店及业务服务办事处的组合，例如那些会计师事务所或旅行社。条形商场可归类为社区购物中心，因为目前这些设施的设计趋势是为了模拟一个带有餐饮和娱乐场所、还提供个别商店的城镇中心。[17]较大的邻里购物中心通常有一个杂货店超市作为重点或磁铁店。磁铁店（也称为旗舰店）是一家吸引大量客户的大型知名连锁店。这些购物中心往往有一家磁铁店、一家药店，以及各种零售商店、专卖店、连锁店，并可能还包括小服务办事处。

　　社区购物中心设有类似于邻里中心专卖店的专卖店混合体。然而，社区购物中心通常包含一个中型百货商场或超市作为其磁铁店，而不是一个杂货铺。社区购物中心在其组合体中通常有一些连锁或特许经营店，以及剧院和个体商店。百货店不再像以往那样被视为购物中

[16] "2002 Leaders in Retail Architecture," Retail Traffic Magazine, Sept. 1, 2002. www.retailtrafficmag.com.

[17] David Sokol, "Strip Mall Strut." April 1, 2003. www.retailtrafficmag.com

心和商场的唯一磁铁店。Barnes & Noble和Linens N' Things是新型磁铁店的例子。[18]

区域购物中心——今天通常称为商场——多年来一直非常流行。它的环境——通常是封闭的——以及它网罗商店和其他产品的品目之繁多的程度已经使得它成为许多消费者的首选目的地。与小型中央商务区的商店相比，这些商场提供全方位的购物服务。

区域商场通常有两个或两个以上的百货店磁铁店，以及种类繁多的专卖店（通常是连锁店，而不是独立拥有的）。区域商场稳步增加其服务和设施的范畴。它们通常包含了美食广场、娱乐区（如电影院）、小型音乐会区，以及为假日或其他主题活动保留的一方乐土。除了复式商场之外，将其他店铺、餐馆、酒店和康乐设施建立在该区域商场的边缘也是很常见的。在不可能扩张用地的情况下，开发商为了试图提高商场面积，投资上层建设——给现有的商场空间加盖新的楼层。

明尼苏达州布卢明顿（Bloomington）的美国商场（Mall of America）是世界上最大的区域购物中心之一。由于它的大小，它被列为超级区域中心。整个商场占地78英亩，占用420万平方英尺。它包含超过520家店铺，包括4个主要的百货店、20家点餐餐厅（sit-down restaurant）、在两个美食广场上有30家快餐店设施、4间夜总会、2个拱廊、一个18洞的迷你高尔夫球场、一个14屏幕的电影院，在商场中心还有一个7英亩的过山车游乐园。Mall of America（美国商城）购物中心的更新规划包括将现有空间增加一倍，超过一半分配给娱乐空间而非具体的零售商店。酒店大楼、溜冰场、音乐厅（或许还有个赌场）正处于规划阶段。这个附加部分将被命名为Mall of America II（美国商城二期）。[19]

安防已成为消费者的一个主要关注点。商场、露天村庄以及其他功能隐藏着视频监控设备、电子传感器以及警卫和警犬。[20]建筑师和设计师需要设计能让顾客对安全和安防放心的零售空间。

商场仍然是消费者首选的购物设施。商场在努力吸引年轻消费者，为此也正在融合进娱乐场所。然而，互联网、目录和有线电视正在改变着购物环境。这些非传统的购物场所让消费者能在家购物，从而避免出行并节省时间。这影响了对传统购物中心的使用。

规划及室内设计元素

本节的材料给学生和设计职业人士提供了小型零售店室内设计中必须考量的、与基本规划及设计元素有关的背景。虽然本讨论侧重于小型零售店，但这些设计元素可以应用到更大的商店的设计。商店的特定门类将影响这些元素如何被应用。商店的内部设计中必须考虑的要素是店面商品陈列、空间分配和流通、家具及夹具、建筑装饰、照明设计以及法规。

店面采用什么类型的窗户的决策往往取决于被销售的产品。例如，服饰店必须有一个窗

---

[18]David Bodamer, "The Mall Is Dead, Long Live the Mall." Retail Traffic Magazine, April 5, 2005. www.retailtrafficmag.com

[19]J. Mans and S. Larson, 2005. Simon Property Group, www.simon.com.

[20]J. Mans and S. Larson, 2005. Simon Property Group, www.simon.com.

BOX 6-1　零售店外观设计

店面的外观设计呈现出商店的第一主要印象，不论视线是来自街道，还是来自商场提供的广阔走廊。商店的建筑外观设计的目的是为了吸引眼球，创造产品曝光的最高水平，并给外边提供最大限度的可视区域。影响商店外观的设计理念包括建筑外观设计、标牌、商店橱窗和入口。

外观设计吸引顾客进店的主要方式是通过店面配置。图6B-1提供了三种基本的店面配置的例子：直线型、角型和拱廊型店面。[21]直线型店面的优点在于，它不减少室内销售空间。角型店面让消费者以更好的视角观看商品，减少了窗口的眩光，这使得展示品更易于查看。拱廊型店面有几个凹陷的窗口，从而增加了商店的橱窗陈列面积，并减少眩光。室内设计师最初将指定展示窗口的材料，作为店面配置的一部分。选定的材料规格必须能为商品创造出一个合适的背景，吸引顾客进店。个别零售商店更偏爱背景封闭的展示窗口或者能看到商店里边的开放式展示窗口。视觉系展商创建了不断变化的窗口展示，往往可能会改变展示窗口使用的材料。

店内标牌是吸引顾客进店的另一种方式。为了提升出售的商品的特性展示，精心设计的标牌是必需的。标牌或店面标识被定义为店面或业务的户外广告，描述广告商提供的产品或服务。理想情况下，外部标牌应解释名称、位置以及商品类型。零售特许经营及连锁店已经确立了商标和/或标牌，由于大量的广告投入，公众能立即识别出这些商标和/或标牌。较小的零售商店可能聘请专门从事零售标牌的平面设计师，来开发他们的标志和书面图形。偶尔，室内设计师将被要求制定理念。

窗口用来做给商品打广告。斜面、阴影盒、高架和岛屿是常见的窗口类型。[22]它们如表6-4定义。零售商强调展示窗口，因为销售量受到窗口和展示的有效设计的影响。大多数零售商更喜欢能看到商店内部，而非挡住视线的窗口展示区。

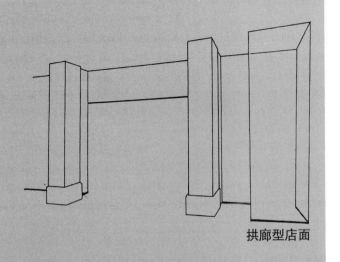

拱廊型店面

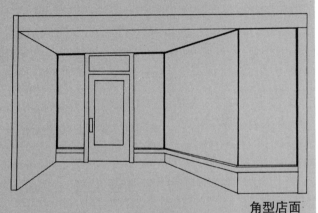

角型店面

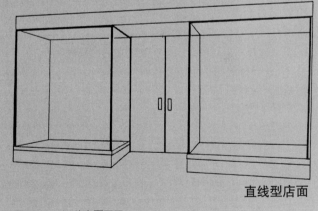

直线型店面

图6B-1　三种店面配置

[21]Lewison, 1994, pp. 276–277.

[22]Lewison, 1994, pp. 278.

表6-3　展示窗口的常见类型

■ **斜面窗口**：展示窗口，展示楼层后端比前端高，形状为楔形或层叠形。常用于鞋店和饰品店。	■ **高架窗口**：展示窗口，高出地板12~36英寸。
■ **阴影盒窗口**：展示窗口，较小、与眼相平。完全封闭，往往用于珠宝店。	■ **岛屿窗口**：与拱廊型店面结合使用的四面窗口。常用于服饰店，因为能从许多角度观看产品。

口，展示完整的人体模型，从而保持真实人体大小的展示。这往往让商家增加鞋子、手袋、配饰、鞋帽以及一般衣物的展示。珠宝店展示窗口必须在人眼视线以内，从而使得眼球集中在展示窗口中小得多的物体上。可以提升照明，将光线投射到盒子上，营造出微型剧场的效果，当使用阴影盒窗口时，有助于吸引消费者。一般而言，展示窗口的照明应该灵活，以允许进行各种各样的展示。

　　商店入口的设计包含在与商店整体外观形象有关的决策之内。许多商店业主将入口视为商店的视觉吸引力以及市场辨识度的一个重要组成部分，通过创建一个招徕客人的、令人宾至如归的、富于诱惑力的入口能强调入口门的风格。例如，Elizabeth Arden Salons的红色大门、Cartier镀金的褐红色大门都是这些店铺的重要标志。门只是入口的一部分。设计师还必须考虑照明以及不计其数的法规要求，包括不使用台阶、使用防滑地板材料、门宽度足以应对所有出入交通、入口处不至于堵塞。[23]在理想情况下，入口门必须能让顾客看到室内的至少一部分。然而，这可能受到地点、法规、气候及其他因素的控制。

商店商品推销

　　商品展览及夹具的物理布局，以及建筑表面及元素的规格，对于商店成功来说至关重要。然而，关于零售店总体规划和室内设计的所有决策，都在相当大程度上受到将出售的商品、商店业主期望吸引的顾客类型的影响。为了找出是什么吸引着顾客走进商店，以及商店内哪种交通模式有效，得做大量的市场和商品调研工作。还必须就商品展台高度、指定何种材料来通过视觉、触觉、声觉吸引力招徕客户展开调研。

　　商品按照生产线分支分组。每一个分支里边是三类商品：必需品、便利品、冲动品。必需品通常是一件必不可少的物品，鼓励着大众进入店铺。例如，衣饰店的套装、裙装和T恤。再比如，家具店里的床或沙发。小商店的零售商往往囤积必需品，因为这些物品转手快、能稳定盈利。便利品被重复使用——例如，衣饰店里的针织内衣，以及家具店里的灯盏。冲动品是计划之外的购物，依赖于良好的展示——通常在销售点。例如杂货店收银台边的糖果和口香糖。

　　在给商品分配空间的过程中，室内设计师在做出空间决策时还需要意识到两条商品推销方式：模型存货法（model stock method）以及销售/生产率比值法（sales/productivity ratio method）。在模型存货法中，零售商决定存储期望数量的商品所需的楼面空间量。在销售/生产率比值法中，零售商基于每组商品的销售额每平方英尺来分配销售空间。零售商/商

---

[23]Lewison, 1994, p. 278.

人决定采用哪种方法。这一信息直接关系到固定的以及灵活的夹具的位置及空间规划，并直接影响着室内设计方向的其他商品之间的邻近关系。

视觉营销（visual merchandising）是商品营销的另一面。视觉营销是在商店橱窗内以及销售空间的其他位置展示（图6-4）。视觉营销的目的是一旦客户进店来，就鼓励达成销售。视觉营销师或展示设计师（以前称为展示工作人员或窗口西施）被录用来专管视觉营销的卖场。一个有才华、富于创意的展示设计人员可以凭借着设计师在展示窗口和其他展示工作的声誉把顾客带进店来。

视觉展示这种方法可以创造利益，将产品暴露给消费者，提升了产品的外观，提供信息，辅助销售交易，并增加销售额。许多商品展示还能作为存储空间，因为所有的备用存储空间都可能被用作展示。视觉营销被视为非媒体广告形式，因为它有助于为客户创造店面形象。

作为视觉营销师开展工作的室内设计师有着迅速地开发、增进组合式工作的绝佳机会。这是那些需要提高他/她的工作经验、积累组合式工作项目（特别是在家具店）的入门级设计师的一个很好的工作职位。

图6-4　真人姿势的人体模型常被用来展示商品，如上图所示纽约城Tommy Hilfiger秀场。(设计/图片提供：Peter Gisolfi Associates, Hastings on Hudson, NY)

空间分配及流通

零售商店的空间一般归类为销售空间和非销售空间。销售空间是所有设计用于展示商品、客户与人员进行互动的空间。它类似于酒店设施里的前台空间，虽然在零售业里没有这么称呼它。非销售空间包括诸如库房、办公室等，以及不用作商品的直接展示或销售的空间。零售商的主要关注是销售空间。图6-5提供了销售空间及非销售空间的基本结构示例。

在考虑如何决定商店的销售及非销售空间时，基本准则列于表6-5。在辅助店主作出商品交融、灯具类型、灯具位置、建筑饰面和室内标牌的有关空间分配时，必须考虑到这些准则。

零售商的一个重要目标是把商品摆在其理想的销售地点。这个目标与店面的空间规划直接相关。商家常常与室内设计师就销售空间内商品的大致位置进行讨论。将客户暴露在所有商品面前、诱惑客户购买更多的物品是从事空间规划的室内设计师的一大挑战。例如，将批量必需品置于远离入口，迫使顾客在抵达预定物品之前走过便利和冲动品。便利品通常位于商店的中段某处放置。冲动品通常靠近销售柜台/收银处，或靠近入口。放置不同类型的商品的其他重要考虑因素是商品的成本以及有关盗窃和安防方面的考量。将商品放置于何

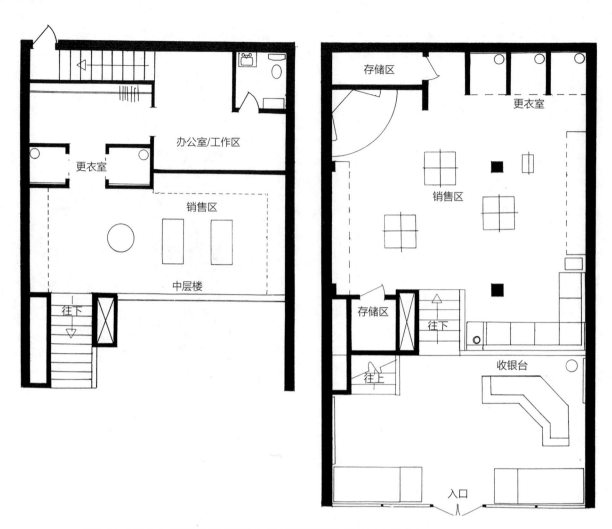

图6-5 三级自由式系统的楼层平面图，展示了装置摆设灵活性方面的潜力。大部分空间用于销售区，小部分非销售区用于办公室和存储区。(平面图提供 : SOI, Interior Design)

处是高度灵活的，并且依赖于商家以及产品结构。关于在何处放置商品的最终决定基于两个因素：对商品曝光的需求（如是冲动品还是便利品），以及零售商预期的客户形象、他们的年龄组及购物频率。

　　流通及交通模式建立了通道的布局以及商店内夹具的位置布局。营销研究表明，人们通常会在进入商店后右转。设计师还需要吸引顾客到左侧，以减少单向通行。许多零售商都承认，商品的最佳位置往往与客户在店内的交通模式有关。

　　从商店入口处能方便地访问到所有销售部分是非常重要的。小型零售店通常使用延伸到商店长度的单通道。如果是大商店，小过道分支从主通道分出来，不论主通道直接通过商店的中心，还是作为径向主通道创建一个圆形的交通模式。除了最小的门店之外，帮助确定商店布局的交通模式将采用如下三种基本模式之一：网格、自由流、精品店系统。

　　必须处理大量圆柱的商店经常将过道和存储装置的内部布局规划为使用网格系统（图6-6）。网格系统可以在这个有些局限性的结构系统内更容易地找到夹具及过道。不过，由于圆柱的必要性，过道模式给整体平面图提供的灵活性很小。

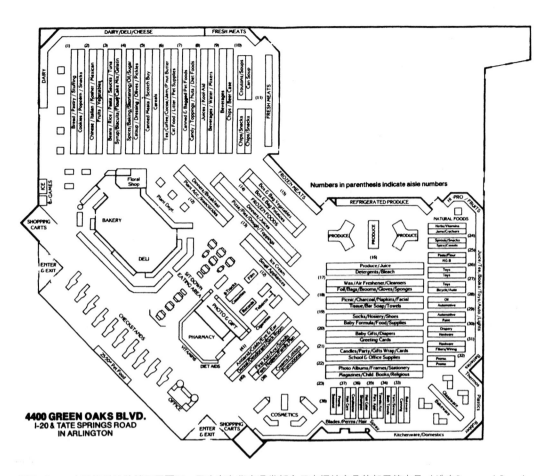

图6-6 一个网格系统的楼层平面图,里边有杂货店通常都会用来摆放商品的架子等夹具。(选自Barr and Broudy, Designing to Sell(《从设计到销售》). Copyright © 1986。经McGraw-Hill Companies许可后重印)

图6-5也是自由流系统的一个例子。该规划系统可以很容易地移动展示品及装置,这是优于小商店的一个特别优势。推荐自由流系统是为了最有效地利用空间,尤其是在小商店里,因为可以很容易地改变展示品,并能针对商品库存量进行展示。

精品店系统将销售区划分成单个半独立区域,每个区域可能围绕着一个购物主题,专注于产品的个性化(见图6-7)。它在高档商场很受欢迎。个性化服务、独特性和氛围都被认为是规划、营造出精品氛围的重要元素。

虽然这些系统对于小商店都是奏效的,但它们也是大型商场规划的重要元素。然而,在大商店里,楼梯、自动扶梯和电梯增加了规划组合的复杂性。这些交通元素的布局在将顾客吸引到商店其他部分方面起着重要作用。它们必须便于访问到,满足法规要求。自动扶梯通常成对安装,一般设在销售区域的中心。它们能有效地给购物者提供商品概要。开放的楼梯往往位于销售空间的后部,在客户走过主楼层经由楼梯到达上下楼层的过程中让更多的产品暴露在客人面前。电梯经常被放置在平面图边缘靠近楼梯的位置上。自动扶梯、楼梯和电梯的位置都具有战略意义,在客户观看商品时能提升客户的流动。

在规划非销售空间时,首要考虑是在表6-5中提到的几点。此外,设计师必须要警惕店内商品处理过程。在卸货点卸载商品后,在检查、标记,然后送到存储区或销售现场的过程中应该遵循交通模式。可能需要额外的存储区来储存本季不再出售的淡季产品,以及为预约

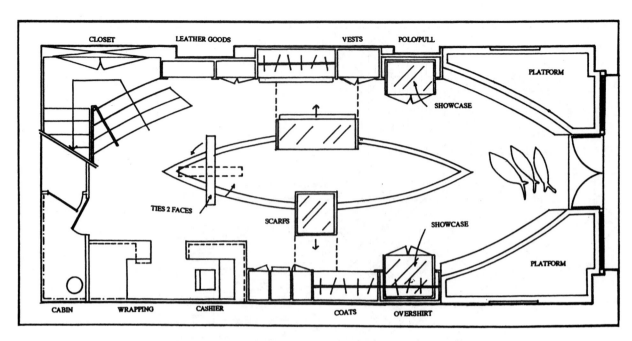

图6-7 精品店系统的平面规划图，展示了对空间的创意利用。（ 平面图提供：Jean-Pierre Heim & Associates. Paris. New York. Jean-Pierre Heim and Galad Mahmoud Architects. DPLG. Paris ）

品提供空间，这在小服装店里很是流行。服务员必须有工作空间来履行自己的职责。根据商品类型和商店的着眼点，更衣室、试衣间（fitting rooms）、检查商品、管理职能（如会计和采购）也都需要空间。大多数商店，无论大小，还需要为保管功能留出一些空间，为员工留出厕所（本地法规将确定是否需要客户厕所），并可能有间休息室或有个休息区让员工存放个人物品。

表6-5　销售及非销售空间的分配准则

销售空间的考量因素	非销售空间的考量因素
■ 最有价值的空间是店门口附近。	■ 决定最初需要存储多少储备量。
■ 一楼空间比地下室或楼上的空间更有价值。	■ 将存储区规划在销售区的外围，以便于进出。
■ 沿着过道的空间比周边的角落空间更有价值。	■ 协调新商品落地及客流，以避免干扰。
■ 主过道或中央过道比周边的或旁边的走道更有价值。	■ 请确保商品出店方式不至于干扰销售区。
■ 眼平面空间比高于或低于眼睛的水平空间更有价值，尤其是对新商品而言。	■ 包含进行对接、上货、卸货的设施，将卸货点保持在屋顶或天幕下。
	■ 在大商场里，传送带将物品从接收点运送到服务区，然后在服务区被标记并放入存储区。
	■ 提供存放运输卡车的空间，并使物品与接收区分开。

夹具和家具

大部分零售店一般都包括各种商品陈列家具。根据商品和商店的不同性质，可能需要其他家具物品。本节侧重于夹具，因为它们是主要的家具物品。

商品陈列在多种柜台、衣架、屏风系统、平台上，以及独立的柔性夹具上。这些不同类型的陈列设备通常称为陈列夹 (display fixtures)，也用于存储、保护商品。室内设计师的共同目标是在商品陈列装置的选择和规格方面提供富于创意的设计方案。夹具应该让单位面积的销售楼层能陈列尽可能多的商品，同时还不显得拥挤。陈列夹具还应该使用灵活，易于移动。定制橱柜和夹具在零售店里很常见，室内设计师还被要求为商品绘制图纸（图6-8a、图6-8b）。

有几种常见类型的夹具，要么是定制木制品，安装在墙上，要么是独立单元。岛型夹具 (island fixture) 是一个三维柜台，用于陈列、展示各种各样的配饰，如珠宝、围巾和手袋，以及化妆品。槽板夹具 (slatwall fixture) 用于展示各种商品，包括服装。各种支架与板条墙一同用来展示多种商品。在季初，商品库存量增加，商品分组可以靠得更近些。然而，随着库存减少，可以在板条墙上移动支架，营造出空间感，并淡化库存减少的感觉（客户往往将库存减少诠释为残羹剩饭）。

独立式夹具能让客户从四面八方接近。最常见的独立式夹具是双向的、四通的、吊舱的、螺旋线和圆形的。双向夹具是一种落地式夹具，能让商品从两个方向上悬挂在架子上（图6-9a）。四通夹具是落地式夹具，能在架子上从四个方向上（图6-9b）悬挂货物。通常，新商品展示在双向或四通夹具上，尤其是在服装店里。例如，可以在四通夹具上展示运动衬衫、裤子、短裤的新组合。圆台通常受到降价品的青睐，一般位于商店的后部，这迫使客户途经新商品。螺旋型夹具 (spiral fixture) 是一个垂直的曲线夹具，常常是金属制的，带有均匀间隔的钩子，以钩住衣物配饰，如皮带或围巾。吊舱型夹具 (gondola) 是一个三维的开放式格架单元，能从四面八方接近。吊舱的平均高度为离地48~54英寸。在各种零售店里，它可以用于陈列多种商品。除了定制设计的装置外，还有其他独立式夹具，个别商店可能需要它们。

时下，商店一般都有一个计算机化的收银区，客人会将购买的商品都拿到这儿来。这个柜台也需要适宜的空间，以包装商品或将商品装袋。定制橱柜的设计必须考虑到可访问性要求。珠宝店可能有几把小凳子，让客户能坐着看珠宝。服装店应该提供一些舒适的椅子。当然，体育用品店的鞋区将需要板凳或椅子。显然，基于商品交融，这些都只是销售区所需的其他物品的少数几个例子。

材料及表面处理

对零售店里的室内材料和表面处理可以做很多工作。室内设计师可以将不计其数的选择编排成一个有效的销售空间，然而，这些选择取决于零售商要求的氛围，应当在首次与客户会谈时就对此予以讨论。大多数商家都希望自己店里的材料和配色方案与时俱进。零售商约每5~7年就改造、更新自己的销售空间，来为他们出售的产品打造"当前的"形象和氛围。

图6-8a Schedoni（位于佛罗里达州Coral Gables）的透视图，展示了为这家高端商店规划的陈列橱柜。（绘图提供：Pavlik Design Team, Pt. Lauderdale, Florida, 954-523-3300, www.pavlikdesign.com/info@pavlikdesign.com）

图6-8b Schedoni完工后的照片。请注意有各种灯具来突出产品，以及过道和室内构架。（照片提供：Pavlik Design Team, Pt. Lauderdale, Florida, 954-523-3300, www.pavlikdesign.com/info@pavlikdesign.com）

　　为零售店指定的产品和设计元素可能成为商品的简单背景，或者可以让它们营造出视觉上更为活跃的销售空间。最常见的是，零售店里的墙壁采用经过某种表面处理的石膏板来装饰。但是，设计理念可能包括使用砖石和木质镶板（仅举这两个选项），以更好地体现商店理念。基于店主或管理层描述的理念来指定这些材料和表面处理。例如，如果零售商想要一个安静的购物环境，那么将指定诸如高密度地毯之类的材料，同时在墙壁上使用商业级的高档面料。如果零售商需要一个高能量的环境，那么更为坚硬的表面（如瓷砖地板或木地板、镜面墙以及最少的软座）将是适当的。在为建筑饰面选择材料时，请记住，柔软的多孔材料吸收声音，硬质的刚性材料则反射声音。

　　虽然颜色选择看似无限，但大许多商店要求使用某些颜色或色调。对于连锁店和特许经营店的店主们来说尤其如此，因为他们必须基于严格的企业指南来复制店面的内饰。在其他情况下，零售商能选用产品线已建立

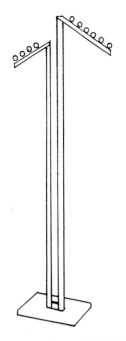

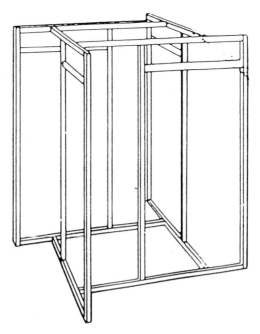

图6-9a 双向夹具，带有有角度的垂线，以便于查看、展示产品。(插图提供：SOI, Interior Design)

图6-9b 四通夹具，常被服装店用来展示配饰。(插图提供：SOI, Interior Design)

并确定了的标识和颜色选择。通常情况下，为大平面 (作为商品的背景) 指定的颜色是无色或中性色。可以用深颜色的墙壁、天花板和地板来打造引人注目的内饰 (如果它反映了商品交融及目标客户的话)。如果零售商要求特定的主色，那么室内设计师必须确保它与商品的颜色变化不相互作用或相冲突。这对于服装店来说尤其如此，因为时下服装市场上的商品变化更加迅速。零售商认识到颜色和配色方案在表征某些期间或年度方面的价值。内饰使用的多数颜色将给商品投射某个色调。为了避免这个潜在的问题，墙壁和地板往往采用无色或浅中性色。

照明和安全问题

照明的主要目的是为了提升商品展示。照明系统可显著增加消费者对展示的产品的正面反应。拙劣的照明或照明设计会削弱产品的视觉质量，导致商品销售减少。(有多少次，您为服装店苦苦寻觅所期望的特定类型的照明灯具，以确保服装的颜色搭配？) 室内设计师或照明设计师小心翼翼地规划整个店里使用的照明灯具和灯盏的类型，以最好地炫耀本店商品，这是非常重要的。

在销售区里，使用三种基本类型的照明，与展示的商品种类直接相关：普通照明、重点照明、外围照明。首先，商店需要某种类型的普通照明，以提供全面的可视度。各种各样的多种灯具都能做到这一点，取决于商店和商品的类型，需要20~60英尺烛光的照明水平。第二种照明类型在推销商品方面很重要。重点照明对于给展示品增添视觉冲击力来说是必不可少的。尤其是这些照明灯具引起人们注意到展示品。这通常用轨道灯来实现，因为可以很容易操控灯具，以突出不断变化的展示品。在服装店里，要警惕把灯放得过于接近产品，因为这样做可能使颜色或面料发生扭曲。在照明灯具改变最小的区域里，可以将凹灯和洗墙灯 (wall washer) 用作外围照明，以将人们的注意力吸引到墙上的陈列品和商品。

销售所需的照明水平的建议值随商品的类型和使用的颜色而变化不一。据北美照明学会 (Illuminating Engineering Society of North America, IESNA)，商品销售区建议30~60英尺烛光。[24]例如，在用灯光展示的精品服饰店里，特定的照明范围可从60到90英尺烛光，主展示区则具有较高的照明水平。[25]

本地法规也可能会在耗能方面影响到照明设计。大型商店（如杂货店）一般都将每平方尺瓦数限制到低于2.0。[26]根据商品的不同，较小的专卖店被允许的下限值往往更高。设计师必须确保照明规划不仅在功能上提供了所需的照明水平，而且还满足了司法管辖机构对能源效率施加的任何限制。

零售商的另一个主要关注是安防，因为他们力求遏制顾客盗窃或行窃、员工偷窃、入店行窃、抢劫。商店行窃 (shoplifting，指的是从商店偷窃商品的行为) 以及其他类型的盗窃是零售行业的一大难题。全国零售安全调查 (National Retail Security Survey) 报告说，店内盗窃每年让美国零售商蒙受超过310亿美金的损失；48%是不开心的员工，只有31%是扒手/客户盗窃。[27]零售商试图使用反射镜、限制进入区、保安、电脑收款机、观察亭、电子标志、电视监视器以及试衣间服务员来阻止盗窃。虽然79%的零售商出于安全考虑而使用镜子，但研究已确定，镜子只在2%的情形下有效。[28]

最有效的安全措施是电子标志。电子标志归类在无线射频识别 (radiofrequency identification) 这个术语下边。将含有能够发射无线电信号的电路的标签粘贴到高价商品上。如果在出售时不清除或停用该标签，那么在出口就会报警，提醒销售人员有人盗窃。另一种电子标志或标记设备可以将价格编码到票据里。还有其他标记由光学字符识别 (OCR) 系统进行处理。设计师和零售商必须确保不得将价格高昂的商品放得太靠近出口，除非电缆线连接到了夹具上，或商品被锁定在展示柜内。除了包装商品和收钱之外，出于安防方面的考虑，收银员/销售柜台的人员还必须从这个位置监视店内。

法规要求

商店的规模及其建筑类型将引导法规要求。在国际建筑法规 (International Building Code) 中，零售店的用房分类是商品用房 (Mercantile)。展示厅、商场、百货店、杂货店和并非简单仓库的批发商店是归类为商品用房设施的其他例子。零售店还必须满足可访问性要求。其他法规（如电气和管道法规）也适用于商店。在店面坐落在混合用房设施（如酒店）的情况下，法规要求可能略有不同。对于特定项目，读者务请核实当地法规要求。

采用全高隔墙构建的走廊在零售店里不太常见。过道更有可能成为交通路径和商店出口。回想一下，过道被定义为可移动的家具或设备形成的、非封闭的交通路径。[29]过道可视

---

[24]Steffy, 2002, pp. 80–81.

[25]McGowan, 2003, p. 505.

[26]Karlen and Benya, 2004, p. 126.

[27]Marlene G. Albert, "Security Issues," Retail Industry. April 6, 2005. www.retailindustry.about.com

[28]Lewison, 1989, p. 237.

[29]Harmon and Kennon, 2005, p. 134.

为零售店出口通道。如果是这种情况，那它们必须足够宽，以满足店内负载，类似于出口走廊。净宽至少为36~44英寸。可移动夹具之间的空间要求由本地司法管辖法规确定。

材料和饰面的选择也有与火警及建筑法规相关的一些限制。在几乎所有情况下，墙壁和天花板的建筑饰面必须是A级或B级。为了消防安全，地板必须符合I类或II标准。鉴于商品形式的商店中有大量可燃材料，室内设计师在照明灯具的位置和规格方面得非常谨慎，以确保炽热的灯盏不会引起火灾。应根据当地法规规定，慎重选择给墙壁或天花板增添了兴趣的装饰灯具处理，以减少火灾隐患。

楼梯和高架地板区的设计必须同时顾及可访问性和安全性。需要为凸起区设置栏杆，除非当地司法管辖区允许采用替代方式。还需要坡道来确保能访问该凸起区。通往凸起区的楼梯使用的材料需要与其余地板表面使用的材料有所不同，以有助于防止跌倒，并有助于识别出凸起区（这可是关系到可访问性要求的）。必须就零售店凸起区的规划咨询当地司法管辖区的法规官员。

零售店还必须提供厕所设施。小商店只需要具备一个中性厕所设施。大型商店必须为男客和女客提供单独的厕所设施，同时为雇员和公众提供一个或多个夹具。商品用房不需要为员工和公众提供分离的设施。厕所设施必须符合可访问性标准，至少可以去一个厕所设施（如有必要，为男女分别提供一个）。

这个简短的讨论并未涵盖针对各种零售场所的所有法规要求。与往常一样，室内设计师准备的图纸和式样必须满足该设施及其所在地的当地法规。

设计应用

基于出售的商品的种类，有众多的零售店。有许多商店出售服装、配饰、床上用品等软商品。软商品（soft goods）也称为软线（soft lines）。诸如家电、家具、体育用品等产品通常称为硬商品（hard goods）。在"规划及室内设计元素"一节中已经指出，不论出售的商品类型如何，零售店规划的许多元素非常相似。不过，在本书中讨论每种零售店的特定设计应用是不可能的。

看看前一节中所讨论的规划及设计理念如何应用于特定设施是很重要的。本节"设计应用"侧重于小服装店和家具店。在这些类型的商店里，可以将与软线和硬线都相关的具体问题作为特定门店的商品交融的焦点来讨论。对于学生和专业人士来说，它们也很面熟。本章以对礼品店和美容院的室内设计需要的一个简短讨论作结。

服装店

由店主制定的商品销售理念是早期的原理图设计以及店面规格的关键。零售商将给室内设计师提供关于在何处给商品分组的信息，以帮助顾客寻找、挑选商品。在准备服装店室内设计的图纸和规格时，室内设计师的职责之一是将商品区组织成逻辑销售组，分配有利于销售的空间和设计布局。换言之，室内设计师必须使购物体验具备逻辑性、全面。小服装店的设计元素与许多大型服装店规划时使用的元素相同，包括空间分配和交通路径规划、夹具规格及位置、销售面积规划、更衣室和非销售空间的位置、色彩和材料规格、照明。

小服装店内的一个关键问题是最大化商品展示及销售空间，因为这代表着创收空间，就像饭厅代表着餐厅的创收空间一样。零售商请求将尽可能多的空间用于商品展示及销售，同时将少量空间分配给非销售功能。在原理图设计的空间规划这一部分，室内设计师必须将最灵活的、功能最强大的规划提交给客户。但要记住，在服装店里，取决于出售的是何种商品，存货量差别很大。为此，设计师需要使用这些夹具来规划空间，从而使店主或经理在商品陈列上具有最大的灵活性。

在男装店和女装店里，近距（close proximity）这一空间规划原则相当有效。[30]由于这种类型的商店里边有各种各样搭配使用的物品，那么这些物品可以逻辑地组织在一起或在展示时靠近彼此——近距。例如，上衣和其他上装放在裙子、裤子、夹克以及配饰（如腰带和围巾）附近。在男装店里，领带、皮带和裤子都放在衬衫附近。相关商品的近距展示能让店员轻松访问，并具有增加产品销售以协调全套服装外观的潜能。此外，室内设计师往往会将三路反射镜放得很靠近，以搭配商品，劝说客户离开更衣室，从大镜子里查看全套服装搭配。这种近距使销售人员有机会售出更多的物品，完成全套搭配。

在服装店里，影响空间规划的整体程式设计信息的一部分是必需品、便利品和冲动品的预期数量及组合。在服装店里，必需品的例子是大衣、连衣裙和西服；便利品是手套、毛衣、领带和袜子；冲动品是服装饰品、围巾、手帕，以及其他配饰。这些不同的商品交融及数量需要不同尺寸、类型的展示夹具。很明显，这些夹具的组合将会对销售空间的整体规划产生影响。

高价服装店可能不时有真人秀（trunk show）。真人秀是时装设计师或制造商进行的商品展示。如果由店家员工来进行真人秀，那么在更衣室附近的座椅边可以设置一个很小的空间。如果由受邀请的客人来进行真人秀，那么可移动的夹具及小型休息单元能更便于在店内举行这些秀展。

通常使用自由流交通模式系统来实现服装店内的流通及交通路径，因为它灵活，具有创造性地布置夹具的潜力，并且节省使用的空间。这种交通模式系统还考虑到了展品及夹具的快速变化。多数小零售店使用一个单一的、笔直的、通过店面中心的过道贯穿至整个商店长度。取决于夹具的布置，过道可能有所不同。主通道通常长6英尺，分支3~4英尺不等。在小服饰店，可能用楼梯来划分销售空间。请记住，可访问性要求可能会影响楼梯级数，以及到凸起区的路径。在较大的服装店里，必须能便利地到达楼梯、自动扶梯和电梯，并且它们还是决定交通模式的重要因素。

一旦确定了基本商品分区和预期的交通模式，那么就选择、指定柔性的或者固定的陈列夹。在服装店最常用的柔性夹具是双向式、四通式、螺旋型和圆型。服装店主要将板条墙和模块化外围框架用作固定式夹具（fixed fixtures）。吊舱型夹具也可以用来展示折叠的物品，如男装店的衬衣或女装店的毛衣。

由于商品量随不同季节而变化，服装店的夹具能灵活地、最佳地展示不同产品是很重要

---

[30]Note that "in close proximity" is also used in many other types of retail stores.

的。做到这一点的一种方式是在4英尺模块上规划零售店，以适合于可从夹具供应商获得的标准零售固定式夹具。陈列夹具和柜台之间的间距将受到司法管辖机构法规和可访问性要求的影响。可移动的夹具被认为是家具，夹具之间过道的尺寸有一定的灵活性。不过，室内设计师在规划夹具布置时应充分考虑到顾客的舒适性、通道和安全。

　　服装店除了商品夹具之外，总还有一些家具物品。最常见的是椅子、凳子，或靠近三面镜或梳妆区放置的沙发。放置这些座椅是为了方便购物者的陪伴者。椅子的大小——最常用的座位单元——得比较小，而且其构造不得使它们翻倒或滚动。座椅单元的指定还应考虑到适应不同体积大小的人。它们的规格和位置不得使它们危害到在附近闲逛的客户。软垫座椅更舒适，在高价位的、出售高档商品的商店里更为普及。张开双臂的椅子营造的视觉分量更轻，有助于让上了年纪的客户使用椅子。有时为精品店指定人行道。

　　销售空间的一个重要设备是收银/包装台或柜台（图6-10）。设计师将定位收银台、商品包装区，以及收银区域内所需的存储区。收银/包装桌几乎总是由室内设计师设计的一个自定义橱柜，以满足店主的要求。设计师必须从零售商那儿获知这个空间将被如何使用的尽可能多的信息，以最好地满足零售商的需要，这是很重要的。

　　通常双层柜台是首选，上层外侧部分用于检查书写，内侧部分用于POS机、现金抽屉、销售员作记录、礼品包装（图6-11）。较高的台面通常至少42英寸高，并且保留用作销售员作记录、礼品包装的较低柜台空间在建造时采用标准柜台高度，即36英寸。此外，通常提供一个较低的、较浅的搁板，位置适宜于让客户搁放手袋和包裹。较高的柜台区考虑到了收银机或现金抽屉的更高安全性。可访问性标准将要求柜台的客户部分不高于34~36英寸，或

图6-10　为Daniel服装店定制的大收银/包装台。请注意开放空间等高端元素，提升了奢侈感。（照片提供：JGA。摄影：Laszlo Regos）

图6-11　为Scarlet Tassel定制设计的更小的收银/包装台，描绘了上下两层：凸起的外层用于检查书写，内层柜台用于包装和收钱。(照片提供：Moldovan Interior Design。摄影：Chris Little)

者提供高度不超过36英寸的辅助柜台。请记住，将落脚空间包括进整个柜台区域内，以让顾客和销售人员能笔直站立。

在大多数商店里，收银/包装台带有一台计算机化收款机。这些专门化的电脑将帮助店主或经理执行许多管理控制功能。除了打印销售收据外，电脑会保持准确的库存信息，从而能更快地订购新商品。电脑还能帮助小店主的问题簿记及会计功能。说到使用店内的电脑，请记住，指定防止眩光或显示器面纱反射的照明是非常重要的。

在颜色和材料的选择上，服装店与其他零售设施有点不同。如前所述，墙壁、地板、天花板的颜色不在商品上投射特定颜色的色调是很重要的。最好总是给室内的大表面指定无色和中性颜色。要避免商品颜色失真。鉴于大多数墙壁经常被展示的服装覆盖着，因此中性背景的墙壁是很常见的。色斑（color punches）可能是适当的重点，如收银/包装台后面。

地板材料的指定应意识到安全，并提供相应的设计诉求。如果商店直达户外，那么在门口需要防滑垫。接近门的地板也应指定为防滑。地毯提供舒适和风格，是许多服装店的常用材料。地毯拼片可用于在地板表面上创造出有趣的设计，如果空间足够大到能被有效地看出来的话；然而，有图案的地毯可能让人们的注意力从商品上转移开。地毯拼片仅用于不会招致客人前来的位置。请记住，虽然木地板保暖又美观，但还需要额外的维护。

照明也会影响颜色，指定的照明必须能颜色高保真、保护某些纤维褪色。聘请一个能为零售服装店各种产品指定照明要求的照明设计师对于实现这一颜色高保真再现是很重要的。室内设计师应参与指定在商店中使用的灯具。例如，如果天花板为白色，而凹陷式照明器材的边缘是黑色，那么对比度可能在天花板上产生太多的图案和视觉行为。

在编制照明规划和规格的过程中，设计师始于客户的照明目标。当然，在规划中照明度可以考虑采用标准的建议值。照明度的建议值包括以下内容：收银员结账，50英尺烛光；商品特征展示，100英尺烛光；商品区，30英尺烛光。

通常情况下，客户希望照明规划能诱使客户从一个区域移动到另一个区域。零售店里的照明需求和解决方案可能非常有创意，依赖舞台灯光效果增加兴趣和兴奋感。冷阴极管（霓虹灯）灯泡用于重点照明，如标牌或某些图形展示，增加地点的兴奋感，并吸引顾客的注意力。在移动将要被用于展示的夹具或人们关注的焦点时，轨道上的白炽聚光灯提供了灵活度。如果商店足够大，高密度放电灯可用于整体性的普通照明 (图6-12a和图6-12b)。

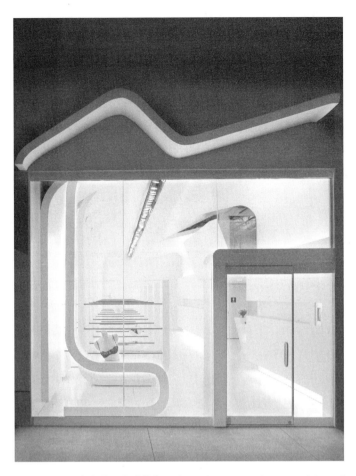

图6-12a 一家商店开张前的外观。(Randy Brown Architect and Assassi Productions)

图6-12b 同一家商店的内景。对空间的创造性使用和白色背景使得焦点落在待售商品上。(Randy Brown Architect and Assassi Productions)

最后需要注意的销售空间需求就是更衣室。每个更衣室都需要有凳子、椅子，或者工作台，用来悬挂手袋或配饰的架子、几个挂钩和一个穿衣镜。隐私也是一个问题。在大多数小服装店里，零售商更喜欢分别成120°角的三向镜。它应设在销售空间，让店员向客人建议其他商品，以提升整体形象。必须至少有一间更衣室符合可访问性标准。

不论服装店大小如何，一定量的非销售空间是必不可少的。大商店为非销售需求分配的空间比小商店多。然而，非销售面积越大，留下的创收空间就越小。非销售空间必须审慎规划，以避免浪费宝贵的空间。

服装店里的非销售区提供接收、签署进货的设施，以及进行拆包和商品检验的设施。根据商店的经营理念，商品的准备和修理工作也可能在后边的非销售空间完成，包括熨烫、缝纫、维修工作，以及将新货挂在架上然后再拿到前边的销售区。

行政活动 (如订货、审计、广告、信函，以及处理和储存预约购货) 也需要空间。如果规划有存货区，那么需要空间来用于存储多余库存、清洁用品、箱、包、簿记文档和销售票据。参见图6-5的非销售空间平面图。必须给机械设备 (用于加热、冷却、照明和其他用途) 提供空间。一般都为客户提供公共盥洗室设施。

带来了可观收入的另一种类型的服装店是童装店。室内设计师应该记住，上面介绍的基本理念对于童装店也是适用的；然而，会使用更小规模的家具和可容纳孩子和家长的更衣室来指定某些元素。有些商店包括小型游乐区。必须小心谨慎地设计这个空间，以确保安全，并减轻责任。一个没有监督的、孩子可能受伤的游乐区是一个潜在的责任。

有几项法规要求要予以突出。记住走道设计得满足可访问性要求和出口访问要求。这些标准已经在上述"规划及室内设计元素"一节的"法规要求"小节讨论过。收银/包装台必须能容纳到达柜台前的顾客。必须能访问至少一间更衣室，基于商店的平方英尺数，可能得另外还有更衣室。根据所使用的门的类型，更衣室需要至少有54英寸×72英寸大。如果使用窗帘而非旋转门，那么空间可能更少点。厕所设施也必须满足可访问性规定，即使不向客户提供该设施。

家具店

住宅家具零售店被选定来讨论设计应用，主要是为了给硬线（hard-line）零售店的室内设计提供材料。虽然本节主要讨论住宅家具零售店，其主要观点也适用于商业办公家具经销商以及制造商的展厅。对这三种家具店的差异的一个简短讨论将侧重于主要的设计考量。

室内设计专业的学生可以很容易联想到组成一个住宅家具店的产品。参观和游览家具店是室内设计课程的常见部分。学生也经常有机会在参加贸易展时参观制造商的展厅，也可以访问办公家具的经销商，在那儿商用家具物品被展示和销售。室内设计的专业人士已经熟悉了家具店及陈列室，把这些地方作为为他们的客户获取物品的来源。家具、电器、五金、设备和其他非服装项目被称为硬线或硬线商品。家具店或硬线商店的设计所采用的室内设计基本元素与服装店使用的相似。然而，由于商品的性质，家具店的室内设计有几个重要的不同点。

家具店——或一般意义上的任何硬线商店——的设计应方便消费者认识到商品的种类和质量。规划和指定硬线专卖店的室内设计师的一个重要目标是反映设施的整体设计所提供的产品和服务的品质及特性。此外，商店的布局必须考虑到便于观看一般来说体积比较大的商品。在家具店里，这主要是用样板间、家具和配饰的展示来完成的，看起来就像实际的房间。许多家具店使用样板间作为窗口展示，以吸引顾客进店。

当然，家具的品质和风格都各有不同。一些家具店可能提供非常专门化的商品，比如特定风格的家具（如古董类），而其他商店提供完整的一条龙式的各种风格的家居用品。其他商店只销售某个制造商提供的特定家具。

除了基本家具物品之外，家具店经常还出售至少某些物品。住宅家具零售店一般提供广泛的商品，通常囤积很多款式的家具、地毯、窗帘、床上用品、灯具，以及来自许多厂商的各种配饰。此外，住宅家具店提供室内设计服务，作为增进客户购买的动力。

家具店在店面外墙上几乎总是设有大窗户。这些窗口展示了装满家具的房间（样板间）。窗口秀展示是将店内待售产品暴露在潜在客户面前的最重要手段。通过将商品暴露在来往的人流前，以及给潜在的买家预览一组家具在家中或商业设施里边的外观如何，从而招揽顾客进店。

家具及其他硬线消费品往往是大买卖，偶尔才发生。参观家具店可能令人兴奋，同时也令人生畏。建筑师、室内设计师和店主必须努力使正门看起来欢迎广大客户，让他们看到里边，不论是玻璃门还是带玻璃侧窗的实木门。使入口足以提供店面内的宽阔视野，以营造温馨的感觉是很重要的。将展览品摆放在门两侧，让消费者暴露在新产品的面前，从而打造出一个温馨的入口，并给消费者介绍商店新进的特色物品，是很常见的做法。

在规划家具店内的流通及交通路径时应考虑到特定目标。一进入店里，顾客通常由接待员或店员（取决于设施的大小）招呼。然后，这个"迎宾员"自行协助客户，或叫他人来予以援助。当然，客户可能更喜欢独自一人逛完整个店。交通路径指引着客户抵达商店周边，以从另一个角度观看窗口展示，这些主要交通路径也会给消费者沿着设施的其他侧面观看样板间的机会。与秀窗类似，室内的样板间融入了美学，使用新产品或管理层重点销售的产品营造出风格。

取决于商店的大小，可能每隔一段间隔，就需要额外的交通路径，以让顾客可以看到销售楼层的许多其他内饰部分。这些内部的交通路径可能是非常灵活的，这意味着当展示的其他商品被售出或重新安排时，它们也可能会不时换地方。由于销售楼层上用来营造出额外样板间的内部隔板以及栏柱，有些交通路径可能是固定不变的。

家具店里的交通路径和过道必须宽到足以能移动家具，并能让人通过，一些过道的间距很可能受到当地建筑法规的规制，但在没有法规限制的地区，一般来说4英尺走道是下限。交通路径和展示空间使用的地板材料往往有所变化。

在总体规划家具店的商品布局时要谨记商品类别。例如，对高档家具提供视觉优先，常置于靠近前端，占用大约四分之一的可用楼面面积。根据秀窗的配置，高端产品可能放置在商店右侧，因为客户进店后一般都会右拐。但是，这个方向随商家的喜好而定。每家商店都有各自的商品交融，自行决定其拳头产品。室内设计师依赖于零售商在此方面的特定信息。这方面的知识是室内设计师的关键，因为在住宅家具店所展示的家具的位置是商店布局的重要组成部分。

从营销的角度来看，最好是按照自然分组来布置家具。高端的和中端价位的家具店经常采用这样的分组。低端价位的商店采用的展示方法并没有这般富于创意。许多商店还根据房间的类型来组合家具物品。在这种情况下，商店被规划为展示客厅、饭厅、卧室家具的几个组合，分别在一个独立的分区里，这样客人可以观看、检查一整套房间设置。可以建造非全高的隔墙，以创造出样板间，按照分组来划分销售区。置于凹陷地箱里边的电源插座应具有能在主家具卖场移动家具的足够大的流动性。

根据商店的大小和总商品交融，设施各部分分别用于配饰、灯具、床上用品、地毯以及其他地板材料，也许还有窗口处理展示。配饰和灯具也将用于整个卖场，以提高场景的真实感。除了场景展示外，灯具及配饰经常使用梯形展示柜组合在一起。

　　住宅零售店有一些标准的规划准则。如果家具店有多层，那么一楼通常包含客厅和饭厅家具、灯具及相关配饰。二楼可能包含卧室家具和床垫。地毯（地毯拼片和宽幅地毯）放在商店一楼或二楼的后边或一侧。从某种程度上说，这种安排与需求、便利和冲动营销的理念有关。根据产品的价格水平和商店的产品组合，展示空间的一部分也可能分配给户外家具及厨房设备。在大多数家具店，代售物品被放置在商店的后面或地下室，鼓励客户遍历整个设施，从而增加他们接触到的产品和潜在的销售。图6-13是内布拉斯加家具店（Nebraska Furniture Mart），它是美国最大的家具店。

　　客人可能会逛到家具店的某些非销售区，或者至少会看到。其中之一就是收款台，它通常并入销售空间后边的会计或记帐区，有个窗口用于接收现金和订单。许多家具店有个区域让客户散心，让顾客、售货员或室内设计师放松、讨论正在考虑的产品。重要的是，要对这个区域加以限制，因为为了保护销售的产品，销售区不得允许食品和饮料。由于今天许多家具店至少有一名室内设计师工作人员，室内装饰设计工作室的空间往往靠近销售空间的外围。该工作室为室内设计师分配了空间，也可能容纳了一些装饰或其他特殊订货目录的样书。通常会给销售业务员（非室内设计师）分配自己的办公桌，它们富于战略性地分布在整个销售空间内。这些零售店也将被要求为客户提供厕所设施。一些非常大型的住宅零售店也有一个公共活动室，这一空间留作为消费者提供参考信息。这个区域也可用于员工大会。

图6-13 Nebraska Furniture Mart的内景，一楼展示饰品组合，二楼展示样板间。这是美国最大的家具店。（照片提供：Design Forum。摄影：Jamie Padgett，Padgett & Co.，Chicago，IL）

非销售区包括存放某些物品的存储空间、员工休息室和员工洗手间、收发货区、修补区，以及行政办公室。由于大多数家具卖场有一个自带的仓库，或在远程位置有个仓库，用于从制造商接收商品、存储备份，所以主店的存储区通常是清洁用品、办公用品，并存放客户稍后将取走的商品。

与其他类型的零售店相比，家具店里材料和装饰的选择相当简单，保持主墙表面主要为中性颜色是很有必要的，以创造具有许多不同种类的家具和织物特征的背景。大墙壁空间的大部分被指定为浅中性色，如灰白色或中性颜色。一些展示店里拳头产品的样板间可能采用色彩更为浓烈的颜色，选用特别的墙面或木镶板来提升所展示的产品。

为主销售区指定的地板材料得便于移动，这不仅是为了便于客户进出以及舒适性，同时也是为了移动家具。如果样板间位于凸出的平台，其中一些使用的地板材料可能有别于整个商店使用的。这可以提醒客户层级变化。在指定地毯时，设计师应咬定高密度、低毛绒地毯，通常使用胶水式方法安装。许多家具卖场已为主交通走道指定硬表面地板，为展示及交通支路指定地毯。由于家具店销售区的材料体积，声学问题并非严重问题，因为面料和材料在一定程度上吸音。

家具卖场的照明规划包括普通照明和展示照明解决方案的组合。由于用于创建样板间空间的高度不一的隔墙的数目、不计其数的家具组合，以及高保真地再现颜色的需求，家具店的照明设计需要照明顾问的专业知识。普通照明可能由带有色彩校正灯的荧光灯具提供，或者由吊顶装置上的白炽灯、卤素灯、低压灯及轨道照明混合提供。样板间往往需要轨道照明来使用小灯具用作重点照明和展览照明，以突出配饰或某些家具物品。应规划照明来真实地再现展示品的任何颜色，并提升展示品。可以有效地使用家具店里的照明，以营造设置的氛围，并提升客户的可视性。

家具和其他硬线商店也存在着安防问题。销售区的小配饰是客户盗窃的常见目标，可以附加一个电子标签，就像在服装/礼品店物品上边的电子标签一样。因为在下班时间段内入室盗窃也是一个问题，所以许多家具卖场有现场保安人员或聘请保安服务。在家具店里，员工盗窃也表征着安防问题的一部分。出于这个原因，大型家具卖场有雇员出口，那儿有保安或监控设备。

对于室内设计材料的规格，所有零售店必须小心，以限制潜在的法律责任。一个主要的考虑因素是地板表面。湿滑路面、凹凸不平的地板，以及展示品上灯具裸露在外的电线，都制造了本应该避免的危险。放置在架子上的配饰或配饰组以及小物品可能会被客人打翻，从而也可能是一个危险。家具物品之间的间距有时很小，桌子和椅子的尖锐边缘可能会造成对客户的伤害。当然，商店也不能完全防止客户绊倒家具物品；然而，家具物品及样板间的间距和布局是非常重要的，以防止此类问题。换句话说，室内设计师在设计家具店或任何商店时，必须战略性地思考责任因素。

家具店必须符合适用的建筑、生命安全和可访问性法规和规章。家具店在国际建筑法规中被归类为商品用房。然而，由于各个司法管辖区或城市都有其自身的法规要求，设计人员在规划家具店时需要应对这些法规要求，设计师有责任弄清楚哪些示范法典以及其他法规适用于店内的预期位置。

因为家具店一般相当大，过道的宽度和被视为紧急走道的路径间隙对于规划而言至关重要。虽然家具店的入住负载不会很大，但与出口门的距离通常大到需要额外的出口。家具物品间距的设计应便于客流浏览物品，但一般不受法规规制。

样板间的高台可能会给室内设计师带来麻烦。有些司法管辖区可能会觉得，沿着立管或台阶的顶部需要一个栏杆，以防止客户从台阶上掉下来。为了确保样板间高台的可访问性，可能还需要坡道。如果室内设计师希望为样板间的展示采用高台，那么他们需要就规制方面与本地法规官员进行核查。高台用来强调特定类型的产品。

选择建筑材料时必须充分考虑到防火及生命安全法规。一般而言，墙壁和地板材料需要满足A、B、C类或I、II标准。对于饰面的这一非常常规的规制的例外情况是被视为紧急走道的任何走廊，或家具店里二楼或更高楼层的任何走廊。再次，设计师必须就具体要求核查当地法规。

家具店还必须是无障碍的。如下是无障碍辅助手段的一些建议：入口与地面相平，或者至少是逐渐变化的；地板防滑；采用高密度、低桩地毯，便于步行者和轮椅移动。由于家具店的性质，在展示家具的地方有时难以接近所有区域，但室内设计师应该尽一切可能为分组之间提供足够的空间。公共厕所必须是无障碍的，支付账单的柜台必须满足可访问性要求，楼梯或其他立管还必须有坡道、自动扶梯或电梯。

专攻零售设计的那些室内设计师还修读家具店及展厅设计。在很多情况下，在改造店面

BOX 6-2　设计商业经销店及展厅

广义上讲，一般来说，侧重于商业家具产品的店面的空间规划和室内设计与住宅家具店并无太大不同。主要出售商业办公家具的商店称为办公家具经销店。商务家具也在大型办公用品店（如Staples）以及一些非常大型的住宅家具店里出售。

展示、出售家具的另一种类型的商店是制造商的展厅。展厅一般是批发（而非零售）商店。展厅很少让客户进入，除非他们与室内设计师相伴。这就是为什么这种类型的设施也被称为交易展厅的原因（图6B-2）。

办公家具经销店展示、存储并且销售仅仅商业品质的家具。这就是所谓的办公室家具经销店，因为它出售只从或主要从一家或多家制造商拿到的家具。这家具通常是办公系统。公司还出售其他家具产品线以及盒式家具。

办公家具经销店的室内设计被创建来向潜在客户展示公司运用他们出售的产品来进行设计的能力。通常情况下，销售区"仅限于展示"的家具物品相对较少。大多数办公家具经销商通过将他们通常向客人出售的家具物品用作店员家具，从而将店员的工作区与展示区结合在一起。以这种方式，客人看到的是处于工作环境下的产品。在某种意义上，这类似于住宅家具店里的样板间。如果公司还提供室内设计服务，该部门通常远离主销售区，目录、样品的设计库以及相应的辅助工作空间也是如此。

家具制造商以及所有类型的住宅及商业产品的制造商在贸易市场（如Chicago的Merchandise Mart、Dallas的Trade Mart）里边或附近都有展厅。其他制造商将他们的展厅置于贸易市场附近，或者便于抵达住宅或商业设计团体的地区。制造商的展厅主要被室内设计师用来观察实际产品，而不是依赖于目录和样品书。它还包括办公室，销售代表与设计团体在此协作。

根据制造商的需求，可能在样板间或专门设计的陈列架（display rack）上展示家具物品或其他产品。根据不同的制造商或展厅，大部分面积被分配给家具，家具上各个部分都有齐全的配饰。图6B-3是一个展厅的示例。在其他情况下，展厅空间被设计成销售代表的工作办公室。

然而，所示的家具包括由该公司提供的关键的或主要的产品线。非销售空间用作其他的一般办公功能、会议室，以及员工午餐室。取决于展厅，可能包括有存储空间。大多数制造商的家具展厅并不在展厅接收商品，因为他们很少直接出售给客户；这因产品线而异。

图6B-2　Decorator's Walk展厅展示的装饰内景。照明突显了众多各异的样板间。（照片提供：Janet Schirn Design Group 2005）

图6B-3　位于Texas Houston的Knoll展厅，给主要是20世纪的家具提供了当代氛围。（照片提供：Knoll, Inc., 设计师：Kenji Ito）

时，给特定的家具店干活的室内设计师可能得负责销售楼层的规划与设计，或者在设计新店时，他们得同建筑师协作。制造商经常聘请专门的零售设计师或使用产品工厂的人员来设计、规划他们的展厅。

对于室内设计师来说，家具店的布局和展示可以曝光杰出的设计方法，以促进设计师的声誉，并获得额外的客户。一个富有创造性的室内设计师可以提升声誉，借此把客户带进店来，从而促进商店和设计师。一个很好的例子是芭芭拉•达西 (Barbara D'Arcy)，其在室内设计行业的国际声誉因她给纽约城Bloomingdale打造的样板间的视觉营销而名声大噪。

礼品店

礼品店是另一种有趣的零售商店变种。虽然礼品店的货物尺寸往往很小，但礼品店商品品种的多样性给室内设计师提出了不同的挑战。礼品展示要求不同的观赏高度，需要使用更多的固定橱柜以及在服装店或家具店一般见不到的特殊夹具。否则，礼品店的室内设计通常与服装店的设计原则相同。

就像大多数零售设计一样，商品交融是室内规划的起点。礼品一般体积较小，有时相当精细，而且容易破碎。有些礼品价位较高，或者如果暴露在人们容易接近的地方的话很容易被顺手牵羊。礼品店通常提供数目众多的待售物品。尺寸和价位的多样化将影响规划、夹具设计，以及整体内饰设计。在程式设计期间，在规划、设计室内空间之前，室内设计师与零售商讨论优选的分区和产品布局。

卓有成效的礼品店内饰始于重视从商店窗户能看到的视觉系商品营销。窗口展示应该将客人吸引到窗口，并进入销售空间。由于礼物店里商品的体积小，应认真考虑并设计展示窗口，以便更好地查看商品。关于展示窗口的常见类型的信息，请参阅表6-4；它们常用于礼品店。当出售的物品较小时，展示的功能最初是引起对窗口的注意，然后才是对产品的注意。例如，彩色的背景或舞台灯光能突出窗口中的产品。使用大小和形状重复、变化的设计原则有助于创造整体的审美感，并且能有助于包含多个产品。通常诱使客户进入商店的都是布置得比较协调的展示品。

固定夹具 (如墙上的橱柜、收银台/包装台，以及岛形夹具和吊船式货架) 的放置打造出了流通及交通模式。根据商店的不同大小，通常有一个6英尺宽的中央走道或主通道，分支过道则为3~4英尺宽。礼品店设计师在开发分区及交通模式时，经常采用珠宝店的网格系统布局，有时也采用精品店平面图。网格系统更有利于固定夹具，如内置的橱柜和无法轻易移动的其他展示单元 (图6-14a)。

礼品店空间规划的一个重要组成部分就是收银/包装台的定位。收银/包装台通常朝向销售空间的前方，或与销售空间相距销售空间的至少1/3长度。出于安防措施的考虑，应规划清晰的视线。在销售现场员工很少的小店里，重要的是包装区域位于收银/包装台。理想情况下，售货员在包装时不应该背对客户，以便从这个台面监视店面。收银/包装台是室内设计师为了满足店主的特定需求而设计的一个定制橱柜。例如，电脑化的收款机需要空间，手提袋、纸巾以及包装购买品所需的其他物品也需要存放空间。橱柜具有与服装店这一部分讨论过的橱柜类似的其他设计特性。收银/包装台的设计还得满足适用的可访问性要求。

展示夹具主要是零售橱柜、货架系统和槽板夹具。零售市场有零售橱柜（可能是现成的或定制设计的）的厂家。然而，室内设计师可能必须为定制夹具提供施工图纸和所有规格。有各种各样的吊船式、开放式、封闭式的搁架单元，以展示礼品店可能出售的许多不同类型的物品。吊船式夹具很受欢迎，提供了渐变的货架深度，让客户轻松地查看货架底部。通过强调货架和展示柜的底端，定制设计的架子还提供了一种视觉突破。

通过使用槽板夹具及其众多附属配饰，悬挂、展示和货架的组合似乎无穷无尽。槽板之所以流行是由于其展示的多样性，以及定制表面规格营造的美感吸引力。

礼品店或其他售卖小物品的商店的一个重要的规划考量就是展示与眼齐平的商品。使用与眼齐平的平均尺寸规划货架和展览柜。图6-14b是这种类型的产品展示的一个例子。高价品或新产品往往放置在视线水平，方便客人查看。贵重物品可以存放、锁在玻璃橱柜里展示。上边有开放式架子的底座型橱柜的下边往往有关闭的、上锁的架子，以搁置、存放。由于观看角度，较低的架子可能更难被关注到，尤其是对于需要无障碍设施的客户或老年人而言。

建立不会给人带来杂乱感觉的、和谐的内饰是设计礼品店的室内设计师的一个主要目标。零售商有兴趣将所提供的产品全线暴露在客户眼前，但这必须通过以井井有条的方式进行展

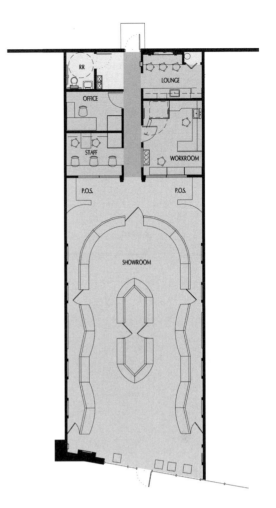

图6-14a　销售空间的布局使得人们能容易地看到产品，并便于在整个空间内移动。（Burke, Hogue & Mills Architects）

图6-14b　固定橱柜使得人们能容易地观看，并有助于产品的安全性。橱柜前端的曲线形设计有助于减少空间的视觉长度。（Burke, Hogue & Mills Architects）

图6-15 为Elsco定制设计的橱柜，展示了展示区、存储区、照明以及客户销售区。(照片提供：Janet Schirn Design Group 2005)

示来实现。室内设计师必须指定或定制设计分离、突显个别产品的货架。通过适当地定位夹具，可以引诱客户穿行于空间内，从而接触到大部分的待售商品（图6-15和图6-16）。

礼品店需要一些非销售空间，通常只是店铺整体占地面积的一小部分。非销售区域的实际需求由店主加以明晰。需要有个接收区，可以把箱盒打开、检查。虽然有些库存存放在展示夹具内，但可能需要额外的存放空间。通常需要几个货架存放小盒子（可能需要用来包装或发送商品），还需要空间来存放清洁用品。一张小桌子或行政区域是必不可少的，让店主准备采购订单、检查商品，以及执行其他办公功能。雇员厕所以及员工存放个人物品的安全空间也是非销售区的一部分。基于商店大小及当地法规，商店需要给客人提供厕所。厕所必须遵照建筑和可访问性法规。

礼品店设计采用的室内材料和饰面应结合功能性、实用性与创造性。材料规格各异，这取决于待售商品、店面面积、天花板高度，以及商店的其他具体特定因素。一个非常重要的因素就是需要营造一个不会抢其他商品风头的背景。如果指定的建筑材料同产品竞领风骚，那么礼品店的众多物品就可能产生太多的花样。避免墙壁、地板、天花板、夹具以及所有的橱柜在零售空间内木秀于林是非常重要的。无色或中性的背景颜色通常是墙壁和橱柜的首选。图6-17是采用无色主题作为背景的一个出色内饰。

礼品店的大部分收入有赖于各种节假日。改变展览、采用时下的装饰品有助于营造适宜的氛围。对于每一个节假日，大部分销售空间应为协调的颜色或无色，视觉效果逐渐减弱，并使得产品更为明显；例如，7月4日采用红色、白色和蓝色，万圣节采用橙色和黑色，复活节则采用粉色，这些都是配色方案的通用例子，必须融入视觉空间。

在适宜采用柔软的地板覆盖物的情况下，通常选用高密度的低桩地毯。在许多小礼品店（特别是那些销售高端产品和珠宝店）里，地毯是首选的地板材料。当然，地毯将更快地显现出交通模式，需要经常清洗。小到中型的图案有助于掩盖交通模式。硬表面地板噪声更大，可能需要予以特殊维护。不过，一些硬表面地板，比如大理石和孔石，往往与豪华内饰关联在一起。

销售空间的照明包括监控空间的普通照明和将注意力吸引到墙壁上的环境照明。指定特定区域的吊灯和突出特定产品及工作面的工作照明都用来策划礼品店。轨道灯和各种吊灯可用来将注意力吸引到特定的区域或展示品。收银/包装台的吊灯不仅提供所需的工作灯，还有助于提醒人们注意POS区域。照明设计的灵活性帮助店主实现吸引客户所需的聚焦照

图6-16　地板构成的过道让客户能轻易地在空间内移动，留下足够的空间用于商品展示。（照片提供：Moldovan Interior Design。摄影：Chris Little）

图6-17　白色的、近白色的或中性的背景能突显商品，同时还给待售商品的各种颜色提供背景。（照片提供：Janet Schirn Design Group 2005）

明。彩灯和闪耀照明也可用于帮助营造一个令人兴奋的环境。

请记住，照明灯具的选择还影响着形象 (image) 和设计理念。当与所使用的灯的种类和内饰的配色方案协调一致时，灯具可以营造出保守的、神秘的、豪华的，甚至是动态的氛围。在商品空间内使用的灯具家族一般是白炽灯、荧光灯、高强度气体放电灯和冷阴极灯。[31]对于那些对零售店照明设计缺乏经验的室内设计师，在规划过程中纳入一名照明顾问是非常重要的。读者可能还需要参考先前关于服装店照明的讨论。适用于服装店的原则与礼品店非常相似。

尽管有电子标签和标签，由于礼品体积小，安防依然是个问题。尽管有警报系统，但这些物品很容易从货架上拆卸、盗走。只要不侵犯客人的隐私，在店里不起眼的区域安全摄像头是有效的。由于凸面镜的可视度，它仍然是一种廉价而且还算有效的监控装置。

遵守法规是受雇来规划、指定礼品店的室内设计师的另一个关注点。再次，礼品店被国际建筑法规列入商品用房。如果礼品店属于其他用房类型，如旅馆或医院，那么用于建筑饰面的材料可能比那些零售店似的礼品店配置受到更为严格的监管。可访问性要求也将影响礼品店的设计。收银/包装台必须符合可访问性标准，可能还需要对现有设施空间进行重新设计。

沙　龙

随着对保持身体健康和生活质量的日益关注，今天，人们在身体改进以及众多与之有关的物品上的花费比以往更多。据美国人口普查局，2001年沙龙行业累积逾250亿美元的收入。[32]销售抗衰老产品的广告充斥于各种类型的媒体，轰炸着消费者，试图促进消费者消费，市场上充斥着最新的抗衰老产品。

这种消费的途径之一就是沙龙或美容院。在美容院工作的有美容师、发型师、按摩师，还有美甲师/修脚师。各个岗位的许可和培训要求各有不同。全方位服务的沙龙提供的服务包括理发和造型、染发、美甲和修脚服务。服务的确切组合显然随沙龙的大小和客户组合而变化多端。在许多美容院，美容师是员工。在其他美容院，例如，造型师或美甲师可从沙龙老板那儿租赁"椅子"或空间。

室内设计师参与沙龙设计的价值是多方面的。客户来沙龙是为了寻找形象和自我完善。他们还寻求提供优质服务、形象奢华、娇贵的沙龙。因此，室内设计师比在其他一些商业设施更有机会突出自己的创造能力。室内设计师需要平衡室内设计的娱乐价值与沙龙业主（客户，client）和员工的需求。(我们使用术语客人 (customer) 或委托人 (clientele) 来指沙龙的客户。术语客户 (client) 指的是沙龙业主。)

室内设计师需要了解沙龙必须遵守司法管辖区的严格法规。这些法规将影响规划和设计方案。希望设计美容院等个人提升设施的室内设计师必须熟悉与这些空间的设计有关的所有规定。为了评估客户功能和审美需求，对沙龙业务的理解也是有必要的。

全方位服务的沙龙主要提供以下功能：所有头发护理、指甲护理、皮肤护理，以及销售专业美容产品。一些沙龙还提供日间spa，其服务项目包括按摩、抗衰老技术和产品、面部护

---

[31]Steffy, 2002, pp. 114–115.

[32]Jenny Fulbright. "How to Start a Hair and Salon Business." April, 2005, pp. 1–2. www.powerhomebiz.com.

理和营养咨询，等等。知晓提供的服务组合对于室内设计师规划具备功能性、审美性的设施来说非常重要。目标市场客户也将对设计决策施加影响。迎合年长客户的店面需要的设计与瞄准年轻年龄组的店面不同。请注意，spa的设计理念和元素在第4章"Spa及康乐设施"一节讨论过。

　　室内设计师需要深入地采访客户，了解沙龙在审美、功能方面的要求以及法律规定。除了建筑和可访问性法规之外，在许多司法管辖区还有卫生部门规章。分区、交通模式以及家具/夹具布置是程式设计的重要方面。沙龙业主或特许经营办公室将有一个与委托人偏好有关的具体设计理念。沙龙可能有一个标志、标牌，以及一个与其名字相关的配色方案，设计师应该将这些元素融入设计中。本节将带领读者通过一个一般性沙龙的重要规划内容，来展示顾客在整个空间内的移动。其他设计技巧如表6-6所示。

　　沙龙设计的一个重要元素是入口。一些美容院喜欢在入口放置大的、宽敞的窗户，而另一些喜欢比较私人的、封闭的入口。大部分沙龙偏爱设施内有尽可能多的自然光线。图6-18

表6-6　沙龙设计技巧

接待/等候区
- 入口处的接待台高度应与站立的顾客相宜，并与坐着的员工相宜。需要为一部电话、预约本、收银机或电脑留出柜台空间。
- 为顾客的大衣或进入更衣室的通道留出空间。
- 小茶点区可设在等候区内，或由接待员送达点心。
- 在接待台附近或等待区内指定用于产品展示和销售的展示夹具。
- 吊灯可能是这个区域内出色的设计特征。

洗发区
- 洗手盆数目应至少为造型站的1/3。*
- 洗手盆之间应至少留出24英寸。
- 在每个洗手盆后边或近在咫尺的地方为产品、设备和毛巾指定一个或多个架子。

造型站
- 有些美容院为造型站提供可移动的手推车，而不是木制橱柜。造型站还带有抽屉或货架来存储产品和设备。
- 在造型站为顾客提供安全的地方存储他们的手袋。
- 修剪机和吹塑机需要多个电源插座。
- 造型师需要出色的照明。

干燥头发
- 指定舒服的椅子和小桌子，还有杂志和点心。
- 在椅子后边提供落地式吹风机和彩灯的空间。
- 提供工作灯，这样顾客可以阅读杂志。

修指甲和修脚站
- 理想情况下，由于产品发出的烟雾，将它们定位在远离造型和等待区的地方。
- 提供一个小柜台，展示待售商品。
- 桌子和椅子是专门设计的单位，给技术员和顾客提供符合人体工程学的舒适。
- 手边有个水池是可心的。

化妆台
- 需要一个站立高度的柜台来搁放产品和设备。
- 一般情况下，顾客将坐在带后背的高凳/椅子里。
- 迎合老年顾客的美容院可使用矮椅子。
- 通常在与脸同高的镜子两侧放置装饰灯泡。
- 应采用全光谱照明来模仿日光、夜间和办公室照明。
- 手边有个水池是可心的，以清洁设备并消毒。

*Remodeling Tips. Concession by GAMMA Arredamenti Sri, April 2005, p.1~3. www.beautydesign.com

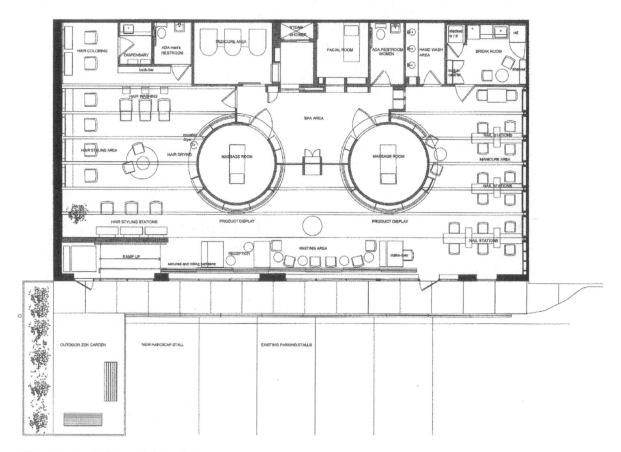

图6-18　沙龙的平面图。请注意工作空间的适当分区以及客户舒适度。(平面图提供：建筑师及设计师Jim Postell)

提供了沙龙的平面图。顾客在接待台登记、支付服务、预订，接待台应面朝入口。

登记后，如果沙龙提供长袍，顾客将被引领到附近的衣帽间或更衣室。然后顾客进入相邻的等候区。等候区设有舒适的座椅和桌子，还有杂志。一般还有点心可用，可能放置在等候区或由后边的小厨房提供。美容美发产品以及其他冲动性购物的展品往往置于等候区和入口接待区外围墙壁上的货架上或其他类型的展示夹具上。

为客户执行的第一项服务是香波。香波区一般有几个面盆、一把椅子，能让客户前倾。每个香波操作员都需要地面空间，以在面盆侧面或后边站立或弯腰。面盆后边或背面需要有操作员够得着的存储区来储存产品和毛巾。面盆的直射照明很重要，让香波操作员看清楚（图6-19）。洗发后，客户可能会被要求等待造型师。在造型站附近提供能保护隐私的额外休息区是必不可少的。

可以用很多种方式来设计造型站。造型柜可以是壁挂式的或独立式的，这取决于设计和整体交通模式。它们可以是定制的，或者是沙龙供应商的存货。在台面上边，一个大镜子使客户有机会观看并对过程发表评论。设备、产品和储存物需要柜子和抽屉。造型师椅子是沙龙设备供应商特制的。

对于大多数顾客，头发会被设计师在主站吹干。其他人则需要在一个单独的站里吹干头发或染发。需要舒适的座椅，因为顾客可能会在吹风机下呆45~60分钟。椅子可能是沙龙供应商特别设计的，或者是带有落地式干燥机的其他座椅（图6-20）。

大型沙龙给染发和烫发（permanent）规划独立的区域。专为此区域设计的通风系统更容易控制化学气体。一间用来混合颜色和其他化学品、记录客户色彩配方的小房间也很常见。

修甲和修脚涉及烟雾以及从产品发出的其他气味。因此，如果可能，最好是在远离造型站或等候区之外规划一个区域。为了保护客人隐私，修脚区往往是隐蔽的，或者是在部分墙壁后边的一个单独的房间内，或者由屏风隔开。美甲的桌子很小，一般为35英寸×16英寸，但在美甲过程中为顾客的双臂和双手提供足够的、能舒适地休息的空间。在靠近桌子附近需要存储区，用来存储用品和设备。桌子需要优良的工作照明，以便美甲师可以很好地工作。

沙龙使用专门设计的修脚椅，便于操作员使用，以防止在工作中受伤。顾客的椅子也是特别设计的。它被升高到双脚的高度同时符合修脚师和顾客在人体工程学意义上的安全。还需要高质量的工作照明。需要存储空间来存放修脚产品以及其他程序中用到的设备。

这些区域的卫生和清洁具有很高的重要性，因为皮肤切口可能发生感染。事实上，经常可以看到美甲师和修脚师戴乳胶手套，以防止感染。美甲师使用手的人体工程学问题可能比其他工作站的员工更加复杂。

沙龙可以为顾客提供特殊的化妆服务。顾客在特殊活动之前可能来沙龙上妆。表6-6提供了给顾客提供化妆服务的工作站的一些设计技巧。

如上所述，通常指定从专门的沙龙供应商那儿购买家具。需要基于人体工程学和美学价值来购买沙龙的家具及夹具。客户知道优选的确切设备类型，室内设计师将这些偏好与所有其他元素结合在一起，来创建一个和谐的环境。除了人体工程学问题，随着对更为奢华的沙龙的需求增加，单元（units）的雕塑价值受到更大的关注。在为造型站、香波椅、染发站指定软垫座椅时，当务之急是材料耐用、可水洗，并且不被弄脏、不受腐蚀性强的化学品的侵蚀。医用级别的塑胶往往被指定用作这些座椅单元。

等候室的座椅需要豪华感和舒适感。因此，设计师经常给这个区域的全软椅、长椅或沙发指定编织的商业级高档面料。如果沙龙的服务对象上了年纪，那么应该使用两侧有椅子臂、至少20英寸高的座椅。在任何等候区慎用任何类型的玻璃桌。

在沙龙的室内设计中，材料和饰面的选取有好几个考量。很少使用地毯，因为很难维护。污渍、化学品和剪掉的头发只是在沙龙里使地毯成为老大难材料的少数几个问题。地板应指定耐用的、易于清洁和消毒的硬表面材料。防滑地板是所有服务区的最佳选择，因为水和其他液体可能被洒到地板上。为了造型师的舒适，造型站内造型师椅子周围使用专门设计的地板垫。

图6-19 沙龙里的脸盆给顾客和雇员提供了富于吸引力的、舒适的工作站。请注意创意十足的天花板设计。（照片提供：建筑师及设计师 Jim Postell。摄影：Scott Hisey Photography, www.hiseyphotography.com）

图6-20　造型站的位置应便于使用，并紧挨着某些面盆。请注意应能很容易地取到展示产品。（照片提供：建筑师及设计师 Jim Postell。摄影：Scott Hisey Photography, www.hiseyphotography.com）

　　可以用多种材料来装饰墙壁。法规要求可能会影响一些选择。靠近将用来混合化学品的水槽和橱柜区域的墙壁需要用易于清洁、防潮的材料来装饰。在小店里，镜子可以创造出更大空间的幻觉。以这种方式使用的镜子必须小心放置，避免反射如修脚站区域内的顾客。

　　在创设配色方案时，必须记住店主的愿望以及目标顾客市场。浅色调让人联想到奢华、平静，而更强烈的配色方案让人联想到更加充满活力的顾客。重要的是要记住，在顾客接受服务时，配色方案可能会影响客人的外观。一般来说，大块的区域（如墙壁）采用高价值的中性色调或浅色调，以免产生对客人的肤色和头发的额外反光。很多沙龙在非服务区使用重点色调，以创造某种程度的情境对比，或推动与沙龙相关的特定配色方案。配色方案必须反映空间内的目前趋势，同时确保主色不至于对墙壁和地板的中性色调或无色喧宾夺主。

　　如果店铺天花板很高（许多种类的零售店采用的一种设计处理方式），设计师可以选择使用木炭色或其他深色调颜色来掩盖天花板。也可使用其他处理方法。记住，顾客通常是以某个角度斜倚，从而使得他们的焦点经常在天花板上。不过，天花板很少是首要的设计特征。

　　照明度的选择必须确保沙龙内诸多工作站的功能级别恰到好处。此外，所选择的灯具一定不能不适当地影响顾客的皮肤和头发的色调。对顾客头发和肤色的色彩分析、清晰的产品解释、造型时观看的便利程度都受到照明规划的影响。请指定能尽可能地复制自然光线的照明系统。放置到镜子的两侧的照明将抵消任何直线向下的、一般对面部特征无益的阴影。照明应能让人看得清晰自然，用最讨人喜欢的光线来反映顾客。在这一区域通常避免采用悬于头顶的直射照明（例如聚光灯或罐装照明），因为它不讨人喜欢。

　　仔细注意电源插座的规格对于沙龙来说非常重要。大多数服务区需要几个设备插座。在室内设计师确定了各个区域需要在什么样的设备之后，必须咨询电气工程师，以确保妥善规划电力负荷。

沙龙的安全非常重要。鉴于大多数沙龙都有潮湿的区域、大量使用化学品，地板规格是防止跌倒和受伤的关键。橱柜和桌子露出的锋利的边缘，以及顾客的隐私，也是重要的安全问题。在国际建筑法规里，沙龙（和理发店）被归类为营业用房。清洁和卫生设施是客户的主要问题，因为这些问题会影响许可证的发放，以及委托人流量（clientele traffic）。因为一些处理需要用到的化学产品发出强烈的油烟，所以室内空气质量是个大问题。在规划沙龙时，有效的通风系统是强制性的。室内设计师一般并不是危险性生物材料方面的专家，所以在选择材料的规格时，他们必须警惕这一问题，并仔细选择材料。为了促进沙龙和spa良好的室内空气质量，设计师应考虑指定惰性的硬质地板材料、具有低VOC排放的涂料，并采用可降解的墙面。如前所述，需要牢记着这些问题来安装HVAC系统。

所有沙龙都要求有至少一个男女共用的厕所设施。在规划前台区域、香波站和至少一个造型站时应考虑到可访问性。在规模较小的店面里，员工储物柜都位于这个扩大的空间内。在较大的沙龙里，一间配有小厨房的单独的员工休息室是空间规划的一部分。大沙龙通常包括为业主或管理人提供一间小行政办公室，洗衣间用来洗涤、烘干毛巾和浴袍，并提供一些备用的存储区来储存额外用品、毛巾和维护用品。法规要求后方另设入口。

本章小结

设计零售店的内饰是令人兴奋的，也是具有挑战性的。它需要关于空间规划的知识、对商品营销的广泛理解，以及对颜色、照明设计、材料的敏感性，还需要很多创意。在这个专业领域里，客户对有助于营造有利于产品和服务的销售的空间规划、夹具规格和材料具有非常具体的需求。然而，聘请室内设计师的客户并不是必须满足的唯一客户。在规划和设计的过程中还必须考虑到店里的顾客，以及他们对商店的期望值。

本章提供了对零售业务的概述，作为设计决策的基础。如果读者希望在他/她的商业室内设计专业上着手零售设计，那么有助于学生和专业人士了解如何进行零售设施设计的基本信息提供了一个必须辅之以进一步研究的背景。下面列出的参考文献提供了大量的零售商店设计信息。室内设计师还可以访问一些协会和组织，以获得关于零售类趋势的适当的、最新的信息。附录列出了一些此类组织。

本章参考文献

Ballast, David Kent. 1994. *Interior Construction and Detailing*. Belmont, CA: Professional Publications.

Barr, Vilma and Charles E. Broudy. 1990. *Designing to Sell*, 2nd ed. New York: McGraw-Hill.

Barr, Vilma and Katherine Field. 1997. *Stores: Retail Display and Design*. Glen Cove, NY: PBC International.

Ching, D. K. Francis and Corky Binggelli. 2004. *Interior Design Illustrated*. New York: Wiley.

Colborne, Robert. 1996. *Visual Merchandising: The Business of Merchandise Presentation*. Florence, KY: Thomson Delmar Learning.

Curtis, Eleanor. 2004. *Fashion Retail*. New York: Wiley.

Davidson, Judith. 2005. "The Top 100 Giants." *Interior Design*. January, pp. 95–128.

Deane, Corinna. 2005. *The Inspired Retail Space*. Glouchester, MA: Rockport Publishers.

De Chiara, Joseph, Julius Panero, and Martin Zelnik. 1991. *Time-Saver Standards for Interior Design and Space Planning*. New York: McGraw-Hill.

Diamond, Jay and Ellen Diamond. 2003. *Contemporary Visual Merchandising and Environmental Design*, 3rd ed. Upper Saddle River, NJ: Prentice Hall.

Fitch, Rodney and Lance Knobel. 1990. *Retail Design*. New York: Watson-Guptill.

Fulbright, Jenny. 2005. "How to Start a Hair and Salon Business." April, pp. 1–2. www.powerhomebiz.com

Green, William R. 1991. *The Retail Store: Design and Construction*. New York: Van Nostrand Reinhold.

Hall, Matthew. 2005. "VM + SD Fixture Survey 2005." *VM + SD*, June.

Harmon, Sharon Koomen and Katherine E. Kennon. 2005. *The Codes Guidebook for Interiors*, 3rd ed. New York: Wiley.

Institute of Store Planners. 2004. *Stores and Retail Spaces 5*. New York: Watson-Guptill.

Israel, Lawrence J. 1994. *Store Planning/Design*. New York: Wiley.

Karlen, Mark and James Benya. 2004. *Lighting Design Basics*. New York: Wiley.

Kliment, Stephen A., ed. 2004. *Building Type Basics for Retail and Mixed-use Facilities*. New York: Wiley.

Lee, Seung-Eun, and Kim K. P. Johnson. 2005. "Shopping Behaviors: Implications for the Design of Retail Spaces." *Implications*, Vol. 2, Issue 5. www.informedesign.umn.edu.

Lewison, Dale M. 1989. *Essentials of Retailing*, 4th ed. Columbus, OH: Merrill.

———. 1994. *Essentials of Retailing*, 5th ed. New York: Macmillan College.

Lopez, Michael J. 1995. *Retail Store Planning and Design Manual*. New York: Wiley.

———. 2000. *Retail Store Planning and Design Manual*, 2nd ed. New York: Wiley.

Mason, J. B., M. L. Mayer, and H. F. Ezell. 1991. *Retailing*. Boston: Irwin.

McGowan, Maryrose. 2003. *Interior Graphics Standards*. New York: Wiley.

McGuiness, William J., Benjamin Stein, and John S. Reynolds. 1980. *Mechanical and Electrical Equipment for Buildings*, 6th ed. New York: Wiley.

Murillo, Lourdes. 2005. "The General Store: A Hidden Treasure of the Past." El Paso Community College web site. www.epcc.edu.

National Retail Merchants Association. 1987. *The Best of Store Design 3*. New York: PBC International.

Panero, Julius and Martin Zelnik. 1980. *Human Dimension and Interior Space*. New York. Whitney Library of Design.

Piotrowski, Christine. 2004. *Becoming an Interior Designer*. New York: Wiley.

Ragan, Sandra L. 1995. *Interior Color by Design: Commercial*. Rockport, MA: Rockport.

Reznikoff, S. C. 1986. *Interior Graphic and Design Standards*. New York. Watson-Guptill.

———. 1989. *Specifications for Commercial Interiors*. New York: Watson-Guptill.

Remodeling tips. 2005. Concession by GAMMA Arredamenti Sri, April, pp. 1–3. www.beautydesign.com.

Rodeman, Patricia. 1999. *Patterns in Interior Environments: Perception, Psychology, and Practice*. New York: Wiley.

Spence, William P. 1972. *Architecture*. New York: McKnight and McKnight.

Steffy, Gary. 2002. *Architectural Lighting Design*, 2nd ed. New York: Wiley.

Tingley, Judith C. and Lee E. Robert. 1999. *Gender Sell: How to Sell to the Opposite Sex*. New York: Simon & Schuster.

Underhill, Paco. 2000. *Why We Buy: The Science of Shopping*. New York: Touchstone Books.

U.S. Bureau of the Census. May 2002. *Annual Benchmark Report for Retail Trade and Food Services*. May. Washington, D.C.: Government printing office.

Weishar, Joseph. 1992. *Design for Effective Selling Space*. New York: McGraw-Hill.

Zaltman, Gerald. 2003. *How Customers Think: Essential Insights into the Mind of the Market*. Boston: Harvard Business School Press.

本章网址

Institute of Store Planners (ISP) www.ispo.org

National Association of Store Fixture Manufacturers www.nasfm.org

National Retail Federation. www.nrf.com

Retail Council of Canada www.retailcouncil.org

Salon Furniture www.salonfurniture.com

Retail Industry www.retailindustry.com (a web guide for information on retail industry)

Archetype (journal of the Woodwork Institute) www.woodworkinstitute.com

Retail Construction magazine www.retailconstruction-mag.com

Retail Traffic Magazine www.retailtrafficmag.com

VM + SD magazine www.visualstore.com

请注意：与本章内容有关的其他参考文献列在本书附录中。

第7章

保健设施

术语"保健"(healthcare)目前的定义是"预防、治疗及管理疾病，以及通过医疗及专职医疗人员提供的服务来维持身心安康。"[1]保健设施包括许多类型的企业，它们让保健提供者预防、治疗或治愈疾病。

许多人都以某种形式接受治疗。这方面的体验始于童年时期的检查和疾病，并持续于整个成年期。由于这些体验，设计专业的学生和专业人士可能接触过辅助家庭医生、妇科医生、外科医生以及许多其他医疗专家的医疗设施。其他医疗服务提供者，如牙医、牙齿矫正师、验光师、眼科医生和兽医，是最有可能被学生及专业人士造访的保健设施。

---

[1]American Heritage Dictionary, 1992, p. 833.

偶尔到访医疗设施并不能给专攻这一领域的设计师提供很好的准备。为了在医疗设施的设计上取得成功，室内设计师需要对与医疗实践相关的基本技术具备最低程度的理解。设计师具备保健领域的知识越多，对适用于医疗保健设施的设计的法律和法规了解得越多，那他/她在创建功能性的、适宜的项目解决方案上就更切实有效。

本章始于对医疗保健历史的简要讨论，接着是医疗保健领域的组织和设施的一般概述。本章介绍了不同类型的医疗设施，以及总体规划和设计元素。本章术语将出现在各专业部分。由于医疗保健的范围广泛，对象将限于与医疗办公楼及套间、医院、牙科诊所和兽医设施的设计应用有关的具体讨论。

历史回顾

为了提供有关医疗设施演变的视角，讨论医学和病人护理的历史是很重要的。早在公元前3000年，埃及的记录就显示了医生的存在。印和阗（Imhotep）是埃及的愈合之神。在公元前1200—公元前600年，以色列人实行预防医学。在公元前400年前后，希腊医生希波克拉底（Hippocrates）指出，疾病有自然原因，并不是神造成的。古埃及和希腊的寺庙被与愈合（healing）紧密联系在一起。历史证据表明，愈合的场所存在于整个世界。

医院最初与宗教团体有关，牧师就是治疗者。随着文化变得更加复杂，政府或公共资金变得越来越普遍。许多文献表明了罗马对医疗保健和治疗设施的影响力。照顾病人、提供住房的古罗马机构被称为valetudinaria，指的是疗养院（infirmaries），用于奴隶和自由的罗马人。医院（hospital）这个单词来源于拉丁词hospitalis，意指一个提供给客人的机构。[2]罗马人通过引水渠，将淡水引入罗马，还修建了下水道系统，改善了城市居民的健康，从而促进了公共卫生。

在中世纪，许多传染病横行整个欧洲。14世纪50年代的黑死病是那个时代毁灭的例子。在十字军东征期间，hospitia提供食物、住宿，还给病人提供医疗服务，由邻近寺院的僧侣和工作人员运营。在此期间，宗教团体经营着大部分医院，并提供医疗服务，不仅面向病人，也面向体弱者、穷人和旅客。这些早期医院的平面图被设计得看起来像带中殿的教堂结构，[3]病床沿着墙壁一字排开。欧洲最古老的医院是巴黎的Hotel Dieu，它始建于公元7世纪初。在文艺复兴时期，伦纳德·达·芬奇（Leonard da Vinci）的人体研究及绘画帮助加速了医学研究。

在18世纪初，欧洲开始为穷人和那些身患传染病的人修建医院。这些慈善医院是为了控制传染病的传播。然而，由于它们拥挤不堪、不卫生，经常导致疾病扩散到整个设施。

美洲的第一家医院由西班牙政府修建在现在被称为多明尼加共和国（the Dominican Republic）的圣多明各（Santo Domingo）地区。探险家埃尔南科尔特斯（Hernando Cortez）建成了墨西哥城的第一家医院。1639年，加拿大第一家医院建在魁北克。

---

[2]World Book Encyclopedia, Vol. 9, 2003, p. 371.
[3]Kobus, 2000, p. 133.

1751年，第一家医院在宾夕法尼亚州开业。美国早期的医院被用来治疗穷人。由于它们声名狼藉，富人选择在自己家中或在酒店宾馆里接受治疗。在预防不受到传染病传染方面，这些地方被认为更舒适、更安全。医生可以对居家服务开帐单，但对医院患者开账单被认为是不道德的。

在19世纪，有几个因素造成了医疗的变化。前三个是由于医院更为广泛的使用导致的重要发展：（1）麻醉剂的发明；（2）引进防腐技术；（3）建立护理专业。在19世纪末，发生了一些创新，推动了功能更强大、更高效的医院建筑的发展：（1）利用大跨度钢结构；（2）电梯的发展；（3）空调的发明。此外，开发出了各种新的建筑平面图，更小的病房位于远离复式中央走廊的位置。[4]所有这些变化给美国带来了更好的医院医疗保健。

医院还成为了医生的教学中心、护士的培训设施。在19世纪80年代，美国医院添加了专门的设施和手术人员，这促进了先进的手术程序的效能。到1900年，医生和病人对医院的使用增加了医疗成本。面向富人的私人病房以及面向中产阶层的半私人病房增加了利用医院的流行度，而且还增加了住院医疗的成本。到19世纪90年代，面向富裕患者增加了酒店式的环境。在20世纪80年代，这种酒店式的医院设计重新出现。到1929年，蓝十字计划（Blue Cross）提供保险，以帮助病人支付住院费用。

在20世纪30年代的大萧条时期，医院的空间被充分利用，因为许多患者因金融压力无力支付医院服务。医院将空病房用作医生办公室。二战结束后，随着退伍军人和一般民众寻求更好的医疗保健，医院的重建、增建立即增加。二战后新的政府规划增加了医疗保健的使用，它更侧重于医院设施。这还导致了医疗办公楼（medical office building，MOB）的发展。病人护理的日益复杂化、医生的专业化、注重日间护理服务（而非住院治疗）都促进了MOB的增长。

由于美国政府拨款，20世纪40年代出现了更新的、更大的医院。在60年代，面向一般家庭的门诊诊所开始流行。1965年，美国政府为65岁以上公民设立医疗保险。在同一时期，医疗补助被设立起来，以帮助穷人支付医疗保健。到20世纪70年代，医院开始共享设备和人员，尤其是在设备成本高昂的小型或乡镇卫生院。创伤中心成立，并且有直升机运送病人。80年代，联邦政府制定与诊断有关的小组，以使医院为治疗医保病人支付固定比例。

新医院的设计创造促进康复环境，这在医院和医疗保健设施的设计中依然重要。康复环境（healing environment）代表着一种以感官为中心的哲学。康复环境利用设计元素（如吸收噪声的地毯、柔和的色彩、艺术品、接近自然、柔和的照明）来提供视觉和听觉上的舒适性。所有这些技术都有助于营造住宅般的氛围，而研究表明这么做有助于患者康复。其重点在于提供更滋补元气的、注重视觉、听觉、触觉、嗅觉和味觉的住宅般氛围。

人们总是有牙齿问题。从古文化到中世纪，拔牙常被用作许多疾病的医学治疗手段。古埃及、希腊和罗马都实践着拔牙。在中世纪，因为没有正规的牙科职业，牙科工作是由珠宝商和理发师进行的。现代牙科技术不断提高，不仅通过发展新设备，还通过牙科保健，这些都促进了牙齿终生保留。表7-1列出了牙科历史的一些亮点。

---

[4]Kobus, 2000 pp. 134–136.

表7-1　牙科历史的里程碑

■ 1728年出版的一本法文书描述了牙科手术。　　■ 1895年，X射线被用于牙科分析。 ■ 在19世纪初，牙科职业获得认可，牙医业执业。　　■ 到1900年，牙科钻头已被广泛使用。 ■ 1850年，一般麻醉剂被用于牙科治疗。　　■ 20世纪50年代，氟化物被加到水中，以减少龋齿。 ■ 1840年，美国建立了首家牙科学校，即Baltimore College of Dental Surgery。

来源：World Book Encyclopedia（世界图书百科全书），2003. Chicago: World Book, Inc., Vol. 4, p. 145.

保健/医疗概述

随着技术、知识和科学带来新的答案和方法来治疗病人，医疗实践不断变化。一般读者很容易联系到存储病人病历的计算机数据库。医学的不断变化也是室内设计师的一个挑战，因为它们影响着所有医疗保健设施的设计。希望专注于医疗设计的室内设计师必须愿意了解医疗保健领域。在接受任何室内设计任务之前，先要理解到该领域的复杂性，将有助于该项目的所有利益相关者和用户获得成功的概率增加。基本的医疗保健术语极其庞大。设计师可能需要在公共图书馆、医学图书馆以及互联网上查询医疗词典，以弄清术语在某个特定项目中的确切含义。表7-2提供了与本章信息有关的常用术语列表。本章其他节提供了其他术语。

医院和其他类型的医疗设施里边的治疗可能包括预防医学、治疗疾病和/或病症、健康维护。其目的不仅是为了挽救一个患者的生命，还包括提高患者的生活质量。医疗保健设计的目的是了解各专业领域，以及具体任务的设计需要，并制定相应的设计方案和规格。

表7-2　常见的医学术语

■ **辅助部门**：医院的支持功能，如房管。 ■ **健康维护组织（HMO）**：医疗提供者团体，给任何一个会员诊所或医生的医疗办公套间的患者提供服务。 ■ **住院患者（inpatient）**：被准许入院接受医疗护理的患者。 ■ **医疗执照护士（LPN）**：具有2年制护理课程学位的护士。 ■ **医疗办公楼（MOB）**：包含面向专业医疗从业者的一个或多个办公套间的办公楼。 ■ **医疗办公套间（medial office suite）**：各类专业办公室，由执业医生和医师提供服务。 ■ **执业护士（NP）**：同时具有学士和硕士学位、接受过额外的诊断培训的护士，他/她

可以提供某些本应由医生提供的服务。
■ **过期（outdating）**：多种医疗用品必须在特定日期之前使用。在此日期之后，它们被认为过期了、不得使用。
■ **门诊患者（outpatient）**：无须住院接受医疗护理或治疗的患者。
■ **医师助理（PA）**：取得执照在注册医师指导下从事医疗的非医师人员。
■ **主治医生（PCP）**：通常是患者寻求治疗的第一个医生或另一名会诊医生。
■ **冗余信号（REDUNDANT CUEING）**：给超过一种感官模式发送信息，如地板质地的改变。
■ **注册护士（RN）**：具有护理本科学位的护士。

表7-3　健康维护组织模式

1　**团队**　医生是团队的合作者。不直接支付给个别医生，而是基于团队分配决策。 2　**员工模式**　医生是HMO的工薪阶层。医师在HMO办公楼上班。 3　**独立执业协会（IPA）**　医师与IPA签约，	相应地与HMO签约。医师会持有他/她自己的办公室，看非HMO的以及HMO的病人。 4　**网络模型**　HMO与团队、IPA或个别医师签约。[*]

[*]Malkin, 2002, p.321.

在医学领域，至少有24个认证的主要专业领域、附属专科和临床学科。一般执业（general practice，GP）、儿科、家庭医学以及内科的初级护理医师（primary care physician，PCP）是公众打交道最频繁的。这些医生处理病人的整体健康。必要时，PCP将病人引领到适当的专科。

医师可能作为独立从业者、团队从业者或受薪医生工作。独立从业者给病人提供专业的服务，并亲自负责照顾。独立从业者在从事专科或亚专科之一的所有执业医师中所占比例最大。

医疗团队从业者是医疗实践的第二种最常见形式。美国医学协会（American Medical Association，AMA）将医疗团队定义如下：

有三名及以上医师作为一个法人实体正式组成，提供医疗服务，共享商业与临床设施、病历和人员。团队所提供的医疗服务所获得的收入视为团队收入，按照预定计划分配。[5]

团队执业可以与独立从业者、合伙人或公司协作。成员可以整合他们的资源和费用，提供更多的设备和设施，增加护士和技术人员。团队执业往往基于医学专业结合。一些团队执业基于某种程度的专业相似性组建。

受薪医生通常不进行私人执业。这些医生在医院或其他医疗机构、私人和商业企业、军队和其他政府机构有职位。多数这些职位在私立医院也有；在私立医院里，医师在部门（如急救室、顾问、医疗董事或部门负责人）工作。

今天，由健康维护组织（HMO）管理病人护理已显著地影响了医师执业。HMO基于医疗指南提供医疗保险覆盖面。HMO医师治疗利用HMO覆盖面的患者，同意给向这些患者提供的服务打折。如表7-3中定义，目前有4种HMO。

除了医师之外，还有护理人员，一般由护士（RN）和执照护士（LPN）构成。RN有护理本科学位，而LPN普遍从两年的护理专业毕业。除了初步训练，护士可以专修不同的医学领域。护士从业者（NP）一般同时具有学士和硕士学位、接受过额外的诊断培训。他们可以提供某些本应由医生提供的服务，在护理中能与患者密切合作。

[5]Havlicek, 1996, p. 1.

医师助理 (PA) 在执业医师指导下行医, 尚未取得医师资格。PA与患者紧密合作, 可以开药方、把病人转介给专业医生、提供类似于医师的许多其他服务。除了PA不要求有护理学位 (因为他们接受医师培训) 之外, NP和PA在提供医疗服务上相似。

牙医学是医学的一个领域, 经常聘请室内设计师。牙科办公室一般包括牙齿卫生员和牙科助理, 二者都由专业牙医来监督。牙齿卫生员执行诸如去除牙结石和污渍、应用药物治疗、拍摄牙科X光片等工作。牙医助理可以执行这些相同的功能, 以及其他职能, 如消毒器械、混合填充物, 并协助牙医钻孔、填充牙齿。

本章还收录了快速增长的兽医学 (特别是小动物诊所和医院) 有关信息。人类医学中使用的许多技术、设备和材料与兽医学使用的相似。许多兽医专家是兽医学校医院或私人动物医院的工作人员。坐落于重点大学的兽医学院的兽医医院为大型和小型动物提供医疗服务。他们的专家包括神经病学家、肿瘤学家、心脏病学家, 以及许多其他专家。

医疗行业的一个重要的新的监管是健康保险流通与责任法案 (Health Insurance Portability and Accountability Act, HIPAA)。这个联邦法规的建立是为了解决病人信息从病人到主治医师再到咨询医师或服务团队的传递过程中的病人隐私。对于室内设计师, 这一法律影响着接待员工作站、护士站、医疗病历部门以及其他病人记录部门的规划。

医疗保健行业的主要部分致力于治疗、护理65岁以上的病人。随着婴儿潮于2006年突破60大关, 这个病人群体正在快速增长。第8章专门讨论面向老年人的医疗和生活设施的设计。

医疗保健的增长包括医学的许多跨学科专业以及保健专业。很多读者都听说过运动医学和营养学。医疗保健行业的这种持续增长给有兴趣专攻医疗保健设计的室内设计师带来了无限的机会。

室内设计师的服务能确保医疗设施的圆满竣工。设计师面临的挑战是满足特定的审美和医疗需求, 同时遵守管理该领域的商业设计的法律。室内设计师应参与医疗机构的初步规划, 因为所有区域都受到设计的影响。

医疗保健设施的类型

医疗办公楼 (MOB) 和套间、医院、牙科和兽医设施是读者最为熟悉的的医疗设施类型。当然, 有许多其他专业的设施, 包括紧急护理中心、精神卫生中心和康复设施, 仅举几例, 不一而足。所有这些设施为不同群体的患者提供服务。

虽然这些设施已经以这样或那样一种形式存在了很多年, 但科学技术的发展给工作条件和设施设计都需要改进的服务带来了很多改变和改进。本节简要讨论不同类型的医疗设施, 以MOB、套间、医院、牙科诊所和兽医诊所为重点。

MOB是第一种类型的医疗设施。MOB的目的是提供医师进行医疗实践的空间或套间。MOB还可能包括为医生提供服务的服务提供者, 如放射科套间、化验室等专用诊断服务, 以及其他医疗服务提供者, 如眼科和皮肤科医生。MOB的位置各异。有些可能紧挨着医院, 而其他则独立于医院 (图7-1)。

图7-1　MOB的外观，一般靠近医院。(照片提供：Architectural Design West)

　　MOB通常由医疗保健公司、一组医生或医生个人所有。入住者分为三类：(1) 医师租户；(2) 医院科室和/或诊断服务；(3) 商业企业，如药房。根据建筑物的所有权，参与或不参与医疗服务的其他设施也可能是租户，如餐厅。患者可以充分利用MOB内服务的便利优势，因为该设施通常将服务以有效的方式打包，以方便门诊病人使用。

　　医疗办公套间是另一种类型的医疗设施。它们是医生进行实践的工作场所。套间是一组空间，包括诊察或治疗室，与非医疗空间适当地结合在一起。基于医疗业务中医师的专业及人数，医疗套间的设计要求形形色色林林总总、各种各样。虽然小镇上仅有一名医师的全科医生的空间需要与大城市多名医师共同执业所需的空间类似，但除了基本的诊察和治疗室之外，每名医师可能还需要空间用于附加服务。本章用很大篇幅来介绍医疗办公套间的一般设计要求。

　　医院是读者熟悉的另一种类型的医疗设施。美国医院协会 (American Hospital Association, AHA) 将医院定义为"医疗机构，有有组织的医疗和专业的工作人员，昼夜都有住院床，其主要功能是给动手术的以及不动手术的病人提供住院医疗、护理和其他与健康有关的服务，而且通常提供一些门诊服务，尤其是紧急护理；出于许可证的目的，每个州对医院都有自己的定义。"[6]医院可能是科研、技术、教育以及护理病人的一个中心。医生可以治疗住院病人以及门诊病人。表7-4列出了医院的几种特殊类型。

　　综合医院是最知名的医院类型。它涉及多种疾病和损伤，并包括大量的医疗部门。非常大型的综合医院常被称为医疗中心。医院包含的最常见的医疗部门有急诊、外科、妇产科、儿科、紧急医护单元、诊断成像、病理科、康复治疗、肿瘤科和临床服务。还有辅助支持医疗科室的非医疗部门。采购、房管、饮食服务以及所有准入和记录的区域是一些关键部门。用来区分医院的标准列于表7-5。

---

[6]Kiger, 1986, p. 27.

表7–4　医院的类型

■ 癌症中心	■ 医疗中心
■ 化学品依赖恢复中心	■ 精神病医院
■ 儿童医院	■ 康复中心
■ 诊所	■ 教学及科研基地
■ 独立分娩中心	■ 创伤中心
■ 综合医院	

表7–5　用来区分医院的标准

一般或专科内科	规模
医疗问题类型	所有制
短期或长期病患逗留	教学或非教学设施

医院可能为私人利益或政府机构所拥有。它由信托管理委员会（由一名董事以及受托人或委员会成员组成）管理。在医院由城市拥有的情况下，董事会成员由公民选举产生。医院信托委员会负责制定和评审医院的方针，以及选择一名医院管理者来实际上管理该设施。

医院管理者负责医院整体的以及医院内各部门分支的管理。这些部门有行政首长，如外科部门的行政首长。还有部门主管或上司，如护理督导。这种结构很像公司办公室。

医院里的一些医生有私人诊所，在医院上班的同时治疗他们自己的病人。这些医生并非由医院聘用；而是他们被授予在医院设施内实践、治疗他们的病人的特权。其他医生和医务人员（如护士）由医院聘用。这种类型的管理常用于慈善医院。

护理服务通常代表着医院工作人员的最大组成部分，因此护理部的有效组织对于医院运营而言至关重要。护理部有一名主管，还有几名护士长，负责病人单元或病房。一名护士长负责一组病人，监督事关护理的整体运作。每个护理部都是针对病房或单元的，有一名护士班长，通常被称为主管护士，其功能是作为该特定区域的管理者。RN、LPN、见习护士、助手和志愿者都向护士班长汇报。护理单元包括手术室、恢复室、重症监护病房和急诊室。

另一种类型的医疗机构是牙科诊所。牙科诊所可能地处多层商业大厦、独立的医疗中心或由医生办公室构成的MOB、医院或用于牙科业务的独立建筑物。所处地点因牙科诊所的规模、人口特征以及该地区所需的牙科设施而有所不同。牙医诊所可能是综合性的或专业性的，如口腔外科、口腔正畸、牙周病或牙髓病。许多牙科诊所由一名牙医再加上助理工作人员组成。在大城市里，牙科业务小组也由几个专业人士构成，或在一个诊所内汇集多个牙科专业。

室内设计师需要弄清楚设计解决方案不仅是功能性的，还提供了平静的、安心的环境，以缓解病人的不适和对牙科治疗的恐惧。办公环境的材料规格、防噪声、灯光设计和规划在营造功能性的、令人放心的环境方面都发挥着作用。牙科设施需要与行业相关的特定信息，因而室内设计师需要通过与客户会谈研究该行业来获得这些数据。牙科业务中的许多具体问题会影响办公套间的设计和规格，必须由设计师来解决。

各种其他医疗设施可能是医科大学的一部分，或者是独立的、私有的设施。已变得越来越常见的其中之一就是紧急护理中心（urgent care center），有时也称为紧急中心（emergi-center）。这些邻里医疗保健中心提供不重要的、很像医院门诊的紧急护理，作为医院急诊室的一种替代形式使用，只是成本更低。它们位于居民区附近，往往靠近医疗办公楼，距离医院则有点儿远。

康复中心为中风、瘫痪、截肢、外科手术和心脏并发症的康复者提供服务。在这种类型的设施里，可以使用24小时的护理服务。康复中心里的病人通常医疗特征稳定，而医生也开了一些形式的康复治疗处方。医生通常并不在该设施内，但他/她到那儿去探望病人情形。

临终护理中心（hospice care center）是另一种类型的医疗设施。临终病人通常死于不治之症。临终关怀的目的是缓解病人的疼痛和不适，提供贴心的情感支持，并在此过渡阶段协助家庭。给请求援助的家庭成员提供悲伤辅导。临终护理可以提供给住在医院里的病人或专门面向这些病人的独立医疗保健设施里的病人们。也可在家中接受临终护理。

在美国，收治小型和大型动物的兽医院和诊所是一种非常流行的医疗设施类型。兽医诊所和医院的设计和类型有所不同。例如，大学兽医学院有大型设施来治疗大型和小型动物。地处城市地区的兽医诊所往往靠近兽医院。紧急兽医中心常常只在诊所的下班时间内才开门，一般是从下午6点到次日早上8点。

还有其他类型的独立医疗设施。表7-6提供了它们的一个简短清单。

表7-6　其他类型的医疗保健设施

■ 烧伤治疗中心	■ 肿瘤治疗中心
■ 心脏康复中心	■ 药店
■ 诊断成像中心	■ 物理治疗中心
■ 化验室	■ 运动医学治疗中心
■ 医护spa	■ 外科中心

规划及室内设计元素

前边几节简短介绍了医疗设施的不同类型。每种设施类型的规划、材料、法规、审美要求和指南都与众不同、独一无二。例如，国际建筑法规认为医院属于社会公共事业用房（Institutional Occupancy）。医疗或牙科的办公套间被认为是营业用房。医院内的空间可能包括零售空间和餐饮服务（例如公用咖啡厅），这导致在考虑法规时得注意到潜在的（实际上的）混合用房类型。

大多数医疗设施具有相似的设计考量。例如，医院诊所里诊察室的大小与医疗办公套间相似。鉴于各个州都有健康部门规范，针对医院有更多的法规限制，对材料规格的限制也更为严格。医疗办公套间的设计限制基于医疗办公楼的大小、它是隶属于某家医院还是独立的。

　　室内设计师的主要目标是给每一种设施打造专业的外观。在设计医疗设施时，室内设计师必须与建筑师、承包商或其他专业顾问协作。设计师还将与建筑物的业主或业主代表协调设计决策。设计责任可能涉及空间规划、材料规格、照明设计、标牌设计、色彩协调，以及与建筑物和医疗设备的机械接口。空间规划和法规还受到建筑、生命安全和可访问性法规的影响。

　　本节侧重于医疗保健设施室内设计中空间规划和法规要求的相似性。随后有个对特定设施的设计应用的讨论。

可行性研究

　　医疗设施议案的可行性研究通常需要相当长的时间，因为它不仅涉及研究，而且还涉及资金问题、法规和关于建筑类型的许多政府法规。它应该包含现有设施、现场评估、公用设施和支持服务的可用性的信息，以及对拆除现有设施或考虑改造利用的可能性的研究。

　　在建造重大设施（如新医院）时，先于深入的部门规划（用于原理图设计），往往会进行可行性研究。基于这一研究及初步规划考虑后期开发的架构问题和预期成本。应将可行性研究作为整体规划过程的一部分进行，并应包括较旧的设施，以及新设施。尤其是在当有显著的改建和增建时，更应该进行此研究。

　　进行可行性研究的小组负责包括适用的法规以及与项目有关的具体标准。医疗保健设施的有些法规和规章涉及使用某些文件，如：

1. 美国残疾人法案（Americans with Disabilities Act，ADA）或其他辅助功能的要求
2. 医院和医疗设施施工设备指南（Guidelines for Construction & Equipment of Hospital and Medical Facilities）
3. 国际建筑法规（International Building Code）和/或其他适用的建筑和机械系统示范法典
4. 国家防火协会（National Fire Protection Association）的NFPA 101生命安全法规（Life Safety Code）

　　可行性研究涉及各种咨询服务，它将对现有设施进行评估，并解决潜在的扩建。可行性研究不仅应包括对医疗设施的书面报告，还将展示照片、绘图和现有建筑物的平面图，以及与安防和扩建能力有关的信息，仅举几例，不一而足。还应包括为设施开发的替代方案图纸、总建筑面积图表以及对重建和/或扩建的预算成本估算。

　　读者应该知道，上面讨论的可行性研究内容很少涉及医务室的设计或牙科办公空间。但是，如果考虑一座大型医疗办公楼，那么该项目的可行性研究可由希望把重点放在医疗行业住户上的开发人员或开发办公楼供自己使用、用于投资的一组医生来进行。在开始完整的规划工作之前，他们将要求建筑师或其他顾问进行可行性研究，以确保新物业的经济可能性。很显然，一个MOB不会像医院项目那么复杂。但是，取决于预期的或希望的租户组合，在准备可行性研究时可能需要特殊设计的研究和规划。举例来说，如果租户之一是诊断成像办公室，那么就需要特殊的设计考量来屏蔽X射线程序。

空间分配及流通

对于任何大小或类型的医疗设施来说，空间分配及流通规划都是一项广泛而复杂的任务。组织良好的空间规划是承包设计任何医疗设施的室内设计师的首要责任。规划效率对于医师客户会为他们的项目进行讨论的许多总体目标而言至关重要。在医院里，必须提供好几十个相互关联的服务，能容纳这些服务的、高效的空间设计是有效的病人护理、医院作为企业存在的关键。

在程式设计阶段，图表和图形被开发出来，以帮助弄清楚关系和需求。通常会创建关系图、邻接矩阵、相互关系矩阵、气泡图等特定图形工具。这些工具在开发和评估客户信息上至为关键，以提供高效的、功能齐全的、协同使用的整体设施和特定医疗空间。尤其是在医院或其他非常大的医疗设施里，还进行工作量分析，以确保区域内的空间关系有助于建立有效的设施。例如，开发功能性程序来识别出部门、工作人员要求、设计问题以及交通流量之间的关系。

空间分配的程式设计找出医疗保健设施中的各个区域或部门的具体需要。找出的问题包括房间要求和尺寸、部门职能，以及与运营中的流程相关的部门邻接。[7]最初规划的重要信息包括房间和部门的净平方英尺数。

空间分配是在MOB或其他的办公楼里规划高效的医疗套间的关键。除了某些明显的例外之外，大部分空间都大小相似。根据马尔金（Malkin），"套间可布置在4英尺或4英尺6英寸的规划网格上……小套间深度为28英尺。"[8]这有助于为小套间创造一个高效的复式走廊。大套间需要更大深度，以容纳更多的诊察室及配套空间。治疗室往往比诊察室大，这也影响着规划网格。

窗口位置也会影响网格和医疗套间的布局。不幸的是，太多数办公楼的设计始于外部，致使窗口并不总是与医疗套间的规划网格有关。一般情况下，在套间的室内空间分配要求中，MOB的窗口位置规划得比非特定办公楼更好。本章"设计应用"一节将介绍关于空间分配、流量以及医疗套间空间大小的更多详细信息。

空间邻接直接影响病人护理以及医疗设施的整体运作。在医院里，空间分配将包括公共和行政空间（如信息台），允许在远离主入口和急诊室入口处放置桌子。其他行政空间的空间及流通规划也考虑公众和行政部门，如商务办公、病历办公室、数据处理中心、资源中心、公共服务和通信中心。附属于住院治疗的还有诊断、介入和治疗部门（如诊断成像，对于提供良好的病人护理相当重要）。最后，后勤保障部门管理的系统包括电梯、气动导管、自动车。一个熟悉的例子是清除废物及用过的亚麻布（见表7-7）。

在医院里，宽敞的走廊——通常6~10英尺，这取决于法规的要求——需要用来移动人流和医疗设备，如病人的轮床。鉴于医院规划的复杂性，寻路和标牌在由建筑师和设计团队进行的整体流通规划中起着非常重要的作用。

护理单元的设计和规划围绕着强调护士站与病房集群距离更短的模式。圆塔和紧凑型

---

[7]Kobus, 2000, p. 171.

[8]Malkin, 2002, p. 12.

表7-7 空间邻接性

根据Bobrow/Thomas & Associates公司，医院病房至少应包括以下一些应用：	3. 每个病人护理单元应该有2~3个病床集群，每个都包括护士站、工作人员支持区和存储区。
1. 60~72张病床的病人楼层可分为20~24张病床的标准病人监护病房，还可进一步划分为10~12张病床的集群。	4. 每个病人楼层应该有2~3个患者单元。
2. 75%的医院病房应该是单人间病房，24%应该是隔离室。	5. 病人楼层支持区应包括候诊/接待区、员工办公区、人员支持区、储物空间、病人护理所需的多功能室，以及一间小厨房。

来源：Bobrow/Thomas & Associates，Building Type Basics for Healthcare Facilities. Hoboken, New Jersey; John Wiley & Sons, 2000, pp. 174~175.

方形单元是用来保持护士站尽可能靠近单元内众多病房的一种常见配置。在医院住院区里，时下的规划理论涉及减少医院内病床的数目。这主要是由于门诊以及向公众提供的治疗方法增多了，从而降低了对入院护理的需求。此外，HMO和Medicare（医疗保险）规定病人待在医院里的时间量，主要是基于成本因素，这也是导致住院人数降低的原因之一。

由于住院治疗的减少，医院病房正在转化为私人病房，正在设计的新医院里私人病房数目多于半私人病房。这些私人病房被设计来容纳室内治疗，这需要适当的电气设备来监测病人、将病房选址在很容易看到护理人员的位置、把厕所置于病房外墙。[9]

材料、饰面和颜色的使用

材料规格是各种类型的医疗设施的一个共同因素。建筑饰面的选取基于法规、卫生、清洁性、过敏原、细菌生长，以及美学问题。本节评述在本质上是通用的，可以基于当地司法管辖机构卫生部门和建筑法规的限制，应用于任何类型的医疗设施。

涂料和墙面是医疗设施所采用的最常见的墙壁处理方法。由于涂料颜色多、提供饰面，它被认为是最通用的材料。上涂料的墙壁的一个问题是，它们很容易因推车、椅子和设备而遭致损毁。在大多数情况下，使用亚光涂料和瓷漆，而不是消光涂料。使用低VOC的涂料产品是令人可心的。有些墙面是多数医疗内饰法规可以接受的。质感、可清洗的墙面往往是首选，因为它们不仅有利于声学控制，还能减少眩光。对于碰到轮椅的墙壁，在椅子轨梁以下得使用更为质感的无纺布墙面，以保护墙壁。这个台座区域可以指定使用声学布。请时刻谨记，在对墙壁应用任何类型的纺织品之前，必须验证法规。尽管医疗办公套间可能允许使用织物墙面（由于它是营业用房），但医院或疗养设施对织物墙面的限制更严格，因为这些设施被认为是社会公共事业用房。

为医疗内饰指定的大多数窗口处理通常是中性色或无色百叶窗，符合适用的法规，并赋予一致的外观。根据不同情况，客户可以在某些空间添加窗户处理，以提升内饰。例如，在医疗套间的诊察室里添加窗帘或面板可能会使空间显得不那么像诊所、更友好。任何悬挂在医疗设施内的织物都必须遵循适用的法规。不得使用非A类的纺织品，除非使用阻燃化学品处理过。

---

[9]Kobus, 2000, pp. 167–170.

医疗设施内在处理时必须予以特别留意的一个主要建筑表面就是地板。医院、MOB、医疗办公套间以及其他医疗设施通常结合使用弹性的和硬质的地板材料。耐用性和易维护性是该规格的主要因素，重点是诊察室、治疗区和住院室的抗菌产品。

取决于空间的用途，设计人员可以指定任何硬质的或弹性的表面或地毯。由于治疗区和住院病房需要每天打扫，所以常常指定耐用的、医院级别的塑胶地板。总有重型推车经过的走廊使用塑胶地板以及紧密编织的宽幅地毯或地毯拼片。术前和术后区域使用走廊使用的塑胶地板材料，而护理单元的走廊指定使用宽幅地毯，以减少噪声。出于众多理由，住院房间指定使用塑胶地板，这些原因包括每天都要刷洗、耐用性、抗微生物特性。有各种颜色的塑胶地板材料。

由于其用房类型，医疗套间在材料规格上有更大的灵活性。在化验室或小手术空间等区域，弹性材料是首选。在大多数医疗室内，可以使用商业级的塑胶片材制品或塑胶地砖地板，因为它们符合可清洁性和耐用性的标准，而且不促进细菌生长。应谨慎规定硬质表面地板，因为取决于所选择的材料和其在设施内的位置，防滑可能是一个问题。例如，在寒冷、潮湿的气候和地带，大多数患者难以步行，那么硬质表面很容易导致滑倒。

医疗设施内地毯的使用因设施类型、空间的功能、法规要求而有很大不同。医院主要在公共空间和办公室内使用地毯。医疗办公套间可能在候诊室、商务办公室铺设地毯，有时在诊察室也铺设。地毯具有一些特性，使得它在医疗设施里令人感到称心如意，这些特性包括声学控制、静态控制性能、抗细菌因素、作为对伤害（injury）的缓冲的能力。在指定地毯时，使用低桩、高密度的地毯，以减轻轮椅、轮式车或设备的移动。找到便于轮椅和推车移动的、但并未紧密到容易引起摩擦或瘀伤（如果病人跌倒的话）的密织地毯总是在选择适宜的地板材料时需要仔细考量的一个问题。

颜色可对患者在医疗环境中的康复发挥重要作用。据Mahnke夫妇，"正确的色彩环境有利于病人的福祉和员工的效率及绩效。"[10]取决于医疗设施的类型以及空间的用途，颜色的选择范围可以从柔和、浅白、灰色或沉闷的色调到饱和的颜色。色彩效果的例子包括柔和的黄色，能促进康复；蓝色调，有助于降低血压，以及多种颜色的阴影和色调，营造一个康复环境。一般而言，医生和工作人员都知道有助于他们专业工作、工作人员及病人的颜色范围。

今天，在医疗保健设计中使用的很多颜色强调营造出温馨、宾至如归和安全的环境。色彩研究继续提供直接关系到其在医疗保健设施中的应用的信息。一般的商业配色方案立足于市场而更新换代。医院和医疗办公没有能力像其他商业企业那样每7~10年改建一次。设计师必须提出适合建筑风格、在医疗中已被证明、在某种意义上能使用多年（都不过时）的配色方案，以避免外观显得过时。

医院室内设计的主要改进之一是努力引入更多的自然光，这是通过增建额外的庭院、使用地下室/下层开放至康复花园（healing garden）来实现的。如果自然光线不可能，那么还有许多照明灯具能复制自然光。

医疗设施设计的绝佳资源包括美国健康建筑建筑师学院研究所（the American Institute

---

[10]Mahnke and Mahnke, 1993, p. 85.

of Architects Academy of Architecture for Health）的Guidelines for Design and Construction of Hospital and Healthcare Facilities（设计及建造医疗保健设施指南）、Malkin的Medical and Dental Space Planning（医疗空间和牙科空间规划）以及Kobus、Skaggs、Bobrow、Thomas、Payette合著的Building Type Basics for Health Care Facilities（保健护理设施建筑类型基础）。本章参考文献里边还有许多其他重要书籍，读者不妨就医疗保健设计参考阅读。

机械系统

在大多数情况下，医疗设施的机械系统规划是建筑师的责任。然而，室内设计师经常规划电源插座和其他小型系统的位置。因此，对机械系统提出几点意见是符合情理的。

医疗设施由多种政府机构密切监控，以确保该设施及其所有机械系统的运作效率，并遵守联邦、州和地方的所有法规及规范。例如，为了控制传染病，有空气传染隔离病房，要求该区域的所有空气过滤后直接排放到室外。另一个例子是托儿所，这儿需要安静的环境。HVAC系统应当为患者提供舒适性和安全性，并给医疗设施提供高能效的系统。在医院里，空气处理系统必须控制空气的分布以及排气和过滤。

对于免疫系统受损和/或传染性疾病的病患，提供包括保护性环境房间和空气传染隔离病房的专门区域。这是许多医疗办公套间都为健康的以及生病的病人设计有一个候诊区的原因之一。在医院环境中，问题更为严重。在空气传染隔离病房里，与相邻房间的空气压力为负值，空气排放到室外。为了防止医院里其他区域受到这一传染病区的危害，得提供一个前厅来充当气闸。[11]

垂直流通是医院或MOB的一个重要的设计考虑因素。在医院里，轮床、手术推车等设备往往需要超大型电梯。还指定"干净"的电梯仅用于无菌物品供应。电梯应归入建筑核心。正像对于该设施来说适当的那样，它们应该将访客、病人和工作人员的流通分开。

电话、对讲机和数据网络是医院通信系统的一部分。病人信息以电子方式收集。在很多医院，主要使用病人手术和进度的电子制图。这也成为医疗办公套间以及其他类型的医疗设施的范式。

医疗设施设计中的一个重要问题是隐私。大多数医疗服务室（如诊察室、病房、治疗室）之间的墙壁应该有声音隐私。这可以通过在传声级（sound transmission class，STC）为45的墙壁之间安装隔板来实现。[12]

法　规

医疗设施的严格规章制度是由各种适用法规及当地卫生部门施加的。医院、疗养院和有限的医疗设施——仅举几例，不一而足——被国际建筑法规列入社会公共事业用房。医务室、医师和牙科诊所、有些门诊诊所都被国际建筑法规视为营业用房，除非它们隶属于某个机构设施。室内设计师必须警惕这些规定，为设施类型指定适当的内饰。

---

[11]Kobus, 2000, p. 184.

[12]Kobus, 2000, p. 188.

走廊建筑处理是消防安全的重中之重，必须仔细选择。通常走廊材料必须是I级，而在更小的空间可以是第II级。用于诊察室、住院病房和治疗室的窗帘织物必须阻燃。通常情况下，制造商或家具代表可提供关于他们特定产品的防火及生命安全措施的有关信息。他们应该给设计师提供能核实项目中使用的纺织品和其他建筑材料的阻燃性的书面资料。如果面料不阻燃，可以被发送到专门从事应用阻燃剂的公司。设计师应该牢记，在对所有织物应用化学品前，先测试一码织物，因为该化学物质可能会改变材料的外观。此外，在对座椅单元已经采用CAL 133或TB 133的州里，面料和座椅单元的规格将由当地消防主管仔细监管。

医院及其所有公共区域都必须是无障碍的，其设计必须符合ADA指南或其他生效的辅助功能准则。目前，10%的病人病房和厕所必须符合ADA指南。能够出入的病房必须有一个直径60英寸的空间能计轮椅掉头。许多其他法规也适用于医院和MOB。室内设计师在开发、规划商业设计项目时应仔细查阅这些指南。

设计应用

本节的重点是医疗保健设施（包括MOB、医疗套间、医院的某些区域、牙科诊所、兽医设施）的设计及规划元素。这些都是室内设计师和学生常常碰到的医疗保健设施类型。

在设计这些医疗保健设施的过程中，室内设计师与建筑师、承包商、客户协同工作是很常见的。客户可能是建筑物的业主或租赁空间的医务人员。室内设计师的职责包括空间规划、指定材料规格、照明设计、色彩协调、机械接口规划。空间规划和规格工作还涉及建筑、生命安全和可访问性法规的应用。

所有医疗设施中的大部分都具有类似的设计元素。例如，医院门诊的诊察室大小与医疗办公套间内的诊察室差不多。病人的安全是最重要的，因为许多患者活动能力受限，依赖于设施的工作人员在紧急情况下予以援助。卫生、清洁性、在任何类型的医疗设施的材料和饰面上生长的过敏原和细菌都是在做出规格决策时必须予以考虑的关键问题。已经进行了大量研究，不仅针对材料的功能和实际应用，而且还针对色彩和图案选择对心理的影响。鉴于根据建筑及消防安全法规，医院属于社会公共事业用房，因而法规限制将有所变化，而大部分医疗办公套间被认为是营业用房，除非隶属于某家医院。医院设施还受到各州卫生部门的严格监管。

本节重点是普通医疗办公套间的规划和规格理念，始于对MOB设计考量的一个简要讨论。随后，考虑医院大厅、住院部房间、护士站的规划和法规。接下来是普通牙科办公室的设计，本章最后以对兽医诊所的一个简要讨论作结。

医疗办公楼

MOB可以是单层或多层建筑物或用作提供医疗护理的一群建筑物。MOB往往毗邻或靠近医院园区。许多包括其他相关业务，如药店、验光办公室、复印中心、咖啡店、礼品店和spa，仅举几例，不一而足。

多层MOB的一个楼层里有一个或多个业务套间是很常见的。复式楼包括各种医疗专

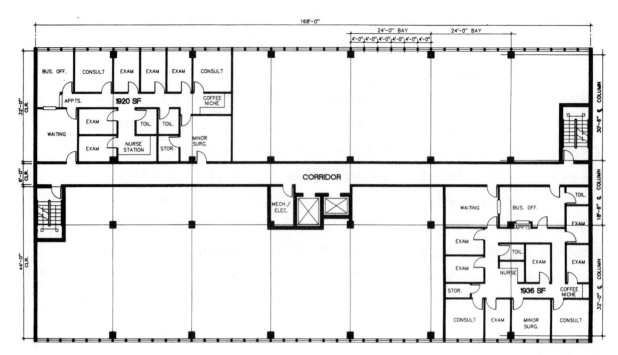

图7-2　多层MOB的高层楼层平面图，展示了医疗办公套间的两种布局。(选自Malkin, Medical and Dental Space Planning for the 90's. Copyright 1990。经John Wiley & Sons, Inc.许可后重印)

科。例如，家庭医生、儿科专科医生、心脏病学家的套间位于同一楼层或同一建筑物内也不足为奇。从某种程度上来说，鉴于所有病人都得使用公共区域来抵达特定医师套间，那么在设计任何套间时，室内设计师有必要考虑专科的搭配。多层MOB具有由位于建筑物中心位置的电梯、楼梯、机械设备和公共厕所组成的服务核心。根据建筑物的设计，这个服务核心可能位于复式公共走廊 (图7-2) 末端。

单层MOB往往直通各个医疗套间，不论是从外部庭院，还是从停车坪。基本公共走廊的布局和这些区域的建筑饰面的规格是建筑师的责任。如果空间是租用的，那么医师客户可以指定墙壁的位置和材料的选择。室内设计师在详细咨询医师和工作人员之后提供这一空间布局和材料规格。如果承重墙受到影响，那么室内设计师必须聘请一名结构工程师或建筑师，以提供附有适当图纸和说明书的解决方案。非承重墙在位置方面限制较少。

通常情况下，室内设计师将参与MOB以及医疗套间的材料和家具规格。理想情况下，如果MOB是新建筑，那么室内设计师将是最初规划团队的一员，提供有关该套间的布局和法规的相关信息。HVAC、照明、电气和给排水系统需要各自领域的专业人士。不过，很多时候，在室内设计师进项目之前这些问题都已经解决了。

在医疗设施项目中，室内设计师还与医疗设备和供应厂商的代表协作。如果橱柜、诊察桌和座椅由医疗用品供应商提供，那么室内设计师的义务包括使用制造商的选择或（可能是）自定义规格来规定材料和颜色的规格。室内设计师还将与建筑师和总承包商进行协调。

MOB的入口规划很重要，这样病人可以轻松地访问内部的医疗套间。为了提供这一通道，在大楼入口处、大堂和各层设置清晰易懂的标牌是强制性的。在大型MOB里，和医院一样，使用颜色和形状的寻路图形有助于患者在大楼内定位特定的服务。电梯内应能获得信息，各层都应该张贴套间编号。

在大型MOB里，信息亭或保安处有建筑物的地图，以协助病人定位特定的医疗套间。主入口及设施内其他区域的"您现在在这儿"地图帮助病人寻路。病人作为消费者熟悉这种方法，因为所有的大型商场都使用寻路地图。

通往医疗办公套间的入口门的风格一般是由建筑师、承包商或拥有设施的公司指定。一般来说，由于走廊内一致性（目的在于给空间一个一致性的设计形象）的愿望，它不得更改。法规和其他建筑规范也将决定进入套间的主入口门的规格。由于设备的成本、病历的安防，以及一些办公室内存储着医疗药品，门的安防是非常重要的。以现在的技术，许多这些走廊都配有负责监视空间的安全摄像机。

医疗办公套间

各医疗专业具有特定的需要和考量，有些能与其他专业共享，有些不能。并不要求专门从事医疗设计的室内设计师精通每一门医学专业。然而，设计师应对医药、各种实体以及室内设计在这些设施中扮演的功能具备全面的了解。对于每一个项目，室内设计师必须研究其特殊性，并采访医生和工作人员，以详细地了解医生业务的日常功能（图7-3）。本节将侧重于全科医生医务室的室内设计需求，并适当地给医疗专科提供补充意见。虽然使用医师（physician）这个单数词，但假定也将根据要求与从业机构（practice）内的其他医师进行协商。

MOB内医疗套间的室内设计师负责提供一个既美观又温馨的环境，体现从业机构的医疗功能。这一设计责任始于接待区的规划和设计。到医务室的这个第一印象可以给病人舒适感，以及对设施的信心。例如，如果医生的办公室非常过时，那么患者可能心生疑虑，担忧他/她的医术是否也已经过时了。

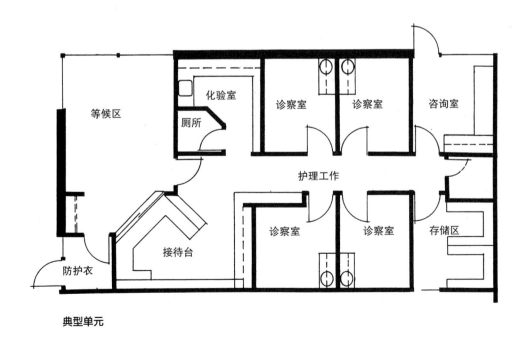

典型单元

图7-3 为仅有一名从业者设计的医务室的楼层平面图。（平面图提供：Architectural Design West）

　　医疗套间内的空间规划往往是室内设计师的责任，假如规划不涉及承重墙设计的话。规划这一空间的相关信息在程式设计阶段获得，最初来自医生和工作人员。基于设计师的合约，室内设计师可能需要与医疗设备供应商进行协商。建筑、消防安全和可访问性法规将影响套间的空间分配及规划。医疗办公套间通常被建筑法规视为营业用房，必须满足司法管辖机构针对保健设施盛行的可访问性指南，除非适用其他地方法规或细则 (图7-4)。

　　典型的医疗办公套间可分为两大空间：医疗和辅助功能。医疗区包括一个或多个护士站、诊察室、化验室空间和医疗存储。根据不同的专业，其他医学区域可包括心脏检查、身体康复或门诊手术室。辅助功能空间包括候诊室、接待员和秘书区、商务办公室、医疗记录存储区、医师办公室、厕所、办公用品存储区、休息室，往往还有一个小型会议室。

　　交通流和流通规划对于医疗套间非常重要。一般来说，空间被规划为将患者保持在医疗区域内，并限制他们穿过非医疗场所的活动。将护士站和诊察室聚集在一起能更便于护士控制病人的交通流。病人由护士护送到诊察室或治疗室。在许多情况下，患者在咨询医师后不由护士护送出来。良好的标牌是必要的，这样病人可以很容易地找到出口。理想情况下，在病人离开封闭的医疗区域前，走廊和方向会将病人带到商业办公窗口。以这种方式，高效地预约、处理付款。

　　医师和工作人员的私人入口很常见，这样医生无需途径候诊区即可进入套间。最好是，这个辅助入口——假定它不通过医师的私人办公室——就是交付耗材的地方。这也可以通过在员工休息室或休息间安置第二出口来实现。不过，在法规要求有第二出口的大型套间里，这可能不可行。

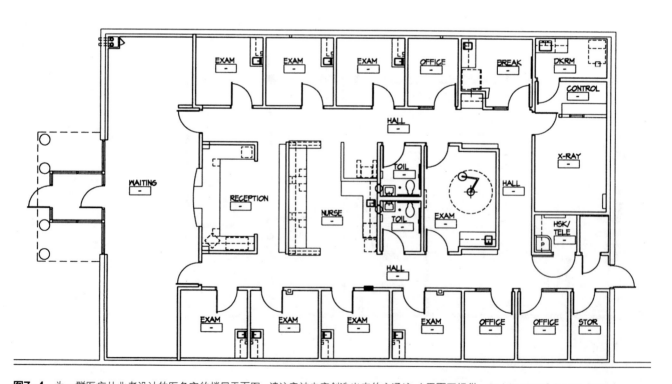

图7-4　为一群医疗从业者设计的医务室的楼层平面图。请注意被走廊创造出来的交通流。(平面图提供：Architectural Design West.)

接待区和候诊室

病人在进入医疗套间的候诊室后被介绍给医生。候诊室和接待区是病人登记预约、等待，直到轮到检查的地方。这个引入空间的设计可以帮助病人减轻压力，并有助于营造舒适感和对医师医学专业知识的信心。和谐的、赏心悦目的候诊区可有意识地或下意识地影响患者对医师提供的患者护理的感性看法。

以往外观如同诊所一般的医疗套间已经让位给用户友好、营造温馨、舒适和欢迎的氛围的设计。技术给设计师提供了抗菌、抗过敏、耐用、美观的表面和织物。因此，由纹理、颜色、(有时还有) 小图案、照明和配饰构成的医疗套间的整体氛围有助于创造一个有吸引力的空间。

在规划候诊室和接待区的布局时，能自由行走的以及卧床的患者都需要入口门有足够的空间。应提供清晰的交通路径，以确保容易抵达接待区、进入套间医疗区的门。

大多数医疗套间在候诊室和接待员之间有某种形式的分离空间。为了监测候诊室，接待员必须能够看到房间的各个区域，并能看见病人进入、等待、退出办公室。接待员往往身兼秘书职能，可以通过在墙壁上开一扇窗户或一个定制的接待台分离开来，这扇窗户或这个接待台也可作为候诊室和主医疗区之间的间隔物。这样做是为了保护隐私和病人病历的安防，并控制病人流量。接待员窗口及区域的设计应提供一个迷人的焦点。除了问候患者，接待员的职责往往涉及文秘琐事、接收付款、记录病历信息、监控电话、备案，并协助医生获取病人信息。在大设施里，这些功能可能是好几个人的责任。

通往诊察室和主医疗空间的门往往在候诊室一侧上锁，由护理人员进行控制。这一规划提供了声音和视觉的隐私及安防。门一般与接待员区或窗口相邻，引领着患者进入走廊、抵达诊察室。

医生和工作人员对接待/候诊区的座位偏好有个总体思路。一些医生可能鼓励与其他患者互动。鉴于这个要求，室内设计师会把候诊室的这些座椅单元摆放在一起，向内对着，以促进交谈。根据Dr. Edward T. Hall (爱德华•T•华尔博士)，这样的布置被称为社交向心间距 (sociopetal spacing)。其他医生可能更喜欢不提倡互动的间距，这通过社交离心间距 (sociofugal spacing) 实现，座椅单元一字排开，各排之间的距离不提倡对话。医学研究表明，如果座椅单元之间的间距超过8~10英尺，那么人耳不能分辨清楚谈话。座椅的位置应该根据所需的互动程度进行调整。

对座椅周围的交通走道的间距没有法规要求。通常，一排椅子背后的流通需要提供最低36英寸[13]，以移动轮椅；前边最低32英寸，以允许流通。取决于空间的大小和陈设的位置，这些数值有很大的差别。请记住，36英寸允许轮椅间隙，5英尺提供轮椅掉头。

多数医生候诊室在设计时使用椅子作为主要座椅单元。椅子提供家具位置的多功能性，以及患者之间的心理和生理屏障。椅子应符合医师将要诊治的患者的类型要求。例如，它们应容纳各种体型。座椅高度必须为20~22英寸，并且应足以帮助病人从椅子上站起。张开的椅臂是椅子两边的距离，对于老年人和身体虚弱的病人至关重要。同样重要的是在设计椅子时避免尖锐的边角和边缘。另一个重要细节是需要避免八字脚伸展至座椅的边缘，因为这样

---

[13]Panero and Zelnik, 1979, pp. 268, 269.

可能导致病人被绊倒。毕竟，椅子应该坚固、易于大多数病人使用。

为椅子指定的织物常常取决于医疗焦点。例如，儿科医生的办公室可能要求医院级塑胶织物或偏爱更容易维护的座椅单元。皮肤科医生的办公室规定的材料应易于清洗，使用抗菌纤维，避免笨重的、可能堆积细菌的编织纹理。精神科医生可能会要求重点在于触觉效果的编织纹理，这可能带给病人温暖和安全感。

面料的首选图案通常较小、无视觉差异。一些医务室要求质地坚实的面料。随着目前面料技术的发展，现在很少担心坚实的面料呈现出点状血迹和污渍。然而，设计师通常喜欢指定小图案，它可以给空间注入一个有趣的设计元素。由于其年轻患者反应多变，儿科医生比其他医生更有可能接受具有对比度的图案。不管是什么专科，在为候诊室座椅选择织物时都得考虑维护、污损和渗漏。

当需要家庭成员或其他人坐在一起监管孩子或提供与家庭成员之间的亲密联系时，指定长靠椅或沙发。长靠椅也可用于体型过大、需要比典型扶手椅宽度更宽的椅子的病人。医疗设施座椅单元的制造商可以为肥胖患者提供超大号座椅。在给候诊室指定沙发时，设计师应该记住，椅臂高度和座椅高度必须有助于从座椅上站起。座椅需要至少20英寸高，椅臂至少24~26英寸高。这些规定与辅助生活设施的规定类似，如在第8章中讨论的。

候诊室照明规范非常重要，不论是从生命安全的视角来看，还是从空间内的效果和舒适性来看。候诊室通常具有照明装置的组合，头顶的荧光灯作为主光源。候诊室里的照明也涉及由壁灯、射灯或周围空间的轨道灯提供的环境照明。壁灯给区域提供上射灯光，以及温暖，平衡天花板上灯具发出的刺眼光线。白炽灯或卤素灯台灯也可能用于帮助阅读，以及在空间内营造出温暖的一隅。

医学专科会影响照明的数量和类型。例如，心理医生的办公室更喜欢温暖的灯光，以营造温馨的、私人的、安全的环境。皮肤科医生候诊室的照明必须精心策划，以便它不强调皮肤疾病。在给医疗设施指定照明时，研究灯光效果是非常重要的。

病人在检查前可能得在候诊室呆长达30~45分钟。出于这个原因，配饰不仅要提升空间，还要作为一个观察的机会或让病人分心。配饰包括适宜于空间和主题的艺术品、杂志架，以及医师用于患者教育而提供的医疗信息展示品。今天，许多办公室提供闭路电视，播放医疗资讯节目。设计师需要提供杂志架和茶几存放期刊。一般不会使用咖啡桌，因为它们会妨碍可访问性。

对心脏病患者的研究已确定在水族馆观察鱼有助于减轻压力。在儿科医生的办公室里，鱼缸让年轻病人分心，并让他们感到愉悦，是一个兴趣和活动的要点。然而，先于鱼缸规格评估有无人员来照顾它是很重要的。

接待区及商务办公室

接待员的责任是迎接病人、预约、接电话、执行先前讨论过的其他辅助职责。根据医疗套间的大小和空间规划，商务办公室可以与接待区相邻，或处在单独的位置。一般来说，较大的医疗设施的接待员房间和商务办公间是分开的、单独的，而规模较小的则在同一空间里兼具这两方面功能。

　　接待员的工作站一般是定制设计的木制品，以提升候诊室的氛围。这个橱柜必须引人注目，并且在观察候诊室时在设计上得是协调一致的。它还必须安全，不引致病人入侵该空间。今天，病人隐私很重要。接待区的设计必须非常严肃地对待这个问题（图7-5a、图7-5b）。

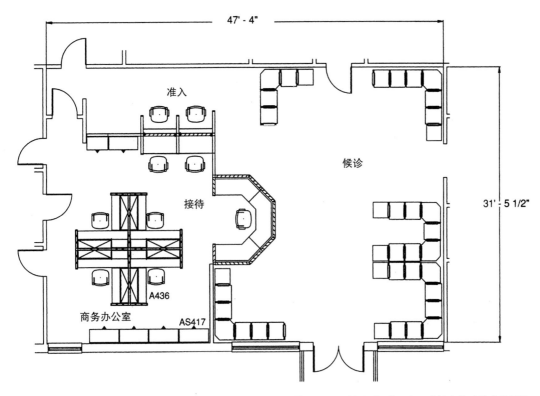

图7-5a　楼层平面图展示了接待区与商务办公室以及病人座椅位置之间的关系。准入室用在较大的或特定类型的设施里。(绘图提供：Milcare, Inc.)

图7-5b　为保健设施的接待区设计的椅子必须坚实、舒适，不得有尖角。(照片提供：Carolina Business Furniture。)

进入诊察室所在的医疗空间的安防通常由靠近接待桌的一扇门来提供。室内设计师和/或建筑师负责设计接待员的工作站，并提供适当的工作图。设计和创意的多功能性，以及一个有组织的、高效的工作站，是我们的目标。为了提供最佳的解决方案，室内设计师必须采访客户和员工，以确定空间的各种功能。

由于科技的进步，医疗记录和其他相关数据都存储在计算机上。出于这个原因，一些医师偏爱使用木制品或半高墙打造出来的开放式接待区，而不是将员工与候诊的病人分离开的全高墙和窗户。接待员区域往往是定制设计的木制品，以适应实际需要。由于系统家具的灵活性及适应性，许多医生选择在这一区域使用系统家具。商务办公室的其他行政职能可能需要系统家具、木制品或可移动办公桌。

接待空间的规格必须包括坚固耐用的、可清洁的表面，如层压板、密封板材、固体表面和一些石头（如花岗岩）。如果指定用石头做台面，必须将它们用适当的医用密封剂密封。重要的是要记住，整个医疗套间的台面表面都必须光滑、坚固，以便于员工书写清晰的病人笔记和记录。基于眼科领域的建议，室内设计师应指定浅色调的工作表面，因为当工人将眼睛从白色或浅色纸张转移到深色表面上时，深色表面会引起双眼疲劳。当然，这依赖于表面的主要用途。

接待员和商务办公室的家具还涉及适应于不同员工体型和用途的、适当的姿势椅和作业椅的规格。这些椅子的面料应该美观、耐用、可清洗，并抗菌、非过敏。带图案的或质感的纺织品都是这种座椅的适宜选项。请参见第3章关于工作场所里人体工学椅的信息。在医务室里，特别重要的是为了用户的健康和福利而来选择座椅。此外，符合人体工程学设计的家具会提升员工的工作效率。

今天，医务室高度计算机化。商务办公室里的计算机连接到诊察室、医生办公室、化验室和医疗套间其他区域的终端。计算机也可以连接到医院和其他医疗机构，以在线获得、发送预约时间表，可能还有医疗信息。技术的使用意味着，室内设计师必须指定能容纳计算机显示器、键盘以及其他外围设备的深度的木制品或家具。计算机的使用也会影响为商务办公室指定的照明，以帮助减少眩光。

为了提供一个富有成效的工作区，接待区和商务办公室的有效照明是强制性的。通常提供头顶荧光灯照明，这可能是额外考量的一部分。室内设计师，还有灯光师或顾问，可以签约，以确定医疗套间的适当的头顶照明要求。在大多数情况下都要求有工作照明。照明工程师协会（Illuminating Engineers Society）建议为这些办公区提供150英尺烛光。

候诊区和商务办公区的建筑饰面可以指定得类似于任何商务办公环境。为这些区域选择材料的关键在于营造出一个赏心悦目的、反映了医生和工作人员愿望的环境。在为这些空间选择地板材料时，请记住，作业椅有脚轮，因此地板材料必须适应它们的使用。地毯（而非硬表面地板）需要不同的脚轮。簇绒、低桩地毯是商务办公区的最爱，尽管客户可能选择其他的弹性、硬表面材料。本章"规划及室内设计元素"一节提供了关于建筑饰面的其他信息。

基于使用的技术程度，这一区域的医疗记录存储也有所不同。设计师必须记住，许多州的医疗法律规定，医务室在一定年数内维护纸质病历。此外，绝大多数医生在适应电子医疗记录方面都慢半拍。[14]这是很重要的，因为它影响了办公室的记录保存存储功能。初级保健医师将比看转诊患者的专家保持更详细的病人记录。初级保健医生有病人的访问记录，以及到访专家和其他相关医疗设施的纪录副本。很明显，标准的垂直文档单元或横向文件柜难以给这些医疗记录提供足够的存储空间。

开放式文档和移动文档单元已被设计、开发来保存医务室记录。开放式文档单元是开放式书架，能存储标签文件夹，标签识别姓名，还可能有患者的治疗或诊断的类型。架子可以堆叠六、七层高，提供比标准横向文件架更多的存储空间，并为小诊所提供更便宜的解决方案 (见图3-8和图3-9)。移动式文档单元能在地板轨道上移动，对于更大的医疗诊所而言，能有效地节省空间。取决于橱柜的风格，这些单元可以从一边移动到另一边，或从后边移到前边，以在更少的楼面空间内容纳更多的文档。

诊察室

到了预约时间后，患者通常由护士陪同，从候诊室进入主医疗区。大多数诊所的基本诊疗室在尺寸上相当标准化，大约12英尺×8英尺，或者96~110平方英尺，二者都是长方形。进入诊察室的门铰接在对面的一个典型的门洞口上，这样可以确保诊察室病人的更多隐私。进入诊察室后，如有需要，病人被允许有隐私换成医院长袍。隐私是由该空间内一个隔间帘、钩子和/或衣架、镜子和凳子或椅子 (用来帮助脱鞋) 来提供的。患者一般坐在诊察台边等待医生的到来。为了减轻病人的压力，提供杂志、医学文献和艺术作品 (图7-6)。

在规划诊察室的内饰时，设计师必须为医师和护士留出站在诊察桌两侧的足够空间。诊察桌的标准尺寸是27英寸宽、54英寸长，有拉出延伸，并可能在一端有个小凳子。[15]这些典型的诊察桌还配有一个内置台阶，让患者轻松步入倾斜的空间。诊察桌被设计成29~36英寸高，这使得医生和护士可以轻松地俯身诊察病人，而不至于给背部造成过大的压力。随着针对肥胖患者的治疗日益增加，诊察桌更宽，有些还设计有充气式升降机。

医师在进入诊察室后，必须能够方便地访问水槽，以便在诊察之前洗手。也可以使用洗手液。随着健康协议的建立，医生、工作人员和病人对洗手、护理病人使用的手套都变得更加警觉。应给医师提供可移动的、带脚轮的、可调节高度的无臂座椅。医师必须无需从椅子上站起就能方便地访问橱柜台面、橱柜和水槽。这种安排也提升了与患者的互动 (图7-7)。

除了水槽之外，洗面台提供了一个拉出空间，以记录医疗信息，或者，利用时下的技术，提供空间用于计算机显示器和键盘，以记录病人信息、甚至开处方。台面表面应平整、稳固、耐用，提供卫生、准确记录票据、书写处方，如果没有用计算机来做这些工作的话。

诊察室的家具应具备功能性、使用方便、易于维护。如图7-6、图7-7和图7-8所示，诊察室的家具最少。医师的小无臂椅通常覆盖有医院级塑胶。来宾和病人的椅子通常带或不带张开的椅臂，常覆盖有医院级塑胶或紧密编织的商业级纺织品。橱柜可以是存货或定

[14]Malkin, 2002, p. 49.

[15]Malkin, 2002, p. 58.

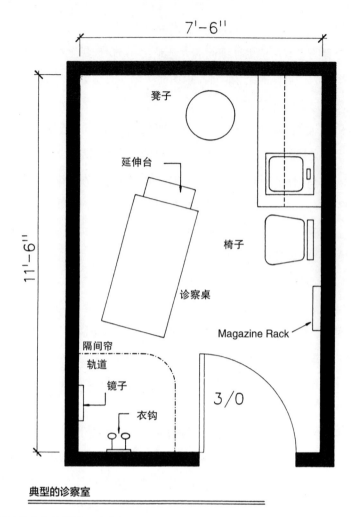

典型的诊察室

图7-6 一个典型的诊察室的平面图。(选自Malkin, Medical and Dental Space Planning for the 90's. Copyright @1990。经John Wiley & Sons, Inc许可后重印)

制，具有光滑的工作台面和各种门以及抽屉用于存放。请记住在台面下留出一些膝部空间，使医生可以访问用于记录信息的表面。为了达到这个目的，可以提供两种工作高度：一个36英寸高的柜台，用于站立时；一个29~30英寸高的台面/桌面空间，用于在坐下时记录信息。

请注意如图7-6所示典型诊察室内诊察桌的位置。其摆放方式使得医生和工作人员能从各个侧面接近病人。专科病房内诊察桌的安排放置可能与之不同。诊察桌通常由医师通过医疗设备和供应商代表购买。室内设计师会从制造商提供的一系列面料中选择，指定医院级塑胶给诊察桌套上软垫。室内设计师也可能要求COM塑胶。然而，COM塑胶更加昂贵，而且制造商可能不允许定制材料。诊察桌通常由不锈钢或木材制成。

色彩和建筑饰面是非常重要的，因为它们直接影响病人对诊察空间的反应。如果材料规格没考虑到患者和医学专业，那么做出的选择可能增加患者的焦虑或影响诊断的某些方面。例如，不应使用饱和的红色，因为它会在约45分钟内提高血压，特别是对于成人而言。有趣的是，孩子们整体较高的代谢受饱和颜色的影响没这么严重。

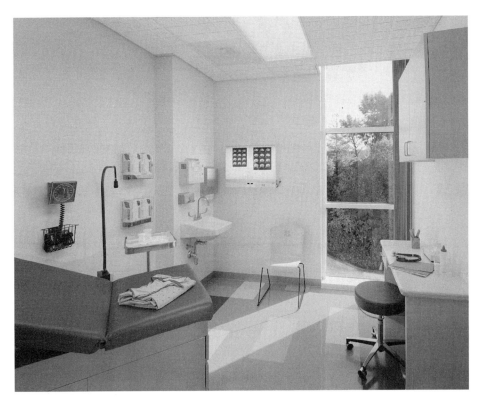

图7-7　Contra Costa Regional Ambulatory Care Center的诊察室。请注意空间的高效率利用和材料卫生。窗外景观有助于提升并促进康复环境。（照片提供：Anshen + Allen。摄影：Robert Canfield。）

　　在医务室颜色选择上有一些一般性的指南。复制大自然的配色方案提供了熟悉和温暖的感觉。浅色帮助老年患者观看设施。诊察室应避免饱和色，因为饱和色影响诊断。小儿科的柔和色调有助于平复患儿。最重要的是，医生和工作人员在诊察室内必须能视力敏锐，而指定的颜色可能会有所影响。如果房间颜色较深，那么病人会质疑房间的卫生情况如何。

　　诊察室的建筑外墙饰面很重要，因为它会影响病人的护理和反应。涂料是一种既经济又灵活的饰面，提供了很多选择，如果规定亚光的类别，那么易于清洁、维护。平乳胶漆有吸油、显示手印的倾向，这可能触怒病人。在讨论时应将重涂考虑进上涂料墙壁的后期维护里。

　　如果给诊察室指定了墙面，请检查制造商关于清洁性、可否擦洗、耐用性、法规类别的规格。要知道，纹理密集的墙壁表面可能会造成磨损，更难以清洁。取决于类型、纹理、样式和图案，墙面可应用于诊察室的一两面墙或所有的四面墙。如果边框包括在内，那么明智地使用它们，因为它们往往会减少视觉空间。这些技术将提供对小空间的有趣处理，而且选择是无穷无尽的。

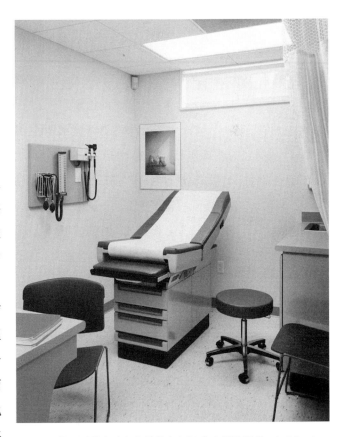

图7-8　能看到整个诊察桌的诊察室景观。（照片提供：Architecture for Health Science and Commerce, PC.）

诊察室地板最常见的是弹性硬质表面，如商业级塑胶地砖。具备抗菌特性的、通常由尼龙制成的、低桩圈绒地毯也是一种选择。地板规格的首要考量是便于轮式设备（如医生的凳子、轮椅，以及可能被带入诊察室的检查设备）的移动。卫生和易于维护也是由医疗专业、法规和客户偏好决定的重要因素。

照明规格是诊察室设计中的一个非常重要的元素。显然，医生和工作人员在检查病人、记录结果、书写处方、使用设备时需要敏锐的视力。应提供大约100英尺烛光的普通照明，辅之以各个区域、各个专科的工作灯。工作灯由移动检查装置以及投射到台面上的台下照明提供。例如，在眼科医生的诊察室里，一些照明内置在检查椅里边。

不管将进行的是什么医疗检查，都需要将照明规划得能使医生和/或护士可在检查期间控制它。由于大多数医疗套间都设有荧光吸顶灯用于普通照明，设计师建议的灯具规格不得改变皮肤色调的颜色。荧光灯选项急剧增加，并提供更多的自然采光效果。

诊察室配饰在减轻病人压力、在候诊的同时提供某种形式的教育和娱乐方面是很重要的。配饰区保持在最低限度，通常包括一个小书架或放置杂志或患者教育文献的机架。一个小茶几可以放置在患者/来访者的椅子边，以放下杂志。照片、版画、素描以及其他的适当配饰可以提升空间：但是，应避免可能制造焦虑的主题。使用活体植物需要格外小心。丝绸植物是一个更好的选择。

医生的私人办公室

医生的私人办公室（也叫作咨询室）是一个静居处，用于学习/研究、复查业务事宜，或放松、休息。这也是医生有时会见患者、进行特殊咨询的地方。根据不同的专业，医生喜欢在私人办公室接受患者咨询，因为其设计和氛围不那么像诊所。私人办公室一般都是10英尺×10英尺或12英尺×12英尺。通常要求从办公室有个私人入口，虽然在私人走廊上设有私人入口是一个可以接受的选择。

医生的私人办公室家具包括行政办公桌（或者是盒式商品，或者是系统家具）、符合人体工程学设计的办公椅、书柜、给电脑和打印机指定的空间。办公时间后，医生会使用办公室通过互联网进行很多对病人疾病和治疗方法的研究。

除了上面列出的家具外，通常还有为患者提供的两把椅子、摆放专业所需的众多文献的书架、橱柜或额外的架子，以及一个用于私人信息的、可上锁的文件柜。有时，有对保险柜的要求。如果私人办公室有足够的空间，可以加上四把椅子的小会议桌。在标准上班时间之外使用他们办公室的医生（如外科医生），需要一张沙发在办公室休息，并可能还在这儿睡觉。许多医生也钟爱往往带有小喷头的私人厕所（图7-9）。

最好有自然光；因此，医生办公室一般都设在外墙。可用特殊反光器软化天花板荧光灯光线。桌子和沙发（如果包括其中之一的话）上的工作灯帮助产生工作所需的光线以及更舒适的氛围。

和其他行政办公室一样，医生私人办公室的装饰和配饰可以反映套间其他区域，或因颜色方案、纹理和材料的不同而各异。升级私人办公室的墙壁处理和地板规格是很常见的。办公室应该有类似于行政办公室的气氛。许多医生不仅将显示他们的学术水平和取得的成就，还展示能反映他们自身品味的具体作品。医生办公室可以提供关于他/她个人生活的风貌。

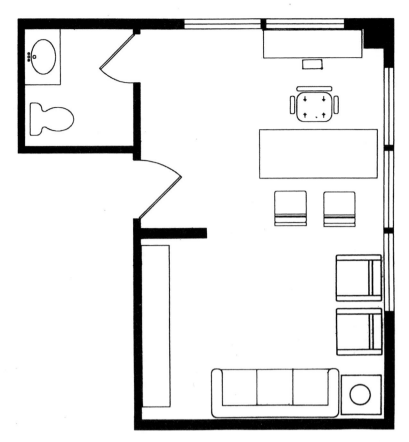

图7-9　医生私人办公室的楼层平面图。分区给医生提供了休息和工作的区域。(绘图提供 : Pei-Hsi Feng)

护士站和化验室

护士站的主要职责之一是监察候诊室和商务办公室里边任何地方的病人流量。将这个护士站置于医疗套间主要部分对于该空间的整体运作来说是很重要的。理想情况下，它应该靠近接待区、诊察室和化验室。室内设计师在规划这个空间时必须牢记这些邻近性。如果医疗设施的规模允许，那么可以提供超过一个护士站。空间规划必须包括研究以及在程式设计阶段从员工处获得的信息，以产生一个运作良好的相关空间。

护士站的规模随设施规模及医疗套间内医师、诊察室的数目而有所不同。小设施里的护士站可能只有台面空间那么大，附带有橱柜。医生和其他医务人员使用护士站，所以必须进行相应的规划。化验室毗邻护士站，或近在咫尺。

在护士站进行的任务是多方面的，它被认为是医疗设施平面图的核心。执行哪些任务则依赖于设施的大小。如下任务是共同的 : 准备或分配药物、记录测试结果、给患者称体重、咨询医生和工作人员、注射，以及对于医疗设施运作至关重要的许多日常办公任务。取决于设施的大小，可能在这里绘制患者的血液样本 ; 也可能进行器械灭菌。在较大的设施中，这两项工作将在化验室中完成。

护士站所需的主要家具物品是台面、符合人体工程学设计的座椅，以及用于存储的橱柜。橱柜一般由两个不同高度的柜台构成。上边的台面有40~42英寸高，提供了一个站立高度的表面，用来记录患者信息。它也可以作为一部分墙壁，以保护记录处于患者视野之外。护士站一般还必须能容纳至少一个水槽和一个台下冰箱 (图7-10)。

平均高度约为30~32英寸的高凳也可以与这些更高台面配合使用。在护士站内侧，提供有29~30英寸高的书桌表面，以长期坐着记录病人信息以及履行其他职责。这些工作站往往是系统家具，虽然有时会指定木制品。护士也应提供符合人体工程学设计的工作椅，座位高度、深度和椅背都能进行各种调整（图7-11）。

在一些大的医疗设施里，在走廊墙壁上安装有小折叠单元，为护士和医生提供临时的工作空间。这些单个的图表站有电脑，也可以设计成移动式壁龛，这样可以记录病人信息，诊察室附近的医生能获得处方的打印件以及病人的其他信息。今天，便携式或壁龛图表站在医院以及一些MOB办公室很常见。

MOB里边的化验室区域受到职业安全与健康管理局（Occupational Safety and Health Administration，OSHA）以及其他联邦和州卫生机构的严格监管。由于要求严苛，医疗办公套间的化验室往往很小，只能执行基本的血检、尿检和其他小型检测。然而，更大的医疗设施可能有一个独立的化验室，进行更多的检测。这是得与医生讨论的一个重要问题，以进行空间规划，并指定符合卫生部门规章和司法管辖区法规的适当化验室设施。

医务室里的化验室需要台面、橱柜、至少一个双舱水槽、用于存放医疗用品的冰箱、连接设备的和电源插座。化验室里的台面高度可能是站立高度或坐立高度，或两者的组合。使用抗菌材料，以及注意清洁和卫生，是很重要的。非常重要的是要牢记，护士站或化验室（或被认为是医学区域的任何其他地区）的任何冰箱不能用来存储食物。在小规模设施里，护士站可能指定两个冰箱，如果总体规划不含休息室的话。

理想情况下，毗邻化验室的一间厕所提供了将病人标本从厕所设施通过直通舱送达化验室的便利通道。这种厕所必须是无障碍的，并大到足以容纳轮椅掉头、带扶手和壁挂式水槽，以让轮椅患者能接近水槽、辅助灯、自动灯开关，以及联邦和当地司法管辖法规可能要求的其他设施。第9章介绍了无障碍厕所设施的其他指南。

化验室的颜色规格一般包括白色或灰白色，还可能由医院级塑胶或座位硬表面提供色调。化验室必须不得有图案或对比度。主要使用无色使得技术人员专注于检测结果。如果使用塑胶内饰，那么在这个紧凑空间中必须避免任何含有VOC的材料。化验室必须有OSHA和其他卫生部门标准要求的特殊通风和空气质量控制。

化验室的照明对于正确的化验来说极为重要。通常提供吸顶灯照明，并给特定区域提供工作照明。理想情况下，化验室没有窗户，防止光线进入。如果化验室位于墙壁外部，那么可以使用一种非常耐用的黑色窗口处理。根据在化验室进行的检验，可能需要排风扇。化验室的性质如此，所以室内设计师必须深入研究与此相关的规范和法规。

其他辅助空间

医疗办公套间的辅助空间包括专门的治疗室、存储空间、工作人员休息室和厕所。心脏专家使用跑步机、治疗桌和其他检测设备进行心脏压力检测的医疗套间就是专科治疗室的一个例子。进行胸部X射线及其他简单的影像学检查的一般全科医生办公室内的小X射线房间是另一个例子。许多全科医生和内科医师有一个小手术室，用来进行简单的门诊手术。任何这些专门的房间可能涉及专门的设备、存储能力和施工指南。

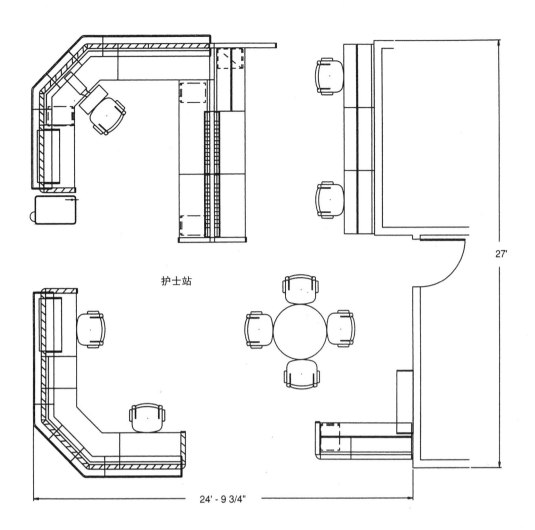

护士站

27'

24' - 9 3/4"

图7-10　护士站的楼层平面图。请注意橱柜边缘的较高台面。(绘图提供：Milcare, Inc., Zeeland, MI)

图7-11　将系统家具与定制橱柜结合在一起的护士站的绘图。请参照图7-10所示楼层平面图。(绘图提供：Milcare Inc., Zeeland, MI)

医疗套间内多个功能完善的存储空间是必要的。医务室需要存储手套、病人服、消毒用品、毛毯、床单、办公用品、医疗表格，以及药品。房管存储区要求空间来存放纸巾、清洁消毒剂、卫生纸和拖把，这些都需要随时可用。很多租赁空间由建筑物业主提供一名主清洁员。医疗用品和药品的储存需要予以特别考虑，以防止盗窃和过期。

午餐室或休息室需要成为面向员工的、具备功能性、能放松身心、吸引人的空间，并能提供创造性的分配。这个区域需要基本的厨房橱柜，有冰箱、水槽、微波炉的空间，可能还有小洗碗机、回收箱、桌椅、电话、上网和杂志架的空间。必须小心谨慎地安排微波炉的位置，因为它可能会影响心脏病人。常常提供带DVD播放机的电视，让病人能观看教育材料。在大设施中，为工作人员提供带安全锁的员工更衣室。有时，储物柜设置在休息室里。这个空间还可能有一个小型洗衣机/干衣机。

设计师考虑厨房相对于医疗空间的位置是很重要的。如果厨房通风不当，微波炉会导致烹调气味渗入治疗空间。紧凑的规划可能包括冰箱抽屉，以及一个带无噪声电机的小型洗碗机。午餐室往往位于远离治疗区域的位置。事实上，一些医疗机构将午餐室规划成能从大楼走廊进入。午餐室的材料规格可能包括易于清洁的表面、用于控制噪声的纤维、吸音墙面。所选择的材料必须不吸收烹饪的香味。

病人和工作人员的厕所是必要的。大型设施往往将厕所设施定位在远离候诊室的地方，而小设施将其放置在医疗空间内。大型设施在医疗空间内也为员工和病人（如果病人由护士陪伴进入诊察室的话）提供厕所设施。厕所设施的数量取决于入住者数量和法规要求。今天，大多数医疗套间都为男性和女性设置独立的厕所。厕所空间可能只有单人用户空间那么大、只有一个盥洗池和厕位，或可能空间更大，以满足法规要求。厕所设施必须可以访问。指定的饰面必须易于维护、满足法规要求。

医　院

医院是一个复杂的设施，无论其提供的医疗服务的类型如何。但是，在本章讨论一般医院设施的特定区域是很重要的。医院的设计是多方面的，涉及许多技术和功能上的考量，以及适当的审美法规。愿意把重点放在医院设计的室内设计师必须就医院功能区和医生业务做相当多的研究。由于许多项目涉及系统和结构设计，该兴趣区的室内设计师应该加入从事医院设计的建筑公司。

医院在出于这些目的适当设计的空间内提供医疗和护理。除了提供医疗空间之外，医院是囊括挂号、计费、医疗记录和其他办公功能的办公综合楼。医院还给病人提供膳食，并给访客和员工提供公开或半公开的餐饮服务设施。礼品店、花卉店以及物资的接收和分配也是医院整体运营的一部分。说医院是个复杂的设计问题只是轻描淡写。

了解行政结构、指令链、医院的财务责任以及这些是如何影响设计过程的，对于医院项目的成功至关重要。例如，如果项目不涉及新建筑或重大改造，那么室内设计师可以直接与采购部门和实体主管协作。将重新设计的区域的部门负责人也将参与其中。与这些不同实体之间建设性的、高效的工作关系影响着设计过程、交付、安装、融资和客户满意度。

医院设计已经发展了很多年。以前，许多医院建立了一个缺乏温暖的、冰冷的、防腐的、

表7-8　医院术语

- **急症护理病人（acute care patients）**：那些短时间内需要立即接受或正在接受医疗照顾的病人。
- **管理者（administrator）**：医院或医疗机构的整体管理者。
- **门诊患者（ambulatory care patients）**：那些能够走动的病人。
- **主治医生（attending physician）**：负责病人的诊断和治疗的医院医师。
- **救生车（Crash Cart）**：一种小型移动车，载有药品和装备，以处理护理单元内的极端紧急情况。
- **重症监护病房（critical care units）**：需要重症监护的病人的住院单元。
- **康复环境（healing environment）**：植物和设计，营造融合了技术和人性化的医院环境，提供舒缓、高效的环境和优质的医疗护理。
- **实习生（intern）**：医科院校毕业生，在医院工作，以获得实际经验。
- **诊疗空间（medical treatment spaces）**：医院内对患者进行治疗的空间。
- **护理单元（nursing unit）**：病房的群集。
- **住院医师（resident）**：医师，其已经完成实习期，在其感兴趣的某个特定专业接受拓展训练。
- **受薪医师（salaried physician）**：主治医师和/或会诊医师，是医院的雇员。
- **寻路（way-finding）**：技术，帮助病人和访客轻松地找到医院的各个区域。

无菌的机构环境。20世纪80年代以来，医院设计采用与酒店设计类似的理念，侧重于不太无菌的、非临床的方法，但保留了病护要求的对卫生、极端清洁的严格指南。坚守法规是强制性的，并已小心谨慎地应用到今天的医院设计中。康复环境在这些医院设计中是显而易见的。甚至还添加了医疗spa，以提升康复理念和环境。现代医院不论是对于病人，还是对于员工和家庭成员来说都是一个比较舒适的地方（表7-8）。

医疗区域（如外科手术区和重症监护病房）需要保持无菌的外观，以维持无菌环境。其他医疗区（如妇产科、影像诊断、治疗和理疗部门）强调设计元素，如颜色和纹理，使他们对病人更友好。

住院区设计的改变是使得医院不那么诱致压力的部分原因。医院设计并没有在病房复制住宅设计，而是增加了一些熟悉的元素，为病人创造出更富吸引力的环境。

通过与建筑师合作，或直接受聘于医院管理层，室内设计师可能参与医院几乎任何区域的设计规划和规格。许多临床区的规划和设计需要比所有设计师（最有经验的医疗保健设计师除外）更多的知识。因此，本节将重点放在主大厅、病房、护士站——更加普遍是室内设计师责任所在的空间。

以康复环境来规划医院的方式成为20世纪后期的一个重要趋势。这样的环境抚慰着病人和工作人员。通过在医院内提供康复环境，室内设计师通过提供舒缓、高效的环境与优质的医疗服务，融合了技术与人文精神。康复环境带有花园供外界使用，并让病人从医院内观看。理想情况下，每个病房都能看见该花园。不幸的是，考虑到一些病房的景观，这并不总是由建筑师、设计师和医院管理层能做到的。

康复的医院环境还包含门诊室和/或病房区域内的家庭辅助空间、病房里的大窗户、自然和人工光源，以增加病人的幸福感。健康设计中心（Center for Health Design）有关于医院设计中康复环境和新趋势的大量信息。"参考文献"部分列出了他们的网址。

主大厅

患者与医院的首次交道就是外观，对内饰的期待是基于外部建筑元素的。患者及家属通常进入医院设施，或者通过主大厅，或者通过车库进入电梯，而电梯往往直通主大厅。当然，急诊病人被允许通过急诊室，急诊室与主入口不相邻，而是置于有合宜的通道、能容纳紧急车辆的空间的区域。

医院主大厅应该是一个温暖的、吸引人、欢迎人的空间，并鼓励便于在其之内移动、穿行。它是顾客、员工和病人的交通枢纽。接待员向接踵而来的患者和家属打招呼，并帮助他们寻找合适的部门，如入院或手术治疗。这些迎宾员还协助访客寻路找到已入院的家人或朋友。

在大型综合医院或医疗中心，寻路对于每个人来说都是一个挑战。寻路和线索搜索技术帮助病人和访客轻易地定位各个区域，是大厅及整个医院的设计的非常重要的组成部分。大厦地图和标牌（包括带盲文的标牌）靠近主入口是非常重要的。每个电梯口的地图、标牌和图形符号也是必要的（图7-12）。寻路的另一种形式涉及各个部门使用不同颜色。室内地标也有助于寻路，就如同利用自然光一样，这有助于访客确定方向。

医院主大厅常常具有在酒店大堂规划中能找到的设计元素。它必须容纳大量的人流和交通模式，因为它是医院的枢纽之一。像许多酒店大堂一样，医院大厅有组合家具，放置在整个空间内，配合整体的交通模式。这些组合家具让家属聚集、放松、好好聊聊。设计师需要解决影响这些交谈区的噪声问题。例如，使用纺织品、纤维和吸音材料来在大区域内营造一个更为舒适的空间可能是有效的。这些空间的设计利用了植物、雕塑或其他艺术品、壁炉（有时还有喷泉、低瓦数照明和舒适的休息台），以尽力缓解焦虑（图7-13）。

医院大厅往往设计有大窗户，让尽可能多的自然光线透射进来，从而有助于建立一个康复环境（图7-14）。通常情况下，通过主大厅或较低楼层可以到达康复花园。康复花园不仅包括布置美观的活体植物，还有喷泉，以及坐立的地方。它们专注于听觉、视觉、嗅觉和触觉的感官。如果病人能从他/她的病房内看到康复花园或其一部分，那么它也是有效的。

除了作为一个安静地来访或等待的地方，大厅还包括其他空间和功能。大厅的服务台收治非急诊病人。礼品及花艺店通常位于大厅内或邻近大厅。公共食堂或午餐区应靠近入口门，便于访客使用。

迎宾员或标牌指引着来访的病人到服务台。为了减少病人的焦虑，大厅和服务台之间的组织和沟通需要有效地发挥作用。服务台的配置随医院的运作需要而有所不同。有些医院在病人到达前电话登记，从而省去了很多个人信息的初始交换。如果不属于这种情况，那么在病人进来前应保持隐私，并给服务台工作人员提供个人

图7-12　医疗设施入口处的标牌帮助病人和访客寻路。（照片提供：APCO Graphics, Inc., Atlanta, GA）

信息。带侧面板的书桌或带有半高墙壁的台面营造出小间，给这种信息交换提供隐私 (图7-15)。

医院的额外大厅位于各个诊断室和治疗区附近。例如，手术套间设有面向病人的办公桌，并给家人和朋友设有小厅和等候室。病人护理单元在电梯旁边规划有一个小厅，还有一个大厅或会见室，病人和访客可以在病房外见面。这些区域往往配有椅子、茶几、电视、茶点区，甚至壁炉，以及配饰，如艺术品、植物和期刊。

位于主入口和大厅的另一种类型的雇员是保安人员。根据医院的安防方式，这种职业有时是可见的，有时则是不可见的。安防摄像头不仅监控停车场，也监控主入口、大厅、电梯间。

住院病房

办完挂号手续后，病人在治疗 (比如大多数手术) 前或治疗后被领到护理单元内分配的病房。注意到医院走廊需要至少8英尺宽是重要的。这条走廊经常有紧密编织、完整无缺的地毯，或者是宽幅的，或者是地毯拼片，从而降低滚来滚去的推车、轮椅以及轮床的噪声。

图7-13 儿童医疗中心急诊室的接待区。请注意给成人及孩子准备的家具的尺寸。(设计：The Hiller Group and Karlsberger Companies。摄影：Robert Benson)

图7-14 花园被设计得融入医疗保健设施，以助于营造整体的康复环境。(Contra Costa Regional Ambulatory Care Center.照片提供：Anshen + Allen。摄影：Robert Canfield)

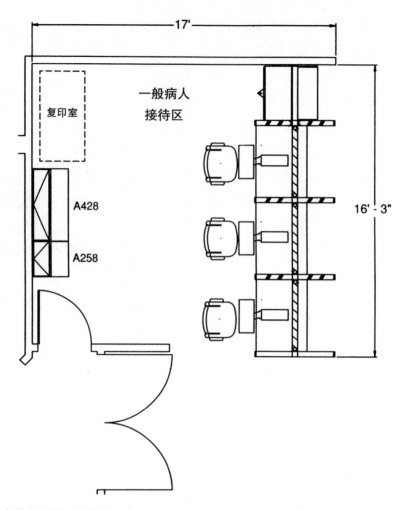

图7-15 一般的病人接待区和服务台。请注意置于服务台之间的面板,以保护病人记录的隐私。(绘图提供:Milcare, Inc., Zeeland, MI)

在进入被分配的病房之前,病人会遇到监控该特定单元的护士站。这些可能是向医院所有病人提供急症护理的一般单元。有些单元更为专业化,如面向需要格外注意的患者的重症监护单元。典型的护理单元由护士站、几间住院病房、一个或多个治疗室以及其他配套空间组成,这取决于护理单元的性质。护士站的规划和设计在下一节讨论。

因为医疗保险(Medicare)和一些HMO设置的规定,医院住院部停留更短、更少。这导致门诊治疗增加。这也意味着,住院的病人需要更多的观察和治疗。这直接影响了护理单元大小及规划。

医院提供私人和半私人的病房。在今天的医院设计里,更多设施规划、建造为全都是私人病房。从医学角度来看,这些个别房间协助着护理人员,因为不存在半私人病房的不兼容问题。另一个优点是,感染和疾病控制被限制于一个病人。许多病人的治疗可以在私人房间内进行。这符合成本效益。最后,私人病房为家庭成员提供更多的空间。**HIPAA**法规在私人病房得到了雷厉风行的贯彻实施。

病房大门超宽,允许担架进出移动——通常有4英尺宽。门必须摆进房间,不得向外摆到走廊上。空间分配必须规划得允许左右两侧以及床脚有相当大的空间,使工作人员可以治疗病人。私人浴室的门必须有3英尺宽或更宽。

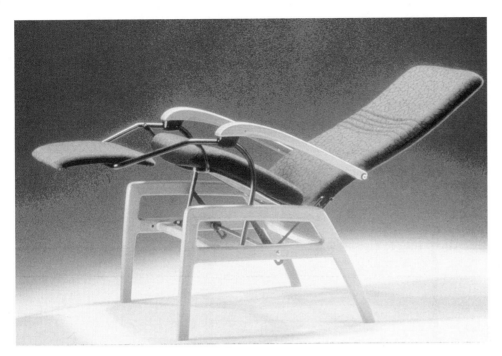

图7-16a　护疗椅，一种特殊设计的后倾椅，让病人舒适、能移动。(照片提供：Kusch + Co.)

　　患者喜欢私人房间的原因有很多，包括隐私、灯光及电视控制、客房、私人房间。私人房间内的其他设施包括桌椅、电话、工作照明、上网、宽屏电视、病人使用的公告板、为家庭成员提供的一张沙发床，以及一张躺椅。当然，医疗家具包括一张医院病床、一个床头柜、一个可移动食物托盘、一个具备医疗设备功能（例如氧气和内置插入式监视器）的床头板、一张卧室窗帘保护额外的隐私、一个带水槽和存储空间（用来存放生物危害性用品）的内置柜。一进入房间，护士就会分一瓶抗菌洗液，他们在治疗病人之前会使用它。患者可方便地看到的时钟是有待指定的一个非常重要的便利设施（图7-16a和图7-16b）。

　　私人病房还包括个人物品存储空间以及私人浴室。封闭的壁橱空间和用于存放个人物品的一个上锁的抽屉通常作为内置单元提供，还有一张书桌和看电视的区域。私人浴室的门朝着病人房间打开，位置因建筑师的偏好而定。浴室设有一个可接近的抽水马桶，带有高座、扶手、护士报警按钮、一个水槽，以及一个带座位的淋浴间。还包括诸如毛巾架、挂钩、纸巾分配器和皂液器等配饰。还指定照明，包括顶灯和梳妆台照明以及夜间照明（图7-17）。

　　标准紧急护理住院房间也可能是半私人的。典型的半私人房间有两张床，由一个隔帘隔开，以保护隐私。每个床设置有一个头顶墙，可能包含照明装置和连接到医用气体（如氧气）的连接器。头顶墙可能具有自包含的床头抽屉或空间，或者，更常见的是，带有一个带脚轮、可移动的独立床头柜。后

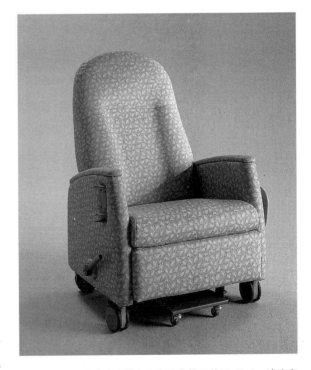

图7-16b　医院病房内供病人和访客使用的QC Chair。请注意脚轮、脚凳和后倾机制。(照片提供：La-Z-Boy Inc., Monroe, MI, 313-241-4700)

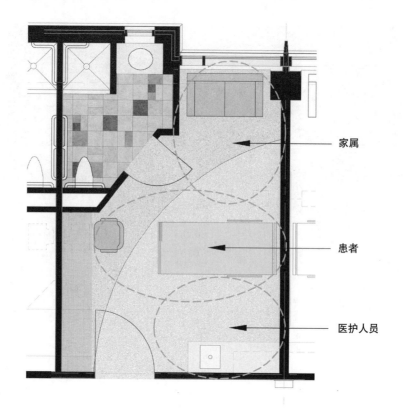

家属

患者

医护人员

典型病房
LAKESIDE HOSPITAL, OMAHA, NE

图7-17 一间病房的楼层平面图。请注意为医护人员、患者、家属提供的空间分区，以及为存储和书桌提供的空间。（平面图提供：Leo A Daly。）

一种规格能让护士更容易接近患者（图7-18a和图7-18b）。每个病人都会有至少一把椅子、一台带音量控制的个人电视、照明控制和一个衣柜。两名患者共用同一间浴室；因此，为了防止疾病扩散或传染，需要加倍重视卫生、病毒和细菌的控制。半私人病房的感染控制需要护士和其他工作人员额外花时间来解决。所有住院区都需要应急电源系统，尽管电气法规并不要求所有区域的应急电源都打开。

私人和半私人病房指定同样的材料。材料规格营造一个非机构的外观，同时还遵循所有医院法规，这对于提供康复环境来说很重要。病房的颜色选择可以有所不同。重点是打造一个宁静的、正能量的环境。时下采用营造一个安全的、愉快的氛围的配色方案，而相比之下，早先在20世纪初使用被认为能让人镇静、杀菌的白色和浅绿色。

建筑师和设计师给家人和其他访客规划空间也是很重要的。典型做法是让访客等候区位于每个门诊楼的中心。各楼层的一间休息室以及供家庭使用的小厨房给家人一个聚集的地点，而且不会干扰病人或给病人带来压力（图7-19a和图7-19b）。

住院病房的整体空间规划主要是建筑师的责任。室内设计师提供建筑涂料、可移动家具的规格以及一些规划过程的输入。HVAC及其他机械系统由建筑师及这些领域的专家设计。然而，研究所有系统和建筑的关注点，以便更好地理解整个过程，这对于室内设计师来说很重要。

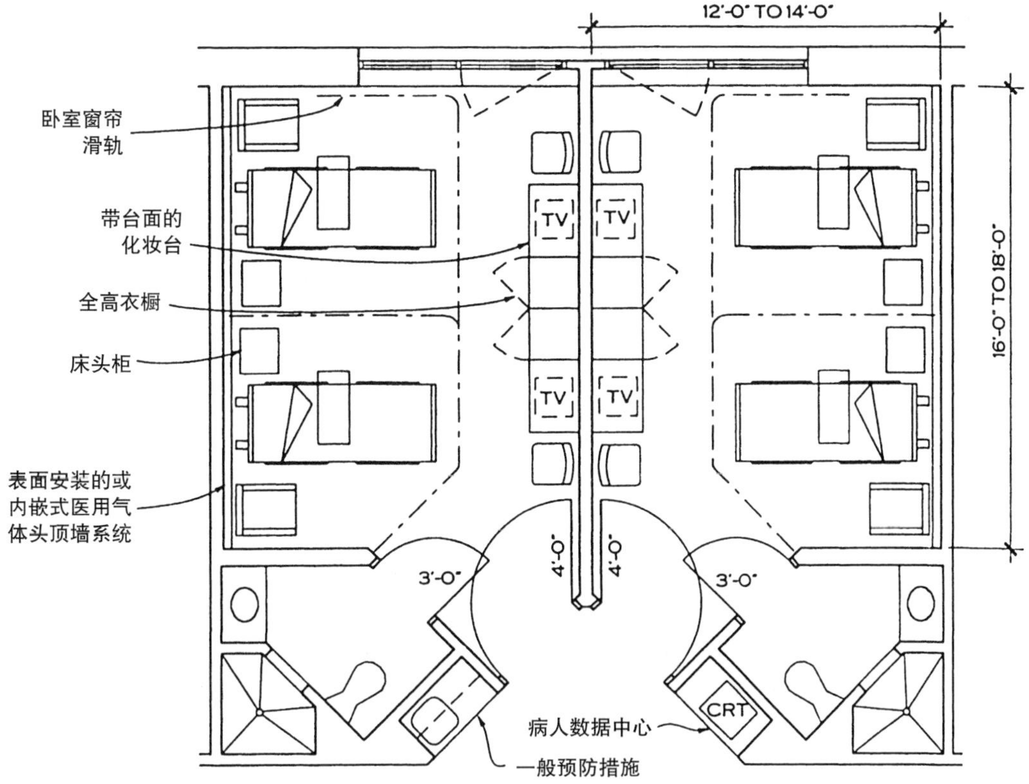

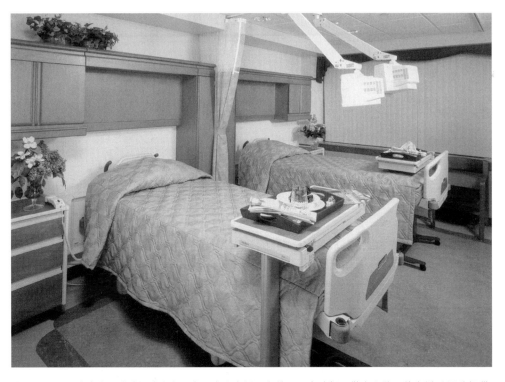

12'-0" TO 14'-0"

16'-0" TO 18'-0"

卧室窗帘
滑轨

带台面的
化妆台

全高衣橱

床头柜

表面安装的或
内嵌式医用气
体头顶墙系统

TV　TV

TV　TV

3'-0"　4'-0"　4'-0"　3'-0"

CRT

病人数据中心

一般预防措施

图7-18a　医院半私人病房的楼层平面图，示出了两张病床，由两张病床之间空间内的隔帘隔开。为储存和访客提供了最小空间。（绘图提供：Ramsey, Architectural Graphics Standards, 9th　ed. Copyright © 1988。经John Wiley & Sons, Inc许可后重印）

图7-18b　医院半私人病房。请注意隔帘、个人电视、存储区、床头柜、供病人使用的光桥。（照片提供：Elissa Packard, ASID; Vintage Archonics, Inc。摄影：Lisa Tyner）

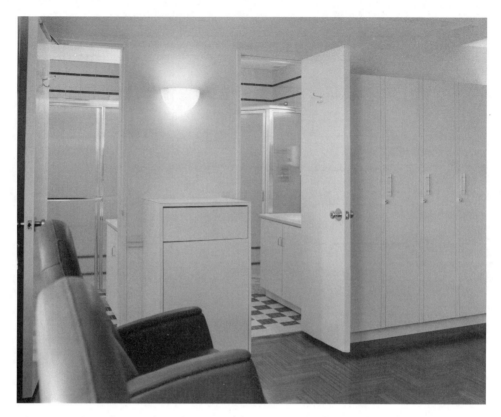

图7-19a 纽约大学医疗中心儿科（Pediatric）重症监护区病人使用的定制空间。请注意家属在医院内他们重病孩子附近停留时使用的储物柜和淋浴间空间。（照片提供：Interior Design Solutions, Susan Aiello, ASID, New York State Certified。摄影：Paul Whicheloe）

图7-19b 纽约大学医疗中心儿科重症监护区内的家属空间。软椅是医疗躺椅，在全倾斜时就变成了一张床。（照片提供：Interior Design Solutions, Susan Aiello, ASID, New York State Certified。摄影：Paul Whicheloe）

护士站

护士站是每个护士单元的枢纽，在设计时需要注意细节。标准紧急护理病房被分成各个单元，各自包括一个护士站、服务一组病房的各种辅助空间。护士站的任务包括记录患者的所有医疗信息、在医师、护士和其他医务人员之间进行沟通、准备药物。这也是填写表格、安排人员轮班、工作人员会议、与患者家属进行沟通的空间。从这个任务清单可以很清楚地看出，各种医疗人员使用此空间。因此，建筑师和设计师需要给所有这些活动留出足够的工作空间。

护士站的设计和布局对于提升护理效率和病人−护士互动非常重要。由于今天护理单元被设计得更加紧凑（护士站在中央，四周是病房），护士站位置减少护士从护士站移动到病房所需的时间。这个规划在病人护理上是非常重要的 (图7-20)。

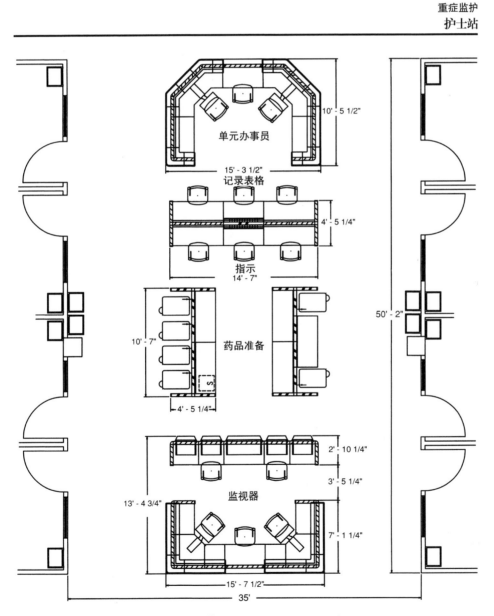

图7-20 医院重症监护单元的护士站。(绘图提供 : Milcare Inc., Zeeland, MI)

根据病人/护理楼层的不同设计和布局，护士站的位置和大小也有所不同。单元大小请参考表7-7。规划护士站的一种方法建议，病人护理单元应划分成更小的区域，由护士站监控病房以及相邻空间。

今日的护士站结合了两种工作高度：其一是40~42英寸高，用于在站立时做记录，其二是29~30英寸高的标准书桌高度。鉴于目前使用的视觉监控理念，护士站外边通常设计有一个36~40英寸面板，它可以在坐下时从较低的办公桌高度下可视化地监控病房。如果护士站具有足够的面积，置于中心的一个较高的台面也可用于记录患者信息，以及在站起时作为监视区域(图7-21)。

计算机、病人呼叫按钮、病人监护设备和应急车需要被纳入护士站。救急车是配备了药物和设备的小型移动式推车，用于处理护理单元内的极端紧急情况。用于病人记录的电脑制图站可以驶入病房，然后放置在护士站。

所有护理单元和护士站的材料规格应该是一致的。适用于楼道、电梯间、护士站和访客等候区的美学设计理念也应与病房设计协调一致。医院儿童楼层需要更好玩的外观，产科病房有与婴儿相关的材料和颜色，它们的材料往往与普通急性护理单元中常用的不同。

护理站区域的显著担忧是卫生、易清洗性、易维护性。这个区域需要能承受各种推车及带脚轮的椅子、步行交通的滥用和来来往往。虽然高密度、抗菌地毯可能适用于走廊，但护士站附近和周围的区域往往由商业级塑胶地砖来装修。在办公桌高度非常稳定的带脚轮座椅也有待指定。所有工作站的无纹理表面是非常重要的。取决于医院的偏爱和各州的法规，护士站橱柜的外表面可以是其他材料。

图7-21   坐落在走廊中的护士站。注意可帮助护士更方便地从护士站到达患者房间的较短的走廊距离。(图片提供：ASID室内设计师Elissa Packard。Vintage Archonics,Inc.摄影：Lisa Tyner)

表7-9　牙科业务词汇

■ **无菌操作**（Asepsis）：用来防止感染的方法。 ■ **牙髓学**（Endodontics）：牙科分支，治疗牙髓问题，如根管治疗。[*1] ■ **咬合错位**（Malocclusions）：上下牙齿咬合不正。[*2]	■ **手术室**（Operatory）：牙医办公治疗室。 ■ **正畸**（Orthodontics）：牙科分支，关注诊断、纠正和预防牙齿不规则及咬合不佳。[*3] ■ **儿童牙科**（Pedodontics）：牙科分支，关注孩子的牙齿治疗和护理。

[*1] 韦氏词典（Webster's Dictionary），第4版，2002年，第469页。

[*2] 同上，第385页。

[*3] 同上，第1016页。

许多法规和限制会影响护理单元（尤其是护士站）作为一个整体的设计。可访问性是必需的，还要求遵守消防安全法规。这些规定由市、州和联邦政府通过并执行，研究和理解适用于医院设计的法规是室内设计师的责任。本章的"规划及室内设计元素"一节介绍了适用于护理单元和护士站的其他信息。其他信息请读者也查询本章末尾列出的文献。

牙科设施

专门从事医疗保健设施的室内设计师可能囊括牙科诊所设计。牙科领域注重细节，受到国家、州和地方法规的管辖。牙科诊所套间内所有空间的规划和规格所需的知识超出了创造一个美观怡人的环境。配合牙医、工作人员、设备供应商和其他顾问是至关重要的，因为不准确的规划可能对治疗室的服务产生（不利）影响。

多数牙科诊所专注于一般牙科或诸如儿童牙科、牙髓病、正畸等专科特色。韦氏新大学词典（Webster's New College Dictionary）将牙医定义为"人，以护理牙齿及周围的软组织（包括腐烂的预防和消除、补牙、矫正咬合不良）为职业。"[16]牙科涉及诊断、治疗、沟通和管理（表7-9）。

美国最大的牙科机构是美国牙医协会（American Dental Association，ADA），它有个出版部门，给牙科专业人士通告有关影响牙科实践的最新科学、社会经济和政治问题。读者不应混淆牙科协会使用的ADA首字母缩写词和美国残疾人法案（Americans with Disabilities Act）。

牙医认识到销售和营销在他们专业中的价值，并在室内设计时就业务空间的室内设计讨论这些问题。对营销的强调转化为客户高度关注牙科设施的室内设计和审美环境。据马尔金（Malkin），"牙医是第一批宣传者之一；最先使用色彩协调的制服；最先在商场开设办事处；并最先参加办公室设计、减轻压力和处理病人的心理讲座。"[17]因此，创造一个有助于减轻病人精神压力的环境对于牙科设施的设计来说非常重要。

在牙科诊所的程式设计和规划阶段，室内设计师需要了解牙科界对感染控制的重视。

[16]Webster's Dictionary, 2002, p. 386.

[17]Malkin, 2002, p. 401.

1988年，OSHA开始遵守疾病控制中心（Centers for Disease Control）和ADA用于预防和控制感染的方法，称为无菌处理法。其目的是为了保护牙医、工作人员和由于交叉感染而患上任何类型的感染或病毒的病人。从业者必须使用严格的安全控制措施，以保护病人和工作人员。许多这些环境控制将影响能指定用于牙科诊所的材料。"设计应用"一节将侧重于一般牙科诊所的室内设计。讨论的许多设计元素和理念应用于牙科专业设施。

空间分配是相对简单的。病人进入候诊室，并移动到与任何医务室中类似的接待窗口。助理一般护送患者到治疗室（也称为手术室）等候牙医。在一般的牙科诊所里，根据诊所的大小和治疗室的数量，通常有一名或多名牙医、一名或多名牙科助理及牙科保健员。理想情况下，牙科诊所每名牙医的手术空间内有三个治疗椅。除了这个主要区域外，通常在整个空间内还规划一个专为牙科保健师的房间或区域，有时还规划有儿童牙科和正畸的治疗椅（图7-22）。

套间需要的其他空间取决于专科和诊所大小，但可能包括商务办公室、牙医私人办公室、化验室、X射线设备、制备区、员工休息室，当然还有存储空间和厕所设施。在一些诊所里，牙医可能希望添加一个咨询室，在此与病人当面交涉。

基于治疗区手术室的需求和数目，牙科诊所的整体布局将有很大的不同。空间大小可以小到8.5英尺×8.5英尺，但一般为100平方英尺。对手术室进行功能设计，使牙医能很容易地接近空间内的水槽，这是很重要的。工作面持有牙医和牙科助理需要的设备和用品。橱柜抽屉可用于存储。然而，需要有拉出式托盘和台面空间来托住无菌处理法的无菌纸盒配置。符合人体工程学的问题是这一规划的重要组成部分，因为它不仅涉及牙医在一个非常小的工作空间（嘴巴）内的动作，还涉及近身因子（reach factors）、基于充气式升降功能的站立高度，以及交通模式。

手术室设计的一个关键问题就是牙医的优选给药系统，亦即牙医与患者协作的方式。这是规划牙科诊所的一个显著问题，室内设计师必须就此与牙科医生和工作人员讨论。基于对给药系统布局的选择，仪器的安放决定了房间的布局（图7-23）。每个给药系统都有其优点和缺点，牙医可能根据喜欢的牙科风格、治疗类型或套间面积安装一种或两种不同的给药系统。后部给药系统和头顶给药系统的优点是，它允许助理在空间内穿行，并且中央设备在患者视野以外。后部给药系统的缺点是在这个位置上够不着所有物资。侧面给药系统需要的房间更小。该系统的缺点是有些供应品难以够得着。关于手术室和牙科治疗室的功能设计的更详细讨论，读者可以参阅Jan Malkin的Medical and Dental Space Planning（中译名：《医疗及牙科空间规划》）或本章最后列出的其他文献。

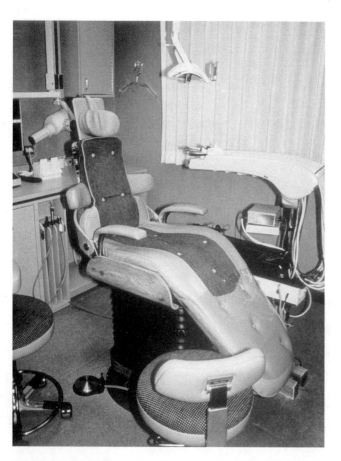

图7-22 牙科手术室。为椅子、墙壁、橱柜和地板指定的材料都符合保健和清洁性的法规要求。(照片提供：SOI, Interioal Dsign。摄影：Bettie B. Anderson)

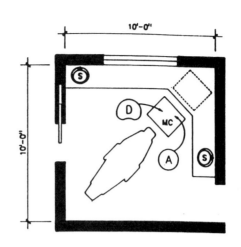

平面图A：侧面给药

"U"设计 手术牙医和助理在橱柜处工作。橱柜把仪器挂在可曲机臂（flexible arm）外侧。

平面图B：后部给药

椅子斜向摆放，患者头部后方有一台双功能移动车。牙医和助理在同一台车上工作。

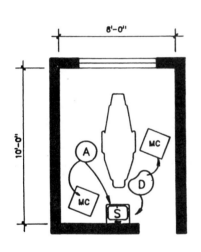

平面图C：侧面给药

助理和牙医在分离的（单独的）移动车上工作。室内没有固定的橱柜。

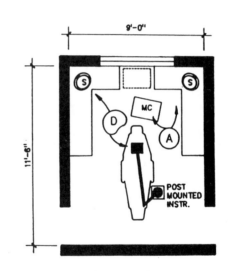

平面图C：后面给药

改进的"U"布置，用来存放移动车。助理在患者后边的移动车上工作，牙医在患者胸部上方接收动态的仪器（仪器安装在后边）。

图7-23 牙科手术室的4种平面图。(From Malkin, Medical and Dental Space Planning for the 90's. Copyright @1990。经John Wiley & Sons, Inc许可后重印）

手术室是病人花费时间最多的地方。为患者、牙医和工作人员营造功能完善、舒适的环境是非常重要的。根据不同的景观，在手术室内能接近窗户通常是个正面特征（图7-24）。自然光线对于匹配牙冠和牙套（得与现有牙齿的颜色和质地相匹配）的颜色也很重要。如果牙科办公室位于大楼的主楼层，有些牙医喜欢在手术室周围设计一个有围墙的花园，使患者在牙科治疗过程中能看到美丽的自然环境。请记住，减少患者对牙科手术的恐惧和焦虑是设计

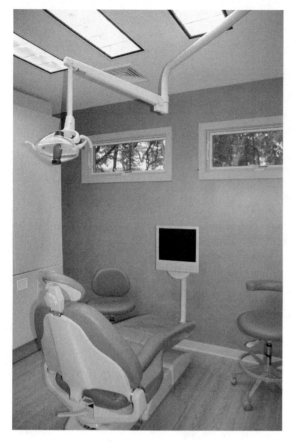

图7-24 当代手术室。高窗让自然光透射进来，而不会侵犯患者的隐私。(照片提供 : Designs by Ria, Ria E. Gulian, ASID。摄影 : Danelle Stukas)

师目标的一部分。如果没有窗户，那么风景版画、壁画或墙壁上 (有时在天花板上) 的其他艺术品有助于缓解压力。

这些区域的墙壁处理往往是纹理最少、易于清洁的商用级塑胶墙面。如果指定塑胶墙面，那么设计师必须研究它们的组成，以避免VOC (挥发性有机化合物) 及其他污染物。有些牙医喜欢刷墙，因为粉刷后的墙壁在颜色选择上提供了很大的灵活性。如果指定涂料，那么请使用可清洗、可刷洗的涂料。亚光涂料被认为是一个可以接受的选择。然而，设计师必须指定一个几乎没有瑕疵的墙壁表面，因为亚光涂料的光泽可能被瑕疵放大。

应避免墙壁上的强烈色彩和大图案，因为这些房间很小。中性和软色彩画是首选。室内设计师可以给牙医和牙科助理使用的凳子加入明亮的颜色飞溅。牙医甚至可能同意给手术室椅子更强烈的色彩。

除了自然光之外，牙医专业在手术室使用组合照明。租赁的空间往往提供天花板荧光吸顶灯照明。室内设计师应指定能最佳地复制自然光的灯具——全光谱灯。牙医的工作照明是通过医疗设备和供应商购买的牙科设备的一部分。照明设计应确保空间没有阴影。牙医在需要看得更清楚的地方使用卤素灯。

现在让我们回到候诊区、接待区和商务办公室。这些区域的家具和饰面规格类似于在医生医疗套间内使用的。候诊室应该温暖而热情，重点在于给病人减压。鉴于牙科治疗通常与疼痛和不适联系在一起，重要的是要创建出让病人放松、分心的环境。儿科办公室尤其如此，这儿的患者都是孩子。

多数候诊室都比医疗办公套间小，因为患者更少。它们配备的椅子与讨论过的医疗套间使用的原则相同。小型无臂式或开放式椅臂的椅子是最常见的座椅方案。由于候诊时间较短，大多数牙科候诊室较小，所以一般不指定沙发或长沙发，除非用于家庭成员，如母子。牙科候诊室里通常有配饰 (如杂志架、艺术品、植物和用于播放教育视频的电视监视器) (图7-25)。

牙科诊所的接待区既可以由一个接待窗口关闭，最有可能的是，通过台面与办公室工作人员的工作空间分开。台面40~42英寸高，可以提供给患者开具支票或记录牙科信息，同时也给工作人员提供一些隐私。工作人员通常在29~30英寸高的工作站工作，这个工作站可能是定制的或指定使用系统家具。该配置类似于图7-5a中所描绘的候诊区。关于医疗套间材料规格的那一节也是牙科诊所设计师的一个很好的起点。许多牙医喜欢候诊区的住宅式外观，以帮助缓解患者紧张。

牙医的私人办公室可以指定与任何商务办公室类似的家具和装饰。家具物品应让牙医能在电脑前工作、做文书工作、阅读，并可能向医护人员或患者咨询。材料和颜色应该吸引牙医，同时保持整个诊所使用的原则。

牙科诊所的噪声控制是很重要的。在候诊室和通向手术室的走廊之间通常有一扇门。然而，由于手术室本身很少有门，听到的环境噪声对于患者来说可能是个问题。整个套间的优质音响面罩、吸音地毯和吸音墙面可以帮助减少环境噪声。除了控制音响，不要将手术室挨着候诊室。可以通过将牙医办公室、会议室或储藏室定位于候诊室隔壁，在规划上将候诊室与手术室隔开，从而减少噪声。

在规划FF&E的安装时，确保所有建筑饰面和普通照明灯具先于牙科椅子和所有其他大件医疗设备的安装之前到位。这将使大件设备的最后安装变得简单些，并营造更清洁的室内安装。

设计师将对牙科诊所有更多的规划和规格问题。必须小心处理X射线设备的适当设计和屏蔽以及暗室的位置和布局。化验室给仪器消毒，并准备一些化合物，将其置于中心位置将提升工作人员的效率。水槽是必需的，化验室和准备室可能需要特殊的通风设备。公众和员工休息室，以及辅助空间（例如存储区和员工休息室）的位置，对于一般的牙科诊所而言都是重要的。

今天的牙医对最大化技术兴趣盎然，如果规划了它，那它能最大限度地利用空间。现在美国所有一般牙医的25%在治疗室使用电脑。[18]电脑使用需要符合人体工程学的工作

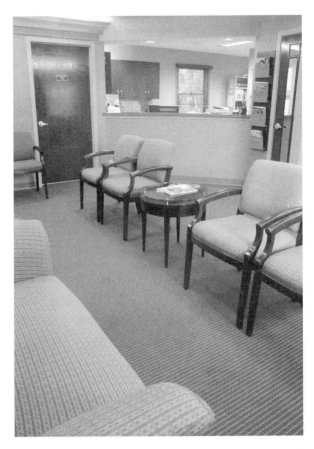

图7-25 牙科接待区的候诊室。请注意带有开放式双臂的椅子有助于患者移动。（照片提供：Designs by Ria，Ria E. Gulian，ASID。摄影：Danelle Stukas）

站，以提高员工的工作效率，并对病人的病历适当地制图。计算机让牙医和员工做记录、制作图表进度；使用数字放射技术，其图像可以在监视器上观看；以更大的放大倍率利用口腔内窥镜及数码相机。互联网让牙医能快捷地、更方便地地访问到更多的研究资料、牙科学校、同事和化验室，从而减少等待相关信息所需的时间。电脑也加速了数据管理，以及记录实践管理和业务应用。[19]

牙科诊所被国际建筑法规视为营业用房，被消防安全法规视为商品用房。根据入住者的人数，具体要求会有所不同，但大多数牙科诊所的入住负载将低于50。走廊和出入口的建筑饰面必须是A类或I材料，而手术室和大多数其他区域可能是B类或II材料。走廊和门口的尺寸必须满足营业用房的可访问性和建筑法规要求。

至少有一个公共厕所必须是无障碍的，并且至少一个手术室必须是ADA无障碍的。还需要应用针对商业公共空间的所有其他ADA要求，尤其是新建筑和重大改造项目。室内设计师应与当地建筑官员就司法权进行磋商，以确保符合正确的法规。

牙科设施的室内设计涉及复杂的规划，不仅对于有效地利用空间是这样，而且对于处理人体工程学的问题也是如此。为患者打造一个无压力的温暖环境也是很重要的。

---

[18]Levato, 2004, p. 30S.

[19]Lavato, 2004, p. 36S.

表7-10   兽医设施设计术语

- **寄宿（boarding）**：兽医诊所里能容留动物过夜的空间，不论它们是健康的，还是需要彻夜医疗护理的。
- **大型动物（large animals）**：诸如马、牛、猪以及其他具有较大形体的动物。
- **跑场（runs）**：封闭的区域，动物（比如狗）能在这里自由地奔跑。
- **小型动物（small animals）**：狗、猫、兔以及其他形体较小的动物。
- **安慰室（solace room）**：兽医诊所或医院里的某个地方，在宠物/动物死后，其主人能独自在那儿待着。
- **兽医（veterinarian）**：医疗职业人士，在治疗大小动物方面训练有素。

兽医设施

今天，在美国，大约有5万名兽医提供各种服务。他们位于小型和/或大型私人动物诊所、诊所、医院和团队从业机构里。兽医也在研究机构、动物园工作，还当教师，以及在联邦或州政府上班。"设计应用"一节将侧重于小动物诊所，这是最常见的兽医设施类型。"客户"在这里指的是兽医的客户：宠物的拥有者或管理者。

Veterinary Economics（中译名：《兽医经济学》）杂志是面向兽医的主要出版物，根据该杂志，美国63%的家庭有宠物。该出版物还报告说，在2004年，宠物主人为他们的宠物花了344亿美元。[20]由于宠物的普及，有很多小型动物兽医诊所和医院。

大多数大型动物兽医诊所都位于或靠近农村，重点是牲畜。农村大型动物所有者专注于照顾动物，作为投资。一些大型动物从业机构侧重于马。这些诊所可以靠近赛马场或养殖场；别的位于城市，如科罗拉多州丹佛、亚利桑那州凤凰城，在这些地方，马的牧场存在于市区范围内。

最常见的兽医设施类型是专门从事小型动物和一些大型动物的诊所。可能至少一名兽医作为雇主或工作人员参与从业机构。另外，小型动物兽医师聘请兽医技术员、助理及办公室工作人员。工作人员拥有多个职务，对于设施的成功运作很重要。工作人员可全职或兼职。其他（例如在兽医诊所内提供美容服务的专业宠物美容师）签订工作合同。

除了宠物医疗服务之外，兽医诊所可以提供寄宿服务。愿意把自己的宠物交付给值得信赖的服务机构的那些城市居民对此特别感兴趣。有些诊所提供的一项新服务是"小狗日护"。这是面向有狗狗的上班族，从上午8:30服务到下午4:30（表7-10）。

要是室内设计师对此设施类型不熟悉的话，那么兽医诊所的室内设计涉及的环境（尽管并非绝无仅有）将是个挑战。紧张的患病动物制造"意外"，必须定期处理由此产生的气味。这意味着，所有的建筑和设备表面必须容易消毒和清洁，要求材料能够承受相当的表面擦洗，以保持干净、无异味。这种极度而必要的清洁规划可能导致改造或更换一些材料。

一个典型的小型动物诊所包括接待区和候诊室、商务办公室、客户教育室、诊察室、治疗区。时下，给客户的规划往往提供一个安慰室或为因宠物死亡而悲伤、哀悼的客户准备的区域。后勤办公区是兽医的办公室、员工区、仓储区、犬舍跑场（kennel runs）、寄宿区（boarding area）、手术套间、化验室、寄宿复合区内的食物准备区、药房，以及将这些区域

---

[20] "Pet Spending in America and Abroad," 2005, p. 24.

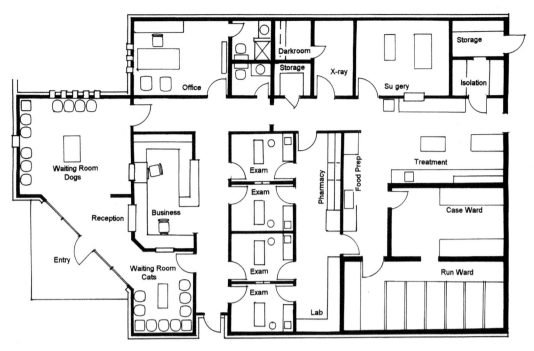

图7-26 兽医医院的楼层平面图。请注意接待区为猫和狗规划的空间分区。(楼层平面图提供：Spencer Animal Hospital, Inc., Dennis Mangum, D.V.M)

连接起来的走廊（图7-26）。

　　理想情况下，一进入主入口，客户就会发现一个狗候诊区和一个单独分开的猫候诊区，（图7-27）接待区将这两个空间分开。客户继续到前台办理预约入住手续，就像在医疗办公楼一样。

　　接待区也组合进了营业区，提供记账、预约调度、计费、备案，并记录病人的医疗信息。

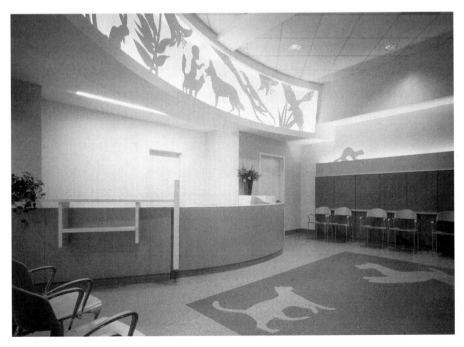

图7-27 兽医诊所里创意设计的接待区。地板设计指示着猫、狗各自的区域。(照片提供：Hugh A. Boyd Architects, Montclair, NJ)

根据诊所的规模，接待区和营业区通常的布置都指定木制品工作站和橱柜，并与书桌配套提供，或不使用书桌。需要适宜的文件柜来保持记录。接待区在候诊区需要存储区和可能的展示空间，用于非医疗产品的销售。兽医诊所卖宠物食品、设备（如项圈和皮带）以及洗浴用品是不足为奇的。这种销售区是很重要的，因为它给诊所带来更多的收益。

候诊室应指定表面可清洗的家具，因为在宠物等待看兽医时可能发生意外。为了便于维护，候诊区的椅子应不固定椅子腿、串联在一起，或者挂在墙上。模压塑料座椅在候诊区很常见。应避免在座椅上使用纺织品，因为它们很容易弄脏，并堆积污垢和细菌。有些兽医喜欢内置的长凳。如果指定长凳，请确保其高度介于20~22英寸，以在不使用椅臂的情况下能轻松地起身。室内设计师应避免在兽医设施里放置活体植物，因为有些植物对动物有毒。

在理想情况下，设施应为每名兽医配备2间诊察室，因为诊察室是诊所的主要资金来源。一般诊察室的平均尺寸是11英尺×10英尺。设备包括一个治疗岛（带有充气式升降机、储存医疗用品的橱柜）和一个水槽。需要提供检查X射线以及用于客户教育的LCD显示器的墙壁空间。台面和治疗岛必须足够高，以避免兽医在给宠物检查时背部太累。这是强制性的：诊察室的所有表面都指定为抗菌的、易清洗的。

在设计、建造一家新诊所时，通常提供一个安慰室或安慰区。在较旧的设施里，诊察室可用于或改装用于这一目的。它通常与诊察室大小一样。安慰室应该包括三四把椅子（或许还有橱柜，以便它可以改装成一间诊察室）。

药房、化验室、治疗区和手术室通常指定类似于医院或MOB的专用设备。大型动物诊所的治疗区和手术区需要额外的专用设备。建筑师和室内设计师将与兽医就这些专用医疗区的空间规划和设备法规紧密协作。

所有诊所都有动物寄宿空间，手术后必须留夜查看的动物就留在这儿。还有些诊所给健康动物提供寄宿。理想情况下，猫狗分别寄宿。狗体型更大、更多言，可能给猫带来压力。狗需要较大的笼子，需要跑场来锻炼。寄宿区的另一个重要考量是清洁狗笼。寄宿区和狗跑场所需的材料将在"兽医设施的材料规格"一节予以讨论。

员工和兽医应该有一个单独的入口进入诊所。员工可能带着狗到外边的草坪上散步，并且最好不通过正门。另外，有时兽医在处理大型动物后浑身湿透。兽医需要进入诊所并且不被人看见，接着进入淋浴设施。淋浴间可以与兽医办公室相邻，或位于其他私人的位置。

由于设施的性质，给兽医诊所指定的建筑饰面非常重要。项目的整体设计和方案应该是赏心悦目的，并且能承受持续的清洗，以保持卫生要求。应尽可能指定非吸收性材料，以限制残留气味。至于材料的规格，一般来说，所有临床区和接待区都需要非常耐用、可擦洗的表面，以及具有较低或无VOC的抗菌产品。材料应为浅色。

地板必须不仅具有视觉吸引力，而且耐用、防滑、抗微生物、容易清洗，并且不透液体和气味。在兽医设施里所使用的地板材料包括塑胶地砖、重级塑胶层、瓷砖、染色/密封的混凝土和水磨石，这里只提出了几种最广泛推荐的材料。有时诊察室也使用经环氧树脂密封的瓷砖。建议绵延拱（continuous cove）或流线槽（flash cove base），以避免接缝，因为接缝会堆积细菌和灰尘。

外墙饰面有几个很好的选择。涂料提供多种饰面和类型，以及许多配色方案。例如，在候诊室、接待区、营业区和诊察室，使用可清洗的乳胶亚光珐琅涂料是可以接受的。在病房和跑场区域里，环氧涂料是良好的，环氧涂料最适用于狗跑场。中等 II 型塑胶墙面与塑胶涂料也可用于这些区域。抗污 II 型是有效的。用于墙壁的瓷砖可用于护墙板、后挡板和淋浴间。塑料层压板作为壁板也是有效的；然而，它需要安装在胶合板（而非石膏板）上。[21]

吸音材料和噪声控制是设计团队必须解决的因素。目标是吸纳噪声，但防止其在整个设施传播。这始于天花板处理材料的规格。兽医设施中的天花板通常是悬浮式隔音瓦（acoustic tile）；刷漆的墙壁也很常见。如果入口、候诊/接待区使用隔音瓦，那么应该指定一般为 2 英尺×2 英尺的专门设计的贴砖（designer tile）。在狗跑场和寄宿区，水毡板被认为更耐用，因为它不下垂。手术区需要使用边缘密封的、背部有涂层的专门天花板贴砖建成的洁净室天花板，以满足法规要求。

在所有临床区、跑场、犬舍，声学控制都是很重要的。为了减少诊察室里的噪声，应使用由两层玻璃隔开的一个 2 英寸空气空间。此外，需要由实心木材或空心金属制成的门，并在门周围绕上碎布，以密闭声音。狗跑场可能很嘈杂。吸音材料（如自由悬挂的声音挡板、固体墙壁、实心门）隔断这个区域里的声音。理想情况下，狗跑场空间的天花板至少 10 英尺高，并且墙壁应该围住从地板到天花板的所有空间。[22]

在兽医诊所里，气味是一个主要问题，如果不加以控制，客户就会知道。诊察室、浴室和暗房需要排气扇。在化验室的水槽边应放置一个专门罩。经常清洗诊察室、笼子、狗跑场，以及所有地板有助于减少臭味。跑场需要经常清洁，包括安装地板排水口清除废物。用于减少气味的溶液是高品质 HVAC 系统的一部分。建筑师通常为病房、犬舍、美容区、洗浴区指定一个单独的 HVAC 单元，同时给兽医办公室、接待区、诊察室另行指定一个 HVAC 单元。HVAC 的其他技术规格依赖于建筑师。

兽医通常有自己偏爱的颜色和材料，这个可基于统计数据来看。颜色偏好一般包括喜欢白色、米白、象牙白、奶油色和淡色调的墙壁和地板。取决于诊所的区域位置，颜色的选择略有不同。当然，浅色当然具有光线被反射的优势，然而斑点很容易被发现，而且情绪可能受到使用的表面上的光照水平的直接影响。与大自然有关的颜色（如森林绿、棕色、铁锈色调）是一些钟爱的重点颜色。治疗、手术和紧急护理区通常有灰白色的墙壁。研究表明，客户的偏好包括塑胶地板和无孔家具表面。犬舍墙壁也是浅色的。[23]

普通照明和工作照明（如手术灯）在治疗/手术区是必要的。白炽灯是候诊室的首选。荧光灯用在诊察室、商务办公室以及大多数其他区域。手术空间（可能还有治疗室）需要特殊的手术照明灯具。

兽医诊所在国际建筑法规归类为营业用房。取决于诊所的大小，以及所治疗的具体动物和进行的手术，设施的某些区域可能需要满足更高的防火法规标准。在一般情况下，在设计兽医诊所时也需要知晓所在司法管辖区的可访问性指南。

医疗设施设计的这一设计专科具有挑战性和趣味性。室内设计师必须满足兽医的设计

---

[21]Hafen, 2004, p. 5.

[22]Hafen, 2000, p. 2.

[23]Rogers, 1991, p. 5.

要求，以及宠物主人或照顾者的喜好。同时，设计师必须营造出能让紧张的宠物——不会说人话的空间使用者——平复、冷静下来的内饰。

本章小结

医疗保健设施的室内设计是一个复杂而广泛的课题，需要所涉及的专业人士进行大量的研究和准备。从事医疗设施设计的任何领域的室内设计师变得熟悉医学术语，了解医疗保健业务。医疗实践的专业知识对于完成一个令客户、该项目的利益相关者、将利用该空间的患者满意的、成功的项目而言至关重要。

室内设计影响人类的生理和心理。在医疗保健设施里，由于治疗和康复过程的推进，这些问题变得愈演愈烈。考虑到医疗保健设计的复杂性，设计师务必仅将本章用作指南，并通过另外参阅专门介绍医疗保健设计项目这一特定领域的著作来做大量的研究。本章结尾的参考文献是进一步阅读的一个好起点。

为了给读者提供对医疗保健设施的全面概述，本章介绍医疗史的一个非常简短的描述，以及对医药领域（包括室内设计师会在设计项目中遇到的典型设施）的一个简短概述。它还面向可能有健康保健（设施）任务的职业人士和学生提供了最常见医疗保健设施设计的具体指南。

本章参考文献

American Heritage Dictionary of the English Language, 3rd ed. 1992. Boston: Houghton Mifflin.

American Institute of Architects Academy of Architecture for Health. 1996. *Guidelines for Design and Construction of Hospital and Healthcare Facilities*. Washington, DC: American Institute of Architects Press.

Anderson, Kenneth N., ed. 1994. *Mosby's Medical, Nursing and Allied Health Dictionary*, 4th ed. St. Louis: Mosby.

Berger, William N. and William Pomeranz. 1985. *Nursing Home Development*. New York: Van Nostrand Reinhold.

Burt, Brian A. and Stephen A. Eklund. 1992. *Dentistry, Dental Practice and the Community*, 4th ed. Philadelphia: W. B. Saunders.

Bush-Brown, Albert and Dianne Davis. 1992. *Hospitable Design for Healthcare and Senior Communities*. New York: Van Nostrand Reinhold.

Christenson, Margaret A. and Ellen D. Taira, eds. 1990. *Aged in the Designed Environment*. New York: Haworth.

Cox, Anthony and Philip Grover. 1990. *Hospitals and Health-Care Facilities*. London: Butterworth.

De Chiara, Jospeh, Julius Panero, and Martin Zelnick. 2001. *Time-Saver Standards for Interior Design and Space Planning*. New York: McGraw-Hill.

Doble, Henry P. 1982. *Medical Office Design*. St. Louis: Warren H. Green, Inc.

Dorland's Illustrated Medical Dictionary, 28th ed. 1994. Philadelphia: W. B. Saunders.

Farr, Cheryl. 1996. *High-Tech Practice: Thriving in Dentistry's Computer Age*. Tulsa, OK: PennWell.

Field, Marilyn J., ed. 1995. *Dental Education at the Crossroads*. Washington, DC: National Academy Press.

Foner, Nancy. 1994. *The Caregiving Dilemma*. Berkeley: University of California Press.

Friedman, JoAnn. 1987. *Home Health Care*. New York: Fawcett Columbine.

Hafen, Mark. 2000. "Minimize Noise and Odor." *Veterinary Economics Magazine*. August, pp. 1–3, www.hospitaldesign.net.

———. 2004. "Building Materials and Finishes." *Veterinary Economics Magazine*. December, pp. 1–8, www.hospitaldesign.net.

Haggard, Liz and Sarah Hosking. 1999. *Healing the Hospital Environment: Design, Maintenance and Management of Healthcare Premises*. New York: Routledge.

Hall, Edward T. 1966. *The Hidden Dimension*. Garden City, NY: Doubleday.

Havlicek, Penny L. 1996. *Medical Groups in the U.S.: A Survey of Practice Characteristics*. Chicago: American Medical Association.

James, Paul and Tony Noakes. 1994. *Hospital Architecture*. Singapore: Longman Group.

Johnston, Ivan and Andrew Hunter. 1984. *The Design and Utilization of Operating Theaters*. London: Edward Arnold.

Kiger, Anne Fox, compiler. 1986. *Hospital Administration Terminology*. Chicago: AHA Resource Center.

Klein, Burton and Albert Platt. 1989. *Health Care Facility Planning and Construction*. New York: Van Nostrand Reinhold.

Knapp, John. 1996. *The Floor Plan Book: Veterinary Hospital and Boarding Kennel Planning and Design*, 2nd ed. Lenexa, KS: Veterinary Healthcare Communications.

Kobus, Richard L., Ronald L. Skaggs, Michael Bobrow, Julia Thomas, and Tomas M. Payette. 2000. *Building Type Basics for Healthcare Facilities*. New York: Wiley.

Kovner, Anthony, ed. 1995. *Jonas's Health Care Delivery in the United States*, 5th ed. New York: Springer.

"Laminates Imbue Dental Offices with Personality," 2005. *W & WP Magazine*. April, pp. 1–4, www.iswonline.com.

Laughman, Harold, ed. 1981. *Hospital Special-Care Facilities*. New York: Academic Press.

Lebovich, William L. 1993. *Design for Dignity*. New York: Wiley.

Levato, Claudio M. 2004. "Putting Technology in Place Successfully." *Journal of the American Dental Association*. October, Vol. 135, pp. 30S–31S.

Liebrock, Cynthia. 1993. *Beautiful and Barrier-Free*. New York: Van Nostrand Reinhold.

———. 2000. *Design Details for Health: Making the Most of Interior Design's Healing Potential*. New York: Wiley.

Mahnke, Frank H. and Rudolf H. Mahnke. 1993. *Color and Light in Man-Made Environments*. New York: Van Nostrand Reinhold.

Malkin, Jain. 1992. *Hospital Interior Architecture*. New York: Van Nostrand Reinhold.

———. 2002. *Medical and Dental Space Planning*, 3rd ed. New York: Wiley.

Marberry, Sara. 1995. *Innovations in Healthcare Design*. New York: Van Nostrand Reinhold.

———, ed. 1997. *Healthcare Design*. New York: Wiley.

Marberry, Sara and Laurie Zagon. 1995. *The Power of Color: Creating Healthy Interior Spaces*. New York: Wiley.

Martensen, Robert R. 1996. "Hospital, Hotels and the Care of the 'Worthy Rich.'" *Journal of the American Medical Association*. January.

Merriam-Webster's Collegiate Dictionary, 10th ed. 1994. Springfield, MA: Merriam-Webster.

Merriam-Webster's Medical Desk Dictionary. 1993. Springfield, MA: Merriam-Webster.

Miller, Richard L. and Earl S. Swensson. 1995. *New Directions in Hospital and Healthcare Facility Design*. New York: McGraw-Hill.

Panero, Julius and Martin Zelnik. 1979. *Human Dimension and Interior Space*. New York: Watson-Guptill Publications.

"Pet Spending in America and Abroad." 2005. *Veterinary Economics Magazine*. August, pp. 24–26.

Ragan, Sandra L. 1995. *Interior Color by Design: Commercial*. Rockport, MA: Rockport.

Rakich, Jonathon S., Beaufort B. Longest, Jr., and Kurt Darr. 1992. *Managing Health Services Organizations*, 3rd ed. Baltimore: Health Professions Press.

Rogers, Elizabeth. 1991. "Interior Design of Veterinary Facilities." Utah State University. Research report.

Sacks, Terence J. 1993. *Careers in Medicine*. Lincolnwood, IL: NTC Publishing Group.

Schmidt, Duanne Arthur. 1996. *Schmidt's Anatomy of a Successful Dental Practice*. Tulsa, OK: PennWell.

Snook, I. Donald, Jr. 1981. *Hospitals: What They Are and How They Work*. Rockville, MD: Aspen Systems Corp.

Spivak, Mayer and Joanna Tamer, eds. 1984. *Institutional Settings*. New York: Human Sciences Press.

Stedman's Medical Dictionary, 26th ed. 1995. Baltimore: Williams and Willkins.

Toland, Drexel and Susan Strong. 1981. *Hospital-Based Medical Office Buildings*. Chicago: American Hospital Association.

Webster's New College Dictionary, 4th ed. 2002. New York: Wiley.

Weinhold, Virginia. 1988. *Interior Finish Materials for Healthcare Facilities*. Springfield, IL: Charles C. Thomas.

Wilde, John A. 1994. *Bringing Your Practice into Focus*. Tulsa, OK: PennWell.

World Book Encyclopedia, Vols. 4 and 9. 2003. Chicago: World Book, Inc.

本章网址

Allergy Buyers Club www.allergybuyersclub.com

American Dental Association (ADA), www.ada.org

American Medical Association (AMA) www.ama-assn.org

AIA Academy of Architecture for Health, www.e-architect.com/pia/health/mission.asp

American Hospital Association (AHA), www.aha.org

American Medical Association (AMA), www.ama-assn.org

Center for Health Design, www.healthdesign.org

Centers for Disease Control (CDC) www.cdc.org

Design Ergonomics, www.design-ergonomics.com

Gates Hafen Cochrane Architects, ghc@ghcarch.com

Occupational Safety and Health Administration (OSHA) www.osha.gov

Joint Commission on the Accreditation of Healthcare Organizations (JCAHO) www.jointcommission.org

Medical Specialties Guide, www.medicalresourcesusa.com/specialties.htm

National Hospice Organization, www.nho.org

Veterinary Hospital Design, www.hospitaldesign.net

ASID *ICON* www.asid.org

Dental Economics www.de.pennet.com

Healthcare Design magazine www.healthcaredesignmagazine.com

Journal of the American Dental Association, www.ada.org

Journal of the American Medical Association www.ama-assn.org

Medical Economics Magazine www.pdr.net/memag/index.htm

New England Journal of Medicine www.content.nejm.org

Veterinary Economics Magazine, www.vetecon.com

Design Ergonomics, www.design-ergonomic.com/learning/learning_ergo.htm

Veterinary Hospital Design, www.hospitaldesign.net

请注意：与本章内容有关的其他参考文献列在本书附录中。

第8章

老年
生活设施

术语"老年人"(senior)一般指65岁以上（含）人士。根据2000年美国人口普查，3500万美国人年龄在65岁以上（含），女性平均寿命超过男性。在2000年，430万美国人超过85岁；据预测，到2040年，将有2330万市民超过这个年龄。[1]越来越多的老年人独自住在各种类型的老年住宅里。2006年，婴儿潮一代开始迈过60岁大关。虽然他们可能不被视为高龄，虽然很多人不愿意认为自己是老年人，但这个巨大的人群将会给所有类型的老龄设施投下巨大的需求。规划这些设施的问题范围从年龄到健康问题，从体能到头脑清晰程度。

对保健、福祉和体能的更加注重给老年人提供了借由高质量健康、舒适轻松的生活方式延长其寿命的机会。尽管大多数已经正式退休，但许多依然在其最后一份工作上继续多干几年，或找到新的兼职上几年班。当然，并不是所有老年人都是这种幸福状态。许多人会需要提供特殊照顾，而这在家庭环境中难以做到。不像前几代人，如今一旦爷爷奶奶生活不能自理，家属更难照顾到。

本章在讨论老年生活设施时不时用到术语"住所"(housing)。注意到这并不是在一本商业室内设计教材里讨论住宅设计是很重要的。本章讨论的老年生活设施并不是单户住宅，甚至也不是各年龄段人士使用的老年生活设施公寓。本章重点介绍专门面向约60岁或

---

[1]Regnier, 2002, p. 7.

表8-1　本章词汇

- **活跃长者社区（active adult community）**：面向在体力上尚活跃的长者（通常55岁以上（含））的公寓。该社区还提供积极的休闲、娱乐和教育的机会。
- **成人日托（adult day care）**：提供日间个人护理计划。
- **老有养所（aging in place）**：人在上年纪后留在家中的能力。
- **阿尔茨海默氏症（Alzheimer's disease）**：最常被诊断出的一种痴呆症形式。
- **辅助生活公寓（assisted living residence）**：对那些不需要24小时护理服务，但需要一些日常护理的人士提供住所和日常起居活动（activities of daily living，ADL）。
- **集合住宅（congregate housing）**：面向老人的住宅，提供一顿饭、房管和一些活动。
- **持续护理退休社区（continuing care retirement community，CCRC）**：由专业护理院提供辅助生活住房。
- **痴呆症（dementia）**：一种疾病，因疾病或损伤导致大脑老化超出正常程度，心理承受能力和功能逐渐恶化。
- **老年科门诊诊所（geriatric outpatient clinic）**：侧重于老年人的医学需求的医疗诊所。
- **独立生活（independent living）**：生活在没有医疗服务的住房单元里。
- **日常生活援助活动（instrumental activities of daily living，IADL）**：诸如房管和准备食物等活动。
- **长期单元（long-term units）**：面向老年病人提供24小时住房和专业护理。也称为疗养院（nursing homes）或专业护理设施（skilled nursing facilities）。
- **自然发生的退休社区（naturally occurring retirement community，NORC）**：当公寓楼或公寓转换为退休生活设施时，老年生活设施随之诞生。
- **康复中心（rehabilitation centers）**：设施，给因动手术或发生了事故而不能留在家中的病人提供康复护理。
- **短期护理（respite care）**：给老人或其他人的主要照顾者提供短期减负。通常由成人日护中心提供。
- **老年人（senior citizen）**：一般指65岁以上（含）人士。

以上的个人的设施。讨论范围从能力最强到能力最弱的人，以及适合各年龄段的设施。

在许多方面，给老年人设计设施就像设计住所、医疗机构或甚至是面向任何年龄段的接待场所。然而，很多因素影响着设施的设计规划和法规，尤其是专为老年人的设施。为了给老年住宅提供成功的设计，室内设计师必须研究老年生活理念，并了解产品、法规，以及适用于此类型设施的室内环境等问题。

本章首先非常简要地介绍老年住宅的历史，接着介绍行业概况，并简要讨论提供的诸多不同设施类型。涵盖了一般的室内设计的问题，以及辅助生活和痴呆设施的具体设计应用。涵盖了对老年医学的简要描述，因为它影响着老人以及他们所选择的设施。

表8-1列出了本章使用的词汇。

历史回顾

纵观历史，家庭为他们上了年纪的成员提供家庭护理。有些人没有家人赡养，于是社会通过宗教组织、政府和慈善团体的努力提供最低限度的住房。几十年来，许多这些团体给老年人提供的住宿、护理的质量极差。

西方世界大多数老年住宅的历史始于英格兰，在那里，从12到15世纪，给老人提供了数百个庇护所。安置在这些设施里的都是没有能力养活自己、因疾病或残疾而需要长期照顾的不同年龄段的人。大多数这些设施由罗马天主教修道院予以援助，并由国王和主教任命的人士管理。然而，在1536年，英王亨利八世与罗马天主教教堂对抗，关闭了所有的罗马天主教修道院和这些长期护理设施。后来他任命当地市民董事会监督长期护理设施的管理。女王伊丽莎白一世要求每个社区在老人自己家中照顾老人，并为他们提供某种形式的老年住宅护理。后来，在18世纪，英国制定了济贫法（the Poor Law），在整个英格兰提供照顾老人和病人的机构。

美洲殖民地很大程度上复制了英格兰照顾病人和老人的方法，为老人提供安老院。例如，1722年，费城为穷人建立了一个机构。后来，纽约市在1734年，南卡罗来纳州查尔斯顿在1735年也分别建立了济贫机构。[2]在十八九世纪的美国，由家庭或城市、农村地区的政府及宗教机构提供护理。

美国19世纪末和20世纪初的工业化改变了城市生活的概貌以及城市居民提供老年护理的能力。城市居民钱更少，自家空间较少，子女也更少，难以照顾年迈的双亲。由于当时没有联邦援助，大多数地方和州政府将那些有需要的市民赶到"穷农场"或"救济院"，而这些地方并不提供足够的护理或适当的住房。为了尽力避免这些政府设施，建立了一些移民社区，通过提供更好的长期护理来帮助老人。

美国老年生活设施历史上的许多里程碑都源于20世纪颁布的法律。在20世纪30年代，新政（the New Deal）推动老年人应基于个人需要得到联邦政府援助的理念。制定的促进这一理念的首部立法是1935年的社会保障法（the Social Security Act），由总统富兰克林•D•罗斯福（President Franklin D. Roosevelt）签署。该法案给各个州的高龄津贴（Old Age Assistance，OAA）提供等额补助，发放给退休职工。生活在"穷家"的人没有资格领取高龄津贴。因此，民营疗养院应运而生，能让老人领取高龄津贴。如今天人们所知道的，这就是疗养院产业的开始。

1939年，联邦安全局（Federal Security Agency，FSA）成立，以管理社会保障、就业安置、教育、卫生等领域的主要方案。社会保障计划（Social Security program）和公共卫生服务（Public Health Service）是其旗下机构中的两个。FSA现在是美国国土安全部的基本组成部分，尽管一些机构已转移到其他部门。在20世纪40~60年代，原FSA的一部分通过社保支票（Social Security checks）给老人提供资金，让他们从民营疗养院（被称为"夫妻店"）购买护理服务。

在20世纪初，医院和老年护理（院）曾声名狼藉。您可能会记得在第7章的讨论中，医院被认为是只有穷人才去的地方。二战结束后，几乎所有社区都需要现代化的医疗设施。1946年，医院调查和建筑法（希尔-伯顿法案，Hospital Survey and Construction Act(Hill-Burton Act)）给优等医院的建设提供资金。在20世纪50年代，联邦立法给疗养院的修建予以补贴，导致这些设施的数量大量增加。社会保障法的修订案要求各州给疗养

---

2 "History of Long Term Care Industry," 2005, p. 1 www.longtermcareeducation.com/A1/g.asp.

院发放许可证。在这个时候，联邦政府还宣布，联邦资金可以提供给疗养院的居民。

在20世纪50年代，当联邦政府资助在医院附近修建疗养院时，疗养院的医疗护理开始显著改善。这种邻近性提升了这些设施里的护理，其设计更加类似于医院。这也意味着，疗养院现在被认为是卫生保健系统（而非福利制度）的一部分。

在20世纪60年代，疗养院仍然基本上不受监管，设施内创造了护理和环境的许多变种。国会制定被称为"参与条件"的政策，以确保老年人获得医疗保险金接受优质护理服务。1968年，国会通过了莫斯修订案（Moss Amendments），立法改善疗养院，并制定了更高的制度标准。附加条款概述了个人成为持许可证的疗养院管理者所需的教育和经验背景。

提高护理设施条件标准的法规继续影响疗养院和老年护理行业。1971年，米勒修订案（Miller Amendment）确立了称为中间保健设施（intermediate-care facilities）的新标准。这个分类意味着，当专业护理数量减少时，一些疗养院有资格获得联邦报销，从而降低政府成本，可是护理标准也降低了。随后，在1979年，公法（Public Law）92-603获得通过，其中包括疗养院的改革（包括"基于相关的合理费用"[3]报销医疗补助）。

在20世纪末21世纪初，医疗保险、社会保险以及关于疗养院和其他老年生活设施的联邦立法持续变更。对老年人和残疾人士（也被医疗保险和社会保障覆盖）的护理的发展不断挑战着老年生活设施行业和医疗服务提供者。一个显著的变化发生在1995年，当时社会保障局从卫生和人类服务部（the Department of Health and Human Services）中分离，成为一个独立的联邦机构。

对医疗保健设施和对老年人、残疾人以及穷人的护理历史的这个简短回顾，只是提供了所发生的变化的一个快照。虽然早期的设施集中于由政府提供给老人的护理，但现在老人都活得更长，需要新方法和新类型的护理设施。自20世纪80年代以来，老年生活设施日益提供更多的功能和奢华，注重特定类别的年龄段和健康程度。

老年生活设施概述

除了面向独立生活和较年轻的长者的设施之外，老年生活设施的室内设计是多样的、复杂的。并不是简单地设计浴室带有手柄、厨房和浴室水槽带有扶手的一个居所的问题。专注于这一区域，室内设计师应该获得医疗设施和商业设计等领域（如酒店、餐饮、娱乐，以及住宅）室内设计的教育，并获得丰富的经验。鉴于老年生活设施的设计涉及的问题不仅仅是住宅问题，因而它还受到老年人口对医疗需求的影响。设计师还需要了解老年人的老化问题和健康问题。

老年公民代表着一个迅速增长的人口部分。1900年，只有4%的美国人口超过65岁。[4]2000年，超过10万的人超过100岁。到2020年，预计美国总人口的17%将超过65岁。根据美国人口

---

[3]From "The Evolution of Nursing Home Care in the United States," 2006, www.pbs.org
[4]World Book Encyclopedia, 2003, Vol. 14, p. 738.

表8-2　与老年和老年公寓有关的组织

■ 全国老年人理事会（National Council of Senior Citizens）	■ 退休人员服务团（Service Corps of Retired Executives, SCORE）
■ 美国退休人员协会（American Association of Retired Persons, AARP）	■ 退休老年人志愿者计划（Retired Senior Volunteer Program, RSVP）
■ 灰豹（Gray Panthers）	■ 养祖父母计划（Foster Grandparent Program, FGP）

调查，由于更好的医疗和研究，以及强调晚年的健康和生活质量，越来越多的人活得更长。女性在这些老年公民中占了很大比例，她们往往都选择独自生活。他们继续留在自己家中，也住在由各类型老年住宅提供的一居单元里。5%的老年人口生活在某种形式的疗养院里，1/8与家庭成员一起生活。政治家们知道老年人的投票比例高，并且他们由州政府和联邦政府的代表聆听。老年人也由机构和组织来代表，以主张其利益。表8-2列出了老年组织的名单。

老年人口的增长推动了对老年生活设施的需求，并影响着其他设施（如商场和餐厅）的设计，以适应老年人。由于这个不断增长的人口有机会对自己的财务生活进行财务规划，以及他们习惯于某些日常用品，他们要求富于吸引力的、具有一些豪华设备或附加服务的老年生活设施。许多老年人从其雇主那儿获得社会保障金、退休金，还有储蓄、股票投资、房地产等，这让他们可以在选择房屋类型时更挑剔。

当老年人希望尽可能长时间地待在自己家中时，居家安老这个理念导致给传播面临的设计挑战信息带来了前所未有的研究和机会。据美国室内设计师协会的一项研究，居家安老的意思是"留在自己目前的家中，而不是搬迁到新宿舍、老年社区或（如果需要的话）护理设施。"[5]许多老年人努力尽可能长时间地留在私人住宅里，不论是在原生家庭还是一个新住所（如退休社区）。室内设计师可以做很多工作来帮助老年人对自己的家园进行小规模的改造，让他们能在家待尽可能长时间，并保持年老居民处于安全状态。

对于许多老年人来讲，在私人住宅独自生活不再是一种选择（甚至是欲望）的时代来临了。许多搬迁到不同类型的、提供陪护、便于上门维修、提供所需医疗或护理的老年生活设施里。老年人的住房需求在类型、程度、质量和配置上都有所不同。某些类型的设施包括活跃长者社区，如退休度假村、辅助生活设施，并给体弱者提供长期的或专业的护理单元。当一个人面临心智能力的缺失时，阿尔茨海默氏症和痴呆症的单元还提供非常专业的护理。

将老人搬迁到提供任何类型的服务和护理的老年设施可能是相当昂贵的。住在老年设施里的大多数老年人都已经退休了，收入减少，靠社会保险、养老金和/或储蓄支撑。对于大多数老年人来说，提供医疗保健，并在一定程度上由医疗保险（Medicare，一项与社会保障系统相关的联邦方案）支付。

医疗保险由联邦政府管理，支付年龄在65岁以上（含）人士的医疗护理的一部分。Medicare Part A包括住院费，Part B包括医疗开支，如造访医生办公室。老年人需要支付每月

---

[5]ASID. 2001, p. 2.

BOX 8-1   老年科

衰老过程涉及生理和社会的变化，以及环境方面的挑战。[a] 这些变化的一部分可能与老化导致的医疗保健需求有关。老年科是医学的一个分支，专门治疗老龄人口、应对老年疾病。老年科专家是专门从事老年人疾病的医生。医学上称为老年学领域，集中于自40和50岁人士开始的老化过程。[b]

老年学是衰老过程和老年人问题的科学研究[c]，以及对时光消逝过程中社会通道的研究。衰老指的是老龄化进程[d]，由专攻机体衰老过程的生物学家来研究。老年领域涉及的其他人士包括精神科医生和心理学家（研究老龄化的心理过程），

以及社会学家（研究老年人对现代世界的影响）。

术语"衰老"（senility）指的是以记忆力减退、思维混乱为特点的心智能力恶化，以及无法进行基本技能，如阅读。这个词已不再使用。影响老年人口的两种最常见的脑功能障碍是梗塞性痴呆（动脉堵塞导致小中风）以及阿尔茨海默氏症（破坏脑细胞）。

[a] Perkins, 2004, p.8.
[b] World Book Encyclopedia, 2003, Vol. 17, p. 300.
[c] Webster's Dictionary, 4th ed., p. 595.
[d] World Book Encyclopedia, 2003, Vol 8, p. 137.

医疗保险保费，其中涵盖了Part B费用。除了医疗保险，鼓励老年人有补充保险，以支付Part A和Part B未涵盖的任何花费。2006年1月，Medicare向老年人提供Part D处方方案（prescription program），该方案将通过提供财政援助，通过保险政策帮助支付药费，而由老年人缴纳保险费。处方药是医疗保健的主要成本，尤其是对于那些生活在老年住宅的人士而言。

长期护理保险由许多保险公司提供，以帮助老年人支付居住在专业护理设施或其他类型的医疗相关老年住宅的花费。不过，并不是所有老年人都选择加入长期护理保险。如果必须长期待在护理设施内的话，缺少这种类型的保险可能会导致过度的财政压力和破产。

为了提供一个成功的设计方案，室内设计师需要熟悉与老年人的需求有关的因素。本章将重点放在设施的典型类型以及它们的一些需求上。一般医疗设施的设计知识对希望设计老年生活设施的室内设计师也很重要。回顾第7章是很重要的，本章末尾提出的材料研究也很重要。帕金斯（Perkins）的Building Type Basics for Senior Living（《老年生活的建筑类型基础》）一书给许多不同类型的老年生活设施的室内设计和规划提供了很好的概述。

设计师面临的挑战是营造优美的环境，同时运用与特定类型设施有关的所有法规。老年生活设施的室内设计在很多方面超出了业内许多人的预期，因而是值得的。

老年生活设施类型

有几种不同类型的老年住房，提供了多个选项。许多选项的存在是面向那些出于健康原因需要改变他们的生活条件，或减少其单户家庭责任的人士。一组老年生活设施是面向那些健康的或基本健康、需要很少护理的人士。这些是活跃长者社区、退休社区、集合住宅，以独立居住环境为特征。老年生活设施的第二组是面向那些需要更多的、持续的护理的人士，包括24小时专业护理单元。这些措施包括：辅助生活住宅、成人日护、持续护理退休社区、长期护理/专业护理设施和痴呆单元。

独立生活（Independent living）基本上是指在住房单元里没有健康服务。施加了年龄限

制的成人社区提供了许多社交活动, 提高安全性, 这吸引了许多老年人。亚利桑那州的阳光城 (Sun City) 是独立生活区的一个例子, 有超过10万55岁以上 (含) 的老年人。它提供多种大型游乐设施社会活动。提供24小时护理的专业护理机构是活跃退休社区的反向极端。

活跃长者社区或退休社区在住所 (不论是独栋住宅、复式还是公寓) 内提供了轻松的生活方式。一些社区也被视为退休度假村, 可能提供高品质的设施。通常有居家风格的住房类型的组合可供选择。在退休社区里, 住房通常受年龄限制 (往往只面向55岁以上 (含) 人士), 而且很多居民都是退休人员。在退休社区里, 居民被认为普遍健康、自给自足。康乐及社交活动对于这些社区非常重要。居民缴费使用康乐设施, 康乐设施往往只限于会员使用。

通常, 这些社区被开发成独立社区, 提供医疗 (甚至医院) 设施、健身中心, 以及社区服务, 如杂货店、零售店和专业办公室。这些成人社区也积极提供康乐设施, 如高尔夫、游泳和网球、娱乐活动中心或乡村俱乐部, 以及继续教育机会。许多著名的活跃长者社区位于亚利桑那州、内华达州、加利福尼亚州和佛罗里达州, 那里的天气有利于活跃的生活方式。其他国家也正在开发活跃长者社区。

活跃长者社区的亚型是自然发生的退休社区 (naturally occurring retirement community, NORC)。当公寓楼或公寓转换为退休设施或限制年龄的设施时, 就可能发生这种情况。通常这些设施处于市区环境、位于任何住宅区。服务通常在任何邻域, 而不是专门面向NORC。事实上, 有年龄限制的公寓楼可能与无年龄限制的单户住宅相邻。

老年设施的另一类是集群护理退休社区 (congregate care retirement communities) 或集群生活设施 (congregate living facilities, CCF)。集群护理生活 (设施) 指的是在群体环境中独立生活, 最常见的是公寓。护理服务不属于居民常规需求的一部分;然而, 能获得有限的医疗服务援助。用来描述集群住宅的另一个术语是独立生活公寓 (independent living apartment)。居民通常比活跃长者社区的居民年迈。

居住单元公寓或村舍在大小和卧室数目上有所不同, 有仅一间卧室的, 也有带有设施齐全的厨房、客厅、浴室、总面积700平方英尺的, 还有带书房的双卧、双浴室、总面积950平方英尺的, 甚至还有更大的。集群生活设施可租赁, 或为居民所有。每月维护费往往由这些单元分摊。集群住宅不像其他类型的老年住宅那样需要许可证;然而, 它确实得满足消费者保护法。

通常, 这些设施给设施住户每天提供一或两餐, 以及房管服务和活动设施。提供购物交通、医生预约和其他服务, 以维持那些不愿再开车的住户的独立性。集群护理设施可以协助住户日常生活援助活动 (instrumental activities of daily living, IADL), 如提供房管服务。安防是吸引老年人入住此类设施的另一个因素, 因为与大多数独立生活环境不同, 在这儿一旦遇到紧急情况 (如跌倒或其他伤害) 时有人能提供帮助。许多集合住宅设施与物业或复式楼内的辅助生活设施和长期护理设施联系在一起。

持续护理退休社区 (continuing care retirement community, CCRC) 是提供给老人的另一种类型的住房。CCRC设施根据住户的需要, 提供与不同医疗服务水平配套的住房。它们提供持续护理, 从针对老年健康居民的独立性, 到针对那些需要更高程度的健康护理的居民的生活辅助和长期/专业护理。居民是老人, 有些人洗澡、更衣需要私人护理。居民可根据所提供的服务, 现场接受医生的护理、化验室检测, 以及其他小医疗手术。

CCRC专注于通过提供良好的营养、锻炼、社交来促进健康。利用普通餐室有助于营造社会化。CCRC经常给居民提供娱乐和社交活动。活动室（活动的公共区）以及抵达服务和活动的交通是常见的。虽然在某些方面与集群生活设施的居民类似，但CCRC的典型居民年纪更大，需要更多的日常援助。居家安老的哲学是CCRC的基石。

CCRC的每个居民都被评估，以确定他/她的健康状况和支付能力。加入社区时被征收初始入会费，之后按入住时间收取月租费。取决于设施的规模以及所提供的服务范围，这些费用有很大的不同。

辅助生活住宅（assisted living residence）的服务哲学是专注于每个居民在独立性和尊严方面的目标。这些设施有时也称为辅助保健社区或个人护理院。居民一般都不需要像在疗养院设施里一样予以持续的照顾，但不再能安全地独立生活。因而，辅助生活住宅强调个人支持服务和医疗护理的灵活性。美国辅助生活联合会（the Assisted Living Federation of America）将辅助生活定义为"住房、个性化支持服务（设计满足需要帮助（但并不需要护理院提供的专业医疗护理）来进行日常生活活动的人士的个别需求的）健康护理的结合体"。[6]

辅助生活设施的居民一般都是老年人，虽然有些是遭受了改变一生的伤害或疾病的年轻成年人。78%的居民是女性，平均年龄84.3岁，至少需要3项日常生活活动援助。住在辅助生活设施里的男性平均年龄为82.5岁。[7]

辅助生活设施的规模和服务各不相同，在给老年人口提供护理方面非常重要。所有餐点都由工作人员在公共饭厅供应。居民大多往往有自己的公寓或房间，工作人员满足定期的和不定期的（如果发生了的话）居民需求。

成人日护是独立的或附属设施里的日间项目，在白天给客户提供社交和医疗援助。它被定义为"一个基于社区的团组计划，其设计旨在通过个人护理规划，来满足功能受损的成年人的需要。它是一个结构化的、全面的项目，在保护性环境里、在一天中任何时段（但并非24小时护理）提供了各种健康、社交及相关支持服务。加入成人日护的个人在指定时间有计划地参加。成人日护协助其参加者留在社区，使家庭和其他照顾者继续照顾家中受伤的成员"。[8]许多项目由非营利性或公共实体提供，而且很多都与辅助生活设施、专业护理设施（有时还有医疗中心或复合体（如MOB）以及康复中心）有关。成人日护始于1933年的俄罗斯莫斯科，那时是作为一个日间医院项目，以减轻精神病院的床位短缺问题。1943年，英国采用该理念帮助战争老兵。[9]

成人日护中心为有特殊健康需求的老年人提供日间停留的服务和地点，让充当家庭照顾者的家人能稍事休息。通常情况下，它还可以让家庭照顾者维持日常工作。成人日护设施的优点是它能让老人留在家中与家人待在一起，而不是被安置在老年住宅里。

成人日护的工作人员全天候地面向病人/客户提供其感兴趣的活动。其他服务包括餐点和小吃，以及协助使用卫生间。某些设施提供美容院和理发店，作为补充设施。还提供电影以及音乐疗法、艺术品、活动（如社区游戏或小团队活动（如拼图、工艺品或沙狐球）（图8-1）。

[6]Definition of assisted living, copyright 1999–2005, Long Term Care Education, www.longtermcaraeducation.com, p. 1.

[7]Regnier, 2002, pp. 15–16.

[8]Perkins, 2004 p. 20.

[9]Perkins, 2004, p. 26.

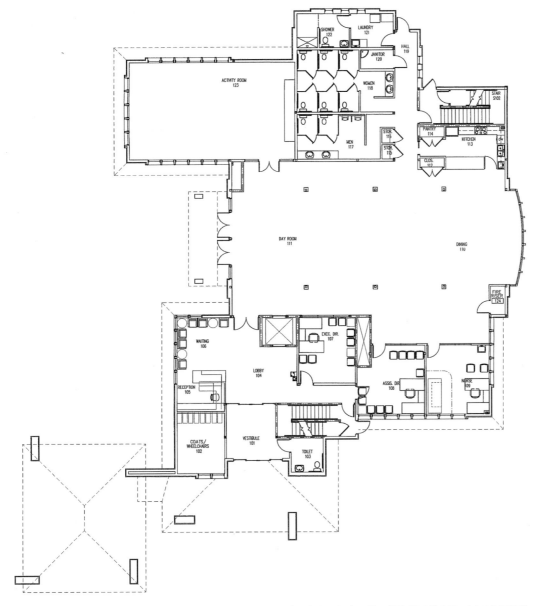

图8-1　K.C. Wanlass Adult Day Center主楼层的楼层平面图。请注意大日间房、带围墙和花园的空间，以及空间的整体分区。（平面图提供：Architectural Nexus, Inc.）

取决于设施的规模和范围，护士和其他医务人员可协助客户。由于有些患有痴呆症的客户参加成人日护项目，提供有围栏的院子供室外散步之用。各个州的成人日护设施都需要许可证；发放许可证的机构因州及隶属关系而有所不同。

体弱老人和其他有严重疾病或外伤的人士不能独立生活，需要长时间专业护理。长期护理设施（也称为专业护理设施）通常由专业护理人员和其他受过培训的人员提供24小时的医疗护理。长期护理设施有四个主要项目组成部分：(1) 居民房，(2) 护理单元，(3) 公共区，(4) 辅助空间。[10]这些设施最常被称为疗养院（nursing homes，一个被沿用了好几十年的术语）。有些疗养院还提供亚紧急项目，或短期康复停留，如果居民正在从疾病或重大伤害中恢复的话。

长期护理设施的典型患者超过85岁，70%使用轮椅。超过一半被诊断为罹患某种形式的痴

---

[10]Perkins, 2004, p. 28.

呆症，因而要求24小时专业护理。处于人生最后一站的其他人可能待在设施的医院里。康复中心给动过手术或出了事故、以致于不能留在家里让家人照顾的患者提供康复护理。从疾病和损伤（如中风、截肢、瘫痪）中恢复的病人可能得留在康复中心数周或更长。所不同的是，康复中心的病人通常病情稳定，并准备开始康复治疗。

所有这些类型的患者需要大量的护理，只有较少独立的活动能力，如果有的话。餐点可能在患者房间里提供，或在护理单元的小组用餐区享用。趋势是朝着有更大空间（私人之用）、外观更像住宅的私人房间。给那些能离开房间的人士规划白天和晚上的活动。将居民短时间带离自己的房间是居民生活的一个辅助部分。

鉴于居民的需求，长期护理设施受到严格监管。长期护理通常由居民保险、自有资金、医疗保险或医疗补助（为那些有资格的人）支付。由于政府资助的返款增加了，政府正在通过减少返款来维持支出。

这些设施的业主包括非营利性的、公共的和营利性的组织及个人。非营利组织通常是基金会、宗教团体或其他民族群体。以营利为目的的设施由大型国有或小区域连锁拥有。县和州政府以及联邦政府还拥有许多公共长期护理设施，例如退伍军人管理局（Veterans Administration）拥有的那些。

另一种类型的老年生活设施是护理罹患痴呆症和阿尔茨海默氏症病人的特殊监护病房（special care unit, SCU）。痴呆症是一种疾病，因疾病或损伤导致大脑老化超出正常程度，心理承受能力和功能逐渐恶化。阿尔茨海默氏症是最常被诊断出来的痴呆症形式。该疾病逐渐摧毁理性、判断、语言和记忆。初级阶段的阿尔茨海默氏症患者通常能行走、身体健康。随着时间的推移，这种疾病通过失去记忆力、思维混乱、无法进行基本的心智技能而削弱了其独立性。因此，面向这些患者的设施的设计以避免机构一般的外观和规划为目标。

20世纪80年代，特殊监护病房首次组织起来，以应对阿尔茨海默氏症和其他形式的痴呆症的患者。通常这些单元位于长期护理或辅助生活设施内部，并作为一个独立单元或配楼。其他设施是独立单元，专门处理痴呆症患者。SCU提供在一定程度上复制家居氛围的环境，整体设施规划有客厅或休闲区、用餐区、带厕所设施的病人卧室。空间规划包括绵延的走廊，让病人沿途徘徊。图8-2显示了一个阿尔茨海默氏症单元楼层平面图中徘徊环径的一部分。其他设计来提供正常生活的功能区（如护士站、餐厅、公共区）都包括在该平面图内。

由于美国名人罹患阿尔茨海默氏症，该病症已获得国家的关注。这些知名病例已经帮助创造基金会和筹款计划，以研究病因、治疗方式和针对阿尔茨海默氏症的可能疗法。在许多方面，他们一直负责这些设施的规划及设计的创新。

老年诊所是护理老年人的最后一种主要设施类型。这些诊所为具有有限的身体行走能力和心理挑战问题的老年人提供医疗保健服务。辅助日常生活的专业精神病学、神经病学、多种形式的治疗、社会工作都是老年医学的一部分。

在20世纪90年代，老年诊所和门诊设施被开发用于治疗和容纳越来越多的老年人。这些诊所治疗病人的身体问题、大小便失禁、听力减退、视力问题、抑郁症和认知降低。老人诊所可能位于老年住宅设施或园区内，并提供一般的检查，以及其他医疗服务，如眼科和牙科检查。老年医疗诊所也提供治疗服务，帮助体弱的居民。

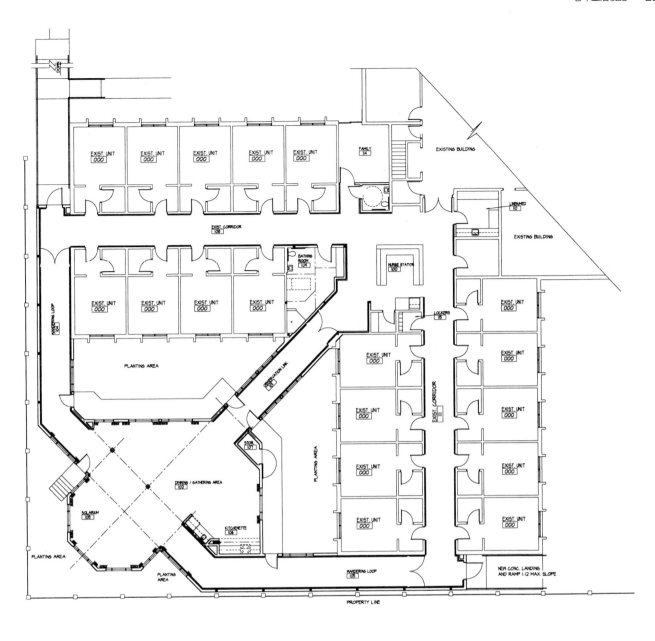

特殊需求单元
1号配楼
楼层平面图

图8-2　阿尔茨海默氏症单元的楼层平面图，展示了一个走廊，它给难以入眠的患者提供了连续的移动性。（平面图提供：Architecural Design West.）

　　由于需要家人或工作人员陪同患者进行检查，老年医疗诊所比一般诊所的访客更多。患者通过各种渠道支付，包括医疗保险、医疗补助、辅助保险服务和自有资金。如果诊所与某种形式的老年住宅有联系，那么它可能覆盖医疗成本，作为居民已缴纳费用的一部分。

　　在许多州里，老年诊所通过州的健康服务部门发放许可证。有证的诊所必须满足地方和州的条款，以报销服务。如果设施与医院项目有关，它必须满足高标准，以监测病人。如果诊所位于MOB内，它可能会被归类为营业用房，因此不会作为隶属于医院的诊所受到高度规制。

规划及室内设计元素

本节重点介绍老年生活设施的空间规划、设计及规格要求中的整体相似性。在这里，我们将侧重于适用于大多数老年生活设施的一些重要问题，并在本章后边几节对选定类型予以具体讨论。本节中的材料提供了对大多数此类设施常见的室内设计元素的一个概述。在家具和饰面的规格方面，设计师需要应对许多老年人遇到的问题，如肌力减退、听力障碍、视力下降、失去平衡、对寒冷和直射阳光的敏感性增加，以及一些心理障碍。这些问题强烈地影响着老年生活设施能指定的材料。也请记住，活跃长者社区的房屋通常与任何年龄组类似，因为大多数这些居民通常是健康的，可以自己照顾自己。对活跃长者社区住房样式的限制很少，除非是那些当地司法管辖机构对基本住宅建设施加的限制或特别施加的法规及限制。

室内设计师可能是一个设计团队，创建一个全新的或改造的设施，或可能由雇主或家庭成员聘用，给老年居民设计生活空间。基于设施，室内设计师的职责会有所不同。当涉及新建时，设计师不仅与将在某个特定单元内生活的个人协作，还与管理者或设施业主代表协作。在大多数情况下，面向公寓或病人空间的设计处理将受到限制，活跃长者社区和退休社区除外。空间规划和材料法规受到建筑、生命安全和可访问性法规的很大影响。

正如任何新商业设施一样，全新或改造的老年生活设施的设计和建设或开发，都始于可行性研究。物业的开发商和业主研究新设施的实用性和前景，以确定项目在财政上是否可观，这是很重要的。本研究的目的之一是确定项目的长期生存能力。

专家和专业设计人员将被聘请来提供相应的信息。诸如方案和目标、时限、预算，以及市场和财政可行性报告将被纳入本研究。财政与市场分析是该项目获得必要的资金的关键。还需要关于地址评估、公用设施的可用性和支持服务的信息。对于现有的设施，该研究将着眼于改造、某种形式的改造利用或拆除设施后建设新设施的可能性。这项可行性研究将包括一份书面报告，以及展示，提供有助于设计团队进行设施的规划和室内设计的信息。

空间分配及流通

对于这些设施的规划，空间分配及流通尤其至关重要，因为老年人可能步行能力受限或难以在整个设施内穿行。适当的空间分配及规划对于居民寻路也很重要。在程式设计阶段与设施的业主和工作人员进行讨论，有助于设计团队评估整个空间的功能和协调利用。和医院设计一样，考虑到各类老年住宅所需的雇员人数，工作量分析是非常重要的。

程式设计活动识别出每个区域或部门对空间分配的具体需求。房间的功能和尺寸以及邻近性影响着总体规划。走廊的结构和长度影响到建筑物的布局，是提供适当的居民护理、让居民在设施内轻松移动的关键。空间邻近性直接影响到居民护理，以及每种类型的老年设施的整体运作。应制定一个功能程式，其重点是居民、部门/地区、人员需求和设计问题之间的关系。

各类型老年设施的空间分配有很大差异。基于居民的护理需要，护士站被放置在整个设施内的关键点上；然而，在阿尔茨海默氏症设施里，护士站的设计没有那么突兀，外观有点像机构。辅助生活和长期护理设施需要的患者/居民空间量类似，而活跃长者社区需要的大得多，因为它可能是一个单户住宅。在规划时社交向心间距很重要，因为它让居民互动，并促进他们进行社交。还设置有集群空间，以鼓励更多居民互动。

虽然空间要求各不相同，但有一些尺寸适用于除了活跃长者社区之外的所有住房。例如，走廊必须是6~8英尺宽。座椅应摆放在不同地点，让居民休息或等待家人和朋友。饭厅居民空间应为每个辅助生活的居民分配25~30平方英尺，而在阿尔茨海默氏症单元里，应该配置25~35平方英尺。[11]

走廊自然而然地区分设施内的空间流通及通道。考虑到一些此类设施内的老年人肌肉乏力，重要的是减少走廊的长度，以避免因回到原单元的路途过长而导致过度疲劳和跌倒。流通路径需要引领到公共区以及为居民营造了更多社交的区域。图8-3显示了不同宽度的走廊，以帮助降低冗长的走廊空间的视觉长度。这些不同的宽度可以为居民容纳额外的座椅组。当然，座椅单元仍然需要为在走廊步行的居民留出5英尺宽的通道。

家 具

取决于设施的类型，老年生活设施的家具规格可能有很大变化。例如，在活跃长者退休社区里，居民一般都提供自己的家具，而在痴呆症单元里，基本的家具很到位。本讨论的重点是为居民/患者不太可能自带家具的单元指定家具物品。

老年设施空间往往对家具的类型和尺寸有具体要求。家具应该是商业品质的，并且制造商专门从事医疗保健家具。设计师在程式设计阶段必须就这一点与管理层仔细讨论，以确保为每项应用指定了适宜的家具。在这些看似居住环境的地方，家具物品易维护、安全性、易于居民使用是至关重要的。当居民失禁时，餐厅座椅上看起来精美绝伦的织物可能无法正常使用。咖啡桌可能会导致绊倒和跌倒。有扶手的椅子是必需的，以帮助居民站立。这些只是几个例子。

在公共区（如群组设施的客厅），家具分组与私人住宅类似。它们被布置起来，以鼓励居民互动。如果居民不希望使用自己的小单元，那么公共区被设计来招待客人。看电视或电影可能也需要分组，因为某些类型的设施在居民房间里没有电视。

座椅规格需要仔细考虑。客厅里沙发和椅子的高度和深度对于舒适性和使用是很重要的。老年座椅必须比一般的高，因为老人大腿肌肉张力降低。更高高度的座椅更容易落座，也更容易从椅子和沙发上起身。沙发和椅子的扶手应该是全长，从座椅的前部边缘到背部，以提供更多的支撑。除了座椅高度和扶手高度，老年人需要的座椅深度比平均水平低。因此，座椅高度应为20~22英寸，座椅深度为20~22英寸，扶手高度为24~26英寸。在指定沙发时，设计师必须确保坐垫不能太软。坚实的、用涤纶包裹的泡沫坐垫足以提供舒适，并保持座椅的高度。这些原则同样适用于餐椅的选择。

在餐厅里，空间规划应包括各种尺寸的餐桌，如双人、四人或六人的餐桌。某些设施在餐厅里为那些几乎没有什么移动障碍的人士备有四人展位座椅。如果用托盘上餐，那么推

---

[11]Perkins, 2004, p. 82.

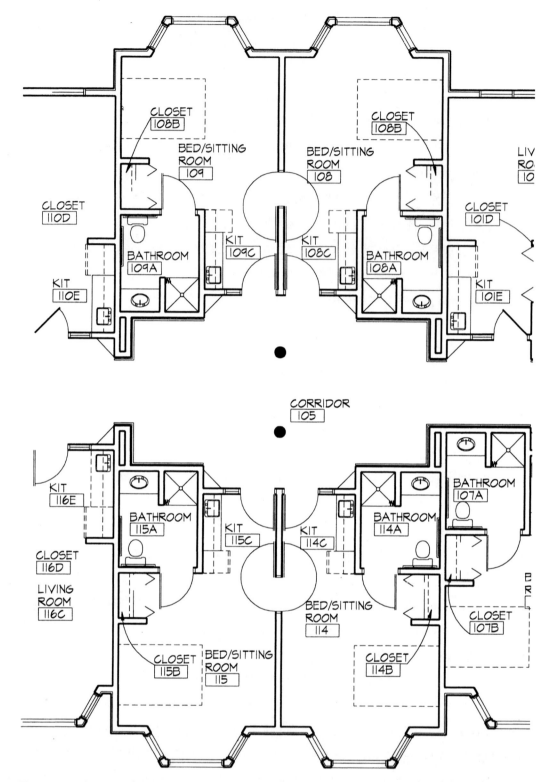

图8-3　沿着长长的走廊，提供了更宽的区域，不仅是为了隔断视觉空间，也是为了放置家具、促进社交互动。(平面图提供：Architectural Design West.)

荐48英寸方桌。如果由服务员上餐，那么42英寸方桌能容纳下四名居民。像任何餐厅设施一样，当居民与家人聚餐时，或一群居民因某个特殊场合而希望坐在一起时，应将桌子拼接起来。因此，通常指定正方形的或长方形的桌子。圆桌被认为更友好，因为没有边角而受到一些设施的偏爱。有些桌子的桌面高度可调节 (图8-4)。

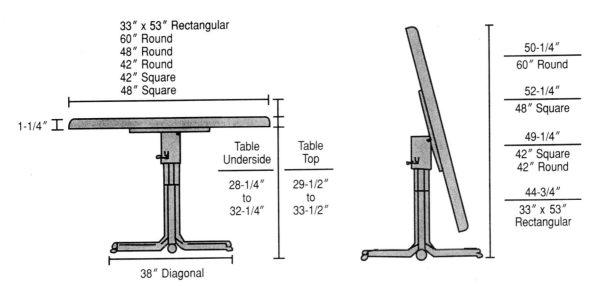

图8-4 竖面桌能叠放、存放，移动方便，容易清洁。基座带脚轮，能缩进。所有这些特征对于老年住宅里边的餐厅都很重要。(绘图提供：Sunrise Medical Continuing Community Care Group, Stevens Point, WI.)

　　将上边提到的关于沙发的尺寸条件应用到餐厅座椅，并牢记指定带扶手的椅子，不论是开放的扶手，还是全软垫单元的扶手。软垫座椅和饭厅椅子背会提供某些声学控制。

　　餐椅需要非常稳固、耐用。制造商用硬木制造这些椅子，有些用延伸架寻求更多支撑。座椅有靠背手柄，以帮助设施里提供护理援助的工作人员给居民拉椅子。如果餐椅使用脚轮来协助老年居民移动，请确保只有前腿使用脚轮。

　　椅子和所有其他家具不应该翻倒，但应被设计得坚实稳固，适宜于老年人使用。避免带有尖锐边缘和可移动部件（如折叠椅）的家具。虽然老人喜欢摇椅，但这种类型的家具可能是危险的，因为居民会被摇杆绊倒，而且有些摇杆很容易翻倒。在第7章中可找到关于医疗设施中椅子的更多信息。

　　在许多老年生活设施里，给公共区和居民房间指定内饰的关键是维护性和清洁性。由于可能的疾病，适宜于住所的许多面料在使用程度高的区域或居住区很难维护。氟是这些区域非常欢迎的装饰材料，因为它可清洗、可擦洗、抗菌。在失禁是个问题的地方，这是很重要的。有些医院级塑胶面料也用于座椅单元（图8-5）。

　　取决于设施的类型，居民房间或公寓使用更个性化的、私人的陈设。在许多辅助生活设施里，居民自带家具和陈设。然而，在长期护理设施里，居民房间里的大多数

图8-5 面向阿尔茨海默氏症和痴呆症患者的 "It Rocks" 椅子是给老年住宅设计的一种专门类型的椅子。(照片提供：Primarily Seating, New York, NY, 212-838-2588.)

陈设由设施提供，因为床很可能是某种类型的医院病床。在阿尔茨海默氏症单元里，有几件属于居民的家具，以协助记忆。

指定看起来更住宅化（而非机构化）的家具物品是非常重要的。不论设施类型如何，保持家居环境，这已被证明可以改善居民的性格、心理健康、从疾病中恢复。当然，维护、安全和法规限制总影响着与室内提供的物品有关的决策。

材料、饰面及颜色使用

建筑饰面规格和颜色方案是设计师完成老年生活设施的重要任务。由于这些设施在本质上与活跃长者社区住房不同，在建筑材料和饰面的规格上必须考虑并应用许多法规和条例。在指定这些材料时，室内设计师必须避免贫瘠的、机构一般的外观，同时提供商业设施所需的材料。目标是打造一个安全的地方，有助于老年居民住得舒服，同时保持他们在设施范围内的独立与尊严。

与此同时，设计师需要营造一个不那么机构化、令人愉悦、宽慰的环境。老年住宅的环境应该是安全的、舒适的空间，有点让人想起家的氛围。设计师需要将所有的安全措施（如扶手和手柄）纳入设计中，同时确保它们的安装并不突兀。

地板覆盖物规格对于居民安全，以及提供重要的美学提升来说都很重要。法规限制尤其适用于公共区和走廊，而非居民公寓或单元。然而，遵循法规和对居民在其生活单元内的安全的敏感性，是室内设计师职责的重要组成部分。

地毯是为公共区以及从声学材料中受益的任何其他区域指定的最流行的地板材料。地毯也常见于居民房间或公寓内干燥的地方。普遍使用宽幅地毯（而不是地毯拼片），因为其安装成本较低。然而，在存在着渗漏问题的地方，使用地毯拼片是有效的，因为它们可以被移除、清洁，并重新安装或更换。设计师应选择耐用的、安全的地毯。这是通过使用一个隔湿地毯和衬垫系统（该系统有助于处理溢出和失禁）来完成的。如果可能，避免产生废气的所有材料是很重要的，因为这些气味可能会导致呼吸系统疾病的居民出问题。

地毯被开发出来适用于老年人生活问题，包括步行、滑倒、清洗和轮椅使用。经常使用28~32盎司圈绒地毯，因为它的密度和低桩允许轮椅和助行器在它上边平滑地移动。这个光滑的表面使人更容易下脚，在落脚时形成一个小缓冲器，并提供了一个较软的、防眩的表面。请确保表面非磨蚀。

许多老人在行走时不是望着前边，而是盯着地下。因此，避免繁华的地板图案是很重要的，因为随着深度知觉随年龄退化，它们可能会让居民产生混淆。此外，还要避免暗色调和对比度高的图案和颜色，它们不仅会产生视觉问题，还会混淆图案。有些居民可能会将图案诠释为地板上的物体，并试图跨过它，致使他们跌倒。由于居民普遍视力下降，应使墙壁和地板之间保持对比度，让他们注意平面和边界的变化。不推荐边界，因为它们又多创建了一个图案，可能被诠释成一级台阶。在地板上应均匀地分布防眩照明，以避免灯光死角。从一种地板材料到另一种之间应该有平滑的过渡，以防止跌倒。

在频繁清洁或使用水的区域指定硬表面地板，如浴室、厨房和公用区。塑胶片材地板很受欢迎，因为它也可以被安装到基板（被称为流线型槽）上，因而去除地板与墙壁之间的任何接缝。

这特别有助于清扫地板。在指定塑胶片材时，避免高光泽油剂，而应该使用低光泽的产品。

如果地板指定使用地砖，请确保它具有防滑的、防眩的表面。塑胶地砖和片材是浴室和卫生间地板的首选，因为它们的表面更柔软。当使用地砖时，请记住，灌浆可能是多孔的。应使用环氧灌浆或带添加剂、可延缓孔隙的灌浆。[12]有多种尺寸、颜色和款式的地砖以供选择。

可以使用种类繁多的墙壁饰面。设计师必须确保指定的墙壁饰面满足空间的特定用途和类型的法规要求。涂料是老年住宅的墙壁采用的最流行材料之一，并予以室内设计师很大的灵活性。取决于所选择的墙面漆，刷漆后的墙壁经久耐用，若是指定亚光乳胶漆，那么只需要很少的维护。选择适当的墙面漆，以避免剥落、褪色以及清扫问题是很重要的。如果可能的话，设计师应使用不含VOC的涂料。

涂料可用于突出显示某些区域或活动，以及呈现一个不突兀的背景。用涂料来予以强调的、非常有效的一个区域就是住户浴室。设计师可以在某纹理周围置以强调色，以集中注意力。这当然取决于设施的类型以及居民的健康问题。由于涂料的多功能性和易于改变颜色的能力，许多辅助生活设施往往使用涂料而非墙面。

由于防污的、以织物打底的塑胶墙面的耐用性，它往往成为设施某些区域的首选。如果每个单元的墙面都很常见，那么以使得两个相邻房间使用不同墙面的方式来规划空间。这将有助于居民识别房间，并为这些单独的空间提供个性。塑胶墙面具有抗菌性能的规格是很重要的，因为它保护居民免受霉菌、细菌和真菌（的侵害），这些菌类都威胁到他们原本虚弱的健康。塑胶墙面耐用、经济实惠，并且可以提供室内氛围。当指定这些墙面时，检查建筑法规，以确保选取了适当的重量。例如，I型塑胶墙面是轻型，每平方码7~13盎司，并且可以在椅轨之上安装。II型塑胶墙面是中型，每平方码13~22盎司，可以用在轮椅使用得更普遍的地方。III型塑胶墙面是重型，每平方码22以上盎司，可以在公共场所和餐饮服务区使用。[13]由于轮椅碰撞、推车来回，椅子上轨下方的墙面区域承受着滥用，所以通常为老年住宅指定崩溃轨（crash rail）。[14]请记住，法规可能要求走廊采用II和III型塑胶墙面。表8-3提供了与走廊墙面饰件法规有关的一些技巧。

关于色彩的应用，请记住，老年人经受了许多视力问题，影响了他们辨别颜色的能力。其中，最主要的是白内障导致角膜黄化。这种疾病会导致白色调看似黄色，蓝色看似灰色。老年人的双眼更容易看到以暖色调为底色的颜色，而白炽灯产生比荧光灯更温暖的色调。

室内设计师应经常检查他们为老年设施指定的任何颜色的光反射率，因为它直接影响到居民的舒适度。很淡的颜色造成严重的眩光，而很暗的颜色降低看清晰的能力。取决于颜色，使用50%~60%的光反射率，是给墙壁指定颜色的一个安全范围。地板可能比墙壁颜色深，墙壁和地板使用的材料应该有一定的对比度，以表明在平面上的变化。在给餐椅指定的织物上可以采用颜色和图案，客厅公共区座椅单元的颜色可以创建有趣的空间。颜色也是在设施内提升寻路功能的一个杰出工具。请记住，在深色背景上使用浅色字母，以协助居民阅读标牌。

---

[12]Perkins, 2004, p. 207.

[13]Perkins, 2004, p. 208.

[14]Perkins, 2004, p. 208.

表8-3　墙壁处理饰件指南

- 在每个单元的门外边提供架子，帮助居民放包。
- 在阿尔茨海默氏症单元里，居民房间入口处的记忆盒能帮助他们识别其空间。
- 在安装门时应带有老年人更容易操作的无障碍硬件，如拉杆和环柄。
- 对于沿着走廊的扶手，居民在握着时必须

是舒适的，必须易于清洗、经久耐用，而且必须能抗得住抗菌清洁剂的使用。
- 底板和扶手之间的墙裙区域是指定声学布或墙面的好地方，提供吸音以及耐用性。
- 木饰可用于墙壁，它创建了居住环境。
- 应该使用护角，因为在走廊中大量使用轮椅和推车。

照　明

老年人一般视力下降。为了看得清楚，他们需要年轻人3倍以上的光线。此外，他们的眼睛对物体聚焦也需要更长的时间。大多数老年人都有白内障，降低了看到全色以及表面上光线水平的能力。因此，设计师需要找到正确的平衡，因为太亮的光线可造成视力困难。

照明设计是非常重要的。不得使用裸露的灯泡，而应使用不产生眩光的光源。必须避免光斑，尤其是在一楼。老年设施往往偏爱荧光灯，虽然这可能会削弱罹患白内障的老人的视觉色彩还原。使用装饰壁灯（而非射灯或筒灯）作为重点照明，以产生良好的、无眩光的低度照明。走廊最好采用20~30FC，以避免阴影和黑色死角。保持走廊照明尽可能一致。间接照明系统产生更少的眩光和更少的阴影。另一个值得关注的是反射到地板上的光源。请确保光线具有均匀分布，以避免阴影和斑点，因为阴影和斑点可能导致一些老年人视觉混乱。老年住宅的一个很好的经验规则是将英尺烛光级别提高15%~20%。[15]饭厅应该有50英尺烛光，以帮助看清食物。活动室使用间接照明，因为它给工作面提供了均匀分布的光照。请记住，在适宜处放置工作照明。

窗帘在控制灯光亮度和眩光方面狠重要。平衡房间内的自然光和人工光是很重要的。例如，在阳光明媚的日子里，如果室内光线不足以平衡外部光线，那么窗户和玻璃门可能产生明亮的光点和眩光。

照明类型因设施类型而异。在长期护理设施里，常使用吸顶灯，并在床边使用台灯。用来帮助居民定位厕所的夜灯是强制性的。当需要对卧床病人体检时，床顶照明是有益的。在辅助生活单元里，客厅里没有安装吸顶灯；像许多家庭一样，台灯是首选。辅助生活设施的卧室需要床头灯和夜灯，有的还有顶灯。卫生间照明需要均匀分配光线，以提供敏锐的视力来阅读药品标签及进行活动。

其他系统

由于老年人对温度变化比年轻人更敏感，所以公共区的温度通常比为年轻人规划的设施高。药物以及肌肉、皮肤变薄会影响老年人对温度的反应。颜色选择能有所帮助。墙壁颜色能提升对温暖的感觉，而不会过度刺激居民。居民房间或公寓应该有独立的温度控制，使每个居民可以尽可能地舒适。当然，在阿尔茨海默氏症单元里，这一般是不可能的，这里不

---

[15]Perkins, 2004, p. 221.

允许居民控制室温。

居民的公寓和房间都提供了安全系统，如护士呼叫、紧急呼叫系统、电话和火灾报警。由于老人有视力问题，电话号码应放大，按钮应有对比度或发光。电话可设置较高的音量，以辅助听力。取决于设施的类型，规划中可能还包括房间内或位于设施内各个区域能上网的电脑、有线电视、安防、护士/工作人员与居民之间的语音通信以及其他系统。居民想具有与员工进行沟通的能力，因为这使他们感到更安全。现在，提供24小时专业护理的设施内的护士和工作人员使用寻呼机系统，这比扬声器系统更安静，给员工提供了移动性，而无须持续监控护士站。

有一种安防报警系统（被称为防私奔系统，elopement-prevention system）对于阿尔茨海默氏症单元提醒工作人员有人违反安防是非常有效的。安防系统还给病人家属带来了福祉和安全感。火灾报警是这个安防系统的一部分，这是法律要求的。

美国国家老龄问题研究所（the National Institute on Aging）指出，65~74岁之间的人1/3有听力问题；到84岁时，这个患病率上升到1/2。有些听力问题包括噪声过大、在居所单元缺乏隐私、噪声从一个区域传播到另一个区域（例如，从厨房到饭厅）、由于背景噪声而难以倾听谈话。设计团队应消除尽可能多的背景噪声。建筑师在规划设施时应留意声音的传输通道，以减少噪声。室内设计师可以通过指定吸音材料予以帮助。

鉴于餐厅是老年人频繁地、定期地聚集的一个区域，对该区域的声学做一个简短的讨论是合适的。用餐区具有比其他区域产生更多噪声的倾向。餐间倾谈、椅子腿刮蹭、行走手杖或助行器、使用推车和轮椅都帮助这个区域产生噪声。餐室一般都是大型开放空间，还有许多坚硬的表面。由于这些表面不吸音，它们造成更大的噪声。降低该区域噪声的解决方案包括使用地毯、在需要的地方使用弹性塑胶地板材料、在窗户上使用布帘和/或窗帘、软垫座椅、亚麻布，可能还在一部分墙壁上使用声学布。另一个解决方案很像餐厅规划，通过引入部分墙，在大房间内营造出单独的用餐空间。重要的是要记住，听力减弱了的老年居民比年轻人说话大声。这本身就促使就餐空间嘈杂不堪。最后，用餐区和其他互动区不应该受到嘈杂的供暖和空调系统的影响，这些系统令人分心、造成混乱。

在这些类型的设施里，寻路是强制性的。它有助于居民轻松地定位特定区域，并增加了他们的安全感。寻路可以通过照明敏感性、艺术品布置、地毯和饰面的规格、特殊建筑特点的利用来加以改进。例如，在阿尔茨海默氏症单元里，居民房间的两截门（Dutch door）帮助居民识别空间，并提供一些隐私。视觉线索对于寻路很重要。在公共区使用同样的地板材料（而非居民单元使用的地板材料）是有帮助的。半墙分区或室内窗户帮助老年人看到旁边的房间或空间，这有助于识别空间。这些只是可用来在老年生活设施内帮助寻路的技巧的几个例子。

法　规

一般来说，老年生活设施被国际建筑法规视为社会公共事业用房。此外，室内设计师应咨询全国建筑法规和标准协商会（National Conference of States on Building Codes and Standards，NCSBCS），它针对每种设施类型给各个州的具体法规标准出版Directory of Building Codes and Regulations（中译名：《建筑法规条例辞典》）[16]。在他们的网站www.ncsbcs.org上可以获得很多法规书籍。每个州都有书面法规来管理老年住房，州里发放许可证的机构往往比建筑法规更加严格。例如，疗养院必须符合立法法案，并获得需求证书（certificates of need, CON）。还有许可证法规、卫生标准部门、建筑法规，及其他检测程序。

这种高度管制的用房类型需要认真注意建筑法规的要求，以及生命安全和消防安全标准。必须安装烟雾探测器和感温探测器、火灾报警器、紧急呼叫系统和建筑系统，以保护生命安全。美国国家消防协会（the National Fire Protection Association）NFPA 101是消防系统设计的源泉。

可访问性法规对于老年住宅非常重要。除了活跃长者社区里边的单户住宅外，ADA适用于所有的老年设施。给老年人规划需要对一些法规作一些小的调整。例如，老人失去了上肢力量，但并非所有法规都考虑到了这一点。扶手是有帮助的，因为老人需要与残疾的年轻人不同的布局。老龄人需要两个扶手，一个在厕所后面，另一个在侧面，抽水马桶距侧壁至少24英寸，以便于工作人员予以协助。在规划老年住宅时，应尽可能避免坡道。从一个区域到另一个区域的地板材料水平应是一致的，并且应适当地应用更高的光线水平，以帮助老年人观看。

目前，绿色设计适用于老年住宅项目以及可持续发展设计。不幸的是，没有足够的设施拥抱绿色设计、利用绿色产品，即使它们为老年人建立更健康的环境。环境问题还包括室内空气质量标准，以及消除石棉和含铅涂料。

有人建议，设计团队增加6~18个月来进行老年住宅的规划、设计、施工，以研究、规划、应用、调整法规和许多规章。所有这一切都需要相当长的时间。

设计应用

许多老年人不再觉得自立门户是可行的。也许他们每天都需要药物，或做饭及照顾自己的例行公事已经成为太大的挑战。当需要额外的监督照顾时，搬迁到辅助生活设施或长期护理设施是一个可行的选择。本节提供了三类老年生活设施的的室内设计元素：辅助生活、长期护理、面向阿尔茨海默氏症和痴呆症患者的设施。

辅助生活设施

美国辅助生活联合会（the Assisted Living Federation of America，ALFA）将辅助生活定义为"住房、辅助服务、个性化援助及保健的结合体，设计来满足需要帮助来进行日常生活活动（activities of daily living，ADL）和日常生活援助活动（instrumental activities of daily living，IADL）的人士的个别需求。全天候24小时提供辅助服务，以满足定期和不定期的需求，最大程度地促进每个居民的尊严和独立，并涉及居民的家人、邻居和朋友"（ALFA，2000）。[17]

今天，较少的老人被安置在长期护理设施里，主要是由于对健康的关注以及医学的进步，他们处于更佳的体形。然而，在过去10~15年，全美的辅助生活设施在数量上增加了。这

---

[16]National Conference of States on Building Codes and Standards. www.ncsbcs.org.

[17]Regnier, 2002, p. 3.

表8-4　识别出有效的辅助生活设施的准则

1. 建筑应该有一些住宅的特点，融入邻里。 2. 设施的大部分需要有40~60名居民的生活单元，以使服务实惠。 3. 每位居民的房间或公寓应该复制一些住宅功能，如小厨房、客厅、卧室，以及一个完全无障碍的浴室。	4. 步行空间和用来开发上半身、下半身力量的活动区是最重要的，以保持老人身体健康。 5. 应规划公共区，这样居民和家人能在居民房间或公寓外边一起共度时光。 6. 多用途房间或一个小教堂可以用作整周的宗教服务。

来源：Victor Regnier, 2002, p. 4.

些居民并不需要24小时护理，所以选择了辅助生活设施，这有助于他们保留一定的独立性，并建立社交环境。此外，辅助生活（设施）比长期专业护理设施的成本更低。辅助生活设施的居民平均82~87岁。他们许多有特殊需要或问题；30%大小便失禁，40%使用轮椅或助行器，50%有某种形式的记忆丧失，60%需要协助洗澡，25%需要协助如厕。[18]在辅助生活设施内的平均逗留长度为24.5个月。大多数居民是妇女，占了全美辅助生活人数的75%~80%。

大量的辅助生活设施由向需要援助来支付服务的老年人提供经济适用房的非营利组织所拥有。其他是公有设施，其形成是因为有必要给其社区提供服务。当然，也有不少以营利为目的的公司，专注于富人区能支付护理的高收入居民。

辅助生活设施有四个组成部分：(1) 居民单元很像小户型；(2) 公共区，例如空间集群，以促进社交；(3) 公用设施（如餐厅），由所有居民共享；(4) 辅助空间，容纳办公室、护士站和支持设施所需的所有其他区域。[19]辅助生活设施的楼层平面图参见图8-6。

给辅助生活（设施）的居民提供许多基本服务。提供所有餐点、其单元的房管、洗衣、药物援助，以及入浴协助。设施往往有一个美容院和理发店、交通和健身器材。出于安全性，提供紧急呼叫系统。其他保健服务（例如每周检查和物理疗法）也很常见。

公共区（如饭厅、客厅、多功能教室和图书馆）由全体居民共享。他们提供了一个地方与家人会面，并作为一个群体聚集起来社交。居民报告说，他们最喜欢的社会活动是交谈、访问其他居民和游客，以及看电视、听音乐和阅读。在天气好的时候，居民享用庭院和康复花园。

辅助生活建筑的外观应该有吸引力、友好，同时注意环境优美。其结构应该投射出住宅的氛围，因为它代表着居民的新家。许多辅助生活房屋外观豪华，往往看似昂贵的共管式公寓和公寓房。入口处的停车门廊是必要的，这样居民在进入和离开大楼时能提供庇护。入口处的中庭为居民扩展生活空间，应提供座椅、阴凉和令人放松的景观（表8-4）。

在入口外边，通常有一间客厅和一个聚会空间，就像一个乡村俱乐部或酒店大堂。居民喜欢靠近入口坐着，观看访客来来去去，或等待家人的到来，所以在这块区域指定一些座椅。接待员或迎宾员一般位于大堂，协助访客，并监控大门。职员办公室挨着入口，使居民和访客很容易访问他们。

---

[18]Regnier, 2002, p. 4.

[19]Perkins, 2004, p. 28.

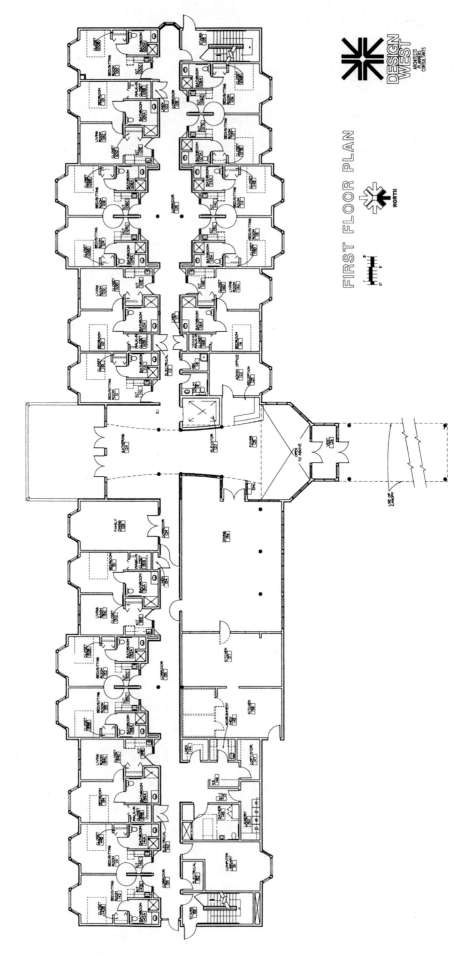

FIRST FLOOR PLAN

NORTH

图8-6 某个辅助生活设施的主楼层平面图。请注意意使用凸窗作为附加光源。请注意意入堂、餐厅和（客厅）聚会区的邻近性。（平面图提供：Architectural Design West.）

客厅得吸引人，并设有座椅组，以鼓励与其他居民互动。一张沙发再配上2~4把椅子的座椅组是适当的。在这一区域，社交向心间距被认为是座椅的最合适布置。通常避免使用咖啡桌，因为它们阻断通向座椅的空间，可能是个危险。这些空间里还有台灯和艺术品。艺术品往往是居民熟悉的类型，其主题可能激起回忆的火花，或者鼓励交谈。普通环境照明补充台灯，为居民打造出舒适的光袋。老人不喜欢顶灯直射到他们脸上。不燃烧木材的壁炉帮助创造出一个温馨、温暖、舒适的空间。壁炉的使用也是家庭环境的一个提示，吸引了许多居民和家庭 (图8-7)。

餐厅通常靠近大堂，从大堂能看到餐厅的一部分。这儿可能是该设施里最社会化的区域，居民可以在这儿与其他居民、家庭成员和其他客人共同进餐。应努力在大空间内提供较小的用餐区，以有助于声学控制。也许在小间之间放置部分墙或低隔板是有帮助的。圆桌面亲切友好，但要是一大群人希望坐在一起，那就可能是个问题。双人、四人或六人的正方形和长方形桌子最常见。通常指定深度为42~48英寸、高度为29~30英寸的桌子。有些桌子可调节高度，如图8-5所示。

餐椅的选择不仅对于审美尤其重要，对于居民的人身和财产安全也非常重要。测试这些椅子的强度、重量和不易翻倒。老年人的餐椅高度必须是20英寸，椅子的整个深度都有打开的椅臂。带软垫和靠背的座椅有助于控制空间的噪声。设计师通常在椅面上使用Crypton织物，靠背则使用另一种塑胶或商业织物。在选择椅子的样式时，请检查并确认后腿不伸出到超出背部轮廓，以避免翻倒。桌子之间的间距应允许轮椅和使用助行器的人通过。

可以用各种各样的建筑饰面在饭厅营造赏心悦目的居住氛围。墙面必须坚固耐用，可清洗，具有微小的图案和柔和的色彩。可以使用某些商业纺织品墙面，如果它们满足法规要求的话。避免在墙壁上使用较深的和高对比度的颜色。对比强烈的色彩和大胆的图案也可能会引起一些人头晕。

图8-7　一家辅助设施内从聚集区 (客厅区域) 看到的餐室。就餐空间外边的椅子提供了等待时的座椅。(照片提供：SOI，Interior Design.)

表8-5　10种典型的辅助生活单元

1. 半私人单元，如果设施提供的话，通常为罹患痴呆症的居民保留	卧室
2. 小型工作室，就像一个酒店房间	7. 面向高收入居民的双主单元，有两间卧室和两个全套浴室
3. 壁厢工作室，有独立的睡眠区，但没卧室那么大	8. 小饭店单元，仿造酒店套房，设有两间卧室和一间浴室
4. 小单卧单元，类似于带一间客厅、一间卧室的小公寓	9. 共享套房单元，有独立的卧室和浴室，共用客厅和厨房
5. 大单卧单元，提供了更多的储物空间	10. 卧室单元，其中8~10名居民集体共享公共空间
6. 双卧、单浴室单元，第二间卧房用作客人	

来源：Perkins, 2004, pp. 43~45。

在理想情况下，餐厅选址应让居民能透过大窗户看到外边的景观。窗帘需得是阻燃面料。其他窗帘处理包括遮光器或百叶窗。请确保这些窗口处理可以依据一天中的时间段打开或关闭。

通常给饭厅地板指定地毯；然而，由于渗漏问题，一些设施选择塑胶地砖。在这种规格中，颜色是个问题，因为地板意味着一个大空间。在地毯和墙壁处理中避免深色和高对比度的图案。

活动室对于居民非常重要。这一区域可以提供职业治疗以及一般的活动，如手工艺、游戏和教育演示。宗教服务可以规划在一个特殊的小教堂里，或在活动室和休闲区。这些区域得具备足够的吸引力，使他们吸引居民。在这些地方可以使用弹性地板或地毯环路。出于安全原因，通常将锻炼规划为使用椅子，这样居民坐着锻炼。在这个区域里，给茶点的供应留下空间，并确保不采用台阶。浴室应紧邻此区域。取决于设施，还可能包括其他服务区或娱乐区。

辅助生活设施内从电梯或饭厅到离这些区域最远的居民房间的走廊不应超过150英尺长。由于老年人体力较弱，走廊距离也应限制于公共区域和居民单元之间。请考虑在走廊空间中每隔35~40英尺放置某种形式的座椅，以便让居民在返回其单元的途中稍事休息。请确保走廊足够宽，从而使家具布置满足针对走道的法规要求。[20]给所有走廊在高出地板32英寸高度提供扶手。在走廊可以放置艺术品和配饰，以提升美感，并作为居民的一种寻路方法。保持走廊两旁的墙壁为浅色，光反射率约60%。请确保反射到地板上的光线均匀分布，并且不产生暗光袋，不然可能会导致居民混淆（图8-8）。

根据不同的设施，居民居住单元的大小、便利设施都有所不同。虽然有多种选择，但大多数辅助生活空间包括一间卧室（有些是双卧或共享单元）。这些设施的开发商通常包括单元大小的组合，以吸引潜在的广泛居民。通常，这些房间或公寓都比独立生活设施（表8-5）中的更小些。

让我们来讨论一个典型的单卧单元。它可能有或者没有通往客厅空间的入口、一个小厨

[20]Perkins, 2004, p. 70.

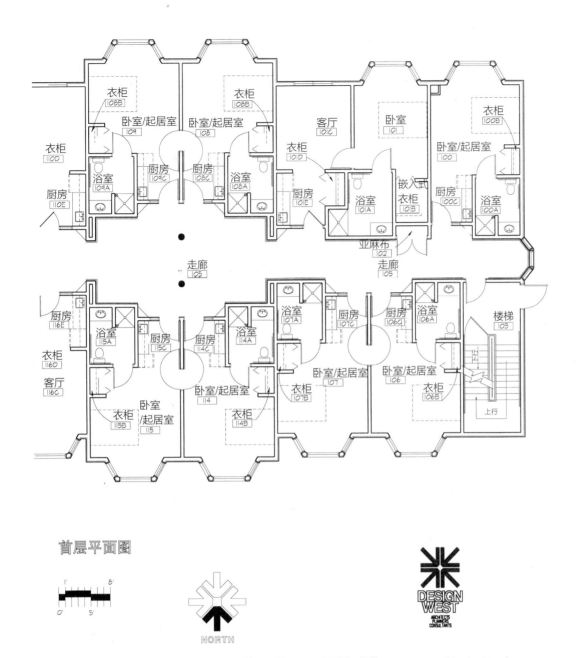

衣柜
108B

衣柜
108B

客厅
101C

卧室
101

衣柜
100B

衣柜
110D

卧室/起居室
109

卧室/起居室
108

衣柜
101D

卧室/起居室
100

浴室
109A

厨房
109C

厨房
108C

浴室
108A

厨房
101E

浴室
101A

嵌入式
衣柜
101B

厨房
100C

浴室
100A

厨房
110E

亚麻布
102

走廊
105

走廊
105

厨房
116E

浴室
115A

厨房
115C

厨房
114C

浴室
114A

浴室
107A

厨房
107C

厨房
106C

浴室
106A

楼梯
103

衣柜
116D

客厅
116C

卧室/起居室
107

卧室/起居室
106

卧室
/起居室
115

衣柜
115B

卧室/起居室
114

衣柜
114B

衣柜
107B

衣柜
106B

上行

首层平面图

0'　　5'　　8'

NORTH

DESIGN
WEST
ARCHITECTS
PLANNERS
CONSULTANTS

图8-8　给予居民的需求，提供各种各样的单元楼层平面图配置。（平面图提供：Architectural Design West）

房（有时也被称为茶点房）和无障碍浴室。居民普遍在客厅使用自己的家具，营造一个座椅组来收看电视、与家人和朋友一起参观。一把躺椅、一张沙发、茶几、灯具及配饰是最常见的，还可能有从自家带来的其他物品。如果居民使用轮椅或助行器，请仔细规划家具布置。

　　厨房一般朝向单元入口，由一个水槽、一台小冰箱、一个微波炉、有台面的橱柜组成。冰箱可升离地面，让老居民能在一个舒适的高度上伸到设备深处。台下照明给简单的食物准备活动提供工作照明。[21]可能得为受限于轮椅的居民修改橱柜的设计。

　　窗户是非常重要的，因为它提供了外部景观。设施正在兴建大约高出地面24英寸的低窗台。它们给居民宽敞的感觉，使他们能更舒适地往外看。设施提供窗户处理，并且整个建筑

---

[21]Perkins, 2004, p. 48.

物内保持一致。

在卧室里，床等家具通常由居民提供。然而，有些设施提供床。一个床头柜、一盏灯、一把舒适的椅子是这个空间的典型陈设。带有挂衣托（其高度老年人能够得着）的步入式衣柜是常见的。浴室位于卧室旁边。设计师应当规划空间，使居民可以从床上看到浴室，并能有个清晰的路径抵达卧室。夜灯有助于帮助居民步行进入浴室。

取决于居民的意愿和状况，无障碍浴室有一个带座椅或浴缸的淋浴间。请确保淋浴器控制器和淋浴板都近在咫尺。安全起见，进入淋浴间的入口处以及淋浴间里边，垂直扶手都是必要的。如果居民躺在轮椅上，门槛应最小化，以便让轮椅滚进淋浴间。浴室还将有一个无障碍的水槽和厕所。药柜不得放在水槽背后或上方，因为它可能需要老年人费力伸展得更开。相反，它应放置到水槽一侧的墙壁上。然而，可以把镜子放置在水槽上方。提供马桶座高度为18英寸、侧面和后边带扶手的无障碍厕所。并非辅助生活设施内的所有浴室都得是无障碍的。管理层可能要求把浴室设计成可改装的，以便它们可以被转换成无障碍配置。

确保朝向所有空间的门有3英尺宽，照明开关的位置高度适当，并提供紧急呼叫按钮和轮椅掉头所需的5英尺空间。

虽然居民房间或公寓都设有带淋浴间或浴缸的浴室，但并不是所有的居民都能够自行洗澡。浴室是由一些居民共享的区域，如果实情如此的话。目前这一区域的设计方法是复制spa的氛围。包含芳香疗法（使用带香味的乳液），可以通过管道将音乐输送到这个区域，以打造一个令人心旷神怡的环境。表面必须容易清洗，最常见的是用于地板的防滑地砖。有多种尺寸、颜色、表面处理的地砖。避免任何粗糙的表面加工，因为老年人的皮肤容易脱皮。浴缸和淋浴间上方应提供照明。请确保浴室的位置不干扰公共区域。

长期护理设施

长期护理设施有好几个名称。最常见的有敬老院、（特护）疗养院、全面保健设施。考虑到这些类型的设施内的共同设计元素，本讨论使用长期护理设施（long-term care facility）这一术语。长期护理设施被建造出来面向需要24小时护理（但并非需要住院治疗的急症护理）的居民。长期护理设施的3种典型亚群是临终护理，那里的居民都处于生命的最后阶段；痴呆症单元，包括阿尔茨海默氏症患者；康复单元，患者在受伤、手术或某些疾病（例如中风）后在那儿呆一阵子。

长期护理设施随着时间的推移而演变，现在受到联邦政府、州以及地方法律的严格监管。事实上，这些设施是本章讨论的所有老年住宅类型中监管最严格的。它们由州健康部门发放许可证。居民平均年龄为85岁，具有移动和医疗的需求。其中一半以上居民罹患某种形式的痴呆症。大多数长期护理设施是独立的，虽然有些是CCRC或其他类型的老年住宅的一部分。本节侧重于居民房间以及护理单元护士站的设计。其他区域也将简要讨论。

一般来说，长期护理设施的居民房间都围绕着一个护理单元。还规划用餐、洗浴、休息和一些辅助空间的区域。由于许可证的规制，一个典型的护理单元包含40张病床。这意味着，护士站总得为适当数量的工作人员而设计；此外，白天居民活动多，因而需要更多的护理人员。法规要求强制最远的居民房间与护士站之间的距离不得超过120英尺。[22]较新的和翻新的长期护理设施将这些护理单元归组为集群，称为"邻里"，使居民组区域的人口较少、较小。例如，40张病床的典型护理单元可以分为两个区，各有20个床位，这两个区又分别细分为5~10名居民的集群。

护士站需要的设备与医院护士站相似。室内设计师还必须记住，该空间用来迎接客人，因此应该欢迎人，并能让访客显而易见。计算机用于保存记录，以加快订货，并进行一些通信。文书工作和病人图表需要柜台空间，电子监控设备和用品需要存储空间。在讨论居民健康问题时还需要保密。与其他医疗设施一样，有些州要求保留居民病历的硬拷贝。护士站的建议空间大小为250~500平方英尺（图8-9a和图8-9b）。

长期护理设施的居民一般都是共用一个房间。房间的尺寸或空间内人均平方英尺受到法规的规制。建议约100~144平方英尺每人。今天，更多的疗养院正在修建半私人或私人的客房，以满足家庭的需求（图8-10）。其他改进包括更大的窗户、各种光源和室内有线电视。在半私人的房间里，在设计空间时提供不受噪声干扰的个人电视是非常重要的。这些设施里的床位是医院病床样式，带气动控制。房间里还设计有一个小衣柜、装衣服的抽屉，以及一个有上锁抽屉的床头柜。还需要一把医院风格的椅子，椅臂能帮助起身，高靠背能让头枕着休息。在这些情况下，专为医疗保健建造的一些躺椅很是不错。取决于疾患的程度，在用餐区或居民房间内提供饭食服务。房间内有个私人浴室，其设计具有所有常规的无障碍功能。浴室有一个洗手盆柜，还有一个厕所，其下方空间应能让轮椅通过。在长期护理居民的浴室里，淋浴间并不普遍，因为不予以协助、让居民单独洗澡通常是不安全的。请记住，浴室门的开口必须有32~42英寸宽。

长期护理单元里的大多数居民由工作人员协助洗澡。今天，浴室被设计得令病人更舒适、压力更小。坚硬的表面、水声、气流都给居民带来不愉快的沐浴体验。隐私是很重要的，即使工作人员在同一时间只服务一名居民。浴室的最小尺寸为48英寸见方。除了淋浴间和浴缸，一个供工作人员洗手的水槽、存储洗浴用品的存储空间、浴帘及隔间窗帘、一个无障碍厕所是很普遍的。浴室必须设计得轮椅或淋浴椅很容易滚动（图8-11）。这个尺寸还允许工作人员与居民同时待在此空间内。有些浴室包含较大的装置，如按摩浴缸。这些特殊的浴缸是专为方便体弱者而设计的。它们在出水时有点吵，可能混淆视听，吓到痴呆症的居民。此外，加热灯增加的热度可以提高居民的舒适度。这些洗浴区应规划得让居民不必经过公共空间就能回到自己的房间。

设施还有面向那些可以外出用膳的居民的餐饮设施。大部分设施现在在单元内提供较小的用餐空间，而不是一个大饭厅（如在辅助生活设施中那样）。理想情况下，这些餐饮区将食客人数限制在15~20名居民。许多设施设有一间私人饭厅，供家庭使用，并作为工作人员及行政人员的会议室。

长期护理设施中还有其他几种功能空间。活动室和/或客厅应为居民提供一些社会活动。一般来说，这个区域位于护士站附近，以提供对空间的监测。这些活动空间是很重要的，提供社交、游戏、共同观看电视节目或电影，还是聚会的地点。还包括用于诊察和一些治疗的

---

[22]Perkins, 2004, p. 33.

图8-9a　一家老年精神病设施里的护士站。请注意其设计融入了住宅特征。使用非直射、无眩光的照明,防滑、不反光的地板材料,老年人容易看清楚的颜色,这些对于这个病人区都是适用的。(照片提供:Elissa Packard, ASID, interior designer. Vintage Archonics, Inc。摄影:Lisa Tyner。)

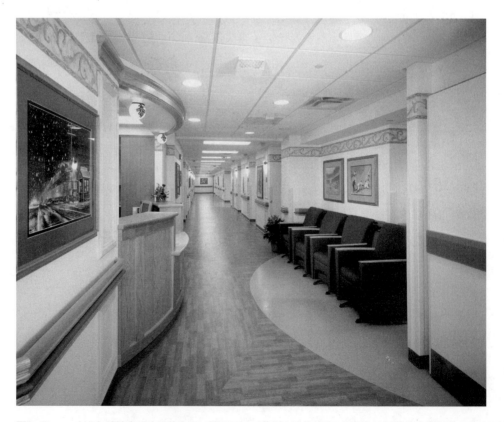

图8-9b　一家老年精神病设施里的走廊,展示了正对着护士站的椅子。橱柜和地板的曲线在视觉上有助于缩短走廊距离。(照片提供:Elissa Packard, ASID, interior designer. Vintage Archonics, Inc。摄影:Lisa Tyner)

图8-10　长期护理设施内一间使用传统样式家具的房间，给空间赋予居住氛围。(照片提供 : Sunrise Medical Continuing Community Care Group, Stevens Point, WI)

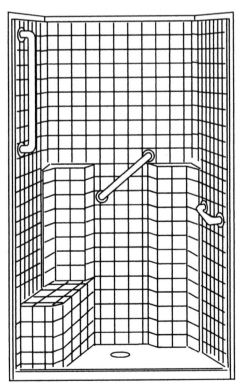

这儿展示了带有可选的扶手的

右手模型

图8-11　无障碍淋浴间，属于无障碍设计。(致谢 : Best Bath Systems, www.best-bath.com)

医疗空间。长期护理单元通常还包括物理疗法空间，以帮助居民从疾病中痊愈。整体规划通常还包含有一个小咖啡馆、礼品店和图书馆。建筑物配置内的中庭往往是封闭的，能让居民在好天气里到户外去。

设计师应将辅助生活设施里采用的许多原则应用到长期护理设施的公共区域，并对居民衰弱的健康状况予以更多重视。在长期护理设施里，追求的是身体、心理和精神健康的整体效用。[23]

痴呆症和阿尔茨海默氏症设施

长期护理类别包括痴呆症，尤其是阿尔茨海默氏症——痴呆症的最常见形式。统计显示，大约有450万美国人罹患这种疾病，而且每隔五年，阿尔茨海默氏症患者的比例就增加一倍。阿尔茨海默氏病的早期症状是记忆力减退的速度超出了正常老化的程度。有时暴力行为和定向力障碍伴随着记忆力减退。阿尔茨海默氏症的一些危险因素包括年龄、家族史、头部创伤，以及某些基因突变。针对阿尔茨海默氏症的保护因素包括雌激素、消炎药、他汀类、低脂肪饮食、运动、精神活动。[24]阿尔茨海默单元需要特别注意，并且不得自以为是地认为应将其设计得像典型的辅助生活设施或长期护理设施那样。

在寻找一个合适的老年痴呆单元时，家庭需要访问设施，以评估整体设计和所提供的服务。阿尔茨海默氏症设施必须获得全面的许可，包括管理人员、护理人员、某些治疗师，以及营养师。在设施设计方面，家庭关注的是人身和财产安全、徘徊空间、安全门、友好的工作人员、噪声和温度控制、稳固的家具，以及温暖的、宾至如归的环境氛围。[25]

在痴呆症和阿尔茨海默氏症单元里，半私人房间的比例更高；然而，这种情况正在改变，因为越来越多的家庭要求（全）私人房间。有些阿尔茨海默氏症居民的健康通过与另一名居民共用房间而得到改善。出于这个原因，这些护理单元将保留一些半私人房间。

在设计阿尔茨海默氏症单元时，应注意退出控制、行走路径和住宅特征。同样重要的是提供个人空间，以及熟悉的景点和气味。室内设计师和工作人员可以通过色彩、对比度和图案营造一个激励的环境。内部应该是有吸引力的，外观像住宅，但符合管辖这些设施的规定（图8-12）。

阿尔茨海默氏症单元通常位于长期护理设施或辅助生活设施的配楼，代表着总居民人口的25%~35%。[26]室内设计师得用卧室、厨房、客厅、饭厅和某些活动区来复制住宅，营造氛围，以促进阿尔茨海默氏症居民的舒适度。这个舒适度部分地通过参照感官来实现；例如，可以通过在配楼的厨房里烘烤饼干来触发嗅觉。

阿尔茨海默氏症单元的居民房间与其他长期护理设施的卧室相似。卧室有一间小浴室，包括一个水槽、一个厕所，通常还有个淋浴间。在设计阿尔茨海默氏症居民的卧室时得考虑到特殊因素。这些总结于表8-6。

厨房、入口、客厅、活动室、饭厅，就连工作人员工作室也被认为是配楼的公共区域。厨

[23]Terrace Talk, 2005, p. 5.

[24]Bennett, 2005, p. 4.

[25]Mace and Rabins, 1999, p. 383.

[26]Regnier, 2002, p. 147.

图8-12　在规划康复环境时使用的元素在这张阿尔茨海默氏症护理设施的照片中显而易见、一览无余。请注意使用的是圆角的椅子。(设计：Taliesin Architects, Elizabeth Rosensteel, Principal。照片提供：1997 by Robert Reck)

房和饭厅对于阿尔茨海默氏症居民而言是非常重要的空间。它们通常靠近徘徊环径（见图8-2）。厨房需要住宅化，有所有一般性的厨房电器和橱柜，还有个水槽供工作人员洗手。为了居民的安全考虑，电器和出口应该有开关。电器应在锁着的门背后，处于断电状态，并由工作人员控制。这些区域通常使用圆桌，以避免尖锐的边缘。应指定双臂打开、底座坚固、软垫座椅采用防潮布的椅子。在顶端有扶手或开口的椅子对于提供护理援助来说颇为理想。和单元内的大多数区域一样，在这个空间也应该有指定区域来让员工保存记录。

　　客厅作为休息区，可以有共同活动，如看电视或电影。痴呆症的居民喜欢和别人待在一块，而不是在他们的卧室独处。出于这个原因，得为共享活动和分组的规划留出足够的空间。要把活动规划得远离出口，尤其是主入口。工作人员办公室置于靠近出入口，以便监视他们。建议将出口门进行某种伪装，以转移居民的注意力。一种方法是将出口门涂上与墙壁相同的颜色。

表8-6　阿尔茨海默氏症居民卧房的设计考量

■ 墙面不应该有可识别的图像，因为居民可能会尽力挑出图案。	■ 应避免高对比度的图案和深色，因为居民可能把地板图案混淆成得迈步跨过的物体。
■ 墙面或涂料的色调和颜色应以清浅为上，没有高反差（厕所周围除外）。	■ 不得使用区块地毯或小地毯。
■ 墙面（尤其是在浴室）应抗菌、可擦洗。	■ 卧室不得面朝客厅。用两截门提供隐私。
■ 由于需要进行日常洗涤，居民房间里的地板往往是塑胶的。	■ 保持活动区远离卧室，因为它们才富于刺激性了。
	■ 提供能看到居民卧室的窗户。

让阿尔茨海默氏症和痴呆症的居民有走廊空间来散步是很重要的。在图8-2中，绵延路径或徘徊环径可以让居民不间断地步行。然而，平面图应避免穷途末路的走廊，因为痴呆症的居民可能走到走廊的尽头，可是不能掉头，从而使他们更加困惑不堪。

为痴呆症患者提供安全的户外空间，以帮助减轻他们的焦躁不安，这是可取的。可以从单元的走廊访问到该区域。给这一功能提供某些线索，能让设计更加明晰。外面的区域，或康复花园，将需要一个高6~8英尺的坚实围栏，环径绕着花园，在花园入口处到头。要是居民在外边逗留片刻，那么长椅和阴影区域提供舒适。在这个空间里，无毒的植物是强制性的。[27]

阿尔茨海默氏症和痴呆症的居民需要寻路线索，这比其他老年住宅设施更加明显。如前所述，厨房的香味和花园门口旁的大衣是阿尔茨海默氏症单元居民的寻路形式。

阿尔茨海默氏症和痴呆症居民的老年生活设施的室内设计是一个具有挑战性的项目。设计师必须了解这些疾病，了解相应的设计产品规格。必须仔细留意行政管理人员和护理员工提供的关于居民及其问题、解决方案的信息。

本章小结

在设计老年住宅时，室内设计师需要研究各种设施类型，每一种都依赖于居民的身心健康。老年住宅，尤其是长期护理和痴呆症单元，受到联邦、州和地方法规的严格监管。设计师必须遵守这些与空间规划和材料规格有关的规则和条例。他们还必须营造和谐的、富于吸引力的环境，以提升居民的身心健康。

在美国各地，这些类型的设施的数量正在迅速增加，对保健护理的这一领域感兴趣的室内设计师必须准备好适当地设计这些项目。到2030年，大约将有近7000万美国人超过65岁。到2050年，预计年逾100岁的人数约为100万。由于更加重视健康，医疗和医药的进步，美国老年人会活得更长。设计这些设施的重点是非机构化，并把重点置于居民个人。室内设计师可以帮助给老年住宅提供符合法规的、有吸引力、适宜的设施。

---

[27]Regnier, 2002, p. 148.

本章参考文献

Aging in Place: Aging and the Impact of Interior Design. 2001. Research study. Washington, DC: American Society of Interior Designers.

Anderson, Kenneth N., ed. 1994. *Mosby's Medical, Nursing and Allied Health Dictionary,* 4th ed. St. Louis: Mosby.

Bennett, Mary. 2005. "Kathryn Caine Wanlass Adult Day Center." *Terrace Talk.* Summer, pp. 4ff.

Berger, William N. and William Pomeranz. 1985. *Nursing Home Development.* New York: Van Nostrand Reinhold.

Bunker-Hellmich, Lou. "Aging and the Designed Environment." *Implications,* Vol. 1, Issue 1.

Bush-Brown, Albert and Dianne Davis. 1992. *Hospitable Design for Healthcare and Senior Communities.* New York: Van Nostrand Reinhold.

Caron, Wayne. 2005. "Living with Alzheimer's." *Implications,* Vol. 3, Issue 11.

Christenson, Margaret A. and Ellen D. Taira, eds. 1990. *Aged in the Designed Environment.* New York: Haworth.

Cox, Anthony and Philip Grover. 1990. *Hospitals and Health-Care Facilities.* London: Butterworth.

Dorland's Illustrated Medical Dictionary, 28th ed. 1994. Philadelphia: W.B. Saunders.

Dvorsky, Tamara and Joseph Pittipas. "Elder-Friendly Design Interventions." *Implications,* Vol. 2, Issue 7.

Foner, Nancy. 1994. *The Caregiving Dilemna.* Berkeley: University of California Press.

Friedman, JoAnn. 1987. *Home Health Care*. New York: Fawcett Columbine.

Goodman, Raymond J., Jr. and Douglas G. Smith. 1992. *Retirement Facilities*. New York: Watson-Guptill.

Hall, Edward T. 1966. *The Hidden Dimension*. Garden City, NY: Doubleday.

Klein, Burton and Albert Platt. 1989. *Health Care Facility Planning and Construction*. New York: Van Nostrand Reinhold.

Kobus, Richard L., Ronald L. Skaggs, Michael Bobrow, Julie Thomas, and Tomas M. Payette. 2000. *Building Type Basics for Healthcare Facilities*. New York: Wiley.

Kovner, Anthony, ed. 1995. *Jonas's Health Care Delivery in the United States*, 5th ed. New York: Springer.

Laughman, Harold, ed. 1981. *Hospital Special-care Facilities*. New York: Academic Press.

Lebovich, William L. 1993. *Design for Dignity*. New York: Wiley.

Liebrock, Cynthia. 1993. *Beautiful and Barrier-Free*. New York: Van Nostrand Reinhold.

Long Term Care Education Web site. 2005. "History of Long Term Care Industry." www.longtermcareeducation.com/A1/g.asp

Mace, Nancy L., and Peter V. Rabins. 1999. *The 36-Hour Day*. New York and Boston: Warner Books.

Marberry, Sara and Laurie Zagon. 1995. *The Power of Color: Creating Healthy Interior Spaces*. New York: Wiley.

Merriam-Webster's Medical Desk Dictionary. 1993. Springfield, MA: Merriam-Webster.

Panero, Julius and Martin Zelnik. 1979. *Human Dimension and Interior Space*. New York: Watson-Guptill.

Perkins, Bradford with J. David Hoglund, Douglas King, and Eric Cohen. 2004. *Building Type Basics for Senior Living*. New York: Wiley.

Public Broadcasting Service Web site. 2006. "The Evolution of Nursing Home Care in the United States. "Today's Nursing Homes." www.pbs.org/newshour/health/nursinghomes

Ragan, Sandra L. 1995. *Interior Color by Design: Commercial*. Rockport, MA: Rockport.

Regnier, Victor. 2002. *Design for Assisted Living*. Hoboken, NJ: Wiley.

Sacks, Terrence J. 1993. *Careers in Medicine*. Lincolnwood, IL: NTC Publishing Group.

Spivak, Mayer and Joanna Tamer, eds. 1984. *Institutional Settings*. New York: Human Sciences Press.

Stedman's Medical Dictionary, 26th ed. 1995. Baltimore: Williams and Wilkins.

Steffy, Gary. 2002. *Architectural Lighting Design*. New York: Wiley.

Terrace Talk. 2005. "The Sunshine Terrace Foundation's Vision for Long Term Care." Summer, p. 5.

Webster's Dictionary, 4th ed. 2002. New York: Wiley.

World Book Encyclopedia, Vols. 8 and 17. 2003. Chicago: World Book, Inc.

Weinhold, Virginia. 1988. *Interior Finish Materials for Healthcare Facilities*. Springfield, IL: Thomas.

本章网址

American Association of Retired Persons, www.aarp.org

Care Scout www.carescout.com

Eldernet, www.eldernet.com

Live Oak Institute, www.liveoakinstitute.org

Long Term Care Education, www.longtermcareeducation.com

National Conference of States on Building Codes and Standards, Inc., www.ncsbcs.org

Online Newshour, Public Broadcasting Service, www.pbs.org/newshour

Pioneer Network, www.pioneernetwork.com

Retirement Resorts, www.retirementresorts.com

Sunshine Terrace Foundation www.sunshineterrace.com

Wikipedia Encyclopedia Foundation, Inc., www.en.wikipedia.org

Center for Health Design magazine, www.healthdesign.org

Design for Senior Environments magazine, www.nursinghomesmagazine.com

Healthcare Design Magazine, www.hcdmagazine.com

Implications, www.informdesign.umn.edu

第9章
机构设施

机构设施代表着各种各样的业务类型，在一定程度上因个人看法或体验而有所不同。基本上，在室内设计文献里，对机构设施并无定义。在一个可行的定义里，机构被定义为"成立的组织或公司，致力于教育、文化，尤其是具备公共性质"。[1]

大多数室内设计师赞同，公共机构设施的设计主要是政府资助的设施的设计。一般来说，这些包括教育设施、政府和公共建筑（如邮局和法院大楼）、图书馆、博物馆、剧院、宗教设施和康乐设施（如体育场馆）。我们把银行也归入这一类，因为它们由政府控制（即使它们一般都是私人拥有）。大多数类型的机构设施由政府机构（而非私人）拥有。当然，有很多类型的机构是私有的，如民办学校。

---

[1] Merriam Webster's Collegiate Dictionary, 1994, p. 606.

本章和下一章中讨论的设施基本上都是许多人使用的公共空间。有些由政府拥有，其余是私人拥有，收到的公共资金很少或根本没有公共资金。这两章中讨论的机构设施的类型之所以被选中，是因为它们在室内设计项目中更可能遇到。

在本版里，我们决定将机构设施的材料分为两章。第9章提供主要由政府所有或管制的设施类型的功能和设计信息。它们包括银行、法院、图书馆和教育设施。第10章讨论在本质上更偏于文化的机构设施，包括博物馆、剧院、宗教场所和康乐设施。

本章保留了另一种空间类型：本教材贯穿全文的大型楼堂馆所中的多功能厕所设施。本章还提供了与无障碍厕所设施有关的评述。

机构设计概述

机构设施的设计需求和要求差别很大。这些设施在设计阶段往往涉及不同的客户利益相关者群体。例如，有发起该项目的客户，可能还有空间的主要权威或用户。其次是给该项目注资的个人或团体。大多数机构有一个设施部门，负责监督该组织的所有物理设备元件。现有设施的工作人员可以提供项目或其一部分的输入信息。给项目捐出大笔资金的捐款人可能希望或期待输入。将使用该设施的市民可能表示赞同或反对。设计师必须了解这些利益相关者的所有需求、兴趣和偏好，并应用到项目中——这不是一件容易的事。

机构设施经常受到公共资金的资助，并接受公众的审查和批评。设计师必须认识到公众的输入和需要，即使直接客户是设施的董事会、管理者或所有者。公众，包括纳税人、捐款人或捐献者可能将机构设施中不必要的昂贵设计处理或在FF&E上花钱视为不负责任的浪费。正如建筑师和设计师都可以证明的那样，任何政府大楼建成后总会有投诉，因为许多纳税人认为该机构滥用公款。设计师在设计、指定机构设施时，必须小心翼翼地走钢丝，满足将在该空间内工作的人、使用空间的纳税人、给该空间提供资金的人士。

关于机构设施，室内设计师认识到公众的情感内容和反应（不论是正面的还是负面的）、是什么影响着设施的接受度或拒绝度是很重要的。例如，居委会图书馆提供了一个学习、研究或获得最新小说或DVD的地方。对于一些人来说，这个图书馆是一个安静的去所，例如老年人的体验可能就是如此。对于一个小孩，图书馆可能是一个令人兴奋的地方，能找到"这么多书"（与家中相比），向孩子打开一个全新的世界。

选择专门从事一种或几种类型的机构内饰的室内设计师必须作好遇上这些各方利益的准备，促进、协调他们，来完成项目，实现不同的目标，并满足不同利益。室内设计师必须研究、学习各个专业领域，以及任何这些类型的内部空间所共通的许多具体要求。机构设计师还得是卓越的项目经理人，具有出色的组织和沟通能力，并对客户对功能的担忧有超出个人审美表达的思虑。对法规和地方条例的知识是强制性的，与团队（往往包括来自设计师本公司之外的顾问）协作的能力也是（强制性的）。

本章以与前几章类似的格式，介绍与选定类型的机构设施有关的信息。然而，其他章节提供的设计规划及元素章节以有限的方式进行介绍。独立处理每种设施类型，并有一个简短的历史回顾、对具体主题以及设施类型的一个概述，以对规划和设计理念的一个简要讨论作结。请注意，前边几章标有"本章词汇"的部分在本章中包含在设施类型中，因为这些术语是设施特有的。

银　行

银行（bank）设施的设计必须为客户提供安全感。读者明白，银行是一个机构设施，提供存款、贷款、保管资金和其他金融资产。我们出于很多理由在一个特定银行存钱。不管理由如何，银行客户需要知道银行运作稳定，该银行的管理工作能让存款人和其他投资者获得最佳利益，在那儿存钱以及进行其他交易是安全的。能营造这种安全感的正是该设施的内饰和外观设计的适宜应用。

商业银行是公众打交道最多的银行设施类型。它提供许多服务，如储蓄及其他形式的存款、支票帐户、保管箱、贷款、信用及保证卡、信托管理。更专业的商业银行可能会侧重于商业贷款和服务、大型房地产开发贷款、商业票据交易、投资咨询或其他服务。本节重点介绍基本商业银行提供的标准消费者服务，还将简要讨论其他类型的银行设施。

表9-1列出了本节使用的词汇。

历史回顾

自古以来，银行一直存在。在文艺复兴时期，当商业家庭（如Medici）开始提供存款和贷款功能时，银行成为一个特定的实体。术语bank来源于意大利文单词banca，意思是"bench"（长凳），因为早期的意大利银行交易是在长凳上进行的。鉴于行业经济实力，从

表9-1　银行业词汇

- **分行（branch bank）**：主行（例如商业银行）的卫星。许多州都允许分行。
- **商业银行（commercial bank）**：提供多种服务，如支票和储蓄账户，以及消费者和小企业贷款。它们可能由州或联邦政府发放许可证。
- **信用合作社（credit union）**：成员合作型的金融机构，接收储户存款。储蓄及支票账户和小型个人贷款是常见的服务。
- **联邦存款保险公司（federal deposit insurance corporation，FDIC）**：由联邦政府运营的机构，保证存款由受FDIC保险的银行持有。
- **联邦储备系统（federal reserve system）**：美国中央银行体系。其主要职责是控制国家的货币供应量。美国联邦储备系统由12个联邦储备银行和其他中心组成。
- **站台（platform）**：术语，指的是银行内信贷员和管理人员的位置。
- **储蓄和贷款协会（savings and loan associations）**：金融机构，专门吸收储户存款、按揭贷款。
- **源文档（source document）**：文件和/或多页文档或表格的首页的原始版本。
- **单元银行（unit bank）**：主行（或个人银行）的另一个名称，当银行存在于一个以上的位置的情况下。
- **虚拟银行（virtual bank）**：从家里或者其他地方通过电脑进行银行交易。

图9-1 带有古典图案的传统银行正面墙的外观。(From Whiffen, American Architecture Since 1780. Copyright 1969。经MIT Press许可后重印）

事商品和硬币买卖的商人银行家发展起来。到了17世纪初，由于英国银行存款业务的加速发展，英国成为金融机构的领头羊。值得注意的是，在此期间，银行结余的手稿开始流行。[2]

由于美国的经济扩张以及对外汇储备量需求的增长，美国银行迅猛发展。第一家银行于1792年在费城开业，[3]建立了银行采用古典图案的设计理念，这被模仿了很多年。随着政府调控、稳定银行业务，增添了新的服务来吸引顾客。第一家储蓄银行于19世纪初成立，第一家信托公司于1822年成立。1863年，美国国会通过了国家银行法，规定了统一的银行票据。美国联邦储备系统创建于1913年，以规管银行信贷和货币供应量。1933年的《银行法》建立了联邦存款保险公司（FDIC）。第一家汽车银行于1946年在芝加哥建成。[4]随着美国经济在二战后增长，金融机构继续更新换代。

美国银行设施的建筑及室内设计受到银行业务和施工进步的双重影响。早期的银行严重依赖于古希腊和罗马的古典风格。古典图案暗示着寿命、稳定性和品质，人们相信这些在吸引顾客方面相当重要（图9-1）。这些建筑物的整体外观带给储户安全感。具有高高的天花板、高大华丽的柱子和笼状柜员区的内饰展现出安全性、连续性和重要性的感觉（图9-2）。

在20世纪之交，建筑师们（如路易斯•沙利文（Louis Sullivan））忽略了古典时代的例行做法，开发了将更多自然光引入设施的现代建筑方法，将客户暴露在新的方法、材料和设计元素的面前。受到诸如密斯•凡•德•罗等建筑师的影响，新施工方法的不断发展使得外墙带有玻璃窗罩的高层建筑面世。银行往往位于高层建筑的一楼，坐落在开放空间内，这使得行人能从街道上看到银行设施里边。于是，设计师们面临着得想办法保持开放的感觉，同时还提供客户所需的安防这一需求。

分行允许较小的设施，银行的设计可以直接反映客户的区域建筑风格。今天，分行的设计样式多种多样，以适应他们的邻里。读者不应该忘记，分行还进入超市里。许多银行从超市租用空间，使客户可以在家附近购买杂货时处理大多数银行业务。

参与到银行设施设计中的银行管理层和设计室内设计师面临着许多新的挑战。这些挑战列于表9-2。

银行概述

银行从各种交易的手续费以及贷款利息中获利。与此同时，银行必须给储户存在银行里的钱支付利息。大多数读者熟悉的银行类型是零售商业银行，同个人和小企业进行交易。

---

[2]World Book Encyclopedia, Vol. 2, 2003, p. 88.

[3]Wilkes and Packard, 1988, Vol. 1, p. 388.

[4]Packard and Korab, 1995, p. 36.

图9-2 大约1900年左右建成的一家银行的内饰。请注意高高的柜员笼以及隔离的窗户。(照片经许可后使用，犹他州州立历史协会。保留所有权利)

银行必须由州或联邦政府发放许可证。由联邦政府发放许可证的银行声望更佳，因为这样的许可证更难拿到手。联邦特许银行必须加入FDIC，有资金存放在联邦储备区域银行，购买区域储备银行的股票，还得满足其他条件。如果州特许银行想成为美国联邦储备系统的一员，那么必须加入FDIC。

银行设施的设计总是反映功能和业务活动。例如，在早期的银行里，古典图案和柜员笼子被用来赋予安防和稳定的印象。如今，安全摄像机、现代设计和广告活动不仅告诉公众特定银行提供的服务，还告知该机构的安防保障。

室内设计师必须学习银行业务，以创建、执行成功的设计。商业银行的结构像任何大公司一样，董事会以董事长为首，董事长负责该银行的运作。一名CEO或总经理及副总经理在主单元银行工作，并监督所有的分行经理。主行的企业人员可能负责贷款委员会、信托委员会、公共关系、人事及其他企业服务。分行经理负责分行的日常运作，并监督一组

表9-2　银行的新挑战

■ 银行和银行服务越来越利用技术	■ 员工和客户的安防日益受到关注
■ 在银行公共空间的设计中实施美国残疾人法案（ADA）	■ 银行设施迁移到不同的支行网点，如杂货店和商场里的自动取款机
■ 伴随着电子服务的提供，柜员和银行员工人数减少	

信贷员、柜员、文秘人员、会计人员，以及在支行内有其他特定工作职能的其他人等。

设计项目可能由公司总部的银行设施办公室开始，或有时由分行经理开始。在大多数情况下，银行决策者是公司办公室内与分公司经理合作的某人。这是一个重要的区别，因为设计师必须同时满足企业决策者以及当地分行经理（室内设计师可能就是由他直接聘请的）的需求。

许多有分行的大型银行都有其偏爱的特定设计形象和指南，而且他们投入大量资本来打造该形象。在程式设计阶段，从分行经理或公司设施规划师那儿获得相关信息。室内设计师必须深刻理解与决策有关的设计形象、标识以及指令链。

银行设施的类型

银行、信用合作社、储蓄和贷款协会，以及其他类似的银行设施是金融服务行业的一部分。信用卡公司、保险公司和证券经纪公司是这个行业内其他企业的例子。金融服务行业的最典型部分是商业银行。商业银行分为单元银行（它是主要的银行设施）以及分行（它们作为卫星运营）。商业银行提供信用卡、借记卡和支票保证卡，以及储蓄账户、各种投资账户、保险箱，还有各类贷款。自动取款机、互联网等虚拟银行的银行服务，以及其他电子银行服务已经改变了银行设施的设计以及客户与银行家互动的方式。

许多读者也熟悉信用合作社和储蓄贷款协会。信用社是成员合作社，接受储户的资金。储蓄和贷款协会是一种金融机构，从客户那儿吸收存款，给成员或其他客户发放贷款。信用合作社和储蓄贷款协会提供的服务一般比商业银行少，并且其可提供的服务受到法律的限制。

这三种类型的银行设施是室内设计师很可能会参与的。表9-3定义了可能由专门从事银行及金融服务设施的室内设计师设计的一些其他类型的银行设施。

为了达成可行的、有效的设计方案，对不同类型的银行设施之间的差异的清晰了解是必不可少的。空间规划、功能需求和联邦特许央行的设计法规不同于邻家的州特许银行分行。为了设计的成功，必须认识、理解这些差异。

表9-3 其他类型的银行设施

■ **中央银行**：由联邦政府（例如联邦储备系统银行）运营。	国家。
■ **清算所**：由处理投诉、结算账户的银行保有。	■ **私人银行**：为超级富人服务的银行。
■ **投资银行**：作为买卖证券（如股票和债券）的中间商。	■ **储蓄银行**：服务强调储蓄和节俭。
■ **离岸银行**：私人银行，位于美国以外的	■ **信托公司**：银行设施，专门从事由信托持有的大笔资金的管理和控制。信托公司也放贷。

规划及室内设计元素

在规划、设计银行设施时，室内设计师通常是团队（其中包括建筑师、银行信贷员、银行工作人员成员）的一部分。设计理念受到传达安全性、稳定性的印象以及与银行有关的特定设计形象这一要求的强烈影响。设计挑战涉及空间的分配、家具和材料的规格、遵守法规、安防问题。最后一个是建筑师的责任，虽然室内设计师也是该过程的一部分。

银行所在位置可对其内饰及外观设计产生显著的影响。位于中央商务区的银行需要的形象和外观设计可能与设在郊区或农村地区的银行分行不同。富人区的银行分行也可能跟同一家银行在平民区的分行完全不同。室内设计师理解这些位置和客户的差异是很重要的。例如，银行管理层可能认为，在富有地区适宜的建筑装饰不应该用在不太富裕的地区。这一选择是由银行管理层关于其设施的设计决策所驱动的。

银行的架构和内饰的设计需要投射权势、稳定性和安全性——在所有地方争取客户的银行的关键品质——的感觉。外观设计应投射客户能识别出来的形象。有些客户可能更喜欢传统的、古典的、给人以经久不衰的印象的设计。保守方针的、安全的、管理可靠的形象往往通过采用砖、石、古典柱子来传达。其他客户更喜欢使用大窗户的、开放规划的现代设计。当代设计给人的印象是，银行处在技术和思维的最前沿，这可能吸引了不少顾客。

21世纪的银行设计需要在稳定的、安全的外表和公开的、诚实的外观之间取得平衡。平面图和布局必须在客户讨论财务问题时提供客户想要的私密，而银行需要确保安防及安全。空间规划必须使银行舒适、安全，使客户能以其自身方式容易地、快捷地在公共空间走动。必须给员工实用的工作空间，以便准确地、安全地开展银行业务。下面重点讨论典型的商业银行的公共空间。

银行设施的设计的首要考量是空间分配及流通。一家典型的银行可以分成两个基本空间。其一是公共空间，客户利用这个空间来存取款，并从事其他银行业务。这些区域必须包括一个小的等候区、柜员线和柜员前边的排队空间，以及信贷员的办公桌或隔间。其二是业务区域，包括金库（保险箱就在金库里）、会计室、储藏室、午餐室、员工休息室、会议室、记录间。图9-3是一家典型的小银行的平面图。对于主单元银行来说，企业人员、专业职能（如证券工作）、企业办公室普遍都有的其他空间还需要其他空间。

在进入一家银行设施之际，客户应体验到宾至如归的、友好的感觉，还交织着同样多的安全感。这些需求往往是通过与许多写字楼和酒店相似的饰面和家具物品来提供的。根据银行设施的规模，可能有接待员，将客户指引到银行的正确区域。在大型银行里，保安人员仍然存在。较小的分行设施绝大多数依赖于安全摄像机和其他隐藏的安防系统，而不是保安。大堂或入口区也可以作为自动取款机（ATM）的位置。一个用于书写的小柜台、下班后银行业务有充足的照明，以及安全摄像机的安置是必要的，以让客户安全地使用ATM机。

必须等待银行员工的客人或陪同客人前来的家人需要在靠近入口处有个小休息区。根

楼层平面图

A. 停车坪

B. 门厅

C. 大堂

D. 等候室

E. 登记台

F. 会议室

G. 私人办公室

H. 休息室

I. 技术中心

J. 商务通道

K. 车行线

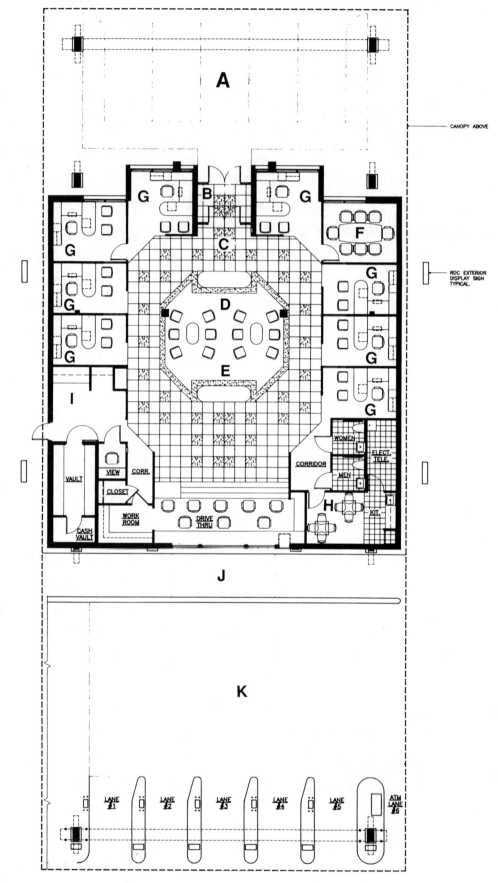

图9-3 具有免下车车道的商业银行平面图。(平面图提供：Stephen L. Morrill, AIA, Principal, SLM & Associates, Architects.)

据银行的规模，这个等候区可能有几把小扶手椅或一张舒适的软椅单元组（如沙发、双人沙发、长靠椅或个人俱乐部椅）。更为常见的是指定个人椅（而非多人座椅单元）。这些座椅通常覆盖有带小图案的商用级纺织品，帮助打破公共区域中广泛地大量使用的基本饰面的单调。

银行里相当大的开放区域将客户吸引到柜员线。客户通常会走到一个站立高度的接待台（称为check stand），填写所需要的交易表格。接待台通常是定制的木制品，并要求顶部表面光滑，有不计其数的小格或插槽来存储交易表格。接待台的精确设计以银行的要求为指导。银行应提供29英寸高的接待台或其他装置，以满足可访问性要求。

当填写完表格后，客户移动到柜员窗口（或笼子），或柜员线的站台。必须有空间来容纳排队等候柜员服务的客人，而不挡住客流。还可以通过使用定制木制品来创建柜员区。图9-4是柜员站的一些设计准则。

柜员区的设计相当标准化。个人银行公司可能有不同于这些标准的特殊需求。通常，柜台被设计成台面离地至少42英寸。每个柜员窗口应具有至少24英寸的开口。现代银行很少在柜员窗口使用格栅，但采用传统设计方案的银行可能会要求将格栅作为柜体设计的一部分。小开口为客户在存钱和（尤其是）取款点钞时提供私密。柜员线（以及书写检查台）的书写表面的材料规格对于安防而言很重要。室内设计师喜欢用木料，因为它具有温暖的外观。然而，它不是一个良好的书写表面，安全性也不佳。如果银行被盗，坚硬的表面（如大理石和花岗岩）更容易让警方提取指纹。[5]

设计师经常有机会给出纳柜的客户一侧设计令人兴奋的橱柜外观。出纳柜的内部工作区必须使用严格的尺寸进行设计，需要银行的参数。它必须包含空间来新增机器、电脑显示器、存储各种表格，并有存放现金和硬币的上锁抽屉。柜员应配备符合人体工程学设计的、带后背的高凳子。

柜员线还有一些相关的其他工作区。其一是员工到免下车窗口的通道。柜员线中的至少一个部分被置于沿着外壁，以提供这种功能。其二是一个独立的出纳窗口或办公桌，面向寻求进入金库（客户保管箱所在地）的客户。

通过提供出纳柜的坐下式版本来满足可访问性指南。这些无障碍站点一般都有较大的窗户开口或开放的桌子，以方便那些在轮椅上的或有其他辅助功能需求的客户。站台应位于出纳窗口的旁边或相邻。可轻松移动的客人座椅只在坐下式柜员站才提供。

一般来说，大多数客户在同柜员办完业务后随即离开。然而，一些客户因其他原因而前来银行。提供这些其他服务的区域通常称为站台。在站台区，新客户可以开立帐户、申请信用卡或借记卡、谋取个人或小企业贷款，或讨论需要与新账户员工、信贷员或除柜员之外的人员会面的其他服务。

站台区的设计采用独立书桌工作站、系统站，或带有半高墙将站隔开的木制品。银行分行经理通常位于站台内采用全高墙的唯一那个站台内。当然，在一家改造的旧银行里，私人办公室更加普遍。访问站台的客户隐私是非常重要的，因为客户讨论的是个人财务信

---

[5]Clay, 2005. p. 38.

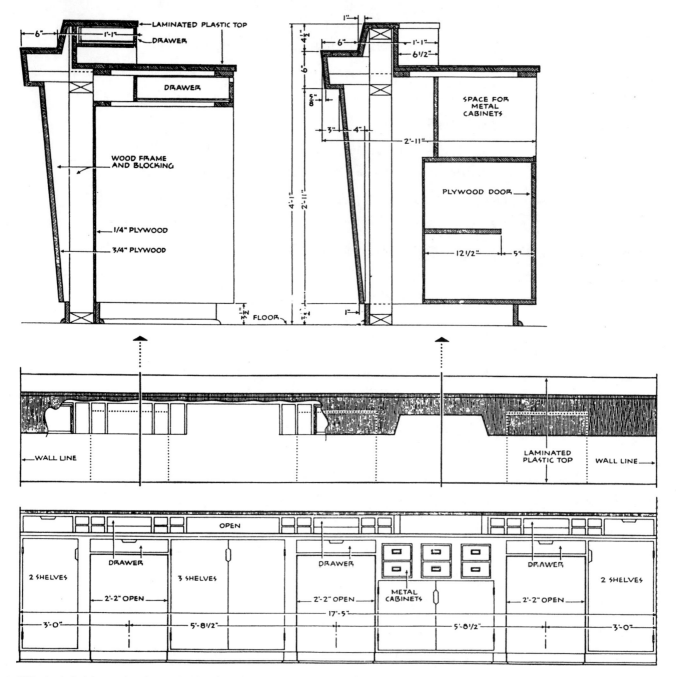

图9-4　银行内柜员区定制木制品的详细绘图。(经Design Solutions Magazine许可后重印，由 Architectural Woodwork Institute, Reston, VA 发表)

息，要求声学隐私。由于这个区域是开放的，隐私通过使用软垫板、带有顶部存储单元的书柜或置于桌子之间的植物来实现。室内设计师提供隐私是很重要的 (图9-5)。

　　必须为站台内进行的所有活动选择合适的家具物品。所有这些任务都可以采用标准书桌，虽然有些银行更喜欢系统家具。银行经常使用不同大小的办公桌，借此表明这些雇员的地位。例如，信贷员的地位高于新帐户代表。因此，可能给信贷员36英寸×72英寸的书桌，而新账户代表可能是30英寸×60英寸的书桌。椅子的尺寸和类型是表明地位的另一种方式。通常为信贷员指定高靠背、软垫椅臂的写字台，而给新账户站指定更小些的秘书椅或工作椅。站台使用的宾客椅往往易于移动、有椅臂，以令客人更舒服。

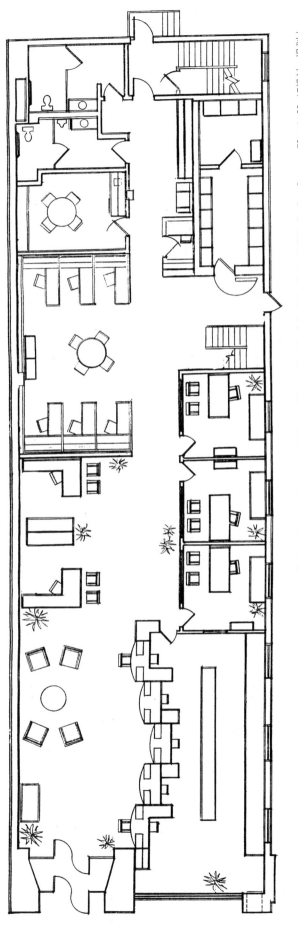

图9-5 一家银行一楼的平面图，展示了入口、柜员区、大堂、新开账户、信贷区。（National Bank of Arizona, Flagstaff, AZ。由Carl E. Clark, FASID, Design Source, Flagstaff, AZ设计、规划）

图9-6 一家高级银行的接待台。(照片提供:Burke, Hogue and Mills Architects)

图9-7 纽约银行的会议室。请注意空间的奢华和所采用的照明。(照片提供 : Burke, Hogue and Mills Architects)

有时工作站里的接待员有个高高的接待台，通常高度与窗栓相当，为客户服务。前台一般没有宾客椅，因为客人在停下来获知信息后会被直接带到等候区或特定的工作区。图9-6是一家高级银行接待室的例子。

大银行的分行和主银行设施提供会议空间，让客人能在这儿聚集、听取银行职员的介绍，这并不稀奇。这些空间可能是一个简单的房间，配备有小方椅、类似于在第2章中讨论的会议室，或几乎是休息室的空间，设有软座，甚至还有个小咖啡吧（图9-7）。

银行主要公共空间的地板、墙壁、窗户和天花板的建筑饰面在某种程度上受到建筑及消防法规的限制。银行被国际建筑法规和生命安全法规视为营业用房。在指定地板材料时应考虑到安全、噪声和易维护性。取决于位置和区域，入口可能有必要使用防滑硬表面材料。如果入口使用其他材料，那么设计师还必须提供脚垫。

在银行宽阔、开放的的主公共空间区域里，地板材料是很重要的设计元素。该区域经受着大量客流，因而维修是材料法规的关键因素。公共区域使用多种硬而有弹性的表面材料。在公共区域及柜员线后边，通常使用通过胶式方法安装的高密度、低桩簇绒地毯。这种类型的地毯容易清洗，能让椅子和推车移动，并给所有年龄段的客人提供安全。银行通常采用图案小而保守的地毯，虽然较大的图案有助于隐藏交通路径。在选择地毯时，易于维护，能消除静电荷（它们可能损坏敏感的设备）是关键性的问题。

在指定墙壁和窗户时一定得牢记防火安全和噪声。可以用很多种材料来对墙壁进行处理。例如，如果需要传统氛围，那么木镶板往往是首选。许许多多的、风格各异的质感塑胶墙面提供审美展示。织物墙面提供一定程度的噪声控制，但必须进行阻燃处理，而这会降低防噪声的效率。大窗墙往往不进行任何窗户处理，除非窗户朝西或朝南。大面积玻璃偏爱的窗户护理往往是垂直或水平的百叶窗。在传统的内饰里，可以给百叶窗加上布罩或垂袋。在使用纺织品的大多数地点，法规要求阻燃织物。

银行内饰的配色方案可基于企业的配色方案或专门针对某个区域的配色方案。传统风格的银行在很大程度上依赖于木材色调和殖民时期的传统色调，而现代风格的银行使用各种配色方案，以营造现代感的氛围（图9-8）。为了防止新设计的银行没过几年外观就显得过时，设计师应避免风靡一时的配色方案。很多时候，建筑表面给银行宽阔、开放的空间提供了背景。这些表面一般采用柔和的图案、纯色或饰面，座椅面料及配饰则采用图案和大胆的色彩。

图9-8 这家信用合作社的内饰通过采用饱和的、高对比度的颜色营造了实用的、现代感的氛围。Credit Union 1 - Fairbanks Branch。（照片提供：RIM Design. Chris Arend Photography）

照明是重要的，因为很多员工并不是对原始文档（也称为源文档）进行工作。需要良好的照明，以确保在进行银行业务交易时，员工或客户不出错。大多数银行设计的普通照明水平都与办公室相同，约70~150英尺烛光，并在需要额外照明的工作站设有工作照明。壁灯、射灯和轨道灯可用作环境照明倾泻到墙壁上，并突显艺术作品，或营造视觉兴趣。高高的天花板提供了使用高强度放电灯提供整体照明的机会。

电脑已经取代了银行的文书工作。柜员、信贷员、其他人员使用电脑完成几乎所有记录保存等功能。家具规格及木制品的设计必须能容纳计算机。符合人体工程学设计的座椅对于那些得整天对着电脑坐着上班的员工至关重要。机械接口和电源规格必须与室内设计师的家具规格协调一致。此外，市民亦可使用电脑进行许多银行交易。客户可以通过家中电脑在虚拟银行中办理业务，而虚拟银行已经在一定程度上改变了金融机构的规模及设计。

银行的室内设计应该营造稳定、安全和高品质的感觉。配饰是营造这一氛围的最后一招，应反映高品质设计。功能性配饰（如接待台旁边的垃圾箱，以及植物、艺术品、雕塑）都应该是高品质的，并与银行的主题保持一致。

法院和法庭

各级政府拥有或租赁建筑物来容纳用于进行管辖业务的机构和必要的设施。一种可在各级政府找到的设施类型就是法院，以及法院内的法庭。当然，讨论各级法律管辖的各种类型的法庭是不可能的。为了给最为挑剔的客户提供与设计有关的信息，本节将重点放在联邦法院和法庭的设计。

法院设计是商业室内设计实践中一个具有挑战性的部分。法院室内设计的规划和规格在很大程度上受到安全性、可访问性和可持续性等设计问题的影响。在法院内提供功能的设计决策可以说比审美决策更重要。与此同时，新的法院大楼（尤其是联邦一级的）由知名建筑师和设计师设计。他们被鼓励着创造出有趣、富于吸引力、同时功能完备的设施。

本节始于简短的历史回顾和对法院系统的说明。读者回顾BOX 9-1是很重要的，因为美国总务管理局（General Services Administration，GSA）在所有联邦设施的设计中都起着极其重要的作用。

历史回顾

早期的法院很可能是基于特定社会法规的部落委员会。美索不达米亚（Mesopotamian）文化文物揭示了书面的法规和法律证据。许多人都知道最高评议会（Sanhedrin）的希伯来法庭，其目的是诠释当时的希伯来法律。古罗马制订了第一部精炼的法典，还创造了现代法院体系。罗马帝国灭亡后，由当地领主执行的封建法庭成为欧洲的主要司法体系。在12世纪初，意大利的大学开始以古罗马法律为基础培训律师。最终，这部成文法取代了封建法庭的法律。

BOX 9-1　美国总务管理局（U.S. GENERAL SERVICES ADMINISTRATION，GSA）

美国总务管理局（GSA）的使命是"通过以最好的价值提供卓越的工作场所、专业的解决方案、收购服务和管理政策来帮助联邦机构更好地服务大众"。*GSA向联邦机构提供采购服务以及许多其他服务。它还帮助制定政策，以改善联邦机构给公众提供的服务。正如GSA网站指出的，GSA提供的其他服务的例子有：翻新现有设施；经营面向联邦雇员的托儿中心；鼓励并实践节能和绿色建筑；保护、维护由联邦政府拥有的历史建筑。

GSA中与联邦设施的规划及设计密切相关的一个关键小组是公共建筑服务（Public Building Service，PBS）。PBS关注由政府拥有的不动产和建筑。它是民用联邦政府的房东。超过100万联邦雇员的逾3.4亿平方英尺工作空间由PBS和GSA管理。PBS还指导联邦政府的建设方案，包括联邦办公大楼、法院及其他民用设施的建设、装修、改建和维修。通过PBS，GSA已制定了优秀设计方案（Design Excellence Program）。该方案包括两个步骤的建筑师－工程师遴选流程，以及通过使用知名建筑师审查小组来利用私营部门的同行提供反馈。该方案强调创造性，并提供GSA用来聘请建筑师和工程师的更高效方法。

该机构的大部分工作是与来自私营部门的建筑师和工程师共同完成的。专门从事联邦设施设计的设计职业人士这么做是因为他们知道，在鼓励优秀设计的同时，他们的设计将受到不同于私营部门客户的设计指南的仔细检查。这些标准的关键是关于可持续性、可访问性和安全性的设计规格。

联邦政府已承诺在建设项目中采用可持续发展的设计原则。GSA负责尽可能无缝地集成可持续设计，同时对成本效益的关注保持警觉。根据GSA，可持续发展的设计原则包括使用环保产品、提高室内环境质量、保护和节约用水，并尽量减少不可再生能源的消耗**，这些对于减轻环境对联邦雇员健康的负面影响都是很重要的。

GSA采用LEED评级体系，以帮助在联邦设施项目中应用可持续性设计原则。截至2003年，所有新GSA建设项目必须符合LEED认证标准。马萨诸塞州新贝德福德（New Bedford）新建成的社会安全局（Social Security Administration）大楼就是强调可持续设计GSA联邦设施的一个例子，那儿的设计中包括了一个绿色屋顶。

联邦设施的可访问性是至关重要的，GSA规定，所有公民都可以访问联邦设施。公共建筑的设计必须符合1968年颁布的建筑障碍法（Architectural Barriers Act，ABA）指定的无障碍标准。ABA适用于所有的联邦建筑物，并要求使用某些联邦基金来设计、建造、改建或出租的设施得让残疾人也可访问到。美国残疾人法案（ADA，于1990年首次颁布，于2006年修订）将可访问性要求扩大到所有建筑物（包括联邦建筑）。涉及任何由联邦拥有或租赁的建筑项目必须符合ADA指南。如违规将受到处罚。

安防的设计规划和法规已成为联邦设施的设计和持续改造的一个关键问题。在入口处的检查设备及金属探测器；小心谨慎地分流，以将非雇员的通道限制于安全的空间；甚至规划收发室和储存设施的位置，以减少潜在的爆炸影响，现在这些仅仅只是影响着所有联邦建筑物的设计的少数几个安防关注点。

通过GSA和PBS，还有许多其他资源和机构提供与联邦设施设计有关的信息。一个非常有用的资源是PBS出版的Facilities Standards for the Public Buildings（公共建筑设施标准）。该文档规定新建筑和改建的设计标准及规范，以及为PBS的现有及历史建筑修复和重建工作的设计标准及规范。它包括联邦建筑的程式设计、设计、文档阶段采用的方针和技术标准。可从GSA网页上找到关于预订或下载此文档的信息。

*2006年2月7日，GSA网站，www.gsa.gov.as
**2006年2月7日，GSA网站，www.gsa.gov.as

13世纪，英国皇室法庭制定了一套不成文的习俗，或普通法（common law）。之所以被这么称呼，是因为它适用于那块土地上的每一个人。普通法法院主要是根据先例（如同现今的实践一般），采用传统的法律原则。英国普通法发展成为在美国和加拿大使用的法院系统，今天仍然是这些国家的法律的一部分。19世纪初，拿破仑基于罗马法律建立了拿破仑法典

（Napoleonic Code，又称为Code Napoleon）。拿破仑法典演变成欧洲和拉美国家采用的法院系统。

美洲殖民地的早期法院都是仿造英国的普通法体系。独立后，美国殖民地法院成为州法院。1789年，美国国会通过了司法法案（Judiciary Act），创造了美国联邦法院体系。[6]

随着法律实践日益复杂化，美国的州和地方政府的管辖法院随着时间的推移而发展。在早期，法官往往在乡镇之间来回往返，审判法律案件。由于需要外出旅行，演变出了术语巡回法庭（circuit court）和巡回法官（circuit judge）。1912年，术语circuit court被替换成上诉庭（court of appeals），尽管它仍被非正式地称为巡回法庭。如今，每个巡回（circuit）都有一个上诉庭。

美国最高法院根据美国宪法第三条成立。所有其他联邦法院都由国会法案成立。最高法院是美国的最高法院，虽然人们普遍认为它是最终的上诉庭，但它也可以审理原辖区的案件。最高法院的判决不能上诉。法官由美国总统提名，经参议院确认。现在最高法院的大法官被分配给每个司法法庭，还附带有其他责任。

法院和法庭概述

人们出于许多不同的原因来到法院。市民来法院登记投票或获取企业名称。他们也许来这儿成为本国公民或领取结婚证。当然，他们可能会进入法院参与诉讼。

法院是一个政府机构，由法官或审判团成员主持，根据现行法律断案、审判或者举行听证会。审判庭（trial court）是进行大多数民事和刑事审判、首次提交证据的地方。审判庭可能存在于市、县、州或联邦一级。在市级至州一级的法院里，审理那些影响到市政法令的案件（如涉及违反交规的那些）。州法院审理涉及抢劫或袭击的案件。联邦法院处理涉及与美国宪法有关的联邦法律及事宜的刑事和民事案件。

根据案件的级别和类型，法院相关官员包括法官、陪审团、地方检察官或公诉检察官、辩护律师或公设辩护人。其他法院工作人员包括法院事务员、法警和书记员。法院官员还包括州最高法院或美国最高法院的首席大法官和法官以及市级司法法官。

在考虑新的联邦法院设施或对现有设施进行大型改造时，会成立一个法院设施规划委员会。联邦法院设计项目通常需要一个团队，由司法机关的一名或多名成员、GSA、美国法警服务（U.S. Marshals Service，USMS）以及其他联邦机构的代表组成。建筑师（可能还有室内设计师）担任GSA的员工成为规划团队的一部分也是常见的。他们可以参与选择私营部门的设计团队，由其负责项目规划和文档。州以及地方一级将为这些级别的新法院成立类似类型的设计委员会。

法院的类型

因为法院体系的复杂性，此处简要介绍州和联邦法院体系。读者应该注意到，本信息侧重于较高级别的法院诉讼，并非对各级法院的完整而详尽的描述。法院经常存在于县、州和

---

[6]World Book Encyclopedia, Vol. 4, 2003, p. 1104.

表9-4　法院与法庭术语

■ **上诉**（appeal）：一项诉讼，当刑事案件的被告或民事案件的任何一方认为原审法院的判决不当时发生。 ■ **上诉法院**（appellate courts，也称为上诉庭（appeals courts））：一个法庭，如有要求，在原审法院宣判后重审。 ■ **法警**（bailiff）：美国法院常见的法庭警务。他/她协助法官，并帮助确保法庭的安防。 ■ **围栏**（bar）：栏杆，将旁听区与法官、陪审团以及案件的其他各方分隔开。它也是法律界的一个术语。 ■ **法官席**（bench）：法官在法庭就坐的地方。 ■ **法院**（court）：一个政府机构，平息法律纠纷，对提交的案件适用法律。所有法院由法官主导。术语court可以指法官或法官再加上陪审团。还可以指解决争端的地点。 ■ **一般管辖权法院**（court of general jurisdiction）：审理除递交给特别法院（例如破产法院）的案件之外的任何种类的民事或刑事案件的法院。 ■ **有限管辖权法院**（court of limited jurisdiction，也称为特别管辖权法院（court of special jurisdiction））：该法院仅审理并审判特殊类型的案件，如小索赔案件。 ■ **原管辖法院**（court of original jurisdiction）：案件或听证会首先首次审理并提起诉讼的法院。	■ **特别管辖权法院**（court of special jurisdiction）：该法院审理涉及诸如青少年问题或交通违章行为等的案件。 ■ **民事案件/法庭**（civil case/court）：民事法庭，处理涉及非刑事案件（如涉及疏忽、违反合同、争议）的纠纷。 ■ **法庭**（courtroom）：用于履行正式的司法诉讼的空间。法庭是法院内的中心设施。 ■ **刑事案件/法院**（criminal case/court）：处理触犯州和/或联邦法律的法院。 ■ **区法院**（district court）：当地的或其他级别的司法管辖机构，在预先规定的地区或区域内拥有审理法院职责。 ■ **全席法庭**（En banc）：上诉法院采用的一种审判庭。En banc是个拉丁术语，用来指整个上诉法院审理某一个案件。最常见的全席法庭听证会发生在美国最高法院和州最高法院。全席法庭可能有法官席，或者是马蹄形的，或者是供9~11名成员落座的长凳。 ■ **控方**（prosecution）：在刑事案件中代表州或联邦政府的法官。 ■ **最高法院**（supreme court）：在州或联邦的司法管辖系统里的最高法院。 ■ **审判庭**（trial court）：法庭，大部分民事和刑事审判在此发生。也被称为原始管辖权的法院。 ■ **审判池**（well）：法庭的某个区域，由当事人、陪审团、法官、围栏前边的法院工作人员的空间构成。

联邦各级。还要注意的是，对州法院的讨论一般也适用于哥伦比亚特区（表9-4）。

州法院处理影响州宪法和法律的案件。州使用不同名称命名他们的审判庭，包括地区法

表9-5　法庭类别

■ 上诉庭	■ 地区法庭	■ 遗嘱检验法庭
■ 破产法庭	■ 国内法庭	■ 小索赔法庭
■ 商务法庭	■ 家庭法庭	■ 州法庭
■ 巡回法庭	■ 联邦法庭	■ 高级法庭
■ 民事法庭	■ 司法法庭	■ 最高法院
■ 宪法法庭	■ 少年法庭	■ 税务法庭
■ 县法庭	■ 地方推事法庭	■ 交通法庭
■ 刑事法庭	■ 市政法庭	■ 审判庭

庭 (district court)、巡回法庭 (circuit court) 和上级法庭 (superior court)。还可以使用州特有的其他名称。案例往往始于原管辖权法院，在那儿案件首次宣判。州初审法院被认为是一般管辖权法院，因为他们可以宣判涉及其管辖范围的任何种类的刑事或民事案件。民事或刑事案件去一般管辖权的州法院，在那里作出裁决或陪审团决定。州也有特殊管辖权法庭（有时称为有限管辖权法院）判决某些种类的案件，如家庭法院和市法院 (表9-5)。

如果当事人（刑事案件中的检察机关除外）对原审法院的判决不服，可向州的上诉庭提起上诉。由三名法官组成的小组审理案件。他们可以肯定下级法院的判决，也可能改判，把下级法院的判决弃之一旁或加以修改。在上诉法院的判决下来之后，如果需要，也可向州最高法院提出上诉。有些州并没有上诉法院这一环，所以案件可以从下级法院直接进入州最高法院。州最高法院的判决是最终判决。在大多数情况下，在州法院举行的审判不会被上诉到联邦法院，虽然可能有例外。当然，如果案件涉及宪法或联邦法律，美国最高法院可能会审理有些州法院的诉讼。

联邦法院处理涉及美国政府、联邦法律和宪法的民事和刑事案件。联邦法院包括地区法院、上诉法院和美国最高法院。联邦法院可以重审来自多个州、涉及团体或个人之间的民事或刑事案件。

审理大多数涉及违反联邦法律的案件的一审法院是美国地区法院。有一般管辖权法院，大多由美国各地的地区法院为代表，每个州以及哥伦比亚特区 (the District of Columbia) 至少有一个地区法院。联邦地区法院是联邦一级的审判庭。对地区法院事务的上诉向上一级的一般管辖权法院，即美国上诉法院提出。上诉法院的诉讼经常作为审查实体，如同州上诉法院。如果当事人对上诉法院的判决不服，案件可能由美国最高法院（美国最高级别的法院）审理。最高法院不必聆讯美国上诉法院已重审的诉讼的上诉。

还有一些联邦法院被认为是主题法院 (subject matter court)。例如美国破产法院和美国税务法庭。美国上诉法院还审理其他案件，如来自主题法院的案件——例如，关于税务的案件。

规划及室内设计元素

所有法院都有该法院级别、类型特有的设计准则及元素。联邦法院拥有最严格的设计准则；因此，本讨论将简要地侧重于联邦法院的设计准则。法庭设计也因法院的不同而有所不同。本节讨论一般联邦地区法庭的规划及规格的设计准则。

联邦建筑项目要7年才能完工并不稀奇。[7]卷入联邦项目在时间和问责上是个巨大的责任，不得轻易作出决策。法院及其内部空间的设计遵循任何类型的商业内饰的流程。联邦法院项目有一些关键的要求，会影响设计过程和最终设计方案。

在程式设计过程中，设计委员会（由法院员工和一名GSA建筑师组成）将使用设施评估调查 (Facilities Assessment Survey) 作为该设施的长期规划评估的一部分。此外，GSA的法院管理集团 (Courthouse Management Group, CMG) 负责联邦法院大楼项目的管理，审查在程式设计阶段开发的材料。一旦按照GSA规定的方式完成了所有的初步程式设计文档，资助

---

[7]Security and Facilities Committee, 1997, p. 2–17.

请求将被发送到美国国会，美国国会必须批准该项目，并拨放资金。一旦资金下发到位，就启动设计阶段。在下拨资金后，由GSA和法院工作人员最终选定项目建筑师和设计团队。[8]

联邦法院的建筑必须体现稳定性、完整性和公正，同时促进该地区或社区的架构。建筑物及内饰必须展现明朗、有序的外观。在整个过程中使用的材料必须坚固耐用、自然、取自当地，而且必须给人持久感。即便如此，联邦设施的设计必须遵循公共建筑服务设施标准（Facilities Standards for the Public Buildings Service）的严格准则。

设计建筑师必须给法院提供一份平面图，阐述该特殊结构/法院在30年以内的突出需求。价值工程（value engineering）用来确定花在建筑物终生的金钱带来的价值。考虑每平方英尺的建筑成本，以及生命周期成本。法院还考虑到鉴于法院的特定需求（如整体安防、法庭安防以及法官的安全室），新建法院的建设成本往往高于典型的联邦办公大楼这一事实。[9]

GSA非常关注安防规划，必须由设计团队彻底解决。安防问题不仅包括内部，还包括外部。鉴于将来到法院的各组人群保持分离这一要求，法院内的交通流相当复杂。其他问题还有安全停车和公共访问入口的安检。读者很容易理解，在2001年9•11恐怖袭击之后，安防问题已经给新法院大楼增添了相当大的建设成本。

法院在国际建筑法规中被视为营业用房，因为它们是民用建筑。法院包含办公室、餐厅/食品服务场所、装配空间，以及用于容纳囚犯的更小空间。法庭被认为是组合用房，这些非常实用的空间的布局受到严格控制，并且必须符合法规要求。用房类型的这种混合给建筑师和室内设计师提出了有趣的挑战，他们必须确保规划和规格符合当地以及联邦政府的法规要求。

法院设计

虽然本节侧重于法庭的室内设计，但提供对法院设计的关键问题的一个简短讨论，作为背景。法院和法庭的设计有许多具体问题，包括以下内容：

- 公众、律师、法官、法院工作人员、囚犯各自独立的流通模式
- 无障碍通道
- 整体安防
- 对音响和照明水平予以特别留意
- 在信息技术及视听系统设计与对高度审美的空间的需求之间取得平衡

大多数法院有一些共通的空间，包括门廊、大堂、公共走廊、电梯、文员办公室、审判室、法庭，以及私人/法官的走廊和电梯。其他公共区域包括食堂、服务区、中央法院图书馆、扣押囚犯的安全区和安全停车区。法院还有空间让律师与客户见面，并有房间让陪审团聚集、审议。本讨论的重点是一个典型的美国地区法院。

法院的设计有很多关键的规划指南。其中最重要之一是流通模式。三个独立的流通体系

[8]Security and Facilities Committee, 1997, p. 2–6.
[9]Security and Facilities Committee, 1997, p. 2–9.

是必需的：(1) 公众流通，这需要一扇门，通过一个安检桌；(2) 带受控门的受限流通，法官、法院工作人员和到访官员从受控门进入；(3) 囚犯使用的安全流通，由USMS控制。[10]

公众必须通过位于主入口的安检点进入法院。一些法院员工和律师也通过主入口进入。公众一般仅限于大堂和主层的部分空间，以及公共电梯和法庭外的走廊。陪审团会议室 (准许陪审员在上法庭担任陪审团之前在这儿会面) 必须位于主公共入口，并且必须有一个受控门。食堂被认为是一个人流很大的交通区域，必须靠近主公共入口。审判庭设在一楼是不太常见的。大多数法庭都位于法院的中央楼层。

法官有个受控门，与公共入口分开。最常见的是从地下室的安全停车库和私人电梯来到受控门。对法官和其他法院工作人员提供私人走廊。司法法庭往往位于远离审判庭的较高楼层。根据建筑物的设计，法官室可能靠近某个特定法庭或在一组法官室之内。文员必须能方便地前往法庭、法官室和公众流通区。中央法庭图书馆对所有法律工作人员 (包括法官) 都很重要，得有个受限的员工走廊，以便造访它们。

囚犯通过在建筑物地下室或后部的另一个安全入口带进来，使用另一架电梯押送他们到羁押室内，然后再解送到法庭。USMS负责所有联邦法院的安防。USMS办公室和中央囚室区有个公共的工作台，以及对办公室的受控造访。中央囚室区位于USMS区域内，通过穿过一个安全停车坪的囚车口来要求安全访问。在将囚犯押送到审判庭隔壁的羁押室之前，由USMS将他们带到较低楼层的羁押室。[11]

良好的标牌对于法院来说非常重要。设计它的目的是保持人流交通处于其本应该所在的位置，同时让市民易于寻路。人们得易于从入口大堂移动到诸如陪审员会议室、到达审判庭的公共电梯、他们可能得与之见面的文员及其他法院工作人员的办公室。

美国地区法院进行刑事和民事审判。法庭是这种类型的法院以及本讨论的焦点。临近或靠近法庭的律师及证人室能从公共走廊进入。陪审团审议室、囚犯羁押室和工作人员的空间一般都规划得相邻或靠近法庭。如果法官室在不同的楼层，那么在法庭附近可能还得规划小的法官更衣室。大陪审团房间通常靠近美国联邦检察官的办公室。所有大陪审团团员通过受限的走廊进入。公众将通过这些公共走廊造访法院内的其他办公室。其他类型的联邦法院会有不同的空间需求。不过，这些流通走廊是典型的。

联邦法院大楼及内饰的设计必须满足ADA的可访问性要求以及统一联邦可访问性标准 (Uniform Federal Accessibility Standards，UFAS)。在规划法院内的法庭时，ADA要求区域可改整，亦即，能很容易地转换得满足可访问性需求。

法院和审判庭的可访问性需求有几个关键元素。为了容纳轮椅使用者，需要坡道和电梯。在有座位的地方 (如在法庭上、食堂、大厅、走廊的等候区)，必须得能容纳轮椅。标牌可以包含图文显示屏和盲文替代品。这些只是一些必要的可访问性功能。

今天，法院的安防已成为一个主要的设计问题。它应该是最终设计团队最早的规划和研究的一部分。安防设计方案应该是全面的，但并不突兀，如果可能的话。虽然大多数这些问

---

[10]Phillips and Griebel, 2003, p. 78–79.

[11]Security and Facilities Committee, 1997, p. 14–7.

表9-6 法院和法庭的安防问题

■ 需要具有适当安检设备的、分离的出入口及交通走廊。 ■ USMS应将安防摄像头置于适当的地点，以连续地摄像。 ■ 法庭的多数座椅被固定在地板上，移动不了。 ■ 在进入特定法庭时，观众可能需要再次	摄像。 ■ 法官室的窗户不得暴露在街道水平面上。 ■ 可能得使用园林绿化和户外家具来让某些车辆与建筑物保持一定的距离。 ■ 得为法庭、法庭羁押室、司法室、受控流通区和囚犯的律师会见室提供使用电池备用电源的应急照明。

题是建筑师的责任，但室内设计师应该了解它们。在满足必须融入整体设计的安防设计需求方面，存在着特定的指南。美国法院设计指南（U.S. Courts Design Guide）阐明了很多这样的需求。表9-6列出了一些必须考虑的安防规划问题。

由于对隐私和机密性的需要，法院的声学控制是强制性的。语音清晰度和隐私是法院内与声学有关的两个关键的设计因素。对于法庭内（而非法庭之外）的所有各方来说，语音的清晰度是很重要的。这就是在法庭外的公共走廊与法庭自身之间设置一个缓冲锁音前庭的原因之一。隐私也是律师设施、法官室和陪审团空间的主要问题。这些空间的设计必须确保完完全全的声学隐私。

把法院设计得适应不断升级的计算机技术和其他电子设备是另一个关键问题。法庭报告设备和法庭计算机服务以及其他电子显示设备已经显著改变了法院和法庭的设计。所有法院和办公室都配有台式电脑。法庭上的电子证据显示设备给建筑师和室内设计师提出了新的挑战。卫星视频广播给法庭提供教育课程和管理信息。在规划这些体系时，常规电力服务和计算机网络需要单独的、分配有专门地面的空间分区以及不间断的供电。

为了降低照明系统的成本，GSA鼓励标准化（而非定制照明灯具）规格。GSA还提倡使用高效、紧凑、能提供不同光线水平的荧光灯。美国法院设计指南还鼓励使用间接荧光灯或洗墙灯，以突出建筑特色。

室内设计师必须知道GSA对饰面的许多目标和规定。GSA要求联邦法院大楼内部饰面得实用，体现司法系统的重要性和尊严。它们还必须与空间和设计理念一致，经久耐用，并且需要的维护很少。最后，它们必须在预算之内。主导法院项目的联邦政府喜欢符合法规、功能、耐久性和成本要求的、有限的饰面集锦。高品位和具备审美情趣的材料常见于低层的公共区以及法庭设施，那儿定制木家具很常见。有助于设计师指定室内饰面和材料的详细信息请参阅公共建筑服务设施标准（Facilities Standards for the Public Building Service）。

法庭设计

法院类型的确切性质将影响法庭的区域配置以及FF&E的布局。由于篇幅有限，本讨论的重点是可能为联邦地区法院设计的一个一般性的法庭。

一般的法庭是一个无柱空间，这样每个人（特别是法官和法警）可以查看整个空间。地方法院的标准法庭包括法官的长凳、证人席、法律助理、法庭副书记员、法庭前方的法院记

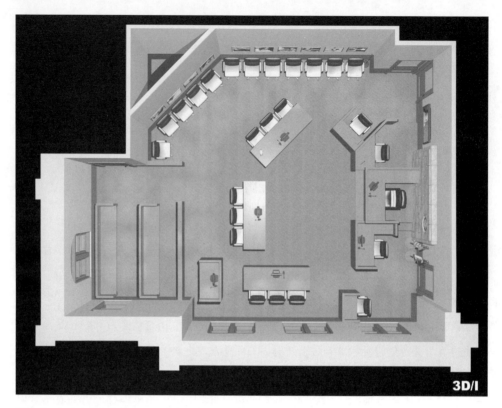

图9-9　县法院法庭的俯视图。(计算机绘图：3D/International)

者/报道员。陪审团和翻译的空间一般在这些区域的侧面。双方律师的律师桌正对着法官的长凳。包含有本诉讼的参与者的区域通常称为审判池。图9-9是一个典型法庭的俯视图。

观众的公共座椅在律师桌及有时被称为围栏 (bar) 的栏杆后边。证人空间一般设置在法庭与后边的公共走廊或进入法庭的公共入口之间。效果良好的锁音前庭防止噪声穿透走廊和法庭。

上诉法院的全席法庭的布置稍有不同。由于上诉案件由一名以上的法官审理，所以长凳更宽，以便坐得下审理案件的法官人数。在某些情况下，可能有个半圆形的长椅，能坐得下9~11名法官。它是弯曲的或倾斜的，使所有法官都可以看到对方。

法官的长凳有几个关键的设计元素。在一般的审判庭上，法官的板凳通常比审判庭地板高3~4级台阶，位于房间的中心或一角。必须给一台电脑留下空间，但不妨碍法官对法庭的视线。长凳应该具有环绕周边的凸帽，遮住放在长凳的工作台面上的电脑及其他文书。长凳还得提供存储办公用品和书籍的空间。法官的椅子通常椅背很高，椅臂闭合，像一把大行政办公椅。还可以提供脚凳。法官应能够通过设置在长凳上的报警按钮警示USMS指挥及控制中心 (USMS Control and Command Center)。现在法官的长凳内衬弹道材料 (图9-10)。[12]

法庭副书记站必须与长凳相邻，或者基本如此，因为在诉讼过程中，法官和副书记必须能够与对方进行沟通。副书记还必须能够看到法庭内参与诉讼过程的所有人员。必须将此工

---

[12]Security and Facilities Committee, 1997, p. 4–48.

图9-10　如图9-9所示为县法院法庭的内饰。请注意法官长凳上的凸帽。(照片提供：3D/International)

作区设计得也高于主地板，但低于法官的长凳。通常还有一名工作人员坐在那里。这个站里应设置一台电脑，其放置方式不得阻挡法庭的视线。工作台面的顶部需要在周边环绕一截4英寸的围栏，以帮助持留文书。应提供一个可旋转的办公椅。还需要空间来保存文件、证据、证物以及法庭记录机。站上设置有连接到USMC指挥及控制中心的报警系统。

　　证人席提出了一个有趣的设计挑战。根据法院的不同，它位于长凳的旁边——往往看似附着在长凳的一侧。一些法庭将证人席设计得正对着陪审团席位。通常将证人席设计得能容纳一人，可能还有一名翻译。它应该比法庭地板水平高大约12英寸。证人以及法庭必须能看到并能被看到。证人席前上方得有个深深固定的搁板，以便让证人审查作为证据使用的展品。证人席的椅子通常固定在地板上。然而，由于证人席必须能够访问，如果证人坐在轮椅上，那么法庭工作人员应能够很容易地移走固定的椅子。有时候，使用轮椅升降机或坡道。证人席的翻译必须坐在证人旁边或稍靠后。证人席上翻译的椅子不是永久固定的。[13]

　　在大多数法庭设计中，陪审团席位与长凳成直角。如果长凳在角落里，那么陪审团席位将位于长凳的一侧、证人席（位于长凳的另一侧）的对面。在审判过程中，陪审员被要求能听见、看见法庭，而且能被法庭听见。陪审员应能看到律师、客户和证人的全脸，因此陪审团席位的位置是非常重要的。陪审员应与律师的空间隔开，以防止他们听到律师和客户之间的对话。陪审团席位与观众区之间应提供至少6英尺的空间。

---

[13]Security and Facilities Committee, 1997, p. 4–50.

图9-11   法院听证室，陪审员在此聚集。请注意这一空间的
实用处理方式。(照片提供：3D/International)

陪审团的座位通常有两排。陪审团中较高那一排一定得比法官的长凳低6英寸。一般情况下，陪审团前排比地板高6英寸或一级台阶，第二排比地板高12英寸。[14]陪审团前边通常有个活动面板。每名陪审员都提供一把舒适、底座固定、可旋转/摇摆的扶手椅。术语陪审椅 (jury-based chairs) 因用于固定陪审团座椅的底座设计而得名。陪审椅应彼此间隔33英寸，排成一排，椅背与椅背之间间隔42英寸。[15]图9-11是听证室的一个例子。

在地方法院和大部分普通审判法院，应留有法务秘书和书记官的工作空间。应将法务秘书站定位得使秘书和法官能看到对方并进行交谈。它也高于地板水平，但比长凳低。法务秘书站前边有个围栏 (与副书记站类似)。给每个位置都提供可移动的转椅。储存区应容纳文件、办公用品，并有一部电话连接到USMS指挥控制中心。

法庭记者完成审判程序的誊本。因此，他/她必须能够听到每一条评论，并能看到证人、律师、法官的面部表情。法庭记者必须靠近证人席。其站应配备一个小桌面，用来处理文书工作，并有开放的空间来容纳移动速记设备。这个站得在某种程度上能够移动。

例如，对于刑事案件的辩方和控方，并没有将律师桌的位置预定在法庭审判池 (well) 内，即使它们通常被置于法庭的某一区域内 (一般正对着法官的长凳)。这种布局依赖于法院的类型。例如，在审判庭里，律师桌之间有走道。这么做是为了让律师能与代理人交谈，而且双方都不至于被 (别人) 窃听。

律师桌一般都只是固定在地板上的一张桌子。每张律师桌通常都有2~3把可移动的转椅。在得到法官的许可后，律师可以在律师桌上使用便携式计算机。在一些法庭里，提供计算机作为设备的一部分。

根据法院的类型，可能指定的另一项物品是一张可移动的讲台。有些法院诉讼要求律师站在讲台上，而不是靠近证人。在上诉案件中，律师必须站在装有时钟 (以给其陈述计时) 的讲台上进行陈述。讲台上应该有工作照明和一个麦克风。

审判池里还有一个功能区。物证的展示必须得有空间。视觉显示器对于展示与案件有关的物证及其他信息来说非常重要。[16]一个建议是壁挂式屏幕或可用于书写或投影的其他表面。法院和观众必须能很容易查看。诉讼当事人经常使用幻灯机、电影放映机、视频监视器、录像机，以及有PowerPoint功能的电脑。室内设计师应与法院协商，以确定所使用的设备类型，并应探讨未来的设备需求。

---

[14]Thacker, 2005, p. 1.

[15]Security and Facilities Committee, 1997, p. 4–52.

[16]Security and Facilities Committee, 1997, p. 4–56.

　　将法庭审判池（well）与观众隔开的是一个观众围栏或镶板分隔器（通常被认为是围栏）。围栏必须有一道宽的障碍门，限制审判池区域的准入。观众席提供长凳或固定的座椅。各排凳子之间的间距由法规确定。可访问性指南（如ADA指南）要求有轮椅空间和辅助听力设备。

　　处理少年案件和其他涉及儿童的案件的法庭是多种特殊法庭之一。图9-12a和图9-12b显示了专门面向儿童的法庭设施。

　　法庭的饰面应强调法院的尊严，并符合建筑的整体设计。"不得在一个破旧的空间里来

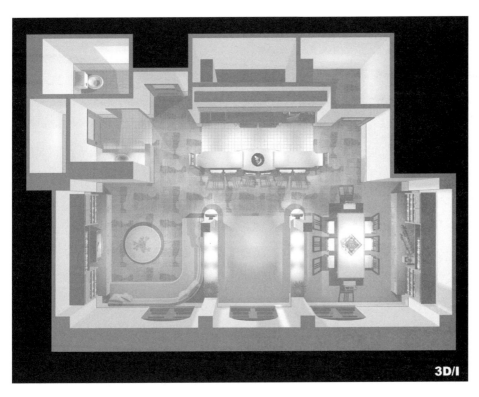

图9-12a　俯视图，描绘了为少年法庭设计的特殊区域。（计算机绘图：3D/International）

图9-12b　图9-12a所示项目完工后的照片。请注意给这家少年法庭设施提供的家具的尺寸缩小了。（照片提供：3D/International）

处理真正影响到人的问题。"[17]GSA对联邦法院及法庭的饰面有特定的要求和指南。墙壁饰面必须坚固耐用,几乎不需要保养。良好的光反射和声学控制也很重要。首选的地板覆盖物是高品质、高密、具备静电控制功能的地毯,如尼龙地毯。商业级地毯下边的地毯衬垫有利于吸收声音。在指定地毯和衬垫时,请意识到审判池内可能使用推车。

法庭内所有的定制木制品(如法官的长凳、陪审团席位、证人席、围栏)都必须符合美国木工协会(American Woodworking Institute,AWI)的要求。优质高档实木贴面材料和固体硬木是木制品、门窗、装饰和墙板的设计标准。联邦政府标准不允许使用外来的或不可持续的木材材料。[18]

法庭内可移动的家具物品很少。法官、法院工作人员和律师的座椅通常带有脚轮,而不是固定的椅子。所有这些物品应提供合理的舒适性,因为所有的参与者往往在法庭上一呆就是一整天。为固定的和可移动的座椅选择的座位面料必须得是抗污渍、耐用、商业级的材料,耐得住磨损。

对于法庭内的木制品和家具的设计及规格,设计师必须牢记,法庭程序的所有参与者必须能够看到、听到彼此。牢记这一事实后,室内设计师不得不考虑家具的高度和工作台面的尺寸。给所有参与者都提供明晰、开放的视野,而不得被栏杆阻挡视线。

在新的建设和重大改建中,法庭被置于建筑物的中央,没有窗户。如果该空间内有窗户,那么它们必须有窗棂,以提供针对外部入侵的安防。该建筑必须由建筑师精心选址,以便来自其他建筑物的监视不会给外人带来视觉上的或安防方面的便宜。一楼的窗户和一楼以上的法庭窗户必须用防弹材料设计。如果法庭有外窗,那么在进行媒体播放时,设计师需要提供使房间昏暗下来的幕布。

法庭的天花板比大部分房间高,给照明设计带来了挑战。法庭上的照明必须达到推荐的照明水平,并考虑到可能的录像、证据显示,以及个人电脑的使用。照明设计注重更高的照明品质,以及法庭前方长凳上的光线质量,并突出显示美国国旗和审判池区域。这就需要调整照明解决方案。法庭审判池与观众席之间的照明水平应有所差异,对审判池得有更灵活的照明功能。

法庭上的普通照明水平应介于约40~75英尺烛光[19],如有需要,灯具必须是可调光的。许多法庭结合使用白炽灯和荧光灯。可以用拱腹(soffits)、线槽、凹龛和窗侧来容纳HVAC、照明和音响系统,这有助于将设备融入整体设计中。在大法庭里,还可能使用吊灯。取决于建筑物的设计,建议使用悬吊的吸音砖或石膏墙板饰面。如果断电,法庭照明必须提供应急照明功能。[20]有趣的是,法官的长凳不得有应急灯,否则当灯光变暗时可能会突出他/她的位置。

室内设计师从联邦政府有个资源:《美国法院设计指南》(U.S. Courts Design Guide,第四版),由法官、建筑师、工程师、设计师和法院行政人员编制并面向这些人群,以协助联邦法庭建设项目的规划。该指南的重点是法庭设施,包括空间规划、安防、声学、机械和电气系统,以及必要的自动化。

---

[17]Phillips, Griebel, 2003, p. 110.

[18]Thacker, 2005, p. 1

[19]Security and Facilities Committee, 1997, p. 4–64.

[20]Security and Facilities Committee, p. 4–65.

图书馆

图书馆（library）收集、保存并提供使用各种各样的信息和材料。单词library从拉丁单词liber演变而来，意为"book"（书籍）。术语library被接受的意思是藏书，以及存放它们的建筑物。缩微胶片、CD和DVD、手稿、音像资料、录像带、电影、地图甚至是文物的存储库也是图书馆。观众还可以使用计算机进行研究、参加教育研讨会，并查看艺术展览，仅举几例。现在图书馆基本上是多媒体资源中心，以及书籍的存储库。

对于儿童来说，第一次参观并从社区图书馆借阅书籍是一次激动人心的体验。虽然大部分小学都有自己的图书馆，但其藏书通常比公共图书馆小。随着孩子长大，他们越来越频繁地进出图书馆。准备读书报告不仅能帮助孩子阅读，还把他们引入了图书馆保存的浩如烟海的、奇妙无穷的信息。中学生发现在做职业选择和决定接受怎样的大学或中学后培训，以及从事中学的研究项目时，图书馆资源非常有用。不论用户年龄大小，对图书馆资源的使用需求似乎永无止境。

不论图书馆是农村地区的一个很小的社区图书馆，还是很大的、内容广泛的国会图书馆，它都可以帮助人们通过信息塑造他们的生活。图书馆的设计有助于增强这种知识，而且是机构室内设计中的一个有趣的、有意义的专业领域。

历史回顾

古代文明的记录表明，早在公元前5000年，苏美尔人（Sumerians）用泥板作为保存记录的方法。其他的古代文明，如巴比伦人（Babylonians）和亚述人（Assyrians），也在板块（tablet）上保持记录。埃及人在约公元前500年开发出了莎草纸（papyrus），能使用卷轴用象形文字的书写形式来记录历史。埃及亚历山大图书馆有古代世界上最大的卷轴藏书，直到其建筑及所有藏书被烧毁。古希腊人将图书馆放在一些寺庙里。古罗马人鼓励修建图书馆，并允许更多公众访问材料。最古老的图书馆的使用受到极大的限制。

东方世界大多在皮革上书写，例如中东的死海古卷（the Dead Sea Scrolls in the Middle East）。羊皮纸由动物的薄皮制成，促进了书籍的发展，因为羊皮纸的尺寸无法与莎草纸卷轴的长度竞争。到公元400年，羊皮纸取代了比它更脆弱的莎草纸。在公元1年，中国人发明了造纸术，因他们浩如烟海的图书馆而著称。到1500年，在欧洲，纸取代了羊皮纸。

在中世纪，书籍在寺庙制成，保存在寺庙，并提供给某些人。写字间（scriptorium）是寺院内复制图书（以宗教内容为主）的地方。由于书籍的价值和稀有性，出于安防目的，很多藏书被拴在架子上。随着文艺复兴时期的到来，人们更加重视阅读、写作和学习。在这一时期，不仅是修道院、大学和君主收藏书籍，有私人图书馆的商人也收藏书籍。1571年，洛伦佐•德•美第奇（Lorenzo de Medici）的藏书被作为公共图书馆开放；与此同时，梵蒂冈开发其丰富的、依然存在的图书馆。法国早在公元1367年就开设了一家国家图书馆，伦敦则于1425年开设了第一家公共图书馆。[21]

---

[21]World Book Encyclopedia, vol. 12, 2003, pp. 258–59.

约翰•古藤贝格 (Johann Gutenburg) 于1450年发明了活字印刷术，帮助创造了对图书馆的需求，因为现在更容易制成印刷品，而不是手写的手稿。书籍数量的增加有助于消除将书籍栓在书架上这一需求，使它们能被带到早期的阅读室。在17世纪初以前，书籍被存放在书架上，这是图书馆书籍存储系统的前身，时至今日依然被奉为标准。在随后的几个世纪里，随着教育的重要性增加，公众充分利用大学、国家和地区图书馆，图书馆在规模和地位上继续增长。

美国早期的图书馆是私有的，位于学者、教士和富商的住宅里。早期的流通文库由私人拥有，为了盈利而经营。1653年，美国的第一个公共图书馆始建于波士顿，哈佛大学在1638年后拥有图书馆。[22]1731年，本杰明•富兰克林 (Benjamin Franklin) 开设了订阅图书馆，允许公民使用它，如果他们支付规定的会费成为会员的话。到18世纪初为止，通过图书借阅俱乐部满足公众需要的书籍流通。

华盛顿特区的美国国会图书馆于1800年由美国国会成立。在1812年战争之后，国会收购了托马斯•杰斐逊 (Thomas Jefferson) 的私人图书馆，以更换在战争中被英国人烧毁的材料。美国国会图书馆被认为是美国最伟大的研究型图书馆。在1850年左右，开设了面向公众开放的图书馆。1876年，成立了杜威十进分类系统 (Dewey Decimal Classification system) 和第一家图书馆学校。在19世纪末20世纪初，工业家安德鲁•卡内基 (Andrew Carnegie) 捐赠了数百万美元修建社区图书馆，其中许多至今仍在使用。

美国图书馆的设计大多采用20世纪40年代的传统的或古典的主题。二战退伍军人依据士兵福利法案 (GI Bill of Rights) 有机会念大学。学生的大量涌入导致20世纪50年代美国在全国范围内大肆修建新的图书馆 (和学院)。新的施工方法考虑到了较大的室内开放空间，给图书馆环境提供了升级版的舒适性和灵活性。随着技术提供新方法来存储和制作材料，图书馆建筑和室内设计以及图书馆服务不断改变。图书馆已扩大到不仅包括印刷书籍，还包括缩微胶卷、录像、电脑设施、上网和各种期刊。互联网的早期用途之一是让科学家和学者交换信息，并给偏远地区图书馆提供资源。

图书馆设施简介

和任何商业室内项目一样，图书馆有一个行政结构，涉及一群决策者。图书馆可能由私人实体 (如建造、控制公共图书馆的宗教团体或地方、州和联邦的机构) 拥有和管理。

各种设施都有图书馆藏书。联邦政府维持许多机关办公楼的图书馆。法律图书馆是法律官员必不可少的。州历史档案馆提供了关于州以及局部地区的宝贵研究材料。梵蒂冈图书馆 (Vatican Library) 是宗教学者必不可少的。博物馆向学生和学者开放图书馆藏书。室内设计专业的学生找到要完成项目所需的资源库。大学有范围广泛的当前及存档材料 (表9-7) 的图书馆。

现代图书馆提供其他档案功能，为用户提供许多其他服务。图书馆将个人或团体捐赠的历史文献归档，为研究人员提供查阅文件原件、手稿以及他们社区的珍贵照片的机会。许多图书馆都有磁带和盲文书籍的有声读物，以帮助失明者。图书馆还赞助历史文物或本地艺术家和工匠的作品展览。有教育机会 (如研究、讲座、社区项目)，一般对社区成员免费。

---

[22]Packard and Korab, 1995, p. 382.

读者的社区图书馆是公共图书馆的一个例子。大多数美国城市和乡镇的公共图书馆由图书馆委员会和图书馆馆长管理。几名图书馆员、秘书人员和志愿者向图书馆馆长和董事会负责。最杰出的联邦图书馆是位于华盛顿特区的美国国会图书馆，于1800年首次由国会作为图书馆建成，在1812年战争后重建，是美国国内最大的图书馆藏书。所有出版的图书和版权登记材料的副本都在国会图书馆里存储、分类。

小学或中学的图书馆由馆长、助理（或许还有成人和学生志愿者）运营。馆长直接向学校校长报告，并间接向学校和当地教育董事会的监督人报告。教育委员会是一个民选机构，因而董事会定期变动。在许多学校的图书馆项目中，这往往造成给决策部门带来一个有趣的挑战。

特殊的藏书或档案图书馆中有个馆长，就像博物馆一样。馆长负责管理、研究、演示文稿，并监视藏书，确定将采取的方向。助理、秘书人员和志愿者向馆长报告。助理通常是使用特殊藏书的市民的主要联系人。

取决于教育设施的类型，高校图书馆的管理结构错综复杂、各不相同。学生主顾通常首先与学生工作者和秘书人员接触。图书馆员和助理馆员向大学图书馆或馆长汇报，工作于诸如多媒体、参考、编目、期刊、文件、信息系统、材料购置、编序及装订、特殊藏书、计算机服务和教学化验室等领域。有时，大学的图书馆馆长与向教务长或学术副校长汇报的学院院长的行政级别相同。高校也有外面的理事会。它们由州任命，或由议会及专门分配给大学的受托人委员会选举产生。一些高校以及高校内的某些学院大楼还有专门的图书馆，例如，专门为室内设计和建筑系学生建成的图书馆。

所有类型的图书馆在增建、大型改造或修缮的设计中有一个决策规划链。该过程通常始于馆长向城市管理者针对小城的公共图书馆提出要求，向校长针对小学或中学的图书馆提出要求，或者向教务长针对大学或学院的图书馆提出要求。客户形成一个设计委员会，与建筑师和室内设计师一起工作，这并不少见。在较大的设施里，设施部门的代表一般也参与其中。较小的工作（如涂料规格）不太可能经过广泛的指挥链，可直接由图书馆馆长或该项目委任的人员处理。

表9-7　图书馆术语

- **卡内基图书馆（Carnegie libraries）**：由卡内基基金会（成立于1911年）资助的设施，以帮助社区图书馆和学校。
- **卡雷尔书桌（Carrel tables）**：小的封闭式书桌，通常是独立式的，用于个人学习、研究。
- **目录系统（catalog systems）**：用来将图书馆内的所有材料分类，使其用户更容易找到所需材料的方法。使用的两个系统是杜威十进制系统和国会图书馆系统。
- **闭架书库（closed stacks）**：只有通过向图书馆工作人员提出要求后才可获得的材料。它们必须在图书馆或闭架书库阅览室内使用。
- **馆际互借（interlibrary loan）**：用户从其他图书馆借书的请求。
- **开架书库（open stacks）**：向公众开放、可自由访问、使用的材料。
- **特殊藏书（special collections）**：需要特殊照顾以保护它们免受伤害、具有历史或档案价值的文件。特殊藏书的大多数材料在闭架书库。
- **书库（stacks）**：包含图书馆材料的开架式书架。

表9-8　专业图书馆的类型

- **档案图书馆（archival libraries）**：其藏书侧重于具有历史价值的文献的设施。华盛顿特区的美国国家档案馆（National Archives）是最有名的档案图书馆。
- **私人图书馆（private libraries）**：由个人和企业拥有的设施。
- **研究型图书馆（research libraries）**：包含具有非比寻常的主题或价值的新老材料的图书馆。例如，华盛顿特区的福尔

杰莎士比亚图书馆（Folger Shakespeare Library）侧重于伊丽莎白时期。
- **专业图书馆（special libraries）**：侧重于某个主题的设施。它们可能是私有的，或由政府或大学所拥有或支持。位于华盛顿特区的美国革命女儿会（Daughters of the American Revolution，DAR）谱系设施就是一个例子。

图书馆设施的类型

各类图书馆在所有权及藏书的重点上存在着本质区别。图书馆藏书的所有权将影响谁能够使用该图书馆。例如，由城市或城镇拥有的图书馆向居民开放，但可能不允许非居民带出材料。私人律师事务所的法律图书馆将被限制于该事务所的员工。室内设计公司很少允许外部设计人员使用该公司的图书馆资源。材料藏书还定义了今日的图书馆。表9-8列出了本节未讨论的许多图书馆设施类型。

国家图书馆由联邦政府拥有。最熟悉的例子是美国国会图书馆，它在有限的基础上开放给公众使用。此外，还有国家医学图书馆、国家档案馆和国家农业图书馆。

公共图书馆由社区拥有，出于其居民的利益而存在。设施可能是个有几千本书的小型公共设施，或有数以百万计藏书的大型市图书馆。小型公共图书馆经常强调儿童读物，因为有

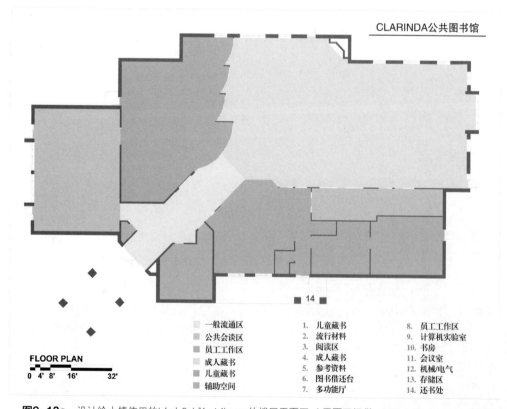

CLARINDA公共图书馆

FLOOR PLAN
0　4' 8'　　16'　　　　32'

一般流通区　　　　1. 儿童藏书　　　　8. 员工工作区
公共会谈区　　　　2. 流行材料　　　　9. 计算机实验室
员工工作区　　　　3. 阅读区　　　　　10. 书房
成人藏书　　　　　4. 成人藏书　　　　11. 会议室
儿童藏书　　　　　5. 参考资料　　　　12. 机械/电气
辅助空间　　　　　6. 图书借还台　　　13. 存储区
　　　　　　　　　7. 多功能厅　　　　14. 还书处

图9-13a　设计给小镇使用的Lied Public Library的楼层平面图。（平面图提供：FEH Associates, architects）

些小学只有小型图书馆（如果有的话）。公共图书馆通常提供多媒体服务、教育项目或将会议空间用作社区用途。纽约公共图书馆是规模宏大的公共图书馆的一个典范（图9-13a、图9-13b和图9-14）。

学校图书馆是第三种类型的图书馆。今天，学校图书馆可能被称为图书馆媒体中心、学习资源中心或教材中心。小学和中学都有供学生使用的图书馆。它们的藏书一般不会很大，一般比许多城市图书馆小。学校图书馆提供了一个方便的地方，让学生研究材料、课堂作业，用电脑在互联网上做研究，并有一个安静的地方来学习。

学术或大学图书馆是第四种类型的图书馆。二战后，大学图书馆藏书扩大，开始着手新服务。本科生、研究生和专业图书馆不断发展，以满足特定院校的需求。图书馆的用户主要是学生和教员，但市民也被授予某些图书馆权限。学术图书馆给用户提供诸多服务，包括媒体中心、复印中心，以及用于研究和互联网使用的电脑区。哈佛大学拥有世界上最大的大学图书馆系统。大多数学术图书馆拥有书籍、杂志、政府文件和其他材料的广泛藏书。多数高校图书馆还有一个特殊

图9-13b　图9-13a所示Lied Public Library的室内景观。请注意在这个高度用眼设施中照明的应用。（照片提供：FEH Associates, Architect）

的藏书部分，在那里安全地保管、研究对该大学及周边社区具有历史意义的物品（图9-15）。

任何图书馆的首要目标都是汇集满足顾客需求的藏书。有些人去图书馆仅仅是为了从家里

图9-14　小学儿童图书馆所需的家具尺寸比一般图书馆小。（建筑师：Dekker, Perich, Albuquerque, NM. Photograph copyright Kirk Gittings）

图9-15 Edward Larabee Barnes设计的一家大学图书馆的主入口的外景。(照片版权所有：犹他州州立大学摄影服务部(Utah State University Photography Services))

逃避几个小时，阅读报纸和期刊，或寻找一个安静的学习环境。图书馆还必须以营造愉快、舒适、能满足客户需求的氛围为目标。室内设计师、建筑师和设计团队的其他成员应该帮助图书馆实现这一目标。

规划及室内设计元素

所有图书馆项目的规划及设计元素都是类似的，但是内容广泛。限于篇幅，难以详细讨论每种类型的图书馆设施。本节的其余部分侧重于一个一般性公共图书馆的主楼层。办公室、工作区后部、公共厕所以及会议室将不予讨论。

由于图书馆服务使用的增加，很多设施都追求改建、扩建、改造利用或新建。在公共图书馆的设计或重新设计中，室内设计师将与图书馆馆长、主要的图书馆工作人员(或许还有图书馆董事会)协作。一般来说，城市政府的代表也将参与其中，可能来自城市规划或工程师的办公室。室内设计师将是一个由建筑师领衔、可能包括一名或多名专业顾问的设计团队(取决于项目的范围)的组成部分。

除了资金之外，图书馆客户还将关注空间规划，以确保功能区的布局是有效的，并易于用户使用。设计团队在取得图书馆馆长的批准后，将提供家具物品、建筑装饰(如地板)和其他所需物品的规格。声学、照明设计和机械系统的规格是至关重要的，以确保室内气氛，保护藏书。

公众也被视为客户。也许设计委员会将包括一名公众。如果不是这样，使用图书馆的公众最终将基于设施的易用性、桌椅的舒适度、可访问性、用户友好的计算机访问来评价其品质。公众还将基于图书馆工作人员提供的文本、参考文献和期刊来评价图书馆。

让我们开始审视我们的空间规划考量。图书馆被分为不同的功能区，其中最常见的是书架。用户进入大堂区，走进借书处、还书处和信息台。更远处就是主要的图书馆空间，用户能在这儿找到书架、最新的期刊、特殊的参考材料和宣传材料。毗邻这个主要区域的可能是儿童图书馆、特殊藏书(如果有的话)、计算机房、浏览区、会议室、洗手间和成人阅览室。还有供图书馆工作人员使用的空间，包括办公室、编目空间、工作室，以及可能的会议室或员工餐厅、储存和保管空间。

图书馆用户可能到一排电脑终端前，查询某本书或其他材料的位置。电脑吐出卡片目录——特别设计的3英寸×5英寸卡片——在大多数图书馆都已绝迹。这些电脑往往置于借书处或服务台附近。其中有些可能只包含藏书的目录，而另一些能让用户使用计算机进行网络搜索。这儿还放置用于缩微型、缩微胶卷、缩微胶片的其他设备。这些设备使用特殊薄膜，在其上保留报纸、杂志、目录和许多其他类型的文件。

一旦找到书籍(简化起见)识别号，用户就移动到书架(图9-16)。取决于建筑物和/或可访问性法规对设施的具体应用，各排书架之间的过道(称为range aisle)为36~44英寸宽。书架之间可能还需要宽走道，或可能还需要为图书馆存储设备的各种其他组合留出走道。

开架和闭架书库之间存在着重要的功能差异。如果用户能亲自进入书库自行选取书籍，那么书库被称为开架书库。如果用户必须经由图书馆工作人员获得书籍(或其他材料)，那么书库被称为闭架书库。闭架书库并不意味着用户不得使用其材料，但只有工作人员才能实际访问它们。在许多图书馆的档案区和存放特殊藏书的地方，闭架书库是很常见的。闭架书

图9-16　图书馆内的书架需要连续的、充足的照明。(照片版权所有：犹他州州立大学摄影服务部(Utah State University Photography Services))

图9-17 大学图书馆的图书借还台。地板、书桌、天花板都重复曲线。(照片提供：RIM Design. Chris Arend Photography)

库最有可能位于图书馆内的一个单独空间里。由于材料的微细本质，这些区域也要求特殊的机械系统规划。

书库的书架是开放的架子，每一侧标准深度为8~12英寸。[23]这些书架以及存放文档、存储专门藏书 (如录像带或记录) 的许多橱柜是从专门生产图书馆设备的制造商那儿选定的。许多这些厂商的名字列在室内设计行业杂志社出版的资源指南以及供应商提供的网站上。书库以及其他材料存储的位置和规划必须做得非常仔细，因为书库的重量极其显著。如果室内设计师规划图书馆楼层，他/她必须就有关楼面荷载咨询建筑师或结构工程师。

书籍和其他材料在入口桌 (entry desk) 借出。一般情况下，用户会经由某种安全设备退出，以确保书籍和其他材料不至于在未被妥善地记录、检查之前被带离图书馆。图9-17所示为一个典型的图书借还台，图书和其他文献在这儿接受检查。

图书馆的典型家具规格涉及图书馆桌、体积小且易于移动的椅子和卡雷尔桌椅。可以指定四人或八人的图书馆桌。在每个位置留出深度为42~48英寸的学习空间，桌子高度为29~30英寸。桌子通常是木框架、带桌面的，或者带薄层桌面的木框架。浅色至中性色的桌面有助于避免眼睛疲劳 (要是在深色表面和浅色表面 (如纸面) 之间对比度太高，就很容易造成眼睛疲劳)。

随着越来越多的用户使用图书馆来学习和研究，卡雷尔书桌已成为流行物。卡雷尔也是使用个人笔记本工作的一个便利场所。卡雷尔书桌是双面的，三面被面板包围，以提供隐私。双面卡雷尔的标准尺寸为35英寸宽、48英寸深，再加上椅子的空间。设计师为卡雷尔指定浅色表面是很重要的，因为侧面高高的面板以及头顶的架子很容易挡住光线。常常为媒体设备 (如缩微胶片浏览器和电脑终端) 指定小桌子或降低了后部及侧面高度的卡雷尔。

卡雷尔书桌的座椅往往由木制的小无臂椅构成，坐席有软垫、靠背。之所以选择这种类型的椅子，是因为其易于维护、耐滥用、富于历史感的风格，有时成本也低。要是预算允许的话，符合人体工学设计的椅子将是理想的。基本的图书馆椅子有16~18英寸高，座椅深度为20~22英寸。图9-18所示为卡雷尔通常使用的椅子样式。

图书馆的另一个区域是阅览室或阅读区。这些空间往往设计有舒适的全软垫椅子，还有

[23]McGowan, 2004, p. 392.

图9-18　左边的卡雷尔。请注意椅子上弯曲的摇杆以及卡雷尔、书桌、椅背上重复的曲线。(照片提供：RIM Design.
Chris Arend © Photography)

舒适的商业级织物或皮革。椅子可以放置成社交离心 (sociofugal) 或社交向心 (sociopetal)
布置。社交向心布置可能会将四把大软垫椅排成正对着有杂志或期刊的中央矮桌的一个环
形。尽管椅子的布置鼓励互动，但桌子创建了一个轻微的心理障碍。该社交离心布置可能使
大的阅读椅处于背对背的配置，之间可能有沙发。可以指定纯色、带图案或纹理的面料，只
要它们是商业级的材料、承受得住在图书馆中想象得到的大量使用及滥用 (图9-19)。

　　室内设计师可以为借书台 (checkout)、信息台及其他区域营造独特的、适当的定制木
制品。功能性需求是最重要的，而且设计必须被客户和图书馆工作人员认可，以确保这些需
求得到满足。光滑的台面材料便于书写，浅色表面能减轻眼睛疲劳，并为馆员提供足够的工
作空间，这些都是很重要的。尤其是借书台应该有一个较低的台面部分，以满足可访问性指
南。信息台也必须是无障碍的。

　　图书馆的材料规格主要涉及建筑装饰、家具或木制品。可以指定范围广泛的配色方案，
以提升整体设计，满足图书馆决策者的需要。根据该空间的功能，通常采用更浅的颜色或柔
和的色调，以减轻眼睛疲劳，并增加光反射率。电脑站往往需要较深颜色的表面，以降低显
示器和周围表面之间的对比度。可以用质感的商业级墙面涂刷或覆盖墙壁。质感的墙面被用
来帮助减少设施内的噪声，增添情趣。地板往往采用胶式安装方法铺设有高密度、低桩、紧
簇绒地毯。这有助于轮椅用户，并便于装书的推车移动。地毯通常是花呢或小图案，能隐藏
交通路径和污迹，并减少视力有限的人士的问题。

　　使图书馆中的儿童区成为一个愉悦的、用户友好的空间是很重要的。儿童尺寸的桌椅是必
要的，还得有一些成人尺寸的桌椅。提供较大的桌子是为了使家长和青春期前的孩子有对于他

图9-19　图书馆阅览区，有舒适的软垫椅围绕着火炉。(室内设计 : Globus Design Associates. Susan L. Quick, ASID, project designer)

们的身材来说比较舒适的家具。书库要低，因为让孩子在没有援助的情况下努力去够在超过4英尺高的架子上放着的书籍是不安全的。如果图书馆在大城市里，那么儿童图书馆里通常有一个单独的信息台。壁画和明亮的色彩有助于营造一个愉快的氛围，鼓励孩子们回到图书馆（图9-20)。图书馆还给十多岁的用户提供特定区域，包括计算机工作站和会议室 (图9-21)。

良好的照明设计是至关重要的。书库消除了大多数来自窗户的自然光，并挡住米自大花板的直射光线。要达到照明工程学会（Illuminating Engineering Society）推荐的照明等级不是一件容易的事，该学会建议书库30英尺烛光/FTC、大多数其他区域70英尺烛光/FTC。在书库里，灯具可安装于书库的顶部，或定位在书库之间，作为间接光源。在更老的图书馆里，或在那些天花板极其高的图书馆里，书桌通常提供工作灯，因为这些区域难以用吸顶灯照明。低值颜色能增加光线反射，减少眼睛疲劳。应避免高对比度的颜色和饰面，因为从浅色到深色的转移会造成眼睛疲劳。

整个图书馆内的计算机工作站的设计也很重要。图书馆的借书台和信息台的工作人员需要符合人体工程学设计的计算机工作站，因为舒适、健康的工作区对于图书馆员工很重要。办公室里处于人们视线之下的雇员工作区也应指定符合人体工程学的座椅和工作站。理想情况下，还应指定符合人体工程学设计的电脑区或房间供用户使用，以适应不同体型和能力，包括无障碍工作站。成年人、儿童和少年的计算机站应位于单独的区域，配以缩放到与年龄相适应的家具。图9-22所示为图书馆内儿童的计算机工作站。请注意家具的小尺寸。

艺术品常被用来提升设施 (的品味)。有时，艺术品是从当地艺术家借来的。阅览室最有可能使用艺术品配饰。代表着城市或地区的物件是流行的主题。图书馆经常有艺术品借贷项

图9-20　儿童图书馆充满创意和吸引力的入口。请注意开口和家具的小尺寸。明丽的色彩和童话邀请着小朋友们进入这个空间。(照片提供：Creative Arts Unlimited, Inc.)

图9-21　West St. Petersburg Public Library内的一间少年室。请注意个人长条形软座及电脑空间。(照片提供：Creative Arts Unlimited, Inc.)

图9-22　使用小尺寸家具的一家儿童图书馆内的计算机工作站。(照片提供：Creative Arts Unlimited, Inc.)

目，用户可以在一段时间内将装饰画借出。

　　与图书馆有关的法规可能很广泛，需要设计师研究、学习。国际建筑法规将图书馆 (作为一般类) 划分为A-3 Assembly (集合)，生命安全法规将图书馆归类为组合用房。关于出口、过道、走廊、饰面等的决策应遵守这些法规。

　　除了针对组合用房标准的可访问性指南之外，图书馆还必须满足其他ADA指南。如果书桌采用固定座椅，那么这些单元的至少5%得是无障碍的，而且固定的无障碍书桌之间的间隙必须遵循ADA 4.3节的维度指南。借书台必须有一个较低的台面，或为轮椅用户提供另一种可接受的设备。安全门也必须为轮椅留有足够的间隙。书柜和任何橱柜之间的空间必须至少有36英寸，而且首选是42英寸。设计师应该研究相应的指南和守则，以确保图书馆的设计符合所有适用的州和地方法规。

　　更换被盗的图书馆材料的成本非常高昂。因此，一个主要的安防问题就是防止因盗窃而造成的损失。今天，在几乎所有图书馆里，大楼里都存在着安防设备。这些设备与贴在图书馆材料上的电子安全识别标签配套使用。对用户 (甚至还有进入许多设施的雇员) 的更严格审查——尤其是由政府所有的图书馆，例如国会图书馆——涉及金属探测器和双手扫描器 (跟机场使用的类似)。在程式设计阶段，必须与图书馆工作人员共同探讨安防问题，以在设施的空间规划及规格中融入相应的措施。

　　图书馆设施的设计涉及认识到一大群利益相关方的需求及愿望。各利益相关者群体的需求通常稍有不同。因此，图书馆是商业室内设计师面临的一个有趣的设计挑战。图书馆设计的重点永远是向公众开放的材料藏书，大楼和内饰提供一个背景，为公众的使用营造一个引人入胜的、和谐的空间。不论项目是一个小型公共图书馆或新的学术图书馆，设计师都必须研究行政架构、设施类型，以及其所有需求，以确保提供专业的解决方案。

教育设施

教育和学习可以发生在许多环境中。总是很容易把我们的学校体系视为主要的教育设施。作为成年人，我们还在其他环境——企业培训室、酒店会议中心、训练康复中心、贸易洽谈会上的协会研讨会，以及不计其数的其他设置——中教育、学习。孩子们在课堂之外也有教育机会，例如能进行阅读的书店、和父母一起参加博物馆活动。在许多情况下，这些替代地点的教学和学习环境已在本书的其他章节中讨论过。本章将侧重于提供结构化的、政府资助的教育项目的小学、中学以及学院或大学设施。

学生和教师代表着教育的核心和过程的成功。教师必须提供方法和指导，帮助每一个学生理解信息，直到认知识别和学习发生。在纳税人或给设施提供资助的其他人可接受的预算内提供鼓励、辅助学习过程的环境，是学区或其他监管机构的责任。营造这样一个环境是专门从事教育设施的室内设计师和其他设计师的职责。

本节的重点是小学，虽然也提供与中学的特定设计元素有关的些许评述。对大学、学院和中专设施不深入讨论。

历史回顾

学习和正规教育用来促进社会的生存和繁荣。教育始于讲故事，因为很少有人具备读写的能力。事实上，正如我们在"图书馆"一节所看到的，直到近代早期以前，书写的机会不多，很少有人有机会学习这些技能。学习随着历史记载而发展，逐步确立并扩大，成为一项终身过程。

教育在古代文化中有很多重点。在古埃及，祭司控制着教育，在文化内培养同质性。孩子们从5岁起学习读写，直至十多岁被引入更有针对性的培训形式。在古代以色列，妈妈教小孩子，父亲指导儿子学习宗教、社会、道德法律。早期的希腊教育以民主、公民的生命和文化活动为中心。罗马的父母是孩子的教育者，直到孩子满16岁。罗马人采取希腊化的教育方法，如演讲、希腊语言和音乐艺术。当罗马帝国成为基督徒时，文科古典教育扩大。

在中世纪，教育继续演变。此时，教会接手了大部分的教育责任，学习明确地侧重于宗教。一般来说，只有神职人员和贵族接受正式教育。文艺复兴和教育改革强调个人的重要性，并侧重于古典的和新的想法。大学成立于17世纪，这引导了教师的正式培训以及世俗知识的进一步扩展。

新英格兰殖民地的第一所学校于1635年在波士顿成立。美国的第一所中学是波士顿拉丁（Boston Latin），美国的第一所大学是始建于1636年的哈佛。在美国的早期阶段，直到18世纪以前，大多数正规教育只面向富人，其他社会阶层接受不到。18世纪及19世纪初的教育理念是许多单间校舍里的严明纪律。在这样的校舍里，一位老师负责教授所有的小学年级。

除了富人之外，中学是罕见的，直到19世纪后期义务公共教育面向全体学生开放。

在20世纪，美国学校经历了许多变化，不仅为中小学修建了单独的设施，还为各个年级甚至各个科目安排单独的教室。在20世纪初，初中分离出来，为不想在九年义务教育后继续深造的学生提供职业教育和中学教育。如今，初中为从小学到更细化的高中提供了一个过渡。

直到二战结束后不久，许多农村社区都还存在着只有一个房间的校舍。随着国家逐渐从农业社会转为工业社会，教育对所有社会阶层、所有等级来说变得越来越重要。部分地由于人口和财富的增加、先进的技术和对更好工作的渴望，高校不断发展。1862年，为了促进许多州的州立大学的发展，颁布了莫里尔/土地出让法规 (Morrill/Land Grant Act)。[24]技术迅猛扩张，以满足二战的生产和领导能力的需求，从而提高了对更好的教育及设施的需求。二战后，由于士兵福利法案 (GI Bill of Rights) 给予了老兵自选大学念书的机会，高等教育呈爆炸式发展。

几个世纪以来，按照世界上的方式，在儿童父母接受了任何正规教育的程度内，儿童在家接受教育。阅读、写作和数学的培训被保留给统治阶级。正如这个简短概述所表明的，父母们逐渐开始欣赏正规教育的价值。教育机会应该是并且是所有学生的特权和权利。

教育设施概述

正规教育基于标准的课程。今天，基础正规教育包括那些被认为在社会中发挥作用所必要的科目。大多数国家规定，16岁以下的学生接受满足某些最低要求的教育。有些家长申请在家庭学校里教孩子；然而，大多数儿童在公共或私人资助的正规学校里接受基础教育。表9-9列出的几个术语将明晰我们的讨论。

室内设计师理解教育设施的管理网络是相当重要的。和许多商业室内设计项目一样，客户是一群利益相关者。这个群体始于设施的监督人或校长。设施的其他利益相关者是设施的管理者、学生和其他用户，以及公众。公众利益在某种程度上基于税款的支出、对教育质量的关心，以及学生的安全和舒适。

学校的类型决定了其行政结构。公立中小学通常由教育和学校管理者的董事会管理。董事会成员由选举产生。随着时间的流逝，董事会构成的变化能够并且已经影响了学校的概貌。学校的管理者受雇于教育委员会，以监督学区所有的教育规划及员工。在学校监督人和教育董事会之下，每个学区有一名校长、多名副校长、教师、专家、支持人员和专业人员，如图书管理员、一名护士和一名心理学家。

私人资助的学校也有类似的行政结构。理事董事会或校长董事会提供与教育董事会和学校监督人相同的基本功能。他们之下是一名校长或总务长，还有助理、教师、支持支持人员和专业人员。如果学校有特定的外部团体（如某个宗教派系）资助或支持，那么其管理和方针也将由该团体的顾问或代表审查、决定。

---

[24]World Book Encyclopedia, Vol. 6, 2003, p. 103.

表9-9　教育设施词汇

- **校长（chancellor）**：一所大学的负责人。校长可能负责一所或几所学校。
- **K-6-3-3**：一种教育规划，要求1年幼儿园、6年小学、3年初中、3年高中。这种规划可能因学校系统而有所不同。
- **多功能厅（multipurpose rooms）**：可以进行超过一种教育活动或社交活动的教室或活动空间。
- **教区学校（parochial school）**：由宗教派系拥有的学校。
- **教务长（provost）**：对大学或学院内的学术课程负全责的教员的职衔。教务长直接向校长汇报，学院院长则向教务长汇报。

大学和四年制学院有更复杂的行政结构。一般来说，上边有个州校董会。这些校董会往往负责州里边的一组学院和大学。根据州的法律，校董会必须向州议会汇报，后者拨发、确定各大学和学院的资金分配。州政府里边还有个分支，或校董会可能还有个支持小组，来处理设施管理，影响学校的设计和施工。

高校可能有自己的理事会或由大学校长、教务长、几名副校长以及学院院长组成的执行委员会。正如读者毫无疑问都知道的那样，校长是大学的负责人，教务长是二把手，院长是需要教学空间的大学学术课程的领头人。每个学院都有院长、几个学院院长或负责人、全体教员和支持人员。仅举几例，还有负责校园规划和设施管理的员工部门、物理设备经理和员工，以及负责维修、宿舍和学生服务、餐饮服务及采购的员工。所有这些利益相关者都可能牵涉到新设施的设计，因为他们或者负责设施的预算，或者负责设施的管理。

现在让我们来简单看一下如何管理项目设计，从小学和中学开始。政府资助的中小学的设计的优先事项、需求和关注包括众多的问题。一个主要关注是结构的成本。教育委员会和管理者寄希望于给项目融资的方法，这通常涉及由市民投票选择的债券问题。在新建校舍的情况下，教育委员会、监督人，通常还有大楼的负责人将直接参与规划过程。给所需的所有教育活动，以及将来将面临的那些教育活动，确定所需的足够空间，总是至关重要的。

正如前面所讨论的，还有其他的利益相关者，也将发声说出自己的关注。结构给学生提供高质量的教育，并提供适当功能的能力对于用户来说是很重要。一旦确定了这些基本问题和需要，开发了融资战略，接着发出提案企划书（request for proposal，RFP），几名建筑师向遴选委员会作陈述，然后获得工作合约。

规划新的中小学有许多其他问题。学校的办学理念将影响空间规划，还可能也影响设计元素。比起每间教室一名老师的学校，实行团队教学的学校可能将更多的多功能空间用作教室。所有年级都使用电脑，以及电脑室的设计都是最重要的设计问题。室内设计师还必须了解环境是怎样通过照明和颜色影响学习的。教育刊物上发表了关于照明、色彩、面料、音响、恒温空调以及座椅的报告，因为它们影响到学生的学习和行为。

公立学院/大学、社区学院以及民办高校和专业学校的项目类似于上述那些。在该机构的行政部门或管理机构批准资金之前，没有项目会真正开始。因为大学或学院的行政结构的复杂性，建筑师和室内设计师(不论是由设施或建筑公司直接聘用，还是由该大学签约录用)，都得注意指挥链和最终决策者的身份，这是很重要的。

不论学生或学校的类型如何，几乎所有学校都有设施部门负责监督施工和改造项目。建筑师和设计师与设施管理人员良好地协同工作，并建立和谐关系是很重要的。较小的改造项目可能会通过院长办公室获得学院或部门的资助，但仍需要由该设施的规划办公室批准。获得审批后，在设计工作开始之前，所有项目(小到不能再小的项目除外)必须经过RFP流程。对于大型工程，实际施工和物资采购涉及竞标。

教育设施的类型

教育和学习发生在各个地点。最典型的教育设施是中小学学校，以及学院和大学里的本科生和研究生高等教育。此外，还有面向幼儿的幼儿园和托儿所、寄宿学校和特殊学校(如盲校)。

大多数孩子的正规教育始于小学。美国的初中一般包括6~8年级。初中教育衔接着小学和中等(或高中)学校的教育体验。小学给5~10或11岁的孩子提供正规教育的基本知识，并开始学习过程。教育的最早形式侧重于数学、阅读和写作。今天，基础教育还包括许多其他学科。图9-23所示为一所初等学校的装饰走廊。

整个高中三年在科目的选择上给学生提供了更大的自由度。例如，提供了不同的学习轨道，如大学预科课程或面向职业教育的课程。高中毕业后，青少年可以选择进入学术学院或大学、社区学院，或其他形式的正规教育(如技术或职业学校)。图9-24所示为一所技校的一间大教室。工业、技术和贸易/职业学校提供各个领域的专门培训。法律、医学、牙科和兽医学等方面的高等教育是另一个熟悉的环境。

政府资助的小学和中学从当地学区通过税收获得所有的或大部分的运营和建设资金。大多数社区学院从地方税收获得资金，大多数大学和四年制学院从州议会获得资助。私立学校通过捐赠、捐款和监督机构(如宗教教派)以及年度学杂费获得资助。一些私营行业或专业学校以盈利为目的，并可能像任何其他商业机构一样通过学杂费获得初始资金和后续资金。

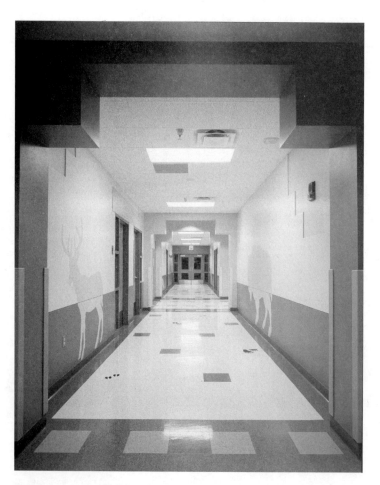

图9-23　一所小学的走廊。墙壁图形、台阶拱形和地板砖等设计元素有助于在视觉上降低走廊的长度。(建筑师：Dekker/Perich, Albuquerque, NM。照片版权：Kirk Gittings)

图9-24　某个特定科目的独特教室设计，展示了New England Institute of Technology的auto bay。（照片提供：Sharon Oleksiak, ASID, WG Ltd. Interiors（室内设计师）；Robert Stillings, architect；Ahlborg and Sons, contractor）

提供社会、文化和体育活动以及教室和实验室的需求对于教育过程很重要。图9-25是学生休息室的一个例子。校园拥有教学楼、行政办公室和教师办公室、食堂、体育馆、礼堂、图书馆、职业教育教室。取决于学校的类型和教育的焦点，可能提供其他空间，以满足特定的需求。

图9-25　学生休息和就餐区。请注意使用轿车作为这个区域的雕塑。（照片提供：Sharon Oleksiak, ASID, WG Ltd. Interiors（室内设计师）；Dennis Leonard Builders, Inc., contractors）

图9-26 Champ Hall接待室。使用传统元素来提升历史感、稳定性、有助于招录学生的特征的氛围。(建筑师：Architectural Design West, Scott Theobald, AIA, principal。照片提供：犹他州州立大学摄影服务部)

　　开放式教室、封闭式课堂、程序教学、个别化教学和涉及电视和互联网的远程教学都只是学生接受教育的方式中的一部分。教育工作者不断探索所有的教导方法，以改进学习过程。

　　高校不得不面对很多的挑战。许多人已经越来越具备市场意识，一些招募将重点放在校园的外观上（图9-26）。来自州议会或私人捐赠者的资金随经济变化而不断变化，导致高校创造新的方式来获得资助、管理教育。预算紧缩迫使许多大学寻找新的资金来源。例如，各大高校的商学院已经为行政人员研讨会提供校内住宿会议中心。宾夕法尼亚大学沃顿商学院因这一活动而众所周知。

　　改变了所有年级的传统教育的一个主要因素就是计算机的广泛使用。所有年龄段的学生都使用电脑来学习、获取信息，并更好更快地工作。电脑辅助教师和教授进行学术活动，并在教室里提供一种有效的教学工具。使用互联网进行研究和课程作业正在改变提供教育的方式，并重塑进行教育的设施。

规划及室内设计元素

　　讨论所有类型的教育设施的规划及设计元素是不可能的。每个年级都有许多特殊问题，如空间需求、课堂要求和环境法规，以适宜于学校里的所有人。一所小学包括普通教室、行政办公室、教员空间、特殊用途的教室（例如音乐室）、室内活动空间（如健身房和食堂) 以及其他空间 (可能是特定学校所独有的)。本节侧重于公立小学一般教室的规划及设计元素。

　　小学通常包括一所幼儿园和1~5或6年级。从19世纪、20世纪初只有一间教室的学校 (所有年级都在这间教室里上课) 以来，小学教室的楼层平面图已经发生了翻天覆地的变化。在20世纪，为每个年级提供一间教室是常见的。然而，取决于学科，学生可能需要从一间教室转移到另一间教室。根据州的法律，一般的教室被设计为能容纳多达28名学生。[25]

　　直到大约20世纪60年代，传统教室配备了成排的学生课桌，面朝位于教室前方的老师讲桌。学生一整天都留在这个教室上，一整天的老师也相同，除非他们去上特殊的科目，如艺术或音乐。在60年代，开发了开放式课堂模式，以满足教育理念的改变。建造的教室没有内墙，学生们按照兴趣和科目分组。然而，由于许多理念和实践问题，这一计划被取消，教室里又有了墙壁。后来，使用可移动的隔板来细分大的开放式教室。

　　另一个规划涉及没有窗户的教室，人们相信，这样的教室帮助学生专心学习、不受外界干扰。还有一个规划是设计灵活、适应性强的教室。例如，教室早上可作为数学课堂，下午作为历史学习场所，晚上用作社区研究。

　　今天，在教室里，学生一般坐在可移动的单人桌椅上，或 (多人共同使用的) 群组桌椅上。普通教室还需要空间来容纳墙壁显示、高度适当的架子和物资储存。孩子的外套和背包或书包也需要存储空间，因为小学走廊通常不为低年级设置储物柜。教室也必须被设计成能容纳计算机。无论年级高低，在时下这个技术娴熟的环境里，电脑学习是非常重要的。本节稍后提供了计算机学习站的一些细节。

　　给小学指定的家具尺寸得适宜于不同的年龄段。餐桌、书桌、柜子不得有锋利的边缘，这是非常重要的。椅子的设计应能抵抗倾翻。为了解决一些安全问题，许多学区使用能固定在地板上的单元学生桌椅。当然，这限制了家具的多配置理念，其使用将根据学校管理层的指示。小学年级的教室家具一般由特殊家具 (能从教育产品供应商处获得) 构成。贸易杂志、图书资源和Web站点提供了与教室及实验室家具有关的供应商信息。

　　在过去50年里，教育设施的配色方案已经改变了。调查研究表明，当教室里的配饰采用鲜艳的色彩时，孩子们不会受到不利影响。墙壁和地板应指定浅色和中性色调。中性背景色能使环境颜色的选取具备灵活性。例如，中性、浅色调不与学生创造的艺术品或其他物品争奇斗艳。浅中性色的一个主要优势是，它们创造比中间颜色更高的光反射率，从而提升整体照明。

　　易维护、耐滥用和安全性都是给小学教室指定材料时得考量的因素。橱柜和桌面的饰面必须易于清理或整修，并且成本低廉。墙壁使用的亚光和光泽涂料是不错的选择，因为它们很容易清洗。质感的墙面对于声学控制很有用，尽管它们可能更难清洗。窗帘处理主要是垂直或横向的中性颜色百叶窗，这有助于在特定空间内保持焦点。当老师想放电影、幻灯片或其他投影视觉材料时，需要窗帘。

---

[25]McGowan and Kruse, 2004, p. 406.

指定地板护理时必须牢记安全二字。在预期极少洒溅油墨或其他液体的教室里可以采用高密度、低桩、紧密簇绒的商业地毯。在许多教室里，老师们要求阅览区有地毯，而办公区或其他活动区都采用塑胶地板。常常指定硬表面的弹性材料，因为其成本较低、易于维护。这些材料的安全性可能是个问题，因为孩子更容易在这些类型的地板上滑倒。

教室设计的一个重要影响是计算机。有电脑的教室需要特殊的家具、照明和气候控制。小学教室需要有适合于使用电脑的各年龄段学生的电脑桌。关于小学生的电脑家具的规格，有相当多的信息。表9-10列出了避免与电脑有关的问题的几种方法。

在规划小学设施的电脑站时，设计师必须考虑到电脑的特定任务、孩子们的年龄，以及使用该设施的班级或群体的规模。一般来说，孩子们的计算机工作站需要深约29~30英寸、宽45英寸的桌面。顶部应只有23英寸高。理想情况下，应规定符合人体工程学、带脚轮的椅子，并有一个15.5~20.5英寸高、可调节的气动座椅，以适应学生的需要。从椅子顶部算起，椅背高度应至少为13英寸，还有一个18英寸宽、17英寸深的座盘。

建筑及消防法规将中小学校视为教育用房。根据入住负载，高校教室被视为组合及营业用房。法规问题的简要讨论如下。

由于小学还有自助餐厅、健身房等空间，它也可能被视为混合用房。适宜的规划、设计和规格需要认真审查地方法规要求。在教育用房中法规指定的出口和出路设计至关重要。出口和出口通道一般要求A或B类、I或II材料。可用A、B、C类材料装修教室。必须对小学教室及其他空间的设计适用可访问性指南。

教室（如实验室）、商店及可能涉及危险材料的其他区域有更多的法规要求，不论学校类型如何。图9-27a所示为物理教室的平面图。设计师必须学习和了解每个空间的目的，以及那儿采用的教学方法，以满足规划和规格的挑战。专用教室（如音乐和艺术、物理实验室、体育和职业教育）有其他需要，必须加以解决。图9-27b所示为物理教室。

表9-10   儿童电脑站：设计指南

在小学教室里防止电脑相关问题涉及教育和某些原则的应用。这些原则包括：	放置电脑屏幕，使孩子不必歪着头。
	■ 使用面向孩子小手的计算机硬件。
■ 使用环境和工作照明，以避免显示器屏幕上的眩光。	■ 给计算机站提供的家具在大小上适宜于学生的年龄。
■ 使用可调节的键盘，以保持手和手腕处于中央位置。	■ 椅子的位置能让孩子在坐着时双脚着地，膝盖不高过臀部。
	■ 放置键盘，使得按键处于手指正下方。

来源：Ergonomic Seating for Children.（《儿童人体工程学座位》）The Back Shop, 2005, pp. 1~3

在给新学校制定规划和规格时，设计团队应与学校管理层紧密协作，融入美国绿色建筑委员会（U.S. Green Building Council，USGBC）定义的尽可能多的可持续设计标准。（参见第1章中对于可持续设计的讨论。）虽然在对现有教育设施的改造中要融入可持续设计标准更难，但设计团队应该尝试着指定符合USGBC建议的室内装饰材料和家具。

专门从事教育设施的设计师将发现这是一个具有挑战性的领域。无论设计项目涉及的

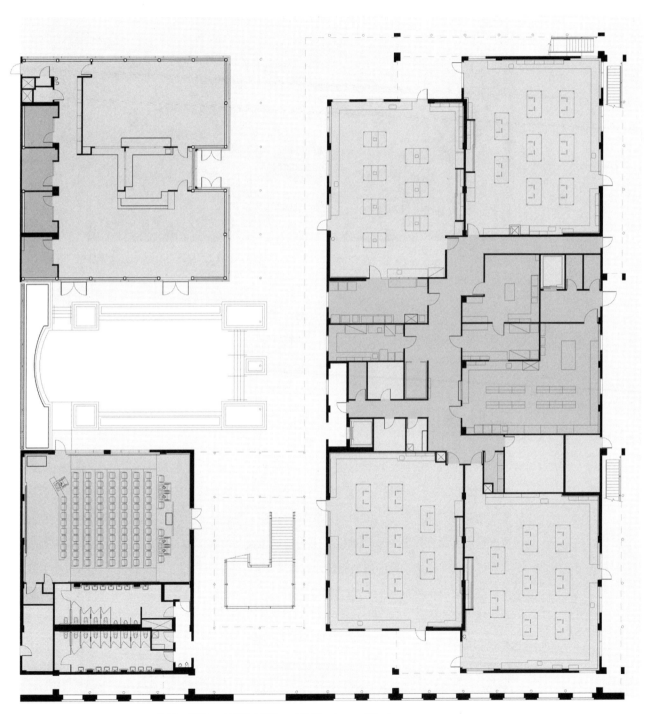

图9-27a　DeAnza Science Center的楼层平面图。（平面图提供：建筑师Anshen + Allen）

图9-27b　DeAnza Science Center的内饰。(照片提供 : Anshen + Allen。摄影 : David Wakely)

是小学或中学，还是大学或专门的设施，都需要具备关于设施特定需求及功能的大量知识。本章结尾列出的资源提供了关于教育设施规划的更多信息。

规划公厕设施

本书中讨论的所有项目几乎都需要公共厕所设施。小型办公室或零售店可能需要为其雇员 (可能还有客人) 提供一个男女公用的设施。较大的设施 (如餐厅、酒店的公共空间，以及许多其他商业设施) 必须为其用户提供厕所设施。不论当地法规是否要求男女公用的设施或多装置设施，商业区域中厕所设施的空间规划和设计给许多设计专业的学生制造了麻烦。本节简要讨论公共厕所设施的规划和设计的重要理念。表9-11提供了与该话题有关的一些术语。

商业设施的空间规划一般包括必要的卫生设施。室内设计师得根据法规要求、用房特征

表9-11　管道词汇

■ **盥洗池 (lavatory)**：一个水池，供洗净双手。 ■ **单用户厕所 (single-user toilet)**：一次只能由一人使用的厕所设施。 ■ **水池 (sink)**：用来指代所有其他水池的	术语，比如洗手池、锅炉池和厨房水池。 ■ **小便池 (urinal)**：专门的抽水马桶，通常出现在男厕设施里。 ■ **抽水马桶 (water closet)**：厕所里的卫生器具，也称为水厕。

确定所需装置的数量，并定位设施。设计师还将指定建筑表面、装置、分区以及其他处理。商业室内的管道图很少由室内设计师完成（如果由室内设计师完成的话）。管道位置通常与建筑师核查，建筑师也还得经管道工程师认可该位置。对于高层建筑，厕所设施的位置必须与大楼核心以及任何潮湿的栏柱协调。

任何类型的商业室内空间所需的抽水马桶和盥洗池的数量由建筑和管道法规监管。空间的用房类型和入住人数也会影响所需的装置数量。当地建设主管部门可能有要求来取代模型法规。其他国家的可访问性及建筑规范可能与美国不同。

本讨论的其余部分侧重于商业用房的厕所设施要求。不过，大部分信息适用于所有类型的商业设施。在入住者有男有女、超过4名雇员的情况下，普遍有必要为男性和女性提供单独的设施。然而，某些司法管辖区允许员工数更少的企业男女共用一间厕所。大楼或其一部分必须得提供至少一个抽水马桶。每两个抽水马桶必须得有一个盥洗池。关于装置数量的其他要求可在建筑法规或司法管辖区采纳的管道法规的适用表中找到。

在一个多层建筑里，每一层都必须提供厕所设施。当某一层被分给两名或更多入住者时，每层楼都得配备这些设施。当办公室是租用空间、属于平房里一系列办公套间的一部分时，每间套间都可能会需要自带厕所。一些平房和低层办公楼将厕所设施（经事先批准后）设计在设施的公共区域。请记住，在男性和女性的厕所设施里都要提供婴儿换尿片台。

如果允许男女公用的设施，那么它必须满足可访问性指南。类似于图9-28所示的布局一般是合适的。一些其他尺寸和安排也是可能的。在男女公用的厕所设施里，没必要将抽水马

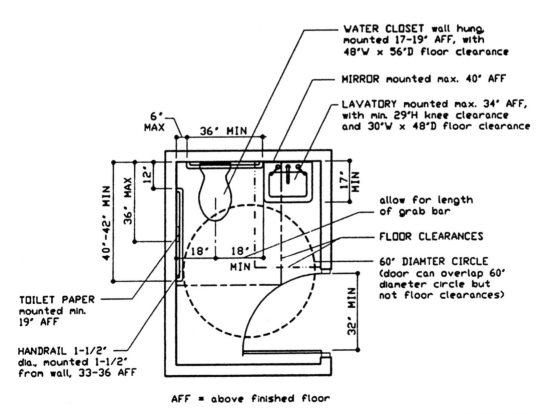

图9-28　单用户厕所。（选自Harmon著述The Codes Guidebook for Interiors第3版（中译名：《内饰法规指南》），Copyright 2005。经John Wiley & Sons, Inc许可后重印）

桶与盥洗池用隔墙隔开。在某些情况下，需要为男性和女性分别配备厕所。在这种情况下，装置的布局类似于图9-29所示。在面向男性的单用户休息室内，无需为抽水马桶再配备小便池，除非当地法规要求同时提供这两个装置。图9-29所示为多装置设施的典型平面图。

在厕所设施的选址和规划中，隐私是很重要的。对于单用户厕所，门不得正对着走廊或过道，不然在楼道行走的人能直接看到设施里边。当要求一个多装置设施时，采用双重门进入该空间是很常见的，或至少在入口处采用全高墙壁作为屏障。这两种装置都为进入厕所设施的人提供了足够的隐私。

大多数项目在从专业供应商获得的装置之间采用预制分区。一些项目的范围和需求能让室内设计师将蹲位定制设计得沿着盥洗池的其他橱柜。定制设计的分区可以在通常被认为实用的区域创建一个令人兴奋的空间。设计定制蹲位分区的限制因素是本地法规限制以及该项目的预算。专业供应商也提供纸巾盒、内置垃圾箱、皂液器，以及其他类似物品。

镜子的位置和照明规格是其他问题。镜子一般在盥洗池上方。如果还使用别的镜子，那么其位置不得让走过打开着的厕所门的某人看到里面人的影像。采用顶棚荧光灯或射灯的组合来提供普通照明，使用墙壁上的反射镜和天花板灯具来提供重点照明。

公共建筑的厕所设施必须易于维护、保持卫生。确定墙壁的建筑饰面的关键因素是防潮性和用户的蓄意破坏。塑胶墙面和高光泽涂料经济、更容易修复。地砖和诸如大理石、石灰石等材料最容易维护、最难损坏。然而，它们增加的费用让它们在许多设施中止步。

地板一般都用防滑瓷砖装修；它很容易清洁，能持续很长时间。一些小的单用户设施可能采用商业级的塑胶地砖。在抽水马桶和水槽所在之处，由于难以维护、潜在的细菌生长，

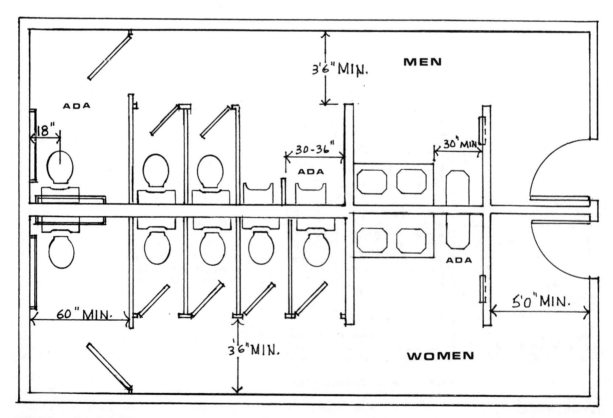

图9-29 一间多装置厕所。

所以很少使用地毯。

宾馆、大型餐厅、百货店和大型企业的办公设施可能提供带厕所设施的女士休息区。这么规划是为了使用户在进入厕所设施之前途径休息区。休息区可能有几把椅子或一张沙发。某些设施在休息区提供带矮凳或椅子的、单独的化妆台。在这种情况下，镜子和适当的照明（以上妆）是必要的。

厕所设施的设计可能是项目的一个有趣部分，也可能是整个设计中令人失望的败笔。在20世纪早期和中期，美丽可人的休息室和洗手间是高层建筑和专业商业空间的典范。不幸的是，许多企业不使设计师将洗手间设计得像其他空间那么有趣。虽然功能很重要，但厕所设施的美学设计可能是所有室内设计师所面临的一个有趣的挑战。

本章小结

机构设施包括许多专门的商业室内设计。本章仅讨论了诸多类型的机构商业内饰中少数一些在设计中的一些关键问题。对这些设施的室内设计负责的设计师面临着创造出能满足客户及用户的不同需求的有趣空间这一挑战。

在与潜在的客户首次见面之前，室内设计师必须研究机构及其特点。了解客户及客户需求是至关重要的。项目的业主或管理者的需求和目标必须与设计师在准备项目陈述、空间规划决策及所有必要的设计文件的技能相结合。对适用法规的研究与应用、安防问题以及环境考量是成功地开发机构项目的关键。

本章简要讨论了在银行、法院、图书馆、教育设施的规划及设计中的关键元素。还简要讨论了公共厕所的规划及设计。下面列出的参考文献提供了有关这些内饰的规划的更详细信息，并帮助设计师更全面地理解机构设施设计的功能性顾虑。

本章参考文献

Bennett, Corwin. 1977. *Spaces for People*. Englewood Cliffs, NJ: Prentice Hall.

Brubaker, C. William. 1998. *Planning and Designing Schools*. New York: McGraw-Hill.

Clay, Rebecca A. 2005. "Integrating Security and Design." ASID ICON. Spring, pp. 36–41.

Copplestone, Trewin, ed. 1963. *World Architecture*. London: Hamlyn.

Dober, Richard P. 1992. *Campus Design*. New York: Wiley.

"Ergonomic Seating for Children." 2005. The Back Shop. www.thebackshop.co.uk

Fisher, Bobbi. 1995. *Thinking and Learning Together*. Portsmouth, NH: Heinemann.

Fraser, Barry J. and Herbert J. Walberg. 1991. *Educational Environments*. New York: Oxford University Press.

Garner, Bryan A., ed. 2004. *Black's Law Dictionary*, 11th ed. St. Paul, MN: Thomson Group.

Green, Edward E. 1996. "Fitting New Technologies into Traditional Classrooms: Two Case Studies in the Design of Improved Learning Facilities." *Educational-Technology*. July–August.

Harmon, Sharon Koomen and Katherine E. Kennon. 2005. *The Codes Guidebook for Interiors*, 3rd ed. New York: Wiley.

Harrigan, J. E. 1987. *Human Factors Research*. New York: Elsevier Dutton.

Harvey, Tom. 1996. *The Banking Revolution*. Chicago: Irwin Professional.

Jackson, Philip W. 1991. *Life in Classrooms*. New York: Teachers College Press.

Jankowski, Wanda. 1987. *The Best of Lighting Design*. New York: PBC International.

Klein, Judy Graf. 1982. *The Office Book*. New York: Facts on File.

Lake, Sheri. 1997. "Government/Institutional Design Specialty." *ASID Professional Designer.* May/June, pp. 24–.

Lord, Peter and Duncan Templeton. 1986. *The Architecture of Sound.* London: Architectural Press.

Mahnke, Frank H. and Rudolph H. Mahnke. 1987. *Color and Light in Man-Made Environments.* New York: Van Nostrand Reinhold.

McGahey, Richard, Mary Malloy, Katherine Kazanas, and Michael P. Jacobs. 1990. *Financial Services, Financial Centers.* Boulder, CO: Westview Press.

McGowan, Maryrose. 2005. *Specifying Interiors: A Guide to Construction and FF&E for Residential and Commercial Interiors Projects,* 2nd ed. New York: Wiley.

McGowan, Maryrose and Kelsey Kruse. 2004. *Interior Graphic Standards: Student Edition.* New York: Wiley.

Merriam-Webster's Collegiate Dictionary, 10th ed. 1994. Springfield, MA: Merriam-Webster.

Miller, Roger LeRoy and Gaylord A. Jentz. 2006. *Business Law Today,* 7th ed. Mason, OH: Thomson.

Munn, Glenn G., F. L. Garcia, and Charles J. Woelfel. 1991. *The St. James Encyclopedia of Banking and Finance,* 9th ed. Chicago: St. James Press.

Museum of Fine Arts (Houston, TX) and Parnassus Foundation. 1990. *Money Matters: A Critical Look at Bank Architecture.* New York: McGraw-Hill.

New Encyclopedia Britannica, 15th ed. 1981. Chicago: Benton.

Packard, Robert and Balthazar Korab. 1995. *Encyclopedia of American Architecture,* 2nd ed. New York: McGraw-Hill.

Perkins, Bradford. 2001. *Building Type Basics for Elementary and Secondary Schools.* New York: Wiley.

Pevsner, Nicholas. 1976. *A History of Building Types.* Princeton, NJ: Princeton University Press.

Phillips, Todd S. and Michael A. Griebel. 2003. *Building Type Basics for Justice Facilities.* New York: Wiley.

Pile, John. 1990. *Dictionary of 20th Century Design.* New York: Facts on File.

———. 1995. *Interior Design,* 2nd ed. Englewood Cliffs, NJ: Prentice Hall.

Propst, Robert. n.d. *High School: The Process and the Place.* Report. New York: Educational Facilities Laboratories, Inc.

Raschko, B. B. 1982. *Housing Interiors for the Disabled and Elderly.* New York: Van Nostrand Reinhold.

Reznikoff, S. C. 1979. *Specifications for Commercial Interiors.* New York: Watson-Guptill.

———. 1986. *Interior Graphic and Design Standards.* New York: Watson-Guptill.

Security and Facilities Committee of the Judicial Conference of the United States, General Services Administration. 1997. *U.S. Courts Design Guide.* 4th edition. Washington, DC: U.S. Government Printing Office.

Steffy, Gary. 2002. *Architectural Lighting Design.* New York: Wiley.

Thacker, Gerald. 2005. "Federal Courthouse." Whole Building Design Guide. www.wbdg.org

Tillman, Peggy and Barry Tillman. 1991. *Human Factors Essentials: An Ergonomics Guide for Designers, Engineers, Scientists, and Managers.* New York: McGraw-Hill.

Violan, Michael and Shimon-Craig Van Collie. 1992. *Retail Banking Technology.* New York: Wiley.

Wheeler, J. L. 1941. *The American Public Library Building: Planning and Design with Special Reference to Its Administration and Service.* New York: Scribner.

Wilkes, Joseph A., ed. in chief, and Robert T. Packard, associate editor. 1988. *Encyclopedia of Architecture, Design, Engineering, and Construction,* Vols. 1–5. New York: Wiley.

World Book Encyclopedia. 2003. Vols. 2, 4, 6, and 12. Chicago: Work Book.

Yee, Roger. 2005. *Educational Environments: No. 2.* New York: Visual Reference Publications.

本章网址

American Banker Online, www.americanbanker.com

American Institute of Architects, www.aia.org/caj_art_securitydesign

Discovering Justice, www.discoveringustice.org/courthouse/gsa.shtml

Federal Deposit Insurance Corporation, www.fdic.gov/bank/individual/bank/index.html

Federal Reserve Board, www.federalreserve.gov/other-frb.htm

Library of Congress, www.loc.gov

National Center on Accessibility, www.ncaonline.org

National Clearinghouse for Educational Facilities (NCEF) www.edfacilities.org

Public Libraries Com, www.publiclibraries.com

Sage Publications, http://ann.sagepub.com/cgi/content/abstract/576/1/118

School Library Journal, www.schoollibraryournal.com/index.asp

The Back Shop, www.thebackshop.co.uk/ergonomic_seating_children.html

Whole Building Design Group, www.wbdg.org

Architectural Record www.archrecord.construction.com

Architectural Review www.arplus.com

Building Design and Construction www.bdcnetwork.com

Design-Build (Design-Build Institute) www.dbia.org

Journal of the American Planning Association (APA) www.planning.org/Japa

请注意：与本章内容有关的其他参考文献列在本书附录中。

第10章

文化 &
康乐设施

我 们到本章讨论的空间学习，满足、加入并享受我们周围的公司，并以某种方式逃离我们的日常生活。文化 (culture) 这个术语囊括了知识、信仰、习俗和道德。娱乐是参与许多类型的活动、恢复身心的一个机会。我们可以去许多类型的地方获得对其他文化的了解，并更好地了解我们自己的文化。

我们可以作为成员参加许多娱乐活动或作为观众愉悦身心。我们去博物馆观看异族文化的文物，学习人们在其他年代和地点是怎样生活的，或者观看我们自身生活方式及兴趣的展示。多种剧院为我们提供一个放松、摆脱我们生活、观看现场表演的地方，或者更多的时候，观看电影，让我们逃离 (现实生活)。礼拜场所可以在困难时期带来舒适感、安宁或安慰。不论一个人的宗教信仰如何，参加礼拜都能丰富生活。体育是个大商业，几乎每个人都参与某项运动或为喜爱的球队呐喊助威。

这些类型的设施可视为机构（institution），因为术语institution被定义为主要是促进艺术、科学、宗教和教育的一个组织。机构设施一般都既接受政府资助，又接受私人资助。本章中讨论的设施属于这两种类别。

本章将介绍与博物馆、剧院、宗教设施、体育设施的基本运营及管理有关的信息。与本书所讨论的其他各类型的商业设施一样，对设计这些设施时必须考虑的规划及设计元素有个简短的讨论。

概　述

像任何商业设施一样，本章考虑的任何类型的设施的设计项目包括不同群体的客户和其他利益相关者。客户可能是负责一个博物馆复式楼（如位于华盛顿特区的史密森博物馆（Smithsonian Museum））的联邦机构，或参与社区音乐厅改造的市议会。客户可能是个私人实体，合作开发了新的联赛级品质的高尔夫球场，或准备修建一个新圣所的礼拜场所的建设委员会。

决策过程中的利益相关者往往有很多，并且各不相同。一些利益相关者从未参与过大型建筑物的设计和施工，或者对设计过程一无所知。不仅必须满足这些当事人，还得令他们的选民、成员和有关设施的最终用户满意。设计师必须对设计中利益相关者的所有需求、利益、偏好敏感，并最好是了解设计中利益相关者的所有需求、兴趣和偏好。这并不总是一件容易的事。然而，这是将室内设计师吸引到涉及文化康乐设施项目的挑战之一。

资金往往是开发这些设施的一个关键问题。公共资金资助的项目可能花许多年，因为当地居民必须经常投票决定增税或税收优惠。一些公有设施也可以接受私人资金。例如，新的体育竞技场从将使用复式楼的主要团体接受一些资金。商业实体在设施上以其品牌名"冠名"——被称为冠名权的融资技巧——也变得常见。这意味着，一个商业实体（如银行）支付了用于设施的建设或升级的大量资金，并由此确保了冠名权。

例如，私有的博物馆通过募资来筹措捐赠或联邦援助的配套资金（obtain funding by a fund drive to raise matching dollars for a grant or federal assistance）。个人会员和捐赠者慷慨解囊，提供配套资金。个人捐赠者可能捐助大笔资金，也许是通过信托机构。宗教设施通常从教徒那儿通过募资接受私人捐款。

当涉及给任何这些设施的公款时，设计团队必须认识到，该项目对于公众批评是开放的。读者可能已经在当地报纸上读到关于公民对看起来似乎多花了钱的新法院大楼或体育场馆的反应，因为使用的是纳税人的钱。出于这个原因，关于某些设计选择，设计师往往不得不回应公众的意见和投诉。

商业项目（如本章所讨论的）给建筑师和室内设计师提供了给广大观众展示自己能力的机会。此外，设计一个向公众开放的私人机构是具有挑战性的、令人兴奋的。重要的是要了解这些专业的、组成各异的客户的目标。而且，和任何类型的商业设施一样，了解实体的业务对于开发能满足不同功能需求、用户需求的规划和规格至关重要。

表10-1　博物馆术语

- **获得物（acquisition）**：一个新物体，添加到博物馆藏品中。
- **保护（conservation）**：特殊工作，使博物馆藏品稳定，并保存。
- **馆长（curator）**：负责博物馆的一部分的个人，例如装饰艺术的馆长。
- **讲解员（docents）**：志愿者，在博物馆里提供导游和教育演示，辅助募资，并完成其他辅助性服务。
- **展览厅（exhibition hall，也成为会堂（hall））**：一个术语，有时用于用来展览的空间。
- **艺廊（gallery）**：用来展示艺术作品、物品和古玩的一个房间或多个房间。艺廊也可以是展示、销售艺术品的独立商业设施。
- **公会会员（guild members）**：志愿者成员，常常履行和讲解员相似的工作。他们有时侧重于募集资金和博物馆活动策划。
- **博物馆学（museology）**：培养一个人从事博物馆管理的高等研究课程。
- **登记员（registrar）**：负责对属于博物馆或借给博物馆的物品进行归类的博物馆员工。

博物馆

博物馆（museum）为游客提供了追求各种兴趣的机会。参观当地博物馆是许多小学的亮点。到当地博物馆出游让孩子有机会看到他们在教室里读到的东西。父母喜欢带子女到博物馆，在那里他们也可以了解历史或历史文物。学者利用博物馆和档案馆进一步研究感兴趣的领域。

博物馆是"一个机构、建筑物或空间，用来保存和展示艺术、历史或科学的物品。"[1]一个博物馆一般侧重于某个领域，如艺术博物馆、自然科学博物馆或体育博物馆。博物馆藏品有所不同，包括精美的装饰艺术、历史文件和家具（如纽约市大都会博物馆（Metropolitan Museum）里的家具）。

博物馆有时被称为艺廊或学院，如地处华盛顿特区的国家美术馆（National Gallery of Art），或芝加哥艺术学院（Art Institute of Chicago）。一般来说，博物馆包含永久藏品，而艺廊通常与艺术品销售有关，被视为零售类别。艺廊还可以指博物馆内的展览空间，尽管这些空间还可能被称为会堂（halls）（表10-1）。

博物馆给会员、特殊利益集团和广大市民提供参加展览、演出、讲座及其他活动、资助项目的机会。在大多数情况下，访问者不允许触摸展示品。互动的展览鼓励游客与选定的展览品或复制品亲密互动，让任何年龄层的游客有机会进行更深层次的学习（图10-1a和图10-1b）。

不论博物馆是大城市里的一个大型设施，还是郊区或农村里的一个小型私有博物馆，藏品都是主要的吸引力所在。教育是所有博物馆的重点所在，而它是通过展示、研究藏品中的物体来提供的。比起在书本上看同一个物体的照片，到博物馆去研究实物是个令人兴奋得多的教育体验。

博物馆通常需要一个独特的设施，以展示自己的藏品，其中包括建筑物作为艺术品的外观和内饰。因此，国内和国际知名建筑师都参与了大型项目。由于博物馆的室内设计涉及许多技术方面的考量，室内设计师普遍与在博物馆和展览设施的设计方面经验丰富的建筑事务所合作。当然，室内设计的专业人士将被聘请设计一个小型艺术艺廊或小社区博物

---

[1]Webster's New World College Dictionary, 2002, p. 949.

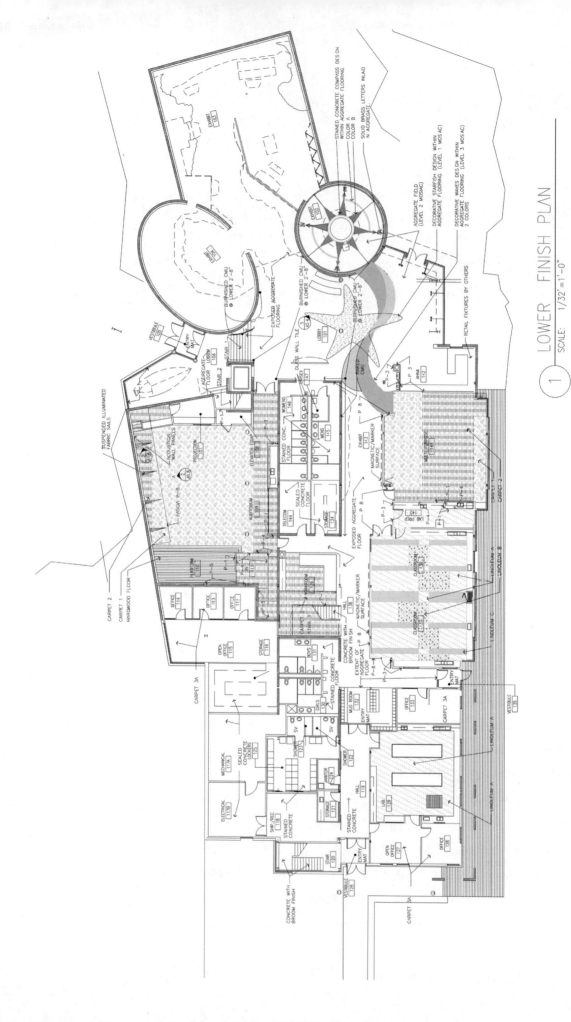

图10-1a Alaska Islands游人中心及博物馆的楼层平面图。(楼层平面图提供：RIM Design)

图10-1b　Alaska Islands博物馆展览内部入口。(照片提供：RIM Design。Chris Arend Copyright © Photography)

馆。然而，只有那些接受过博物馆设计教育或专门从事博物馆设计或在博物馆工作过的设计师才有可能被聘请参与大型博物馆或艺廊空间的设计。

　　本节提供了对博物馆设施设计考量的概述。有个对博物馆设施的类型及历史的简短描述。还介绍了影响小博物馆室内设计的重要设计规划问题及设计元素。

历史回顾

　　术语museum由希腊单词mouseion（原本指的是掌管艺术和科学的缪斯女神的神庙）演变而来。单词mouseion也见于古埃及，指称图书馆和研究区。[2]我们今天所知道的博物馆起源于文艺复兴时期的意大利，当时君主、梵蒂冈和富裕的家庭都收集文物。同时，当欧洲探险家们带着他们的发现物回家时，他们创造了对展示空间的需求。在这个时候，收藏者把他们的藏品放置在狭长房间（称为艺廊）的橱柜里。艺廊展出的艺术品被纳入宫殿，如巴黎卢浮宫（Louvre in Paris，后来成为公共博物馆）。

　　在17世纪初，为了容纳文物和艺术品，博物馆和艺廊的发展有很大的扩展。1683年，早期的官方博物馆之一在牛津大学开放。[3]随着18世纪初由于挖掘和探索发现了许多古代文物，公共博物馆的藏品增多。1759年，伦敦大英博物馆开幕，卢浮宫于1793年成为公共博物馆。在描述某个容纳藏品的场所时，museum这个单词开始走红。由于教会里精美的建筑、雕塑以及这些建筑物里边的画作，教会也发挥着博物馆的功能。

　　1773年，南卡罗来纳州查尔斯顿（Charleston）开设了美洲殖民地的第一座博物馆。它侧重于该地区的自然历史。[4]新美国的第一个博物馆于1786年始建于费城，那里的画家查尔

[2]World Book Encyclopedia, 2003, Vol. 13, p. 939.

[3]Wilkes and Packard, 1988, Vol. 3, p. 502.

[4]World Book Encyclopedia, 2003, Vol. 13, p. 940.

斯•威尔逊•皮尔（Charles Wilson Peale）展示了绘画和其他物品。[5]华盛顿特区的史密森学会（Smithsonian Institute）始于1835年詹姆斯•史密森（James Smithson）遗赠的藏品，是目前最大的博物馆和科研复式楼。在19世纪末20世纪初以前，美国早期的其他大多数博物馆尚未面世。

在20世纪，美国的博物馆变得更大，要求给藏品更多的空间，并为保存和保护提供更多的空间。这时，博物馆也变得更加专注于特定类型的藏品。例如，一家关于消防历史的博物馆可能只展示古董消防器材。

公众对古文物的兴趣也体现在博物馆偏爱的建筑风格上，特别是19世纪50年代以后。这些风格包括新古典主义（New-Classical）和文艺复兴（Renaissance Revival）。以往的建筑风格受到20世纪新的建筑技术打造的现代设计的挑战。二战结束后，新博物馆的建筑在风格上更现代。纽约市的古根海姆博物馆（Guggenheim Museum）由弗兰克•劳埃德•赖特（Frank Lloyd Wright）设计，爱荷华州的得梅因美术博物馆（Des Moines Fine Art Museum）更小，在三个不同时期分别由由伊利尔•沙里宁（Eliel Saarinen）、贝聿铭（I. M. Pei）和理查德•梅耶（Richard Meier）设计，它们都是具有20世纪特征的博物馆建筑。今天，博物馆不仅反映传统或现代的建筑风格，还反映二者的结合。典型例子包括休斯顿精美艺术博物馆（Houston Museum Museum Fine Arts），其最初是传统建筑，后来增添了由密斯•凡•德•罗（Mies van der Rohe）设计的北部。马洛•博塔（Mario Botta）的旧金山美术馆（San Francisco Museum of Art），以及加利福尼亚州圣地亚哥（San Diego）由罗伯特•文丘里（Roberts Venturi）/丹尼斯•斯科特•布朗（Denise Scott Brown）设计的当代艺术博物馆（Museum of Contemporary Art），是在创造博物馆设施的过程中融入艺术的建筑物的其他例子。

18世纪后期，工匠和艺术家需要一个场所销售（而不是从富有的主顾那儿获得佣金），于是零售艺廊开始展览、出售艺术家和工匠的作品。博物馆没有被划分为零售设施，尽管它们通常有一个博物馆商店或礼品店，提供教育文献和物品供市民购买。零售艺廊依然是技艺娴熟的艺术家及新兴艺术家和工匠的典型出路。将这些设施部分地归类为零售店设计可能会更恰当。不过，博物馆设计的理念也能应用于艺廊设计，因而包含在本章里。

博物馆概述

博物馆有三个基本功能：获取新的材料，展示和保存藏品，并为公众提供特殊服务。从某种意义上说，博物馆可以比作零售店，它必须展示艺术品或文物，供市民参观——虽然博物馆的藏品是不出售的。此外，博物馆在设施的后部区域接收、存储、修复物品，与零售店的规划理念类似。必须满足馆长及工作人员的需求。作为公共建筑，众多的博物馆给公众和员工提供餐饮服务，还有个博物馆商店。博物馆可能还有礼堂或会议空间，作为教育活动或演出之用。

博物馆的资金来自联邦及州政府、基金会和私人捐款。这些捐款可能是金钱，也可能是博物馆想要的藏品。私有和公有的博物馆都寻求联邦和州政府机构（如国家艺术基金会（National Endowment for the Arts）以及博物馆和图书馆服务（Museum and Library

---

[5]Wilkes and Packard, 1988, Vol. 3, p. 507.

Services）提供资金。别的资金来源包括基金会，每年予以博物馆补助。其他资金来自捐款、会费、餐饮服务，以及博物馆商店的销售，以支付日常运营开支，以及扩充规划。政府资金和赠款允许博物馆扩建和重建。通过赠款提供配套资金是为新项目融资的另一种方式。博物馆的资助情况会影响在改建现有设施或新建大楼时能做些怎样的工作。

　　大部分博物馆都由博物馆馆长、一名或多名策展人、一个顾问委员会、受薪工作人员、称为讲解员的志愿者以及称为公会会员的其他志愿者管理。博物馆馆长监督设施管理、其组织结构、人员、会议和展览。

　　教育是博物馆的重要功能。工作人员和志愿者在整个设施内提供艺廊演讲以及参观游历。用于公开讲座和多媒体演示的礼堂，以及供捐赠人使用、开顾问委员会会议的会议室，都是许多博物馆的重要场所。大博物馆都有档案研究区，学者可以在这儿研究藏品中不对外展出的文件或物品。当然，展出藏品的艺廊是任何博物馆设计中的重中之重。大多数艺廊收纳博物馆永久藏品中的一部分，所以这些空间不会频繁改动。预留特殊的空间用于旋转和特别展览。

　　博物馆有除了艺廊之外的其他重要场所。顾客喜欢从博物馆商店购买礼品和教育材料。大型博物馆如纽约市的大都会美术馆（Metropolitan Museum of Art）或波士顿美术博物馆（Boston Museum of Fine Arts）都有博物馆商店，由此带来额外收入。餐饮服务是给用户提供舒适性、并给博物馆增加收入的另一种手段。充分地、适当地存储藏品以及借来的展览品也是个大问题。这些都是由设计阶段处理，以确保高质量的项目解决方案的诸多细节中的几个例子。

　　在规划博物馆时，博物馆（包括建筑、所有藏品、全体员工和在场公众）的安防是个问题，需要深入切实地解决。建筑师或博物馆馆长通常会聘请安防顾问来提出对设施而言最好的安防措施。

　　这些问题和要求是室内设计师、建筑师和其他团队成员在程式设计和设计阶段得解决的一些考量。项目的规模和复杂性、现有的资金和项目团队成员的经验都会影响最终的项目解决方案。

博物馆设施的类型

　　认识到博物馆类型更多地是由核心藏品（而非任何其他因素）决定是很重要的。划分博物馆类型的另一种方式是所有权。还有一些博物馆致力于具有显著历史意义的建筑物和地址（land site）的保护。博物馆也可以被归类为植物园、动物园、天文馆及自然中心。表10-2列出了博物馆设施的几种类型。

　　有4种非常常见的博物馆：艺术博物馆、历史博物馆、科学博物馆、自然史博物馆。[6]艺术博物馆展示、保存雕塑、绘画、精美艺术品，以及藏品感兴趣的其他领域的物品。藏品的广度和深度取决于其侧重点。历史博物馆致力于与以往某个特定文化或几个文化有关的文化和信息的藏品。历史博物馆深受公众欢迎，因为许多人都有同一个祖先。历史博物馆也被用作学生的教育设施，受到父母及老师的鼓吹。各大城市里的大型历史博物馆经常处理广泛的历史性课题，如华盛顿特区的美国历史博物馆。州以及当地所拥有的的历史博物馆包括与

---

[6]World Book Encyclopedia, 2003, Vol. 13, p. 938.

表10-2   博物馆的类型

藏　品	特　色
■ 人类学	■ 航空史
■ 儿童	■ 娱乐业
■ 工艺品	■ 历史遗址，保护地址、建筑和建筑物内的文物
■ 文化历史	
■ 装饰艺术	■ 大型或重要的私人住宅，或捐献给州、联邦政府的豪宅，或用于保护的基金会
■ 精美艺术	
■ 历史	■ 本地历史
■ 军史	■ 海事历史
■ 自然历史	■ 现代艺术或摄影的博物馆
■ 科学与技术	■ 体育运动

地方利益有关的议题，如州历史学会博物馆。基于藏品的专业化，历史博物馆可能包括许多子类。一些例子包括汽车、铁路、棒球、航空、音乐、美洲印第安人、美国西部、广播。

历史博物馆也可以是具有重大历史意义的历史遗址，或捐赠给联邦、州或当地政府、具有当地历史重要性的遗址。位于马萨诸塞州波士顿的旧州议会（Old Statehouse）、乔治•华盛顿故居芒特弗农（Mount Vernon）、位于加利福尼亚州萨克拉门托（Sacramento）的萨特磨坊（Sutter's Mill）都是重要历史遗址的例子。

博物馆的第三个主要类型是科学博物馆，那儿展示自然科学和技术。科学博物馆最初包括文物（也被认为是自然历史文物，如地质物品）的展示。今天，科学博物馆与其说是静态的，不如说更具互动性，让游客参与其许多展览会。在芝加哥，科学与工业博物馆（Museum of Science and Industry）深受公众和教育家的青睐。这个博物馆也是自1893年世界哥伦比亚展览会之后留下的唯一建筑。加利福尼亚州圣地亚哥的鲁本舰艇科学中心（Reuben H. Fleet Science Center）是互动式科学博物馆的一个例子。对于学龄儿童来说，参观这种类型的博物馆是令人兴奋的，还提供了一个现成的知识源泉。

自然历史博物馆展览的藏品来自地质学、古生物学、生物学、天文学，仅举几例，不一而足。这些博物馆有多种展品，如恐龙骨骼或复制品、保存的哺乳动物和动物、蝴蝶，以及各种可能吸引小学生（以及所有年龄段人士）的自然物品。史密森学会的自然历史博物馆很受欢迎，纽约市的美国历史博物馆（American Museum of National History）也是如此。希望从事博物馆设计的室内设计师应该参观向公众开放的各类博物馆，以扩大他们的知识基础。

规划及室内设计元素

在制定博物馆规划时，室内设计师将是一个团队和/或委员会（通常由一名建筑师、一个咨询委员会、博物馆馆长或策展人，通常还有一名捐赠者组成）的一部分。该团队将基于藏品的侧重点、对设计需求的诠释着手制定规划。这个规划阶段还包括对诸如材料规格、颜色方案、展览方法或在项目范围内可能需要的其他物品等事项的关注。

有许多因素影响着设计师参与任何形式的博物馆或艺廊项目。初步的详细程式设计对于理解博物馆的需求、博物馆的重点和任务，以及藏品的构成是至关重要的。在处理博物馆或艺廊空间的设计时，公众使用的程度、物理设备、员工和一般需求也非常重要。

博物馆藏品和展品向公众开放。它们影响公众舆论，并提供课堂以外的学习，还有可能通过阅读书籍获得知识。公众在将在博物馆看到什么的偏好肯定影响着设施的目标。设计师的使命是创造一个环境，给各种展品提供一个合适的背景，并给公众提供舒适、给藏品提供安防。本节将侧重于精美艺术及装饰艺术博物馆的设计需求。

博物馆的空间规划和室内设计高度依赖于藏品的侧重点。内部空间可设计来与外部的建筑风格保持一致，也可以与之迥异，以最佳地展示艺廊的每一件物品。

精美艺术及装饰艺术博物馆的公共区域远离或靠近主入口，包括入口和接待区、保安站和博物馆商店。走过这些区域后，是所有展览的艺廊，还可能有食堂和公共厕所。会议室、礼堂、办公室、图书馆、藏品存储区、保护区、装卸处以及其他辅助空间是必需的，一般较少提供给公众。

博物馆礼品店、休息室、游客适应空间、通常还有食品服务一般位于大堂边上，方便客人使用。一般地，安全防护装置置于主入口附近以及整个设施内的其他位置。今天，在众多的博物馆里，游客可能要经过安检设备，或在进入博物馆前让他们的行李接受手工检查。标牌可以帮助游客找到辅助空间或者提供艺廊的方位。出于可访问性方面的考虑，那些有视觉障碍的人士需要具备高对比度、大字体的标牌。

由于在入口大厅这个区域内的活动很多，建筑师和设计师需要解决交通流量、材料规格、消防法规和所有其他的安防问题，以及可能放在入口大厅内的所有木制品和家具物品的设计。长凳为游客（特别是那些很难长时间站立的人士）提供就坐的地方。足以能让轮椅掉头的空间是必需的。

大多数博物馆的整体平面图必须提供一定的灵活性，以便应对各种展品的变化。来自博物馆永久藏品的物品往往在变动很少的艺廊内永久展出。其他艺廊和展览空间将被指定给不断变化的特殊展品，展示从收藏家或其他博物馆借来的物品。博物馆的永久藏品往往有一部分会储存起来，因为展览空间不足以展出所有藏品，所以设计师必须为永久藏品规划存储空间。为了给展览场所提供所需的灵活性，可能用可移动的隔墙将大型开放式艺廊分开，分别展出展品。可移动隔板的存储区一般规划在博物馆后边，靠近装卸处，尽管有些博物馆可能在靠近艺廊的存储区里存储较小的隔板。

展览艺廊的设计往往由展览设计专家指导。这位专家参与初始程式设计的讨论。室内设计师和建筑师的某些艺廊设计决策是基于这位专家的建议的。在来自专家的输入信息的帮助下，各种艺廊的空间规划应该由设计师来完成，通过展览厅轻松地移动游客。在大型博物馆里，游客觉得有些许失落也不足为奇。

每间艺廊都需要给特定展品准备一个合适的背景。这些背景必须尽可能地易于修改、做出调整，以便在改变展品后艺廊空间不至于封闭过长时间。室内设计师必须牢记在艺廊指定可以很容易地进行变更、很容易隐藏孔洞（这些孔洞是由于悬挂方式造成的）、易于清洁的墙壁处理。质感的墙面和涂料是常见的墙面处理。传统上，博物馆展览采用中性颜色及无色的背景。博物馆还在尝试反传统的背景，采用大胆的颜色和多种材料作为某些展品的背景。采用大胆的颜色来吸引观众的注意力，专注于某些展品，并营造与传统方式的某些差异。

必须提供对展览方法的分类，并且此分类必须与藏品或借来用作特别展览的物品相关。博物馆工作人员或定制橱柜制造商将给各种展品设计、制造展览装置。博物馆在其设施内通常有一个商店，在这儿可以装配展品。展柜一般由金属、木材和/或玻璃制造，得留意适当的保护性材料及方法。展柜通常需要照明灯具，或有其他的电力需求。博物馆的照明顾问可以提供为了安全地照明藏品所需的灯具类型的指南。

展柜能让游客近观展品，同时在上锁的柜子内保护展品。还可以改装零售店使用的某些上锁的展示装置，用于博物馆展品。照明设计、配色方案、建筑饰面、安全锁，以及为观看展品所需的适当的交通模式进行空间规划都是与艺廊空间设计有关的关键决策。

艺廊的设计通常包括一个场所，供公众坐下来学习杰作或者只是（纯粹地）休憩。长椅让游客观看展览室的任何区域。它们还有助于令那些难以长时间站立的用户感到欣慰。由于长椅不如椅子舒适，所以它们不鼓励长时间休憩或打瞌睡，否则将令保安人员感到气馁。在展厅使用宽阔的长凳被认为更安全、更灵活，因为它没有靠背。长椅还有助于安防监控，因为长椅背后没有任何地方能藏的住。

坚固的软垫或非软垫的、打开的宽阔长椅是艺廊的首选。一些艺廊使用知名设计师的家具物品，如马塞尔·布鲁尔（Marcel Breuer）的Wassily椅子。当使用软垫长椅时，皮革、塑胶和编织紧密的商业级面料是首选。在展览空间很少指定其他种类的家具供游客使用。

博物馆地板的规格是室内设计师和建筑师的另一项责任。该规格取决于空间。例如，为大堂和主要的交通长廊指定硬表面、防滑、易维护的地板是很常见的。这些区域也能指定石头或硬木地板。在入门处嵌入地板垫有助于防止在恶劣天气下在硬表面地板上滑倒。

在艺廊和展览空间，地板规格必须考虑一些重要的功能因素。例如，具有硬木地板、墙板墙壁的艺廊可能相当嘈杂。由于地板材料的缘故，在地板上移动展品推车也可能产生噪声。显然，地毯表面比实木地板更安静。游客和工作人员走在上边也更舒适。当在艺廊中指定地毯时，最好是使用商业级、高密度、低桩地毯，这将使轮椅、推车、助行器以及婴儿车有效地运行。中性颜色或无色、或中值或柔和色彩的固体地毯或同系配色地毯最常用。高对比度和大图案可以让有些人从展品上分心。设计师应该记住颜色的光反射率、颜色反射到别的表面上的能力，以及地板表征的空间大小，因为它影响着颜色选择。艺廊应避免地毯边角，因为它们限制了展览布置的多功能性。

为了确保艺术品和文物的保护，博物馆必须考虑建筑物的机械系统。在规划新博物馆或翻新现有博物馆时，咨询保护专家是很重要的。保护顾问将与设计团队协作，以确保内部和HVAC系统保护展示品。用于空气质量和温度控制的HVAC系统直接影响着藏品的保护。可以理解，博物馆的HVAC运行的最重要问题之一是气候控制；在规划和设计博物馆时，相对湿度是最重要的气候控制因素。大多数博物馆的相对湿度的理想水平是50%。[7]艺术品和文物可能因湿度太大而受到损害，因此气候控制对于保护藏品是至关重要的。

展览空间的照明是博物馆和员工的一个主要问题，因为它直接影响着在维护藏品时会遇到的一些保护问题。在设计博物馆大楼时，更强调对自然光的控制，而不是让外部对称性

---

[7]McGowan, 2004, p. 359.

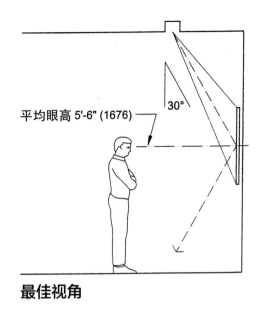

平均眼高 5'-6" (1676)

30°

最佳视角

图10-2 博物馆内的视角绘图。（选自Maryrose McGowan, Interior Graphic Standards（中译名：《内饰图形标准》），2004。经John Wiley & Sons,Inc许可后重印）

支配光源。照明突显了展品。不过，如果指定不当，照明也可能会损坏诸如纺织品、水彩画以及其他极具收藏价值的物品。在开发新的或改造（现有）空间时，应该咨询接受过展品照明培训的照明工程师和设计师。博物馆馆长通常也接受过一些照明教育。

在博物馆或展览厅里应该控制所有形式的光线强度。照明的一般规则是对将展示艺术品的所有垂直表面都使用统一的照明。不均匀的照明应对焦到个别艺术品上。在博物馆和艺廊里，轨道照明系统运作良好，因为它允许布局和重点的多功能性。考虑从物体到光源的距离是很重要的，以便最小化损害。艺廊为油画采用具有可调节的镜头的隐藏式照明。"连续光谱、高显色光源能在与其被创作时类似的光谱分布状况下观看艺术品。"[8]建议油画（如水彩画）的一般展览照明水平维持在5 FTC或更低。荧光灯得提供UV护罩。图10-2提供了博物馆视角的一个例子。

作为一项研究和信息工具，计算机互动一体化教育有助于学者和学生更多地了解博物馆的藏品。鉴于访问博物馆可能要求广泛的旅行，使用计算机来获取信息并促进研究将博物馆的藏品暴露在公众眼前。大型博物馆毗邻选定的艺廊建立了学习中心，在这儿游客可以利用电脑来搜索藏品信息。纽约大都会艺术博物馆的美国馆（American Wing）就是一个这样的学习中心。

安防是所有博物馆设计中的最重要问题之一。可能有一名博物馆安防顾问将参与程式设计阶段，以评估并提出建议。作为安防规划的一部分，不得通过展厅无障碍地访问到非艺廊场所（如博物馆商店）。储藏室和保护区需要进行严格的监控。为了防盗，这些空间里的管道系统必须得是不可访问的。

除了提供战略空间的规格，室内设计师还参与数种辅助空间的空间规划及规格。大部分博物馆向顾客和一般公众提供餐饮服务。食品服务设施可以通过使内饰设计创建的氛围和

---

[8]McGowan, 2004, p. 358.

舒适吸引公众进入空间。食堂或餐厅的审美不可忽视，因为它代表了展示设计艺术的另一个机会。室内设计师需要选择易清洁、舒适、具有空间效率、吸引人的桌子、椅子和长沙发。在更大的博物馆里，有许多餐饮服务选项，例如靠近前入口的美食广场和设施内提供更正式餐点的全方位服务餐厅，比如达拉斯艺术博物馆（Dallas Museum of Fine Arts）里边的。位置、通风和声学控制都是为了保持食品服务和展览空间之间的距离所需要解决的问题。

大型和小型博物馆的另一个收入来源是博物馆商店和书店。有时，博物馆可能在商场建一个附属商店，作为一个零售设施。博物馆礼品店的另一个目的是教育观看展品的人，并提供代表着展览藏品的销售品。销售品的展览需要定制的木制品。请参照第6章获得关于礼品店规划的更多指南（图10-3）。

其他空间包括礼堂、图书馆和工作人员办公室。许多博物馆提供礼堂用于讲座和大型团体会议。大多数博物馆出于教育目的有一个系列讲座。这些讲座都在礼堂举行，礼堂的设计类似于舞台设计。客座讲师通常需要投影能力，以支持他们的PowerPoint或其他表达方式。可视性、音响和舒适性都是很重要的。博物馆通常有一个会议室，咨询委员会在这里定期举行会议。它的大小和布局依赖于其他因素的影响，但它的设计应基于公司会议室采用的原则。博物馆通常有图书馆，并提供给公众进行研究。文档、文本、原始手稿以及其他文学杰作开放给学者和公众。工作人员办公室往往位于博物馆的后面。它们也需要安防，因为藏品或将予收购的物品可能会短时间保存在那儿。关于这些辅助空间的设计，请参阅前几章以及本章的"图书馆"一节。

博物馆被国际建筑法规归类为Group A或组合用房。这种分类是根据访客的数量。关于出口、门的大小、楼道尺寸和材料规格有严格的准则，必须应用。之所以存在着这些准则，是为了保护使用设施的公众。

由于博物馆是混合用房，其他建筑法规要求适用于礼品店、餐饮服务区、礼堂、图书馆、办公室空间、以及影响公众的其他区域。新建筑必须满足可访问性要求，现有建筑必须

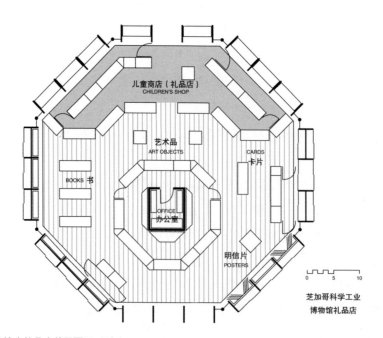

图10-3 博物馆内礼品店的平面图。（选自Barr and Broudy, Designing to Sell（中译名：《设计销售》），Copyright 1986。经McGraw-Hill Companies许可后重印）

满足允许残障游客访问这一准则。这些要求包括服务台、售票处、食品服务和博物馆商店的一个无障碍高柜台区。礼堂必须为轮椅留出空间，得为听力受损的人士准备辅助听力设备或口译。必须提供尺寸适当的走廊、电梯、过道、门口、地板表面的规格、坡道和标牌。

一个成功的博物馆项目需要规划提供足够的展览空间、有助于营造多用途背景的材料、专业照明，以及在本节中提到的许多问题。不论博物馆项目规模如何，室内设计师和建筑师在从事博物馆项目之前，需要接受博物馆规划和建设方面的教育，经验丰富，并且愿意研究、更新自己的知识。对博物馆设计专业感兴趣的学生应该修读艺术品管理、博物馆研究、历史、照明设计等课程，并联系博物馆工作人员获得关于其他教育方面的建议。

剧　院

剧院（theater）是表演诸如话剧、歌剧或电影的建筑物或室外结构。剧院并不单指建筑物，还定义了表演发生的场所。最熟悉的戏剧演出类型包括表演、舞蹈、歌剧、音乐剧、演讲、电影和以视听为导向的其他产品。术语theater来源于希腊动词theatai，意思是"观看"。[9]它还指代脚本、舞台、出品公司和观众（表10-3）。

确定演出的类型是非常重要的，因为它尤其地影响着剧院内饰的整体设计。室内设计师必须学习剧院设计和需求，因为得满足许多技术难题，并作出实际决定。例如，座椅在长时间内必须是舒适的，建筑元素必须反映所呈献的表演类型，并且建筑元素的设计和规格必须与不同的照明要求相兼容。满足法规要求是强制性的，因为剧院里总有大量顾客。音响必须是最优的，以让观众听得舒适、准确。

剧院设计可能出于一个目的，比如呈献激动人心的戏剧，也可能是多功能的，这个月上映音乐喜剧，下个月上映戏剧，甚至在其他时段播放电影。多用途的剧院挑战着设计师满足每种作品类型的要求。

剧院设计很少由室内设计师单独进行。下节提供了关于这个充满挑战的商业空间的概述。鉴于戏剧制作涉及的技术问题，必需进一步研究、学习。

历史回顾

剧院存在于古代苏美尔、埃及和雅典，通常与宗教节日有关。古希腊戏剧在寺庙户外表演，或有时在集市上表演。乐团也出现在这个时期，指的是剧院中央那个大的圆形平区域，用于在表演时跳舞。悲剧是最初的作品。稍后漫画萨特（satyrs）、拿政客取笑的喜剧开始走红。这些作品在露天剧场表演，露天剧场的低处有乐团，山坡上有为观众放置的石头座位。这些圆形剧场容纳10000~20000人。加利福尼亚州洛杉矶的好莱坞露天剧场（Hollywood Bowl）就是这种配置的一个现代版例子。

古罗马复制了希腊剧院风格，但罗马的戏剧作品不如格斗士体育有人气。首次将剧院建

---

[9]Wilkes and Packard, 1988, Vol. 3, p. 52.

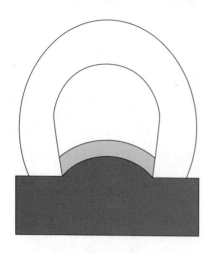

马蹄形礼堂舞台

图10-4　剧院马蹄形平面图的绘图。(重印：George C. Izenour, Theater Design. 2nd ed.(《剧院设计》，第二版)．1996. New Haven, CT: Yale University Press)

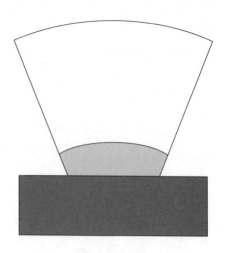

扇形礼堂舞台

图10-5　剧院扇形礼堂的绘图。(重印：George C. Izenour, Theater Design. 2nd ed.(《剧院设计》，第二版)．1996. New Haven, CT: Yale University Press)

在平整的地面上、配之以高出地面的座椅(而不是像希腊那样在山上建造)的，是罗马人。后来，拜占庭(Byzantine)君王查士丁尼(Justinian)关闭了所有的剧院，裁定许多作品的主题冒犯了早期的基督教(Christianity)。在罗马帝国覆灭后，剧院重见天日，在10世纪初以前，教会用来介绍圣经上的故事，进行宗教仪式。这些作品在户外表演。1420年，在巴黎，剧院作品被搬进室内。15世纪头十年期间，由于受到意大利文艺复兴的影响，侧重于个人的诸多问题的伦理剧在英国和整个欧洲都很流行。巴洛克(Baroque)建造了马蹄形舞台。从这个时候开始，乐团规模变小，座位增多。

在16世纪头十年末期，伦敦修建的剧院采用环形平面图，为观众修建了艺廊。它不是圆形剧场，因为有舞台、配殿(wings)和幕布的空间。1599年，环球剧场(Globe Theater，威廉•莎士比亚的戏剧通常在此上映)建成为八边形，作为艺廊供观众使用。剧院征收会费，以此给剧院公司提供主要的财政支持。到华盛顿特区的游客可在福尔杰图书馆(Folger Library)找到环球剧场的复制品。

在17世纪初，假面舞会(跳舞或芭蕾)在欧洲贵族中风靡一时。后来，在剧院作品的中间，加入了中场休息，以留出时间来改换画面。休息时间内提供歌舞娱乐，后来演变成芭蕾和歌剧作品。西方世界最古老的州剧院是巴黎在1680年修建的法兰西喜剧院(Comedie-Francaise)。[10]

18世纪初以前，作品侧重于中产阶级利益，随着这个群体关顾表演的人数越来越多，导致剧院数目增加。剧院里的歌舞杂耍表演和舞厅(许多表演在此进行)增添了剧院表演的趣味。舞台上照明不足一直都是个问题，直到19世纪初煤气灯给舞台提供了观看台口拱背后的演员所需的足够光线。

在美国，于18世纪头十年中期在费城建成了第一家剧院。在19世纪初以前，剧院作为一

---

[10]World Book Encyclopedia, 2003, Vol. 19, p. 248.

表10-3 剧院词汇

- **礼堂（auditorium）**：剧院内观众坐着观看表演的那一部分。它也可能是建筑物（例如学校）用于表演、会议或教育项目的一部分。
- **后台（backstage）**：剧院内的制作和存储区域。舞台是后台区域的主要组成部分。
- **楼座（balcony）**：剧院上方区域中突出来的坐席区域。
- **演员休息室（greenroom）**：一个房间，捐助者在此会面，表演者在此休息。
- **观众席（house）**：剧院里观众所占据的那一部分。
- **正统剧院剧（legitimate theater）**：由演员公正（Actors Equity）协会或其他专业表演同盟的成员进行的表演。
- **中层楼（mezzanine）**：剧院中最低的楼座。
- **合唱区（orchestra）**：古希腊剧场里在台口前方用于合唱的圆形空间。今天这个词还有别的含义。
- **道具（property or props）**：用于润色配套设计或辅助性景观的配饰。
- **台口（proscenium）**：幕布前方的那一部分舞台。
- **戏目剧院（repertory theater）**：每年上映一些不同的作品的剧院。
- **舞台（stage）**：剧院里进行表演的那一部分。
- **上演（staging or staged）**：术语，指的是进行表演。
- **夏季剧场（summer theater）**：夏季组织的戏目剧院。

种娱乐形式风靡于全国各地，包括边陲小城。大小城镇有歌剧院，巡回的制作公司或当地表演者娱乐大众。在维多利亚时代，戏剧表演集中于哑剧、情节剧、小说、戏剧和古装剧。舞台效果越来越多地采用机械设备，这提升了戏剧体验，使之更趣味盎然。最初，在英国，观众的座位由覆盖着绿色粗呢的长椅构成。在19世纪头十年末期，修建了外观正规的优雅剧院，带有豪华预约席、厢座和舒适的观众席，这鼓励了富人前来，并赞助这种艺术形式。

一般而言，舞台设计和建筑的进步持续影响着剧院。马蹄形平面图（图10-4）继续使用，直到19世纪头十年末期，芝加哥建筑师阿德勒（Adler）和苏利文（Sullivan）制造了扇形观众席，给观众提供了更佳的视线（图10-5）。

到了20世纪，美国剧院远离维多利亚时代的情节剧，并呈现出对现实主义的偏爱。舞台机械、电子照明以及其他技术进步的主要发展增强了舞台的现实感。在欧洲，轻歌剧和音乐喜剧仍然受欢迎。

在20世纪早期，随着电影和电影院的介入，娱乐场地选择发生了改变。来自广播和电影的竞争进一步影响着剧院的上座率。在20世纪30年代，由于经济大萧条，去剧院的人数下降了。随着电视的出现，将小型版的剧院带到公众的客厅，剧院的上座率受到更大的挑战。

纽约市可能是美国最知名的戏剧中心。从20世纪50年代开始，在远离中心剧院区、非百老汇的剧院里上演演出，以此替代百老汇戏剧。这通常涉及独特的脚本和被视为实验戏剧主要力量的作品。[11]

剧院设施概述

剧院设计师必须考虑到举办演出所涉及的诸多技术问题。剧院设计还重视营造出一个

---

[11]World Book Encyclopedia, 2003, Vol. 19, p. 245.

表10-4　剧院管理架构

- 设施的所有者或空间的主要用户
- 捐助人
- 资助权威
- 行政人员，负责诸如公共关系、财务问题等活动

- 观众席经理，以及与公众合作的其他人士
- 艺术和活动管理人员
- 表演工作人员，如导演和置景工
- 建筑维修人员

充溢着舒适及便利设施的环境，正如电影院设计的改变所证明的。

取决于演艺设施的分类，演艺设施的所有权各不相同。由地方政府拥有的剧院可以大到足以容纳一个当地企业（如交响乐团）或可能是个小型社区剧院。修建商业剧院是为了盈利，如电影院。教育机构（如高校）一般拥有一个或多个剧院，大多数有多种礼堂空间。这些剧院给主修戏剧的学生提供表演的平台。大学还为社会提供巡回作品。有时，这些设施出租给外边的发起人或制作公司。私人影院可能由个人、业余戏剧公司、组织、宗教团体甚至艺术艺廊所拥有。

根据其所有权，设施的用途、关注点、目标、资金和需求会有所不同。管理设施的不同行政结构以及上演的演出也会影响设计决策。表10-4列出了典型的管理结构。

在剧院的设计中，客户由几个不同的群体组成。其一是发起项目的组织或个人捐赠者——例如，大学的戏剧系。其二是授权项目支出的人或组织——在这个例子中是该大学的管理层和管理机构。大公司的导演在居民交响乐团剧院的设计或改造中也发挥着作用。技术人员和可能操作灯光、调节场景、提供客服的观众席员工也很可能参与设计过程。公众和使用设施的其他用户也是客户。

客户的需求和关注是多种多样的。非常重要的是为预定的表演类型设计、建造最优质的建筑物和生产系统这一需求。表演需求包括足够大小的舞台、存储空间、更衣室和服装区。作为一个额外的创收区，大堂通常出售茶点，还经常出售诸如与剧院的作品或历史有关的小册子、CD或DVD等物品。足够的、视线能很好地看清舞台的舒适座椅是至关重要的。设计团队必须规划、指定剧院建筑物及其内饰，以满足建筑及消防法规，遵循可访问性指南，并解决实际的和法律的因素，以避免可能威胁到客户的任何责任问题。

剧院的类型

剧院可设计用作音乐和戏剧表演。一些剧院是专为特定类型的作品而设计的，如纽约市的海丝剧院（Helen Hayes Theater）和舒伯特剧院（Schubert Theater），它们侧重于戏剧作品。其他则是多用途的，有许多不同的作品类型。纽约市的林肯表演艺术中心（Lincoln Center for the Performing Arts）上演许多种戏剧，从歌剧到芭蕾和戏剧。

剧院也被按照开发观众席、舞台和后台区时采用的平面图来分类。舞台设计的主要流派包括台口风格和开放式舞台风格。但是，有四种基本类型的舞台。台口舞台平面图（proscenium stage floor plan）最常见，设计为只能从正面观看。台口平面图有厚重的帷幕或幕墙框着舞台，被称为台口拱（proscenium arch）。在有必要切换场景或从一个动作切换到下一个动作时，将帷幕关闭。有时在舞台与观众之间有乐池（图10-6）。戏剧类型如表10-5定义。

表10-5　剧院类型

- **剧场（amphitheater）**：一般指室外剧院。
- **圆形剧场（arena theater）**：剧院，舞台位于观众席的中央，坐席围绕着舞台。它经常被称为圆形剧场。
- **黑盒子（black box）**：一个简朴的表演空间，具有最少量的布景和观众设施。座椅通常包括折叠椅，以帮助制作人员创造出各种表演。
- **音乐厅（concert hall）**：主要呈献音乐表演，尤其是为乐团和歌手。
- **环境剧场（environment theater）**：表演者与观众共享同一空间的剧场。
- **电影院（movie theater）**：放映电影的地方。
- **歌剧院（opera house）**：主要呈献歌剧以及其他音乐表演。

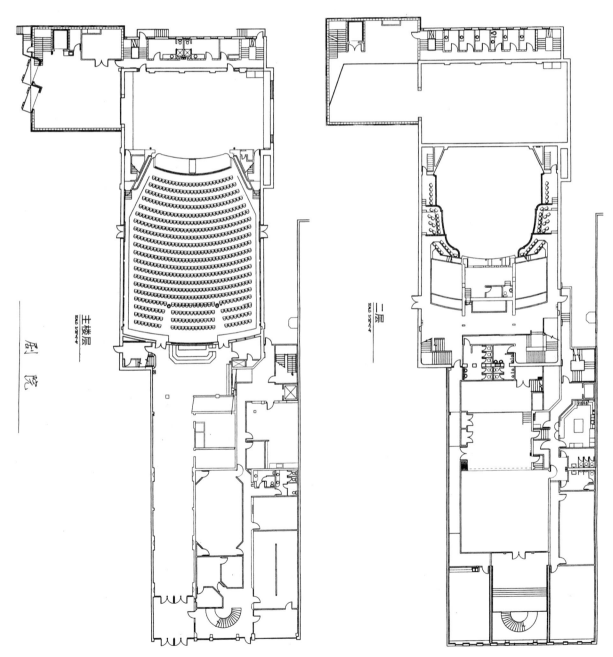

图10-6　台口风格平面图，描绘了主楼层礼堂以及上边楼层的包厢。（平面图提供：Jensen Haslem Architects PC。项目建筑师及设计师：Lanny Herron）

开放式舞台平面图将舞台的一部分突出到观众席，以便一部分观众坐在舞台的三面，舞台与观众席之间只隔着帷幕。在这种类型的舞台设计中，重要的是让所有观众都能看清楚。圆形剧场通常被称为竞技场剧院（arena stage），因为观众坐在舞台的四边。所有作品都必须应对四周的所有观众。活动舞台（flexible stage，也称为模块化舞台）剧院提供基于作品重新布置观众座位和表演区的能力。位于加州瓦伦西亚（Valencia）的华特迪士尼剧院（Walt Disney Theater）是为数不多的例子之一。

舞台的两侧称为配殿，在台口和开放式舞台平面图的背后，淡出人们的视线之外。演员在这里准备登台。虽然大多数的布景和配饰都存储在后台或道具布景室，但对于作品而言很重要的少量一些布景可能存储在配殿里。

观众席上观众座椅的安置受到剧院类型的影响。主层的座位可能设计有沿墙壁的过道和过渡型走道，能很容易地走到中央座椅。这种类型的平面图称为美式或常规座位平面图（American or conventional seating plan）。如果主楼层座椅只规划了沿着墙壁的走道，那么该平面图称为欧式座位平面图（Continental seating plan）。观众席也往往有中层楼座和包厢。

规划及室内设计元素

每个剧院设计项目都有特定于剧院类型、上演作品的不同问题及关注点。整体规划和设计理念是相似的。对剧院规划及设计元素的讨论必定是有限的。为了简化这个注定简短的讨论，本节将侧重于戏剧作品的台口式布局。

取决于其位置，剧院可能是一个独立的建筑物，或附属于其他建筑物（如市中心设置）。建筑师将集中关注戏剧的入口，它提供了第一印象，并邀请人们进入设施。剧院入口设计各异，从熟悉的纽约市传统风格剧院，到今天修建的许多设计更现代化的剧院。现代剧院的入口通常有大窗户，例如得克萨斯州休斯敦的琼斯厅剧院（Jesse Jones Hall）。这些窗口营造了宽敞的感觉，要是内景提升了空间，那么尤其锦上添花。

入口的设计是个更大的挑战，因为法规要求大量的门。建筑师可以强调外门和周围环境，作为设施设计的引子。较旧的剧院经常有华丽的入口，邀请观众进入；可能必须将这些门改造得符合现代法规。当代剧院一般较少采用华丽的入口。

大堂的建筑饰面必须坚固耐用、易清洁、承受得住人群的滥用，并符合法规要求。在入口处，防滑硬表面地板与地板垫是常见的。可以将商用地板垫设计得带有剧院的标志，使这些实用物品更具吸引力。一些剧院喜欢在入口处采用重型商用级地毯。入口大厅内的重型商业级墙壁处理可能有所不同，以有助于打造设计兴趣。其他入口/大堂墙面包括石头、木镶板和涂料。

观众应该能够从大厅容易地移动到带监控的衣帽间区域、厕所、饮水机、茶点区，然后进入主礼堂。剧院的公共厕所必须满足可访问性指南和法规要求。带监控的衣柜应远离主通道，但便于抵达正门。

传统剧场的茶点通常由剧院或转包给供应商出售，提供有限的优质物品，如饮料及包装产品。提供茶点的目的是带来额外收入，以及在中场休息期间给观众提供社交环境或短暂休憩。在一些剧院里，给援助了作品或剧院的捐助人和捐助者提供私人自助餐。茶点区是有限的，因为礼堂不允许餐饮。如果供应酒类，茶点区的位置得与下班后的酒箱交付处及上锁存储区进行协调。

指定建筑饰面时应考虑功能性。当为这些高流量大堂区指定地毯时，应采用高品质的商业级地毯。设计师经常在大堂指定带图案的地毯，因为它显示较少污染，并隐藏交通模式。通往礼堂、阁楼和阳台的楼梯应采用小图案、反差较小或花呢的地毯，因为大图案可能在视觉上令一些观众困惑不解。由于大量人群聚集在大堂区，必须解决噪声问题，以给观众提供更大的舒适度。吸音板、吸音墙面和挡板都可以帮助减少这些区域的噪声水平。墙面必须是I类，并可取自多种材料。

照明解决方案可以由建筑师、室内设计师、照明设计师和/或剧场照明专家设计或选定。大堂区的典型照明解决方案包括壁灯、吊灯、沿着拱腹的灯带或其他柔和的、能提升空间的间接照明。

有些观众受不了长时间站在大堂区，需要最低限度的座椅。通常，座椅由沿着墙壁放置的窄长凳构成。室内设计师应检查防火和建筑法规，看看在走廊里能不能指定长凳或其他家具。紧急出口的出口法规要求可能会影响在这些区域使用的家具。

从大堂入口进去以后，大多数剧院有三个基本部分：礼堂、舞台和后边的幕后空间。礼堂（auditorium）也被称为观众席（house），指的是观众在观看演出期间的落座处。有时术语礼堂包括大堂、入口和舒适的落座处。在下面的讨论中，礼堂指的是观众席。

对于舞台前台，设计剧院的礼堂部分也有很多的挑战。舞台和主礼堂需要设计得只是背景，而不会抢作品的风头。应将观众的注意力吸引到舞台上，除非作品设计本身营造了一个外围关注区（图10-7）。

为礼堂的墙壁选择的颜色必须强调舞台。室内设计师必须研究色彩，一定要确保光线被吸收（而不是反射到观众席空间）。例如，不得指定包含黄色调的颜色，因为它们反射光线，并吸引注意力。剧院设计师通常喜欢浅灰色、暗淡的紫色，或在表演时吸收颜色的任何色调。当在表演过程中将灯光调暗时，观众席墙壁不应该引起注意，而是应该融入空间。外围空间通常避免反射面。在历史悠久的剧院和那些设计有传统风格内饰的剧院里，可以使用金箔。

在观众席的设计中，座椅的布局和地板的配置是主要的担忧。观众座位的设计必须确保剧院里每个观众都可以看到舞台，而不至引起观看或倾听表演时不必要的紧张。主楼层的座位一般设置有一个倾角，这个倾角被计算出来，以提供观看舞台的适当视线。剧院的规模和舞台的配置将决定从礼堂后部到舞台的连续倾斜是否可行，或者是否需要楼梯。理

图10-7　旧金山美国戏剧学院（American Conservatory）礼堂的内景。（照片提供：Gensler. Photograph by Marco Lorenzetti/Hedrich-Blessing）

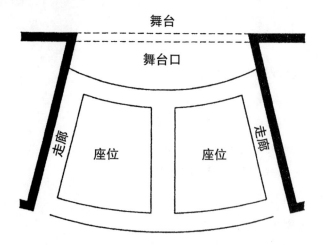

图10-8a 美式座位平面图。(重印：J. Michael Gillette. Theatrical Design and Production. 2nd ed.(《剧院设计作品》，第二版). 1992. McGraw-Hill)

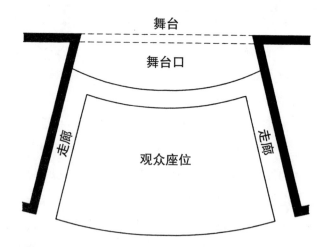

图10-8b 欧式座位平面图。(重印：J. Michael Gillette. Theatrical Design and Production. 2nd ed.(《剧院设计作品》，第二版). 1992. McGraw-Hill)

想情况下，主层有一个持续的倾角，而中层楼座和包厢通常呈阶梯状。

为了给所有座位都提供良好的视线，各排座位被布置成略倾斜。根据观众席设计，包厢席位通常位于主楼层上方，朝向舞台，从舞台两侧包抄。这些包厢席位往往出售给捐助人使用或以比普通观众席更高的价格出售给观众。楼座和中层楼空间在观众席后边抬高，楼座离舞台最远。出于坐在中层楼、楼座和包厢席位的前排观众的安全，栏杆必须满足特定的高度要求。

剧院设计需要严格遵守建筑及消防安全法规，包括各排之间所需的空间。在美式座位平面图里，各排紧密相邻，提供中间过道通往快速出口。欧式座位平面图的各排之间需要的间距更大，因为不存在中间过道(两边除外)。因此，坐在每排中央的观众距离过道最远，在紧急情况下，到达出口的距离也最远(图10-8a、图10-8b)。必须为轮椅留下一定比例的空间，还有一定比例的座位提供辅助听力设备。无障碍座位的数量取决于礼堂大小及其座位容量，以及座位平面图和楼层布局。

设计团队里可能有戏剧专家，将共同选择礼堂座椅。舒适度、腿部空间和其他顾客的通道是决定椅子大小和行距的因素。重要的是，在采购之前，客户和设计团队亲自去坐各种剧院座椅。剧院座位框架通常由铸铁或钢制成，要么固定在立管上，要么安装在地板上。也可以考虑安装底座和悬臂式标准。二人座(tandem seating)是剧院座椅(包厢席位除外，包厢里往往提供单独的椅子)里最常见的。主楼层、中层楼和楼座的座椅通常固定在地板上，而包厢席位通常是独立的。考虑到观众体积及身高、耐用性、合规性和美观性，基于舒适性、稳定性、多功能性来挑选座椅。

欧式座位平面图给座位与观众前排座位尾部之间留出的空间更大。这种类型的座椅的最小尺寸是38~42英寸。在坐着时，能获得最大舒适度的理想间距是座位与前排座椅后部之间相距36英寸。如果40英寸是允许的，那么在坐着的观众前边可以有个通道。美式座位平面图中各排间距更紧密(32~33英寸)，因为用于退出的过道更多。[12]

---

[12]MaGowen, 2004 (student edition), p. 364.

为座椅选择的面料需要非常耐用、易维护。在大多数情况下，必须得是阻燃纺物。通常指定商业级密织羊毛和尼龙。包厢席位采用的面料可能是COM，但也必须满足消防法规要求。因为包厢席位通常都是为捐助人设计的，所以使用更奢华的面料。椅子普遍有吸引力、舒适，适应各种体形和大小。同样重要的是要记住，礼堂里最大的吸音表面就是座椅。

对于室内设计师和设计团队里的其他成员来说，礼堂地板的规格是项目的一个重要部分。通常选用高密度、低桩、簇绒地毯，以便于噪声控制、易于行走。如果座椅区采用硬表面地板，那么一般为走道指定地毯，以在观众使用走道时便于行走、降低噪声、避免滑倒。设计师必须在礼堂里避免高对比度的图案，因为它们在视觉上令人分心。在给礼堂选择颜色和图案时，设计师还必须记住，观众的衣服也创造了大量的图案和颜色。

建筑师、剧场照明专家、室内设计师将为剧院的礼堂以及其他区域确定最有效的照明设计。一旦作出这些决定，室内设计师就开始选择灯具，如壁灯和吊灯，以及公共空间使用的所有照明的饰面。吊灯的尺寸通常是由照明工程师用公式（参考空间的大小以及被照亮的表面所需的照明水平）来确定的。

舞台的照明是一般的、具体的、有特效的。请就该装置咨询剧院照明专家。还有一个照明控制间，它控制作品的所有照明。取决于剧院的配置，这个小间通常位于剧院的后面、观众席的上方，有时在楼座后边。可以用今天的计算机技术来编程（控制）大部分的照明。

为了方便观众在整个公共空间里移动，良好的标牌是必需的。指引观众从大堂到观众席的标志应该是可见的、清晰的、内容翔实的。当观众进入礼堂时，招待员经常协助观众找到自己的座位。其他必要的标志指示着洗手间、茶点区、售票亭。出于礼堂的安全考虑，很容易看到的出口标牌是强制性的，特别是在紧急情况下。

噪声是建筑师的主要担忧。设计师应该知道材料规格的问题，以及它们将如何影响剧院内的噪声和听力水平。建筑师应该规划礼堂空间，使得只要一关上门，就没有噪声从大堂传进来。在礼堂里，墙壁和天花板必须是坚硬的表面，以反射声音。这一反射决定着声音的清晰度。表演者附近的墙壁应成一定角度，以提升投影，并防止舞台上的回声。影响剧院内混响时间的设计因素是天花板高度，这需要由建筑师来解决。[13]

后台是礼堂后边的区域，包括配殿、配套存储区和制备区。被视为后台区一部分的其他区域是化妆间、服装存储和维护区、工作人员休息室、演员休息室，可能还有演员化妆室以及装卸处。其中的一些区域（如化妆间）可能位于舞台下边的地下室。在舞台区域内，在配殿以及靠近舞台开口的地方，墙面被涂成黑色或木炭色，以使之不显眼。

对于其他后台区域，取决于它们的功能，被指定为不同值的中性色调。休息室里通常有个小厨房设施，以给捐助人、导演、演员和特邀嘉宾供应茶点。取决于设计的规模和质量，可以规划在演出结束后在演员化妆室里招待捐助人。

演员更衣室的尺寸和形状各不相同。大明星和特型演员通常分配有单独的化妆间，而其他演员共享一个更大的空间。设计团队应该为每个演员在更衣室里留出至少16平方英尺的空间。在共享空间时，房间一定得很实用，提供化妆、服装、穿衣的空间，以及最低限度的存

[13]MaGowen, 2004 (student edition), p. 365.

储空间。给演员提供满足特定照明要求的梳妆台，让他们上戏剧妆。在个人表演者的私人化妆间里，得留出一个化妆区空间，里边有盥洗台、椅子、沙发或躺椅、桌子、灯、全身镜、挂服饰的空间、梳妆空间，最好还有单独的洗手间。

剧院的大部分办公空间都朝向设施的前方。这些办公室的大小和位置取决于设施的类型。如果剧院设有当地企业，那需要的办公空间比巡回演出的剧院更大些。理想情况下，应能从这些办公室看到大堂，采光好，面积足以有效地发挥作用。设计有朝着大堂或售票亭打开的窗户，旨在帮助工作人员在非出品时间内监视该空间。系统家具和盒式家具是非常有效的。

如上所述，剧院的设计需要详细的程式设计，其中包括设计团队里的各种专业人士，以及与剧院及项目施工有关的专业人士和客户。室内设计师是团队的重要一员。他/她的材料规格直接影响到设施的安全、舒适、环境、美学和整体环境。

宗教设施

宗教机构被定义为"一个建筑物，或建筑群，如教堂、犹太教堂（有时也称为寺庙）、清真寺，人们在此崇拜，或由信徒用于宗教或世俗目的的其他建筑物。"[14]考虑到世界各地的各种宗教和宗教习俗，具体项目需要设计团队进行大量的研究和准备，以便正确地诠释其要求。保持客观性是非常重要的，因为该宗教可能与设计师信仰的宗教不同。

宗教建筑是这样的设施：群体的考量主要是基于教派哲学。派系信仰体系的敏感性、建设委员会捐款、会员输入和礼拜要求对于开发一个成功项目都是非常重要的。对决策、支出、会众规模涉及的行政级别的理解也非常重要。

纵观历史，宗教场所让有着共同信仰的人聚集为一个社区，实践并研究教派的戒律。有着神圣空间的建筑物还影响了世俗建筑物的建筑和设计风格。例如，在整个哥特时期，重点是教堂建筑，这影响了房屋的风格以及家具的形式。在19世纪头十年后半期的维多利亚时代，这些形式回归，图案和理念被应用到建筑物和家具。

今天，宗教建筑不仅反映了以往的建筑风格，还反映了新形式作为建筑系统进步了、教派需要不同的建筑格式来满足他们的个性化需求。位于华盛顿特区的国家大教堂（National Cathedral）是以哥特式风格修建的教堂的一个杰出例子，始建于1907年，85年后完工。也有许多令人印象深刻的现代建筑；读者可能对加利福尼亚州Garden Grove的水晶大教堂（Crystal Cathedral）比较熟悉，这儿常常上电视。

对今天现有的许多宗教建筑的深入讨论超出了本节的范围。以下讨论侧重于目前典型的教堂和犹太教堂的平面图及设施。这绝不意味着否认本节未涵盖的其他宗教的设施的重要性（表10-6）。

---

[14]Packard and Korab, 1995, p. 531.

历史回顾

礼拜和宗教活动的场所随处可见，无论是在室内还是室外。宗教设施（例如宗教场所）已经存在了几千年。犹太教是世界上最古老的宗教之一。现代寺庙的元素来自最早期的寺庙的设计，有个外院向妇女开放，从那儿往里有个内院，只允许男性进入。

教堂（church）这个单词来自希腊单词ecclesia，指的是基督徒的集会。这个单词的早期定义指的是公民的政治集会。[15]今天的教堂通常采用单词ecclesiastical，一般指的是教会或神职人员的组织。其他宗教的礼拜场所的术语包括犹太教堂（synagogue）、穆斯林清真寺（mosque）、神社圣陵（shrine）及佛教寺庙（temple）。

传统的基督教教堂包括耳堂和中殿，其平面图被确定为拉丁十字形或十字形平面图。这个平面图起源于古埃及的柱式大厅。古罗马人改编了柱式大厅的平面图和结构，用作政府大楼（称为basilicas（长方形廊柱大厅））。罗马帝国灭亡后，留在这些地区的基督教信徒将废弃的廊柱大厅用作教堂。古代罗马人开发了穹顶，以及交叉的桶形穹窿，这使得耳堂有待拓宽，创造了拉丁十字形平面图。高高的桶形穹窿并不总是结构合理，并且直到哥特时期，高高的穹窿天花板才稳固。

根据特定群体的需求，文化和宗教场所不断发展。君士坦丁堡（Constantinople）的拜占庭（Byzantine）文化蓬勃发展，是修建教堂、促进科学和艺术发展的起因。与早期希腊文化和东正教教堂（Orthodox Church）有关的平面图是希腊式十字形平面图，设计成大致的正方形形状，配上一个大的中央穹顶和几个较小的穹顶。在欧洲的哥特时期，建成了大规模的大教堂，往往需要一个多世纪才完工。外部带有飞拱的尖拱和拱形天花板提供更多的稳定性和更高的天花板。意大利文艺复兴带来了古希腊和古罗马文化里古典建筑的回归。一个典型的例子是梵蒂冈（Vatican City）的圣彼得大教堂（Basilica of St. Peter's）。

16世纪初欧洲的宗教改革运动见证了教堂平面图基于新理念的改变。取决于礼拜的类型，教堂建筑的设计有所不同。例如，在16世纪初的英国，亨利八世（Henry VIII）解散了罗马天主教教堂和寺院，并使用了将成为英格兰教会（Church of England，即圣公会（Anglican））的教会结构。今天的卫理公会仍然反映了圣公会平面图的影响。许多其他宗派修建集会的房屋（而非教堂），这样在同一栋大楼既可以进行宗教事务，又可以举行社区会议。许多教堂变得更小、细节更简单。

美国的第一座教堂可能是于17世纪初建于弗吉尼亚州詹姆斯敦（Jamestown）。马萨诸塞州普利茅斯（Plymouth）的清教徒们（Pilgrims）在数年后为他们的清教徒教派修建了集会的房屋。后来，在整个新英格兰殖民地以及在大西洋中部和南部的殖民地都修建了英国圣公会教堂。美国的第一个犹太教堂于18世纪头十年中叶于罗得岛新港（Newport）建成。早在16世纪初，罗马天主教堂就已经存在于美国西南部（西班牙殖民时期）。这些教堂用该地区可获得的材料（如用黏土、稻草和水制成的土砖）修建。

美洲殖民地教堂的建筑风格受到教派及地理区域的影响。例如，新英格兰新教徒（Protestant New England congregations）将现成的木材用作一种常见的建筑材料。如果教

---

[15]Webster's New World College Dictionary, 2002, p. 449.

表10-6　宗教设施词汇

- **祭坛（altar）**：一个凸出的平台，在宗教设施中在这儿举行仪式活动。
- **圣盖（baldochino）**：祭坛或尊贵席位上的装饰性华盖。
- **领唱（cantor）**：犹太教堂里的公职人员，歌唱或吟咏宗教音乐。
- **圣坛（chancel）**：教堂祭坛周围教士（有时还有合唱团）的空间，经常被栏杆围起来。
- **教区（diocese）**：由主教管辖的教会地区。
- **大教会（megachurch）**：至少2000名会众定期出席的教堂。
- **中殿（nave）**：拉丁十字形平面图的狭长部分。在仪式中会众在此站立或就坐。
- **牧师（pastor）**：新教或天主教教区的领袖。
- **护符（phylactery）**：一个小盒子，经文戴在左手手臂或头上。
- **神父（priest）**：英国圣公会、东正教或天主教教堂里任命的神职人员。
- **拉比（RABBI）**：犹太律法的的剃度师，也是当地犹太教堂的领袖。
- **教区首席神父（rector）**：圣公会教区的领袖。
- **圣坛屏（rood screen）**：在某些类型的教堂里将圣坛与中殿隔开的屏风。
- **圣器收藏室（sacristy）**：附属于教堂的一个房间，存储法衣和圣器。
- **圣所（sanctuary）**：宗教设施中最神圣的一部分。这儿是祭坛（如果使用的话）所在。
- **犹太教堂（synagogue）**：犹太会众做礼拜的屋子。
- **披肩（tallith）**：头部或肩部两端的流苏披肩，晨祷时穿。
- **特弗林（tefillin）**：犹太教徒佩戴的经文护符匣。
- **耳堂（transept）**：十字形平面图的遍历部分，跨越了圣坛末端的中殿。这里可以摆放额外的座位，末端可能有小礼拜堂。
- **前庭（vestibule）**：建筑物入口与室内之间的通道或小房间。

堂很小，那么室内有中央走道通往讲台或祭坛，两侧是教堂长椅。在大西洋中部和南部殖民地，英国教会（Church of England）占主导地位，大部分教堂建筑物依然沿用十字形平面图。1714年后，南部的建筑物用砖制成，通常修建为格鲁吉亚（Georgian）风格。独立战争（the Revolutionary War）后，宗教建筑的布局和施工有了更大的自由。随着美国人口的增加并向西迁移，宗教设施的各种设计蓬勃发展。

宗教设施概述

宗教设施的客户包括各种利益相关者。神职人员和会众成员组成建筑委员会，与建筑师和室内设计师协同工作。教派的行政结构各不相同，设计团队得理解这一点。例如，在圣公会教会（Episcopal Church）里，主教管辖教区（教区由已建成的教会以及传教团体构成）。基督长老教会（Presbyterian Church）的管理体系由董事会（称为sessions）构成，其中包括牧师和俗家长者。在罗马天主教会（Roman Catholic Church）里，各教区有一个牧师。在犹太人的信仰里，拉比是当地犹太教堂的领袖。当然，所有这些宗教团体有额外的上级主管，可能参与与任何类型的宗教设施有关的一些设计决策。

不管项目的实际复杂性如何，设计团队将解决翻新或者新建工程的资金、预算限制、时间分配；这些都是非营利宗教设施的重要因素。礼拜场所设计的独特之处在于建筑项目对成员生活的影响，因为它代表着他们的精神家园。他们可能就设计表达强烈的意见，有时是基于个人品味，有时是基于以往惯例及宗教建筑的外观。个别成员可能就设计元素的使用、更改或应用作出情绪化的反应，尽管设计必须代表成员、政府当局和宗教教义的共识。

设计团队需要认识到宗教管理机构各不相同，会众形象无穷无尽，对他们的需求和差异性的尊重必须高于一切。每个教会都有特定的需求和要求，对于某个礼拜来说有效的设计原则可能并不适用于另一个。"规划及设计元素"一节将详细讨论圣所及配套空间。

宗教设施的类型

宗教设施的主要类型有教堂、犹太教堂、寺庙和清真寺，它们出于举行宗教仪式、举行会议的目的而建造。它们的设计各不相同，这在更大程度上是基于在那儿信奉的教派，而非任何其他因素。20和21世纪的宗教建筑表现出了宗教理念和习俗礼仪的变化。今天修建的建筑必须符合当代教会的需要，不论他们是希望保留传统的平面图，还是采用较新的理念。

在宗教建筑中，圣所是最重要的区域。圣所是礼拜的焦点，取决于教派，其布局和设计应该表达出这一焦点。当会众决定修建新设施时，通常圣所是最先修建的空间。传统的基督教教堂平面图（其中包括耳堂和中殿）被确定为拉丁十字形或十字形平面图。

虽然圣所的设计对于会众来说最为关键，但会众的各种辅助空间也确定其活动和兴趣。例子包括社交空间，如教区大厅、会议间，也许还有一个小型图书馆。还提供神职人员的行政办公室、办公室人员托儿所，有时还给神职人员提供住宅。几个教派提供广泛的教室和其他教育场所，作为教会校园的一部分，建立起教会学校（图10-9）。

犹太会众在犹太教堂或寺庙聚集，做礼拜，并学习。犹太教堂在设施里边有学校，教育会众学习希伯莱语（Hebrew Language）、犹太历史和经文。还有东正教（Orthodox）、改革派（Reform）和保守犹太教（Conservative Jewish）会众，每一个都有具体的建筑需求。

清真寺是伊斯兰教（Islamic religion）做礼拜的地方。清真寺的建筑风格因国家而异。礼拜者在举行宗教仪式时面朝东方，那儿放着一个讲坛（称为演讲台（minbar））。

在美国增长最快的教派之一是福音/五旬节教会。正是在这个类别里出现了大教会（megachurches）。术语megachurch基本上是指会众及教会设施本身的规模。信仰体系、尤其是这些教会的需求大大影响了宗教设施平面图和布局。在几个世纪以来，教堂的建筑和设计首次不再主要依赖于拉丁十字形平面图或其修改版。大教会的礼堂是主要的礼拜空间，也可视为圣所。

还有一些其他类型的宗教设施。用来教育俗世男女的私立学校和大学是读者最熟悉的。神学院、修道院和犹太教学院（yeshivas）——仅举几例——提供宗教教育，以备从事宗教事业。

为了专门从事宗教设施的室内设计，设计师需要学习、开发对各类宗教团体及其信条的理解。专门从事宗教建筑和设施的建筑师和设计师正在留意大教会、多用途建筑和更大园区的潮流趋势。这些大项目的规模和范围需要全方位的商业经验、研究和规范。

规划及室内设计元素

宗教设施平面图直接影响到礼拜场所，进而影响会众与神职人员之间的互动。宗教建筑平面图已经进化了几千年。例如，传统的十字形平面图已经变成了基于设施内不同焦点的平面图。一个例证是圆形教堂，给会众提供的座位完全围绕着圣坛或讲坛区域。其目的是为了

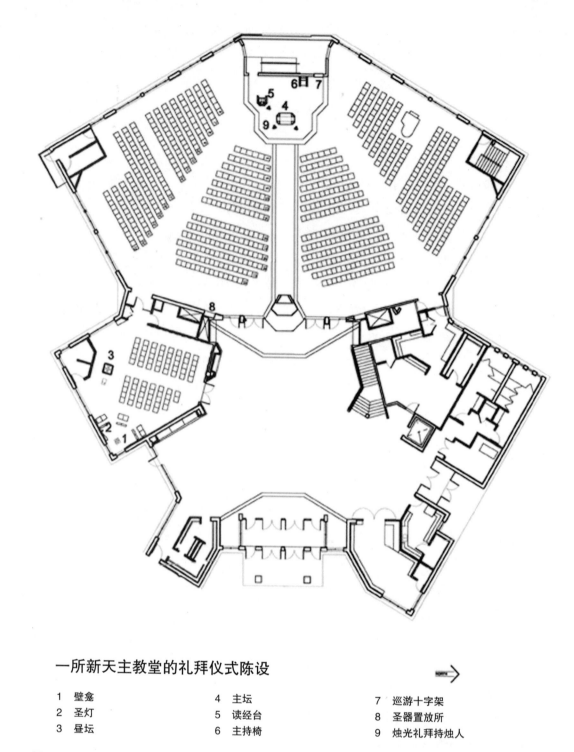

一所新天主教堂的礼拜仪式陈设

1	壁龛	4	主坛	7	巡游十字架
2	圣灯	5	读经台	8	圣器置放所
3	昼坛	6	主持椅	9	烛光礼拜持烛人

图10-9 一所教堂的现代平面图，以前它采用传统的中殿和耳堂。中央中殿/主走道在这个平面图上显而易见。
（平面图提供：Jim Postell, interior design and furniture design）

通过提供三维方式避免二维效果，给会众创造了潜在的更大参与度。当然，并非所有教派都拥抱这些新理念。当代宗教建筑一般需要一个开放的、温馨的氛围，企图包容一切。设计团队也应该实现这个目标。

本节将重点介绍基督教教堂和犹太教堂的后台规划及设计元素。对基督教和犹太教设施平面图的一些不同配置的简短讨论将帮助学生了解各种惯例。在罗马天主教教堂里，

图10-10　在这个现代化场所中，传统天花和传统的柳叶形不锈钢窗户与布局和设施融为一体。(照片提供 : Jim Postell, interior design and furniture design ; 摄影 : Lance Lew)

中殿的布局通常涉及圣所里朝向圣坛的几排长椅。圣坛的后边、上方或坛上可能挂着十字架，处于比圣所高的高度水平上。在罗马天主教和圣公会教堂里，圣坛后面的墙上有壁龛，里边放着圣餐饼。教士在圣所做法事，称为弥撒（mass）。通常情况下，圣坛高出地板水平，让会众能看到它。可以用栏杆 (称为communion rail) 将圣所与中殿隔开，常常用某种类型的圣坛屏隔开。

　　牧师可以站在圣坛前或在讲坛上布道。在大多数基督教教堂中位于中央位置的圣坛大约是6英尺×4英尺，而在天主教教堂里，圣坛大约是10英尺×8英尺。当神父或牧师站在圣坛边上时，圣坛应该是39~40英寸高。[16]讲坛应该给神职人员提供某种机制，以帮助布道，例如可调节高度的阅读面，以照顾到身高各异的神职人员和读者。其他有用的辅助工具是阅读灯和麦克风。一些神职人员希望能对这个地方具有某种照明控制 (图10-10)。

　　基于新教教会 (Protestant church) 宗教理念及教派的不同，大多数新教教堂的平面图各不相同。教堂建筑可能非常精美，比如华盛顿特区的国家大教堂，或者非常简朴，比如Friends集会所。大教堂采用剧院设计的某些原则来建成使用扇形座位平面图的礼堂。多年以来，传统的教堂长凳在一定程度上使用这种布局。通常有两个主要元素将新教的礼拜空间隔开：中殿 (会众在这儿落座) 和圣所 (或圣坛，牧师或其他人 (如唱诗班) 坐在这儿)。圣所包括圣坛、讲坛、讲桌，牧师和教士的座椅，以及一般宗教团体的空间。在某些教派里，单词圣所 (sanctuary) 指代圣域空间，以及会众就坐的中殿 (图10-11a、图10-11b)。

[16]Roberts, 2004, p. 224.

图10-11a 给牧师和唱诗班指定的圣坛区域。得克萨斯州圣安东尼奥第一浸信会教堂（First Baptist Church）。（照片提供：3D/International）

图10-11b 教堂园区内的集会空间，教区居民在此聚集签到，前行到圣坛或其他区域。得克萨斯州圣安东尼奥第一浸信会教堂（First Baptist Church）。（照片提供：3D/International）

　　圣所两侧有讲坛和讲台。讲台是念经、出示教会公告、给会众提供其他教会活动的场所。独奏音乐表演也可能使用这个空间。讲坛是牧师诵读福音和/或布道的地方。这个空间需要前面提到的设施。取决于宗教习俗，圣餐台置于中殿和圣所之间。在一些新教教会里，全浸桶放置在圣坛区域的后面，用布料覆盖该空间。

　　在大多数新教教堂里也还有其他空间。圣器收藏室可能位于教堂尾部的房间，或靠近圣所，留作牧师之用。一间祭坛协会室（altar guild room）提供祭坛布巾的存储区，以及一些花卉准备空间和存储区。洗礼仪式因新教教会而有所不同，从洒水到充分浸泡，从婴儿到成人，所以洗礼台或箱的位置可能变化很大。新教教会有门廊或大堂，提供了从室外到中殿的过渡。社区空间包括一个交谊厅或大型接待室，提供非正式的座椅。教会学校还需要用于弥撒的厨房、教室、托儿所和存储空间。

　　犹太教堂修建为现代建筑风格，一般呈矩形，还设计有圣所，使会众面朝东墙。在犹太教中，对犹太教堂和礼拜空间的室内处理有施工规则。基于犹太教施行的形式是东正教、改革派还是保守派，圣所可能有所不同。焦点始终是方舟，其中有托拉（Torah，旧约律法，包含圣经前五部的经卷）（图10-12）。方舟位于圣所的东墙，用两扇小门或帷幕（称为paroche）

图10-12 犹太教堂里的焦点是方舟。请注意对材料和照明富于创意和吸引力的利用。(室内设计及家具设计：Jim Postell)

覆盖。方舟两侧刻有十诫 (Ten Commandments)。方舟前边有张桌子，称为讲坛 (bimah，也写作bema)，多达5人可在此阅读区的三面聚集 (图10-13)。拉比和领唱者的座位位于方舟的两侧；每个座位都有一个盒子。拉比将托拉从方舟移开，并把它放在桌子上，向会众诵读。会众的座位成排提供，通常有中央走道和侧面过道。每个座位应包含一个上锁的箱子，以保存托拉、祷文、祈祷披肩、披肩和特弗林。犹太讲堂里的座椅可能包括单人软椅、便携式或可堆叠的椅子和/或二人座。东正教教会可能有男女分开的座椅。

前厅或大堂位于犹太圣所后部，很像基督教堂。犹太教堂的社交区必须挨着礼拜空间，让会员在弥撒后容易访问。这个社交空间 (或者社区活动室) 可用于特殊服务和仪式，以及舞蹈、戏剧演出或游戏。设计团队需要分析和评估这一区域，以创造灵活性和功能性。社区房间用于特殊服务 (比如逾越节)，还需要一间厨房。如果犹太教堂是东正教，那么需要两个厨房：一个用于奶制品,，另一个用于肉制品。犹太教堂的办公室包括行政办公室，与主入口相邻。拉比的办公室更为隐蔽，以便研究和咨询。

图10-13 讲坛，位于方舟以及与会众分享阅读的场所的前方。(照片提供、室内设计及家具设计：Jim Postell)

如果项目涉及列在《国家史迹名录》(National Register of History Places) 的设施的修复，那么设计团队必须做大量的研究，以确保遵循所有的准则。国家组织Partners for Sacred Places是此类型项目的一个很好的资源。其目的是教育、援助并协助宗教设施及成员找到资源和资金，并通过出版物和会议提供信息。

在基督教和犹太教的礼拜空间里，主要家具是会众的座椅。多年以来，长凳一直是教堂优选的座椅，因为它们提供了高效率的座位。它们通常由橡木、枫木或任何木材制成，可以承受经常性的使用。许多教会将垫子与长凳配套使用，而垫子需要坚固耐用、易清洁的面料。长凳应该稳固，常常被紧固到地板上，以保证安全。罗马天主教和圣公会教堂使用连接到每个长凳后面的跪垫。理想情况下，跪垫用塑胶或合同品级的面料填充、覆盖。请注意，带跪垫的长凳需要在长凳背部与长凳椅面之间留出大约39英寸，以把跪垫拉下来，并为教友提供双膝跪地所需的空间，这是很重要的。长凳背部还设计有阅览架，存放着赞美诗和祈祷书。会众后部的长凳距离圣坛不得超过75英尺，以提供良好的视线。[17]

许多宗教设施继续使用椅子（而不是长凳）作为座椅。椅子的椅面可能有或者没有软垫，还有附加到每个椅背上的跪垫。礼拜空间中使用的椅子考虑到了灵活多变的座椅布局，是当代以及一些传统教堂建筑平面图的首选。椅子的一个问题是，在移动和堆放存储椅子时，它们很容易损坏。当把椅子从礼拜空间移走时，它们还需要额外的储藏室。在指定椅子时，避免雪橇基座，并始终考虑到椅子在所选择的地板上的运动。在一些区域里，防火法规要求将椅子组合在一起。鉴于长凳之间的间距以及过道的大小受到法规的规范，许多教堂里的中央走道比所需的更宽，以更好地容纳队伍，如在婚礼或宗教礼仪活动中。大教会在礼堂安装剧场椅，这很好地适应于礼拜场所有坡度或有台阶的地板。这些座椅通常是二人座，固定在地板上。不推荐将这种类型的座椅用于跪垫。

有供应商专门从事面向室内设计师的仪式用品和宗教产品。建筑师或设计公司，或教堂或礼拜仪式设计师可能购买这些物品。其他物品（如祭坛）可根据客户要求定制。

在确定宗教设施的材料规格时，对教派、礼拜仪式的反应以及用料的使用进行相当多的研究是非常重要的。例如，每个群体都对产品需求、材料、与会众有关的颜色、理念、结构有特定的回应。

地板规格是个重大的决定。前厅或大堂可能需要硬表面的地板，如木材、大理石、石灰石或花岗岩，尽管在入口附近必须小心谨慎地使用防滑表面。更经济的硬地板选项包括水磨石。

为圣所和中殿指定的地毯应为使用胶水式方法安装的丛生、高密度、低桩地毯，它更耐磨损，显示更少的交通路径。致密、低桩地毯有助于使用轮椅和助行器的教会成员，因为它创建了一个平坦的表面，没有被更高的桩头造成的阻力。在指定地板材料时，应牢记维护、耐久性、声学和美学问题。

许多会众喜欢圣所的地毯，因为它具有吸收声音的能力。如果音乐表演是礼拜的一部分，地毯仅可用于长凳区域里硬地板的走道，这跟剧院设计很相像。此应用将促进听布道和唱诗班时不错的声音效果和清晰度。传统的教堂有硬地板，如圣所里边的石头。华盛顿特区

---

[17]Roberts, 2004, p. 42

的美国大教堂 (National Cathedral) 是在传统布置中采用石头的一个典型例子。

颜色是宗教设施内饰规格的重要设计元素。它也是与基督教日历相关联的一个设计元素，并用于各个教派。例如，紫色用于四旬期 (Lenten season)，绿色用于主显节/素日 (Epiphany/ Ordinary Times) 纪念活动。其他教会可能有特定的颜色要求 (不是基于教会年历，而是基于教派的理念)。通常避免黑色或深色，因为它们可能与"黑暗中的光明"(light as opposed to darkness) 的理念不一致。多数教会都为墙壁和天花板采用中性的配色方案，对教士法衣、唱诗班长袍、座位靠垫及壁挂采用重点色。圣所/礼堂的大量空间是地板，它往往铺设着与教会年历颜色相同的地毯。在基督教教堂里，礼拜场所的两种传统的地毯颜色是红色和绿色。

最常与教堂建筑联系在一起的窗户处理是彩绘玻璃窗。自从哥特时期以来，这些窗户已经普及。传统的彩绘玻璃窗描绘来自圣经的形象和故事，这有助于给文盲教众传授教义。今天的彩绘玻璃窗与圣经故事的描绘没多大关系。它通常由某个把它献给某个家庭成员或宗教人士的捐赠者资助。彩绘玻璃窗是宗教设施里的重要设计元素。专门从事生产和修复的供应商与教派建设委员会及设计团队协作，生产这些窗户并正确安装。有些教堂建筑更喜欢厚重织物，如窗帘，挂在窗户上，使圣所空间变暗。在窗户上使用的任何织物都必须是阻燃的。

建筑师规划的HVAC系统需要给会众提供舒适性和安全性。一些会众在礼拜过程中使用蜡烛和香火，它们发出的烟雾必须通风。给教堂和犹太教堂规划、设计的大多数机械系统都是为了使用时的高入住率。[18]照明系统应该易于使用，设计用来满足圣所空间的各种需求。指定的灯具类型将由空间的布局和教派的礼拜需要来决定。设计团队中往往有一名照明设计师或工程师，以提供宗教设施所需的特殊照明。阅读赞美诗和经文，以及强调重要的标牌 (如紧急出口)，都需要充足的光线。由于圣坛或方舟区域的重要性，圣所的某些区域需要更多的光线。避免亮度的对比度是很重要的，以防止眼睛疲劳。光源可能包括白炽灯、荧光灯、高强度气体放电灯，仅举几例。[19]照明工程师协会 (Illumination Engineer Society) 建议中到高等的能见度，以在礼拜场所阅读。在传统教堂里，悬挂的枝形吊灯给长凳提供光线。在选择吊灯时，应联系空间的总大小来考虑照明的级别。

礼拜空间的音响效果受到建筑风格、指定的材料和教友出席人数的影响。地毯、长凳垫子或软垫座椅吸收声音，并提供安静的氛围。但是，在主要是音乐演奏的情形下，硬表面 (如墙壁和地板) 有助于使声音更尖锐。为了提升音乐组分，需要较长的混响时间，而若是为了使讲话更清晰，则需要较短的混响时间。[20]

新建筑和宗教建筑的重大改造必须严格遵循建筑法规和可访问性要求。礼拜空间被国际建筑法规及其他模型法规列入组合用房，而这些法规会影响设计。例如，建筑与消防法规规定出口数量和座位布局，以及走道和出口的宽度和位置。法规还影响着可用于圣所及建筑物内其他空间内的建筑内饰表面上的材料。消防安全法规解决出口位置、出口指示牌、阻燃饰面以及自动喷水灭火系统。[21]国家电气法规 (National Electric Code) 管理电气系统的设计和安装。

---

[18]Roberts, 2004, p. 137.

[19]Roberts, 2004, p. 214.

[20]Roberts, 2004, p. 189.

[21]Roberts, 2004, p. 95.

适用于其他商业空间的可访问性设计指南在宗教设施里更为灵活。宗教设施被认为是一个私人组织，很像一个私人俱乐部，因此对严格执行ADA指南具有豁免权。但是，州和当地的建筑法规规定，所有公共建筑符合由美国建筑官员委员会（Council of American Building Officials）公布的美国国家标准（American National Standard）A117.1。必须应用这些可访问性指南，以避免因可访问性问题而被法律追责。诸如走道宽度、长凳间距、为乘坐轮椅的人士保留一部分长凳空间、在一些长凳上提供辅助听力设备是这些要求的一部分。如果宗教设施被列入了《国家史迹名录》，那么该建筑可以不应用某些ADA指南。

由于许多宗教设施为会众和社区提供幼儿托管，在每个老师管多少个孩子、洗手间、每个孩子的楼面面积等方面，这些服务空间必须合乎法规要求。

康乐设施——高尔夫会所

世界各地都在进行体育运动，不论是作为有组织的运动赛事，还是作为邻里朋友间无组织的体育活动。业余体育已影响数以百万计的公民成为参与者，观众追随自己喜欢的球队或体育明星。电视转播的体育赛事为体育迷提供机会来支持他们喜爱的球队，为种类繁多的体育活动带来收益。不分季节，对于兴趣各异的每个人总有某种体育活动。

城市为希望参与业余体育的人士修建各种社区康乐设施。城市和企业赞助人，以及球队老板，为诸如橄榄球和棒球这样的体育运动修建大规模的体育场馆。在体育场馆里，人们是观众，而不是参与者。旁观运动（spectator sport）指的是观众观看某个运动员或团队。旁观运动是大生意，涉及数十亿美元。这些钱中的大部分用于修建体育场馆和设施。这些体育场馆有开放式的和封闭式的，把数千名观众带进赛事里。

某些类型的运动并不需要大型的体育场馆，但它们的专业活动或设施也有大量的观众。高尔夫就是这些体育项目之一。高尔夫是在美国和世界各地最流行的运动之一。它被归类为旁观运动，成千上万的人参加联赛，数百万人在电视和英特网上观看。高尔夫也是最流行的业余体育之一，拥有超过2600万美国人参加。美国有超过16000个高尔夫球场。其中约三分之一是私人会所，或者是乡村俱乐部，或者是高尔夫球俱乐部，都有俱乐部设施。

高尔夫历史回顾

高尔夫运动有着悠久的历史。1744年，它出现在苏格兰，当时爱丁堡高尔夫球员贵友联合会（Honorable Company of Edinburgh Golfers）公司组织了第一个高尔夫球俱乐部。后来，这个高尔夫俱乐部提供了游戏的首个书面规则。1754年，圣安德鲁高尔夫球协会（Society of St.Andres's Golfers）成立，并成为建立游戏规则和标准的领导者。高尔夫风靡整个英伦三岛，并最终传播到欧洲和北美，于18世纪头十年末期引入美国。

高尔夫球于1900年左右在美国扎根。那时，全国大约有1000个高尔夫球场。纽约市杨克斯的圣安德鲁高尔夫球俱乐部于1880年左右建立，是美国最古老的高尔夫球场之一。美国高尔夫协会（United States Golf Association）成立于1894年，作为美国高尔夫运动的管理

表10-7 高尔夫俱乐部词汇

- **球道（fairway）**：球场上从每个球洞的开球球座（tee）延伸至果岭（green）的那一部分。
- **果岭（green）**：球道末端带球洞（hole）的区域。
- **球洞（hole）**：位于每个果岭的洞。高尔夫运动的目的就是用尽可能少的击球（stroke）次数把球打进球洞里。
- **比洞赛（Match play）**：高尔夫比赛的一种类型，其中，球员或高尔夫球队与另一球员或球队对阵。每个洞的得分最高的那一名或一队在比赛中获胜。
- **专卖店（pro shop）**：零售商店，销售服装和高尔夫（和/或其他）运动器材。
- **高尔夫球回合（round of golf）**：取决于球场的长度，打完所有9或18球洞。
- **击球（stroke）**：高尔夫球棒的每一次摆动。
- **比杆赛（stroke play）**：高尔夫游戏，每个高尔夫球员跟踪每次击球。击球数目最少者获胜。
- **开球球座（tee）**：土地平坦区域，高尔夫球手在此挥动第一杆。

实体。1916年，职业高尔夫协会（PGA，Professional Golf Association）成立。美国PGA巡回赛成立于20世纪30年代，是最大的巡回赛，管理约50场比赛。

自20世纪之交，高尔夫稳步增长。在今日美国的大约16000个高尔夫球场中，约2500家是公有，有11000个向公众收费开放。[22]所有高尔夫俱乐部的1/3是私人会所。美国每年约2600万人打高尔夫球，全世界各地则更多。20世纪90年代末，全世界几乎每年新建500个高尔夫球场。

高尔夫设施概述

韦伯斯特新大学词典（Webster's New World College Dictionary）将俱乐部（如高尔夫俱乐部）定义为"为了一个共同目的或共同利益联系起来的一群人"，而会所是"俱乐部占用或使用的房屋"。[23]私人俱乐部"不向公众开放或供公众使用"。[24]高尔夫球场包括演习区、练习场和球场自身。一般情况下，有个会所，里边有专卖店、餐饮服务、洗手间、更衣室、办公室和存储区。为了维护高尔夫球场，还需要其他建筑物。由社区拥有的公共球场可能不是很优雅，但它提供了一个廉价的机会，让个人和他们的客人打高尔夫球。私人俱乐部与之完全不同，具有广泛的会所设施，主要供会员使用，但也可能向公众开放（表10-7）。

高尔夫俱乐部的业务是提供球场，来挑战业余和/或职业球员。新球场的设计包括许多职责——开发可行性研究，进行环境评估，满足监管要求——各异的利益相关者。专门从事高尔夫球场设计的规划师将加入景观建筑师、设施的建筑师和设计团队。建筑师和室内设计师当然参与会所及作为该设施一部分的其他建筑物的设计规划。有些项目在规划阶段聘请俱乐部运营专家（club operational specialist，COS），因为这个职业可能影响市场营销、技术、形象，以及设施的的成功运作。[25]

高尔夫球场有9或18球洞，有时多达27球洞。很明显，这意味着，高尔夫球场需要大量的开阔地。事实上，苏格兰最早期的球场是牧地或由于其起伏性质而无法用于农作物耕种的

---

[22]World Book Encyclopedia, 2003, Vol. 8, p. 260.

[23]Webster's New World College Dictionary, 2002, p. 278.

[24]Webster's New World College Dictionary, 2002, p. 1142.

[25]"Effective Clubhouse Design," 2001, p. 51.

土地。高尔夫球设施的潜在开发商通过进行经济研究，看高尔夫球设施对于某个特定社区是否是可行的。顾问准备的规划和设计文档应该涵盖地址分析和环境限制及影响。由于高尔夫球场的布局和设计没有严格的法规，高尔夫球场设计顾问研究该地块，给球场开发路线规划。超级职业球员，如杰克•尼克劳斯 (Jack Nicklaus)、格雷格•诺曼 (Greg Norman) 和阿诺•帕尔默 (Arnold Palmer) 帮助设计新的高尔夫球场。

高尔夫俱乐部几乎总是有一个会所设施，会员玩家在打球前后可以在此会面、休息。该会所不仅提供实用的服务，如储物柜、淋浴间和卫生间设施，还提供专卖店 (里面出售高尔夫装备)、餐饮服务。根据会所及组织的规模和类型，设施还可能包括spa、健身中心、宴会厅以及留宿区。

凭借这么多的俱乐部选项，今天的高尔夫复式楼和乡村俱乐部必须提供便利设施，以吸引公众或成员使用设施。精美的内饰是设计一个成功的俱乐部 (不论是正式的还是休闲的，也不论是传统的还是现代的) 的方案的一部分。大家越来越多地使用会所来招待客人。因此，会所设计变得更具住宅特征。

高尔夫俱乐部设施的类型

有三种类型的高尔夫俱乐部。每种俱乐部的组成部分都基本相同：一个会所，一个球场。在便利设施、设计以及其他产品 (如网球场) 方面，它们的差异很大。还存在着所有权上的差异；高尔夫俱乐部通常由市政府、成员、公司、高尔夫球组织和/或度假村酒店所拥有。

公共俱乐部 (public club) 向公众开放，可通往高尔夫球场和会所。它通常由市政府拥有，因此有时被称为市政俱乐部或球场。有些提供会员资格，虽然大多数并不需要会费。在大多数情况下，公共俱乐部也被认为是日费球场 (daily-fee course)。这意味着，会费一般是不需要的，球员只为这一天支付一定的费用。公共球场通常有一个小会所，使用最少的设施。高尔夫商店、洗手间和更衣室、小食品服务设施 (例如一个简单的食品摊，售卖清淡的三明治) 是常见的。亚利桑那州图森 (Tucson) 的Silverbell Golf球场、怀俄明州卡斯柏 (Casper) 城拥有的三冠高尔夫俱乐部 (Three Crowns Golf Club) 是两个例子。后者坐落在世界上最大的炼油厂之一以前的土地上；这块土地被捐献给了卡斯柏城。[26]

美国的私人俱乐部及会所很多，包括一些最豪华的设施。市民不得在俱乐部打球或使用其设施，除非有会员邀请。私人俱乐部由会员或公司拥有。私人高尔夫俱乐部的入会费和后续费产生收入，以维持设施。佛罗里达州温德米尔 (Windermere) 的艾尔沃斯乡村俱乐部 (Isleworth Country Club) 有一个82000平方英尺的会所，其中有11台等离子电视、乒乓球桌和台球桌、高尔夫球模拟器和挥杆分析仪、篮球架和一个半场，以及一个室内果岭。此外，饭厅、娱乐、更衣室和健身中心都很奢华。[27]

度假村俱乐部是第三种主要类型的高尔夫俱乐部。许多度假村的修建都以高尔夫球场和其他康乐设施作为物业的焦点。酒店的客人使用球场，同时它也向公众开放。对于客人，在球

[26]Better. Nov./Dec. 2005. p. 80.

[27]Better. May/June 2005. p. 54.

表10-8　高尔夫俱乐部设施类型

■ **乡村俱乐部（country club）**：社交及康乐会所，通常是私人或半私人的；高尔夫球场只对会员或会员的客人开放。还有餐厅、网球场和游泳池。 ■ **日用俱乐部（day-use club）**：按天付费，无会费。该俱乐部可能是公有或私有。 ■ **市政俱乐部（municipal）**：由税收支持	的城市、县或州拥有，向公众开放。 ■ **私有（private）**：私人拥有。取决于俱乐部的规模、所有制、位置，组织的差别很大。入会费和年费是必需的。 ■ **公有（public）**：对公众开放，通往高尔夫球场和会所。 ■ **半私有（semiprivate）**：提供会员资格，但允许公众在特定时间内打球。

场打球的费用可能包含在房间"套餐"里，而大众将支付比酒店客人更高的费用。度假村俱乐部有许多设施和奢侈品，因为这些设施的费用由房间租金（关于度假村的更多信息，请参见第4章）抵消。凤凰城的亚利桑那巴尔的摩度假村酒店（Arizona Biltmore Resort and Spa）是世界上许多顶级高尔夫度假胜地之一。度假村会所的一个主要重点是专卖店。运动员和游客喜欢购买度假村的标志商品；因此，专卖店的零售面积比其他类型的高尔夫球场里的专卖店更大。

虽然这些是高尔夫球场的主要类型，但还有一些其他类型。半私人俱乐部（semiprivate club）可以购买会员资格，但也开放给一般大众打球。根据俱乐部的规则，对于除了更衣室、专卖店（或许还有餐馆）之外的设施，公众在日间的使用可能会受到限制。

高尔夫乡村俱乐部是一种更面向家庭的俱乐部，具备吸引家庭的设施和设备。许多乡村俱乐部是私人的，虽然高尔夫球场可能向公众开放。乡村俱乐部有餐饮设施、游泳池、网球场、健身中心，可能还有其他设施和活动（表10-8）。

规划及室内设计元素

会所是一个非常受欢迎的地方，与朋友、同事和家人会面。时下，会所比以前广阔得多。例如，除了传统的餐饮设施、酒吧区和高尔夫球相关区域外，现在会所还有举重房、Spa和美容沙龙。许多高尔夫球设施是私人会所，向公众开放餐饮设施。

多年来，高尔夫人群已经发生了改变，参与这项运动的妇女和孩子越来越多。虽然高尔夫和乡村俱乐部一直是面向家庭的康乐设施，但其他类型的高尔夫俱乐部不得不对会所及提供的设施做出调整，以吸引新成员。这意味着为妇女提供更大的更衣室和厕所设施，给儿童活动提供托儿服务和空间。一些俱乐部已经增添了母婴室和亲子厕所（在那里母亲给宝宝换尿布）。此外，今天的许多会所是休闲设计，餐厅、体育酒吧和食品摊都不那么正式。空间更加家庭化，这意味着更大的非正式区域和开放的休息区。[28]与此同时，布局的慷慨空间提升了奢华感。

会所被设计来为高尔夫球手和其他客人提供功能。取决于所有权类型、规章制度以及提供的各种服务，平面图可能会有所不同。会所的功能和设计可能很简单，或者很豪华，用精美的设施来支持许多功能。当然，俱乐部的所有建筑物由建筑师来设计，利用当地的材料实现连贯一致的风格。会所选址靠近第一洞发球台和第9、18果岭（图10-14）。

---

[28]Wilder, 2001, p. 2.

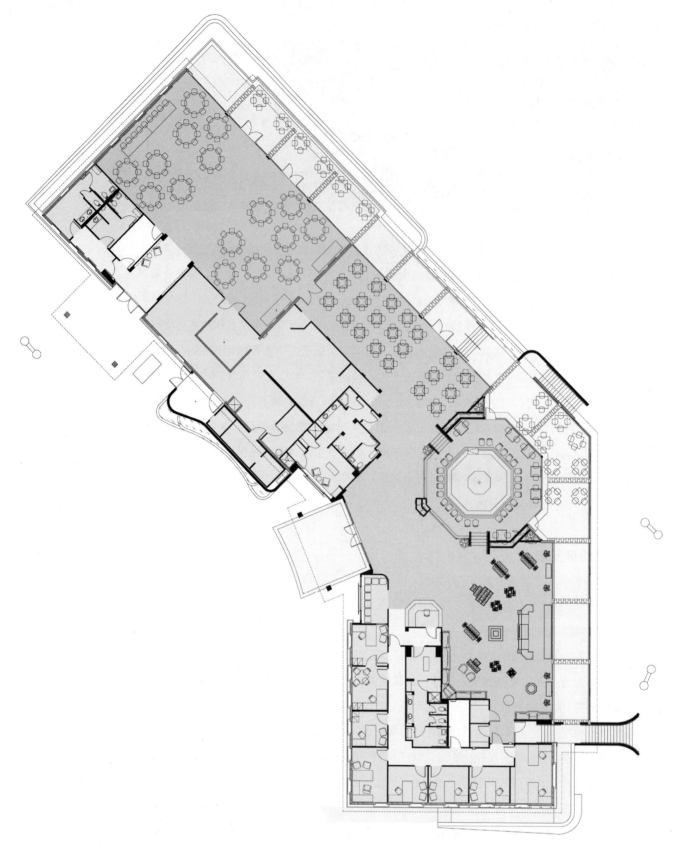

图10-14　高尔夫会所的平面图。请注意分配给中央厨房和用餐区的大空间。Champions Gate clubhouse。(绘图提供：Burke, Hogue & Mills Architects)

图10-15　冠军门会所里的宴会厅。注意强调了外部视图。(照片提供：Burke, Hogue & Mills Architects)

　　俱乐部和会所可能包括各种各样的功能。本节将重点放在一般性会所中最重要的私人和公共区。规划及设计元素的讨论突出了主体建筑，包括大堂和休息室、一个通用的餐厅、更衣室和专卖店。

　　到会所有三个入口是很稀松平常的：会员从私人入口进入，还有一个是面向公众的，还有一个从停车区直达。入口大厅是一个大空间，让用户可以轻松地寻路，虽然很多设施有标牌，以帮助指引会员及客人。休息室、餐饮室、连通到功能空间(如更衣室、健身中心和spa)的走廊是频繁访问、远离入口大堂的空间。行政办公室可能位于主入口，对会员开放，但出于隐私小心谨慎地定位。

　　休息室或客厅一般有会话组，包括沙发、椅子、茶几、灯和咖啡桌。壁炉往往坐落在这个空间里，至少一个会话组应该着眼于壁炉。由于会所设计强调住宅化的外观，所以室内设计师需要提出强化这一理念的平面图。

　　大型会所里的餐厅位于主入口，附近设有休息室和休闲吧 (图10-15)。在专卖店附近提供一个更小的、更休闲的露天餐饮区(如三明治摊位)服务是常见的。如果用面板将大型餐饮空间隔开，可以非常灵活。用餐区也可以规划为用半高墙来将大空间分割成更亲密的用餐空间。用餐区和厨房常常成为会所的运营枢纽。使厨房服务不显眼是会所设计的关键之一。[29]

　　酒吧是会所内更有人气的区域之一，是高尔夫设施的重要收入来源。它可能与饭厅相邻。小酒吧通常位于专卖店和更衣室附近的庭院。基于俱乐部，酒吧可能是个休闲的运动酒吧，有座位及小桌子。体育赛事广播在酒吧里很流行，周末的现场娱乐表演也是 (图10-16)。更传统的俱乐部可能有更正式的酒廊，那儿的"康乐"(entertainment) 实际上是成员的友情。在这种情况下，家具可能是沙发、休闲椅，甚至牌桌(如果打牌玩的话)。

　　更衣室一般靠近通往第一洞发球台的外门，但也通往主会所。它们的规划得同时考虑互

[29]Wilder, 2001, p. 4.

图10-16　高尔夫会所的酒吧区。电视和外景是这个区域的流行元素。(照片提供 : Burke, Hogue & Mills Architects)

动性和隐私。室内设计师和建筑师必须建立具备功能性、高效率、提供隐私的更衣室。为更衣室和健身中心分配更多空间也成为必要。

对于高尔夫球手，更衣室是俱乐部提供的最重要设施之一。今天，成员想要更大的、具有更多便利设施的更衣室。专卖店通常靠近更衣室，并邻近第一洞发球台。行李存储区邻近专卖店和更衣室，以便于在打高尔夫球前后访问。专卖店作为一个零售设施，销售高尔夫球具、用品、服装和纪念品。连通停车场的入口能方便无需进入会所的会员及非会员。从专卖店到更衣室的通路也常见于会所规划 (图10-17)。

除了控制球员到球场的通路，专卖店还是个零售店。必须采用与任何零售店一样的良好技术及理念米规划。规划收银/包装台和商品陈列柜，以鼓励玩家和非玩家购物。在许多高尔夫球场设施里，标志商品很受欢迎，带有俱乐部标志的衣服等物品的展示是一个重要的规划问题。

图10-17　提供待售商品(例如体育设备和服装)的专卖店。(照片提供 : Burke, Hogue & Mills Architects)

对于任何会所而言，中庭、露台和阳台都是重要的设计元素。球员和客人在打高尔夫球前后享受户外放松。有些人只是简单地从会所外的中庭享受球场的美景。室内设计师将负责给这些区域指定家具和陈设。在这个设施里，食品和饮料服务总是室外座位的诱惑力的一部分。在夏季和温暖的气候下，室外厨房展览可以成为中庭里激动人心的第二个焦点。

室内设计师通常负责会所里大部分的家具、陈设以及材料规格。当然，这项工作是与建筑师、客户以及其他可能的设计团队成员共同协作完成的。为社交区（如休息室、饭厅）选择家具专注于造型、舒适性，往往还在意休闲式的优雅，其布置鼓励互动，以及一定程度的隐私。

社交区的家具规格及布置在为成员或客人营造有效、舒适、宾至如归的空间方面很重要。为了舒适地交谈，座椅单元间距不超过10英尺的会话组是理想的。有年老会员的俱乐部寻求更容易站立的座椅单元。由于女性成员越来越多，座椅也应该令女性感到舒适。座椅单元的织物规格应具备舒适性和耐久性。由于社交区通常供应饮料，面料必须易于清洗，虽然不是一切都得是塑胶或皮革。面料的大小及设计也得适当。休息室里的其他家具包括茶几和咖啡桌，这样成员或客人有个地方喝一杯。在规划在休息室使用咖啡桌时，考虑伸取距离（reach distance）是很重要的。这个区域还可能有自助餐、控制台、展示柜。

应为各种群体规模、单一食客及大群食客规划餐厅。在规划该空间时，拼装起来能应对这些不同群体的、各种大小的桌面是必不可少的。关于空间规划、家具规划、这些区域以及会所的规格的信息，请参考第5章中对餐饮设施的讨论。

更衣室的家具需要具备功能性、尺寸较小。无论是对于男更衣室还是女更衣室，都是如此。首先当然是储物柜。取决于俱乐部管理层的意愿，它们可以是全长或分层的，有42英寸高。它们最有可能是木材或木层板制成的。长凳被放置在更衣室区域，这样成员可以在衣柜前坐下。长凳通常为16英寸高、18英寸深。长凳的长度由整体设计所决定，但应为4~6英尺，以方便移动。整个更衣室都配备有电视，以便继续观看许多体育赛事。

更衣休息室在私人俱乐部及其他俱乐部里都相当普遍。附属于男更衣室和女更衣室的小休息室为会员提供了一个身着休闲服放松的场所，而在主休闲区这可能是不允许的。椅子通常有易清洁、耐用、抗菌、让皮肤感觉舒适的布料。在休闲座椅区，还提供具有照明、读物和饮料的小茶几。在更衣室某处放置一把躺椅并不稀奇，以防有人觉得不舒服。在大俱乐部里，男子更衣室套房里边桌牌也很常见。女性成员普遍希望棋牌室远离主休息室。从事这项运动的大多数成员偏爱带脚轮的椅子。女更衣室的化妆镜前需要有小长凳座椅或矮凳。

专卖店的家具相当简单。商品的陈列和储存需要柜台、展示柜和箱子。高尔夫球杆、箱包（也许还有在专卖店出售的其他体育用品）的展示需要专门的陈列架。还需要收银/包装台大到足以提供记录出售商品所需的空间，以及在开球或球场时段内预订、检查商品的空间。如果设计师签约设计专卖店，那么应该回顾第6章的零售店设计，因为理念非常相似。

会所内的许多饰面及建筑材料都是适宜于酒店业的。然而，许多专门为健身中心行业设计的产品也适合于会所区域。由于今天的会所也用于招待客人，成员普遍要求在更大的范围内营造更舒适的家居氛围。由于高尔夫会所设施的多种用途，室内设计师需要牢记设施内区域的各种需求。至于饰面，其中一个重要问题就是带夹板（甚至软夹板）的高尔夫球鞋在室内哪些地方能穿。有些俱乐部章程不允许在俱乐部的休息室和用餐区穿带夹板的高尔夫球鞋或脏鞋。

许多区域的地板都非常流行选用地毯。由于大量使用和滥用，在高尔夫俱乐部使用的地毯需要大约每3~5年更换一次。有一些特定的纱线系统和地毯制品，对于高尔夫用途更有效。在允许高尔夫球鞋的地方，例如在专卖店，室内设计师应指定高密度、低切割绒地毯，因为未切割的绒地毯会给夹板带来阻力。标准的传统高尔夫球钉鞋的每平方码堆密度为60盎司，高尔夫球软钉鞋的每平方码堆密度为42盎司。还建议使用溶液染色纤维，因为它们提供抗褪色性和颜色牢度，对于这种类型的设施里的花纹地毯而言特别重要。由于其抗磨损、被压倒后能反弹，尼龙纱线是优选方案。[30]

硬质或弹性地板的安装取决于其用途。举例来说，给更衣室以及可能发生滑倒的其他区域指定防滑表面非常关键。弹性地板材料的质感表面增添了用户的舒适性和安全性。入口和大堂的硬表面地板可能是石头，在饭厅铺设地毯有助于声学控制，并在更衣室指定抗菌地毯。

墙壁材料可能相差很大。室内设计师必须仔细审查空间的用途，以便做出与墙壁饰面有关的决定，这个决定应考虑到功能、音响控制、消防安全，并遵守法规。饭厅和休息室空间往往设计有朝向球场的大窗户，以利用球场创造的美景。与此同时，这些硬表面导致声音弹离表面，在该空间内产生更多的噪声，妨碍畅快的倾谈。设计师必须采用其他建筑饰面材料来吸收这个额外的噪声。这类材料包括在墙壁上可清洁的声学布、致密的地毯、椅面织物。在一些俱乐部饭厅里，允许窗帘来吸收更多噪声。

各种各样的材料可用作墙壁饰面。木质镶板、壁纸或织物、地砖、石材，当然，还有涂料，都可以用于室内墙壁，如果它们满足相应的建设及消防安全法规的话。传统内饰可能包括范围广泛的木制品和木质镶板，包括法式门窗。现代内饰可能包括大型的开放式窗户、石材、玻璃块和不锈钢。涂料对于众多主题和理念都是一种通用的经济型墙面漆。必须小心谨慎地指定涂漆表面的位置，因为有些区域将受到更多的磨损。

在指定涂料时，室内设计师应在一天中的不同时间测试涂料及涂料饰面。颜色的选择受日光、采用的人工光源类型、空间用途的影响很大。例如，大部分业务都在傍晚、晚上的会所的豪华餐厅可能需要更安静、更舒适、更优雅的色调和氛围。食品摊可能需要相反类型的配色方案。无论配色方案如何，室内设计师都必须确保所选择的颜色适宜于空间的用途，并提升空间，营造一个和谐的环境。

声学问题给室内设计师和建筑师创造了有趣的设计挑战。入口大堂、休息室和接待区高高的天花板营造了隆重的效果，但也产生噪声问题，尤其是在安装了硬地板的地方。更衣室和活动室的噪声应尽可能地限于这些区域，使休息室和餐厅保持较低的受控环境噪声水平，以利于交谈。一旦确定了空间的分区，那么地板和墙面处理规格就是控制噪声的关键因素。

---

[30] "Effective Clubhouse Design," 2001. p. 20.

照明使设计师面临着其他设计问题。能实现美妙的采光效果的大窗户对空间夜间的人工照明创造了挑战。高高的天花板往往意味着设计师必须将壁灯或洗墙灯与射灯（甚至吊灯和枝形灯）集成在一起，以照亮休息室和入口。功能空间（如更衣室及专卖店）要求功能性照明，在墙壁和橱柜的硬表面上不会太刺眼。读者应参阅第4、5、6章中与会所相似的酒店、餐饮服务、零售空间的照明设计问题有关的讨论。

会所是多用途用房，在规划、指定内饰时，设计师必须要非常小心，以满足多用途用房条例（multiple-occupancy regulations）。当用房分类不同的空间不可分开时，其他空间必须满足最严格的法规要求。在这里描述的一般性高尔夫会所里，很可能有指定为组合用房的空间——用餐区、酒吧、更衣室、健身室，以及社区间；营业用房的空间是诸如俱乐部办公室，或许还有美容店或理发店；专卖店是商品用房；存储、维修高尔夫球车的建筑物将被视为危险用房（Hazardous occupancy）。球车存储楼通常不连接到主会所，所以它对法规限制没有影响。不过，在同一空间内的这诸多种用房类型强调了在指定商品、材料、规划空间时必须得小心翼翼。

在会所某些区域内允许吸烟并不稀奇。较新的俱乐部可能为烟民提供独立的酒吧或雪茄吧，但是以无烟区为主。如果会所允许吸烟区的存在，那么建筑师得指定足以给房间换气的空气过滤或通风系统。

一般来说，除非设施为私人会所，不然都必须满足可访问性指南。有的私人会所对ADA指南有豁免权。出于方便会员的考虑，其他州和地方法规合规性可能使可访问性设计成为必要。任何向公众开放的俱乐部都必须符合联邦的可访问性要求。

会所的室内设计是一个有趣的商业设计专业，潜在地涉及多种商业空间。参与任何类型的康乐空间的室内设计是从事这个行业的一种愉快方式。然而，它的确需要对酒店和零售设计进行研究并具备经验。

本章小结

文化康乐设施是令人振奋的、富于创造性的、具有挑战性的商业室内设计专业。这些内饰的设计需要专门的知识，室内设计师必须通过担任助手获得经验，直到他们了解业务及其规划需求。与顾问（往往跟设计师不是一个公司）协作的能力是至关重要的。对于任何设计师来说，获得开展本章讨论的设施的室内设计所需的所有专业知识都是相当困难的。

鉴于业务的广度以及与文化康乐设施的成功设计有关的设计问题，本章介绍了关键元素，以帮助读者开发对这些设施的理解。不幸的是，不能包括多种也属于这些类别的设施。鼓励读者阅览一些下面列出的资源，并寻求其他参考文献。只有获得了对客户业务的全面了解，才有可能在任何这些项目中设计出满足众多利益相关者的设施。

本章参考文献

American Association of Museums. 1998. *The Official Museum Directory*, 28th ed. Washington, D.C.: National Register Publishing.

Appleton, Ian. 1996. *Buildings for the Performing Arts: A Design and Development Guide*. Oxford: Butterworth Architecture.

Architectural Record. 1977. "The Getty Center." November, pp. 72–105.

Barrie, Thomas. 1996. *Spiritual Path, Sacred Place: Myth, Ritual and Meaning in Architecture*. Boston: Shambhala.

Bennett, Corwin. 1977. *Spaces for People*. Englewood Cliffs, NJ: Prentice-Hall.

Better, Craig. 2005. "New Course Review." *Travel + Leisure Golf*. November/December. pp. 80–82.

Better, Craig. 2005. "New Course Review." *Travel + Leisure Golf*. May/June. pp. 54, 60–62.

Brawne, Michael. 1982. *The Museum Interior*. New York: Architecture Books.

Brockett, Oscar E. and F. J. Hildy. 1999. *History of the Theatre*, 8th ed. Boston: Allyn & Bacon.

Brown, Catherine R., William B. Fleissig, and William R. Morrish. 1984. *Building for the Arts: A Guidebook for the Planning and Design of Cultural Facilities*. Santa Fe, NM: Western States Arts Foundation.

Clawney, Paul. 1982. *Exploring Churches*. Grand Rapids, MI: W. B. Eerdmans.

Clements, Patrick L. 2002. *Proven Concepts of Church Building and Finance*. Grand Rapids, MI: Kregel.

Copplestone, Trewin, ed. 1963. *World Architecture*. London: Hamlyn.

Deiss, William A. 1984. *Museum Archives*. Chicago: The Society of American Archivists.

Diedrich, Richard J. 2005. *Building Type Basics for Recreational Facilities*. New York: Wiley.

Dillon, Joan and David Naylor. 1997. *American Theaters: Performance Halls of the Nineteenth Century*. New York: Preservation Press.

"Effective Clubhouse Design, Using a Club Operational Specialist."2001. In *Clubhouse Design & Renovation*, 3rd ed. Jupiter, FL: National Golf Foundation.

Forsyth, M. 1987. *Auditoria: Designing for the Performing Arts*. London: Bartsford.

Gillette, J. Michael. 2004. *Theatrical Design and Production*, 5th ed. New York: McGraw-Hill.

Harrigan, J. E. 1987. *Human Factors Research*. New York: Elsevier Dutton.

Holly, Henry Hudson. 1971. *Church Architecture*. Hartford, CT: Mallory.

Hourston, Laura. 2004. *Museum Builders II*. New York: Wiley.

Izenour, George C. 1997. *Theatre Design*, 2nd ed. New York: McGraw-Hill.

Jankowski, Wanda. 1987. *The Best of Lighting Design*. New York: PBC International.

Klein, Judy Graf. 1982. *The Office Book*. New York: Facts on File.

Lake, Sheri. 1997. "Government/Institutional Design Specialty." *ASID Professional Designer*. May–June, pp. 24.

Lord, Gail Dexter. 1999. *The Manual of Museum Planning*, 2nd ed. Walnut Creek, CA: Altamira Press.

Lord, Peter and Duncan Templeton. 1986. *The Architecture of Sound*. London: Architectural Press.

Loveland, Anne C. and Otis B. Wheeler. 2003. *From Meetinghouse to Megachurch*. Columbia: University of Missouri Press.

Maguire, Robert Alfred. 1965. *Modern Churches of the World*. New York: Dutton.

Mahnke, Frank H. and Rudolph H. Mahnke. 1987. *Color and Light in Man-Made Environments*. New York: Van Nostrand Reinhold.

McCarty, L. B. 2001. *Best Golf Course Management Practices*. New York: Prentice Hall.

McGowan, Maryrose. 2004. *Interior Graphics Standards*. New York: Wiley.

Merriam-Webster's Collegiate Dictionary, 10th ed. 1994. Springfield, MA: Merriam-Webster.

Moore, Kevin. 1997. *Museums and Popular Culture*. London: Cassel.

New Encyclopedia Britannica, 15th ed. 1981. Chicago: Benton.

Newhouse, Victoria. 1998. *Towards a New Museum*. New York: Monacelli Press.

Packard, Robert and Balthazar Korab. 1995. *Encyclopedia of American Architecture*, 2nd ed. New York: McGraw-Hill.

Patterson, W. M. 1975. *A Manual of Architecture for Churches*. Nashville, TN: Methodist Publishing House.

Pevsner, Nicholas. 1976. *A History of Building Types*. Princeton, NJ: Princeton University Press.

Pile, John. 1990. *Dictionary of 20th Century Design*. New York: Facts on File.

———. 1995. *Interior Design*, 2nd ed. Englewood Cliffs, NJ: Prentice Hall.

Roberts, Nicholas W. 1986. *Interior Graphic and Design Standards*. New York: Watson-Guptill.

———. 2004. *Building Type Basics for Places of Worship*. New York: Wiley.

Rosenblatt, Arthur. 2001. *Building Type Basics for Museums*. New York: Wiley.

Solinger, Janet W. 1990. *Museums and Universities*. New York: Macmillan.

Steele, James. 1996. *Theatre Buildings*. London: Academy Editors.

Tillman, Peggy and Barry Tillman. 1991. *Human Factors Essentials: An Ergonomics Guide for Designers, Engineers, Scientists, and Managers*. New York: McGraw-Hill.

Walsh, John, Deborah Gribbon, and the J. Paul Getty Museum. 1997. *The J. Paul Getty Museum and Its Collections*. Lost Angeles: Getty Trust Publications.

Webster's New World College Dictionary, 4th ed. 2002. Cleveland: Wiley Publications.

Wilkes, Joseph A., ed. in chief, and Robert T. Packard, associate ed. 1988. *Encyclopedia of Architecture, Design, Engineering, and Construction*, Vols. 1 to 5. New York: Wiley.

Williams, Peter W. 1997. *Houses of God: Architecture in the US*. Urbana: University of Illinois Press.

World Book Encyclopedia. 2003. Vols. 8, 13, and 19. Chicago: World Book, Inc.

本章网址

Adherents www.adherents.com

American Conservatory Theater www.act-sfbay.org

American Jewish Congress www.ajcongress.org

Chicago Art Institute www.artic.edu

Church Resource Guide www.churchresourceguide.com

Crystal Cathedral www.crystalcathedral.org

Cybergolf www.cybergolf.com

Estes Net www.estesnet.com/ComDev

Getty Center www.getty.edu

Golf Club Finder www.golfclubfinder.com

International Council for Christians and Jews www.iccj.org

John F. Kennedy Center for the Performing Arts www.kennedy-center.org

Lincoln Center for the Performing Arts www.lincolncenter.org

Metropolitan Museum of Art www.metmuseum.org

Museum of Fine Arts, Houston www.mfah.org

Museum of Modern Art www.moma.org

National Golf Foundation www.ngf.org

National Park Service www.nps.gov

Partners for Sacred Places www.sacredplaces.org

Smithsonian Institution www.si.edu

St. Patrick's Cathedral www.ny-archdiocese.org

Washington National Cathedral www.cathedral.org

Club Management Association of America www.cmaa.org

InformeDesign at the University of Minnesota, www.informedesign.umn.edu

Official Museum Directory www.officialmuseumdir.com

Retail Focus: Publication of the National Sporting Goods Association www.nsga.org

Travel + Leisure Golf Magazine www.travelandleisure.com

请注意：与本章内容有关的其他参考文献列在本书附录中。

参考文献

参考书目

The references listed in this appendix are those that might be used in the design of a variety of commercial facilities. Readers are advised to check with local jurisdictions for the code books applicable in their area of interior design practice.

Allen, Edward and Joseph Iano. 2004. *Fundamentals of Building Construction*, 4th ed. New York: Wiley.

American Institute of Architects. 2003. *Security Planning and Design*. New York: Wiley.

———. 2005. *Security Design: Achieving Transparency in Civic Architecture*. Washington, DC: AIA.

Arthur, Paul and Romedi Passini. 1992. *Wayfinding*. New York: McGraw-Hill.

Ballast, David Kent. 2005. *Interior Construction and Detailing for Designers and Architects*, 3rd ed. Belmont, CA: Professional Publications.

Binggeli, Corky. 2003. *Building Systems for Interior Designers*. New York: Wiley.

Birren, Faber. 1988. *Light, Color & Environment*, 2nd rev. ed. West Chester, PA: Schiffer.

Bisharat, Keith A. 2004. *Construction Graphics*. New York: Wiley.

Bradshaw, Vaughn. 2006. *Building Control Systems*, 3rd ed. New York: Wiley.

Brawley, Elizabeth C. 2005. *Design Innovations for Aging and Alzheimer's*. New York: Wiley.

Callender, John Hancock, ed. 1986. *Time-Saver Standards for Architectural Design Data*, 6th ed. New York: McGraw-Hill.

Cavanaugh, William J. and Joseph A. Wilkes, eds. 1998. *Architectural Acoustics*. New York: Wiley.

Ching, Francis D. K. and Cassandra Adams. 2001. *Building Construction Illustrated*, 3rd ed. New York: Wiley.

Ching, Francis D. K. and Steven R. Winkel. 2003. *Building Codes Illustrated*. New York: Wiley.

Deasy, C. M. 1990. *Designing Places for People*. New York: Watson-Guptill.

De Chiara, Joseph, Julius Panero, and Martin Zelnik. 2001, 1991. *Time-Saver Standards for Interior Design and Space Planning*. New York: McGraw-Hill.

Early, Mark W., ed. in chief, Jeffrey S. Sargent, Joseph V. Sheehan, and John M. Caloggero. 2005. *National Electrical Code Handbook*, 10th ed. Quincy, MA: National Fire Protection Association.

Egan, M. David. 1988. *Architectural Acoustics*. New York: McGraw-Hill.

Faga, Barbara. 2006. *Designing Public Consensus*. New York: Wiley.

Farren, Carol E. 1999. *Planning and Managing Interior Projects*, 2nd ed. Kingston, MA: R. S. Means.

Garner, Bryan A., ed. 2004. *Blacks Law Dictionary*, 11th ed., St. Paul, MN: Thomson Group.

Garrison, Elena M.S., ed. *The Graphic Standards Guide to Architectural Finishes*. New York: Wiley.

Gordon, Gary and James L. Nicholls. 1995. *Interior Lighting for Designers*, 3rd ed. New York: Wiley.

Haines, Roger W. and C. Lewis Wilson. 1994. *HVAC Systems Design Handbook*, 2nd ed. New York: McGraw-Hill.

Hall, Edward T. 1969. *The Hidden Dimension*. New York: Doubleday-Anchor Books.

Hall, William R. 1993. *Contract Interior Finishes*. New York: Watson-Guptill.

Harmon, Sharon Koomen. 2005. *The Codes Guidebook for Interiors*, 3rd ed. New York: Wiley.

International Code Council. 2003. *International Building Code*. Falls Church, VA: International Code Council.

Jackman, Dianne R. and Mary K. Dixon. 1983. *The Guide to Textiles for Interior Designers*. Winnipeg, Manitoba, Canada: Peguis.

Karlen, Mark and James Benya. 2004. *Lighting Design Basics*. New York: Wiley.

Kearney, Deborah. 1993. *The New ADA: Compliance and Costs*. Kingston, MA: R. S. Means.

Kilmer, Rosemary and W. Otie Kilmer. 1992. *Designing Interiors*. Fort Worth, TX: Haracourt Brace Jovanovich.

Kopacz, Jeanne. 2004. *Color in Three-Dimensional Design*. New York: McGraw-Hill.

Leibrock, Cynthia. 1992. *Beautiful Barrier Free: A Visual Guide to Accessibility*. New York: Van Nostrand Reinhold.

Mahnke, Frank H. and Rudolph H. Mahnke. 1987. *Color and Light in Man-Made Environments*. New York: Van Nostrand Reinhold.

McGowan, Maryrose. 1996. Specifying Interiors. *A Guide to Construction and FF&E for Commercial Interiors Projects*. New York: Wiley.

————. 2004a. *Interior Graphic Standards*. New York: Wiley.

————. 2004b, ed. *Interior Graphic Standards. Student Edition*. New York: Wiley.

McGowan, Maryrose. 2005. *Specifying Interiors: A Guide to Construction and FF&E for Residential and Commercial Interiors Projects*, 2nd ed. New York: Wiley.

McGuinness, William J., Benjamin Stein, and John S. Reynolds. 1980. *Mechanical and Electrical Equipment for Buildings*, 6th ed. New York: McGraw-Hill.

McPartland, J. F. and Brian J. McPartland. 1996. *National Electrical Code Handbook*, 22nd ed. New York: McGraw-Hill.

Mendler, Sandra F. and William Odell. 2000. *The HOK Guidebook to Sustainable Design*. New York: Wiley.

Miller, Mary C. 1997. *Color for Interior Architecture*. New York: Wiley.

Nadal, Barbara A. 2004. *Building Security*. New York: McGraw-Hill.

National Fire Protection Association (NFPA). 2003. *NFPA 101: Life Safety Code*. Quincy, MA: NFPA.

Null, Roberta with Kenneth F. Cherry. 1998. *Universal Design*. Belmont, CA: Professional Publications.

Panero, Julius and Martin Zelnick. 1979. *Human Dimension and Interior Space*. New York: Watson-Guptill.

Pile, John. 1997. *Color in Interior Design*. New York: McGraw-Hill.

————. 2005. *A History of Interior Design*. New York: Wiley.

Piotrowski, Christine M. 2002. *Professional Practice for Interior Designers*. 3rd ed. New York: Wiley.

Preiser, Wolfgang and Elaine Ostroff. 2001. *Universal Design Handbook*. New York: McGraw-Hill.

Ramsey, Charles G., Harold R. Sleeper, and John Ray Hoke, Jr., eds. 2000. *Architectural Graphic Standards*, 10th ed. New York: Wiley.

Reznikoff, S. C. 1986. *Interior Graphic and Design Standards*. New York: Watson-Guptill.

————. 1989. *Specifications for Commercial Interiors*, rev. ed. New York: Watson-Guptill.

Riggs, J. Rosemary. 1989. *Materials and Components for Interior Design*, 2nd ed. Reston, VA: Reston Publishing (Prentice Hall).

Rosen, Harold J. and John Regener. 2004. *Construction Specifications Writing: Principles and Procedures*, 5th ed. New York: Wiley.

Seffy, Gary. 2002. *Architectural Lighting Design*, 2nd ed. New York: Wiley.

Sewell, Bill. 2006. *Building Security Technology*. New York: McGraw-Hill.

Simmons, H. Leslie. 1989. *The Architect's Remodeling, Renovation, and Restoration Handbook*. New York: Van Nostrand Reinhold.

Sommer, Robert. 1983. *Social Design*. San Francisco: Rinehart Press.

Sorcar, Pratulla C. 1987. *Architectural Lighting for Commercial Interiors*. New York: Wiley.

Specifications for Making Buildings and Facilities Accessible to and Usable by Physically Handicapped People. Standard A117.1-1980. New York: American National Standards Institute.

Spiegel, Ross and Dru Meadows. *Green Building Materials*. New York: Wiley.

Stewart, Thomas A. 1993. "Welcome to the Revolution." *Fortune*. December 13, pp. 66ff.

Templeton, Duncan and David Saunders. 1987. *Acoustic Design*. New York: Van Nostrand Reinhold.

Terry, Evan, Associates. 1993. *Americans with Disabilities Act Facilities Compliance: A Practical Guide*. New York: Wiley.

Wakita, Osamu A. and Richard M. Linde. 2002. *The Professional Practice of Architectural Working Drawings*. New York: Wiley.

Watson, Lee. 1990. *Lighting Design Handbook*. New York: McGraw-Hill.

Weaver, Martin E. *Conserving Buildings: A Manual of Techniques and Materials*, rev. ed. New York: Wiley.

Wilkes, Joseph A., senior ed., and Robert Packard, associate ed. 1988. *Encyclopedia of Architecture, Design, Engineering and Construction*. New York: Wiley.

杂志期刊

Many magazines are listed with Web site addresses at the end of each chapter. Readers may also want to search *Ulrich's International Periodicals Directory* for other magazine titles of interest. This directory is published annually and can generally be found at the reference desk of public and university libraries.

商业机构

The reader may also wish to refer to the *Encyclopedia of Associations*, published annually and available at the reference desk of most libraries. Addresses and Web site addresses are accurate as of this printing, but contact information might have changed. Other associations pertinent to particular types of commercial spaces are listed at the end of each chapter.

American Animal Hospital Association
P.O. Box 15089
Denver, CO 80215
www.aahanet.org

American Association of Museums
1225 I St., N.W.
Washington, DC 20005
www.aam-us.org

American Association of School Administrators
801 W. Quincy Street, Suite 700
Arlington, VA 22203
www.aasa.org

American Dental Association
211 E. Chicago Ave.
Chicago, IL 60611
www.ada.org

American Furniture Manufacturers Association
P.O. Box HP7
High Point, NC 27261
www.afma4u.org

American Hospital Association
1 N. Franklin Street
Chicago, IL 60606
www.aha.org

American Hotel and Lodging Association
1201 New York Avenue, N.W.
Washington, DC 20005-3931
www.ahla.com

American Institute of Architects (AIA)
1735 New York Avenue, N.W.
Washington, DC 20006
www.aia.org

American Library Association
50 E. Huron St.
Chicago, IL 60611
www.ala.org

American Lighting Association
P.O. Box 420288
Dallas, TX 75342
www.americanlightingassoc.com

American National Standards Institute (ANSI)
25 W. 43rd Street
New York, NY 10036
www.ansi.org

American Society of Furniture Designers
P.O. Box 2688
2101 W. Green Drive
High Point, NC 27261
www.asfd.com

American Society for Testing and Materials (ASTM)
100 Barr Harbor Drive
West Conshohocken, PA 19428
www.astm.org

American Society of Interior Designers (ASID)
608 Massachusetts Avenue, N.E.
Washington, DC 20002-2302
www.asid.org

Architectural Woodwork Institute
1952 Isaac Newton Square West
Reston, VA 20190
www.awinet.org

Association for Project Managers
1227 W. Wrightwood Avenue
Chicago, IL 60614
ww.constructioneducation.com

Association for Women in Architecture
2550 Beverly Boulevard
Los Angeles, CA 90057
www.awa-la.org

Association of Registered Interior Designers of Ontario (ARIDO)
717 Church Street
Toronto, ON M4W 2M5 Canada
www.arido.ca

British Contract Furnishing Association
25 West Wycombe Road High Wycombe
Buckinghamshire, UK HP 112LQ, London
www.thebcfa.com

Building Owners and Managers Association (BOMA)
1201 New York Avenue, N.W.
Washington, DC 20005
www.boma.org

Business and Institutional Furniture Manufacturers Association (BIFMA)
2680 Horizon, S.E.
Grand Rapids, MI 49546
www.bifma.org

Center for Health Design, Inc.
1850 Gateway Boulevard, Suite 1083
Concord, CA 94520
www.healthdesign.org

Center for Universal Design, The Center for Accessible Housing
North Carolina State University
P.O. Box 8613
Raleigh, NC 27695-8613
www.designNncsu.edu/cud

The Color Association of the United States
315 West 39th Street, Suite 507
New York, NY 10018
www.colorassociation.com

Color Marketing Group
5845 Richmond Highway, Suite 410
Alexandria, VA 22303
www.colormarketing.org

Construction Specifications Institute (CSI)
99 Canal Center Plaza
Alexandria, VA 22314
www.csinet.org

Council for Interior Design Accreditation
(Formally Foundation for Interior Design Education Research)
146 Monroe Center, N.W., Suite 1318
Grand Rapids, MI 49503
www.accredit-id.org

Illuminating Engineering Society of North America
120 Wall Street, 17th floor
New York, NY 10005
www.iesna.org

Institute of Store Planners (ISP)
25 N. Broadway
Tarrytown, NY 10591
www.ispo.org

Interior Design Educators Council (IDEC)
7150 Winton Drive, Suite 300
Indianapolis, IN 46268
www.idec.org

Interior Designers of Canada (IDC)
Ontario Design Center, 260 King St. E., Suite 414
Toronto
Ontario, Canada M54A 1K3
www.interiordesigncanada.org

International Association of Lighting Designers
Merchandise Mart, #9, 104
200 World Trade Center
Chicago, IL 60654
www.iald.org

International Code Council (ICC)
5203 Leesburg Pike, Suite 600
Falls Church, VA 22041
www.iccsafe.org

International Facility Management Association (IFMA)
1 E. Greenway Plaza, Suite 1100
Houston, TX 77046
www.ifma.org

International Furnishings and Design Association (IFDA)
191 Clarksville Road
Princeton Junction, NJ 08550
www.ifda.com

International Interior Design Association (IIDA)
13-500 Merchandise Mart
Chicago, IL 60654
www.iida.org

Merchandise Mart Properties, Inc.
Suite 470, The Merchandise Mart
200 World Trade Center
Chicago, IL 60654
www.mmart.com

National Association of Store Fixture Manufacturers
3595 Sheridan Street, Suite 200
Hollywood, FL 33021
www.nasfm.org

National Council for Interior Design Qualification (NCIDQ)
1200 18th Street NW, Suite 1001
Washington, DC 20036
www.ncidq.org

National Endowment for the Arts
1100 Pennsylvania Avenue, N.W.
Washington, DC 20506
www.nea.gov

National Fire Protection Agency (NFPA)
1 Batterymarch Park
P.O. Box 9101
Quincy, MA 02269
www.nfpa.org

National Kitchen and Bath Association
687 Willow Grove Street
Hackettstown, NJ 07840
www.nkba.org

National Restaurant Association
1200 17th Street, N.W.
Washington, DC 20036
www.restaurant.org

National Trust for Historic Preservation
1785 Massachusetts Avenue, N.W.
Washington, DC 20036
www.nationaltrust.org

Organization of Black Designers (OBD)
300 M Street, S.W.
Washington, DC 20024
www.core77.com/obd/info.html

Partners for Sacred Places
1616 Walnut Street
Philadelphia, PA 19103
www.sacredplaces.org

Underwriters' Laboratories, Inc.
333 Pfingsten Road
Northbrook, IL 60062
www.ul.com

U.S. Department of Justice (DOJ)
Office of Americans with Disabilities Act
950 Pennsylvania Avenue, N.W.
Washington, DC 20530-0001
www.usdoj.gov

U.S. Environmental Protection Agency (EPA)
Ariel Rios Building
1200 Pennsylvania Avenue, N.W.
Washington, DC 20460
www.epa.gov

U.S. Green Building Council (USGBC)
1015 18th Street, N.W. Suite 508
Washington, D.C. 20036
www.usgbc.org

术语表

25对线（Twenty-five pair cable）：一种电信通信线缆，有25对钢绞线。用在老商务楼里，今天很少安装在新楼里。

FF&E：缩写，代表家具、夹具和设备。

K-6-3-3：一种教育规划，要求1年幼儿园、6年小学、3年初中、3年高中。

WLAN：局域网（Local Area Network）的无线版本。

阿尔茨海默氏症（Alzheimer's disease）：最常被诊断出的一种老年痴呆症形式。

安培数（Amperage）：驱动任何种类的电气设备所需的电流值。

安全需求（Safety need）：与安防和稳定有关的人类需求。

安慰室（Solace room）：兽医诊所或医院里的某个地方，在宠物/动物死后，其主人能独自在那儿呆着。

安养院（Hospice）：设计用来对身患绝症的人士提供护理环境的设施或项目。

办公室家具经销商（Office furnishing dealership）：出售商务办公家具的零售店。

办公室景观（Office landscape）：20世纪50年代开发出的一套设计方法论，使用传统家具和植物，但是很少用隔墙（如果有的话）。

棒家具（Stick furniture）：设计师术语，用来指木制办公家具及座椅。

保护（Conservation）：对图书馆馆藏物品所进行的专门工作，旨在稳定并保存艺术品或古董。该术语还指防止资源或其他材料因损害、浪费或消耗而遭受损失，用于恢复或适应性用途。

保护（Preservation）：采用方法来保持建筑物、其他物体和地点不受损害或破坏。

保护委员会（Preservation commission）：一个市级机构，指定并规范历史性地区和地标。也称为历史性地区审查委员会（historic district review board）、地标委员会（landmark commission）或设计审查委员会（design review commission）。

保健（Healthcare）：处理维持健康、预防、减轻或治愈疾病的科学及艺术。

比洞赛（Match play）：高尔夫比赛的一种类型，其中，球员或高尔夫球队与另一球员或球队对阵。每个洞的得分最高的那一名或一队在比赛中获胜。

比杆赛（Stroke play）：高尔夫游戏，每个高尔夫球员跟踪每次击球。击球数目最少者获胜。

闭架书库（Closed stacks）：只能通过图书馆工作人员借出的图书馆材料所在的书架。

便利品（Convenience goods）：使用频繁、常常得购买的物品，例如服装店里的针织内衣。

便利设施（Amenities）：服务或物品，提供给客人，使客人在住宿设施中的停留更方便、更愉快。

标牌（Signage）：商店或其他企业外边的广告标志，描述由企业提供的产品或服务。标牌也指企业内部旨在指引顾客或给顾客提供信息的任何种类的标志。

宾客服务（Guest service）：提供来提升客人在设施内的住宿的服务，如客房服务、代客泊车服务、行李服务。

博物馆（Museum）：一个机构，其出于保护、展览、研究和教育的目的而收集艺术品、古董和/或其他物体。

博物馆学（Museology）：培养一个人从事博物馆管理的高等研究课程。

不合规使用（Nonconforming use）：与该区域的分区规定或该区域中的其他结构不一致的建筑物或建筑物的使用。

部门经理（Department manager）：通常是负责特定工作事务的第3级经理人。

裁员（Downsizing）：企业减少雇员数量，目的是对顾客的响应度更高，并具备更高的成本效益。

策展人（Curator）：负责博物馆的一部分的个人，例如装饰艺术的馆长。

超级商场（Hypermarket）： 至少200000平方英尺的零售店，出售大量种类的一般商品和/或食品。

陈列夹（Display fixture）： 各种零售店里用于展示待售商品的设备。

成人日护（Adult day care）： 独立的或附属的设施中的一个日间项目，在日间时段内向客户提供社交、医疗支持。

承重墙（Bearing walls）： 承受地板和/或上边的天花板的墙壁。

程式设计（Programming）： 任何工程的第一阶段，其中，室内设计师获得关于工程的信息。

痴呆症（Dementia）： 一种疾病，因疾病或损伤导致大脑老化超出正常程度，心理承受能力和功能逐渐恶化。阿尔茨海默氏症是最常被诊断出来的痴呆症形式。

持续护理退休社区（Continuing care retirement community，CCRC）： 规划的社区，为老人提供租用的或购买的生活设施，这些老人的需求可能从无需辅助到需要熟练护士护理。

冲动品（Impulse items）： 顾客根据商品展示不由自主地购买的商品，通常位于或靠近销售点。

抽水马桶（Water closet）： 厕所里的卫生器具。也称为水厕。

出租房（Key）： 住宿设施内可出租的单元。

出租面积（Rentable area）： 办公室和辅助空间所需的总平方英尺数，包括让渡墙、室内建筑特征（比如栏柱、机械配件、壁橱以及甚至外墙的一部分）。

初级护理医师（Primary care physician，PCP）： 处理患者的整体健康的医师，往往是患者看的第一位医师。

储蓄和贷款协会（Saving and loan association）： 一个金融机构，其中，从客户成员收受存款，并向成员或其他顾客发放贷款。

储蓄银行（Savings bank）： 一种银行类型，侧重于面向客户的储蓄和节俭。服务侧重于客户储蓄账户。也称为互助储蓄银行（mutual savings bank）。

传送带式电气服务（Belt-line electrical service）： 系统家具配置，出口和电气通道位于面板基座上方24或30英寸处。

戳入式系统（Poke-through system）： 通过在地板甲板打孔、从地板甲板下边的天花板获取线缆来给办公面板提供电气和电信服务的一种方法。

磁铁店（Magnet store）： 大型、知名的连锁店，将许多顾客吸引到购物中心。也称为旗舰店（anchor store）。

从摇篮到坟墓（Cradle-to-grave）： 使用一段时间后不再被使用、循环或在达到使用寿命之前就被丢弃的产品。

从摇篮到摇篮（Cradle-to-cradle）： 可重复使用或回收，或送到垃圾填埋场后能分解的产品。

从业法案（Practice acts）： 对从事某职业的人士进行限制的法规。

大房间（Bull pen）： 实际上干同样工作的许多雇员待在一个大的、开放式的、由低矮的系统面板或桌子的大群组隔开的空间里。

大教堂（Megachurch）： 至少2000名会众定期出席的教堂。

大型动物（Large animal）： 诸如马、牛、猪以及其他具有较大形体的动物。

大学董事会（Board of regents）： 通常由州政府任命的个人组成的志愿者团体，以监督大学系统。

单单元餐厅（Single-unit restaurant）： 只存在于单一位置的饭店。通常独立拥有。

单相电气服务（Single-phase electrical service）： 大多数商务楼内电气服务的老标准。其提供240/120伏服务。

单用户厕所（Single-user toilet）： 一次只能由一人使用的厕所设施。

单源合同（Single source of contract）： 设计公司或客户商业地点里有权作出决策或提供关于工程的信息的那一个人。

单座书桌（Single pedestal desk）： 只有一个抽屉座的书桌。

档案（Archives）： 出于其历史性价值而被保存的文档、照片、绘图或任何其他种类的公有或私有的论文或材料。

档案图书馆（Archival library）： 其藏书侧重于具有历史价值的文献的设施。

道德行为（Ethical behavior）： 被从事室内设计行业的人士认为正确的品行。

道具（Property or prop）： 用于润色配套设计或辅助性景观的配饰。演员也使用道具。

灯管（Lamp）： 玻璃灯泡或灯管，通过其内部机制产生光线。

登记员（Registrar）： 负责对属于博物馆或借给博物馆的物品进行归类的博物馆员工。

底座（Pedestal）： 桌面或工作面下边15~18英寸宽的抽屉配置。

第三方工程经理人（Third-party project manager）： 由客户雇请的个人，在工程中充当客户代理人。该个人不同于代表室内设计或建筑公司的工程经理人。也称为业主代表（Owner's representative）。

电杆（Power pole）： 一个金属制或木制的盒子，附着在天花板上，能把电线、电话线、数据线携带到系统面板或木制品柜。

电信（Telecommuting）： 一份工作协议，其中，工人在大部分上班时间都远离住办公室，并使用计算机和调制解调器或可能电话完成任务。

电信中心（Telecommunication center）： 执行办公中心，其中，主办公室租用空间供员工工作。在执行办公中心可能有不止一家公司的办公室。

电源入口（Power entry）：在开放式办公家具规划工程中，建筑物的电气服务通过线缆连接到某个特别的竖直面板的那个位置点。

电子射线管（Cathode ray tube，CRT）：计算机屏幕或显示器。

董事会（Board of directors）：被股东选举出来管理公司的个人。董事会在法律上负责诸如选择总裁及其他主管、任命运营权力、制定关于股票、融资、经理薪酬等级等事务的方针。

独立饭店（Independent restaurant）：由个人或合伙人拥有并管理的饭店，诞生于个人或合伙人自身的想象力和创造性。

独立生活（Independent living）：住房单元内没有保健服务。

独立执业医师（Solo practitioner）：一名医学执业者，其个人对向患者提供的医疗负责。

短期护理（Respite care）：给老人或其他人的主要照顾者提供短期减负。通常由成人日护中心提供。

多功能厅（Multipurpose room）：可以进行超过一种教育活动或社交活动的教室或活动空间。

耳堂（transept）：十字形平面图的遍历部分，跨越了圣坛末端的中殿。

法警（Bailiff）：美国法院上诉庭中常见的法庭警务。协助法官，并帮助确保法庭的安防。其他级别法院的员工也是。

法庭（Courtroom）：用于履行正式的司法诉讼的空间。法庭是法院内的中心设施。

法院（Court）：一个政府机构，平息法律纠纷，对提交的案件适用法律。所有法院由法官主导。术语court可以指法官或法官再加上陪审团。还可以指解决争端的地点。

翻新（Renovation）：利用现代材料改换现有建筑物，以扩展其有用寿命和功能。翻新很少具有历史性本质。

反射眩光（Reflected glare）：来自周围设备的眩光。

范围声明（Scoping statement）：一份文档，详述将做什么，很可能还有工程的预期费用。

非销售空间（Nonselling space）：商店分配给存储区、办公室、卫生间、贮藏室以及与商品销售不直接相关的其他空间的平方英尺数。

分包商（Subs）：分包商（subcontractors）的一个工业术语。

分贝（Decibel，dB）：衡量声音的刻度。

分隔板（Divider panel）：竖直的支撑单元，与其他组合形成为开放式办公室系统工程中的工作站。

分行（Branch bank）：主行（例如商业银行）的卫星。许多州都允许分行。

氛围（Atmospherics）：零售商的一种有意识的努力，营造一种购买的环境，以对购物者产生特定的情绪效应。

封闭式办公室规划（Closed office plan）：一种楼层平面图，其中，办公室被规划为绕着具有全高墙、供个人使用的私人办公室。也称为传统办公室平面图（conventional office planning）。

服务酒廊（Service bar）：服务员接受订单、拾取饮品用于饭店服务的区域。

服务台（Service counter）：咖啡店（或其他食物服务设施）中顾客下单或等候下单的区域。

服务员（Wait staff）：饭店里给客人提供服务的人。

服务站（Service station）：位于饭店餐室的工作区，为清洁的和肮脏的碗碟、玻璃杯和咖啡服务提供空间。

辅助公寓（Ancillary departments）：医院里的功能性公寓，辅助医疗服务和单元。在其他类型的商业设施里也能找到附属公寓。

辅助空间（Ancillary space）：办公设施里的辅助空间。常见的辅助或支持空间包括会议室、存储区、文档和邮件室、雇员咖啡厅、复印中心。

辅助生活设施（Assisted Living Facility，ALF）：半独立式的生活设施，面向那些需要很少的照顾或其他护理的人士。也称为个人护理之家（personal-care home）。

副总裁（Vice president）：大型企业里边第二高经理层的成员。副总裁往往负责公司或其他类型企业里的特定部门或分支。

赋权（Empowerment）：允许雇员做出某些决策，而不是要求他/她经过几层经理人。

改进型开放式规划（Modified open plan）：办公室的平面图，将一定数量的私人封闭式办公室与模块化系统家具工作站相结合。

改造利用（Adaptive use）：将建筑物重新设计、改造，以用于不同于其最初设计用途的过程。

甘特图（Gantt chart）：参见横道图（bar chart）。

刚性管道（Rigid conduit）：笨重的钢制管道，绝缘线缆贯通其中以携带电线。

高尔夫回合（Round of golf）：取决于球场的长度，打完所有9或18球洞。

高贵需求（Esteem need）：对自尊、仰慕和成功的需要。

高级料理（Haute cuisine）："高价食品"，一般指非常昂贵的食品，

歌剧院（Opera house）：主要呈献歌剧以及其他音乐表演的剧院。

工程管理（Project management）：用来协调、控制设计工程从构思到完工的系统过程。

工作灯（Task light）：出售用来适合于（系统家具的）书架单元下边或桌子或书桌上面的照明装置。它们为任务在某个特定区域提供光线。

工作规划（Work plan）：一份文档，定义将工程从构思进展到完工所需的所有任务。

工作面（Work surface）：开放式规划工程中作为桌面使用的产品。

工作站（Workstation）：在开放式规划工程中代表办公室的空间。

公共图书馆（Public library）：面向公众开放的图书馆，一般由政府予以财政支持。

公会会员（Guild member）：博物馆的志愿者，提供各种服务，例如教育演示和导游。

公用办公桌（Hot desk）：一个未分配的办公空间。其得名来源于如下理念：上一个人走了后椅子还是"热"的。

公寓旅馆（Residential hotel）：大多数客房面向长期居留，可能几个月或甚至数年。

功能空间（Function space）：住宿设施里用于会议、会谈、贸易展、宴会、研讨会以及需要空间供许多客人使用的其他活动的区域之一。

拱廊型店面（Arcade front）：店面设计，有好几个凹陷的窗户。

共享分配工作区（Shared assigned work area）：由2人或更多人共享的办公室或工作站，可能由2名兼职员工共享。

构件式（"Stick built"）：一个俗称的术语，指的是现场施工的建筑物的隔板和其他部分的施工。

购物中心（Shopping center）：一组专卖零售店，可能还有服务型企业。

孤岛秀窗（Island window）：四面的展示窗口，与拱廊风格的店面配合使用。最常用于服装店。

顾客个人材料（Customer's own material，COM）：设计师选择的来自除家具制造商以外的来源的织物。

关键路径法（Critical path method，CPM）：一种调度方法，展示各种任务，使用符号和线条或其他方式将在下一套任务开始前必须以特定顺序完成的任务连接起来。

观众席（House）：一个术语，用来指剧院里观众所占据的那一部分。

馆际互借（Interlibrary loan）：一个系统，其中，图书馆用户能请求当地图书馆没有的书籍。

盥洗池（Lavatory）：一个水池，供洗净双手。

光导纤维（Fiberoptics）：数据线，利用细长玻璃丝线缆进行信号的传输。

光幕反射（Veiling reflection）：一种反射，当光源被反射到工作面或计算机屏幕时发生，造成难以看清纸件或显示器上的图像。

柜员笼（Teller cage）：银行类型设施里柜员窗口的老名字。

贵宾楼层（Club floor）：酒店里限制客人进出的某个楼层或区域。这儿通常有提供特殊设施或额外服务的小休息区。

国家图书馆（National library）：由联邦政府拥有的图书馆。

果岭（Green）：球道末端带球洞的区域。

过道（Aisle）：非闭合路径，占据了家具物品以及/或设备之间的空间。

过度建造（Overbuilds）：开发商给现有的购物中心或商场添加销售空间或其他空间的一种方式。

过期（Outdated）：一个日期，在此之后医学产品不再安全地可用。

合唱区（Orchestra）：古希腊剧场里在台口前方用于合唱的圆形空间。今天，指舞台前边的座位和/或一组乐师。

盒式商品（Case goods）：由"盒子"制成的家具物品，例如椅子、书柜、书箱、文件柜等。

黑盒子（Black box）：一个简朴的表演空间，具有最少量的布景和观众设施。座椅通常包括折叠椅，以帮助制作人员创造出各种表演。

横式文件柜（Lateral file cabinet）：节省空间的文件单元，通常18英寸深，并具有各种宽度。

后吧台（Back bar）：各种不同的酒类和玻璃杯的展示区，以及啤酒、其余酒类和酒吧所需的其他物品的存储区。

后台（Backstage）：剧院内的制作和存储区域。

候选名单（Short list）：由客户选出3~5家设计公司的名单，以提供关于待做工程的更详细介绍。

护理单元（Nursing unit）：病房的集群。

护士从业者（Nurse practitioner）：具有学士和硕士学位、并且具备诊断方面的额外培训、能提供与医师一样的某些护理的护士。

环境剧场（Environmental theater）：表演者与观众共享同一空间的剧场。

环境照明（Ambient lighting）：提供均匀的、足以让空间中的个人在区域内安全地移动的亮度。也称为"普通照明"。

灰色地带（Greyfield）：城市、郊区和小城镇里人迹罕至的零售店和商业地点，现在一般用作可持续性用途。

挥发性有机化合物（Volatile organic compounds，VOCs）：地毯、油画、家具中用于制造复合木材的胶水以及商业内饰和住宅内饰中的许多其他常用材料和产品发出的有毒烟雾。

回旋（Return）：一个附加的书桌单元，创造出一个L形或U形的书桌。回旋只有25英寸高。

会议家具（Conventional furniture）：书桌、书柜、文件柜和书箱。

会议酒店（Convention hotel）：面向商务、职业或其他组织人群的酒店，重点是会议或相关活动。

会议中心（Conference center）：酒店的一种类型，面向将在会议酒店举行的小型会谈和会议而特别地设计。

混合用途生活方式工程（mixed-use lifestyle project）： 在本书中，指具有商店、办公室和居住房的购物中心。

活跃长者社区（Active adult community）： 完全规划式的长者社区，人们住在家居、复式住宅或公寓里。

活载（Live load）： 诸如人、家具、添加到建筑物中的设备的重量等。

获得物（Acquisition）： 增添到图书馆馆藏里的新物品。

击球（Stroke）： 高尔夫球棒的每一次摆动。

基槽（Base feed）： 沿着分隔面板基座的一个凹槽，容纳了电气管道和通信线缆各自的通道。

基础建筑（Base building）： 建筑物的外壳，包括建筑物的核心，例如电梯和厕所。

即时工作站（Just-in-time work station）： 一个未被分配的工作空间，一名工人或一群工人可在此集合。

集合住宅（Congregate housing）： 面向老人的住宅，提供一顿饭、家政和一些活动。

继续教育单位（Continuing education unit，CEU）： 在参加被认可的、提供对室内设计实践的更新和信息的研讨班、研讨会和培训班后获得学分。其他行业也提供CEU学分。

祭坛（Altar）： 一个凸出的平台，在宗教设施中在这儿举行仪式活动。

寄宿（Boarding）： 兽医诊所里能容留动物过夜的空间，不论它们是健康的，还是需要彻夜医疗护理的。

夹具（Fixture）： 无灯管的灯具外壳。用于展示商店商品的许多物品也被称为夹具。

假脸保存（False-face preservation）： 在转换和重建的过程中仅保留历史性建筑的正面。也称为门面主义（Facadism）。

假设分析（What-if analysis）： 一种预测如果新元素或状况发生时对进度（或其他进程）有何影响的方法。

价值工程（Value engineering）： 一种预算决策系统，既考虑指定的设计或产品的初始资金成本，也考虑维护和替换的生命周期成本。

监事（Supervisor）： 通常是企业里最低一级的经理，他们一般负责完成的工作最多的雇员。

建成花费（Build-out allowance）： 房东为租户在租赁的商业空间中建立分区、提供基本的机械特征、增加建筑饰面而支付的每平方英尺美元数。

建筑标准（Building standard）： 预先确定的建筑饰面和其他细节，租户可使用而无需额外付费。

建筑许可权（Building permitting privileges）： 司法管辖机构向设计职业人士授予递交其已署名的或已盖章的施工图纸给司法局建筑法规官员的权限，以获得建筑许可并推进实际的施工。

健康维护组织（Health maintenance organization，HMO）： 多学科医疗提供者团体，给任何一个会员诊所或医生的医疗办公套间的患者提供服务。

讲解员（Docent）： 志愿者，在博物馆里提供导游和教育演示，辅助募资，并完成其他辅助性服务。

讲坛（Bimah或Bema）： 方舟前边区域内的桌子，在犹太教堂里，多达5人能聚在这个阅读区的三面。

角型店面（Angled front）： 店面设计，给顾客提供对于商品的更佳视角。

教会学校（Parochial school）： 由宗教派系拥有的学校。

教区（Diocese）： 由主教管辖的教会地区。

教区首席神父（Rector）： 圣公会教区的领袖。

教务长（Provost）： 对大学学术课程负全责的教员的职衔。

接待台（Check stand）： 银行里站立高度的柜台，储户在此填写表格，以往他们的账户增加存款或从账户支取现金。

节能（Energy efficient）： 使用较少的能源但效用与不节能的产品相同的产品。

紧急护理病人（Acute care patient）： 需要立即的或持续的医疗照顾的病人。

紧急护理中心（Urgent care center）： 提供不严重的紧急护理的邻家保健中心。

紧急中心（Emergi-center）： 独立式设施，提供可与面向非紧急状况的医院急救室相媲美的治疗。

近邻（In close proximity）： 一种空间规划原则，其中，一起使用的商品（例如在零售店里）在展示时挨着或靠近彼此。

经理人（Manager）： 其职责是就他/她的雇员进行规划、控制、组织、提供领导、做出决策的任何层级上的个人。

经销商（Dealership）： 零售和设计办公室，主要与一个或多个商业家具制造商打交道。

精简（Delayering）： 商业结构的一个改变，去除管理层。

精品酒店（Boutique hotel）： 在其设计、设施中采用时尚的、高度流行的物品的酒店。许多都比非精品酒店小。

精品体系（Boutique system）： 一种商店规划体系，将销售楼层分割成单个的、半分离的区域，每一个都可能是围绕着某个侧重于产品个性的购物主题建成的。

静载（Dead load）： 建筑物的永久结构元素，例如隔墙。

酒吧（Bar）： 小型饮品设施，提供少量的座椅和很少量的食品服务。

酒店（Hotel）： 大型住宿设施，提供从标准间到豪华套房的客房，以及各种食品和饮料服务连同其他便利设施。

酒店管理公司（Hotel management company）： 一群个人或公司，与酒店业主就运营酒店设施达成协议。

救生车（Crash cart）： 一种小型移动车，载有药品和装备，以处理护理单元内的极端紧急情况。

居家安老（Aging in place）：老年人尽可能长时间地留在自己家中，而不是搬迁到护理设施的机会。

局域网（Local Area Network，LAN）：电信网络，设计来消除可能会中断网络的交叉信号的可能性。

剧场（Amphitheater）：一般指室外剧院。

剧院（Theater）：建筑物或建筑物的一部分或户外场地，在这里对观众表演某些种类的演出。

卡雷尔书桌（Carrel table）：小的封闭式书桌，通常是独立式的，用于个人学习、研究。

卡耐基图书馆（Carnegie library）：由卡内基基金会（成立于1911年）资助的设施，以帮助社区图书馆和学校。

开放式规划（open plan）：采用可移动墙板和/或家具物品来划分办公区、创建工作区的一种规划方法。

开放式舞台楼层平面图（Open stage floor plan）：一种剧场空间平面图，其中，舞台伸进观众席的一部分，以便观众部分地落座于舞台的三面。

开架书库（open stacks）：面向公众开放的图书馆材料架。

开球球座（Tee）：土地平坦区域，高尔夫球手在此挥动第一杆。

铠装电缆（Armored cable or BX cable）：两条或更多条绝缘线以及一条接地线都被灵活金属包装材料封装。有时也称为软性电缆（flexible cable）。

康复环境（Healing environment）：通过令人舒适的、让人平复的环境元素和设计元素提供以患者为中心的保健护理的环境。

康复中心（Rehabilitation center）：医疗中心，给动过外科手术或从诸如中风、截肢、瘫痪等状况中恢复的患者提供护理。

可拆卸墙壁（Demountable wall）：从地板到天花板的隔墙，由张力保持于适当的位置，一般能容易地重新布置于别处，而且拆除和新施工很少。另见可移动墙壁（movable wall）。

可持续设计（Sustainable design）：为了既满足当前需求，又考虑后代的需求而完成的设计。有时称为绿色设计（green design）。

可行性研究（Feasibility study）：对经济的、地理的以及其他标准连同工程目标的分析，以确定工程是否可行、具有盈利的潜力。通常在设计开始前进行。能被应用于任何种类的商业工程。

可交付成果（Deliverable）：一件有形的设计产品，例如结构图、家具平面图、式样或样品板。

可循环水（Graywater）：来自水池、淋浴间、洗衣房的废水，被收集起来，经过轻微处理后重新用于灌溉草坪和不需要饮用水的其他地方。

可移动墙壁（Movable wall）：参见移动墙（demountable wall）。

可用平方英尺（Usage square footage）：办公室或其他设施的可使用的空间量。包括空间内的让渡墙和外墙、结构柱、机械配件以及电气柜。

可再生能源（Renewable energy）：使用时未耗尽的能源。如太阳能。

客房（Room）：住宿设施内的一个独立的单元，不论可否租赁。

客房湾（Guestroom bay）：住宿设施内容纳一个标准客房所需的空间量。

客房组合（Room mix）：所需的房间的不同类型的配置，主要基于设施内床的尺寸及数目。

客栈（Lodge）：一种住宿设施，通常与某些种类的娱乐活动（例如滑雪或垂钓）有关。

客座（Guesting）：一个分配的或未被分配的工作空间，提供给从其他公司来的访问作业员。

控方（Prosecution）：在刑事案件中代表州或联邦政府的法官。

快餐店（Fast food restaurant）：快速服务的饭店，很少提供服务员服务。

快车道（Fast track）：设计工程，非常快速地从理念进展到完工。往往在工程一部分的平面图完工的同时，其他部分已经在施工，以保证早日交付。

快速酒槽（Speed rail）：一个地方，其沿着主吧台柜的内边缘持留饮料瓶，以便调酒师能迅速找到它们。

扩展应用（Extended use）：增加老建筑的可用寿命的任何加工。建筑物的扩展应用也可能被认为是改造利用（adaptive use）。

拉比（Rabbi）：犹太律法的的剃度师，也是当地犹太教堂的领袖。

老年科门诊诊所（Geriatric outpatient clinic）：侧重于老年人的医学需求的医疗诊所。

老年人（Senior citizen）：一般指65岁以上（含）人士。

老年学（Gerontology）：研究人们始于四五十岁的衰老过程。

老年医学（Geriatrics）：医学的一个分支，治疗上了年纪的老年人，处理老年人的疾病。

老年医学专家（Geriatrician）：专门从事老年人疾病的医师。

离岸银行（Offshore bank）：位于美国之外的私人银行。

礼堂（Auditorium）：剧院内观众坐着观看表演的那一部分。它也可能是建筑物（例如学校）用于表演、会议或教育项目的一部分。

里程碑图（Milestone chart）：一种调度方法，其中，任务列举在左边的栏里，其他信息（例如预期的完成日期）列举在右边的栏里。

理念（Concept）：一个总体思路，它统一了设施的所有部分，并提供了设计的特定方向。

历史地区（Historic district）：社区内被确定为对于社区而言具有特别的历史重要性的某个区域。

历史地区条例（Historic district ordinance）：当地法律，识别出社区内的历史性区域，帮助保护它们。条例也可能建立一个历史委员会，以监督恢复工作，例如识别出历史性物业，并提供教育。

利益相关者（Stakeholder）：与工程利益相关的个人或群体，比如设计团队成员、客户、建筑师、供应商。

连接器（Connector）：在开放式办公室系统项目中用于将面板连接到一起的硬件。

连锁（Chain）：某个饭店或住宿设施类型开设于多个地点。是个也用于商店和其他种类的商业设施的术语。

联邦储备金系统（Federal Reserve System）：美国中央银行体系。其主要职责是控制美国的货币供应量。

联邦存款保险（Federal Deposit Insurance，FDIC）：由联邦政府运营的机构，保证存款由FDIC内部银行持有。

量身打造（Build to suit）：房东建造商业空间的内饰，以恰合租户的需求。

疗养院（Nursing home）：保健设施，其中，对不能自我护理的患者提供护理和辅助护理。

临时工作空间（Hoteling）：工人可通过预订获得的未分配工作空间的体系。

临时生活设施（Transient living facility）：有时适用于住宿物业的一个术语。

遴选委员会（Selection committee）：一群客户代表，他们将决定哪家公司得到工程合同。

零售（Retail）：直接向终端用户（最终消费者）出售商品或服务。

零售（Retailing）：向最终消费者出售商品或服务的商业行为。

零售店（Retail store）：商品被出售给消费者的营业地点。

零售规划（Retail plan）：回答关于如下问题：为什么、什么、在哪儿、怎样完成特定的零售商业活动。

零售商（Retailer）：向最终消费者出售商品的商人。

领班（Maitre d）：餐厅里的侍者领班。

领唱（Cantor）：犹太教堂里的公职人员，歌唱或吟咏宗教音乐。

楼座（Balcony）：剧院上方区域中突出来的坐席区域。

螺旋型夹具（Spiral fixture）：一种竖直曲线状商店夹具，带有均匀间隔的钩子，以持留服装配饰（例如皮带）。

落地站点（Landing site）：未分配的工作空间，雇员在此"落地"，而不是通过预定来选择。

旅店（Inn）：中小型住宿设施，传达小而舒适的家的感觉。

马尔奇厨房（Marche kitchen）：饭店内的一种厨房风格，顾客走到台前，下订单，在等待时得到新烹制的食物。

贸易陈列室（Trade showroom）：向室内设计或其他贸易行业的人士展示家具和其他商品的批发店。不向一般大众开放。

美式（或传统）座位平面图（American（or conventional）seating plan）：具有中央过道和外围走道装配空间（例如剧院）中各排座椅的布置。

门房（Concierge）：一名酒店员工，向客人提供信息和帮助。该术语还与替代性办公室布置有关，其中，某个办公室或工作站可能被好几个人使用。使用办公室空间的预定通过办公室的门房完成。

门廊（Porte cochere）：位于建筑物位于主入口车道上的天篷，用来保护客人不遭受恶劣天气，并让人们注意到主入口。

门诊护理（Ambulatory care）：通常指的是病人不要求进入医院接受治疗。

门诊患者（Outpatient）：无需住院接受医疗护理或治疗的患者。

民事案件/法庭（Civil case/court）：民事法庭，处理涉及非刑事案件（如涉及疏忽、违背合约，以及关于遗嘱的争议）的纠纷。

模型存货法（Model stock method）：一个系统，其中，零售商确定存放所期望的量的商品所需的楼面空间的量。

目录系统（Catalog system）：用来将图书馆内的所有材料分类，使其用户更容易找到所需材料的任何方法。

牧师（Pastor）：天主教教区的领袖。

幕墙（Curtain wall）：仅承受自身重量的外墙，附着于建筑物的结构性单元。

内饰地标（Interior landmark）：至少有30年历史而具有历史性价值的内饰。

能源与环境设计认证（LEED certification）：能源与环境设计（Energy and Environmental Design，LEED）是一个志愿性的绿色评级系统，帮助定义健康的、能盈利的、环保的建筑物。

欧式座位平面图（Continental seating plan）：组合占用（例如剧院）的主楼层座椅，其中，只在空间外周有过道。

帕罗谢（Paroche）：犹太教堂里遮盖着圣所的两扇小门或窗帘，托着托拉（Torah，旧约律法）的方舟就在这儿。

排队空间（Queuing space）：给人们提供的用于排队等候服务的空间，例如在饭店、酒店登记台或零售店收银/包装台。

旁观运动（Spectator sports）：任何类型的体育活动，其中，观众观看某个运动员或团队。

跑场（Runs）：封闭的区域，动物（比如狗）能在这里自由地奔跑。

陪审椅（Jury-base chair）：许多风格的椅子，它们使用能把椅子固定到地板上的椅腿轮缘。

配楼（Wing）：在舞台前台和观众席视线之外的开放式舞台背后的舞台的一侧。

披肩（Tallith）：犹太教里头部或肩部两端的流苏披肩，晨祷时穿。

普通法（Common law）：适用于土地上每个人的法律。普通法法庭使用主要是基于祖先的传统法律原则。

普通用途家具（General-use furniture）：由木头或钢铁制成的传统箱盒产品，例如书桌、书柜和文件柜。

普通照明（General lighting）：一般任何室内空间内的普通交通移动和安全所需的整体程度的照明。

瀑布面（Waterfall front）：一把椅子，其被设计得膝盖边缘处的椅子外缘圆润、柔和。

旗舰店（Anchor store）：大型的、有名的连锁店，将很多顾客吸引到购物中心。它是购物中心的焦点特征。有时被称为磁铁店（magnet store）。

企业文化（Corporate culture）：公司里方针、员工行为、公司价值观、公司形象和对工作世界的假定的集合。

汽车旅馆（Motel）：面向使用汽车的旅人的住宿设施。

签章绘图（Sealed drawing）：建筑师已签署他/她的印章（该印章表明该建筑师是州许可的）的绘图。

前吧台（Front bar）：饮品设施的酒吧中顾客可落座的那一部分。

前庭（Vestibule）：建筑物入口与室内之间的通道或小房间。

潜逃防御体系（Elopement-prevention system）：一个寻找或禁止病人从阿尔茨海默氏症机构中偷偷逃走的安全系统。

青年旅社（Hostel）：住宿设施，通常面向寻求干净整洁的住所、要求的其他服务较少的学生以及预算敏感型的旅行者。

清算所（Clearinghouse）：银行保有的建筑，用于结算相互之间的票据和账户。

球道（Fairway）：球场上从开球球座延伸至果岭的那一部分。

球洞（Hole）：位于每个果岭的洞。高尔夫运动的目的就是用尽可能少的击球次数把球打进球洞里。

区法院（District court）：当地的或其他级别的司法管辖机构，在预先规定的地区或区域内拥有审理法院职责。

全方位服务饭店（Full-service restaurant）：提供海量菜单并有服务员拿订单、上菜的饭店。

全方位服务沙龙（Full-service salon）：提供理发、造型、染发、修甲、修脚。

全庭法院（En banc court）：上诉法院采用的一种审判庭。它还指审理案件的整个上诉法院。

让渡墙（Demising wall）：用于将租户之间的空间隔开的任何隔墙。每名租户负责所有让渡墙厚度的一半。

人体工程学（Ergonomics）：关于人在环境中的物理机能的科学研究。

日常生活援助活动（Instrumental activities of daily living，IADLs）：诸如房管和准备食物等活动。

日落（Sunset）：一个术语，与被写入以包括程序或法律的自动结束、除非被司法管辖的立法机构重新批准的法规有关。

冗余信号（Redundant cueing）：给超过一种感官模式发送信息。

入住后评估（Postoccupancy evaluation，POE）：对完工的工程的回顾，在客户搬入一段时间后进行，以获得关于工程的成功及遇到的问题的反馈。

软商品（Soft goods）：被认为质地轻软的商品，例如服装和日用织品。

三相电气服务（Three-phase electrical service）：商务楼电气服务的现行标准。提供208Y/120伏服务。

闪耀照明（Sparkle lighting）：一种照明类型，由营造出特殊效果、给空间氛围的各种光源制成。通常用于饭店和住宿设施。

商场（Department store）：面向终端用户出售很多类别的商品的零售设施。

商店标志（Shop signs）：商店标牌，很可能作为户外广告发挥作用。

商店行窃（Shoplifting）：从商店盗窃商品的行为。

商品交融（Merchandising blend）：将零售商品的内容与顾客在进行选择时使用的决策相结合。

商品推销（Merchandising）：一系列活动，包括市场调研、新产品开发、协调生产、有效的广告及销售。

商人（Merchant）：出于利润而买卖商品的买家或卖家。

商务酒店（Commercial hotel）：迎合商务旅行者、位于城市中心或靠近中央商务区的设施。

商业内饰（Commercial interior）：服务于商务目的的任何设施的内饰。

商业区（Mall）：区域性的购物中心，有许多商店。通常是社区内最大的购物中心，提供零售店、食物和饮料设施甚至娱乐设施（比如影院）。

商业银行（Commercial bank）：提供常见银行服务（例如储蓄和支票帐户、保险箱、贷款，可能还有信托）的设施。

上诉（Appeal）：一项程序，发生于当刑事案件的被告方或民事案件的任何一方不相信判决正确时。

上诉法庭（Appellate court，也称为上诉庭（appeals court）)：经要求在审判庭判决后重审案件。

上演（Staging）：进行表演。

设备改进（Capital improvement）：对建筑物内饰做出的永久性的、移除时势必会破坏结构（例如木地板）的改变。它们提升了空间的价值。

设计审查（Design review）：确认对历史性结构或环境所做的修改是否满足由审查委员会制定的合规标准的过程。根据商业项目的类型，该术语也还有其他含义。

设计-施工（Design-build）：一份合同给单一实体来完成设施的设计以及建筑物的施工。

设计指南（Design guidelines）：由保护委员会制定的标准，旨在帮助业主以与任何新施工协调一致的方式对现有结构进行修复。根据商业项目的类型，该术语还有其他含义。

设施管理（Facility management）：企业的全部非金融资产的管理。

设施规划（Facility planning）：商业企业中办公室和其他区域的程式设计及空间规划。

社交离心（Sociofugal）：不促进社交互动的家具间隔。

社交向心（Sociopetal）：促进社交互动的家具间隔。

射频识别（Radiofrequency identification）：商店里置于昂贵的商品上的电子标签类型。

神父（Priest）：圣公会、东正教或天主教教堂里任命的神职人员。

审判池（Well）：法庭的某个区域，由当事人、陪审团、法官、围栏前边的法院工作人员的空间构成。

审判法院（Trail court）：大多数民事和刑事审判发生的地方。也称为原管辖权法院（court of original jurisdiction）。

生理需求（Physiological need）：对生存和基本的人类舒适（比如食物、衣服和遮风避雨的住所）的需要。

生命循环成本（Life cycle costing，LCC）：一种将工程所使用的产品的实际成本与该产品的维护、阶段性替代、残留价值的成本相结合的方法。

生命循环评估（Life cycle assessment，LCA）：对材料、饰面产品和建筑物进行研究，以评估在其终生中对环境和健康的影响。

圣盖（Baldochino）：祭坛或尊贵席位上的装饰性华盖。

圣器收藏室（Sacristy）：附属于教堂的一个房间，存储法衣和圣器。

圣所（Sanctuary）：宗教设施中最神圣的一部分。这儿是祭坛（如果使用的话）所在。

圣坛（Chancel）：在大多数新教徒教堂里通常这么称呼祭坛。

圣坛屏（Rood screen）：教堂里将圣坛与中殿隔开的屏风。

十字平面图（Cruciform floor plan）：传统基督教教堂平面图，其包括有耳堂和中殿。

实习生（Intern）：医科院校毕业生，在医院工作，以获得实际经验。

食品服务设施（Food service facility）：用于向顾客提供烹制的或准备好的食物的任何零售空间，不论该食物是在店内享用还是带走。

市场营销（Marketing）：商品在使用前每当转手时所发生的活动。销售、运输、供货和客服是市场营销的部分。

侍酒师（Sommelier）：斟酒服务员。

视觉吸引（Sight appeal）：一种零售技巧，使用诸如尺寸、形状、对比或和谐来吸引顾客购买。

视觉营销（Visual merchandising）：在销售空间中的店面窗口和其他位置展示商品的艺术。以前称为窗口西施（window dressers）。

视觉展示终端（Visual display terminal，VDT）：一种设备，其展示由中央处理器生成的数据。有时称为视觉展示单元（visual display unit）或显示器（monitor）。

适当证书（Certificate of appropriateness，COA）：一份文件，由建筑审查委员会提供，允许与具有历史性价值或适应性用途的工程有关的、提议的替代案或新施工。

手术室（Operatory）：牙医办公治疗室。

首席执行官（Chief Executive Officer，CEO）：公司里最高级别的个人。有时称为总裁或负责人。

受薪医师（Salaried physician）：作为医院、政府机构或其他组织而非私人诊所的雇员而工作的医师。

兽医（Veterinarian）：医疗职业人士，在治疗大小动物方面训练有素。

书柜（Credenza）：一个存储单元，通常30英寸高，容纳有文件和供应品。通常位于办公室内书桌后边。

书库（Stacks）：容纳图书馆材料的架子。

竖直文件柜（Vertical file cabinet）：传统的文件单元，通常15~18英寸宽，28英寸深。

衰老（Senescence）：增龄的过程。

双绞线（Twisted pair）：两根铜线绞合在一起，由绝缘物质屏蔽。是最简单类型的数据线和语音通信线缆。

双人桌（Deuce）：饭店里供两人就坐的桌子。

水池（Sink）：非盥洗池的所有水池，比如洗手池、锅炉池和厨房水池。

私人图书馆（Private library）：由个人或企业拥有的图书馆。

私人银行（Private bank）：设计来向非常富裕的个人提供服务的银行。

四对线（Four pair）：四套双铜线绞合在一起，再用绝缘材料覆盖。今天使用的最常见类型的语音和数据线。

所需净面积（Net area required）：由办公空间和辅助空间组成但不包括流通空间和建筑特征（例如栏柱和墙壁厚度）的平方英尺数。

台口（Proscenium）：幕布前方的那一部分舞台。

台口风格平面图（Proscenium-style floor plan）：一种剧场设计，其中，沉重的幕布或墙壁构架了舞台。

特别管辖权法院（Court of special jurisdiction）：审理诸如少年或交通违章案件的法院。

特弗林（Tefillin）：犹太教成员佩戴的经文护符匣。

特色饭店（Specialty restaurant）：提供某种特定类型的食物、以某个特别主题为特征或提供某种风格的服务的饭店。

特殊藏品（Special collection）：图书馆或博物馆藏品，通常是具有历史价值或特殊的档案价值的材料，需要特殊照管，以保护其不受损害。

特殊监护病房（Special care unit）：提供针对罹患痴呆症、阿尔茨海默氏症的患者以及具有其他严重的或特殊需求的患者的照顾的护理设施。

特许经营饭店（Franchise restaurant）：店主购买许可证来按照持有原始理念的权利公司的指导和要求运营饭店。特许权也可能与其他类型的商业设施有关，例如零售店和住宿设施。

提案（Proposal）：一种营销工具，概述做什么、怎么做、由谁来完成工作，以及所需的或提供的其他信息。

提案企划书（Request for proposal，RFP）：由客户准备的一份文件，向设计师请求关于潜在的设计项目的信息。

替代型办公空间（Alternative officing）：以不同于传统办公室永久性地分配空间的方式提供办公空间的策略。

填实建筑（Infill building）：建造来替换已被推倒或从街道上消失了的建筑物的结构。

条件性使用许可（Conditional use permit，CUP）：市政府向业主颁发的许可，允许其在通常不允许建筑使用的区划中进行建筑使用。

条形图（Bar chart）：日程表的一种类型，在一列上展示行为的清单，利用横向条形指示完成各项活动所需的预估时长。有时称为甘特图（Gantt chart）。

通风区（Plenum）：商业楼宇的隔音瓦与上边的地板之间的空间。

通路地板（Access floors）：添加到楼板上的活动地板。该空间容纳电线、电话线、数据线和HVAC管道。也称为活动地板。

同轴（Coaxial）：数据线，由里及外依次是中心导线、绝缘材料层、金属保护层（作为第2绝缘层）。该线缆的最外边是外涂层。

投机（"Spec" or speculation）：商业物业的开发商通常在建筑物尚无租户时建造，希望某些人在施工完成之前或之后租赁。

投资银行（Investment banks）：银行设施，在证券（例如股票和债券）的买卖中充当中间人。

图书馆（Library）：书籍的集合以及容纳该集合的建筑物。

退休度假村（Retirement resort）：活跃长者社区的别称。

托拉（Torah）：包括圣经前五部的经卷。

外科中心（Surgi-center）：独立的保健设施，其中，能进行流动的门诊外科手术。

腕管综合症（Carpel tunnel syndrome）：骨骼肌肉失调症，通常影响手臂、手腕和手指。它与重复性劳动（例如敲击计算机键盘）有关。

网格系统（Grid system）：一种商店规划系统，利用内部布局与结构柱的结合。

围栏（Bar）：栏杆，将旁听区与法官、陪审团以及案件的其他各方分隔开。它也是法律界的一个术语。

委托人（Clientele）：一个常用术语，指的是沙龙服务的消费者。

卫星办公室（Satellite office）：建立在远离主办公室但是对于外围的工人来说相当便利的工作中心。一般不是分支办公室。

未分配办公空间（Unassigned office space）：未分配给任何个人的办公站或私人办公室。能被各种个人使用。

文化（Culture）：包括群体的知识、信念、习俗和道德。

无菌处理法（Asepsis）：牙科手术中用来预防感染的方法。

舞台（Stage）：剧院里进行表演的那一部分。

物理设备（Physical plant）：一个术语，通常与任何种类的商业设施里的建筑物及其内部的设备联系在一起。

物业（Premises）：被描述为出租的空间。

物业（Property）：住宿设施的别称，包括建筑物及设施所拥有的所有地产。可应用于其他商业设施。

物业后台（Back of the house）：商业设施（例如酒店或饭店）中雇员与顾客或公众几乎不打交道的那些区域。

物业前台（Front of the house）：商业设施（例如酒店或饭店）中雇员与客户或公众的接触最多的那些区域。

戏目剧院（Repertory theater）：每年上映一些不同的作品的剧院。

系统家具（Systems furniture）：在开放式办公室工程中用于提供工作区域的分隔板和组件。

系统蠕变（Systems creep）：面板每回旋一次，就必须考虑到在设计图上留下面板及硬件的厚度。

下吧台（Under bar）：当调酒师面朝他/她的客人时的主要工作区域。

夏季剧场（Summer theater）：夏季组织的戏目剧院。

现房租赁（"As is"）：租户租用空间，而不对内饰做出任何改变。

线索搜索（Cue-searching）：寻路的另一种说法。参见"寻路（way-finding）"。

香气吸引（Scent appeal）：一种零售商品推销技巧，通过产生与产品相关的香气而努力诱使顾客购买。

销售（Sale）：当商品和货币在零售商和消费者之间转手时。

销售/生产比值法（Sales/productivity ratio method）：零售商在针对每个商品组的销售额每平方英尺的基础上分配销

售空间。

销售点（Point of sale，POS）：任何种类的企业中的收银机或销售区域，其中，顾客做出购买或代表他人进行购买。

销售空间（Selling space）：商店里分配给商品的展示和销售的平方英尺数。

小便池（Urinal）：专门的抽水马桶，通常出现在男厕设施里。

小型动物（Small animals）：狗、猫和兔被认为是小型动物。

校长（Chancellor）：大学首脑的职衔。校长可能负责一所大学或（在有些州里）几所大学。

斜面窗（Ramped window）：展示窗口，展示地板的后部比前部高，可能是楔形或分层的展示形状。

写字间（Scriptorium）：寺院内复制图书（以宗教内容为主）的地方。

芯钻（core drilling）：在高层建筑中在水泥地板上钻孔，以从其下引入电气和其他线缆服务。

信托公司（Trust company）：银行设施，专门从事对信托持有的大笔资金的管理和控制。

信用合作社（Credit union）：银行的一种成员协作类型。

刑事案件/法院（Criminal case/court）：处理触犯州和/或联邦法律的法院。

休息室（Lounge）：一种饮品设施，提供的座椅比酒吧多，更注重某些类型的娱乐。休息室可能提供食物。

修复（Rehabilitation）：使建筑物或内饰恢复原先的用途，或通过替换或翻新营造新用途，并同时维持某些原先的历史性外观。

修缮（Restoration）：将结构小心翼翼地恢复至其原初的面貌和完整，从而使该结构回复原先的状态（现在已具备历史重要性）。

虚拟办公（Virtual office）：一种设置，其中，工人的公文包里有进行工作所需的所有一切，以便他/她不向商业设施里的固定办公室报到。

虚拟银行（Virtual banking）：在家里或其他地方通过计算机进行业务交易。

需求（Need）：基本的生理和心理需要，对于客户或顾客的生理和心理福祉来说不可或缺。

需求品（Demand merchandise）：鼓励公众购物的必需品。例如家具店里的床。

需求证书（Certificate of need）：一份文件，规范新的医疗保健设施的修建。

选任（Empaneled）：被选择就任陪审团的个人。

眩光（Glare）：过于明亮的光线或反射光，它使得人们难以看清。

学校图书馆（School library）：K-12学校里的图书馆。

寻路（Way-finding）：使用标志、地图和方向箭头帮助个人找到复式物业和建筑物内室的路径。

牙医（Dentist）：治疗病人的牙齿、牙龈以及相关组织的健康护理专业人士。

研究型图书馆（Research library）：包含具有非比寻常的主题或价值的新老材料的图书馆。

演出照明（Performance lighting）：诸如聚光灯或轨道灯的照明系统，以让照明打到说话者或表演者身上。

演员休息室（Greenrooms）：剧院的后场休息室，捐助者在此会面，表演者在此休息。

样板间（vignette）：家具和饰品的展示，使之看起来像一个实际的房间。

业务基础（Business of the Business）：在设计之前或设计过程中获得对于商务客户的商业目标和目的的理解。

业主代表（Owner's representative）：客户雇请来代表客户与设计师互动的个人或公司。

一般管辖权法院（Court of general jurisdiction）：审理除递交给特别法院（例如破产法院）的案件之外的任何种类的民事或刑事案件的法院。

医疗办公楼（Medical office building，MOB）：包含面向专业医疗从业者的一个或多个办公套间的办公楼。

医疗团队从业者（Group medical practice）：一组医师，在团队办公室设施（例如医疗办公楼）内向患者提供医疗护理。

医师助理（Physician's assistant，PA）：取得执照在注册医师指导下从事医疗的非医师人员。

医院（Hospital）：用于生病、受伤、罹患疾病或处于其他医疗状态下的患者的治疗、护理和容留的保健设施。

艺廊（Gallery）：用来展示艺术作品、物品和古玩的一个房间或多个房间。艺廊也可以是没有长久藏品的博物馆设施。此外，艺廊也可以是用于展示、销售艺术品、物品和古董的商务设施。

阴影盒窗口（Shadow box window）：与眼齐平的小、完全封闭的展示窗口。

音乐厅（Concert hall）：剧院的一种类型，主要为乐队和歌手呈现音乐演出。

银行（Bank）：公共设施，提供对金钱及其他金融资产的存储、贷款和保护。

饮品设施（Beverage facility）：一项商业，或者作为饭店的一部分，或者作为独立的设施，主要为店内消费提供酒精饮料。

饮用水（Portable）：能用于饮用和烹饪的水。

营销理念（Marketing concept）：每个商业机构的综合目标——满足客户，同时创造利润。

营销渠道（Marketing channel）：一组营销机构，对从生产者到最终用户的商品或服务的流动进行指引。

营业装潢（Trade fixtures）：附加到建筑物上、由租户支付的材料或设备。在搬家时，它们不得损坏结构，并不得被整合进结构中。

影院（Movie theater）：放映电影的地方。

硬商品（Hard goods）：重型商品，通常由木材和金属制成，具有相当的重量，例如大型仪器和家具。

犹太教堂（Synagogue）：犹太会众做礼拜的屋子。

有限管辖权法院（Court of limited jurisdiction）：也称为特别管辖权法院（Court of special jurisdiction）。该法院仅审理并审判特殊类型的案件，如小索赔案件。

预功能空间（Prefunction space）：舞场外边的辅助大堂，或提供集合空间的其他功能空间。

欲念（Want）：得到有望得到回报的某个物体的有意识冲动。在本书中在零售店设计的背景下讨论该术语。

员工经理（Staff manager）：向直线经理提供支持、建议和专业经验的个人。

员工流失（Employee churn）：办公室职员的轮换。

原管辖权法院（Court of original jurisdiction）：案件首次审理并首次提起诉讼的法院。

圆台（Rounder）：一种圆形的商店展览夹具的类型。

圆形剧场（Arena theater）：剧院，舞台位于观众席的中央，坐席围绕着舞台。

源文档（Source document）：原初的文档。

再造（Reengineering）：重新组织企业及其运营方式、以达到改进整体绩效的方法。

早餐酒店（Bed and breakfast inn）：提供住宿加早餐服务的住宿设施。

展示厨房（Display kitchen）：饭店餐室里的烹饪区域，其位置使访客能看见大厨准备食物。

展厅（Exhibit hall，或hall）：一些博物馆使用的术语，指用于展览的空间。

站（Station）：使用开放式办公室系统家具建立的个人工作区域。

站台（Platform）：许多银行里信贷员和其他账户代表有办公桌的区域。

长凳（Bench）：法官在法庭就坐的地方。

长方形廊柱大厅（Basilica）：古罗马政府建筑，后来成为教堂。它是今日教堂的一个特定尺寸和类型。

长期护理（Long-term care）：面向老年病人提供24小时住房和专业护理。也称为疗养院（nursing homes）或专业护理设施（skilled nursing facilities）。

长座（Banquette）：沿墙摆放的长条形软座，通常对着一张桌子。

折扣店（Discount store）：零售设施，以通常比商场或专卖店的价格更低的价格向顾客出手大量种类的商品。

真人秀（Trunk showing）：零售店里由设计师或制造商进行

的商品展示。

诊疗空间（Medical treatment space）：医院内对患者进行治疗的空间。也称为诊察室（exam rooms）。

整片基材（Flash-coved base）：地板和基材材料是单片的。

正统剧院剧（Legitimate theater）：由演员公正（Actors Equity）协会或其他专业表演同盟的成员进行的专业表演。

执照护士（Licensed practical nurse，LPN）：具有2年制护理课程学位的护士。

直接眩光（Direct glare）：来自光源的眩光。

直线经理（Line manager）：负责与公司产品生产或服务直接相关的活动的个人。

职衔法案（Title act）：一项法规，限定只有那些满足了司法管辖机构设立的要求的人士才可以使用特定的头衔，如室内设计师、认证室内设计师或注册室内设计师。

致病建筑综合症（Sick building syndrome，SBS）：由恶劣的室内空气质量、糟糕的照明和工作环境里差劲的音响而导致的不健康状态。

中层楼（Mezzanine）：剧院中最低的楼座。

中殿（Nave）：十字形或拉丁十字形楼层平面图的狭长部分。在仪式中会众在此站立或就坐。

中间保健设施（Intermediate-care facilities）：所需的护理水平较低的疗养院。

中央处理单元（Central processing unit,CPU）：计算机的硬件或"大脑"，计算和数据处理在这里进行。

中央银行（Central bank）：由联邦政府运营的银行，发挥着托管其他银行的的功能。

重点照明（Accent Lighting）：照明，用来将注意力吸引到空间的某个特定区域或元素上。

重建（Reconstruction）：重建受损的建筑物或在原本存在的结构和地址的状态下新建。

重塑（Remodeling）：改变建筑物的外观或内饰的面貌的过程。

重症护理单元（Intensive care unit，ICU）：面向由于其疾病或伤害的严重本质而需要特殊类型的重症护理的个人的医院住院单元。

重症监护病房（Critical care unit，CCU）：需要大量护理的人士（尤其是心脏病患者）的住院单元。

主题吸引（Theme appeal）：零售设计中的一种技巧，打造与产品、假日或特别活动直接相关的环境。

主治医师（Attending physician）：负责病人的诊断和治疗的医院医师。

住宿设施（Lodging facilities）：给远离自己长久居所的个人提供睡眠处所的设施。有时称为住宿物业（Lodging property）或临时生活设施（transient living facility）。

住院患者（Inpatient）：被准许入院接受医疗护理的患者。

住院医师（Resident）：医师，其已经完成实习期，在其感兴趣的某个特定专业接受拓展训练。

注册护士（Registered nurse，RN）：具有护理本科学位的护士。

专业护理设施（Skilled nursing facility，SNF）：州认证的保健护理设施，向患者提供24小时护理。

专业图书馆（Special library）：侧重于某个主题的设施。可能是私有的，或由政府机构或大学支持。

专用电路（Dedicated circuit）：分立电路，使用其自身的散热线、中性线和接地线，不与任何其他电路共用这些线缆。

姿势椅（Posture chair）：设计提供改进的姿势和舒适的桌椅。

资本资产（Capital assets）：一个会计学术语，大致指的是财产、建筑物以及公司为了从事经营所需的设备。

资格要求（Request for qualification，RFQ）：由客户准备的一份文件，请求侧重于与所提案的项目有关的设计人员经验和资格的信息。

自然发生的退休社区（Naturally occurring retirement community，NORC）：当公寓楼或公寓转换为退休设施或限制年龄的设施时诞生。

自由地址（Free address）：未分配的工作空间的系统，公司里每个雇员都可以在先到先得的基础上使用。

自由流动系统（Free-flow system）：一种商店规划系统，能轻易地移动展品和夹具。

棕色地带（Brownfields）：由于某种环境污染而被遗弃或未充分利用的工业或商业建筑物/地点。

总承包商（General contractor）：对建筑物/工程的实际建造负总责的公司。

走廊（Corridor）：由高于69英寸的隔墙、围栏或隔板设置的任何流通空间。

租赁保持升级（Lease-hold improvement）：由租户而非房东安装的建筑饰面和其他施工用品。也称为租客升级（Tenant improvements）。

租赁合同（Tenant work letter）：用来补充租约的合同，描述租赁空间的室内施工和装修。它规定了房东提供什么、租户负责什么。

组件（Component）：在开放式办公室系统站里，某个物品（例如架子、抽屉单元或工作面）与分隔面板一起使用。

组织图（Organizational chart）：对企业正式组织结构的图形表示。

最高法院（Supreme court）：在州或联邦的司法管辖系统里的最高法院。

座椅周转率（Seat turnover rate）：饭店里的桌子在任意一天内被使用的预估次数。